LES ORIGINES SACRÉES DES SCIENCES MODERNES

OUVRAGES DU MÊME AUTEUR

Introduction à l'histoire économique, A. Colin, 1944.
La France bourgeoise, A. Colin, 1945.
Trois essais sur Histoire et Culture, A. Colin, 1948.
Les Trois âges du Brésil, A. Colin, 1954.
Les Français et la République, A. Colin, 1956.
Les Bourgeois conquérants, A. Colin, 1957; rééd. Complexe.
La Logique de l'Histoire, Gallimard, 1967.
Le Général de Gaulle et la République, Flammarion, 1972.
La Science et les facteurs de l'inégalité, Unesco, 1979.
Le Point critique, P.U.F., 1980.

CHARLES MORAZÉ

LES ORIGINES SACRÉES DES SCIENCES MODERNES

FAYARD

A Monique

Publié avec le concours de l'Association Séminaire Lucien Febvre et grâce à la collaboration éditoriale de Jean Montalbetti.

INTRODUCTION

A la veille de la Seconde Guerre mondiale, à Dalhem, faubourg de Berlin, une équipe de physiciens réalise la première fission de l'uranium. Sous le choc d'un neutron, le noyau d'un « atome » se casse et en produit deux autres en dégageant deux cent millions d'électrons-volts. La fameuse équation d'Einstein assurant une équivalence entre matière et énergie s'applique au concret d'instrumentations à portée de mains d'hommes. La civilisation industrielle disposera d'une nouvelle source de puissance motrice dépassant de loin toutes celles tirées de végétaux combustibles fossilisés. A son tour, l'un quelconque des neutrons projetés par un premier éclatement peut en produire d'autres selon une « réaction en chaîne » jusqu'à épuisement du stock de la matière fissile. A l'écoute de cette innovation, certains physiciens s'inquiètent : s'il échappe au contrôle, ce processus n'ira-t-il pas jusqu'à tout anéantir ? Les compétents savent que non ; toutes matières ne sont pas également fissiles et l'expérience peut être enclose dans un contenant résistant. Mais subsiste un autre souci : ne sera-t-il pas plus aisé à cette nouvelle science de fabriquer des bombes que de rendre l'énergie moins chère ?

Les circonstances historiques vont malheureusement conduire au choix le plus simple et le plus dangereux. Des hommes pourront « faire glisser le monde – dira Einstein – vers une catastrophe sans précédent ».

Dès l'immédiat, n'était-il pas à craindre qu'Hitler pût réaliser son rêve de domination absolue ? Sans son racisme, sans la fuite des cerveaux qui en résulta et l'anxiété morale de savants restés dans leur pays, le nazisme aurait pu l'emporter. Mais ce scrupule vaut-il pour ceux qui ont combattu « la bête immonde » ? Dans le secret des débats de conscience et des échanges occultes d'informations mêlant les doutes aux assurances, se joue le destin du second XXe siècle. Cette science, innocente si elle avait pu rester théorique, cesse aussitôt de l'être par ses applications dans ce qu'on appellera les « complexes militaro-industriels ».

Le cas n'avait rien de nouveau, au degré de puissance près. D'autres exemples abondent. Naguère ou autrefois, des engins de guerre avaient été proposés par artistes ou théoriciens de calculs abstraits : Léonard de Vinci ou Archimède; entre-temps, le naphte, après avoir donné ses mystérieuses lueurs aux cérémonies des temples orientaux, avait fourni le feu grégeois aux batailles navales de Byzance. Encore est-ce vu de plus haut que le problème prend sa véritable ampleur historique. La science grecque avait atteint son climax à Alexandrie, la bouillonnante cité-port fondée par Alexandre le Conquérant. A mi-parcours, ensuite, la science arabe – indispensable trait d'union – avait été la plus éclatante dans l'Ouma, ayant étendu par l'épée et le secours d'opprimés insurgés sa *pax islamica* de l'Atlantique aux mers de Chine. Enfin, l'essor des sciences modernes est-il à tout le moins concomitant de celui d'un capitalisme sans antécédent par la force impulsive tirée de la circum-navigation du globe. Les mêmes navires qui permettent de préciser des mappemondes pacifiques (comme celle de l'obscur Hylacomylus, libraire vosgien qui le premier nomma l'Amérique) amènent dans les ports de l'Europe océane de fabuleuses richesses pillées sur des côtes sans défense.

Concomitances ou bien corrélations? En même temps que ou à cause de? A force d'être répétitif, le hasard ne serait-il pas un masque donné à la nécessité? Le siècle des Encyclopédistes européens fonde des espérances cosmopolites généreuses de ce qu'il commença d'appeler la civilisation, dans l'universalisme de ses sciences. Qu'advint-il de ces promesses, se réaliseront-elles un jour? Faut-il, comme certains l'affirmèrent alors, parler d'un âge d'innocence que le progrès aurait corrompu? Et si ces nostalgies sont trompeuses, notre avenir n'aura-t-il pas à prendre en compte les leçons de certains passés, fussent-ils des plus archaïques?

Tubalcaïn le forgeron appartient à la descendance protégée qui a eu Caïn pour ancêtre. Il n'est guère de mythes sauvages ou très anciens qui n'inscrivent quelque fratricide au début du récit d'inventions bénéfiques. L'Égypte des pyramides en a raconté un des plus constamment célèbres. Il aura fallu qu'un frère tue son frère et s'acharne à tuer son neveu pour qu'Horus – fils d'Isis, vengeur d'Osiris et ayant perdu la vue dans l'épique combat mené contre son oncle Seth – ait pu offrir aux hommes, avec les fractions de son œil guéri par le dieu Calcul, une arithmétique capable de faire connaître « toutes choses visibles et invisibles ».

N'est-ce pas en interrogeant ce mythe, paradigme de bien d'autres, que peut être trouvé accès à quelques premiers moyens de décrypter l'histoire qui fit progresser la science au prix de tant d'épreuves de puissance?

Le mythe égyptien nous raconte comment d'amours, de haines, de meurtres et batailles entre puissances cosmiques ont résulté des algorithmes grâce auxquels l'homme peut inventorier le cosmos. Ce récit étant une histoire, il est, comme elle, à décrypter. Quant à ces algorithmes – six fractions de numérateur *un* et ayant pour dénominateur les six premières puissances de 2 –, ni les « Textes des Pyramides », ni ce que dit Plutarque de la religion égyptienne n'en dévoilent les secrets. Même les ouvrages arithmétiques exhumés près du Nil – dont un des plus célèbres promet, par son titre, de tout comprendre – ne sont rien de plus que leçons pratiques et calculs comme devaient en faire quotidiennement les scribes, ceux notamment chargés d'administrer les biens des palais et des temples.

Latente dans les prémisses et les prémices de la science occidentale, l'idée de code n'est patente que dans la Chine protohistorique dont le Yi-King se présente primordialement comme un ensemble de signes muets représentant chacun le résultat d'un processus divinatoire relatif à un cas donné et qui se prêtent, par ce qui les ordonne en une totalité, à des commentaires réalistes ou à des méditations sur le tout ou sur les parties de l'être du destin, des destins. Il y a d'abord le Tao, un Tout-Rien qui resterait inaccessible s'il ne se divisait en Yang et Yin : le premier côté lumière ou principe masculin, le second côté ombre ou principe féminin. A cette duplication en succèdent aussitôt deux autres, la dernière produisant des trigrammes (composés chacun de trois monogrammes Yang et Yin), signifiant tout ce qui persiste et tout ce qui change de l'existant connaissable, trigrammes donc au nombre de huit en tout. Enfin ces trigrammes peuvent être juxtaposés deux à deux; et 64 hexagrammes enclosent toute l'existence vécue ou devinable.

A l'Ouest, donc, un récit à décoder pour comprendre l'origine de l'arithmétique; à l'Est, un code impliquant une histoire et un compte, mais n'en disant de lui-même rien de chiffré, ni de verbal. D'un côté, les débuts d'un processus qui, à travers Grecs et Arabes, aboutira aux sciences modernes. De l'autre, un graphisme immuable au cours de millénaires qui n'ont finalement connu démonstrations et sciences modernes que par apports étrangers. Autre différence : les huit trigrammes archaïquement tenus pour signifier un Père et trois Fils, une Mère et trois Filles, permettent de représenter des familles et des alliances heureuses ou non; mais rien n'y rend inévitables (ni a priori supposables) meurtres ou fratricides, et surtout pas au stade cosmique. Face à ces spécificités, une première ressemblance minime mais hors de contexte : le plus grand dénominateur des fractions d'Horus vaut 64, nombre des hexagrammes taoïstes.

A partir de là, nous remonterons à des *pourquoi* auxquels puissent répondre des *comment*. Pourquoi six et seulement six fractions d'œil; pourquoi huit et seulement huit trigrammes constitutifs? Ces quantités, qu'ont-elles à voir avec une totalité, celle du réel ou du destin? L'œil d'Horus fournit une première indication. Tel qu'il a été dessiné, à travers toutes les dynasties, il désigne, à ne s'y pas tromper, les six orientations de l'espace : gauche (ou droite), avant, haut, droite (ou gauche), arrière, bas; c'est permettre de situer tout ce qui se voit. Encore faut-il que ce qui est regardé contienne quelque chose de visible, ayant donc un minimum d'opacité ou d'épaisseur. Or le plus élémentaire des solides (constitutif de tous les autres) a forme de pyramide à base triangulaire. Faite de quatre triangles, cette pyramide constitutive est elle-même constituée de quatre faces-triangles et de quatre sommets-trièdres ayant en commun six arêtes. Que, de ces six arêtes, trois nouées par le même trièdre d'en haut soient des Yang et les trois autres, côtés d'un triangle d'en bas, soient des Yin, alors les quatre sommets du solide sont les quatre parents masculins du Yi-King, et ses quatre faces, ses quatre parents féminins. Rien de moins, rien de plus suffit à la plus élémentaire construction en hauteur appuyée sur le sol. Le mythe du Nil ferait subsister une énigme s'il n'y avait d'avance répondu : la famille d'Horus compte plus de quatre membres, lui compris, mais des deux en trop l'un est un doublet d'Horus et s'efface quand il naît, et l'autre, une déesse, n'a là qu'un rôle obscur ou même nul, sauf à la considérer comme l'un des quatre acteurs d'un autre mythe quasi complémentaire du premier.

N'avons-nous pas forcé les données pour expliquer ainsi « structurellement » le figuré de mythologiques? En tout cas, la Chine et l'Égypte nous invitent ou nous autorisent à interpréter des orientations ou des situations comme des êtres, actants ou acteurs. Avant donc d'abandonner la partie, vérifions ce qu'il advint, bien plus tard, de notre trièdre d'orientation et de notre tétraèdre construit. Il appert que le premier sert de système de références aux « coordonnées cartésiennes » que le second rendra « homogènes » au début du XIXe siècle...

Quelques définitions de termes faciliteront des premiers parcours à travers une longue aventure historique tenant du prodige pour avoir conduit, guerre après guerre, de la taille triangulaire du silex à la fission de l'atome.

Les mathématiques modernes appellent *coordonnées* d'un point les informations nécessaires et suffisantes pour le situer sur une surface ou dans l'espace. Il y faut des nombres, une métrique et des références. Rien là que de conforme au banal quand, par exemple, un interrogé explique à un interrogeant que, pour atteindre tel lieu, il faut parcourir dix kilomètres droit devant, puis cinq autres sur la gauche; les références sont en avant et à gauche, le reste va de soi. Venons-en à situer un point sur une feuille plane et rectangulaire, on en dira qu'il est à telle distance du bord horizontal et à telle autre du bord vertical; de plus, pour être clair et bref, on entendra par distance celle qui est la plus courte, donc perpendiculaire aux bords; si on s'y sert de nos équerres, elles sont graduées en nombre de centimètres. Généralisons la procédure : on trace deux droites perpendiculaires l'une à l'autre (peu importe qu'elles soient parallèles ou non aux bords de la feuille), on y abaisse deux perpendiculaires issues du point et on y compte des quantités d'unités de mesure (la grandeur en importe peu pourvu qu'on la tienne pour invariable au cours du raisonnement en cause). On parlera alors de *système de référence*, en l'occurrence défini par deux axes (axe des abscisses de gauche à droite, axe des ordonnées de bas en haut) et par la longueur constante retenue pour unité. Ce système est dit cartésien – Descartes ayant été le premier à en parler le plus clairement et à en utiliser au mieux les avantages.

Avantages, en effet : la distance séparant un point d'un des axes est égale à celle dessinée entre le point où se croisent ces axes – un point O – et le pied de la perpendiculaire abaissée du même point sur l'autre axe. Ces distances pouvant être quelconques et donc, sauf supplément d'informations, être des « inconnues », on convient, depuis Descartes aussi, de les désigner par les dernières lettres de l'alphabet (les premières étant réservées au connu), et notre abscisse devient axe des x, l'ordonnée des y. Dès lors, construire une bissectrice aura pour équivalent d'écrire $x = y$; et le calcul d'équations remplacera avantageusement le raisonnement sur figures géométriques. Le procédé est en effet généralisable de deux manières dont peuvent être donnés des exemples très simples. Soit, au lieu d'une bissectrice, une droite passant aussi par O, mais plus proche d'un axe que de l'autre : on fera intervenir un coefficient à connaître et tel qu'on écrive alors $y = ax$. Considérons maintenant que ce O, du carrefour des axes, soit vers le milieu de la feuille; on peut le regarder comme séparant les nombres positifs (à droite, en haut) des négatifs (à gauche, en bas); et si $y = -x$, c'est que l'une et une seule des deux inconnues est négative et notre bissectrice, au lieu d'aller du bas gauche (deux valeurs négatives) au haut droit (deux valeurs positives), ira du haut gauche au bas droit.

De la sorte a-t-on traduit une droite en une *formule* et, comme le procédé vaut pour n'importe quelle ligne ou ensemble de lignes droites ou courbes fermées ou ouvertes et recoupant éventuellement, on a remplacé un raisonnement sur figures par un calcul traitant de *polynômes algébriques* pouvant être mis en *équations;* on a substitué au raisonnement sur figures un calcul d'équations qui leur sont pratiquement équivalentes. A l'époque n'est pas encore tenu pour avéré que cette équivalence relève de la même certitude que celle attribuée aux démonstrations strictement géométriques à l'euclidienne. Est manifeste que cette substitution rend d'abord le calcul plus commode que l'ancienne manière de démontrer à l'aide de règles et de compas. En outre, ce calcul permet de résoudre des problèmes que l'ancienne manière de démontrer avait laissés sans solution; on le retiendra donc comme à tout le moins efficace pour venir rationnellement à bout de problèmes sur lesquels l'ancienne méthode achoppait. On valorisera sous le nom d'*analyse* un calcul algébrique qui s'affirmera plus tard aussi vrai qu'avaient longtemps passés pour l'être les livres d'Euclide auxquels on continuera seulement pendant quelques décennies de reconnaître une priorité tant logique qu'historique sous le nom de *synthèse*. Du fait de la commodité sans défaut de cette Analyse valant pour la Synthèse et s'étendant au-delà d'elle sur un empire semblant indéfiniment extensible, le mot synthèse et ce qu'il signifie finira, au début du XIXe siècle, par disparaître des usages mathématiques, même si la géométrie n'en est pas pour autant mise en panne (plutôt lui sera-t-elle redevable d'un surcroît de vigueur).

Il va de soi que si, au lieu de points sur un plan, on désire en situer dans l'espace, il faudra ajouter une coordonnée aux deux premières et donc un axe référentiel de plus, soit un z aux x et y. Nous voici ramenés à l'œil d'Horus et à ses six orientations : au lieu de ses six fractions – une seule par orientation – nous avons maintenant toutes les valeurs possibles de $\pm$ x, $\pm$ y et $\pm$ z. Cette transformation aura demandé des millénaires avant d'être comme subitement acquise en même temps que deux assurances innovantes : qu'il peut exister des quantités négatives; que le géomètre, devenant analyste, a le droit de dire de n'importe quel segment de droite qu'il vaut 1.

Jusqu'alors, que savait-on de l'Unité? Certainement qu'elle forme un tout éventuellement divisible (comme le Tao en signes ou l'œil en fractions égyptiennes); au-delà, rien de plus, sinon que n'importe quel cercle (seule unité « naturelle » de mesure) peut, quelle qu'en soit la taille, être découpé mêmement en arcs ou angles, notamment en quatre angles droits.

Ce problème de l'unité de longueur (sans équivalent dans la réalité vécue) rend Descartes modeste : il dit de sa fameuse *Géométrie* qu'elle est instrumentale et regarde encore Euclide comme le plus sûr dépositaire du vrai en soi. Pourtant, on trouvera bientôt un moyen d'évacuer tout scrupule et toute précaution oratoire.

Au lieu de prendre pour référence les trois axes x, y, z (trois directions ou encore trois « dimensions » de l'espace), faisons tomber les perpendiculaires issues du point sur les trois plans que ces axes forment entre eux, cela revient au même. Il suffit de penser que, dans une pièce, un objet puisse être aussi bien, et même plus aisément, situé par rapport à deux murs jonctifs et au plancher que par rapport à des côtés des angles que ces surfaces font entre elles. Cette modification d'appuis référentiels va se prêter, au début du XIXe siècle, à une innovation de plus. Celle de *coordonnées homogènes* ou *tétraédriques*.

En effet, il n'est pas nécessaire que les angles ou dièdres du système de références soit orthogonaux; il suffit d'en connaître la valeur (à ne pas changer en cours de raisonnement) pour transcrire une équation à la Descartes en une autre faisant intervenir l'oblique. De ce fait, le tétraèdre offrira un plan de plus et une coordonnée de plus – une de trop, eût-on dit avant que ne soit tiré parti de cette « surdétermination ». Situons un point à l'intérieur de ce tétraèdre et regardons-le comme le sommet commun à quatre tétraèdres contenus et ayant chacun pour base une des quatre faces triangulaires. Écrivons que la somme de ces quatre petits volumes est égale au grand volume contenant; on obtient une équation de la forme : $aX + bY + cZ + dT = 1$; a, b, c, d représentant des valeurs connues et 1 le tétraèdre pris comme totalité. Grâce à ce T en surplus, les coordonnées peuvent s'écrire sous forme de rapports. Le montrer pouvant dérouter un non-mathématicien, simplifions l'exposé en parlant de la distance entre un point P à situer et un point A déjà connu : il y faut une métrique, comme centimètres ou kilomètres; mais si l'on sait aussi la distance entre ce même P et un autre point B connu, alors on pourra dire que, par exemple, P est aux 2/3 de la distance entre A et B. La métrique y est devenue inutile. Supposons en effet que la métrique choisie soit le centimètre : 1 centimètre divisé par 1 centimètre a pour résultat 1 tout court; cesse d'être à craindre que la géométrie de Descartes souffre de quelque arbitraire.

Précisons ce point capital en nous référant aux précurseurs chaldéens. Quand ils se proposaient, par exemple, de chercher la valeur du côté d'un carré C de surface S connue, ils pouvaient écrire quelque chose d'équivalent à $C^2 = S$. Faisons comme eux en usant de métriques modernes : on voit que la valeur de S s'exprime en centimètres carrés, celle de C en centimètres tout court. Ces deux unités diffèrent par leur définition; a-t-on le droit de l'ignorer? On s'en est bien gardé pendant des siècles, si bien que prendre garde à cette hétérogénéité revient à donner des signes spécifiques à un cas et à l'autre. Prudence respectée encore par Descartes et après : on dénotait différemment, dans les formules, les quantités données ou à trouver selon qu'elles étaient relatives à des droites ou lignes, des surfaces, des cubes, etc., si bien que la puissance 6, par exemple, était dite surface-cube : ce 6 étant pris comme 2×3; 2 une surface, 3 un volume. Mais si – grâce aux coordonnées tétraédriques et surdéterminées – tout s'exprime par fractions ou rapports ayant chacun même unité de mesure au numérateur et au dénominateur, alors on retombe sur des nombres qui ne sont que purs nombres après évacuation des métriques qui ont servi à les calculer. Formules et équations ne mettant plus en cause que purs nombres sont dites alors homogènes.

Étendons ce que nous venons de dire d'une subdivision d'un volume en volumes à ce que l'un et les autres peuvent avoir de poids : on perçoit l'utilité de cette opération pour le calcul de centres de gravité. Les coordonnées tétraédriques donnent idée de ce que sont, pour les physiciens, les *coordonnées barycentriques*.

Pour ce qui nous concerne ici, nous retiendrons qu'il est utile de situer un point intérieur au tétraèdre en abaissant des perpendiculaires sur ces faces. Ce point, ces axes, les surfaces qu'ils délimitent angulairement et les dièdres que celles-ci font entre elles forment une figure que nous conviendrons d'appeler *tétracanthe*. Les valeurs angulaires des douze dièdres du tétracanthe sont une à une supplémentaires des angles qui leur correspondent sur le tétraèdre : cela saute aux yeux si l'on dessine un angle et un point à l'intérieur d'où tombent des perpendiculaires sur les côtés. Ajouter au premier angle celui fait par les deux perpendiculaires donne 180°, somme de deux droits ou « angle plat ». C'est dire que si l'angle regardé d'abord est aigu, l'angle construit ensuite est obtus, et inversement. De même en va-t-il des six angles du tétracanthe avec les six dièdres du tétraèdre.

Or quand un *tétraèdre* est *régulier* (ses arêtes égales entre elles), tous ses angles et ses dièdres sont aigus, c'est-à-dire intérieurs ou inférieurs à un angle droit. Les éléments angulaires du tétracanthe correspondant seront, eux, tous obtus. Mais si l'on a affaire à un *tétraèdre irrégulier* (comme il en faut pour permettre à ce plus élémentaire des solides d'être le « matériau » de n'importe quel autre solide), alors les éléments aigus et obtus ne sont pas distribués de manière quelconque. C'est ainsi qu'un tétraèdre ne peut avoir plus de trois dièdres obtus, un quatrième le ferait voler en éclats! Et cela nous invitera à considérer ce qu'il advient des angles et des dièdres de *trièdres irréguliers* : tous ses éléments peuvent être soit aigus soit obtus, mais si l'on part du tout aigu vers le tout obtus en ajoutant un seul élément obtus par étape, cet élément sera tantôt un dièdre, tantôt un angle et non disposé de manière quelconque. Sans cette contrainte, le trièdre pourrait présenter 64 cas, c'est-à-dire 2 à la puissance 6, le 2 exprimant la binarité aigu-obtus et le 6 le nombre des éléments angulaires : 3 dièdres + 3 angles. Avec cette contrainte, le nombre de cas effectivement constructibles est fortement réduit, il tombe, selon deux manières de lire, soit à 20, soit plus simplement à 7, invitant à écrire : 0, 1, 2, 3, 4, 5, 6.

Outre que les quantités 64 et 20 font penser au code génétique, 64 évoque le Tao et Horus. Quant au 7 – ajoutant à 0 des 1 successifs – il engage l'énumération de nombres. A ce dernier titre, nous avons un premier aperçu sur des décodages qui s'appliquent indifféremment soit à la géométrie – et aux époques où seuls cercle et quart de cercle étaient tenus pour unités naturelles; soit à Descartes et à certaines des conditions impliquées par son système de coordonnées.

D'autres définitions viendront en cours de route [1], mais, d'emblée, il convient d'ôter leur mystère à des expressions comme *nombres complexes*. Ils mettent en œuvre des quantités *imaginaires*, ou plus précisément une unité *imaginaire*. La définition de ces termes peut souvent, dans les dictionnaires ordinaires, prêter à confusion. Demandons à l'histoire son aide pour la tirer au clair pas à pas et sans anachronisme. Soit donc d'abord une équation fort simple : $x^2 = 1$; si seuls les nombres positifs existent, aucun problème, la valeur de x est 1. Si $x = -1$, l'équation reste vraie, mais alors que penser (problème du XVIe siècle) de $x^2 = -1$? « Imaginons » que cette équation soit soluble et que sa solution soit un algorithme qu'on désignera par la lettre *i* qui veut dire racine carrée d'un nombre négatif : il restera à vérifier si $\pm$ i^2 font -1. Cela fait, on comprendra l'importance du *théorème fondamental de l'algèbre* : toute équation a un nombre de racines (valeurs de l'inconnue) égal au nombre indiquant la puissance de x. Dans les cas ci-dessus choisis, cette puissance est 2; il y a donc deux racines : $+1$ et -1 ou $+i$ et $-i$.

Pour le coup, la méthode cartésienne est en défaut. Construisons sur ses axes quatre carrés dont les côtés vaudront soit $+$ ou $-$ x et $+$ ou $-$ y, x et y étant égaux entre eux. Ces carrés sont tous effectivement géométriques, mais ne sont algébriques que dans les deux cas où $(+x)(+y)$ et $(-x)(-y)$ valent indifféremment x^2 ou y^2; dans les deux autres cas, on multiplie un côté $+$ par un côté $-$: les deux nombres ne sont pas semblables, il ne s'agit donc plus d'un carré géométrique. Un carré algébrique n'est pas représentable géométriquement sur un plan cartésien. Or l'étude du théorème fondamental de l'algèbre montra (au XVIIIe siècle) que quand intervient un terme ayant *i* pour facteur, il est toujours associé ou associable à un autre ayant l'unité naturelle 1 pour facteur. On se prit alors à parler de nombres « complexes », de nombres « couples » ou tout simplement de couples. La forme en est a + b*i*, a et b étant des réels et *i* l'unité « imaginaire ». Or, si l'on put s'interroger sur

____

1. Voir lexique, p. 495.

l' « existence » d' « imaginaires », la prise en considération de couples conduisit à penser une représentation sur un plan imaginaire aussi, mais passible d'une « représentation » trouvée aux entours de 1800 : a + b*i* désigne un point d'un plan (comme a ou b les points d'une droite), mais d'un plan n'ayant plus x et y pour axes de référence, mais bien deux axes dont le second est d'autre type. L'un ajoute comme tout à l'heure un à un des 1 réels et l'autre fait la même chose avec des *i*. La différence entre l'axe cartésien des y et le nouvel axe « imaginaire » des *i* est que le premier peut être pris tel qu'il est sur le dessin, alors que l'autre ne peut être que pensé, et pensé comme un moment particulier d'une rotation dont le cadran d'une montre peut donner une première idée. Là sont fixes des chiffres comme 3, 9 ou 12, 6 : ce sont respectivement les $\pm$ x et $\pm$ y de Descartes. En revanche est mobile une aiguille faisant penser à midi, même si elle désigne deux heures, et ce 12 n'indique qu'un moment fugitif quoique significatif de sa rotation.

Quand fut enfin trouvée cette représentation tant cherchée des nombres imaginaires, couples ou complexes, elle ne servit plus à grand-chose tant l'algèbre avait tiré profit de faire comme si une équation de type $x^2 = -1$ avait aussi deux solutions. Les mathématiques étaient donc passées, grâce à la prise en considération du temps, de l'Empire statique de la géométrie à l'impérialisme dynamique de l'algèbre. Transformation capitale : déjà les Chaldéens avaient mis en œuvre des raisonnements ressemblant à nos équations du second degré ; mais ils n'y trouvaient qu'une racine, une seule, même quand en existaient deux positives.

Enfin, le succès des nombres couples ou complexes est devenu tel que le premier XIXe siècle partira à la recherche de « triplets » qui soient à un « espace » ce que les couples sont à leur « plan ». Recherche vaine si l'on veut que ces triplets aient la même propriété que les nombres couples ou réels, c'est-à-dire produire des nombres de même type si on les multiplie par eux-mêmes. Un tel résultat n'est accessible que si l'on suppose à l'espace quatre dimensions. Ce sont seulement de « quadruplets » ou *quaternions* que le produit reste de même type. Encore la multiplication y a-t-elle perdu une de ses propriétés, la *commutativité* faisant que a x b = b x a. On parlera alors de ces nombres comme d'*hypercomplexes*. Retenons de ces énigmes que si un authentique résultat algébrique impliquait un espace non réel à quatre dimensions, alors il en irait comme si les quatre axes du tétracanthe étaient perpendiculaires entre eux. Ce n'est ni concrètement ni euclidiennement possible. Ce n'est pensable qu'à titre de « comme si ». Les figures vont donc tendre à disparaître des ouvrages mathématiques dont la puissance effective s'accroît pourtant considérablement. A défaut de demeurer figuratives, elles se fieront à des formules écrites sur la ligne du temps à l'aide d'algorithmes. On parlera donc désormais de *formalisme* ou de *formalismes opératoires*.

Récapitulons cette histoire, celle d'innovations dont, historiquement, on se sera servi à titre de suppositions avant qu'à plus ou moins brève échéance preuves soient faites que ces suppositions sont exactes parce qu'elles sont prodigieusement utiles.

La première des suppositions que nous venons de retenir (il y en eut d'autres que nous rencontrerons chemin faisant) est qu'une droite peut être identifiée à une suite de segments unitaires positifs ou négatifs. Nous conviendrons de dire d'une telle droite qu'elle a été *sémantisée,* néologisme peu élégant mais commode. De même parlera-t-on de trièdres, de tétraèdres ou de tétracanthes sémantisés. Dans tous les cas précédemment évoqués, les sèmes en cause sont des algorithmes mathématiques. Dans le cas le plus étrange, celui des hypercomplexes, parmi lesquels les quaternions sont les plus simples, la sémantisation va jusqu'à permettre de faire comme si étaient orthogonaux quatre angles qui ne peuvent l'être « naturellement ». C'est dire que la force de ces sémantisations l'emporte sur celle du « réel ». Les formalismes opératoires sont d'une nature pragmatique, mais d'un pragmatisme autre que celui qui ne s'en remet qu'au tangible, visible ou gestuel.

Venons-en maintenant aux mythes, à des mythes dont la science refuse qu'ils puissent être véridiques. Eux aussi pourtant sémantisent, soit en le sachant – cas des fractions d'Horus identifiées chacune à une des orientations droites de l'espace –, soit en l'ignorant : le Yi-King et ses *Commentaires* ne disent nulle part que le trigramme Père puisse être le sommet d'un tétraèdre dont le trigramme Mère est la base triangulaire. Deux types de pragmatismes sont là encore en cause. Celui du Taoïsme est d'avoir retenu comme utilisables par la divinisation les Yang-Yin, trigrammes et hexagrammes; le nôtre est d'avoir trouvé commode de les situer sur les éléments d'un solide géométrique.

Confronter ces pragmatismes amène à considérer deux manières de faire coexister ceux tenus pour vrais, soit concrètement ou figurativement, soit abstraitement et par signes dont les signifiants échappent à la perception. Les mathématiques modernes ont sémantisé des figures avant d'aboutir à des formules et formalismes reléguant d'anciennes représentations. La sorte de code que constitue le Yi-King s'en tient à de purs signes mais permet des figurations concrètes comme celles du tétraèdre.

Une hypothèse de travail vient alors à l'esprit. Et si les mythes s'étaient servi de données des sens et des sensibilités pour sémantiser – le plus généralement sans le savoir – un tétraèdre (et autres figures apparentées) avant que le tétraèdre de coordonnées homogènes lance les mathématiques sur la voie des formalismes abstraits? Dans ce cas, on devrait trouver dans l'histoire au moins une époque où ces mêmes modèles apparaissent à nu entre la longue ère où leur fonction ordonnatrice était perceptivement ou émotivement inconsciente, et l'ère récente, bien plus courte, mais où tout s'accélère sans qu'on fasse plus cas de figures à portée du sens commun.

Cette époque est précisément celle qui s'étend de l'avant XVIe siècle à l'après XVIIIe. Et elle témoignera en faveur de ce qu'on conviendra d'appeler *structures constantes*.

Elles permettent de préciser les termes d'une problématique. Tétraèdres et figures apparentées ne suscitent pas d'eux-mêmes les sèmes susceptibles de les « sémantiser » à la cartésienne, car, si c'était le cas, chez les Grecs et même avant eux, se serait trouvé un Descartes. Si donc ces sèmes, les structures constantes les reçoivent de l'extérieur, alors de quelle nature sont-ils quand ils ne sont pas mathématiques, et, qu'ils le soient ou non, d'où viennent-ils et comment? Le chercher est précisément affaire d'historien.

Mais d'historien sachant que sa navigation ne sera pas sans escales, offrant repères et abris sûrs. Repères, puisque toutes seront signalées par ce qui sert de référence à toute construction dans l'espace-temps : d'une part, les six orientations dans l'espace et le déplacement véhiculaire de leur ensemble orthogonal ; d'autre part, le tétraèdre, la plus élémentaire construction, et le tétracanthe, son squelette articulé. Abris sûrs, puisque ces modèles référentiels ne seront pas perdus de vue dans la recherche des sèmes ou significations dont les événements les revêtent.

Étudier ainsi comment les sciences sont issues du sacré devrait permettre d'élucider pourquoi elles ont servi et servent la guerre.

Première partie

PERSONNAGES
PAR ORDRE D'ENTRÉE

CHAPITRE 1

De l'utilité des mythes et ce qu'ils nous révèlent

Le mythe est, pour les sociétés sauvages (et préhistoriques), leur science et leur théologie, leur philosophie, leur histoire et leur littérature, la référence de leur savoir-faire et la légitimation de leurs coutumes et jurisprudence. On dirait au total d'un arbre généalogique : d'abord un tronc d'où ensuite, par événements internes et sous le choc d'événements externes, se sont ramifiés embranchements et branches, celles qui finalement diversifient et catégorisent ce que l'on exprime et fait aujourd'hui.

Ces images suggèrent une hypothèse de travail et une convention d'écriture : au-dessous de ces diversifications, existe-t-il quelque logique commune à toutes formes de rationnalité et les ayant permises, des corrélations analogiquement significatives entre des mythes qui se servent du langage vulgaire pour raconter l'origine des choses et une histoire des sciences qui raconte comment, grâce à des langages opératoires, s'est enrichie la connaissance des choses telles qu'elles sont physiquement?

Il n'a pas été aisé de trouver quelque exemple pour illustrer cette interrogation en termes de réponse. Où puiser les exemples? En Chine? Mais l'existant ne s'y exprime congrûment qu'en recourant à une sorte de pré-langage commun au cosmique et à l'humain. Dans l'Occident archaïque? Mais tout y est attribué au divin, même les manières humaines de faire et de connaître. Entre les deux, l'Inde va nous sortir d'embarras.

De l'Inde, cet ouvrage ne parlera guère au-delà de ce premier chapitre. L'analyse de ses mythes innombrables fait courir des risques. Y foisonnent les ressemblances entre eux ou avec ceux d'autres contrées. Mais à offrir trop de facilités à des raisonnements analogiques, elle fait

craindre de ne pas les resserrer assez. En revanche, l'Inde de Pānini *
– lointain précurseur dans lequel se reconnurent les linguistes du
XIXᵉ siècle – a dès longtemps excellé dans l'étude des langages, le
principal des siens ayant d'ailleurs offert à l'arithmétique la numération
décimale de base 10 et ses chiffres. C'est à elle que nous emprunterons
une analogie entre, d'une part, la manière dont des hommes proches
encore du surnaturel ont su qu'ils pouvaient ajouter des choses aux
choses et, d'autre part, la manière dont la science moderne découvrira
dans l'ensemble du réel certaines choses qu'on n'y avait pas encore
perçues. Il s'agira du ciel, de planètes et d'astronomie, et moins d'un
mythe proprement dit que d'une épopée qui s'en inspire, l'humanisant et
l'historicisant.

Ni dans l'Iliade ni dans l'Odyssée on ne trouve rien qui préfigurât
– même en sollicitant des métaphores – cette épopée moderne que sont
les conquêtes de la science. Le Mahabharata ** est-il une Iliade, le
Rāmāyana une Odyssée? ont-ils eu un Homère? Ainsi ont dit des
indianistes, mais autrefois. Retenons d'eux plutôt que les littératures
indiennes puisèrent ensuite « à pleines mains » dans ces récits relatifs à
des dynasties tantôt lunaires, tantôt solaires. Retenons le second, plus
ordonné, moins inconstant.

Rama, pourtant, est loin d'être un Ulysse ***; son héroïsation ne lui
donne pas pour destin de chasser des usurpateurs; Rama, ne s'étant
jamais fâché contre ceux-là, refuse au bout de longues tribulations le
trône qu'ils lui veulent rendre. Le royaume de Rama est celui du cœur;
sa loi morale est au-dessus des vicissitudes de la puissance terrestre qu'il

* Ce grammairien indien, qui aurait vécu vers le IVᵉ siècle dans le Nord de l'Inde,
contribua à fixer le sanskrit classique. Ses travaux sont à l'origine d'une science logique de
la grammaire, par la précision de leurs analyses morphosyntaxiques. A ce titre, ils ont
contribué à faire de leur auteur le premier linguiste connu (N.d.É.).
** Long poème épique de près de 120 000 vers, le Mahabharata est une œuvre collective
remontant, semble-t-il, entre le VIᵉ siècle avant et le IIᵉ siècle après J.C., et continuée
jusqu'au VIᵉ siècle, narrant les aventures de cinq frères persécutés par un roi d'un clan rival
et la guerre entre clans indo-européens qui s'ensuivit. Les dix-neuf livres du poème
constituent une véritable encyclopédie des connaissances sacrées et profanes indo-
européennes du bassin indo-gangétique (N.d.É.).
*** Rama, considéré comme le septième avatar du dieu Vishnou, représente la loi
cosmique dans le Ramayana, poème épique sanskrit de 48 000 vers rédigé probablement au
Vᵉ siècle (N.d.É.).

subordonne aux permanences de l'absolue vertu. Fils mortel d'un roi – et de mystérieuse naissance, comme tant d'autres héros mythiques symbolisant partout les bienfaiteurs du monde – Rama est pourtant un modèle imitable par l'homme du commun que l'épanouissement spirituel peut placer au-dessus des rois. Par ce trait, Rama se distingue de la plupart de ses émules mythiques en d'autres contrées; ceux-là sont peut-être des modèles par les leçons qu'ils donnent aux hommes, mais ils ne sont pas humainement égalables en ce qu'ils accomplissent.

Père de Rama, le roi Dasaratha, bienfaiteur de ses peuples, avait reçu un jour la visite du Sage Viswaamitra; il se sentit si honoré qu'il s'engagea d'avance à satisfaire toute demande qui lui serait faite. Mais apprenant que le Sage vient chercher son bien-aimé fils pour combattre les monstrueux Raakshasas, Dasaratha se désole et hésite. Colère de Viswaamitra, la terre se fend, les dieux tremblent : une parole de roi ne peut pas être retirée sans troubler tout l'ordre du monde. A ce stade, donc, le roi, sans être aussi près des dieux que le Sage, est comme eux soumis à l'inéluctable : ce qui est dit est dit. Apparemment, la même contrainte ne s'impose pas à l'homme du commun; Viswaamitra rappelle au roi qu'il est un roi avant d'être un père. Et il n'est, en effet, pas d'époque – et moins encore à l'ère moderne qu'autrefois – où ceux qui disent le droit n'aient eu à le rendre univoque : c'est la condition même de la loi; sans quoi tout irait au désordre.

Si telle est la contrainte imposée à la parole royale, elle vaut aussi quand, par la suite, le souverain l'adresse à moindre que lui. Au cours d'un combat hasardeux, Dasaratha promit à la dernière de ses trois épouses, Kaikeyi, en récompense d'un secours reçu, qu'il satisferait son premier vœu. En conséquence de cet engagement – la jeune femme n'a pas la puissance du Sage, mais le roi s'est souvenu des leçons de Viswaamitra – se déclenchent les épisodes politiques de l'épopée. Kaikeyi, en effet, demande à son mari que son propre fils, Bhārata, soit déclaré prince héritier, honneur pourtant dû à Rama, l'aîné. Dasaratha en ressent une souffrance qui n'aura d'autre fin que celle de ses jours, mais il s'exécute. Pour le coup, la loi générale aura été mise en échec par une loi particulière; telle est la relativité de l'autorité monarchique, ayant à honorer son erreur même quand elle la reconnaît pour telle, mais également la cause des vicissitudes temporelles dues à l'incertitude du pouvoir politique devant les suspens du destin. Autre leçon d'histoire dont les Grecs ont fait des tragédies vers le temps où des réformes de la Cité ont entrepris de la soustraire au destin ambigu de chefs claniques issus des dieux.

Mais Rama n'est pas non plus Clisthène. Il se soumet au père comme père, respecte sa belle-mère comme mère et lui garde affection. Mérite d'autant plus exemplaire que le spolié est aussi banni : Rama doit se retirer nu dans la forêt pour un exil de quarante ans. Il l'apprend le matin même du jour où le peuple rassemblé pour son couronnement dira son désespoir de perdre un prince qui a antérieurement fait preuve de tant de vertus et de vaillance. Rama montre sa joie d'obéir : son nouveau sort est une élévation spirituelle. L'épopée lui donne raison : l'ermite solitaire, errant d'ashram en ashram, se verra bientôt supplié par le bénéficiaire et la responsable de son exil, mais il répondra par un redoublement d'affection, confirmant Bhārata dans ses fonctions, désirant ne pas être privé de la meilleure des parts parmi celles que peut offrir la vie. Ainsi, à force de vertu, l'injustice est devenue la justice même. A cet égard, on ne trouve rien d'humainement comparable : en Chrétienté, il a fallu que Christ soit Dieu pour accomplir la Rédemption; et Hercule lui-même, fils de Zeus et cher aux Stoïciens, n'aura pas nettoyé le monde de ses monstres en restant si constamment capable de surmonter ses passions.

Reste alors le problème fondamental pour toute mythologique : *d'où proviennent, dans le monde, la non-justesse des calculs et la non-justice des événements?*

Le Ramayana y fournit une réponse d'autant plus remarquable qu'elle n'est que brièvement – bien que formellement – indiquée; nous verrons par la suite de cet ouvrage que cette réponse a valeur universelle pour tout mythe et toute science. Elle nous renvoie aux conditions mystérieuses de la naissance de Rama et nous la consignerons sans rien en dire, pour l'instant, que de très sommaire.

Desaratha – béni d'Indra et des Devata, divinités bienveillantes et protectrices qui le traitent presqu'en égal – n'avait eu d'enfants d'aucune de ses trois épouses quand sa plainte, montant jusqu'à Brahma, lui vaut qu'en fin de sacrifices apparaisse une coupe sacrée : elle contient le paayasam, breuvage de fécondité. Encore faut-il le partager. Le roi en donne la moitié à Kausalya, l'aînée, le quart à Sumitra, la cadette, le huitième à Kaikeyi, la plus jeune, et enfin le huitième qui reste à Sumitra encore. En naîtront quatre fils, Rama, Lakshmana, Bharata et Satrughna, jumeau de Lakshmana. Des deux jumeaux, l'un sera compagnon fidèle de Rama, l'autre de Bharata ; ils en partageront le destin, seront les auxiliaires des réconciliations entre le pouvoir aîné voué à devenir spirituel et le pouvoir puîné destiné au temporel.

Quand nous retrouverons ailleurs ces 2, 4 et 8, ce sera soit comme à la fois quantités et nombres, comme quantités connotées par la parenté (Tao chinois), comme nombres implicites dans des pré-algèbres (en Chaldée), comme chiffres aux dénominateurs de fractions arithmétiques sacrées de l'Égypte pharaonique. Dans toutes ces acceptions, ils seront traités comme cas particuliers de conceptions ou de concepts généralisables, bien qu'à perte de dénotations ou de significations. L'espace mathématique pourra avoir autant de dimensions qu'on veut, mais dont certaines seulement se prêtent à « projeter » des nombres. Les 2, 4 et 8 types de signifiants primordiaux du taoïsme permettront par duplications figuratives d'élever à 64 la quantité totale de signifiants divinatoires chinois. Comme nombres sous-entendus, ils seront, dans les algèbres chaldéennes, capables de traiter, bien que limitativement, d'autres nombres non binaires et éventuellement bien plus grands. Comme chiffres, ils doubleront la quantité égyptienne des fractions sacrées dont la plus petite est donc 1/64 ; en outre, ils permettront de combler les lacunes de fractions profanes pouvant être non binaires et inférieures à 1/64. Il doit donc y avoir dans le mythe indien quelque chose qui ouvre voie à ces extensions.

C'est bien ce qu'il ressort d'une lecture plus subtile du cas de la famille de Rama. Supposons en effet que les deux jumeaux se partagent également la part totale de paayasam bue par leur mère. Cette part vaut, au total, 3/8 ; au numérateur apparaît un chiffre impair forçant que les deux fils proviennent chacun de 1/16. Si on réduit au même dénominateur les dénotations du fractionnement, les quatre enfants valent respectivement 8/16, 3/16, 3/16 et 2/16. Si on connote numériquement les alliances de l'aîné ou du benjamin avec chacun d'un des cadets conservant en propre le minimum 1/8, il vient respectivement 9/16 et 3/16 : les deux premières puissances de trois font ainsi leur apparition.

Les proportionnalités chiffrées par 1, 2, 4, 8 sont traditionnellement considérées comme signifiant les opérations relatives à des parts de

Vishnou, second dieu de la triade brahmanique. Entre Brahma le créateur et Shiva le destructeur, il est probable – pensent les analystes – que provient de Vishnou la triple division de l'Univers. Étroitement allié à Indra – le protecteur de Desaratha –, ce dieu de la préservation défend l'humanité et en prolonge l'existence par ses réincarnations. Sa transcendance est au plus haut et à l'ultime de ce qui autorise la connaissance humaine *.

Le Ramayana nous ayant de la sorte permis d'associer le moral avec le politique et aussi le théologique avec le logique, nous lui demanderons pour finir des leçons pour repenser l'histoire considérée selon sa réalité linguistique. Pour cela, nous ferons appel à un épisode marginal intervenant peu après la naissance de Rama et qui semble vouloir montrer ce qu'est la puissance du Sage et comment elle s'acquiert.

Il s'agit encore de Viswaamitra dont alors nous est rappelé – indépendamment du reste du récit, et donc comme une sorte de postulat général pour tout récit – combien ses pouvoirs étaient proches de celui des dieux.

Le roi Trisanku aimait tellement son corps qu'il voulait le conserver après sa mort. Son précepteur Vashista, sage des sages, tente en vain de le détourner de son dessein. Trisanku importune ensuite tellement les fils de Vashisa que ceux-ci le maudissent : le roi, un *Kshatriya,* deviendra un *Chandaala,* un paria; c'est sous cette forme misérable que le roi se rend à l'ashram d'un disciple de son précepteur. Viswaamitra prend pitié de son hôte, et, trouvant là bonne occasion de rivaliser avec son maître, jette, après plusieurs efforts infructueux, la coupe de ses mérites dans le feu du sacrifice. Trisanku s'élève alors dans les airs, jusqu'aux Devata, les dieux. Mais Indra, leur chef, scandalisé par l'approche de ce Chandaala, le rejette sur terre. Viswaamitra ayant gardé assez d'effets de ses mérites pour interrompre la chute, Trisanku devient une étoile, et il en attire ou appelle d'autres autour de lui. Les Devata s'inquiètent, négocient et transigent : il est de part et d'autre entendu que l'acquit est acquis, mais qu'on en restera là jusqu'à nouvel ordre.

---

* Les fractions sont à comparer avec l'organisation de boîtes de poids dont le plus petit doit être redoublé. La transcendance de Brahma-Vishnou évoque l'immanence du Yang-Yin chinois dérivant du Tao et dont dérivera l'ultime divisibilité du « Ciel d'Avant » en entités qu'un autre type de dédoublement rendra représentatives du destin sous le « Ciel d'Après ». Avec aussi le dieu égyptien Thot – connaissance cosmique – et son protégé, le dieu Horus, qui a instruit les hommes après avoir failli périr dans un combat contre un dieu aggressif et connoté 3.

Traité comme fait de science ou d'histoire, l'épisode est invraisemblable; considéré selon la logique permissive du langage capable d'exprimer aussi bien n'importe quel récit que n'importe quel raisonnement inductif ou déductif, cette même invraisemblance est révélatrice d'une ambiguïté des rapports, entre *natura naturans* et *natura naturata*, c'est-à-dire entre nature naturante et nature naturée *.

Depuis Emmanuel Kant, en effet, la science sait qu'elle n'accède pas aux choses en soi et ne traite que des représentations qu'elle s'en fait. Comme chose en soi, le ciel est hors de portée de l'acte humain, mais comme représentation, il manquait des planètes au ciel de Newton, et des hommes les y ajouteront postérieurement. La mathématique prédictive – langage humain comme est humain (bien que sur-doué, et nous y reviendrons tout à l'heure) Viswaamitra – annonce des phénomènes que les physiciens n'admettront pas avant d'avoir reçu confirmation de la « nature » : Indra. Les savants traditionalistes – les fils de Vashsista – sont les plus réticents. Un physicien contemporain – Alfred Kuhn – a remarqué qu'il faut généralement qu'une génération scientifique succède à une autre, comme Viswaamitra à Vashsista, en cherchant à faire mieux, pour qu'une proposition dédaignée – réduite à l'état de paria – soit acceptée même par les conservateurs. Ce travail de rajeunissement comporte une ascèse; il y faut résister aux séductions sociales ou aux honneurs offerts aux contestataires pour qu'ils renoncent à poursuivre le combat contre *l'establishment.* Le cas est prévu par le Ramayana : Viswaamitra ayant failli céder aux charmes de la trop belle Mananka, dépêchée par les Devata, sa réussite en est retardée d'autant.

Enfin, l'histoire mythique et celle de la science s'accordent en un autre point. Que Brahma lui-même finisse, après de longues réticences, à reconnaître en Vaswaamitra un Brahma Rishi, à l'égal de Vashita, c'est de la bouche de son illustre devancier que le nouveau promu exige d'en recevoir l'aveu. Le texte précise même qu'au cours d'un premier combat, les flèches jetées par le prétendant vers son maître ne l'atteignaient pas, détournées qu'elles étaient vers le bâton sacré que tenait à distance ce précédent tenant du titre. De même fut-ce en vain que l'idée d'une géométrie non euclidienne aura été conçue un siècle avant son heure;

---

* Nous reprenons ici une distinction proposée par les théologiens du siècle des Lumières pour faire face au naturalisme. L'homme vit dans une *natura naturata*, mais qui provient d'une *natura naturans*; passer du sacré au rationnel fera dire que tout provient d'une nature naturante que notre nature naturée met à portée de nos sens.

Euclide était encore trop fort et allait le rester jusqu'à ce que dans ses livres mêmes eussent été reconnues les raisons rendant justice à d'autres postulats sans contredire ce qui, remis en cause dans certaines conditions logiques, gardait autorité en celles que l'Alexandrin avait précisément énoncées. La science ne saurait progresser en reniant tout ce dont elle est prolongement.

Pour donner tour plus concret aux analogies que nous venons de suggérer, nous rapprocherons de l'« affaire » Trisanku une autre affaire qui a longtemps passé pour paradigme des modalités de la découverte scientifique. Il s'agit de la découverte de la planète Uranus, qui entraîna celle de Neptune. En 1781, Herschel – grâce à l'acuité de sa vision et à l'efficacité d'un télescope de son invention – aperçoit dans le ciel un astre dont il n'ose d'abord faire une planète, car Newton n'eût pu manquer d'en faire état. Il la désigne comme un astre tombant, une comète. Puis calculs et observations finissent par s'accorder : Uranus gagne droit à orbite. Pourtant, cette adjonction en nécessite une autre, pour rendre aux mouvements du ciel la régularité requise. Cette autre éventuelle planète, imaginée par Bouvard, est calculée par Le Verrier qu'encourage Arago. Mais elle n'est toujours pas visible, faute de calculs suffisamment précis permettant des observations très éloignées. D'abord contestée, Neptune est pourtant aperçue à Berlin par Galle, qui n'a cessé de faire confiance à son émule calculateur. En 1847, enfin, calculs et observations s'ajustent assez précisément pour que paraisse achevé le système solaire.

A ce stade de notre problématique, nous n'oserons encore affirmer que les deux histoires sont analogues au sens strict du mot; du moins pouvons-nous assurer qu'elles sont comparables. L'observation astronomique de Herschel est comme Indra refusant le statut de planète-étoile à Uranus-Trisanku; l'observation astronomique de Gall est comme Indra admettant à la fois Uranus-Trisanku et un accompagnement : Neptune-étoiles. Le progrès de l'astronomie est comme Vashista-Viswaamitra ajoutant au ciel des astres que Newton n'y avait pas mis. Pourquoi ces deux planètes de plus? La science le constate et son histoire raconte comment; ni l'une ni l'autre ne l'expliquent. Le mythe aussi raconte, mais en termes tels qu'il semble dire pourquoi existent des astres de plus. Certes, l'explication du mythe n'est pas « vraie »; mais il suffit qu'on la croie telle pour rendre effectifs certains savoir-faire. Ce talent, il le prête éventuellement à la science quand, pour raisons de pure pratique, elle enseigne comme vraies des connaissances auxquelles elle-même refuse tout fondement ontologique et qui ne font leurs preuves qu'en d'autres savoir-faire. Si la vérité du sacré trouve son ultime et imprenable refuge dans l'extase mystique, ce n'est pas qu'elle réponde aux pourquoi, mais qu'elle les abolit. La science d'ailleurs en fait autant quand, en facilitant l'action, elle détourne l'acteur de questions insolubles. Ce sont là des truismes, mais dont les évidences premières feront la base de notre problématique dans le but de rendre aussi intelligibles que possible les rapports entre ces deux manières de conjuguer certitude avec ignorance, pour mobiliser les énergies de la vie pensée au service de la vie à vivre.

SCHÉMA I : MODÈLES

MODÈLE I

Six orientations fixes et cardinales ou mobiles et orientables :

1-4 pivot
2-5 rotation
6-3 progression

MODÈLE II

Tétraèdre.

Six arêtes, quatre sommets pouvant être en disposition quelconque n'importe où.

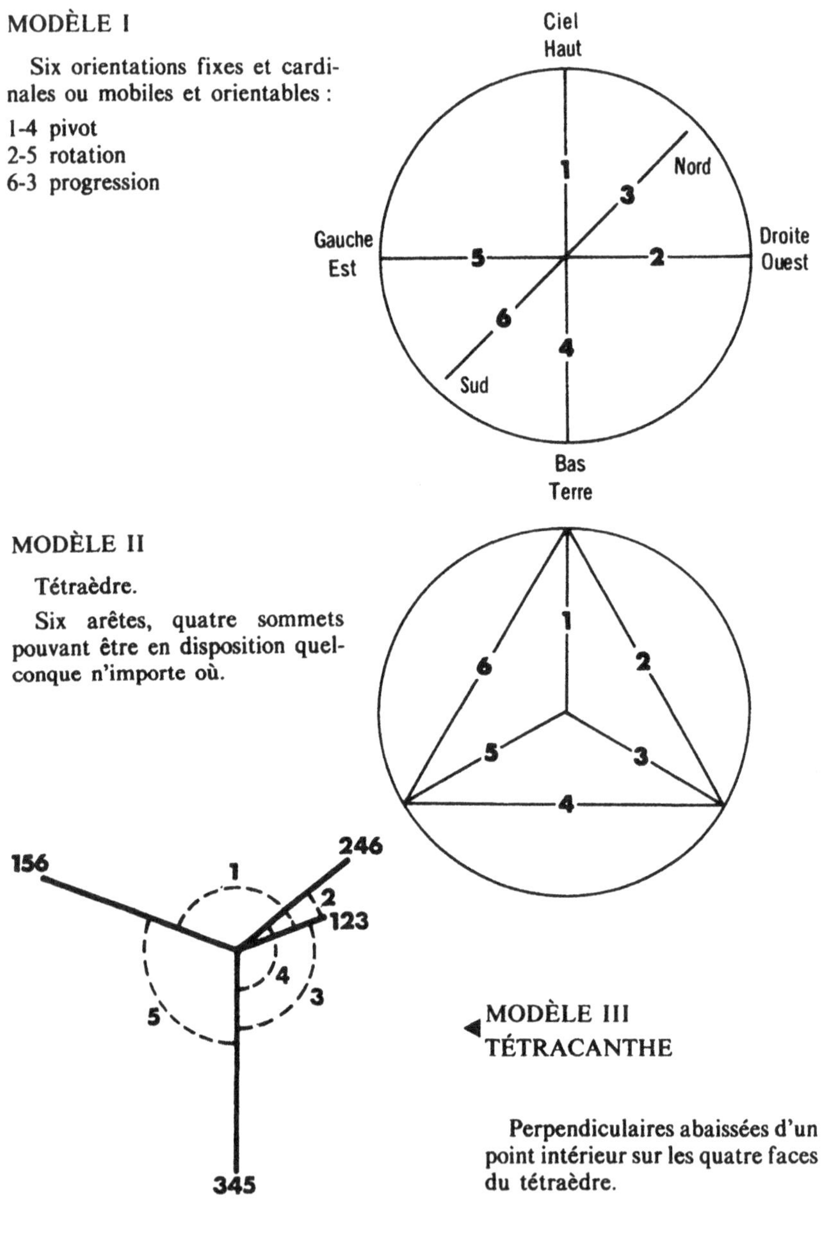

MODÈLE III
TÉTRACANTHE

Perpendiculaires abaissées d'un point intérieur sur les quatre faces du tétraèdre.

CHAPITRE 2

Les structures constantes : Horus, Fo-Hi, Descartes, Hamilton

Entre la légende qui raconte comment Trisanku devint une nouvelle planète et l'histoire qui consigne comment fut découverte Uranus, il existe des ressemblances. Mais comment y reconnaître d'incontestables analogies? La légende et l'histoire se servent du langage, ses mots et phrases successivement énoncés en font le seul moyen historiquement universel d'exprimer le plus continûment la succession d'événements et son irréversibilité : on peut corriger, non abolir ce qui a été dit ou fait. Mais aussi cette diachronie nous invite à prendre garde, tant elle aura permis qu'ait été changé ce qu'on pense de la vérité entre l'époque du Ramayana et celle de notre astronomie : l'une tire le plus grand parti de métaphores pour frapper l'imagination, l'autre veut bannir l'imagination poétique pour rendre aussi opératoires que possible, même au prix d'imaginaires rationnels, des formulations ayant à exprimer le réel.

D'une époque à l'autre, pourtant, subsiste un même type de difficultés. Terrestre, l'homme est loin du ciel, soit pour y monter, soit pour y voir. Retenons comme constante cette opposition entre le bas et le haut; elle indique une synchronie spatiale dont, par prudence, nous n'étendrons l'inventaire qu'aux trois directions ou six orientations de l'espace : bas-haut, sud-nord, est-ouest. Toute diachronie n'est pas pour autant éliminée, notamment celle du rayon visuel qui, s'il voit le Nord comme un Avant, pensera le Sud comme un Arrière, lequel ne serait visible qu'après un retournement Gauche-Droite. Nous traduirons ce minimum implicite de diachronie en chiffres – dont l'énumération aussi est diachronique, même si elle est seulement ordinale. Comme indice, chacun de ces chiffres pourrait être affecté à n'importe quelle orientation, à cette réserve près qu'il convient de souligner l'opposition entre deux orientations non visibles en même temps ou de la même manière, comme entre Ouest et Sud ou Ciel et Sous-Terre. Pour marquer le plus fortement de telles oppositions, nous y ferons intervenir le facteur 3 – cette fois un nombre cardinal – entre 1-4, 2-5 et 3-6; si, en effet, chaque direction de l'espace n'était pas à dédoubler, les trois premiers chiffres suffiraient (cf. Schéma I p. 34).

Autre similitude synchronique entre d'une part le mythe, d'autre part la science ou son histoire : ils traitent d'objets que sont les hommes ou les choses. Or le plus élémentaire des solides dans l'espace est le tétraèdre; il est constitutif de tous les autres pourvu qu'il ne soit regardé ni comme nécessairement régulier, ni de taille déterminée, celle-ci pouvant être réduite à presque rien. Notons d'ailleurs, compte tenu de l'importance de la sphéricité céleste, que quatre points définissent la surface d'une sphère et y inscrivent trois triangles sphériques. Nous en connoterons – avec la même précaution, mais pour l'instant arbitrairement – les arêtes des mêmes chiffres que tout à l'heure : le facteur 3 interviendra pour souligner que trois arêtes concourantes deux à deux en un triangle ne peuvent l'être avec n'importe laquelle de celles d'un trièdre opposé.

Pour finir, dotons ce solide tétraédrique d'une armature interne que nous appellerons tétracanthe – figure dont on verra qu'elle peut fixer le centre de gravité de masses – : on voit qu'à triangles, dièdres ou angles d'un tétraèdre correspondent respectivement les arêtes, angles ou dièdres de la figure supplémentaire obtenue en projetant d'un point intérieur de la seconde des perpendiculaires sur les faces de la première.

Présentés sur le schéma I, ces trois modèles nous suffiront pour un premier temps à l'analyse de différents types de logos, en donnant à ce mot logos sa plus large extension, celle d'une signification pouvant se manifester par mots, images, objets, gestes, actes et fabrications. Ces modèles nous permettront donc d'expliquer des mythes, mais également ce que le Yi-King chinois confère de spécifique au Tao. On verra aussi que ces modèles furent, à partir du XVIIe siècle et de la Géométrie analytique, les constituants référentiels de systèmes de coordonnées. Ces modèles se révèlent, en réalité, autant de structures constantes. Aussi les 1, 2, 4, 8 du Ramayana – partageant le payaasam fécondant – relèvent-ils de nécessités démontrées au XIXe siècle : on dirait qu'un Merlin l'Enchanteur *, le langage opératoire, a fait sortir des sous-sols de l'Histoire

---

* Edgar Quinet, *Merlin l'Enchanteur* (1860) : le progrès résulte de victoires remportées par Merlin sur Viviane qui tient enfermés les héros de l'histoire. L'explication se doit d'être mythologique.

les ressources du logos qu'une Fée Viviane y avait enfermées ou liées aux structures constantes.

Les structures transfigurées par le mythe

On doit à Mircea Eliade l'idée que les mythes archaïques font l'histoire surnaturelle d'origine de telle sorte qu'il suffit de la raconter en conditions requises pour assurer le pouvoir d'un prince ou la guérison d'un malade. Comme dans les cas précédemment tirés du Ramayana, les progrès ultérieurs de la connaissance n'ont pas totalement démenti, ni même fait abandonner des pratiques principalement fondées dans l'intuition interne et dans les vertus magiques d'expressions collectivement vécues commes vraies.

Pour les sociétés « archaïques », les Êtres surnaturels demeurent invisiblement présents dans le monde qu'ils ont visiblement créé en un temps encore à portée de mémoire. Ils ont laissé aux hommes des usages et des outillages, ainsi que des images et des mots – des mythes – qui, témoignant de créations, permettent de les réactualiser soit pour éviter que la vie de tous les jours n'érode la reconnaissance due au sacré et les pouvoirs qui la récompensent, soit pour réassurer la communauté menacée en son sentier ou en quelqu'un de ses membres, soit enfin à l'occasion de « passages » : mariage, naissance, puberté, mort. Autant d'occasions de donner au vécu un sens qu'il n'aurait pas si les vicissitudes et modalités ne reproduisaient pas la création dans la créature. La cérémonie fait alors revivre, d'un vécu intérieur à chacun et commun à tous, la puissance exaltante d'événements originels. Nous en commenterons deux exemples, l'un politique, assurant la cohérence d'un groupe autour de son dynaste; d'autres relatifs à des pratiques médicales.

Quand une princesse hawaiienne est enceinte, on danse et on récite le *Kumulipo*, hymne généalogique rattachant la famille royale aux dieux, aux ancêtres divinisés, ainsi qu'à toutes choses existantes. Chez les Na-Ki, des Thibétains vivant dans le Yun-Nan, on guérit en racontant comment, aux origines, les Garudas ont lutté contre les Nâgas, auteurs de maux. Chez les Bhils, on purifie la place près du lit en y dessinant un mandol ou mandala, témoin des origines du monde.

Pour la science, l'évolution embryonnaire n'est que physiologique et n'a que faire des origines cosmiques de l'Univers. Certes, la physiologie embranchée sur la physique n'est pas théoriquement coupée de l'astrophysique, ayant à se poser le problème des origines cosmiques de la matière; mais entre médecine et astrophysique, la distance est pratiquement si grande, à la mesure de l'épaisseur historique qui nous sépare des sociétés archaïques, que mieux vaut ne pas penser à la seconde quand on recourt à la première.

Les pratiques politiques sont plus conservatrices. Le temps n'est pas si loin où, à l'avènement d'un roi – sa naissance au pouvoir –, il fallait qu'un sacre rende divin son droit héréditairement légitime. Il en subsiste quelque chose dans les protocoles des démocraties, plus encore dans les préceptes de la légalité. La délibération et le contenu d'une loi ne sont authentifiés que s'ils sont conformes à une Loi Fondamentale, écrite ou non, elle-même fondée dans le Droit naturel qu'explicite éventuellement une préalable Déclaration des Droits. Jeremy Bentham a consigné parmi ce qu'il appelle des sophismes parlementaires cette subordination des lois à une Loi, les unes et l'autre souvent votées par des Assemblées semblablement issues du suffrage. Selon lui, cette référence à une antériorité purement événementielle n'a rien de rationnel. Effectivement historico-mythique, elle n'en a pas moins pour vertu de rassurer le citoyen en entourant le gouvernement de contraintes qui, héritées du passé, imprègnent d'immanence les précautions prises contre l'arbitraire. A plus forte raison subsiste-t-il quelque chose qui ressemble à des conflits de mythes dans guerres, révolutions ou coups d'État.

Insistons sur le cas des thérapeutiques. Celles des sociétés archaïques paraissent aux antipodes des nôtres; elles ne les contredisent pourtant pas et le font d'autant moins que l'on tient plus grand compte des facteurs psychiques dans les maladies organiques. La psychanalyse invite à une remontée historico-interne en direction du Ça fait de pulsions communes à tous les hommes. Freud a contesté Jung et ses appels à des archétypes, mais il reconnaît en chacun des transfigurations par symbolisations qui, propres à chaque individu, sont communes par leurs processus. La psychiatrie, après avoir substitué la médication à l'enfermement, tend à remplacer le médicament par une réinsertion dans le milieu, même s'il faut changer de milieu pour qu'elle se fasse mieux.

Roger Bastide a montré dans ses études d'Africains que, plus fragiles psychiquement, ils sont plus aisément guérissables. L'éducation du

« civilisé » confère à ses structures mentales des assises historico-logiques; elles en assurent la solidité, mais en rendant la rupture bien plus difficile à colmater. Durkheim avait déjà attribué à l'« anomie » – mauvaise réinsertion dans la collectivité – des effets éventuellement mortels. L'histoire de la médecine présente grossièrement trois étapes : Avicenne encore procéda à des cures où le psychique guérit l'organique. Devenant expérimentale, la médecine fit prévaloir le somatique. Ce dernier ne lui suffit plus. Des maladies peuvent provenir de la différence entre ce qu'on croit être et ce qu'autrui en croit ou voudrait croire. Ce défaut est pallié dans les sociétés archaïques quand un mythe collectivement vécu comme vrai renvoie aux origines cosmiques d'un monde semblable pour tous. En tout état de cause, le mythe est demeuré nécessaire comme facteur d'identité mentale ou d'identification politique. Comment donc du mythe qui s'en remet d'abord à l'expérience interne des émotions, l'histoire a-t-elle conduit à la science impassible qui ne se fie seulement qu'à des expérimentations externes qu'elle formalise logiquement? Le commentaire que nous avons précédemment proposé d'épisodes du Ramayana encourage à chercher dans le mythe lui-même une réponse que la science ignore quand, en se référant exclusivement à l'abstraction et à l'expérimentation physique, elle s'interdit les émotions.

Avant d'entreprendre ce parcours, relisons un texte significatif de Claude Lévi-Strauss : (*Mythologiques*, II, p. 14).

« Le point de départ des considérations sur lesquelles s'ouvrait *le Cru et le Cuit*, premier volume de ces *Mythologies*, était un récit des Indiens Bororo du Brésil central évoquant l'origine de la tempête et de la pluie (M 1). Nous commencions par démontrer que, sans postuler un rapport de priorité entre ce mythe et d'autres mythes, on pouvait le ramener à une transformation par inversion d'un mythe dont on connaît plusieurs variantes provenant de tribus du groupe linguistique gé, géographiquement et culturellement proches des Bororo, et rendant compte de l'origine de la cuisson des aliments (M 7 à M 12). En effet, tous ces mythes ont pour motif central l'histoire d'un dénicheur d'oiseaux, bloqué au sommet d'un arbre, ou d'une paroi rocheuse à la suite d'une dispute avec un allié par mariage (beau-frère – mari de sœur – père dans une société de droit maternel). Dans un cas, le héros punit son persécuteur en lui envoyant la pluie, extinctrice des foyers domestiques. Dans les autres cas, il rapporte à ses parents la bûche enflammée dont était maître le jaguar : il procure donc aux hommes le feu de cuisine au lieu de le leur soustraire.

« Notant alors que, dans les mythes gé et dans un mythe d'un groupe voisin (Ofai, M 14) le jaguar maître du feu occupe la position d'un allié par mariage, puisqu'il a reçu des hommes son épouse, nous avons établi l'existence d'une transformation qu'illustrent, sous sa forme régulière, des mythes provenant de tribus tupi limitrophes des Gé : Tenetehara et Mundurucu (M 15, M 16). Comme dans le cas précédent, ces mythes mettent en scène un (ou cette fois plusieurs) beaux (x) frères (s), qui sont des « preneurs » de femmes. Mais, au lieu qu'il s'agisse d'un beau-frère animal, protecteur et nourrisseur du héros humain personnifiant le groupe de ses alliés, les mythes dont il est maintenant question racontent un conflit entre un ou plusieurs héros surhumains (démiurges et apparentés) et leurs alliés humains (maris des sœurs) qui leur refusent la nourriture; en conséquence de quoi ils sont transformés en cochons sauvages, plus précisément en tayassuidés de l'espèce queixada *(Dicotyles labiatus)* qui n'existaient pas encore et que les indigènes tiennent pour le gibier supérieur, figurant la viande dans la plus haute acception du terme.

« En passant d'un groupe de mythes à l'autre, par conséquent, on voit qu'ils mettent tantôt en scène un héros humain et son allié (par mariage) : le jaguar, animal maître du feu de cuisine; tantôt des humains, maîtres de la viande. Bien qu'animal, le jaguar se conduit civilement : il nourrit son beau-frère humain, le protège contre la méchanceté de sa femme, se laisse ravir le feu de cuisine. Bien qu'humains, les chasseurs se conduisent sauvagement : conservant toute la viande pour leur usage et jouissant immodérément des épouses reçues sans offrir de contrepartie sous forme de prestations alimentaires :

a) [Héros humain/animal] $\Rightarrow$ [Héros surhumains/humains]

b) [Animal, beau-frère civil $\Rightarrow$ [Humains, beaux-frères

    mange-cru] sauvages mangés cuits]

« Cette double transformation se répercute aussi sur le plan étiologique, puisqu'un des groupes de mythes concerne l'origine de la cuisson des aliments et l'autre, l'origine de la viande, soit le moyen et la matière de la cuisine respectivement :

c) [Feu] ⇒ [Viande]

« Tout en offrant des constructions symétriques, les deux groupes sont aussi en rapports dialectiques : il faut que la viande existe pour que l'homme puisse la cuire; cette viande, évoquée par le mythe sous la forme privilégiée de la chair du queixada, sera cuite pour la première fois grâce au feu obtenu du jaguar dont les mythes ont soin de faire un chasseur de cochons. »

Nous avons retenu ce texte comme exemplaire, non qu'il soit plus pertinent à notre problématique que le reste des *Mythologiques*, mais parce qu'il est introduit par les mots : *Pour l'Accord*. Avant de le commenter en détail, proposons quelques réflexions générales. La première, plus qu'une lapalissade, sera que pour cuisiner, il ne suffit pas de raconter les origines de la cuisine. Si ces « sauvages » attachent à comprendre « gratuitement » des praxis concrètes une importance non moindre qu'à des rites médicaux dont l'efficacité entière vient du récit, c'est que, dans le premier cas, un mythe élève dans la mythologie explicative, globale et collective, le degré de puissance persuasive requise par le second cas.

Notre seconde remarque dira que nos propres analyses ne porteront pas sur un ou des mythes à l'état brut, mais sur ce qu'ils sont devenus à la suite d'un traitement où l'intelligence consciente de l'anthropologue a retrouvé des règles d'organisation qui se sont imposées à des groupes culturels voisins, lesquels ont autant à s'identifier chacun qu'à se ressembler en vertu d'une même logique dont ils n'ont pas élucidé d'eux-mêmes et tous ensemble un lot commun de principes. Chaque groupe et ces groupes ont fabriqué les éléments d'une construction, disons les éléments d'un jeu de casse-tête dont l'anthropologue a trouvé la solution. Nous nous contenterons ici d'indiquer une méthode grâce à laquelle, pièce à pièce, tout l'ensemble amérindien syncrétisé par Claude Lévi-Strauss apparaîtrait justiciable de la même consistance logique.

Claude Lévi-Strauss nous prévient qu'il a recouru à des transformations par inversions; leurs complémentarités nous apparaissent soit comme celles des orientations dans l'espace, soit comme celles imposées pour construire les plus élémentaires des solides dans l'espace. Dans le premier cas, nous repérons aussitôt que le héros bloqué au sommet d'un arbre ou d'un rocher est un haut opposé au plan horizontal du sol habité par les siens – quadrant positif droite-avant – ou par ses ennemis – quadrant négatif gauche-arrière. Le second cas se rapporte aux disputes entre beaux-frères; il fait donc intervenir une structure de parenté à quatre (non à six) acteurs, ajoutant par exemple le frère de la mère aux deux parents et à l'enfant. Nos deux modèles I et II conviennent respectivement à ces deux cas; et comme une distinction intervient entre le bon et le méchant, nous nous contenterons ici de rapporter la distinction bien-mal à telle autre comme droite-gauche. Cette dernière n'étant évidente que sur le Modèle I, alors que les rapports de parenté ne sont aisément figurables que sur le Modèle II, nous sommes invités à recourir expressément tantôt à l'un, tantôt à l'autre – et alors diachroniquement, mais tout en les pensant implicitement comme équisignifiants et donc synchroniques.

En bref, nous serons au total confrontés, comme l'auteur des *Mythologiques*, à une double dialectique entre le spatial et le temporel ainsi qu'entre le symétrique et le dissymétrique. Mais alors que l'anthropologue s'appuie d'abord sur des constats vécus, nos propres raisonnements iront en sens inverse à partir soit des propriétés de l'espace et de leurs traductions analogiques en sèmes ou morphèmes, soit des conditions imposées à toute construction dans l'espace, elles aussi traduites mais en faisant plus analytiquement valoir les rapports entre sèmes et morphèmes.

Mieux que de trop longs discours, les schémas II et leurs tableaux offrent à un seul coup d'œil les structures constantes régissant impérativement les corrélations entre acteurs et rapports d'action, mais en laissant toute liberté à la désignation-nomination de ces acteurs ou de ces rapports. A ces schémas et tableaux, peu de mots sont à ajouter. Ce sera d'abord pour souligner que le jaguar est surnaturellement actif alors que le tayassuidé est naturellement passif – offert au mangeur – bien qu'il provienne d'une métamorphose surnaturelle. C'est eu égard à cette différence que nous nous sommes autorisés à aplatir le Modèle II pour en faire un carré dont le côté 4 est « réel » et le côté 1 virtuel, comme il advient dans la géométrie optique – Claude Lévi-Strauss s'y réfère en une autre occasion – opposant par symétrie dissymétrique l'objet réel à l'image virtuelle qu'en donne une lentille dont le centre serait à situer au point de rencontre des diagonales feu-viande. Quant à l'orientation de ce Bas – sous-sol enfermé sous le plan horizontal –, elle est évoquée plutôt qu'explicitée à propos des Mundurucu, mais avec d'intéressants détails

SCHÉMAS II : LE CRU ET LE CUIT

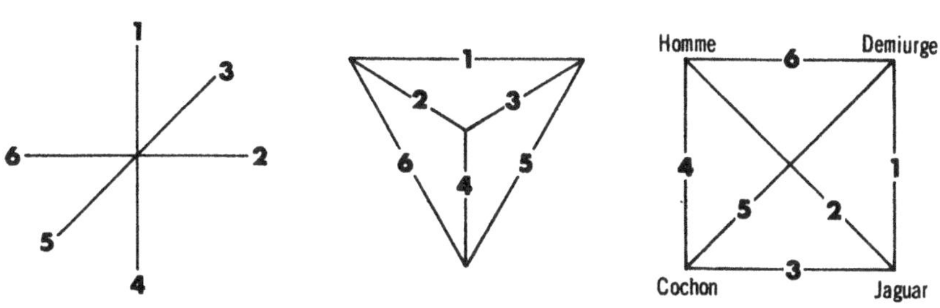

	Bororo	Gé	Mundurucu
MODÈLE I			
Orientations	Sémantisations analytiques		
Haut (1) actif	Héros bon	aidé du Jaguar	Démiurge
Plan bon (2,3)		reçoit le feu	Chasseurs
Plan mauvais (5,6)	Feu éteint		Cochons chassés Le chasseur devient chassé
Bas (4) passif	Rien n'est dit de la viande		
	Sémantisation syncrétique		
MODÈLE II	Éléments		
Arête I	Différence entre deux surnaturels : jaguar, démiurge		
Triangle 123	Le Jaguar		
Triangle 156	Le Démiurge		
Triangle 246	L'homme civil (arête 2) ou sauvage (arête 6)		
Triangle 345	Le Feu (produit par arête 3) et la Viande (arête 4)		
MODÈLE I	Sémantisation syncrétique		
Direction 1-4	Le surnaturel peut transformer un homme en cochon L'homme civil dispose de viande grâce au démiurge		
Direction 2-5 Direction 6-3	D'un acte incivil résulte que l'homme peut manger cuit alors que le Jaguar mange cru		
	Résumé quadrangulaire		
Côté 1	Le surnaturel est soit jaguar soit démiurge		
Côté 6	L'homme peut violer une règle		
Côté 4	L'homme devient viande ou s'en nourrit		
Diagonale 2	Le Jaguar offre le feu		
Diagonale 5	Le démiurge offre la viande		

permettant justement à l'auteur de prolonger du côté des biens culturels traités dans le *Cru et le Cuit*. La transformation de mauvais hommes en viande comestible s'opère dans une prison de plumes mise à feu ou enfumée par le tabac. La plume est naturellement légère, elle devient surnaturellement pesante comme les parois et plafonds d'une grotte fermée. Le feu et la fumée s'élèvent naturellement, ils deviennent les instruments d'un abaissement de la condition d'homme à celle d'animal comestible.

Encore s'agissait-il ici de mythes dont la logique n'apparaissait que grâce aux patientes analyses et synthèses effectuées par un anthropologue contemporain, disposant donc d'images et raisonnements ignorés de ses « sauvages ». L'optique géométrique, par exemple, aura dû attendre les Arabes héritiers d'Euclide. En revanche, la tâche d'assembler un puzzle dont les pièces étaient éparses a pu être spontanément remplie par des mythes plus « civilisés » qui ont syncrétisé les récits propres à des groupes distincts avant d'être réunis dans un même Empire. Ces cas évitent un reproche d'anachronisme, mais on en peut prévoir qu'ils rendront plus longs les chemins à parcourir entre mythes protohistoriques et sciences modernes.

Parmi les mythes déjà civilisés, nous aurons à choisir les plus anciens dont seuls on peut attendre qu'ils conjoignent les leçons de Mircea Eliade – le mythe relate des origines cosmiques assurant la consistance unitaire entre le primordial et l'actuel comme entre le dit et le fait – à celles de Claude Lévi-Strauss et à ses structures parentales. Nous aurions l'embarras du choix si trop de documentations lacunaires ne nous obligeaient à des reconstitutions non improuvables, mais à trop grande peine. Mayas, Aztèques, Chaldéens, Égyptiens, entre autres, ont peuplé le surnaturel de dieux-nombres et l'ont fait selon des logiques si spontanées qu'on les retrouve homologues de part et d'autre de l'Atlantique. Mais c'est seulement de l'Égypte que nous a été conservé dans sa quasi-intégralité un mythe qui se rapporte à une querelle intervenue au sein de la parenté originellement unitaire du Cosmos.

Avant de proposer un bref résumé du récit détaillé par Plutarque et par les inscriptions des Pyramides, donnons encore deux indications. La première est que le même mythe, en d'autres épisodes que ceux retenus ici, raconte l'invention de la médecine et la lie à une faute morale; la seconde remarque sera que sauf pour sa partie arithmétique, le fameux mythe d'Isis et d'Osiris est semblable à beaucoup d'autres, hors d'Égypte, soit qu'ils en aient été inspirés, soit, le plus souvent, que de mêmes nécessités logiques aient produit des récits similaires. Voici celui que nous avons choisi.

Ra, le Soleil, a pour épouse Nout, le Ciel, qui le trompe avec Gleb, la Terre. Ra, en colère, sépare les deux amants; sa lumière se répand entre eux. En outre il interdit que Nout puisse enfanter en aucun mois de l'année, laquelle comptait alors 360 jours. Mais Thot, maître du calcul, jouant aux dés avec la Lune, lui gagne cinq jours; le calendrier en sera déréglé et cinq enfants vont naître : Osiris, Haroeris, Seth, Isis et Nephtys. Isis était prédestinée à Osiris, mais Seth la convoite et met à mort son frère. Isis (aidée de Nephtys) ressuscite son époux le temps qu'il faut pour en concevoir un fils, Horus, lequel réduit à l'état de doublet prémonitoire Haroeris, dit aussi Horus l'Ancien. Horus grandit, venge son père dans un combat où son œil est blessé, divisé en six fragments valant 1/2, 1/4, 1/8, 1/16, 1/32 et 1/64 d'œil. Qu'on fasse la somme de ces morceaux, on ne retrouve pas l'unité; y manque 1/64. Mais Thot, qui est aussi oculiste et dont le scapel est un croissant de lune, rétablit ce qui manque par un souffle qui rend vie à la vue.

Les fêtes inscrites dans le calendrier égyptien célèbrent les épisodes du mythe; l'une d'elles est consacrée aux yeux d'Horus. Aucune ne fait mention du calcul fractionnaire. Plutarque non plus, dans son traité d'Isis et Osiris; surtout soucieux d'assimiler les dieux des Égyptiens aux dieux des Grecs, il ne s'attache pas aux manières différentes qu'ils ont de calculer. La conclusion de l'épisode final du mythe n'intéresse ni les foules égyptiennes, ni le prêtre d'Apollon delphien, mais seulement les scribes qui ont vécu comme sacré leur savoir profane. Bien après qu'ils eurent appris à calculer n'importe quelle somme ou produit de n'importe quelles fractions – calcul au cours duquel apparaissent des numérateurs quelconques –, les scribes s'interdiront d'écrire leurs résultats autrement qu'en une somme de fractions de numérateur unitaire. Il y faut des efforts et une adresse rationnellement inutiles, mais dont la récompense est promise par le titre d'un traité arithmétique conservé par le papyrus de Rhindt : *Le calcul fractionnaire ouvre la connaissance sur toutes choses visibles et invisibles.* On ne dit pas comment, mais si on remonte le cours des événements du mythe, c'est bien au Cosmos qu'on aboutit, et

SCHÉMA III

L'ŒIL D'HORUS

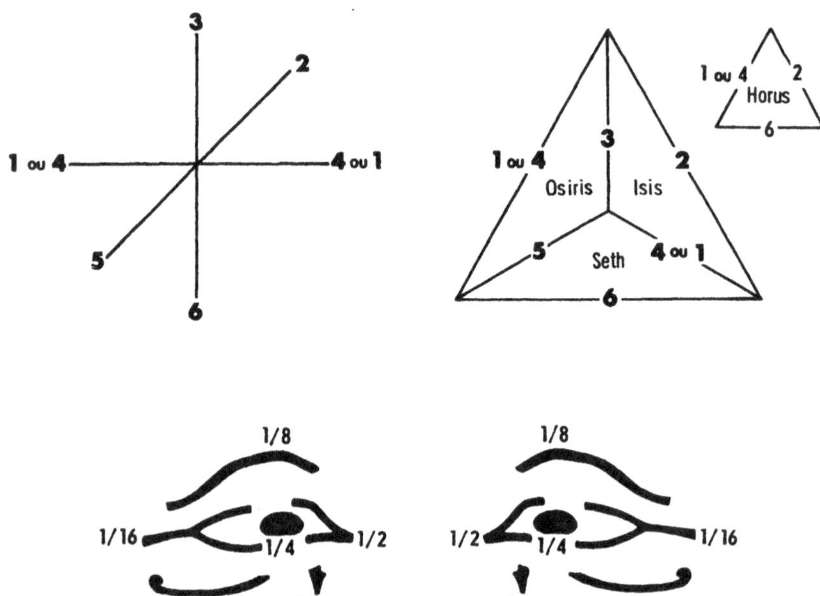

MODÈLE II

Éléments	Sémantisations discursives
Trièdre 1 (ou 4) 2 3	Isis conçoit d'Osiris (mort) leur fils Horus
Triangle 4 (ou 1) 5 6	Les rapports de Seth sont ambigus avec Isis et hostiles avec Osiris et Horus
Arête 1 ou 4	Osiris procréé, événement heureux, mais après sa mort, sinistre
Arête 3 (hauteur)	Osiris et Isis forment un couple royal
Arête 2 (en avant)	Isis assure une descendance au couple royal
Arête 5 (regression)	Seth assassine son frère royal
Arête 6 (le bas)	Seth combat Horus et le prive de la vue
Arête 4 ou 1	Seth aime Isis mais d'un amour coupable

Le modèle I s'interprète de lui-même en fonction de l'œil d'Horus et de ses fractions dont les dénominateurs sont les six premières puissances de 2.

à une *natura naturans* sous-tendant la *nature naturata* du calendrier (cf. Schéma III).

L'Égypte nous met donc en présence de trois produits de la pensée : un mythe, une science exacte (le calcul fractionnaire) et ce que nous conviendrons d'appeler une mytho-science, relative notamment au calcul de l'année. En Égypte comme chez les Sauvages, l'accent est d'abord mis sur la parenté, ses règles et les effets de leurs violations. Mais alors que l'analyse de Claude Lévi-Strauss paraissait annoncer la conception d'une géométrie, c'est à une arithmétique des fractions que nous avons été conduits. Les savoirs des constructeurs des Pyramides étaient-ils déjà trop avancés pour que ceux-ci s'interrogent sur la *natura naturans* de formes déjà assez banalement *naturata* pour que les tombeaux sacrés, ayant été construits à degrés avant de revêtir faces lisses, tirent leurs plus impressionnantes significations de leur taille plutôt que de la simplicité de leurs formes? L'hypothèse ne pourra paraître plausible qu'à la suite de ce que nous apprendrons de mytho-sciences grecques que nous aborderons tout à l'heure. Constatons pour l'instant que les quatre faces lisses des grandes Pyramides inscrivent leur élévation selon les quatre points cardinaux.

Dès lors se demandera-t-on si les fractions de l'œil d'Horus, division de la vision, ne renverraient pas aux six orientations de l'espace contenant, plutôt qu'aux prescriptions que cet espace impose à tout ce qu'on y repère, y construit ou y fabrique. Une réponse immédiate nous est alors fournie par les manières archaïques dont les scribes écrivaient les six premières fractions binaires. Ce sont des morceaux d'œil – œil de faucon sacralisé à cause de l'acuité qu'on attribuait à son regard – et dont il apparaît comme évident qu'ils signifient respectivement : droite, avant, haut, gauche, arrière, bas; et cela de telle sorte que, la banale expérience instruisant que si la direction haut-bas est « naturellement » invariable alors que la direction gauche-droite se prête le mieux à signifier retournement (ce sera là un des premiers sujets traités par Emmanuel Kant), ce même échange possible entre la droite et la gauche est attesté par les textes arithmétiques où les fractions 1/2 et 1/16 sont de signification ambiguë selon qu'on lit dans un sens ou dans l'autre les deux morceaux correspondants de l'œil droit ou gauche.

Qu'on ait ordinairement rapporté à l'éthologie zoologique le choix du faucon, lequel se distingue par sa façon de baisser plus ou moins ses paupières – faisant alors penser que ses manières de regarder correspondent à ce qu'on peut voir de la lune selon ses phases –, n'a que valeur référentielle concrète tirée de la nature naturée, alors que le mythe renvoit à une *natura naturans* : celle où les orientations de l'espace doivent être nécessairement pensées pour situer le visible, bien qu'elles ne puissent être directement concrétisées par rien de fixe qui ne soit pas dans l'espace mais de l'espace même. Le mythe a effectivement sacralisé deux abstractions – arithmétique et géométrique – en les rapportant l'une à l'autre.

Quand Proclus, au Ve siècle de notre ère, étudiera les origines de la géométrie d'Euclide, il affirmera que les angles ont été anciennement des dieux. Aucune mythologie ne l'atteste, alors que tant le font de nombres-dieux. Ce que Proclus lui-même suggère à cet égard fait penser aux signes du zodiaque qui peuvent être pertinemment situés sur les douze angles d'un trétraèdre; mais mise en situation n'est pas identification, et il est malaisé de rapporter à un polyèdre les figures inscrites sur la sphère céleste, bien que le célèbre Kepler lui-même ait, en ses premières années, et comme tant de ses devanciers, peuplé le ciel de telles figures. Le cas de la géométrie serait donc particulier en ceci que, comme pure géométrie, il associe aux plus banales des expériences concrètes la science qui s'est la première constituée en un corps homogène de démonstrations (cf. Schéma IV).

Pour trouver le fin mot de ce paradoxe, nous allons procéder récursivement. Il aura fallu attendre plus de deux millénaires pour qu'à l'axiomatique géométrique d'Euclide s'ajoute celle de l'arithmétique avec Péano. Aujourd'hui encore, c'est à cause des nombres que la logique formelle bute sur l'hypothétique. On conçoit l'importance que des mythes ont pu durablement leur attacher. Que l'histoire n'ait pas conservé de mythes relatifs à la forme comme forme n'implique pas qu'il n'y en ait pas eu, mais plutôt qu'ils soient le plus immédiatement devenus des mytho-sciences. Nous verrons ultérieurement que la Chine confirme l'hypothèse. On s'en tiendra pour le moment à la mytho-physique grecque dont le règne aura duré presque jusqu'au XIXe siècle.

La théorie d'Empédocle sur les origines et l'organisation du monde ne fait pas allusion à la parenté ni à des cas concrets de violations de règles. Mais elle part d'un principe qui en résume l'essentiel : tout a été formé à

SCHÉMA IV : EMPEDOCLE

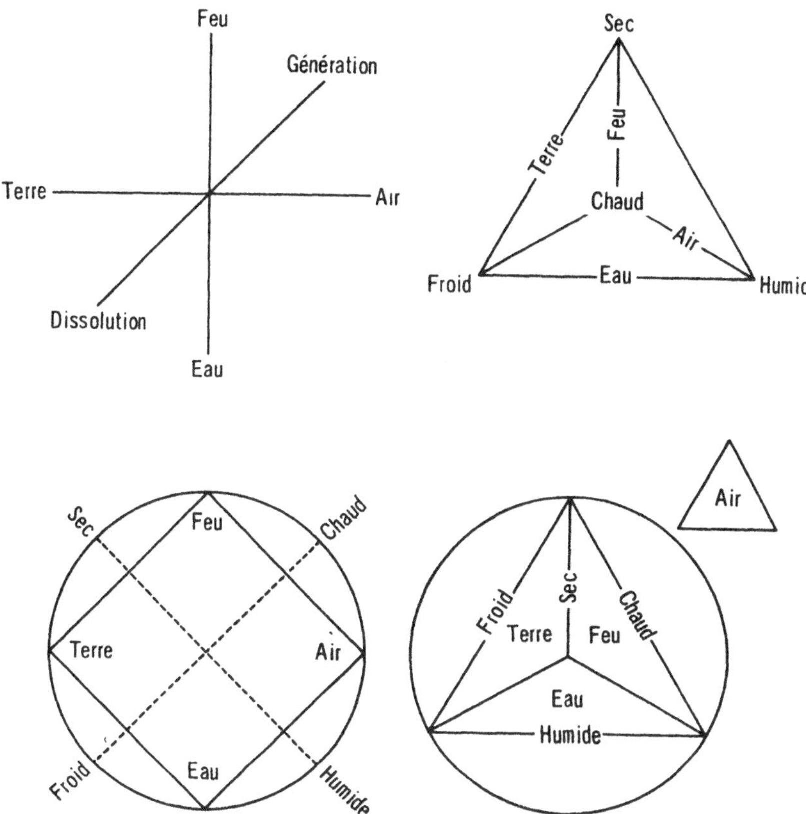

Diagramme classique   Modélisation du diagramme classique

Le Modèle I convient surtout pour opposer les « lieux naturels » du Feu et de l'Eau. L'adjonction de l'opposition corruption ou dissolution et régénération est de notre fait. Le Modèle II n'est homologue au Modèle I que si on place les Qualités aux sommets du tétraèdre, mais alors ne peut-on montrer l'incompatibilité entre les Qualités Chaud-Froid ou Sec-Humide. L'évidence de cette incompatibilité entre les « contradictoires » n'apparaît que sur une modélisation du diagramme traditionnel. Dans ce cas deux arêtes du trièdre restent sans signification sauf à donner arbitrairement à l'une et à l'autre le sens de « contraires ». Nous reviendrons dans la Deuxième Partie sur ces difficultés pour les résoudre. Quant à corruption-régénération, leur alternance se répète sur les quatre quadrans du cercle de la représentation classique : l'étude en sera reprise au chapitre VIII.

partir de l'opposition amour-haine. Cette binarité sémantique explique les autres : le feu ne peut pas coexister avec l'eau, ni la terre avec l'air. Disposons ces quatre Éléments aux sommets d'un carré : les diagonales prendront la signification de contraires. Inscrivons ce carré dans un cercle : le parcourir permettra de situer des mélanges, par exemple de terre et d'eau. Et comme le sec peut devenir chaud mais non humide, de même que le chaud ne peut pas être froid, les deux diamètres opposant deux à deux ces quatre Qualités signifieront « contradictoires ». Aristote achèvera cette Physique dont le modèle géométrico-sémantique (encore retenu comme logiquement essentiel par Leibniz) peut servir aussi à situer les quatre propositions du syllogisme : une proposition universelle affirmative est incompatible avec une proposition universelle négative ayant mêmes termes pour sujets et pour attributs, alors qu'il est possible que si quelques Athéniens sont grands, quelques autres soient petits.

Pour Aristote, les transformations naturelles sont cyclophoriques – l'eau peut devenir air-vapeur – mais selon un cercle dont les diagonales ne sont pas traversables. Proposition fondamentale en ce qu'elle nous permet d'établir un lien entre la logique aristotélicienne et la vénération que les scribes attachent à l'unité. Tout cercle est un cercle, il est l'Unique au-delà duquel, s'il est imaginé le plus grand, rien n'existe. Le cercle (les petits partageant cette propriété avec les grands) peut être divisé. Analogiquement, le mouvement circulaire est naturel – un dieu l'a mis une fois pour toutes en marche avant de se désintéresser du monde. Le mouvement linéaire ne peut être – toujours pour Aristote – que « violent », c'est-à-dire artificiel selon des vues mécaniciennes qui dureront jusqu'à Galilée.

Tout ce qui se meut sur terre – plante croissant de racines, animaux se déplaçant, pensée humaine qui progresse – le fait grâce à trois types d'âmes toutes provenues du Ciel en rotation. De cette mytho-logique s'inspireront d'autres mytho-sciences, telles que l'astrologie ou l'alchimie.

Les Grecs, enfin, ont répondu à une autre question. Les figures géométriques que l'on vient d'évoquer sont planes; mais la nature est faite de « solides ». Le *Timée* de Platon donne aux quatre Éléments la forme de polyèdres réguliers inscriptibles dans la sphère. Le Feu-Lumière y est un tétraèdre; avec ses quatre faces et ses quatre sommets, il représente aussi l'univers des dieux-astres chargés par le démiurge de poursuivre la création d'un monde auquel son omniscience cesse de s'intéresser après qu'elle l'a doté des quatre formes fondamentales, dont la seconde, le cube, est la Terre invisible sans la lumière. Quand on découvrira – peut-être Platon lui-même, ou en tout cas peu après lui – que les polyèdres pouvant paver l'espace sont au nombre de cinq, alors s'ouvriront les infinis débats sur la Quintessence.

Au point où nous sommes parvenus, le mythe n'est plus le mythe au sens où l'entend l'anthropologie des sociétés sauvages. Mais, au sens générique du terme, il n'en cesse pas moins d'être actif. Et s'il l'est dans des mytho-sciences, c'est qu'il l'est plus encore dans les sacralisations collectives où celles-ci s'inscrivent. La Chine nous en offre le plus remarquable exemple.

Au moment où Confucius décida d'y consacrer les dernières années de sa vie, le Yi-King était déjà bien plus que ce qu'il était devenu vulgairement : une collection de signes à l'usage d'oracles ; les lettrés y voyaient le support d'une méditation sur soi et sur le monde. Son élaboration avait traversé trois phases. D'abord l'Empereur mythique Fo-Hi dessine le Yang en un trait continu et le Yin en un trait interrompu et il les regroupe en trigrammes, donc au nombre de huit. Puis le roi Wenn – lointain ancêtre des Tchéou – accouple les trigrammes en hexagrammes, donc au nombre de 64, et il établit l'ordre de leur succession. La tradition attribue les hexagrammes de Wenn au séjour en prison auquel un usurpateur avait condamné ce roi illégitimement déchu. Les ajouts apportés par Wenn à Fo-Hi peuvent donc être supposés provenir de ce que les vicissitudes diachroniques de l'histoire événementielle des hommes n'auraient pas permis de considérer comme suffisants les huit trigrammes originels, même s'ils ne sont pas eux-mêmes que synchroniques. Enfin, troisième étape, les hexagrammes donnent lieu chacun à des réflexions d'ordre interprétatif, sortes de modes d'emploi déjà suffisamment fixés par l'usage sous forme de *Commentaires,* pour que Confucius et son École, qui les enrichiront, en respectent l'essentiel et évidemment d'abord les noms invariablement donnés aux figures ou *Koua,* tels que tout hexagramme composé de deux trigrammes identiques en conservent l'appellation.

Les trois étapes que nous venons de rappeler sont peut-être effectivement historiques ; en tout cas, à en croire les *Commentaires* eux-mêmes,

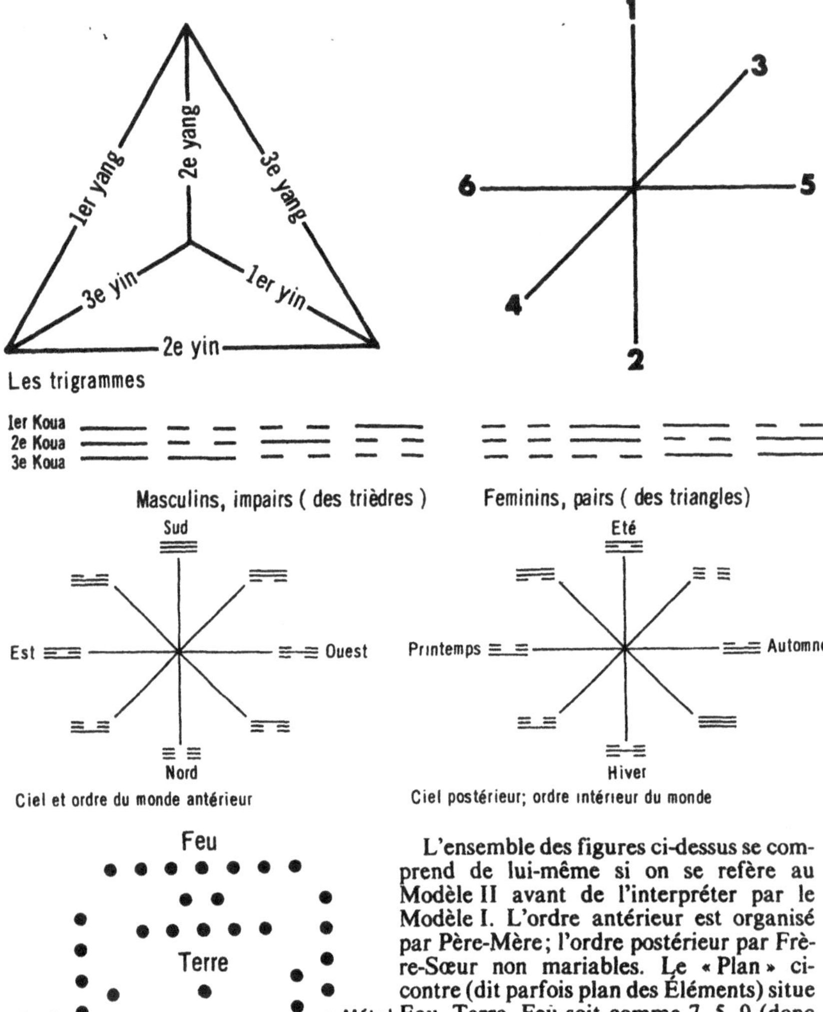

L'ensemble des figures ci-dessus se comprend de lui-même si on se réfère au Modèle II avant de l'interpréter par le Modèle I. L'ordre antérieur est organisé par Père-Mère; l'ordre postérieur par Frère-Sœur non mariables. Le « Plan » ci-contre (dit parfois plan des Éléments) situe Eau, Terre, Feu soit comme 7, 5, 9 (donc comme 3, 1, 5) soit comme 12, 15, 14 et laisse alors 11 et 13 pour Bois et Métal; si on en soustrait 10, ces nombres deviennent 1, 2, 3, 4, 5. Le Chapitre IV reviendra sur cette ambiguïté entre le décimal et les cinq premières puissances conduisant de 2 à 32. Cf. illustrations hors-texte 1 et 2.

les expressions verbales qu'ils ajoutent aux figures ne sont jamais à considérer comme capables de prévaloir sur ce que ces dernières suggèrent non verbalement. Les tentatives d'érudits qui ont espéré trouver dans les Koua les origines de l'écriture chinoise n'ont pas résisté à l'épreuve et sont aujourd'hui tenues pour fantaisistes. Il suffit de lire les *Commentaires* pour constater – fût-ce seulement déjà à travers des traductions dont les variantes parfois contradictoires et toujours surprenantes prouvent la difficulté – que les auteurs originaux ont pris toutes précautions nécessaires pour qu'en aucun cas on ne puisse s'en remettre aveuglément à des paroles capables, comme la langue, de se prêter indifféremment au vrai et au faux. De là des obscurités voulues afin que l'indicible ne soit pas traîtreusement dissimulé sous le dicible, même si, par détours prudents, le dicible peut aider les néophytes à intérioriser dans le silence la signification de traits muets mis en positions muettes aussi. Le discours n'est ici qu'un pis aller dont il faudra bien que nous-mêmes nous servions après cette préalable mise en garde.

Force nous sera bien d'emprunter quelques mots aux *Commentaires* relatifs aux hexagrammes pour interpréter les trigrammes, mais c'est à ces derniers seulement que nous réserverons notre attention.

Chacun de ces trigrammes doit être lu de bas en haut, comme la plante s'élevant du sol vers le ciel. Sauf les deux cas où ils sont tout Yang et tout Yin, c'est le monogramme unique qui rend le trigramme Yang ou Yin, car « là où deux commandent, nul ne commande ». Pour le reste, il suffit de s'en remettre à de visibles évidences sur lesquelles repose la logique du Tao.

La division en Yang Yin, sans laquelle tout et rien seraient confondus, est seulement une condition de la signification, une autre étant que cette duplication binaire puisse être suivie d'autres qui produisent quatre digrammes, lesquels, ayant la diachronie pour cause, veulent dire à peu près : vieux ou jeune Yang ou Yin. Or, pour Fo-Hi, opérer une deuxième fois de même manière suffit à la *natura naturans* pour tout produire, puisqu'avec ses huit trigrammes tout peut être signifié. Les Koua tout Yang et tout Yin sont le Ciel et la Terre, ou le Père et la Mère, ou le Créateur et le Réceptacle. Les autres Koua sont à interpréter de même manière (nature, parenté, culture) de telle sorte que, par exemple – et conformément aux règles rappelées au paragraphe précédent – un Yang surmontant deux Yin (et donc troisième monogramme du trigramme) voudra dire Montagne, Benjamin, Arrêt ou Repos ; un Yin surmonté de deux Yang sera le Vent ou la Forêt qu'il ploie, l'Aînée et l'Obéissance. Signalons en passant – afin de ne pas perdre de vue la première référence que nous avons faite aux *Mythologiques* et aux *Structures de la Parenté* – que les Koua Cadet-Cadette, dont les premiers et derniers monogrammes sont situés symétriquement autour du monogramme central (donc de rang pair) n'entrent dans aucun des hexagrammes qui prendront, entre autres significations, celles de mariage, seule référence (indirecte) à quelque interdiction d'union sexuelle entre frère et sœur. Ces mêmes Koua joueront dans les dispositions relatives des deux types de Koua (trigramme ou hexagramme) une fonction essentielle, soit pour en axer l'ordre synchronique, soit pour marquer les limites d'ordres diachroniques.

Or il n'est pas besoin de prolonger davantage cette première analyse du Yi-King pour poser la question dont la réponse sera révélatrice d'un principe de modélisation valant pour les cas de mytho-logique proposés dans ce chapitre : quelle raison peut-on donner au fait que Fo-Hi ait jugé huit trigrammes nécessaires et suffisants pour exprimer tout l'existant ?

Avant de répondre, situons un peu davantage cette œuvre singulière dans son contexte historico-logique. Fo-Hi aurait appartenu au temps où fut inventée la cuisson. En cet âge protohistorique, l'archéologie atteste que la divination se servait d'os brûlés (évoquant le vivant-mort et le chaud-froid et l'invisible-visible) dont les craquelures continues ou interrompues passent pour avoir été les premières manifestations du Yang Yin. En outre, cette divination adressée au mystère du destin n'en rend pas surnaturelle la face cachée. Il arrivera aux *Commentaires* de nommer des dragons, mais à titre d'images dont l'imprécision même met en garde contre les pièges du langage ; ces dragons n'y sont jamais présentés comme des êtres réels ou effectivement surnaturels : ce sont de purs symboles, même si la religion taoïste populaire leur confère une existence sacrée.

Quand les Koua sont disposés selon des ordres simples – comme Fo-Hi le fit en premier – ils évoquent des « plans » faisant penser aux mandalas comme celui dont Mircea Eliade nous a fourni un exemple. Le Yi-King ne se récite pas, sa lecture ne guérit pas, mais ses signes ont traditionnellement servi à la médecine chinoise à désigner les « écluses » des réseaux physiologiques de forces sous la peau du corps humain : les points que l'acupuncture situe sur des méridiens mettant naturellement le vivant en communication avec le céleste, et le terrestre avec le psychique. Enfin le Yi-King ne sert pas quelque légitimité politique, mais rappelle aux Empereurs eux-mêmes qu'ils sont, comme n'importe qui, sujets du destin. Le Yi-King, mythe sans doute, est dans sa réalité textuelle le plus « laïc » de tous et le moins propre à légitimer un pouvoir de droit divin.

Nous avons précédemment parlé de *natura naturans* à propos du Yi-King, mais les mots nature naturante – que nous réservons en principe à la science – auraient pu aussi bien convenir. Le modèle – si bien caché par Sauvages, Égyptiens ou Grecs, qu'il nous a fallu le découvrir par suppositions à partir de leurs êtres surnaturels, nombres, images, et de leurs relations – devrait nous apparaître en Chine bien plus aisément.

C'est ce qui résulte d'une figure en effet fort simple. Appelons – sans attacher importance à l'ordre choisi pourvu qu'il soit cohérent – premier, deuxième et troisième Yang les orientations de l'espace Droite, Avant, Haut, et corrélativement premier, deuxième et troisième Yin les orientations opposées Gauche, Arrière, Bas (n'importent les correspondances – premier Yang pouvant être un Avant ou un À Droite, pourvu que la cohérence d'ordre soit respectée). Il saute alors aux yeux que les huit trièdres constitués par les trois directions de l'espace signifient justement les huit trigrammes. Encore cette figure permet-elle de repérer le visible sans constituer un objet. Mais reportons-nous à un tétraèdre et démontons les six segments orientateurs de la figure précédente pour en faire les arêtes du plus simple des « solides » constructibles dans l'espace, alors – et toujours à la condition de respecter la logique de la figure qui ici devra marquer par deux arêtes non concourantes les oppositions devenues purement sémantiques, telles qu'entre haut et bas – il devient possible de lire les trigrammes Yang sur les trièdres et les trigrammes Yin sur les triangles.

L'humanisme découvre les structures

Nous venons de nous servir de trièdres et tétraèdres pour situer les éléments constitutifs ou significatifs de mythes. Nous avons ainsi vérifié qu'en des cas aussi différents que ceux offerts par l'Égypte et la Chine, les Modèles I ou II, considérés indépendamment des valeurs de leurs éléments angulaires, suffisaient pour rapporter à des géométrismes les plus simplistes soit des résultats rationnels concluant un récit, soit des constituants symboliques fournissant à eux seuls tous les signes nécessaires pour qu'à titre de signifiants premiers, ils permettent de construire tous les autres – lesquels, signifiants dérivés ou seconds, seraient à eux seuls capables de signifier primordialement et pré-linguistiquement la totalité du destin et toutes sortes de destins particuliers.

A ce stade, deux commentaires viennent à l'esprit. Le premier est qu'en ce qui concerne les mythes sauvages, ces modélisations impliquent deux processus successifs de raisonnements analogiques à la moderne : ceux de l'anthropologue et ceux du logicien en quête de présupposés communs. Dans ce cas, les risques d'abus sont doublés. Le second commentaire concerne ressemblance et différence entre ce qu'offrent la Chine et l'Égypte. Chez l'une et l'autre, les données se prêtent telles quelles à une modélisation syncrétique, et ne requièrent pas de préalables analyses à partir de recherches conduites sur le terrain. Mais, pour l'une – la Chine – l'analogie ne se rapporte pas immédiatement à la plus banale expérience quotidienne; s'il est juste de s'en remettre au tétraèdre, le bon sens ne le rend pas d'emblée évident. En revanche, il va comme de soi que l'œil d'Horus regardant l'espace ne peut manquer d'y distinguer ses six orientations; quant à rendre chacune d'elles porteuses de fractions binaires, seule l'érudition historique nous apprend qu'il en va bien ainsi.

Si les propriétés logiques figurables par trièdres et tétraèdres appartiennent bien au code mental, elles sont loin d'épuiser le lot des présupposés relevant de sa juridiction. Celle-ci doit prescrire d'autres impératifs et permettre des libertés. Dans le cas du tétraèdre, il n'a pu être « découvert » qu'en dessous de significations : acteurs, actants et actions de mythes sauvages, signes pré-linguistiques du taoïsme, fractions égyptiennes. Encore convient-il de bien souligner quelque notable différence : les koua chinois récuseront comme notoirement insuffisante une numération binaire de position qu'ils eussent pourtant été capables de représenter congrûment; en revanche, l'Égypte valorise les fractions binaires, retenues comme porteuses de significations cosmiques. Autrement dit, l'Égypte aura visé une arithmo-mathématique dont la Chine, elle, se sera détournée. De là un paradoxe. Comme dans les mathéma-

tiques modernes, la Chine procède immédiatement par signes humainement choisis et définis pour signifier des rapports abstraits. Tout
autrement, l'Égypte prend départ dans les anthropomorphismes et s'y
tient longuement avant d'en venir à des abstractions opératoires. Cette
comparaison résume presque tous les chapitres qui vont suivre : les
progrès de l'abstraction occidentale n'auront cessé de se réalimenter en
toutes sortes de transfigurations du naturel pour atteindre, mais alors
avec d'immenses profits, un univers opératoire d'abstractions. La Chine,
elle, aura d'emblée atteint des abstractions pour signifier le Tao et ses
divisions, mais ces abstractions, elle refusera de les rendre opératoires ; la
plus courte distance du naturel au surnaturel ne serait donc pas la
meilleure ?

Au sens le plus général du mot humanisme, la civilisation chinoise vue
d'ensemble n'est pas moins humaniste que l'occidentale ; peut-être, on le
suggérera en temps voulu, l'est-elle davantage. Au sens restrictif que le
mot reçut de la Renaissance en Europe, il a assurément quelque chose de
spécifiquement occidental. L'humanisme chinois échappe, avec son
Cosmos, aux vicissitudes de l'Histoire. L'humanisme de l'Europe est un
moment de son histoire vécue et de l'histoire de son Cosmos. Or c'est
bien au moment de cette « renaissance » des savoirs antiques – plutôt une
seconde naissance, et considérablement enrichie – que prennent essor les
sciences modernes. Que retiennent-elles à première vue de nos Modèles ?

Un constat saute aux yeux dès qu'on regarde ce que, du XVIe au
XIXe siècles, il advient des mathématiques. Non seulement elles grandis-
sement quasi démesurément, mais elles deviennent moyens d'expression
obligés des sciences physiques dont elles accroissent la prédictivité
expérimentale et l'efficacité technologique. Jusqu'au bout du XVIIIe siècle, elles se réclament de la Synthèse, nom donné vers le XVIIe siècle à la
géométrie euclidienne, à ce que les figures y ont de statique et à la
« vérité » abstraite de ses démonstrations concrètement vérifiables. Et
pourtant cette Synthèse est comme un Ancien Régime qui s'est affirmé
et confirmé au nom d'une sorte d'identification entre le transcendant et
l'immanent ; mais Ancien Régime que va bientôt abattre une nouvelle
venue qui a vite grandi : la géométrie analytique, dont proviendra
l'Analyse. Celle-ci ne prend pas racine, pour commencer, dans une
totalité généralisante de théorèmes pour en tirer d'autres théorèmes
particuliers. Elle traite problème après problème, comme autant d'occa-

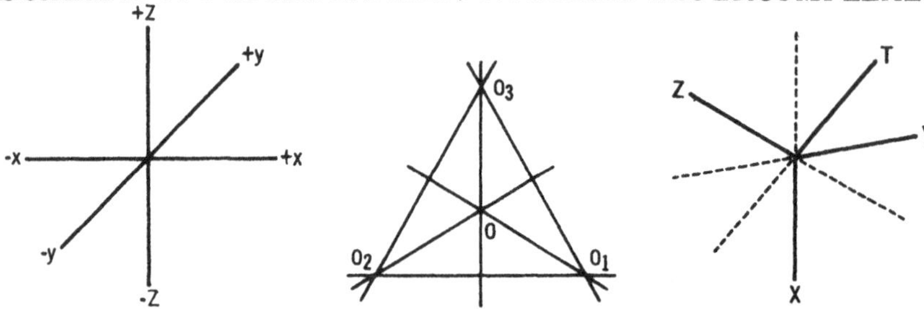

COORDONNÉES CARTÉSIENNES   COORDONNÉES TÉTRAÈDRIQUES

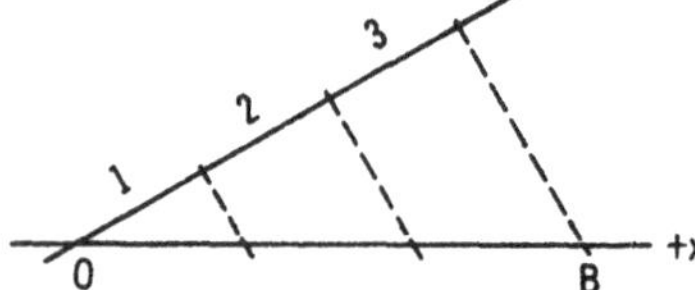

Descartes utilise le théorème de Thalès et un axe auxiliaire supposé porteur de la suite des nombres pour multiplier par un nombre quelconque, ici 3, une longueur quelconque OB de telle sorte que OB = 3OA sur le même axe des x.

COORDONNÉES DE PLÜCKER : elles se réfèrent aux plans du trièdre. Coordonnées homogènes : par rapport aux plans d'un tétraèdre et forment un tétracanthe; chaque x cartésien prend la forme (indépendante de l'unité choisie) :

$$\frac{mX + nY + pZ + qT}{aX + bX + cZ + dT}$$

COORDONNÉES POLAIRES :

Dans le plan le point M sera défini à partir du pôle O et d'une droite repère OA (axe polaire) par la distance OM et l'angle AOM. Dans l'espace par la distance OM et l'angle AOM.

PLAN IMAGINAIRE :   Dans l'espace le plan passant par M peut tourner autour de OA. Sur le plan l'axe fixe des y est remplacé par l'axe des imaginaires $\pm$ i obtenu par une rotation de 90° à partir de l'axe des « réels ».

Cette représentation de la notion de vecteur associe un segment orienté à un angle d'orientation. Dans l'espace cartésien $OM^2 = OA^2 + OB^2$, le vecteur OM est la somme des vecteurs OA et OB.

BIRADIALES
(Deux vecteurs issus d'une même origine) :

Toute biradiale peut être considérée comme la somme d'une biradiale numérique et d'une biradiale rectangle ici AOB = AOP + AOQ.

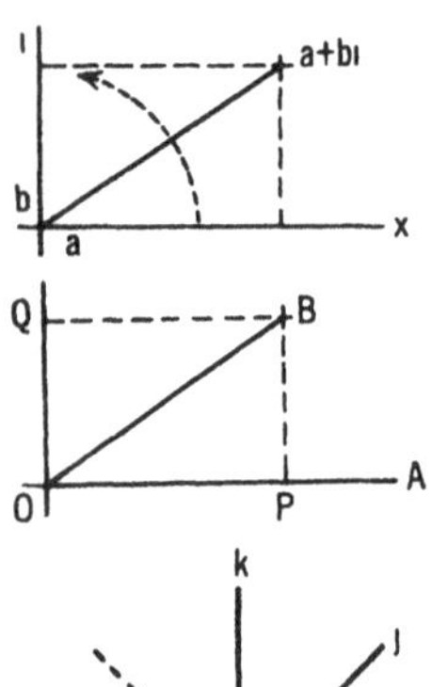

LE « TÉTRACANTHE » HAMILTONIEN :

L'axe des réels (celui du temps) est supposé perpendiculaire aux trois axes imaginaires orthogonaux i, j, k, vecteurs unitaires dont la multiplication donne :

$$i^2 = j^2 = k^2 = -1$$
$$- j = ik = - ki$$
$$- k = ji = - ij$$
$$- i = kj = - jk$$

Le tétracanthe-tétraèdre des Octaves (couples de quaternions) sera évoqué en conclusion. p. 458.

sions d'enrichir des procédures opératoires dont on ne s'apercevra que finalement qu'elles obéissent à une même manière d'axiomatiser les formulations et formalismes effectifs. C'est qu'en effet, cette Analyse, même si elle s'est divisée en embranchements et en suscite d'autres qui se distinguent d'elle, elle et eux ont en propre de faire progressivement puis absolument prévaloir le discursif sur le figuratif, et donc l'axiomatisable sur le vérifiable par la règle et le compas.

Or à mesure que de la sorte renaissent et grandissent ce que nous conviendrons de nommer génériquement les Algèbres – de sources anciennes et principalement orientales – qui apparaissent, se succèdent et s'élaborent progressivement grâce à ce qu'on appelle systèmes de coordonnées. Le premier est dit cartésien – Descartes n'en dit mot, mais il le rend possible – et comporte trois axes de coordonnées $\pm x$, $\pm y$, et $\pm z$.

Analogique au Modèle I, il se sémantise autrement que comme le mythe l'a fait; le quantitatif y devient exclusif, et de toute autre manière qu'à l'égyptienne. On dirait donc que les émules de Descartes ont regardé l'espace analytique comme Horus voyait l'espace commun, mais en y remplaçant des anthropismes par des algorithmes. L'Humanisme de ces temps nouveaux est comme le reflet virtuel, dans un miroir, d'antiques et immémoriales réalités anthropiques. A ce stade, le tétraèdre demeure, quant à lui, ce qu'il était pour Euclide : Kepler a renoncé à inscrire des polyèdres dans le ciel pour en interpréter les mouvements; les polygones n'attireront pas une particulière attention avant Euler.

Puis, au début du XIXe siècle, tétraèdre contenant et tétracanthe contenu servent aux physiciens à situer dans un objet concret un centre de gravité défini par des coordonnées dites alors barycentriques. La démarche se poursuit et atteint, avec Félix Klein – auteur aussi du fameux Programme d'Erlangen faisant le point du fait et de l'à faire par les mathématiques du XIXe siècle – un autre système de coordonnées : il est tétraèdrique; le système cartésien n'en est qu'un cas particulier. Ce résumé ne couvre pas toute l'histoire des systèmes de coordonnées, mais de ceux qu'il ne mentionne pas il ne serait pas trop abusif de dire qu'ils marquent des étapes entre un premier et un dernier acte. Les mathématiques actuellement de pointe ne font guère ou pas volontiers état de ces systèmes; ne les impliqueraient-elles pas que c'est à eux qu'elles doivent leur existence et leurs acquisitions primordiales.

Vue du haut des siècles, l'histoire visible du tétraèdre – histoire qui ne prend donc pas en compte des fonctionnalismes inconscients – présente peu d'avatars marquants; quand c'est le cas, ils sont flagrants. Le tétraèdre figure expressément dans l'œuvre de Platon : il y représente l'univers des dieux organisateurs. Puis, longue absence – dans l'explicite – jusque vers la fin du XVe siècle : alors c'est un foisonnement débridé, on dirait que pour qui en médite les secrets, l'univers est tétraédrique. Il le reste ensuite, mais de plus en plus marginalement, dans des textes ésotériques finalement réservés à de seuls initiés au cours du XVIIIe siècle (voir au-delà). A la recherche d'archétypes, Carl Jung les exhumera, sans d'ailleurs y attacher un intérêt particulier (cf. p. 310-312 et illustration 5).

Tout semble donc s'être passé comme s'il avait fallu qu'on prît ou reprît conscience de cette structure – et en tâchant d'y attacher, fût-ce abusivement, tout le réel et le pensable – pour qu'en fin de parcours et après dépouillement et réhabillages sémantiques le tétraèdre conclue une phase hautement constitutive des mathématiques et physiques actuelles. La présente section ne conduira pas au-delà du XVIIIe siècle et laissera donc à la section suivante le cas des racines carrées de nombres négatifs. Même ainsi, la problématique en cause est fort complexe, mais nous n'en retiendrons pour l'instant que deux questionnements, probablement corrélatifs : pour en arriver au tétraèdre de Félix Klein, n'aura-t-il pas fallu que le tétraèdre des hermétiques du XVIe siècle soit démonté en trièdres non homologues, mais analogues à celui des coordonnées cartésiennes? Pour dévêtir l'ancienne figure de sèmes empruntés au langage vulgaire, n'aura-t-il pas d'abord été besoin qu'aient été inventés de nouveaux lots de sèmes opératoires?

Admettons comme ressortant de l'histoire du tétraèdre que celui-ci ne se présente que comme solide géométrique vu tel quel, avant qu'on y distingue faces, sommets, arêtes, dièdres et angles. Il en irait de même du tétraèdre de Platon si on ne s'en tenait qu'au mot; mais le contexte fait imaginer qu'aux concepts géométriques ci-dessus rappelés peuvent être substitués des dieux, ce dont Proclus de Lycie témoigne, du moins pour ce qui concerne les angles sur lesquels devra être attirée l'attention : les dieux ne sont des êtres que comme représentatifs de rapports, ou plutôt de rapports (angles) entre rapports (arêtes de dièdres rapportant une face à une autre) (cf. p. 196).

S'il avait suffi aux coordonnées cartésiennes de se servir du trièdre orthogonal – le plus élémentaire des « angles solides » d'Euclide –, alors il n'eût pas été nécessaire d'attendre si longtemps. En fait, ce système implique qu'à un tel trièdre en soient ajoutés sept autres obtenus en prolongeant en deçà de son sommet ses trois arêtes. Sur ces prolongements se situent les nombres négatifs – encore faut-il qu'existent de tels nombres que Descartes qualifie encore lui-même de « nombres faux ». Comme « réincarnation » du Modèle I, le système cartésien est plus proche d'Horus que d'Euclide. Ni le dieu du Nil ni le célèbre Alexandrin ne savait ce qu'est le 0 d'une numération de position ; élaboré au cours d'une très longue histoire, ce 0 est indispensable pour dénoter la signification numérique du point de concours des trois axes x, y, z.

Les siècles ou millénaires qu'il aura fallu dépenser pour élucider ce 0 en numération d'abord sexagésimale, puis décimale de position, donnent la mesure de difficultés que le Modèle I évacue : on y passe continûment des orientations 1, 2 ou 3 aux orientations qui les prolongent en 4, 5 ou 6. Ce qui eût pu être vu concrètement comme un point d'équilibre ou de franchissement ne pouvait-il pas l'être sémantiquement avec égale aisance ? Aussi longtemps que le 0 est un rien, ne serait-il pas analogue à ce qui, sur notre Modèle II, empêche les arêtes connotées 1, 2, 3 d'être en connexion directe avec les arêtes connotées 4, 5, 6 ?

Compte tenu de ces allusions à de longs antécédents historiques, comment expliquer qu'il ait fallu attendre le XVIIe siècle européen pour que le banal espace d'Horus soit mathématisable à la cartésienne ? Considérons ces tâches et les moyens dont on dispose alors pour les effectuer.

Alexandre Koyré montra qu'avec Galilée, le linéaire l'emporte sur le circulaire. Il faudra abstraire, définir et sémantiser des notions comme celles de mouvement, de vitesse, de force, d'accélération, d'énergie ou d'attraction. On aura dû les débarrasser d'anthropismes qui y ont antérieurement entretenu la confusion. Le concept mathématique de vecteur ne se précisera qu'au cours du XIXe siècle, mais ce véhicule ou conducteur et les manières de véhiculer ou de conduire auront été l'objet de préoccupations, dans les mécaniques tant terrestres que célestes, dès le moment où Galilée aura coupé le fil copernicien rattachant les planètes au centre du monde. La géométrie analytique n'a assurément rien de vectoriel au sens actuel du terme, mais devant des espaces tendant à le devenir, elle ouvre une première porte.

Chaque peine prise dans ce sens aura trouvé sa récompense ; la plus éclatante revenant à Newton, à la fois héritier d'un capital de connaissances très grossi depuis le XVIe siècle et agent décisif de nouvelles entreprises scientifiques. Mais contentons-nous ici de Descartes, non le seul, mais le plus marquant des inventeurs du système « cartésien » de coordonnées. Il y faut donc un 0 et des nombres négatifs. Il y faut aussi étendre au mouvement linéaire, à la ligne, à la droite, des privilèges jusque-là réservés au mouvement circulaire et au cercle.

Il était immémorial qu'on métrât des solides ou des emplacements par hauteur, largeur et longueur. Mais comme on s'y servait d'anthropismes – en demeurent le pouce, le pied ou la coudée –, de telles commodités étaient suspectes, soit qu'on craignît qu'elles occultassent une vérité supra-humaine, soit même qu'on s'en soit tenu à cette évidence : des mesures « naturelles », il n'en existe que d'angulaires, le cercle en fournit l'unité. Si Descartes est nouveau, c'est principalement en ceci : n'importe que l'unité linéaire ait été arbitrairement choisie dès lors que l'on raisonne en termes de proportions. Au début de sa *Géométrie,* il s'étonne que les Anciens n'y aient pas pensé avant lui et n'aient pas considéré au même titre que la règle et le compas un instrument qu'il invente, une sorte de pantographe très simple et propre à rendre une figure proportionnelle à une autre.

Cet obstacle levé, un autre l'est aisément. Encore à l'époque de Descartes et même dans son œuvre, les nombres ne sont pas écrits de même manière selon qu'ils représentent ou non des puissances. A titre d'exemple simplifié, disons qu'il convenait de signaler, pour mettre en garde contre ce qu'aurait d'hétérogène de traiter de même manière longueurs et surfaces, que 9 est le carré de 3, alors que 7 ne l'est d'aucun nombre entier. Ce géométrisme était prégnant depuis très longtemps. Le chapitre IV montrera qu'il était indispensable aux algèbres chaldéennes. Or Descartes se référait au très antique théorème de Thalès (qui légitime son instrument) pour dessiner rigoureusement sur une même droite les nombres 7 et 9. Cette référence à Thalès souligne combien Descartes respecte Euclide (la Synthèse) comme le garant mathématique du vrai. Descartes montre seulement ensuite qu'on atteint analytiquement la même vérité, que tout s'en trouve facilité et que des problèmes restés sans solutions se trouvent posés en des termes nouveaux.

Pour cela, il se sert d'équations en x et y (il rendit habituel d'utiliser les dernières lettres de l'alphabet pour désigner des variables ou des inconnues). Dès lors que les deux dimensions d'un plan ne sont plus requises pour dessiner un carré, l'une ou l'autre – l'un ou l'autre des axes cartésiens – peut porter n'importe quelle valeur ou puissance de x et de y. Les théorèmes euclidiens relatifs, par exemple, aux coniques – figures obtenues en sectionnant un cône par un plan – peuvent être formulés en x^2 et y^2, ce qui facilite considérablement l'étude.

Analyses et Algèbres progresseront dès lors très rapidement. Les frontières seront abaissées entre géométrie, trigonométrie et les arithmétiques, même celles des logarithmes. Le linéaire se conjoindra au circulaire ainsi que l'exigeront les « vecteurs ». En outre, on commencera à soupçonner l'importance des mouvements et du temps, naguère dissimulé par les figures statiques. Intrigué par un problème de logarithmes, Euler le résoudra en concevant qu'en dépit de ce qu'affirme le compas, une circonférence reparcourue n'est pas la même de tour en tour ; il faut imaginer sous un même point, apparemment le même d'une traversée à l'autre, une épaisseur qui se mesure au nombre de tours accomplis.

En bref, tout est, à cet égard, parti historiquement d'un aperçu galiléen valorisant terrestrement le mouvement linéaire, bien qu'incorrectement, puisque lui l'attribue au fait que le rayon terrestre étant très grand, un arc (image floue) est identifiable à une droite. Aperçu dont Newton tirera parti pour le préciser exactement : c'est bien le mouvement strictement linéaire qui se perpétue de lui-même si n'intervient aucune force comme il en faut pour qu'une planète en mouvement n'échappe pas au soleil. D'analogies floues en analogies précises puis en raisons sûres, les mathématiques à la mécanicienne procéderont plus vite encore que les astronomies ; elles permettront à de nouvelles physiques de démarrer.

Mais arithmétiser Thalès ne suffit pas à rendre compte de la réalité des quantités imaginaires. Comme l'histoire de cette élucidation connaîtra un tournant quand Hamilton inventera les quaternions (mettant en œuvre un nombre entier et trois quantités imaginaires), préludons en reprenant le problème posé par le Je cartésien qui décide arbitrairement d'identifier l'unité numérique à un segment quelconque de longueur. Pour être sûr qu'un tel choix ne suscite pas d'ambiguïtés, le premier XIXe siècle inventa les « coordonnées homogènes ». Elles appartiennent à l'espace cartésien, mais y inscrivent un axe de plus. Dans le cas du plan, les deux axes orthogonaux seront coupés par un troisième. Supposons-nous à l'intérieur du triangle ainsi formé : aux x et y d'un point cartésien sera conjoint un *t* non-cartésien reliant perpendiculairement ce point au troisième axe. Cette troisième information est de trop pour situer une latitude et une longitude, mais elle permet de relativiser les deux autres, strictement cartésiennes. Il s'agit de ce qu'on appelle une surdétermination, grâce à laquelle la dénotation numérique de longueur en deviendra une de rapports entre des longueurs. N'importe dès lors l'unité choisie; également présente au numérateur et au dénominateur de fractions, elle y perd toute signification concrète : quel que soit m, $\dfrac{\mathrm{m\,l}}{\mathrm{m\,l}} = 1$. Passons à l'espace : le *t* s'ajoutera pour le même bénéfice aux x, *y* et *z*. Pour éviter toute confusion, on aura préféré se servir des majuscules *X, Y, Z* et *T* et l'idée venue quasi simultanément à plusieurs inventeurs les conduira aussi à penser à quatre perpendiculaires aux faces d'un tétraèdre. La quatrième de ces faces à l'infini ramène à un système cartésien, puisqu'est nulle la fraction ayant l'infini pour dénominateur.

On s'est habitué à désigner les « imaginaires » à l'aide de la lettre *i* – et telle que $i \times i = -1$; une quantité imaginaire quelconque sera dénotée comme n*i*, n étant un réel quelconque.

Quelle signification géométrique donner à de tels nombres? Toutes sortes de mathématiciens ou d'amateurs s'y emploient, et la réponse viendra vers le tournant du siècle en se référant plus ou moins directement à ce qui avait inspiré Euler, qui a choisi la lettre *i* (initiale du mot infini) en rapportant un problème de logarithmes à des théorèmes trigonométriques. Quand, en effet, un point a fait le tour du cercle, s'il poursuit son mouvement, ce n'est plus le même cercle qu'il décrit, mais un autre, et ainsi indéfiniment; si bien qu'autant de cercles que l'on voudra peuvent être diachroniquement pensés quand on regarde synchroniquement un seul cercle. Cette association du temps linéaire successif au temps circulaire répétitif tire la correspondance entre suite décroissante de fractions et suite croissante de nombres entiers de l'impasse où les avait si longtemps enfermée l'idée que tout cercle est même cercle et ne peut être que divisé. Rappelons que jusqu'après les grands siècles de Bagdad, on s'est fié davantage aux fractions sexagésimales babyloniennes (relatives au cercle calendaire) qu'aux fractions décimales (indépendantes du cercle, des mois et semaines) qui se rapportent pourtant plus aisément à la numération de position de base 10 importée d'Inde par les Arabes et fournie par eux aux Chrétiens.

Mais l'invention d'Euler va plus loin et explique comment, grâce à lui, il sera devenu aisé de donner représentation figurative à son nombre i. Lisons diachroniquement n'importe quel cercle; un rayon d'abord horizontal devient vertical, puis horizontal à nouveau mais de sens contraire au premier, enfin vertical encore et de sens contraire au second. Quatre positions qui ne peuvent être que pensées au-delà de la synchronie apparente du cercle, mais capables de signifier respectivement : $+1, +i, -1, -i$. On s'aperçoit alors que là réside la solution cherchée. Longtemps qualifiée de « géométrique », elle ne l'est pas vraiment, puisque les figures euclidiennes – celles de la Synthèse – sont synchroniques comme le sont les coordonnées trièdriques, dont x et y. Le nouvel axe des i ne doit pas être confondu avec l'ancien axe des y, et s'il définit aussi un plan, ce plan ne pouvant être que pensé (puisqu'il est diachroniquement constitué par rotation comme celle des aiguilles d'horloge) sera dit imaginaire aussi longtemps que ne sera pas répandue la conviction que le temporel est aussi légitimement mathématisable que le spatial. Le doute disparu, le mot Synthèse, dépouillé d'autorité, tombe dans l'oubli. Voici comment.

On avait constaté – notamment d'Alembert – que les quantités imaginaires se présentaient toujours dans le binôme a + bi, autrement dit comme des points du plan « imaginaire ». Retenant cette particularité, Frédéric Gauss répand l'usage d'appeler ces binômes : nombres complexes. N'importe qu'ils ne soient pas figurables mais seulement pensables, ils appartiennent au même « univers » logique que n'importe quel nombre, et pour deux raisons. Multiplier un nombre complexe par un autre produit un autre nombre de même type, ainsi qu'il advient depuis Descartes des nombres « réels ». Quant à ces derniers, ils ne sont plus que des cas particuliers des complexes quand b = 0. Or cette découverte peut servir de guide pour parcourir le labyrinthe d'une des plus surprenantes aventures de l'histoire des mathématiques. Nous en ferons un bref résumé.

Signalons la transformation de ce qu'on pourrait appeler le « climat » intellectuel dans lequel elle se déroule. Le facteur temps a beau n'être représentable que conventionnellement par une ligne droite, il est réel et rend aussi fiables que l'espace les significations qu'on en donne, et plus opératoires même puisqu'il enrichit les propriétés des figures spatiales. Non dessinable, ce temps ne peut être exprimable que discursivement : il l'est dans les formules énoncées et écrites sur la ligne du temps comme tout discours. Le langage algébrique va donc prévaloir sur toutes images fixes. Et si on ne voit rien que dans l'espace à trois dimensions, l'intervention du temps, substituant i à y, permet de sortir de l'espace visible et de prendre en considération d'autres espaces, eux pensables en autant de dimensions de plus qu'on fera intervenir davantage d'unités de type i. Au postulat euclidien des parallèles peuvent en être substitués d'autres parmi lesquels il ne représentera plus qu'un cas particulier. Mais limitons-nous, à présent, à une singulière conséquence, conséquence aussi de ce que la mécanique rationnelle, devenue cinétique depuis Galilée, avait déjà fait entrer le temps dans ses symbolisations et calculs.

On ne s'étonnera pas qu'un mathématicien qui s'était signalé par la remarquable invention d'un formalisme mécanique ait été tenté d'établir une Algèbre du Temps Pur. Pour Rowan Hamilton, en effet, mieux vaut penser les nombres en termes de « moments » qu'en termes de segments, comme le faisait Descartes. Ainsi armé, il cherche à enrichir la typologie des « nombres ». Le binôme $a + bi$ situe un point sur un plan; pourquoi le triplet $a + bi + cj$ ne représenterait-il pas un point dans l'espace? Le malheur veut que si on multiplie un triplet par un autre triplet, on n'obtient pas un troisième triplet : subsiste en effet un terme en ij dont on ne sait que penser. Supposons – pour rendre courte une histoire pleine d'embûches qui paralysèrent pendant des mois le célèbre Irlandais – qu'on décide que $ij = k$, alors ces « quaternions » peuvent, si on les multiplie, en produire un troisième de même type. Deux inconvénients, cependant : l'un mineur, après ce que nous avons rappelé des postulats des parallèles : ces quaternions renvoient à un espace à quatre dimensions; l'autre plus préoccupant : la multiplication cesse d'être commutative et $Q \times Q' \neq Q' \times Q$. A ces deux problèmes, deux réponses.

La première est due à Hamilton lui-même. Dans le polynôme $a + bi + cj + dk$, n'est pas le terme en k qui oblige d'ajouter une quatrième dimension, mais bien le terme réel, l'unité « naturelle » ayant pour coefficient a. Hamilton va plus loin : ne seraient-ce pas les nombres algébriques mais « réels » qui seraient des « moments » du temps? C'est ainsi qu'au moment où le langage algébrique prévaut sur les figures euclidiennes, la « réalité » des nombres les plus usuels cesse d'être spatiale, comme on l'avait depuis toujours supposé par référence à bâtons cochés ou segments métriques de droite; elle devient diachronique ou temporelle.

Insistons sur cette mutation fondamentale. Pour être lus le plus correctement, les quaternions doivent être pensés comme homogènes. Si les trois derniers termes multiplient un nombre par un facteur, il doit en aller de même du premier dont on fera alors la multiplication d'un nombre par l'unité « réelle ». Précisons qu'on aura alors : $a1 + bi + cj + dk$. Les « réels » présentent alors deux aspects fonctionnels. Selon l'un, ils multiplient n'importe quel autre « nombre », même « imaginaire »; selon l'autre, ils représentent – bien qu'ici pour seulement l'unité – quelque chose d'autre invitant à ne pas rendre a identique à $a \times 1$, bien que cette distinction soit de prudence conceptuelle et inutile dans la pratique du calcul. Or c'est précisément de ce 1 solitaire (dont Descartes avait fait un segment de longueur et qu'Hamilton regarde comme un « moment » du temps) qui avait produit – sans qu'apparemment Descartes s'en doutât, puisque la « machine » qu'il invente, il la regarde comme de même sorte que la règle ou le compas – une double mutation conceptuelle. D'une part, un homme, un Je, décide qu' « existe » une unité pourtant non naturelle et qu'on crut spatiale avant qu'elle ne se révèle temporelle. D'autre part, il faut distinguer entre nombres multiplicateurs scripturalement confondus avec ceux traditionnellement désignés depuis Descartes par les premières lettres de l'alphabet : a, b, c, d..., et d'autres « nombres » comme $i, j, k,$ mais aussi 1. Or si n'importe quel segment ou moment peut être pris pour ce 1, c'est que le choix n'affecte pas les fonctions opératoires de a, b, c, d... Ces derniers représentent des proportions et devraient en absolue (bien que pratiquement inutile) rigueur être pensés par la géométrie analytique come $1/1, 2/1, 3/1$, etc. Ce serait là une sorte de renversement des précautions prescrites aux scribes par Horus.

Aspect méritant d'autant plus l'attention que, jusqu'au bout du XVIIIe siècle, on distingue $\dfrac{a}{b} = \dfrac{c}{d}$ de $\dfrac{a}{b} :: \dfrac{c}{d}$, la première formule se rapporte à des nombres comme nombres; la seconde à des nombres comme longueurs à proportionnaliser. Cette distinction disparaît au XIXe siècle comme inutile, vers le moment où (disons plus exactement sans doute en même temps que) se précise progressivement la notion de vecteur, obscurément implicite déjà depuis le XVIIe siècle, mais dont l'explicitation ne commencera d'être totalement effective qu'avec Hamilton. Or ces vecteurs associent espace et temps et, éventuellement, connotent en mathématiques et dénotent en mécanique la notion de force.

De cette problématique découle la réponse au deuxième problème relatif à la non-commutativité de la multiplication de quaternions. Si 1 représente un « moment » et n 1 autant de moments qu'on voudra, alors les trois imaginaires i, j, k renvoient à l'espace qui tend lui-même à devenir vectoriel, comme les éléments lui appartenant. Dans ces conditions dont nous aurons à reparler par la suite, la recherche de constantes structurelles fera se demander d'abord si des multiplications telles que ij = − ji ne sont pas modélisables par MI. Or, compte tenu des rotations (et donc du temps qu'il faut pour les réaliser), le produit des axes unitaires i et j est k, axe unitaire perpendiculaire au plan formé par les deux précédents; disons que si on exclut le terme « réel », les quaternions recourent à des « imaginaires » analogiquement représentables comme longueur, largeur et hauteur, axes 3, 2, 1 de MI. Les multiplications $ij = k$, $ji = -k$, $jk = i$; $kj = -i$ sont à lire comme l'annonçait l'introduction du présent chapitre.

Or cette singulière multiplication $i \times j = k$ ou $j \times i = -k$ est très facile à démontrer à l'euclidienne, pourvu qu'on recoure à la trigonométrie. Cette évidente simplicité n'ajoute rien aux mathématiques, mais suggère que le cas pourrait être imagé selon le sens commun et, par suite, renvoyer à ce que le mythe a dû respecter des prescriptions imposées au vécu.

Appelons-en, comme Platon, à un architecte qui, délirant, regarde tête en bas le bâti. S'il se met les pieds en l'air sur le plancher d'un premier étage, si, d'un coin, il promène son regard le long de la base d'un mur nord à sa droite, alors, après avoir tourné les yeux de la valeur d'un angle droit, il verra à sa gauche un mur est. Qu'il descende au rez-de-chaussée en s'y tenant debout, alors le rayon visuel intervertira le gauche-droite en droite-gauche. Entre-temps, un plancher sera devenu un plafond. Supposons l'architecte analogue à k et les regards qu'il promène analogues à i et j, alors nous aurons bien une « anticommutativité » comme $ij = k$, $ji = -k$. Laissant à l'imagination le soin d'inventorier les très simples implications de cette analogie elle aussi simpliste, ajoutons-en une autre en supposant la pièce carrée; alors si le plancher est un + ou un –, le plafond sera un – ou un + de la même surface carrée, capable donc de valoir + 1 ou – 1.

La poursuite du raisonnement demande un peu plus d'attention, sans pourtant requérir rien de plus que le bon sens le plus communément partagé. Selon notre image, i et j sont les côtés d'un carré; ils sont égaux en longueur, mais non de même orientation; ce seraient mêmes longueurs, mais ce ne sont pas mêmes vecteurs. L'identique d'un i (ou d'un j ou d'un k) serait un i (un j ou un k). Mais alors si ces deux i se superposent exactement, ils ne laissent pas place à une surface, à moins qu'on ne la dise nulle.

En ressort ce paradoxe : Hamilton regarda d'abord le carré de i (ou j ou k) comme valant – 1; voilà qu'il vaut 0! Ce paradoxe n'en est pas un pour la trigonométrie qui intervient dans la définition de vecteurs : si le cosinus d'un angle vaut 1, son sinus vaut 0. Mais la difficulté demeure dans l'histoire des formalismes mathématiques, et même dans leurs conceptions.

Revenons au quaternion a + bi + cj + dk. Si on le multiplie par lui-même, les termes en ij ou ji disparaissent; subsistent les termes en a et les carrés de i, j, k. Si a, b, c, d valent chacun 1 et si les carrés imaginaires valent – 1, alors le résultat final est $1 - 3 = - 2$. Si les carrés imaginaires valent 0, alors le résultat final est 1. Allons plus loin et supposons nul le terme a; alors on aura dans un cas – 3 et dans l'autre 0. Cet annulement est tel qu'il a pour effet de bannir totalement les nombres réels quand le carré imaginaire est nul. Nous voilà donc en présence d'un choix à expliciter pour finir.

Conserver les réels (le 1 que multiplie a et les – 1 que multiplient b, c et d) permet de regarder les quaternions comme un type de nombres qui sont au genre ce que les types plus simples de nombres sont à l'espèce. En effet, annulons les coefficients c et d; a + bi est un nombre complexe; annuler en outre b, c'est revenir aux nombres réels. Si, en revanche, on substitue 0 au – 1 ci-dessus, alors les nombres complexes disparaissent de l'inventaire dont disparaîtront aussi les réels si on rend a égal à 0. Le premier des cas permet de parler de nombres, mais non pas le dernier qui ne met plus en œuvre que des vecteurs. Ainsi aura-t-on cheminé de la droite cartésienne ou du « plan » de Gauss à un espace uniment « vectoriel ».

Or annuler les réels, n'est-ce pas, depuis Hamilton, supprimer la ligne du temps? Il ne subsistera en effet qu'implicitement dans la définition « dynamique » des vecteurs. L'espace vectoriel pourra avoir un nombre quelconque de dimensions, il suffira d'ajouter d'autres lettres italiques aux trois utilisées par Hamilton. Mais ce retour à seulement trois directions aura le mieux convenu aux physiques qui travaillent dans l'espace réel.

Nous serions encore loin du tétraèdre sans la découverte conséquente d'un autre type de nombres : les Octaves. On les a souvent considérés comme des couples de quaternions qui ne seraient donc à leur tour qu'un cas particulier d'octaves où l'on eût annulé les coefficients de quatre imaginaires supplémentaires. Mais s'il s'agit de couples de quaternions dont le premier comporte un terme en a, le quatrième imaginaire ne serait-il pas alors à regarder comme en situation analogue à celle d'un nombre réel?

Avant d'en revenir à des analogies avec le mythe et les langages naturels dont il se contente, demandons un ultime effort à l'imagination. Le « plan » de Gauss a quelque chose qui ressemble au plan cartésien. Les quaternions veulent quatre dimensions orthogonales entre elles, et donc « irréelles », mais pensables si trois sont celles de notre espace, la quatrième étant celle du temps imaginativement supposable perpendiculaire aux trois autres. Ces quatre dimensions renvoient à un tétracanthe dont un des axes soit représentatif de durée. Au risque de scandaliser les mathématiciens, faisons comme si les quatre faces du tétraèdre enfermant le tétracanthe étaient aussi susceptibles de se déplacer dynamiquement ou, pour celle sur laquelle tombe l'arête temps du tétracanthe des quaternions, de manière purement temporelle. Ajoutons ces quatre lignes de déplacement aux quatre des quaternions : nous avons alors les huit « directions » convenant à « concrétiser » imaginativement les octaves.

Ici nous n'irons pas plus loin, et laisserons à la Conclusion finale (p. 455) le soin de suggérer ce que de telles analogies ont de commode pour situer sur un tétraèdre certaines multiplications des octaves et les ouvertures faites aux algèbres modernes : nous y retrouverons nos tétramorphes.

Mérite pourtant mention que la découverte des octaves suit de près celle des quaternions, bien que les « modélisations structurelles » en soient simples dans un cas et très complexes dans l'autre. Cette quasi-simultanéité fait penser à celle des nombres négatifs et de leurs racines; mais circonstances et conditions ont beaucoup changé du

XVIe siècle au XIXe siècle : à une formalisation encore balbutiante en a succédé une conquérante. Dans les deux cas, on peut discuter de priorités, mais les octaves ne donnèrent pas lieu à disputes : ami proche d'Hamilton, J.T. Graves lui en parle en 1843 ; indépendamment, A. Cayley les trouve puis les publie en 1845, et il est le premier à le faire, ce qui explique que son nom leur soit attaché. D'ailleurs, les octaves, comme type de nombres, sont bien loin d'avoir l'importance des « quantités imaginaires », du moins pour des mathématiques en poursuite de formalismes. A ces dates, Félix Klein n'est pas encore né – il s'en faut d'au moins quatre ans – et il n'en parlera pas dans son fameux Programme d'Erlangen, bilan du dernier demi-siècle et projet d'avenir annonçant une transformation radicale de l'algébrisation du tétraèdre sur laquelle nous reviendrons, notamment en Conclusion.

Entre une génération et l'autre s'arrête l'histoire des nombres complexes et hypercomplexes (quaternions ou octaves) et commence celle des espaces vectoriels ; il sera ensuite démontré que ne peuvent exister d'autres nombres au-delà des deux hypercomplexes projetables en 4 ou 8 dimensions. Mentionnons au passage que ce moment où une histoire se substitue à l'autre est aussi marqué par d'autres transformations, notamment en ce qui concerne la mécanique qui doit réformer les conceptions galiléo-newtoniennes pour répondre à de nouvelles exigences comme celles de la thermodynamique. Le cas de cette dernière pose le problème des antécédents qui ont permis qu'elle prît naissance : les températures peuvent-elles être graduées selon un en-dessous et un en-dessus de O, de la même manière que le temps comporte un avant et un après ? La réponse paraît positive aujourd'hui, comme s'il s'agissait d'une évidence. Il n'en est nullement ainsi et il aura été plus relativement aisé de marquer un 0 des temps (par exemple la naissance du Christ ou l'Hégire) que de rendre pensable un 0 des températures.

On l'aura compris, le modèle tétraèdrique, omniprésent dans le mythe et les sciences anciennes en leur temps puis en celui de leur redécouverte et renaissance, a été occulté par les sciences contemporaines. Peut-on l'y retrouver ?

Les sciences contemporaines réenfouissent les structures

Les classifications des sciences introduisent des frontières; certaines se seraient révélées plus perméables que d'autres. Entre les sciences et les littératures poétiques socio-politiques et même historiques, elles seront des plus difficiles à franchir. A l'intérieur des sciences, le XIXe siècle ne cessera de les abaisser, notamment entre le physique et le vivant, mais d'abord et le plus au sein des mécanico-mathématiques qui cependant s'éploient en multiples embranchements, dont les plus concrètement utiles le seront par échanges mutuels avec les physiques. Comme le disait Robert Oppenheimer, une crevasse se sera élargie entre, d'un côté, les sciences exactes et expérimentales justiciables d'une mathématique qui cherche à devenir commune et, d'autre côté, tout le reste. Des psychologies tendront à établir des passerelles fragiles ou très étroites. Auguste Comte aura mis ses espoirs dans une sociologie dont la puissance eût contrebalancé celle des mathématiques dont, à son époque, certains pensaient encore qu'elles étaient assez proches du vécu pour le servir en son entier.

Mais, contrairement à ce qu'avait pensé Diderot, pourtant ami de d'Alembert, les mathématiques du XVIIIe siècle ne sont pas un tout achevé auquel l'avenir n'ajouterait plus rien; elles étaient à la veille de développements exponentiels. Déjà d'autres systèmes de coordonnées s'étaient ajoutés au système dit cartésien et bien d'autres suivraient, éventuellement sous d'autres noms, jusqu'à Félix Klein et après. Ils n'ont pas la simplicité du premier d'entre eux. Avec Riemann, le trièdre se déplace continûment sur des surfaces courbes; du moins les axes demeurent-ils de point en point parallèles deux à deux. Avec Hilbert, le trièdre tourne dans tous les sens. L'expression « système de coordonnées » est largement vidée de son contenu primitif; elle tombe en désuétude dans les recherches de pointe. Il n'est pas trop simpliste de dire que le dernier système méritant sûrement ce nom aura été celui de Klein, tétraèdrique. Il sera d'ailleurs moins utile tel quel que par les présupposés qu'il introduit dans le raisonnement formalisé.

Simplifions plus encore. Après avoir ouvert un passage entre les figures statiques d'Euclide, et l'Analyse s'accompagnant de toutes sortes d'Algèbres, la Géométrie analytique aura perdu son règne après avoir joué son rôle. Les formalismes iront leur train, formules remplaçant figures, et de multiples axiomatiques se substituant aux anciennes et durables références, à la règle et au compas. Seul subsistera ce qui n'avait principalement pas changé depuis toujours : l'impératif recours aux opérations élémentaires de l'arithmétique. Cela paraît peu, mais c'est beaucoup et invite à suivre à la trace ce qu'il advient de la notion de nombre. Des types de nombres, on en invente en quantité, mais certains se révèlent les plus significatifs comme étroitement corrélatifs à des notions d'espace.

La géométrie n'a pas disparu, elle aussi se renouvelle comme telle, retrouve les leçons oubliées de Desargues, les ajoute à celles de Descartes qu'elles transforment. En ces temps, l'élucidation du type de nombre qui met en œuvre les racines de nombres négatifs aura elle aussi accompagné et conforté une transformation de la notion mathématique d'espace : le postulat euclidien des parallèles ne retient qu'un cas particulier parmi d'autres où n'est plus limité le nombre des dimensions. Ces nouveautés ne relèvent plus d'une vision comme celle d'Horus; elles ne peuvent être que pensées sans figures, c'est-à-dire en termes d'algorithmes algébriques.

Là encore, il faudra nous contenter d'images floues; inutiles aux mathématiques, elles devront pourtant ne pas en être contredites. Or, même en respectant ces conditions, ces images conduisant des coordonnées trièdriques aux tétraèdriques seront de plus en plus évocatrices d'évidences banalement logiques sous-tendant le mythe.

L'Histoire des espaces mathématiques et celle des nombres va nous ramener aux racines carrées des nombres négatifs eux-mêmes, à reconsidérer à partir du point où nous laissa Descartes au cours de la précédente section, à propos de la double question : qu'est-ce qu'un nombre réel? quelle réalité accorder aux quantités « impossibles » ou imaginaires?

Pour arithmétiser Thalès, il a fallu une décision humaine : prendre un segment quelconque pour unité, alors qu'il n'existe d'unité naturelle que pour les angles, unité dont nous avons précédemment rappelé qu'elle est le cercle. Ce droit que s'arroge l'homme – encore ne le fait-il alors, il faut y insister, que pour proposer des pratiques propres à résoudre des problèmes souvent encore irrésolus, et sans porter préjudice à la Synthèse, toujours critère suprême et quasi sacré de la certitude – constitue une révolution dans la pensée mytho-logique telle que les anciennes mytho-sciences et, épisodiquement, de « vraies » sciences comme les mathématiques, en étaient encore imprégnées.

Autre considération : pour disposer du droit de définir lui-même et arbitrairement une unité rationnelle de longueur, l'homme de la Renaissance et de la Réforme a dû aussi se rendre maître du droit de maîtriser le temps. En effet, l'utilisation des nombres négatifs est justifiée, comme celle du logarithme, par référence à la nouvelle mécanique, devenue une cinématique depuis Galilée – la mécanique d'Archimède n'étant guère plus qu'une statique – grâce à l'invention de plusieurs concepts « humanisant » la durée qui n'a jusque-là appartenu qu'à Dieu, et cela, de telle sorte que les différences entre point et masse, mouvement, vitesse, accélération et force, dépendent des valeurs qu'on peut donner au facteur temps. Révolution scientifique, sans doute, mais que la science d'alors enregistre sans l'expliquer, voire en s'en étonnant, si bien que cette dite révolution scientifique ne serait pas intelligible si on ne la rapportait pas à une autre d'ordre mytho-logique.

Les deux formes de l'imaginaire

Que la voûte céleste compte une ou des étoiles de plus parce qu'un Sage a jeûné pendant mille et mille ans; ou bien que l'année – commençant au lever héliaque de Sirius (lever voulant dire re-naissance d'Osiris ainsi que crue du Nil, et Sirius, Sothis égyptien, contenant sans doute, selon un érudit fiable, Horus lui-même – compte plus de trois fois quatre mois de trente jours parce que l'épouse du Soleil a commis l'adultère avec la Terre : c'est là imagination pure. Mais aussi que l'espace abstrait puisse compter plus de trois dimensions dont celles de trop s'expriment en nombres homologues à i, c'est grâce à la convention rendant « vraies » les quantités imaginaires. Voilà donc deux recours à l'imaginaire qui se ressemblent par leur refus de croire que le visible et le tangible puissent suffire à rendre compte de l'existant qui pourtant ne nous est manifesté quotidiennement que comme ensemble de phénomènes concrets. Il est vrai que ces phénomènes ne nous sont accessibles qu'à travers des événements transfigurés par nos émotions, lesquelles inventent des symboles qui nous aident à les subir ou nous engagent à y intervenir pour en susciter d'autres. Là encore, deux formes de symboles : les uns sont sacrés et nous invitent à la prière; les autres sont rationnels et nous fournissent les algorithmes sans lesquels la ou les mathématiques n'eussent pas fourni aux autres sciences les moyens d'accroître de plus en plus les forces de production. Aussi bien dieux, Dieu ou certitudes idéologiques qu'instrumentations calculées nous proposent, nous permettent ou nous forcent à nous jeter dans l'action conflictuelle ou concurrencielle; deux formes aussi d'action : l'une pour propager ou défendre sa foi, l'autre pour acquérir des profits assurant un mieux-vivre.

Entre une forme et l'autre de l'action, y a-t-il une différence tranchée? Pas plus qu'entre nos besoins de certitude, en quête de succès, qui, de façon ou d'autre, nous rassurent. Dès lors, l'historien doit se demander si, entre les exigences ou les élans du cœur, celles de la raison raisonnante ou ceux de la raison pratique n'interviendraient pas des influences mutuelles, mutuellement transformatrices ou créatrices. Problème qui se résume en cet autre : comment l'histoire de ces interactions a-t-elle introduit dans le règne sans fin des symboles sacrés un autre règne, celui des symbolisations opératoirement et opérationnellement algorithmiques?

CHAPITRE 3

La force des événements. Une histoire humaine, trop humaine.

> L'art suprême de la guerre est de soumettre l'ennemi sans combat. Les experts défont l'armée ennemie sans se battre et prennent les villes sans donner d'assaut.
>
> *Sun Tzu, Ve siècle avant J.-C.*

> A vaincre sans péril on triomphe sans gloire.
>
> *P. Corneille*

> Introduire dans la philosophie de la guerre un principe de modération serait une absurdité, la guerre étant un acte de violence poussé jusqu'à ses limites extrêmes.
>
> *K. v. Clausewitz*

> Geschrieben steht : « im Anfang War das Worth! »...
> Geschrieben steht : « im Anfang war der Sinn. »...
> Mir hilft der Geist! Auf einmal seh' ich Rath
> Und schreibe getrost : im Anfang war die That!
>
> *J. W. Goethe*

> Die Welt ist alles was der Fall ist. Die Welt ist die Gesammheit der Tataschen nicht der Dinge.
>
> *Wittgenstein*

« Le monde est tout ce qu'est un cas. Le monde est l'ensemble des faits, non des choses. » Cette aporie du *Tractatus* résume ce qu'entend suggérer ce chapitre, indispensable correctif à ce dont nous venons de dire des structures constantes. Qu'il s'agisse de Piaget ou de Claude Lévi-Strauss, des croyances ou des dogmes sacrés, de ce que l'expérimentateur observe de la matière ou de ce que le mathématicien fait relever du principe de permanence, tout ce qu'ils présentent comme constantes (logiques ou concrètes) ne le sont que comme paradigmes énoncés par le langage. Paradigmes sont aussi les « formes », par exemple de la *Gestaltpsychologie,* dont notre Code mental pourrait se réclamer.

Comment historiquement, et sous quelles pressions des événements, les fonctionnalismes diachroniques des structures constantes ont-ils donné lieu à des innovations tant dans les mythes et les croyances que dans les sciences modernes? Côté mythe, deux problèmes : la Chine n'a pas moins souffert que l'Occident d'événements désastreux; son taoïsme et sa sagesse y survécurent. A l'Extrême-Occident, dieux après dieux sont morts, laissant la place aux monothéismes. Côté sciences, deux problèmes aussi : l'essor moderne a eu lieu en Europe et seulement là; mais d'emblée universaliste par ce qu'il invente, il en donnera des preuves concrètes au cours d'ultérieurs déploiements.

Pour ce qui concerne le mental, l'histoire est à la fois internaliste et externaliste. Au premier titre, nous avons vu comment logique du mythe et logique des sciences tirent parti d'un fonctionnalisme structurel qui autorise ou invite à substituer ou à ajouter sèmes à sèmes relevant des plus divers lexiques. Reste à étudier ce que l'invention ou l'innovation sémantique doit au vécu extérieur à la pensée, c'est-à-dire à ce qu'on appelle historiquement des faits produits par des acteurs, mais activement pressants même sur de simples spectateurs. Les grands faits résultent d'une multitude de petits – la quatrième Partie en montrera la commune logique –, mais ici c'est par leur importance que les événements traumatisent le mental et y provoquent mutations chez plusieurs penseurs à la fois, et souvent très nombreux autour de ceux ou de celui reconnu tôt ou tard pour en avoir tiré le meilleur parti.

Dès ici mentionnons que l'externe n'agit sur l'interne que si, de quelque manière, l'un et l'autre s'accordent.

Quant aux grands événements qui ont conduit ou forcé le cours de la pensée, on en retiendra aussitôt de trois types, chacun relatif à une interrogation fondamentale. L'adoption du monothéisme transfigure les espoirs suscités par des conquérants et qui ont fait rêver d'Empire universel. La révolution scientifique à l'orée de l'ère moderne provient de représentations collectives impensables avant les Grandes Découvertes et avant que le capitalisme ne domine. Les progrès scientifiques ultérieurement exponentiels – au XIXe siècle – résultèrent de satisfactions données à deux conditions : que mathématiques, mécanique, physique constituent ensemble le fer de lance des conquêtes scientifiques conduites dans un milieu de travail qui tend à devenir autonome dans un ensemble social vite privé de toutes chances de comprendre un langage et des lexiques échappant de trop loin au vulgaire; que l'activité sociale la plus productrice favorise ou du moins ne contredise pas conceptuellement ce que pense, sans qu'elle-même le comprenne, ce milieu spécifique des scientifiques et en finance les travaux dont elle tire ou espère tirer parti. Ce troisième type de grands événements peut être regardé comme la révolution industrielle proprement dite, c'est-à-dire celle que seuls rendent intelligibles les apports des laboratoires.

Le sacré transcende la gloire

Comment le mythe a-t-il évolué pour qu'en une mutation ultime, à cet égard, il révèle des structures qu'il avait cachées jusqu'au moment où il fournit le nouveau lot de sèmes nécessaire à les rendre apparentées aux mathématiques? Notre réponse à cette première question renverra finalement à trois conditions : que le sacré, comme idée, ait été rendu absolument transcendant; que, comme sentiment, son immanence ait atteint le degré de profondeur où l'indicible est purement mystique; et qu'enfin entre cette transcendance et cette immanence ait été établi un passage traversant la condition humaine.

Pour simple qu'elle paraisse, cette conclusion est loin d'être directement accessible; montrons-en les difficultés en comparant deux cas. Pour la Chine archaïque du Yang Yin, l'Homme est en position intermédiaire et médiatrice entre le Ciel et la Terre. Pour saint Athanase – au IVe siècle, donc des milliers d'années plus tard – Dieu le Père est au-dessus et au départ de tout; le Fils est l'activité extérieure du Père et à travers tout; le Saint-Esprit est dans tout pour achever le détail de l'œuvre. Or non seulement ces ressemblances n'expliquent pas que l'Occident et non la Chine ait inventé les sciences modernes, mais elles sont à connoter avec des différences encore bien plus énigmatiques. La Chine n'a conçu ni Dieu unique et transcendant ni mysticismes comparables à ceux du reste de l'Eurasie. Tout y put être d'emblée rapporté, par ses plus grands penseurs privilégiés, à la seule nature naturelle, celle qui en Europe sera progressivement laïcisée, de l'Humanisme aux matérialismes consécutifs au siècle des Lumières, période où conscience sera prise des propriétés opératoires de Modèles auxquels, pourtant, le Yi-King primitif avait donné l'expression mythologique la plus directe de toutes.

La première explication qui vient à l'esprit renforce l'obscurité. Le Yi-King, s'en remettant directement aux procédés de significations, eût dû gêner le progrès d'expériences concrètes alimentant les contenus à signifier. Or c'est le contraire qui est vrai : la Chine disposait à la fois de données expérimentales et des principes d'un formalisme opératoire dont les axiomatiques fonderont, non dans le signifié, mais dans les conditions dialectiquement imposées à tout signifiant.

Reste donc à chercher ce dont la Chine, si bien dotée, a malgré tout été privée. Nous avons précédemment signalé – et notre Seconde Partie y reviendra plus longuement – que le Yi King, tel qu'achevé par le roi Wenn, relevait d'une bio-logique explicable par de si précoces succès botaniques et médicaux; or la biologie moderne est issue des physiques, grâce auxquelles elle sortit des impasses où l'avaient conduite les âmes aristotéliciennes et l'élan vital post-newtonien. Ce serait donc parce que, trop prompte, la Chine ne ressentit pas la nécessité de procéder par détours. Mais alors, autre paradoxe, un tel détour par la physique lui était le plus accessible – tant conceptuellement qu'expérimentalement –, car s'il est une ligne droite dans l'évolution des plus hautes pensées chinoises, c'est celle qui court-circuite les phases mythologiques du sacré si nombreuses et variées en Occident.

Force est d'en conclure que ces extravagances apparemment antiscientifiques étaient indispensables à l'évolution de sémantisations qui ont finalement permis aux symbolisations algébriques de se nourrir en suffisante abondance de symbolisations sacrées. L'histoire philologique confirme ce diagnostic : la langue et l'écriture chinoises sont demeurées plus fidèles à leurs origines que les nombreuses familles de langages et d'écritures alphabétiques propres aux Babel occidentales. Toutefois, outre que le Yi-King est bien une « écriture » – on sait que, bien plus générale, on n'y peut rien reconnaître de ce que furent et deviendront les pictogrammes chinois –, la confusion des langues occidentales ne s'explique pas intrinsèquement. La dernière voie ouverte à la réflexion est de relativiser croyances et procédés d'expressions aux conceptions qu'on s'est faites des leçons à tirer des événements : d'un côté elles ne changent guère, de l'autre elles sont en perpétuelles et concurrentielles mutations.

Pour y trouver quelque commune référence, on se rapportera à ce que la Chine et l'Occident ont pensé de la gloire. Il n'y avait aucune raison pour que la Chine divinisât des dynasties si souvent étrangères et dont la barbarie prouvée par sang et ruines eut finalement à se plier aux rites quand elles voulurent régner durablement. Le Fils du Ciel est désigné par un destin mutant; il n'est ni un fils, ni un élu de dieux ou d'un Dieu personnalisé. Autre tableau à l'Ouest, et surtout en Extrême-Occident. Là, les acteurs surnaturels des mythes sont à l'image de combattants et de victorieux qui, personnalisés, légitiment les divinisations.

Différence fondamentale explicable par la géo-politique et ayant pour effet que les mythes mettent en scène acteurs et actions avant que d'en faire les auteurs d'oracles. Quand la Pythie delphique prévient les Athéniens inquiets des avancées armées des Persans, elle s'exprime par phrases toutes faites – telles quelles suspectes au Yi-King – et nécessitant effectivement des interprétations pour comprendre que le mur de bois capable de défendre la Cité sera fait des vaisseaux de Salamine. Ainsi sommes-nous conduits à rapporter les approfondissements logico-démonstratifs de l'Occident au fait que les récits assertoriques de ses mythes l'ont obligé à s'en remettre à des langages, ce dont n'eut pas besoin la Chine qui avait découvert d'un coup et très ou trop tôt les conditions logiques de toute synchronisation apodictique.

La Chine nous fournira donc le contre-exemple utile pour comprendre comment l'Occident fut amené à transcender ses batailles de dieux-princes en un Royaume unique du sacré, et à inventer ses mille désaccords assertoriques pour conduire l'analyse de la langue jusqu'aux principes, cette fois diachroniquement apodictiques, du discours propositionnel.

L'histoire est fille de la préhistoire; elle en a reçu les leçons qu'elle syncrétisa dans les mythes archaïques et dont elle demeura imprégnée soit comme tels, soit comme les cytoplasmes d'une évolution culturelle diversifiante et sélective qui a produit – dans des milieux techno-économiques plus ou moins progressifs – croyances et sciences, poésies et plastiques, comme aussi (sinon d'abord) conceptions morales, juridiques et plus généralement socio-politiques.

Dans l'ordre des techniques, la préhistoire est semblable de l'Extrême-

Orient à l'Extrême-Occident par ce qu'on en sait et par ce qu'on est en droit d'en penser. Il n'est de taille de silex qui n'ait eu à traiter de pointes, de faces ou d'angles; les silex bifaces préfigurent les dièdres; les plus simples outils sont tétraèdriques. Certains ateliers, de vaste ampleur, et fournisseurs d'objets et d'exemples pour de lointaines contrées, ont bien dû se servir de mots ayant même sens que ceux d'Euclide. Nul doute, en outre, qu'on ait su alors s'orienter et constater que la plus simple des huttes est faite d'un faisceau triple de bâtons fichés triangulairement sur le sol. Autant de leçons concrètes et sémantiques dont le Yi-King porte le plus direct témoignage.

En revanche, nul penseur chinois n'a dit, comme Proclus, que les angles avaient originellement été des dieux : pas davantage que l'histoire, la préhistoire n'a été vécue de même manière dans les deux cas. Les traces du paléolithique supérieur sont bien plus nombreuses au sud-ouest qu'au nord-est de l'Himalaya. Les trois âges du pléistocène ont été marqués par des fortes variations climatiques qui ont déplacé une quinzaine de fois les limites glaciaires, celles aussi d'hommes en migration. Imaginons de multiplier cent millions de fois la vitesse de ces mouvements planétaires de peuplement : leurs aller et retour deviennent torrentueux aux carrefours afro-eurasiatiques, fluviaux en Inde et marées plates en Chine. Autant d'apprentissages différents qui ont rendu différents aussi les rapports entre conceptions religieuses et socio-politiques. Partout des rites funéraires depuis le néanderthal; mais autres interprétations du surnaturel. Déjà remplies ou encombrées de significations anthropomorphiques en ces sommets de l'art que sont les fresques réalistes qui précédèrent de loin les décors vaguement géométriques dans les grottes initiatiques de l'Ouest, ces interprétations du surnaturel purent être moins distantes, à l'Est, des constantes quotidiennes et répétitives qui, relativement à l'abri d'événements planétaires plusieurs centaines de fois millénaires, pouvaient être plus aisément traduites directement en signes.

Si nous convenons de faire du chamanisme la plus élémentaire des croyances, les « esprits » auraient été en tempête à l'Ouest, mais, en Chine, assez calmes pour s'exprimer toujours avec le même langage : en fait, celui de craquelures d'os brûlés aussi vieux que l'invention du feu de cuisine. Supposons en outre qu'en des temps encore proches de l'ère hominienne, tout homme ait pu devenir, en un certain moment, son propre chaman; c'est en Chine que les progrès de l'organisation

socio-politique eussent eu le moins à compter avec des batailles entre
« esprits » pour remettre le commandement des mortels à un chef mortel
qui, n'ayant pas à interférer dans les affaires ordonnées du Cosmos, n'a
eu d'autre privilège originel que d'être le premier à savoir comment le
destin s'exprime, sans changer de langage, aux humains. Fo-Hi est
mythique en ce sens que son règne n'est pas historiquement attesté, mais,
auteur du Yi-King, il n'est pas l'acteur d'un mythe. Son existence n'est
que terrestre, plus évidemment encore celle du roi Wenn : leur Yi-King
n'est que naturel.

Des raisonnements précédents ne sont acceptables qu'à deux conditions : que le Yi-King soit unique en son genre et qu'il soit significatif de
la Chine. Or il n'existe effectivement pas d'autres exemples d'une culture
qui soit si sûrement indentifiable, d'un bout de sa préhistoire à l'autre
bout de son histoire, à un seul ouvrage. Selon le missionnaire allemand
Richard Wilhem, le meilleur des nombreux traducteurs du Yi-King,
« tout ce qui a été pensé de grand et d'essentiel pendant plus de 3 000 ans
d'histoire de la Chine, ou bien a été inspiré par ce livre, ou bien,
inversement, a exercé une influence sur son interprétation... Il ne faut
donc pas s'étonner si, en outre, les deux branches de la philosophie
chinoise, le confucianisme et le taoïsme, ont ici leurs communes
racines ». Cette opinion reste actuelle. Comme le Yi-King, la poésie est à
lire entre les mots; la peinture est à regarder dans les blancs que l'artiste
ménage dans ses dessins. Deux modes d'expression n'en faisant qu'une, et
de même vérité que celle à découvrir entre les Yang et Yin.
La puissance d'assimilation qui a permis au plus durable des plus vastes
Empires de se conserver ou de se retrouver à travers tant de sanglants
désastres d'origine interne ou externe est sans doute un effet direct d'une
manière générale de penser qui traite les événements en vicissitudes, comme
les seules manifestations tangibles d'une immanence inexprimable.
Vicissitudes innombrables mais que le petit nombre de figures du Yi-King –
d'abord 8, et finalement 64 koua –, suffit à symboliser toutes. Ce livre vaut
du haut en bas de la société. Pour les lettrés, il est le support des réflexions;
pour tout homme, il est le moyen d'interroger le destin et d'en interpréter les
réponses. Le Yi-King étant la logique de la Chine, il n'est réductible à
aucune de ses logiques particulières.

Et d'abord, pas à celle de la langue : les koua – en dépit de ce qu'en ont pu proposer certains érudits contestés – ne sont pas les éléments primitifs de l'écriture en Chine; ils sont plus que cela et symbolisent le signifiant par excellence. Le Yi-King n'a rien d'une religion; inventé par des princes qui sont nés et ont vécu naturellement, sa sagesse divinatoire unifiante se superpose à un ensemble composite, multiple de dieux populaires locaux. Ces dieux, sortes d'auxiliaires, des « personnes » pour l'homme du commun, des symboles cosmiques pour les sages, sont tolérants; ils accueillent des dieux et Dieux étrangers (au point qu'un Koubilaï ait porté respect au Christ de Marco Polo), mais à la condition que ces divinités venues d'ailleurs ne se prétendent pas non plus exclusives. Contrairement aux dieux ou Dieux « révélés » à l'Occident, qui ont chacun leur discours propre, le Ciel chinois peut s'exprimer en seul et même type de langage divinatoire; et les êtres fort divers qui l'habitent n'ont pas besoin d'avoir été réunis en un seul récit syncrétique pour cohabiter pacifiquement.

En l'absence de panthéon organisé, de Dieu dogmatisé, d'Empereur divinisé (son mandat lui provient d'un destin mutant), la véritable permanence culturelle est celle qu'assurent les Lettrés. Ils forment un corps hiérarchisé par le savoir et dont l'entrée est ouverte par examens; ils incarnent la permanente légitimité du pouvoir bureaucratique. Incarnation du destin, l'Empereur peut, au gré de conjonctures, modifier l'organisation sociale, la rendre tour à tour collectiviste ou individualiste, et éventuellement légaliste plutôt que formaliste; il n'est pourtant pas, ni en fait ni en droit, en mesure de décomposer un mandarinat constitué à l'image et en vertu de la langue, et donc des réseaux familiaux ritualisés par le culte des ancêtres.

L'autorité mandarinale peut faire appel au glaive, mais elle est principiellement conciliatrice. Tout Chinois peut ester en justice, mais sa cause fût-elle des plus justes, il lui est reprochable d'avoir eu à recourir au juge qui n'en punit que plus durement, voire cruellement, le coupable d'avoir violé la bonne entente avec ses voisins et occupé un tribunal dont la nécessité relève moins de l'absolutisme des lois que de la regrettable contingence de dérangements sociaux trop excessifs pour ne pas se résoudre d'eux-mêmes.

L'architecture chinoise concrétise cette sagesse politique. Elle n'est murale que dans un cas. De dimension cyclopéenne (et seul artifice humain visible à l'œil de cosmonautes), la fameuse muraille de Chine a été construite une fois pour toutes et pour tous, le long d'une frontière culturelle que l'archéologie anthropologique fait dater de la préhistoire, telle que déjà s'y opposèrent nomades barbares et sédentaires civilisés. Toutes autres constructions sont d'abord celles de toits (images du ciel) protecteurs d'intempéries; toits appuyés sur des piliers entre lesquels les parois ont à laisser le dedans le plus possible ouvert sur le dehors.

Cette continuité entre l'intérieur et l'extérieur – jardins ou champs et tous paysages naturels – est à interpréter dans les deux sens. Versants de montagnes, courbes de fleuves, îles ou golfes de lacs sont sites d'édifices ou pagodes qui soulignent des beautés réelles auxquelles ils s'identifient symboliquement, de la même manière que poètes et peintres désignent les vides à comprendre à l'aide des pleins artificiellement dessinés au pinceau dans des œuvres qui ne rendent pas tranchée la différence entre peinture et écriture.

N'importe à l'ordre général que ces symbolisations soient des dieux pour le peuple, et seulement idéalisation de choses « destinées » quand elles sont vues par les Lettrés; il en va de même pour les rites de politesse ou de politique auxquels les uns obéissent au nom du sacré et que les autres interprètent en vertu de la sagesse morale : coexistent harmonieusement une religiosité populaire et quotidienne, vouée à demeurer très proche du chamanisme, et une philosophie dont la modernité a été d'emblée admirée par les érudits face à la spiritualité morale d'un Confucius ou au matérialisme nuancé d'un Lao-Tseu. Ces hautes doctrines, dont la compréhension n'est accessible qu'à des Lettrés, se répandent librement partout, mais en s'y transformant en cultes dont le primitivisme conduisit trop de sinologues occidentaux à parler en termes généraux de superstition ou d'idolâtrie.

En fait, la plus « basse » religion populaire est parfaitement cohérente avec la plus « haute » pensée des grands sages et de leurs Écoles; et cette cohérence est assurée par toutes les sortes de savoirs, de savoir-être, de savoir-dire ou de savoir-faire. Même langue et même écriture conservée – au moins dans la prévalence qu'elle respecte de l'image sur le phonème –, même si la calligraphie des pictogrammes les a rendus ésotériques à mesure que l'évolution sociale incitait l'autorité mandarinale à faire valoir ses privilèges. Même esthétique, même si le commun se plaît à ce qui est représenté alors que les initiés ont à comprendre ce que l'art ne peut que laisser sous-entendre. Même astrologie ou alchimie, même si les uns en attendent des renseignements utiles quand les autres en induisent des enseignements principiels. Même intérêt aussi porté au geste effectif, même si les uns le mesurent à ses avantages productifs quand les autres y regardent un reflet de l'harmonie du monde. Même culte des ancêtres, enfin, dont la primordiale importance unificatrice réclame un supplément d'attention.

Rappelons que les huit koua de Fo-Hi, assumant tout l'existentiel, sont immédiatement produits par la soudure de deux d'entre eux : le koua trièdre, Lumière, Créateur, Ciel, Père, et le koua triangle, Ombre, Réceptacle, Terre et Mère. Citons l'Empereur Youen Tsoung : « Tout notre corps, jusqu'au plus mince épiderme et aux cheveux, nous vient de nos parents ; se faire une conscience de le respecter et de le conserver est le commencement de la piété filiale. Pour atteindre la perfection de cette vertu, il faut illustrer son nom et s'immortaliser afin que la gloire en rejaillisse sur son père et sur sa mère... La piété filiale se divise en trois sphères immenses : la première est celle des soins et respects qu'il faut porter à ses parents ; la seconde embrasse ce qui regarde le service du prince et de la patrie ; la dernière et la plus élevée est celle de l'acquisition des vertus et de ce qui fait notre perfection. » Ainsi dit le premier des dix-huit chapitres du *Hiao-King*. Culte, sans doute, mais dont le caractère officiel s'inscrit dans la logique du naturel.

Il est notable que quand les missionnaires chrétiens entrèrent en Chine, leur science les fit bien accueillir par la Cour des T'Sing, à la condition toutefois que l'enseignement d'Euclide ne sortît point de la Cité interdite, hors de laquelle il eût troublé l'ordre de l'Empire. Leur dogme même eût été acceptable parmi d'autres s'il n'avait été si rigide. Au moment où s'engage la querelle des rites qui mettrait fin à l'influence des jésuites, ceux-ci avaient reconnu l'importance du Yi-King dont ils envoyèrent en Europe d'admirables exemplaires. Cette querelle des rites est significative : les jésuites n'avaient pas tort de réduire les rites à une politesse ; leurs adversaires avaient aussi raison d'en souligner la portée sacrée pour le peuple. Non moins significative est la manière dont le Yi-King a été reçu en Europe : tantôt, pour la majorité de ceux qui le pratiquent à titre personnel, révélateur des secrets du destin dont il serait le confident ; tantôt preuve que la Chine avait découvert avec des milliers d'années d'avance le système de numération binaire de position que Leibniz appréciait comme le plus parfait, tout en regrettant que les Chinois l'eussent ensuite défiguré par tant de superstitions qu'il fallut que lui-même l'en débarrassât pour y redécouvrir les principes de la

Caractéristique dont il attendait qu'elle rationnalisât la totalité des connaissances.

Le Yi-King n'est ni l'un ni l'autre : il refuse à toute connaissance ainsi qu'à tout faire et à tout pouvoir, fussent-ils glorieux, de se prévaloir de l'absolu. La plus haute des gloires n'a pas la moindre signification transcendantale dès lors que des impératifs cosmiques ont fait, une fois pour toutes, places relatives à n'importe quelles formes ou effets possibles d'événements.

Nous ne traiterons pas ici en détail de l'Occident : il y aurait trop à dire, sauf à résumer trivialement ce que les éruditions ont si minutieusement établi que toute vulgarisation en paraît suspecte. Une autre raison de s'en tenir à quelques aperçus est que, globalement, l'histoire des mentalités occidentales est à interpréter comme une contrepartie de celle de la Chine. Aucun *limes* n'y a duré, aucune frontière historique n'y a été clairement identifiable à une frontière préhistorique; et l'architecte construit des murs avant de mettre ses édifices hors d'eau. Pas de lettrés réunis d'un bout à l'autre de l'histoire par une même conception, ou une même bureaucratie, ni une même langue identifiable à un seul réseau de familles : tout est ici vicissitudes d'Empires se réclamant de mythes cosmiques très divers qui n'ont pour ressemblance que de sacraliser tous la division et le combat en les inscrivant aux origines cosmiques de l'existant. Les dieux en querelles de panthéons en conflits ont eu à partager leur gloire avec celle de conquérants victorieux jusqu'à ce que l'évidence qu'il n'est pas de victoire durable sur terre forçât qu'on s'en remît à un Tout-Puissant transcendant pour unifier dans le ciel les hommes désunis ici-bas.

Pour mieux comprendre ce qui en résultera d'expériences socio-culturelles et d'approfondissements logiques – résumés d'événements préhistoriques –, vérifions comment les mythes occidentaux ont attribué au Cosmos lui-même l'irréversibilité de la durée historique.

Pour les Chaldéens, la chronologie des temps comportait deux périodes comptées en millénaires. Au cours de la première, l'année durait 360 jours; rationnellement divisible, elle était propre à des temps où le monde était parfait. Puis un accident cosmique s'est produit qui, perturbant cette perfection, ajouta malencontreusement cinq jours par la faute desquels cycles solaire et lunaire seront à jamais en désaccord. Cela revient à penser qu'un événement introduisit dans la durée un point de franchissement irréversible. Impensable en Chine, cette irréversibilité a été acceptée telle quelle par la tradition juive ; l'Égypte s'y résigna de son côté, bien qu'en termes différents, les rapportant à la naissance adultérine de dieux mi-cosmiques, mi-humains.

Ce dernier cas rend particulièrement explicite les corrélations entre le non-retour événementiel, la faute cosmique et le crime post-cosmique. Meurtrier de son frère, Seth avait été le mauvais fruit sorti troisième du ventre maternel que lui seul d'entre les cinq enfants eut à déchirer au cours des cinq jours d'une parturition qui avait bravé l'interdit du Soleil – mari jaloux – et qui n'eut pu s'effectuer si le dieu Calcul n'avait pas gagné au jeu de dés où il avait choisi l'inconstante Lune pour partenaire.

Nous ne retiendrons ici de tels mythes que la part concernant directement la logique événementielle. Il n'est point, en effet, d'événement irréversible qu'il ne faille attribuer à un hasard historique sans lequel tout serait prévisible. Et il n'est pas non plus de hasards qui ne renvoient à l'incertitude de la condition humaine issue du Cosmos qui, s'il n'avait été fautif, eût été exempt de doute. Autrement dit, l'événement – imprévisible dans la mesure où il est irréversible – oblige qu'on mette en cause un des acteurs divins, humanisés par leur incapacité de savoir d'avance le résultat de leurs comportements. Ressentie comme irréversible, la durée ne saurait être que le fait de dieux au moins partiellement confrontés aux mêmes problématiques que l'homme.

L'Occident n'a pas manqué, lui aussi, d'être préoccupé, comme la Chine, par la divination, mais outre que cette divination occidentale se sert de phrases non directement prononcées par un Cosmos immuable et universel, elle provient de dieux personnalisés qui s'expriment chacun selon son style, en tel lieu et à telles conditions qui lui sont propres : à chaque dieu et lieu, donc, son langage. Au demeurant, le Yi-King ne se raconte pas, il se constate comme une synchronie ; les mythes occidentaux font l'objet de récits, et prescrivent diachroniquement leurs règles soit par des exemples racontables, soit par textes discursifs.

En Occident comme en Chine, les pictogrammes semblent avoir d'abord été des images assez proches du concret pour être comprises par n'importe qui, avant que raffinements calligraphiques ou ésotérismes hiéroglyphiques les aient soustraits à l'intelligence du non-initié. Toutefois, alors que le privilège mandarinal a pour contrepartie de respecter les « clefs » associant l'inventaire des traits constitutifs des mots à celui d'une organisation sociale de familles où chacune puisse reconnaître ses ascendants au nom qu'elle porte, la sacralisation presbytérale abolit toute référence entre significations linguistique et sociale. Dans ce second cas, pour l'ignorant ou le barbare vivant en voisinage ou en symbiose avec l'initié, le signe gravé en monuments ne représente plus qu'un signifiant dont les rapports avec son signifié sont entièrement arbitraires. Cela rend vraisemblable l'hypothèse érudite selon laquelle les mineurs du Sinaï auraient contribué à l'invention alphabétique : entendant prononcer cérémonialement le nom d'une déesse qu'ils voulaient vénérer, ils n'ont retenu, entre le mot parlé et le mot gravé, qu'une correspondance phonétique.

Conflits de peuples en mouvements, d'Empires en querelles et de mots mis en liberté auraient eu pour effet de rendre périssables des Babel, mais aussi d'accroître la portée logique de phonétisations : plus s'en découvre l'indépendance, plus se révèle nécessaire des règles syntaxiques et sémantiques obéissant conjoncturellement, en chaque langage spécifique, aux prescriptions communes du logos. Les études linguistiques archaïques en Inde, antiques en Extrême-Orient, se rapportèrent ainsi d'abord chacune à une seule langue ; mais toute langue phonétisée pose à l'érudition moderne le même problème : celui d'un ordre alphabétique relativement uniforme, et du moins assez stable pour que les lettres puissent servir de chiffres en de nombreuses numérations écrites.

A cette diachronie du discours – rendue la plus évidente quand celui-ci est transcrit phonétiquement – et à celle des nombres semble correspondre, pour les mêmes raisons géo-politiques, la diachronie des organisations de l'échange (fait de princes, de négociants ou d'hommes du commun) et des organisations sociales. Certes, on assiste comme en Chine à des vicissitudes localement cycliques, mais il est difficile de contester le droit que s'est donné Marx de traiter globalement les transformations occidentales des relations de production selon la linéarité : esclavage, féodalisme et individualisme bourgeois. Seul son communisme planétaire pourrait refléter un retour à d'archaïques souvenirs ou rêves d'une primitive communauté généralisée.

Même diachronie aussi dans l'histoire des valeurs socio-religieuses des mystiques : bouddhisme et monothéismes intériorisent en chaque conscience individuelle un sacré dont il est seulement possible qu'il ait été primitivement accessible à tout homme, mais certain qu'il eut historiquement pour interprètes successifs d'abord des privilégiés : un seul ou quelques devins (prêtre-rois ou prêtres) ensuite constitués en castes, et seulement ensuite n'importe quel fidèle.

Même diachronie enfin dans le fait que l'Occident ait eu si généralement à faire prévaloir l'irréversible sur le réversible, ce qui aura multiplié et allongé les champs historiquement variés et féconds d'expériences logico-discursives qui eurent pour prix que les constantes structurelles – plus synchroniques que diachroniques – aient été le plus longtemps dissimulées, et pour récompense qu'auront pu y être progressivement découvertes les correspondances sémantiques grâce auxquelles ces mêmes structures affleureront à la conscience avant les sèmes spécifiques capables de les rendre diachroniquement opératoires pour les sciences.

Ces processus d'élaboration, vécus avant d'être pensables et ayant été inconscients, l'histoire ne peut en mesurer les étapes que du dehors. A l'historien, en effet, demeurera toujours dissimulé à plus ou moins grand degré de profondeur ce qui s'est passé au cours de cette multitude pratiquement infinie d'échanges de biens, de puissances, de mots et d'émotions. Il n'est de repère possible qu'en rapportant le tout à un petit nombre de très grands événements concernant princes et peuples, dieux et Dieux et rapports de la gloire avec le sacré.

Rappelons qu'en Occident, l'univers « chamanique » des esprits s'est converti en univers de dieux ou Dieux avant que n'aient pu être conçus les principes du discours relatant les hauts faits de chefs eux-mêmes sacralisables dès lors que les dieux auront été eux-mêmes humanisables. Rappelons aussi que cette même conversion a été populaire en Chine, les Lettrés refusant à des conquérants une gloire quasi divine dont l'Occident ne s'est pas montré si avare. Rappelons enfin que le pouvoir chamanique a pu être préhistoriquement le lot de tous avant de devenir celui de quelques-uns, et que cela pourrait se justifier en considérant comment l'histoire chinoise étendit récursivement à tout le monde la possibilité de recourir à des divinations dont Fo-Hi, le premier des Empereurs, aura élucidé les signes messagers ; en poursuivant le raisonnement, on pourrait dire de l'Occident qu'après s'être mythologiquement donné des dieux pour initiateurs de savoirs ou princes de victoire, il s'en est historiquement remis à des descendants de dieux, puis à des « élus » de dieux ou du destin avant que l'élection ne devienne le fait de pairs ou du peuple.

En Occident, donc, l'histoire des hommes est vécue selon des mythes qui n'ont pu résumer la préhistoire sans faire place à l'aléatoire et à l'irréversible, si bien que la réversibilité du temps n'est plus concevable comme certaine, mais seulement comme problématique. D'importantes conséquences en résultent dans tous les domaines de la pensée et de l'action.

Face à la mort, il est rassurant de penser qu'elle n'est qu'un passage provisoire ; mais encore faudra-t-il renvoyer à un au-delà des temps vécus l'espérance que rien n'a de fin ; espérance qui se traduira en croyances ou doctrines eschatologiques : soit millénarismes escomptant que tout recommence – par exemple à la suite d'un embrasement général de type stoïcien promettant régénération –, soit finalismes escomptant qu'existe un au-delà dont l'éternité échappe au temps. Le plus généralement, ces deux conceptions coexistent, soit à égalité – comme en Inde où la perfection est atteinte au prix de multiples réincarnations permettant qu'on apprenne à échapper aux apparences du monde temporel –, soit en faisant prévaloir tantôt et d'abord la première – cas grec – ou tantôt et ensuite la seconde – cas chrétien ou islamique.

L'action étant pensée et engagée à partir de croyances, elle fera relever jugements et principes politiques de deux types d'appréciations de la réalité socialement vécue, tantôt ressentie comme un progrès – les démocraties ou républiques antiques sont ressenties par les citoyens comme supérieures aux monarchies théocratiques –, tantôt comme passibles de régressions, quand Rome devra se résigner à confier son destin à des Empereurs – c'est-à-dire à des chefs heureux – s'emparant de pouvoirs absolus et dicrétionnaires, avant de devenir le siège apostolique se réclamant du Tout-Puissant face aux prétentions temporelles de chefs féodaux.

Sans doute est-ce en matière de discours et de langage que cette irréversibilité de la durée aura les plus durables et fécondes conséquences : phrases, mots et phonèmes énoncés sur le fil univoque du temps rendront l'écriture alphabétique aussi fiable et plus efficace que l'écriture pictographique primordialement dessinée en figures statiquement réalistes.

Le vécu fournissant la plus contraignante abondance de leçons, autorise à rapporter aux grands événements sociopolitiques la puissance qui a conféré son élan à cette évolution générale.

Nous considérons donc maintenant deux types de ces grands événements : l'un, pour commencer, antérieur à la généralisation des monothéismes, et donc relatif à des temps ou à des circonstances où l'héroïsation de chefs victorieux est encore ou n'est plus susceptible de métamorphoser l'univers du divin. Avant d'en suggérer l'analyse, nous préciserons ce que nous pouvons en attendre.

Le destin d'Alexandre le Grand et celui de Timoudjine le Gengis Khan se ressemblent par d'évidents aspects qu'il suffira d'abord de résumer. Un même ascendant du chef sur ses troupes, pour différentes qu'elles soient, ne s'explique que par de si multiples et contradictoires raisons d'ordre sociopsychologique que leur ensemble relève seulement de la mythologique. Dès lors il est intelligible que les succès remportés grâce à cet ascendant aient donné lieu à mythes ou légendes qui ont hanté les imaginations longtemps après les avoir mobilisées, et encore après que les desseins de ces grands conquérants se furent révélés sans lendemain : leurs Empires ont été également éphémères. Non moins notables sont les différences. Chef de nomades dont il partage le chamanisme, Gengis Khan se réclame de son ciel mais ne se prétend pas dieu : bien que chronologiquement postérieur, ce comportement est logiquement antérieur aux mythes syncrétiques qui ont fourni ses dieux à l'Occident et leur Taoïsme aux Lettrés chinois. Le cas d'Alexandre est inverse : la chronologie s'y accordant avec la mythologie rendra possible que le héros macédonien ait voulu être traité en dieu introduisant réforme dans un univers du divin où il aspire à réaliser une symbiose entre Grecs et Orientaux. Cette autosacralisation ayant été acceptée et effective seulement en Orient, pose le problème de ce que pouvaient en penser soldats macédoniens ou grecs. Aperçu peut en être donné par référence à Thucydide.

Quand les Dix Mille mercenaires grecs, s'étant mis au service d'un satrape dont ils ignoraient l'ambition, se trouvèrent face au Roi des rois qu'ils avaient combattu malgré eux, ils en obtinrent la frauduleuse promesse de pouvoir rentrer tranquillement chez eux. En fait, le Roi des rois n'invite leurs chefs que pour les massacrer, convaincu que les soldats vont se débander comme l'eussent fait les siens privés de leurs chefs. Mais l'esprit démocratique permet aux survivants de désigner des remplaçants – dont Thucydide lui-même – qui conduiront tout aussi bien la fameuse Retraite vers la Mer Noire. La mer! Elle sera saluée comme l'image du salut par ces Grecs qui, après tant d'errances, n'auront plus qu'à suivre des rivages pour retrouver leurs patries.

Alexandre, un dieu? son entourage le crut si peu que sa dépouille mortelle attendit ses funérailles pendant des jours, employés par ses successeurs – les Diadoques – à se partager l'héritage. Macédoniens et Grecs savaient ce qu'il leur en avait coûté de parcourir l'œucoumène aux ordres d'un insatiable, à la fois admiré et honni. En revanche, les peuples vaincus, dans la mesure où ils avaient été ceux de rois-dieux, reconnurent en ce chef plus qu'humain, ayant adopté leurs coutumes, épousé et fait épouser leurs filles, une sorte de réincarnation des êtres surnaturels de leurs mythes et légendes. Double logique dont les corollaires se sont ensuite entrecroisés : Evhémère en induit que les dieux pourraient n'être que des rois transfigurés; Jules César demande en vain aux Romains qu'ils l'autorisent à porter le bandeau sacré des Orientaux afin d'être roi hors de la République qui lui a seulement accordé les honneurs dus à l'Imperator, le chef victorieux; c'est seulement aux Césars, ses successeurs, que sera donné d'être sacralisés par l'apothéose et adorés sur les autels. Encore cela ne durera-t-il qu'un temps. Empêché de franchir les frontières auxquelles ses armées se heurtent, et épuisé de l'intérieur par des succès désormais sans perspectives terrestres, l'Empire ouvrira le cours d'aspirations à un dieu qui ne soit que Dieu pour être effectivement universel : la Trinité se veut aussi unique que le sera Allah.

Le sacré se transforme pour que le Tout-Puissant soit aussi Fils de l'Homme et règne par l'Esprit. Dans le même temps, le profane se sera aussi libéré des êtres surnaturels qui encombraient ses paganismes. Avec Euclide, les angles ne sont qu'angles (bien que, selon Proclus, ils eussent d'abord été des dieux); les nombres ne sont aussi que nombres (même si les Chaldéens en avaient fait des souverains cosmiques). A mesure que devient transcendantale l'expression d'émotions immanentes, plus grande place est laissée à l'observation du contingent et à des manières de l'exprimer qui, plus relatives, soient aussi plus pertinentes. Les Livres d'Euclide fondent en axiomes traduits en mots ce qu'il expose démonstrativement d'acquis géométriques, immémoriaux dans leurs pratiques, mais dont il avait fallu attendre qu'on les distinguât du cosmique pour en faire des objets de discours pertinents à des formes concrètes.

L'histoire d'Alexandre n'est pas à proprement parler explicable. Comme toute autre – et comme tout mythe devenu diachronique – elle ne peut être que racontée. Toutefois, elle présente des particularités qui l'apparentent à l'univers de l'intelligible. A un roi dont la mort fut aussi précoce que la gloire, le temps laissé pour unifier un monde n'aura été guère plus long que celui nécessaire pour le parcourir. Alexandre doit à ses soldats, entraînés par sa propre endurance, d'avoir mis en fuite des armées, de s'être fait adorer des peuples, ainsi que de s'être fait ouvrir les portes des palais d'où il légifère, et des temples où il dialogue en égal avec les dieux.

Ce règne bref, ayant réalisé l'impossible, transforme la notion de possible ; il exalte les rêves, il nourrit la raison. L'œucoumène dont il s'est rendu maître est celui d'où étaient provenues les connaissances constitutives de la connaissance grecque. L'unité politique s'en disloque aussitôt, mais le rayonnement hellénistique renvoie sur des chemins aplanis la somme syncrétisée de connaissances qui en étaient parvenues en sens inverse. Figure d' « Iksander » est donnée à Bouddha ; l'univers divin s'unifie. Et l'on n'en peut que mieux espérer découvrir la raison de tant de raisons écrites dans les livres rassemblés à Alexandrie. Les effets sacrés et profanes de si grands événements s'expliquent, mais non le destin de l'homme qui les conduit.

Chaque détail qu'y découvre l'érudition objective y ressemble à du familier. Mais il s'agit bien là d'une illusion référentielle, puisque, rassemblée en un seul sort, ils lui donnent le mystère du mythe.

Cela est vrai de tout événement. Trouver des lois aux choses et des règles à la pensée ne vient pas à bout de ce que tout moment vécu a d'unique. La raison y fait la différence entre l'avant et l'après, l'imposé et le subi, l'heureux ou le malheureux. Le pourquoi en relève de la mythologique : on s'habitue en conférant valeur existentielle à l'habituel que l'imagination transfigure pour satisfaire le besoin de penser des causes que la raison ne fournit pas.

Il ne suffit pas non plus qu'un événement soit bouleversant pour qu'il réforme pensées sacrées ou profanes. Notre second exemple voudrait le montrer. La place qu'Alexandre prit si aisément dans les palais et dans les temples, le succès et la durée des villes ou colonies qu'il fonda, peuvent s'expliquer au sein de cultures qui ont produit, sans le savoir, une culture qui tira parti de toutes les autres et répondait à une inconsciente aspiration unitariste. En témoigne aussi l'aisance avec laquelle le Macédonien prit la place de tant de héros mythiques ou légendaires.

Le cas de Gengis Khan est largement différent.

En 1211, Gengis Khan a convoqué les Mongols dans la capitale de feutre établie sur le haut Kéroulène; le Kouriltaï – l'assemblée des chefs – doit décider du projet d'envahir la Chine. Le Khan des Khans se retire pour trois jours de jeûne et de prières avant d'annoncer au milieu des acclamations que l'Éternel Ciel Bleu lui a promis la victoire. La décision prend valeur cosmique comme ce venait d'être le cas, peu d'années avant, quand le Grand Chaman s'était élevé jusqu'au royaume des « esprits » pour en recevoir l'avis que Timoudjine l'unificateur devait être appelé Gengis, le victorieux. Quelques années lui suffiront pour établir la domination des siens de la mer du Japon au Danube et à la haute Volga. Succès d'une croyance partagée, mais d'abord de la foi qu'un chef avait en lui-même et avait su faire partager à ses proches et à ses émules.

Entre le Syr Daria et la muraille de Chine, l'Asie Centrale est peuplée de tribus nomades ordinairement en désunion et en conflits. Il était déjà arrivé que leurs entrechocs eussent rejeté certaines d'entre elles hors de leurs territoires; repoussées ou asservies par des voisins forts, elles purent aussi tirer parti de leurs faiblesses, soit qu'enrôlées comme soldats elles aient éventuellement fini par en maîtriser les armées, soit que leurs envahissements les aient directement conduites dans capitales et palais. Des dynasties turkomanes avaient ainsi régné sur la Perse ou la Chine. Des mongols fortifiés dans Ghazna en étaient descendus pour piller l'Inde jusqu'au Gange. Gengis est le premier à se rendre maître, par lui-même ou ses fils, de tous les territoires où il a décidé de lancer ses cavaliers barbares.

Ce succès ne s'explique pas seulement par quelque supériorité guerrière du barbare sur le civilisé : il avait fallu rassembler ces nomades sous un seul commandement. La puissance de l'appel entendu pour réaliser l'unité met en jeu bien trop de facteurs pour que la raison les analyse et les noue; cette puissance ne relève que d'une mythologique. Preuves en sont données de tous temps, même dans notre siècle scientifique; le cas de Timoudjine les résume. Fils d'un chef, il recueille les droits conférés par l'ascendance, mais son ascendant est aussi personnel. Orphelin jeune, Timoudjine avait dû par deux fois se réfugier dans la forêt et s'y nourrir de racines. Son rétablissement et son ascension, faits d'amis et d'alliés acquis ou réacquis un à un, se mesurent en termes d'échanges : à la confiance d'un homme en lui-même et en son projet répondent autant d'actes de foi de la part de ceux qu'il convainc.

Actes de foi que, pourtant, ne partagent pas les vaincus qui en subissent par force les conséquences. Les leçons qu'ils en tirent ne font qu'en confirmer d'anciennes. Il est trop tard pour inventer un nouvel univers sacré, de peur d'en imposer un qui soit trop archaïque. Les Gengiskhanides qui règneront à Pékin ou mettront fin au khalifat de Bagdad n'imposeront nulle part la conception que leurs ancêtres se faisaient de l'existentiel. Convertis en Iran, ils se plieront en Chine aux rites établis. Dans l'univers indo-européen se trouve ainsi confirmée la triologie socio-sacrée de fonctions : prêtres, guerriers et producteurs. De ses malheurs, la Chine attend qu'ils se transforment d'eux-mêmes en bonheurs. Dans les deux cas, les mythologies en place auront assimilé, sans mieux se comprendre mutuellement, les leçons d'un événement dont la mytho-logique n'est pas nouvelle. Le vieux sage chinois que Gengis appelle en consultation reprend dès qu'il le peut le chemin parcouru à travers la moitié de l'Asie pour retourner à son Tao. Quand, dans Boukhara massacrée, pillée, brûlée avant d'être rasée, et dont la grande mosquée a été délibérément violée, un Croyant demande au Grand Imam, réduit à l'état de valet, pourquoi Allah ne met pas fin à un tel sacrilège, Mevlana répond : « Si j'implore Allah, il nous fera peut-être subir quelque chose de pire. La colère de Dieu s'est abattue sur nous. » Gengis tire gloire et avantage de passer pour le fléau d'un Dieu qu'il ne connaît pas. Il accuse les vaincus de fautes dont eux-mêmes s'accusent et dont ils cherchent correction dans un regain de mysticisme. Le cas avait déjà été celui des derviches à l'époque où les Seldjouks avaient conquis l'Iran. Rien ne pouvant être ajouté ni à la transcendance d'Allah, ni à la voie qui relie directement à l'approfondissement mystique, l'essor des sciences islamiques a été compromis par des invasions destructrices sans que leurs conséquences morales conduisent à de nouveaux progrès rationalistes ou matérialistes.

Il va de soi qu'un tel fléau de Dieu est le négatif de l'image d'un Dieu Fils de l'Homme. L'histoire de Gengis Khan aide à comprendre récursivement l'opposition entre christianisme et Islam. Ce dernier, né dans le désert au milieu de dieux païens proches encore des « esprits » chamaniques, ne conçoit pas la nécessité de donner place spécifique à un Dieu-Homme, médiateur entre la transcendance et l'immanence. Dans ses steppes, Timoudjine n'est pas moins éloigné d'une telle conception, plus accessible à la pensée grecque qu'orientale dans la mesure où seule la première avait fait la double expérience de cités où non point un roi seul, mais n'importe quel citoyen pouvait être effectivement dépositaire du pouvoir politique, et d'un Empire dont les guerres et conquêtes ne semblaient plus avoir ni but ni sens. Le christianisme convient à des élites nostalgiques des républiques dont ils ont été privés et qui n'escomptent plus rien de la force des événements. L'Islam répond à d'autres aspirations, celles du peuple rêvant de cités radieuses à conquérir par la guerre sainte sur des rois-dieux auxquels leurs sujets n'ajoutent plus foi.

Pour conclure ces développements sur la gloire des conquérants, rappelons le prix de victoires commes celles du prestigieux Mongol : Gengis Khan anéantit peuples des campagnes et des villes, ceux-ci comptant pour rien dès lors qu'il enrôle les artisans qui lui conviennent et que ses chevaux sont nourris. Héros de mythes et de légendes ne font pas plus de cas du nombre des victimes mentionné seulement pour magnifier un épisode. Quand Neptune veut punir Céphée, c'est à sa cité qu'il s'attaque, dont il détruit les habitants. Il en sera ainsi aussi longtemps que la fonction de production pourra survivre à la destruction de producteurs. Il en adviendra autrement avec l'esprit moderne, dont les concepts seront inspirés par de si nouvelles manières quand la fonction et l'action productrices l'emporteront sur toutes les autres.

Les trafics hauturiens formalisent les gestions

La circumnavigation conforte ou inspire l'idée que la terre est un globe dans un espace vide, qu'elle tourne sur elle-même et autour du Soleil. L'axe-terre et l'écliptique oscillent ; les deux « révolutions » — au sens copernicien du terme — ne parcourent pas des cercles identiques d'un tour à l'autre. Les navigateurs ont offert comme deux réalités concrètes ce qui deviendra deux certitudes abstraites. Ce n'est pas le seul exemple de conceptions socio-culturelles typiques de l'ère moderne à son orée, dont il suffira de réduire la part du vague pour qu'elles permettent ensuite l'invention de nouveaux concepts.

Cette antécédence des leçons du vécu sur l'innovation conceptuelle explique ainsi que les racines des nombres négatifs aient pu être inventées par intuition directe et bien avant leur élucidation effective. Les racines de nombres négatifs auront été traitées comme utiles avant d'être reçues comme vraies.

Deux questions sont ainsi conjointement soulevées : l'utile est-il un suffisant critère de vérité? S'ils ont des racines, comment les nombres négatifs eux-mêmes ont-ils pris existence?

Deux questions qui, formulées en termes historiques d'utilité publique, suggèrent deux réponses. Les nombres négatifs, qu'ont-ils eu d'utilité sociale avant que, « faux » encore pour Descartes, ils deviennent vrais sans réserve tôt après lui? On a vu que ces nombres avaient été inventés presque en même temps que leurs racines, et qu'ils avaient été rendus le plus aisément intelligibles par référence à des mouvements en arrière. Ils n'auraient pas eu d'usage généralisé avant le XVIe siècle, alors que la mécanique galiléenne avait eu des antécédents médiévaux et que le machinisme des ateliers du XVIIe siècle – et largement encore du XVIIIe, voire du XIXe siècle – devait bien peu aux nouvelles sciences; ce n'étaient qu'améliorations de pratiques usuellement immémoriales. Les nombres négatifs sont également des abstractions; ce qu'étaient devenus aussi, grâce à Galilée et Newton, les notions relatives au mouvement, à la vitesse, l'accélération, la force, l'énergie et la masse. Rappelons ce qui concerne le mouvement linéaire et inerte : c'est pure apparence chez Galilée qui le rapporte à l'extrême grandeur du rayon terrestre; il ne devient indépendant des visibles circularités du ciel qu'avec Newton. Mais qu'offre la société européenne de l'époque, qui ressemble abstraitement à un mouvement linéaire soit inerte, soit accéléré, et sous l'effet de quelle force?

Abordons ce problème général par un de ses aspects particuliers, celui du temps impliqué par l'ensemble des nouvelles notions mécaniques. Le temps, avait-on dit pour proscrire l'usure, n'appartient qu'à Dieu : l'homme ne doit pas le vendre; c'est pourtant ce qu'il fera sans plus être, de ce seul fait, condamnable comme usurier. Il devient en effet légitime d'offrir du crédit sous condition de rémunération : l'intérêt est le prix du temps. Il n'était pas nouveau que circulassent des billets à ordre, mais ils étaient censés représenter des espèces sonnantes et trébuchantes. Ce cas n'est plus celui de banques qui, notamment sur le modèle de la Banque de Londres constituée à la chute des Stuarts, avancent à leurs participants, et sous forme de billets non strictement nominatifs, des sommes supérieures aux encaisses : c'est un pari sur l'avenir; c'est monnayer du temps futur.

Le procédé n'eût pas connu une extension aussi grande que rapide si preuve n'avait été donnée qu'il était avantageux d'escompter que demain vaudrait plus qu'aujourd'hui. L'ancienne usure avait été damnable ou suspecte; pratiquée selon de justes normes, le crédit rémunérateur devient bienfait pour l'homme, voire effet de sollicitude divine, comme pour les Puritains. Pourtant, à s'en tenir au monétaire, ce que prête une banque, elle l'inscrit à l'actif de ses comptes. Il cesse d'en être ainsi quand s'actualise et se précise la notion abstraite de firme et les pratiques ou règles s'y rapportant. Sans elle, la banque se distingue mal du banquier, ses clients sont personnellement engagés et responsables. Avec elle, tout change.

L'histoire des firmes et de leurs jurisprudences ne commence guère qu'au XVIIᵉ siècle, bien qu'elles aient des antécédents, mais de portée moins générale. Le mot firme (*firma* en italien) veut dire convention signée : à des hommes se substitue ce qu'ils signent. Il s'agit bien d'une abstraction; les juristes parleront des firmes comme de « personnes morales ». Quand des possédants vénitiens prêtaient à un armateur, ils attendaient de lui l'entier remboursement, fût-ce aux dépens de sa fortune, quand la « grosse aventure » dans laquelle ils ne s'étaient pas compromis n'avait pas rapporté les bénéfices attendus. Il en va de même des nouvelles firmes à l'égard de leurs clients ordinaires, mais non pas de ceux qui se sont réunis pour les doter d'un capital : si tout va bien, ils gagnent plus; sinon, ils vont bientôt ne plus avoir à craindre d'être responsables de l'ensemble des pertes. La firme qui sera dite à responsabilité limitée doit tout à ses créanciers en général, mais ne doit à ses souscripteurs que la part de capital qu'ils ont souscrite. Ces « capitalistes » ne sont pas responsables de dettes au-delà du montant qu'ils auront confié à la « compagnie ».

Notons à ce propos l'analogie phonétique entre compagnie et compain, soulignons la différence entre se partager des profits et partager le pain dont part avait éventuellement été due à des hôtes nouveaux venus. Quand la compagnie devient firme, elle inscrit alors dans ses dettes ce qu'elle doit à ses « partisans » – porteurs de parts, ou « actionnaires » – animateurs de son activité. Inscrit au passif du compte résumant tous les autres – le « compte capital » –, ce capital est une quantité négative, bien qu'il soit le premier des moteurs dont l'entreprise a besoin. Des quantités négatives existent donc; elles sont les premiers agents d'un dynamisme escomptant les temps à venir. Par métaphore ou anachronisme, on dirait de ces quantités négatives qu'elles permettent la mise en marche de « véhicules » ou qu'elles préfigurent des « vecteurs ».

De telles pratiques, notamment comptables, n'étaient pas sans antécédents, mais aucun qui ait pu être généralisé à tel point que parier sur l'avenir est presque à coup sûr bénéfique et prometteur de développements et d'enrichissements. C'est qu'il est également sans précédent que – tout compte fait et malgré des accrocs – des commerces maritimes avec et aux dépens de contrées lointaines mal au fait de la valeur européenne de ce qu'ils vendent (dans les cas où elles ne sont pas purement et simplement spoliées) aient pu rapporter de si énormes bénéfices, quasi extravagants, avant que tant d'attraits ne suscitent en Europe une concurrence à la fois excitatrice et modératrice ou régulatrice. Jusque vers la fin du XVIIIe siècle, ce qu'on appellera ensuite le capitalisme est surtout commercial, subsidiairement bancaire et rarement industriel. Mais ce capitalisme encore restreint est de telle vigueur, et si bien ressenti comme tel par les partenaires dans le milieu social qu'ils transforment, qu'il rend intelligible que les quantités négatives – des abstractions comme en sont firmes et capital – aient été traitées comme commodes, utiles, fécondes, bref, existantes non seulement d'abord aux yeux de comptables, mais à tout un milieu où ceux restés à l'écart des profits en sont en tout cas les témoins.

Combinons tout cela – nouvelle vision des choses et mouvements du ciel, abstractions jurisprudentielles animant l'activité, dynamismes socio-économiques linéaires dans le temps promis à un avenir exponentiel, et enfin réalités motrices, bien que purement algorithmiques, des quantités négatives – et dessinons une image des moins floues, rendant intelligibles les réformes ou « révolutions » et développements conceptuels qui ont donné essor aux sciences modernes.

Rappelons que cet essor, né intuitivement d'inconscients remués par de nouvelles visions du monde et de nouvelles manières de vivre, a eu pour premier effet de substituer à des symboles sacrés, ou empruntés au sacré, d'autres symboles : même mot comme « infini », mais autrement connoté et dénoté puisqu'il est rationnel ou tend à l'être. Préciser le comment de ce transfert de sens amène à réfuter une fois de plus des idées encore trop largement reçues. Entre autres, celle qui fait de Copernic le premier des génies quasi solitaires ou quasi anomiques ayant ouvert à d'autres, en quantités multipliées, une voie qu'ils n'eussent plus eue qu'à poursuivre. Au contraire, les nouvelles représentations collectives suscitent toutes sortes d'ouvertures en toutes sortes de directions. Jusqu'à Newton, voire après, le progrès ressemble moins à une arborescence qu'à un fleuve grossissant à mesure que le rejoignent des affluents venus de tous les hauts pourtours de son bassin.

Partons d'un fait : le *De Revolutionibus Orbis Coelestium* n'a pas été condamné avant que Galilée ne l'ait été, et lui moins cruellement que Giordano Bruno. Ce malheureux dominicain défroqué par penchant au calvinisme parcourt l'Europe où – notre troisième Partie suggérera pourquoi – il est plutôt mieux reçu dans les pays où les franciscains avaient antérieurement montré le plus d'audace qu'à Venise où l'Inquisition le saisit pour le conduire au bûcher. De toutes sortes d'ouvrages qui l'ont rendu célèbre, on retiendra que les Vertus ayant été chassées du ciel sur la terre, l'homme est seul face au vide de l'univers. Or les vertus morales ou théologiques ne sont pas les seules que le ciel ait perdues. D'Alembert dira des cieux des anciens astronomes qu'ils avaient été regardés comme cieux de « crystal » – cristal d'orbites soutenant des planètes et que Newton aura fait voler en éclats après que Galilée eut dit des choses et mécaniques célestes qu'elles étaient de même nature que les terrestres.

Que la terre tourne, et l'Église craignait que la masse des fidèles ne comprît pas pourquoi Josué avait pu arrêter le Soleil et se demandât où était Dieu et son Paradis. Mais nombre de clercs ou prélats n'y voyaient pas atteinte directe à l'essentiel du dogme. En revanche, la solitude humaine dans un vide où tout serait à reconstruire était autrement dangereuse pour la Foi. Quant au fait qu'à travers sa lunette, Galilée voie la Lune faite comme la Terre, d'autres à Rome regardent et constatent de même : tant pis pour Aristote et la « substance pure » de ses sphères célestes dès lors que la circularité reste éternelle. En revanche, arracher le mal à la racine veut qu'on interdise l'héliocentrisme si, par sa faute, l'homme prétend s'emparer des pouvoirs de Dieu.

Pourtant, ce « Je » de Giordano Bruno est le même que celui de Descartes décidant d'ajouter conventionnellement l'unité linéaire à l'unité circulaire. Prudent, Descartes, ayant médité, travaillé solitairement dans son « poêle », prétend ne pas toucher au social et au religieux ; il y marque pourtant tournants ou mutations sans lesquels la géométrie analytique n'eût pu être pensée, même en se référant seulement à ce que les Anciens considéraient limitativement comme naturel.

De Galilée ou Descartes à Newton et à Kant, c'est une suite conséquente de ces précédents : le Verbe divin s'efface devant le verbe de l'homme : Dieu n'est pensable qu'intuitivement en une manière de pré-langage que la conscience morale reçoit directement comme un impératif catégorique échappant à la raison pure : Dieu est inditible. De noumènes et choses en soi, il est loisible de parler, mais seulement indirectement par l'entremise de phénomènes et de catégories.

Dans l'ensemble de la plus active des parts du social – celle trop brièvement qualifiable de bourgeoise –, il en va comme dans la part mécanico-mathématique : au centre des nouvelles sciences, l'homme était créature de Dieu dans la nature, il devient être de nature et appelé par elle à créer. La première acception est d'ordre mythologique; la seconde passe pour ne plus l'être. Mais l'homme en deviendra-t-il aussi moralement bon qu'il le faudrait pour se servir moralement de ses nouveaux savoirs? Les traitera-t-il avec suffisante conscience de ses responsabilités vis-à-vis de tous hommes, tous libres, égaux, fraternels? C'est ce qu'on voudrait croire au siècle des Lumières où, au nom de l' « utilité publique », l'intérêt de chacun répondrait à l'intérêt de tous. Des démentis ne vont pas tarder.

Les bourgeois faustiens transforment les chiffres en or

Le XIXe siècle bourgeois a cru ou fait comme s'il croyait qu'en poursuivant ses propres intérêts et en développant ses nouveaux savoirs – sans plus porter à ceux des autres contrées le respect dont témoignaient les Lumières – il étendrait à tout le monde les bienfaits de sa civilisation. Il est de fait qu'au commerce « forcé » – ainsi le qualifia Werner Sombart – qui depuis trois cents ans avait tant profité à des preneurs bien plus puissants et mieux informés que les donneurs, s'en substitue progressivement un autre que la concurrence entre Européens tend à rendre plus égal. Toutefois, au colonialisme prédateur succède un impérialisme qui se veut constructeur tout en s'en tenant, bien qu'autrement, à un commerce inégal.

Condamnés la traite des esclaves puis l'esclavage lui-même, l'accroissement des productions tend – non sans graves accrocs – à réduire ou du moins à transformer les contrastes entre niveaux de vie, grâce à leur élévation générale. Cela est vrai en une certaine Europe ou d'Européens émigrés qui ont troqué leurs évidentes misères contre les risques ouvrant espérances aux « pionniers ». N'en demeure pas moins que le XIXe siècle, destiné à inventer la thermodynamique, tire son énergie économique de la différence entre sociétés « froides » et sociétés « chaudes ». La chaleur développe une industrialisation qui emprunte aux progrès scientifiques son effectivité grandissante.

Quand, en Europe, tout va au mieux et que la capillarité sociale se porte vers le haut – comme le ménisque constaté par les physiciens dans un tube qualifié de capillaire vers le milieu du siècle – alors les régimes politiques tendent à devenir parlementaires, voire démocratiques par le suffrage universel. En cas contraire, le processus politique tend à s'inverser au profit de pouvoirs de type monarchique en attendant que, comme les défavorisés l'espèrent, puisse être instaurée la dictature du prolétariat. La logique de ces retournements relève de croyances, donc de la mytho-logique qui continue de fonctionner comme elle l'avait toujours fait. En outre, ces appels à des chefs conviennent aussi bien à la psychologie des foules, à la « mobilisation » d'armées quand la guerre prend la suite, avec d'autres moyens, de la concurrence économique.

Pour ce qui concerne les sciences elles-mêmes, on pourrait multiplier les exemples d'analogies entre conceptions convenant aux laboratoires des physiques, puis des biologies qui s'en inspirent.

Les algèbres – au pluriel – désignent aujourd'hui tout ce qui met en œuvre des algorithmes algébriques, c'est-à-dire l'essentiel des mathématiques. Plus elles deviendront abstraites, plus elles révolutionneront, à travers les laboratoires expérimentaux, les processus industriels. Toutes les mathématiques, algébriques ou non, ne sont pas productives; mais depuis cent ans, ce qui avait paru pure théorie a débouché sur des pratiques. Rappelons le cas d'Einstein : il suffira d'à peine un demi-siècle pour qu'Hiroshima concrétise une formule acquise par recours à des espaces non réels et donc innocemment abstraits.

L'initiale alliance entre les deux essors modernes, celui des sciences et celui du capitalisme, serait-elle donc demeurée valide bien qu'elle n'ait été soupçonnée ni en ses débuts ni depuis? Encore faut-il préciser ce que veut dire « capitalisme », mot à double sens. D'un côté – le seul que nous ayons précédemment analysé –, il désigne un procédé de gestion; à ce titre, il n'est le privilège d'aucun type de société, toutes s'en serviront comme relevant d'un universalisme de même ordre que celui des sciences. D'autre côté, le même mot désigne un système « bourgeois » d'appropriation, mais qui, lui, n'est pas généralisable et que renieront les collectivismes. N'empêche que, marxistes ou non, les grands États disposent des mêmes arsenaux. Est-ce à cause des pesanteurs du passé – « le mort saisit le vif », disait Marx – et donc d'un passé bourgeois? S'en tenant à des aperçus qui ne vont guère au-delà du XIXᵉ siècle, ce livre n'engagera pas le débat. Pour ce qui le concerne en propre – les origines des sciences modernes –, le seul capitalisme auquel il se réfère est le capitalisme gestionnaire. Bourgeois ou non, il implique esprit d'entreprise et le personnalise en même temps qu'il déshumanise les firmes, « personnes morales ».

Au XIXᵉ siècle, le capitalisme commercial devient en outre industriel. Les productions concrètes relèvent de bilans qui ressemblent à ceux des firmes marchandes ou à ceux des banques. L'industrie n'eut pas à modifier des conceptualisations issues de révolutions dans les pratiques de l'escompte. Son seul effet – de puissance grandissante – aura été de requérir de constantes améliorations, éventuellement mutantes, des manières de gérer le crédit.

Rappelons qu'entre productions industrielles et scientifiques, les échanges de services ne cessent de se multiplier, au XIXᵉ siècle, selon deux processus. L'un concerne des concepts et le fait à différents degrés : le watt est une unité de l'électricité; ce nom commun vient du nom propre d'un constructeur de machines à vapeur; Joule était brasseur de bière et passionné de physique : le joule sera, en mécanique, l'unité de travail. Cas entre beaucoup d'autres, sans qu'aucun affecte directement les mutations intervenues entre la synthèse euclidienne et l'Analyse, ni dans les développements de géométries vers les algèbres. Le second type d'échange concerne des outillages : les laboratoires proposent aux usines les manières de faire et en attendent les appareillages dont ils ont besoin. Moins encore que tout à l'heure, on ne trouvera de corrélations directes entre productions ou produits concrets et conceptions abstraites de formalismes opératoires. Retenons seulement que ces imbrications deviendront de plus en plus étroites à mesure que grandira le rôle de l'ingénieur. Dans l'Antiquité, il s'occupait des « engins » de guerre; à l'époque moderne, tout est engin. En fait, le vif accroissement du rôle de l'ingénieur en marque deux autres : les laboratoires coûteront de plus en plus cher, l'industrialisation enrichira de plus en plus.

Tout cela concerne les physiques, sciences en la plus étroite connexion avec les mathématiques. Pour l'étude de la chaleur, Fourier aura fourni un nouveau type d'équations; Carnot, un fabricant, une nouvelle problématique. Il en va autrement du côté des chimies ou des biologies. Les chimistes n'auront que tardivement besoin d'algèbres modernisées. Et si Mendel recourt au calcul des probabilités pour transcrire ses expériences menées dans le jardin de son couvent, la théorie de Darwin n'aura guère eu à prendre en premier compte que le sélectionnement des races par ses compatriotes éleveurs ou agriculteurs.

Comparées à ces corrélations évidentes, visibles et parfaitement conscientes mais, somme toute, plutôt marginales, d'autres sont inconscientes mais vont au centre de deux développements : opératoires dans les mathématiques et opérationnels dans la gestion du crédit.

Les coordonnées homogènes (tétraèdriques) serviront directement au calcul barycentrique des physiciens (une masse en chaque point d'un tétracanthe). Elles sont notablement antérieures aux coordonnées tétraèdriques (elles vectorielles) de Félix Klein. Entre les unes et les autres, il aura fallu découvrir des propriétés, inventer des sèmes, convenir de symboles algébriques. Sur un parcours non identique mais voisin, on aura élucidé la nature et l'usage des nombres complexes (projetables dans un espace bidimensionnel), rencontré les nombres hypercomplexes (4 ou 8 dimensions) et buté sur une limite infranchissable : rien au-delà des octaves. L'importance numérologique de ces 1, 2, 4, 8 est bien mieux signifiée par des mythes (chinois, indiens, occidentaux) que par quoi que ce soit concernant les développements capitalistes. Il faut tout regarder de plus haut pour apercevoir une correspondance entre le mathématique et le socio-économique.

Mieux que les nombres réels (sommes d'unités), les nombres « couples » ou nombres complexes se prêtent aux opérations arithmétiques qu'ils généralisent algébriquement. Les « couples de couples » (les quaternions) privent la multiplication de sa commutativité arithmétique. Les « couples de couples de couples » (les octaves) privent – sauf exceptions qu'étudiera la Conclusion – la multiplication de son associativité. Que vaut-il mieux? S'en tenir à la notion inerte de nombres telle que les réels ne soient que cas particuliers des complexes et hypercomplexes; ou bien faire prévaloir et conserver les propriétés des opérations?

Bien que non exprimé en termes aussi simplistes, le débat occupe la première moitié du XIX⁰ siècle et aboutit en fait, bien que non explicitement, à prendre deux partis. Le premier est que n'importe la « nature » des nombres, l'essentiel est d'opérer. Le second est qu'aux opérations arithmétiques – toujours fondamentales –, d'autres sont à ajouter pour achever la théorie des Ensembles. Le mot structure y sera largement employé, et qualifié sans équivoque cas par cas ; en ces divers emplois, le mot mathématique n'a de commun avec le nôtre que de signifier à la fois un ensemble d'éléments et un ensemble de relations ou d'opérations dont le premier est justiciable.

Comme on aura appris qu'on peut mathématiquement opérer sur toutes sortes d'objets mathématiques – nombres ou pas –, le concept de nombre s'efface au profit de celui d'opérations. Ce processus innovateur ressemble à celui qui rendit conquérant le capitalisme gestionnaire. D'un côté, il est engagé par Évariste Gallois et Henrik Abel. D'autre côté, il l'avait déjà été dans les développements des marchés monétaires et financiers. Tenons-nous-en à l'histoire de l'économie, à comparer avec celle des nombres complexes et hypercomplexes qui débouche sur les algèbres modernes.

Prenons un poids déterminé d'or pour unité de valeur : elle est réelle, l'échange s'opère par pesées et vérifications d'aloi. Si cet or sert à battre monnaie, la valeur y est gravée et une différence peut alors intervenir entre le nominal et le réel, si bien qu'à certaines conditions, le nominal peut être pris pour vrai alors qu'il n'est plus que symbolique faute de justes poids et alois. Si or et monnaie font l'encaisse d'une banque d'émission, alors le billet vaut conditionnellement pour ce qui y est inscrit, bien que toutes les coupures en circulation ne puissent pas être remboursées en or ou monnaie d'or. Si enfin monnaies et billets sont dans l'encaisse d'une banque de dépôt, celle-ci, sans droit d'émettre des billets, peut – toujours conditionnellement – honorer des chèques pour un montant supérieur à celui de ses espèces. Ainsi est-on passé de l'or-matière à la monnaie purement scripturale. Chaque étape de ce développement irréversible réduit la part du réel finalement annulable. Cela, grâce au crédit qui élargit le champ de ses opérations toujours les mêmes, mais qui ne portent plus, pour finir, sur du réel, mais sur du symbolique.

Mathématique ou monétaire, le symbolique diffère. Dans un cas il tire autorité de l'efficacité (éventuellement physique) de formalismes. Dans l'autre, de la « qualité » d'une signature, celle éventuellement d'un entrepreneur ou d'un État, et selon leurs manières de rendre financièrement bénéfiques des productions concrètes. Au-delà du marché monétaire, le marché financier : même évolution mutante dont l'évidence s'affirme au XIXᵉ siècle. Avant la firme, une personne physique est responsable de l'entreprise. La firme peut être une société en commandite – y prévaut la personnalité du commandité –, ou bien une société anonyme dont la direction est élue par suffrage indirect, mais justiciable des verdicts du marché des changes, c'est-à-dire de n'importe qui est en mesure d'acheter ou vendre des actions. A l'orée du XIXᵉ siècle, il fallait une loi par société anonyme ; au cours du siècle – et dans un pays après l'autre –, une loi les codifie toutes d'avance. Regardée comme opérante, la loi procède par généralisation.

Arrêtons-là ces aperçus pour en préciser certains traits par référence aux siècles immédiatement antérieurs. Il n'est guère discutable que, du XVIᵉ jusqu'au moins le XVIIIᵉ siècle, le développement colonialiste et capitaliste a nourri l'inconscient de ce qu'il fallait à l'intuition pour qu'elle rende réels les nombres négatifs et pensable un univers symboliquement ou abstraitement « véhiculaire ». Il est moins certain – cependant – qu'il en ait été de même par la suite. Issus d'une commune révolution dans les représentations de l'existence, les développements scientifiques et socio-économiques ont pu poursuivre leurs élans chacun de leur côté. Reste pourtant que, conceptuellement, ils ne se sont mutuellement ni contredit, ni même gêné, du moins au cours de la période que nous retiendrons pour montrer ce que les sciences modernes ont fait des structures inconscientes dans le mythe.

Mentionnons pour finir que science et capitalisme progressent en affrontant des risques de retours en arrière. Quand ceux-ci se produisent, les algèbres se ressoudent à des géométrismes sans cesse modernisés, notamment grâce à elles ; le capitalisme réapprécie l'or. Ces à-coups ne sont que suspensifs ; tout repart ensuite de plus belle ; les crises sont de part et d'autre occasions d'améliorations ; toutefois, elles n'ont pas les mêmes conséquences politiques.

Les sciences suggèrent d'elles-mêmes comment réorganiser leur classification et la catégorisation des savants ; elles s'adressent alors aux bailleurs de ressources, notamment à l'État. Face à des reculs ou à des mutations économiques, la collectivité sociale est en remous et l'État chancelle. En cas extrêmes, des épreuves de force prennent le relais des épreuves mercantiles ; peuvent en advenir des mobilisations de classes ou de nations. Dans ce cas, le recours à des « princes » peut prévaloir sur la fidélité à des principes – princes revêtant une autorité comme celles en tous temps taillées dans l'étoffe des mythes.

Il en résulte que les développements des sciences peuvent être déviés au profit de puissances – financières dans la paix, militaires pour la guerre – avides de technologies. Seraient-ils devenus les plus indépendants des avatars sociaux – comme ce semble être le cas vers la fin du XIXᵉ siècle – que le progrès autonomisé des formalismes opératoires n'échappe pas tout à fait, à cause de ses applications matérielles, au joug de pouvoirs qui relèvent d'une mythologique aujourd'hui comme toujours à fleur d'événements.

Deuxième partie

UN HÉRITAGE INESTIMÉ

Des genèses équivoques au logos univoque

Comment, par qui le monde a-t-il été créé? Être convaincu de le savoir aura été l'intarissable source de sagesse pour la quasi-totalité des générations. Lumière cosmique dans l'ignorante nuit, elle console, guide, entraîne. Souffle éternel, il assure le mortel qu'il revivra en ses enfants. Authentifiant les règnes, il perpétue les solidarités et les rend même capables de guérir des malades. En revanche, cette conviction, ne se soutenant que si elle est bien plus qu'individuelle, n'immunise les collectivités qui partagent les mêmes rêves qu'en les mettant en garde contre autrui qui rêve autrement : fanatismes et guerres sont des prophylaxies.

Les philosophes des Lumières ont cru que réveiller l'homme de ses sommeils crédules ou dogmatiques serait abolir les conflits, substituer le réalisme cosmopolite aux illusions cosmiques. Mais le dieu voltairien n'écoutant ni ne protégeant personne, c'est comme s'il n'existait pas. N'ayant convaincu que les sceptiques, ce dieu philosophique a dû être remplacé par d'autres qui cherchent leur Bible dans tout ce qu'on sait raconter, interpréter ou imaginer de l'Histoire. Mais l'Histoire, plus on l'invoque, plus elle divise, et remontée de millénaires en âges géologiques elle n'a retrouvé au bout de l'astrophysique qu'une Création muette.

Aussi longtemps qu'on a pu croire que le discours historique finirait par bannir l'équivoque à mesure que la science certaine sortirait de son mutisme face à l'existentiel, on a pu croire aussi que c'en était fini des mythes. Bien plus, les premiers enthousiastes de la Raison ont même affirmé que des mythes, rien n'était à tirer, qu'ils n'avaient été que tromperies d'où l'érudition historique extirperait les nocives puissances qu'ils avaient rendues coupables de comportements et entraînements aberrants. Pour ce qui nous concerne ici, l'inconvénient majeur de cette promesse – dont seulement notre siècle, et pour un petit nombre, avise qu'elle n'a rien fait mieux qu'ajouter d'autres mythes aux anciens – est d'avoir trop longtemps détourné les historiens de recherches indispensables pour rendre intelligibles tant l'essor moderne de nos sciences que les longues et immémoriales gestations dont elles sont nées.

L'historien ne dispose pas des avantages que donnent au biologiste les différences et ressemblances entre embryologie et paléontologie. Un homme né « sauvage » peut atteindre au faîte de la civilisation, cas du maréchal Random au Brésil. La Chine aura pu être pendant presque deux millénaires la plus inventive des cultures en matière de technologies de toutes sortes (plantes, métaux, aciers, mécaniques, explosifs, routes, canaux, billets de banque, imprimerie), sans avoir eu besoin de rien démontrer; dès qu'y parvint Euclide, le moindre des Chinois qui le connurent le pratiqua et même s'en enthousiasma, bien qu'on eût interdit sa diffusion de crainte qu'il ne compromît l'Empire et ne mît en péril le succès sans égal de ses producteurs; ainsi la Chine s'interdit-elle de susciter chez elle un essor endogène des sciences modernes.

Si donc la recherche historique peut s'appuyer pour la totalité qui la concerne sur les avantages que la science expérimentale a finalement tirés des applications au concret du formalisme opératoire (grâce auquel les physiques fournirent un support aux progrès actuels de la biologie), du moins l'érudition offre-t-elle une variété d'expériences vécues ainsi qu'un guide méthodologique conduisant des savoirs égyptiens à ceux des Grecs, puis aux essors modernes. Sur ce parcours tourmenté, au moins deux mutations : l'une antique, démontrer géométriquement; l'autre récente, rendre la géométrie analytique. De l'une à l'autre, presque deux millénaires; cette deuxième partie s'en tiendra aux étapes aboutissant aux premières axiomatiques du langage opératoire.

Les Modèles présentés par les schémas I ne nous suffiront plus, puisqu'ils valent indistinctement pour toutes sortes de savoirs mythologiques. Comment enrichir ces Modèles en nous tenant au strict indispensable et sans courir le risque d'abuser de l'analogie?

Compte tenu du caractère tardif de la décision qui rendit l'unité linéaire aussi « naturelle » que la circulaire, seule cette dernière sera retenue pour ce qui s'est achevé à la veille de l'ère romaine. Encore limiterons-nous au minimum le recours aux divisions du cercle en partant d'un constat pour arrêter une convention. La tripartition de l'angle ayant été un des casse-tête de la géométrie, nous ne subdiviserons pas par 3 l'angle droit, et le retiendrons seulement comme le « fléau » d'une différence entre angles aigus et obtus.

Ce simplisme nous confrontera à des difficultés; et pourtant il nous sera de grand secours. En voici un exemple. La numération sexagésimale des Chaldéens – celle de nos montres – se réfère à une analogie incorrecte avec le cycle de l'année. Ce cycle vaut presque 6 × 60 jours, mais pas tout à fait, et les cinq jours à ajouter auront été causes de troubles cosmiques dont un des facteurs aura été, en Égypte, le dieu Seth, troisième né.

Ajoutée à notre Modèle I, cette différence aigu-obtus y apporte peu d'informations, elle invite seulement à faire état de cantons comme NW, le premier contenant tous les aigus par rapport au Nord et tous les obtus par rapport au Sud.

En revanche, cette différenciation aigu-obtus va enrichir les Modèles II et III de significations restrictivement impératives. Un triangle ne pouvant comporter qu'un seul angle obtus, le tétraèdre en comptera au plus quatre. En outre, le nombre de trièdres constructibles en sera considérablement réduit.

Si on s'en tenait à la différence sémantique entre plutôt grand et plutôt petit – sans référence à une unité naturelle comme est l'angle droit – alors les types de trièdres irréguliers seraient de 64 : le plus pointu valant 0 grands, le plus plat 6 grands – trois dièdres et trois angles. Autrement dit, nous disposerions d'une représentation figurative des 64 premiers nombres d'une numération binaire de position, nombres allant de 000000 à 111111, soit de 0 à 63. Mais une telle numération ne sera élucidée qu'au siècle de Leibniz. Si, au contraire, petit et grand veulent dire respectivement – et géométriquement – inférieur ou supérieur à un droit, alors le nombre de trièdres constructibles tombe à 20. Voilà qui ressemble au code génétique, ses 64 « lettres » et ses 20 « mots ». A noter – comme le dessinent les Modélisations des schémas VII (p. 115) qui nous suffiront ici – que le nombre de cas « géométriques » est réduit à 7 si on ne tient pas compte ni des positions ni des orientations. Et comme le premier de ces cas signifierait 0 obtus, le dernier 6 obtus, nous retrouverons là une autre occasion de commenter le problème posé par le O, mais nous laisserons cela à l'imagination des lecteurs qu'intéressent particulièrement les références au géométrique de l'abstraction numérique.

Un dernier mot concernant la sémantisation de cette différence aigu-obtus : on la supposera analogique à proche-éloigné, voisin-étranger, ami-ennemi, ou plus syncrétiquement à oui-non.

Retenues à titre d'hypothèses, les considérations et propositions ci-dessus seront à vérifier dans trois chapitres consacrés à la Chine, l'Égypte (et la Chaldée), puis enfin à l'élaboration gréco-hellénistique des premières axiomatiques de la logique opératoire.

SCHÉMAS VII : IRRÉGULARITÉS
DE TRIMORPHES COMPOSANTS

A) Les sept types de trièdes irréguliers.

Ci-dessus comme ci-dessous, l'irrégularité est rapportée à la différence aigu-obtus.

Ci-dessus n'est pas tenu compte de l'orientation des figures, dont le nombre serait de 20 si elles étaient orientées. Ce nombre serait de 64 si l'irrégularité était sémantisée par la différence grand-petit.

B) Les quatre types d'éléments angulaires.

Ci-contre, comme ci-dessus et ci-dessous, les éléments barrés ou marqués sont obtus.

Il s'agit de signes symbolisant les éléments entrant dans la composition des couples ci-dessous.

	obtus	aigus
dièdres	†	|
angles	‿	∨

C) Les quatre couples entrant trois à trois dans la composition de trièdres.

Le schéma A montre que le cas 3° ci-joint n'apparaît tel quel jamais seul.

Les types 1 et 4 ou 2 et 3 entrent en trièdres supplémentaire.

1° 2°
3° 4°

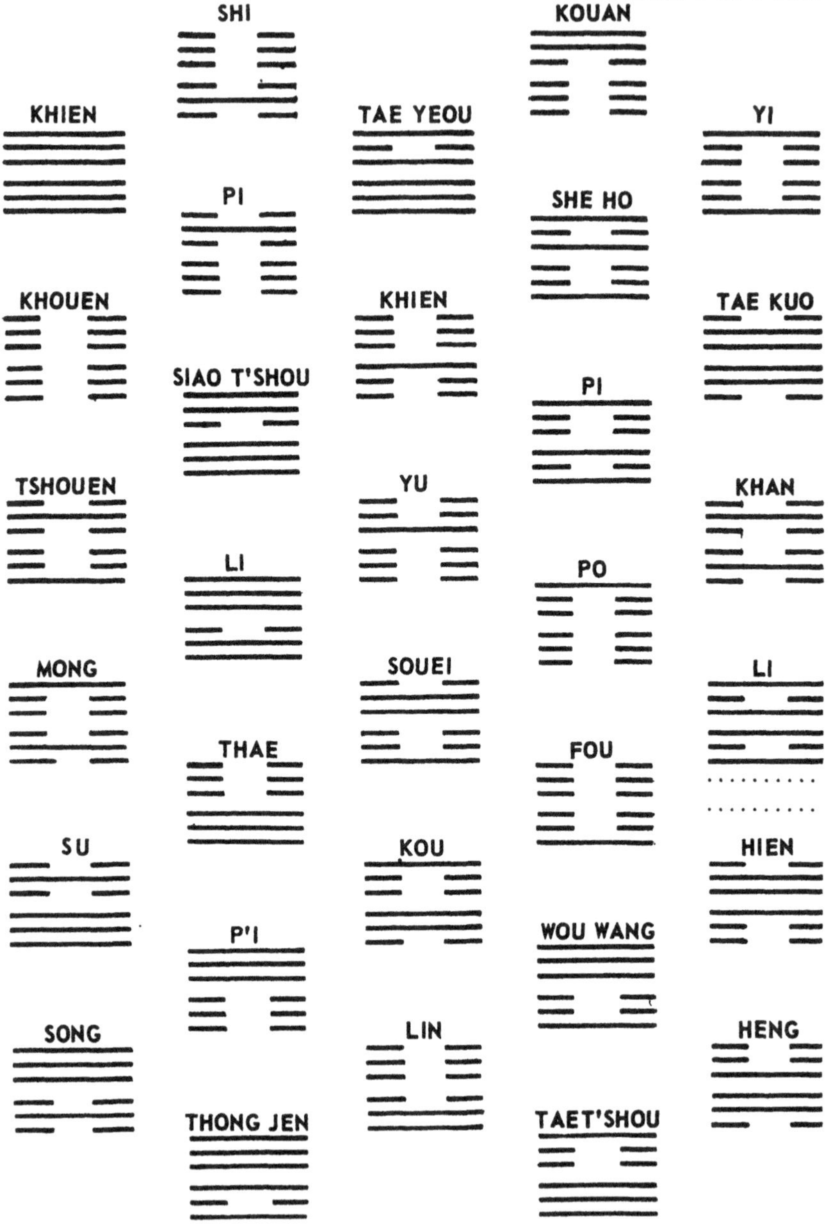

SHI

KHIEN

KHOUEN

TSHOUEN

MONG

SU

SONG

PI

SIAO T'SHOU

LI

THAE

P'I

THONG JEN

TAE YEOU

KHIEN

YU

SOUEI

KOU

LIN

TAET'SHOU

KOUAN

SHE HO

PI

PO

FOU

WOU WANG

YI

TAE KUO

KHAN

LI

HIEN

HENG

La double rangée de points sépar

KIEN

KEN

THOUEN

SHENG

HOAN

KIAE

TSIEN

TAE TSANG

KOUEN

TSIE

SOUEN

KOUEI MEI

TSIN

TSING

TSHONG FOU

YI

FONG

MING YI

KO

SIAO KUO

KOUAE

LOU

KIA JEN

TING

KI TSI

KEOU

SOUN

KHOUEI

TSHEN

YI TSI

T'SOUEI

TUI

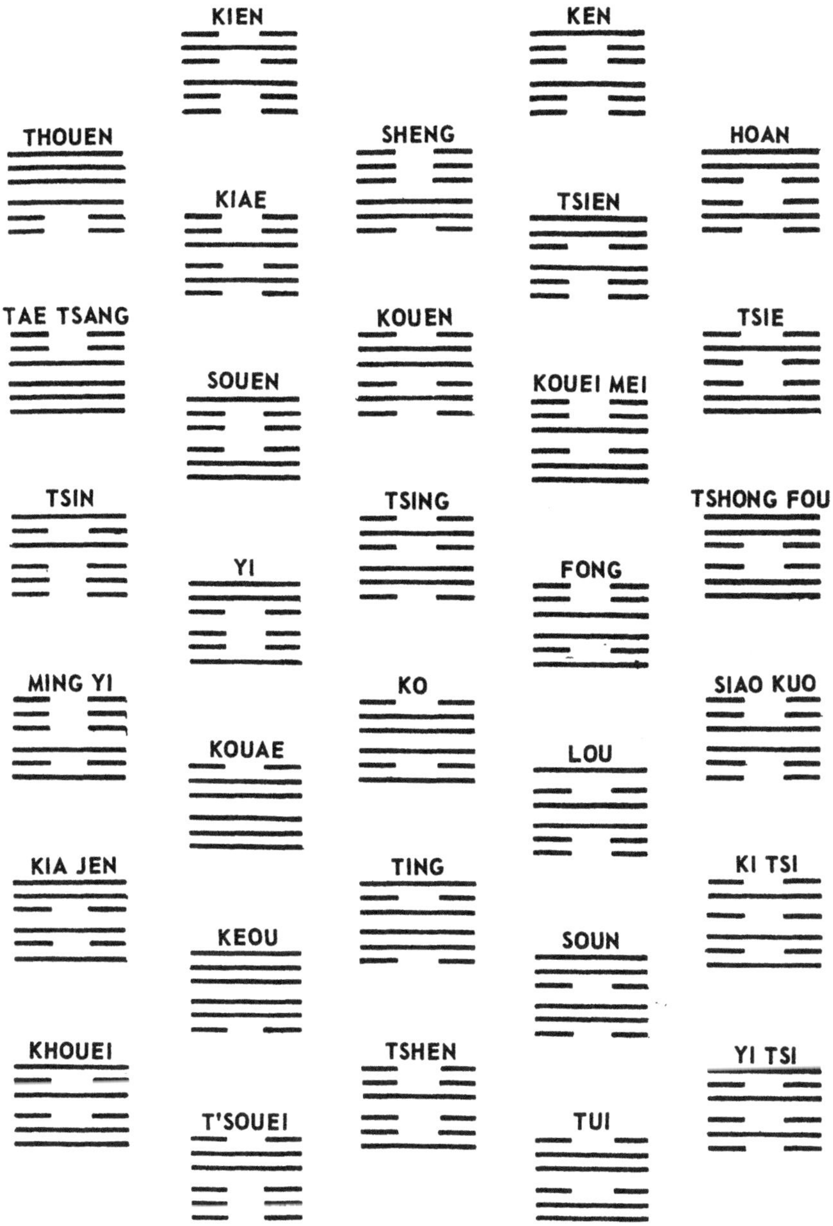

Première Partie de la Seconde Partie du livre.

CHAPITRE 4

Le Yi-King taoïste

Le Chapitre II a déjà présenté ce *Livre des Transformations*, mais en ne disant presque rien de ce qu'il devint avec le roi Wenn. Ne parlant que des huit koua-trigrammes de l'Empereur mythique Fo-Hi, il n'avait pas à se poser trop le problème de leur ordre. Lus arithmétiquement, ces trigrammes peuvent être ordonnés comme les nombres écrits à la moderne avec 0 et 1, et allant de 0 à 7. Conçus comme représentatifs de membres d'une famille, on les énoncera « naturellement » comme Père, Mère, Aîné, Aînée, Cadet, Cadette, Benjamin, Benjamine; en ajoutant dès à présent que les enfants de même âge ne sont pas des jumeaux.

Bien plus énigmatique, le problème que posent les hexagrammes obtenus par le roi Wenn en combinant de toutes les manières possibles deux trigrammes. Rappelons que de telles figures étant à la fois pré-linguistiques et moyen de communications entre l'homme et le destin, il ne sera besoin que secondairement de faire appel à la langue chinoise. L'universabilité des koua figuratifs précède (et seule fonde en vérité) les *Commentaires* dont *le Livre des Transformations* s'accompagna par variations ou enrichissements successifs. Lire ces *Commentaires* en traductions suffit d'autant plus que leurs auteurs mythiques ou historiques s'accordent tous à présenter ces verbalisations comme des procédés capables seulement de suggérer un sens toujours peu ou prou trahi quand on l'attend de mots parlés ou écrits plutôt que d'intuitions directement inspirées par des signes muets.

Tout, ici, se rapporte au visible, le moins trompeur des moyens de connaître. Pourtant, ces purs signes réduits au plus élémentaire ne nous apprendraient que peu de chose si nous ne savions comment ils ont été interprétés; ce qui nous ramènerait au problème précédemment éludé si le Yi-King ne nous fournissait une information de plus : l'ordre dans lequel il dispose ses koua. Or, justement, cet ordre n'est pas le même selon qu'on le lit dans le *Livre* lui-même ou bien sur le frontispice qui l'introduit le plus généralement. Cette différence nous importera le plus et nous la présenterons donc d'emblée dans les deux schémas ci-dessous. Ils font à l'évidence ressortir qu'ont été mis en œuvre deux types d'ordonnancements : celui du schéma VIII, pages 116-117, et celui de l'illustration page 1 hors-texte.

Faut-il se fier à l'un plutôt qu'à l'autre? Nous verrons que ce qui compte le plus est précisément qu'ils soient différents, différents comme le sont aussi la logique rationnelle de l'arithmétique et la logique secrète du destin.

Les hexagrammes énigmatiques

Ces hexagrammes sont énigmatiques de deux manières. L'une est que leur ordre rationnel dans la présentation en frontispice cesse de l'être dans la succession immémorialement respectée de chapitres consacrés chacun à un hexagramme. L'autre énigme est que si ces signes expriment chacun un message du destin répondant à une question posée par un cas particulier, la façon dont procède la divination pour choisir lequel des signes convient à la situation donnée se sert d'étranges manières de calculer : tantôt un nombre est à prendre pour ce qu'il est; tantôt il doit être traduit par un autre nombre.

L'intérêt suscité par la découverte du code génétique a rejailli sur le Yi-King; l'un et l'autre se contentent de soixante-quatre signifiants pour transmettre les messages les plus complexes : ceux de la vie comme ceux du destin. Ce n'est pas la première fois qu'échoit au fameux livre chinois l'honneur d'avoir été prémonitoire. Au moment où les Jésuites le firent connaître en Europe, on y vit la preuve que la Chine avait inventé la numération binaire de position (devenue celle des ordinateurs modernes) avec des milliers d'années d'avance. Et comme il est moins erroné d'interpréter le Yi-King en termes biologiques que de le réduire à une arithmétique, nous consacrerons ce préambule à montrer comment le siècle des Lumières put s'y tromper.

Leibniz, dans ses *Mathematische Schriften* (VII-21), après avoir montré les particularités de la numération de position de base deux et souligné ses avantages pour repérer sur les tables, « tout de suite et sans calculer », les nombres carrés, cubiques et d'autres puissances, « item les nombres triangulaires, pyramidaux et d'autres nombres figurés », ajoute plusieurs pages annoncées par ces mots : « Ce qu'il y a de surprenant dans ce calcul, c'est que cette arithmétique par 0 et 1 se trouve contenir le mystère des lignes d'un ancien Roi et Philosophe nommé Fohy, qu'on croit avoir vécu il y a plus de quatre mille ans et que les Chinois regardent comment le fondateur de leur Empire et de leurs sciences. » Leibniz considère « premièrement qu'une ligne signifie l'unité ou 1, et secondement qu'une ligne brisée signifie le zéro ou 0 ». L'auteur de *De Arte Combinatoria* pense que « les Chinois ont perdu la signification des Linéations de Fohy, peut-être depuis plus d'un millénaire d'années, et ils ont fait des commentaires là-dessus, où ils ont cherché je ne sais quels sens éloignés, de sorte qu'il a fallu que la vraie explication leur vînt maintenant des Européens ». Et de conclure « que tout raisonnement qu'on peut tirer des notions pourrait l'être des Caractères (de l'écriture chinoise et, pour Leibniz, de toute pensée née de tout discours) par une manière de calcul ». Quelle justification trouver à la suite effective des koua et à son apparent « désordre » dont le respect qui l'entoura pendant des millénaires prouve que s'y dissimulent de profondes leçons de logique? La première n'aura d'intérêt que pour guider la recherche concernant l'essentiel : l'ordre insolite des hexagrammes.

Afin de mettre en garde contre l'illusion leibnizienne – encore répandue aujourd'hui – faisant dériver le Yi-King d'une numération binaire de position, le schéma IX présente les 64 cases correspondant, dans l'ordre, aux 64 chapitres traitant koua après koua en situant en haut les nombres qui indiquent la place que chacun devrait avoir si les hexagrammes étaient lus en assimilant Yang à 1 et Yin à 0. Le désordre saute ainsi aux yeux. En revanche, on constate que ce désordre pourrait bien résulter d'une subtile combinaison de plusieurs ordres. Chaque hexagramme est en effet suivi de son inverse (flèches verticales) qui peut éventuellement être aussi son complémentaire (flèches verticales et horizontales), si bien que quand la symétrie d'un koua impair l'empêche d'être suivi d'un dual non identique, ce dernier est alors complémentaire (flèche horizontale). Et comme cette règle auxiliaire eût été sans exception si on l'avait choisie pour règle principale, il est clair que le Yi King est à prendre comme la

SCHÉMA IX : LE YI-KING; ORDRE DU DÉSORDRE

Chiffres du haut : koua transcrit en numération binaire // Flèches verticales ou horizontales : dualité par renversement ou complémentarité // + et − : koua formés de 3 Yang ou plus et de 3 Yin ou moins // Chiffres du bas : position décimale de trigrammes de même âge.

64 → + 1	0 ← 2	17 ↑ −	34 ↓	23 ↑ +	58 ↓	2 ↑ −	16 ↓
55 ↑ +	59 ↓	7 ⌐ − 11	56 ⌐→ 12	61 ↑ +	47 ↓	4 ↑ −	8 ↓
25 ⌐ +	38 ⌐→	3 ↑ −	48 ↓	41 ↑ +	37 ↓	32 ↑ −	1 ↓
57 ↑ +	39 ↓	33 → −	30 ←	18 → ?	45 ←	28 ↑ − 31	14 ↓ 32
60 ↑ +	15 ↓	40 ↑ −	5 ↓	53 ↑ +	43 ↓	20 ↑ −	10 ↓
35 ↑ + 41	49 ↓ 42	31 ↑ ?	62 ↓	24 ↑ ?	6 ↓	26 ↑ −	32 ↓
29 ↑ +	46 ↓	9 ↑ −	36 ↓	52 ⌐ +	11 ⌐→	13 ↑ −	44 ↓
54 ↑ +	27 ↓	50 ↑ −	19 ↓	51 → +	12 ←	21 ⌐ −	42 ⌐→

manifestation d'un ordre complexe cachant des facteurs secrets sous certains de ses aspects patents. Leçon semblable nous est donnée par les chiffres portés au bas de certaines cases : ils indiquent l'ordre des koua, et, pour trois des 32 couples, signalent que sont en positions décimales certains des hexagrammes associant deux trigrammes de même âge et de sexes différents, bien que sans avoir alors tous la signification concrète de mariage. Enfin, les signes + ou – montrent qu'à trois exceptions près (marquées d'un ?), les hexagrammes comptés de 4 en 4 ont au moins ou au plus trois traits Yang.

Nous procéderons donc d'abord à l'inventaire des ordres visibles afin d'en filtrer les exceptions dont il conviendra ensuite de trouver la raison dissimulée. A cette fin, nous ne procéderons pas au premier inventaire en allant du facile au difficile, mais plutôt en vue de trouver d'emblée le chemin qui nous conduira à des cachettes. Aussi tiendrons-nous compte d'un avis pour diviser le reste de notre étude en deux autres Sections. Avis emprunté au *Ta Tchouan* – Grand Commentaire d'époque post-confucéenne – dont le Chapitre VIII s'exprime comme suit :

« Les Transformations sont un livre
« Dont il ne faut pas rester éloigné,
« Sa VOIE est constamment changeante,
« Altération, mouvement sans répit,
« S'écoulant par les six places vides;
« Montant, descendant sans arrêt,
« Traits fermes et malléables se transforment.
« On ne saurait les enfermer dans une loi :
« Le changement, c'est ce qui œuvre ici.
« Ils sortent et entrent suivant des mesures fixes,
« Dehors ou dedans ils enseignent la prudence.
« Ils montrent la peine et le chagrin ainsi que leurs causes.
« Tu n'as pas de maître? approche-toi d'eux pourtant
                                        comme de tes parents.
« Prends d'abord les mots.
« Réfléchis au sens,
« Puis les lois fixes se révèlent.

Passons maintenant aux procédures divinatoires. Nous nous contenterons de citer intégralement ce qu'en dit le meilleur traducteur du Yi-King, Richard Wilhem. Ce qu'il dit d'étranges égalités telles que 5 vaut 4 ou bien 9 vaut 2, est à prendre au pied de la lettre : tous les experts en sont d'accord. En revanche, il y a doute sur le fait que ce soit un signe « vieux » (destiné à faire place à un jeune) qu'il faille retenir comme mutant (choix de Richard Wilhem), ou bien le « jeune » dont le destin change avec l'âge, choix préféré par d'autres auteurs. On verra que la suite de nos raisonnements s'applique aussi bien à un cas qu'à l'autre.

Ajoutons un avertissement. Pour exprimer vieux ou jeune Yang ou Yin, il faudrait quatre digrammes. Pourtant, quand le calcul divinatoire aboutit à l'une de ces quatre possibilités, ce n'est pour transcrire qu'un seul des traits continus ou interrompus dans l'hexagramme à constituer par six opérations. La distinction vieux-jeune peut alors se faire en distinguant trait épais et trait mince, ou par tout autre moyen. Dans un hexagramme donné, la signification prévalente est soit Yang, soit Yin. Quant à la différence vieux-jeune ou mutant-non mutant, elle conduit seulement à construire un second hexagramme à côté du premier afin de marquer ce qui est destiné à changer ou ne pas changer.

Richard Wilhem raconte ainsi les procédures :

On interroge l'oracle à l'aide d'achillées. Le nombre de tiges utilisées est de 50. Sur ce nombre, on en met une de côté et elle n'entre plus en ligne de compte. On prend une tige du tas de droite et on la place entre le petit doigt et l'annulaire de la main gauche. Puis on prend le tas de gauche dans la main gauche et, à l'aide de la main droite, on en retire des tiges par groupes de quatre jusqu'à ce qu'il ne reste plus dans la main que quatre tiges ou moins. On place le reste entre l'annulaire et le médius de la main gauche. On compte ensuite de la même manière le tas de droite et l'on place le reste entre le médius et l'index de la main gauche. La somme des tiges qui se trouvent entre les doigts de la main gauche est alors de 9 ou de 5 (les différentes possibilités sont 1 + 4 + 4 ou 1 + 3 + 1 ou 1 + 2 + 2 ou 1 + 1 + 3; il en résulte qu'il est plus facile d'obtenir un 5 qu'un 9). Lors de la première computation des tiges, la première tige – tenue entre le petit doigt et l'annulaire – est regardée comme surnuméraire. On raisonne donc comme suit : 9 = 8 et 5 = 4. Le compte 4 est regardé comme une unité complète à laquelle est assignée la valeur numérique 3. De son côté, le nombre 8 signifie une double unité et se voit attribuer la valeur numérique 2. Si donc, lors de la première computation, il reste 9 tiges, elles comptent 2; s'il en reste 5, elles comptent 3. Ces tiges sont alors momentanément mises de côté.

On réunit ensuite les deux tas restants et on les partage une nouvelle fois. On prend de nouveau une tige du tas de droite, on la place entre le petit doigt et l'annulaire de la main gauche et l'on procède au calcul comme précédemment. Cette fois, on obtient comme somme des restes 8 ou 4, soit :

$$\frac{1 + 4 + 3}{1 + 3 + 4} = 8 \qquad \frac{1 + 1 + 2}{1 + 2 + 1} = 4$$

Par suite, les chances entre 8 et 4 sont cette fois égales. Le 8 est compté 2 et le 4 est compté 3.

On procède de même une troisième fois avec les tas restants et l'on obtient de même comme somme du reste 8 ou 4.

La valeur numérique de la somme des trois restes détermine la formation d'un trait.

Si la somme est 5 (= 4 valeur 3) + 4 (valeur 3) + 4 (valeur 3), le résultat est le chiffre 9, le « vieux yang ». Il se traduit par un trait positif qui est muable et, par suite, est retenu dans l'interprétation des traits pris individuellement. On le désigne à l'aide du signe 0 (ou =).

Si la somme est 9 (= 8, valeur 2) + 8 (valeur 2) + 8 (valeur 2), il en résulte le nombre 6, c'est-à-dire le « vieux yin ». Il se traduit par un trait négatif mobile et, par suite, est pris en considération dans l'interprétation des traits pris individuellement. On le désigne à l'aide du signe × (ou = =).

Si la somme est :

$$9\,(2) + 8\,(2) + 4\,(3)$$
$$\text{ou } 5\,(3) + 8\,(2) + 8\,(2) = 7$$
$$\text{ou } 9\,(2) + 4\,(3) + 8\,(2)$$

le résultat est le chiffre 7, c'est-à-dire le jeune yang. Il se traduit par un trait positif qui est en repos et, par suite, n'est pas retenu pour l'interprétation des traits pris individuellement. On le désigne à l'aide du signe –.

SCHÉMA X : LE HASARD COMME NÉCESSITÉ

I. SITUATION DES EXCEPTIONS

Règles de succession enfreintes	Nécessité	Justification des exceptions		Hasard ?
		Division en Parties	**30 koua**	
par intervalle 2	1, 27, 29, 61			
Par intervalle 4			34 koua	43, 45
Reste à justifier		Inégalité		43, 45

II. APPEL À LA DIVINATION POUR JUSTIFIER L'INEXPLIQUÉ

Correspondance entre les dispositions du Frontispice et les calculs divinatoires traits par traits, les uns stables, les autres mutatants.

A. *Opérations*.

1 ère	2 ème	3 ème	Total	Trigrammes	Traits mutants ou non
9	8	8	6	Mère	mutant
		4	7	Benjamin	non mutant
	4	8	7	Cadet	non mutant
		4	8	Aînée	non mutant
5	8	8	7	Aîné	non mutant
		4	8	Cadette	non mutant
	4	8	8	Benjamine	non mutant
		4	9	Père	mutant

Équivalences entre nombres et traits   ou mutations

5 = 4 = 3 = 1 = Yang   7 ou 8 sont jeunes Yang ou Yin

9 = 8 = 2 = Yin   6 ou 9 vieux Yang ou Yin deviennent jeunes Yin ou Yang

B. *Les places*.

6e   paire renforce Yin, affaiblit Yang ; tend à revenir à 1.
5e   impaire, renforce Yang, affaiblit Yin : trait maître.
4e   paire, renforce Yin affaiblit Yang.
3e   impaire, renforce Yang, affaiblit Yin.
2e   paire, renforce Yin, affaiblit Yang : trait de base
1re   impaire, renforce Yang, affaiblit Yin : c'est un avant début.

Modèles géométriques.

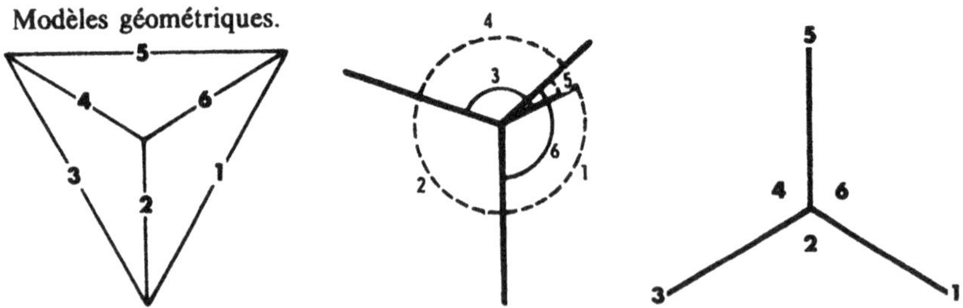

Si la somme est :

$$9\,(2) + 4\,(3) + 4\,(3)$$
$$\text{ou}\quad 5\,(3) + 4\,(3) + 8\,(2) = 8$$
$$\text{ou}\quad 5\,(3) + 8\,(2) + 4\,(3)$$

il en résulte le chiffre 8, le « jeune yin ». Il se traduit par un trait négatif qui est en repos et, par conséquent n'est pas retenu pour l'interprétation des traits pris individuellement. On le désigne à l'aide du signe – –.

Étant donné que ce processus est répété six fois, il s'édifie un signe à six degrés. Lorsque cet hexagramme se compose entièrement de traits en repos, l'oracle n'en retient que l'idée générale telle qu'elle s'exprime dans le « jugement » du roi Wen et dans le *Commentaire sur la décision* de Koung Tseu, auxquels s'ajoutent encore l'image de l'hexagramme et les paroles de texte qui y sont annexées.

Si, dans l'hexagramme ainsi obtenu, on a un ou plusieurs traits muables, il faut en outre prendre en considération les paroles annexées à ce ou ces traits par le duc Tchéou. C'est pourquoi celles-ci ont pour titre : 9 à la nième place ou 6 à la nième place.

En outre, le mouvement ou transformation du trait donne naissance à un nouvel hexagramme qui doit, à son tour, être examiné avec sa signification. Si, par exemple, on tire l'hexagramme n° 56 ☲☶, dont le quatrième trait se meut, on devra prendre en considération non seulement le texte et l'image se rapportant à l'hexagramme pris dans son ensemble, mais aussi le texte qui accompagne le quatrième trait et, en outre, le texte et l'image qui se rapportent à l'hexagramme n° 52 ☶☶.

L'hexagramme n° 56 sera le point de départ à partir duquel se développe, à l'aide du 9 à la quatrième place et de l'avis qui s'y trouve annexé, la situation finale, qui est l'hexagramme n° 52. Dans ce second hexagramme, le texte du trait qui se meut n'entre pas en ligne de compte.

La voie est changeante

Traducteurs et commentateurs du Yi-King sont d'accord pour nous enseigner que le Tao se manifeste par changements. C'était déjà vrai à l'époque de Fo-Hi et de ses trigrammes ; ce l'est plus encore avec les hexagrammes attribués au roi Wenn. Et, pourtant, les sages qui méditent le Livre et les devins qui se servent de ses signes pour tirer leçon des oracles sont d'accord aussi pour en faire un ouvrage de morale aidant tous et chacun à suivre « la voie droite ». Les « lois fixes » sont les plus cachées à la raison, mais elles s'adressent intuitivement à l'homme qui a souci d'agir avec sagesse en respectant l'honnêteté. Et le Livre guide cette intuition en lui proposant de visibles « mesures fixes ». La voie droite renvoie à l'unité du Tao initial et au secret vers lequel il faut tendre sans espérer l'atteindre. Les mesures proviennent de ce que l'esprit raisonnable peut concrètement constater et pratiquer à travers et malgré les vicissitudes de l'existant et des existences.

Notre premier dessein sera de montrer que la pseudo arithmétique du Yi-King est le premier et le plus fruste des moyens pour atteindre les « mesures fixes », mais que celles-ci sont antinomiques avec les principes vrais de la Voie.

Les Yi-King, introduits en Europe depuis le XVIIe siècle, portent en frontispice une double représentation des soixante-quatre hexagrammes : ils constituent un cercle et un carré de huit qu'il entoure. Le cercle peut presque être lu comme le fit Leibniz : il y suffit d'y monter du 0 vers la droite, puis d'opérer une traversée en diagonale – donc entre 31 et 32 – et de remonter vers la gauche jusqu'à 63. Opération aisée si elle ne témoignait pas d'un souci révélateur : celui de situer d'abord comme primordiaux les Koua tout Yang, le Ciel ou Sud, et tout Yin, le Nord ou Terre, alors qu'une disposition procédant par substitutions successives des traits continus aux traits discontinus situerait ces deux Parents aux deux bouts de la liste. Quant au carré de huit, son arithmétique est parfaite, mais ne doit pas être interprétée comme telle.

Il suffit en effet d'en lire la colonne de gauche de bas en haut (ainsi que le prescrit le Livre pour tout hexagramme) pour constater que les trigrammes inférieurs se succèdent en ordre inverse de celui auquel obéit la ligne du bas lue de gauche à droite concernant le trigramme du haut. Nous reviendrons ultérieurement sur ce qu'on en peut tirer d'enseignements, dont le plus important sera pris immédiatement en considération. Il s'agit donc seulement d'une classification commodément récapitulative, mais qui nous offre pourtant de notables enseignements.

Le premier est que le cercle reproduit la succession des Koua du carré à deux conditions : lire le cercle d'abord à droite et de bas (ou Nord) en haut (ou Sud), puis à gauche et de haut en bas ; lire aussi le carré en deux parcours égaux, l'un commençant par haut gauche, l'autre par bas droite. La seconde leçon est que de la sorte nous est fixé un ordre des trigrammes : Père, Benjamine, Cadette, Aîné ; Aînée, Cadet, Benjamin, Mère. Deux remarques : à ces conditions, l'ordre des Koua est presque effectivement celui d'une numération de base 2 ; l'ordre des trigrammes est celui du « Plan de Fo-Hi » (cf. schéma V, p. 52) à lire aussi – et comme prescrit – en le traversant d'une diagonale. En résultent un constat et une interrogation : l'ordre des chapitres s'inspire en outre du « Plan de Wenn » ; ce dernier pouvant bien n'en être qu'une conséquence, ou bien encore le résultat d'un arbitrage entre des interprétations du destin et celle de la succession des saisons ; quant à la question, elle est de savoir où retrouver un ordre de succession des trigrammes qui, sur le frontispice, n'est pas celui de ce Plan de Wenn. Nous verrons qu'il est dicté par les procédures de divination, avec cette conséquence que le Yi-King fait – comme nous-même – une différence entre évolution globale (régie par les puissances de 2) et mutations de cas particuliers devinés par référence au décimal. Nous reviendrons aussi sur cette distinction entre le général et le particulier.

Pour le moment, notons d'abord qu'il est possible d'imaginer de très archaïques pratiques, très antérieures au Yi-King et relatives à de premiers recours aux oracles-os ayant, comme les procédures divinatoires, traité de réponses à deux traits Yang-Yin. Il est néanmoins certain que les significations d'hexagrammes sont à tirer d'abord de celles des trigrammes.

Or, dues à Fo-Hi, les significations des trigrammes n'ont plus cessé d'être respectées absolument, respect notable quand les *Commentaires* d'hexagrammes laissent une si grande marge à l'interprétation des traits pris isolément : leur sens provient alors de leurs situations. Revenons-en donc à l'avis du *Ta Tchouan* et « prenons d'abord les mots », mais seulement ceux des trigrammes, du moins pour commencer. Or, à la différence des noms des hexagrammes (sauf quand ils sont formés de trigrammes semblables dont ils conservent l'appellation), les huit noms des trigrammes n'existent nulle part ailleurs dans la langue chinoise ; et comme il a été établi qu'ils n'ont pu être importés (en dépit de prétentions indiennes sur Lao-Tseu), on les considérera donc comme des sortes de noms propres et pour ainsi dire consacrés. On comprend que le roi Wenn les ait attribués tels quels aux hexagrammes formés de trigrammes semblables. Or leur place n'est pas quelconque dans la liste des Chapitres. K'ien, le Père ou le Créateur, et K'Ouen, la Mère ou le Réceptif font l'objet des deux premiers; Tchen l'Aîné, et Ken, le Benjamin, sont en 51 et 52, donc juste après le milieu de là centaine. Nous considérerons cette intervention du décimal comme indicative, bien qu'elle souffre deux exceptions : K'an, le Cadet, Li, la Cadette, Souen l'Aîné et Touei la Benjamine étant placés respectivement en 29, 30, 57, 58. Il convient de surmonter nos habitudes occidentales qui nous empêcheraient de retenir comme règle ce qui ne régit que quatre cas sur huit, et nous accoutumer au souci constant du Yi-King d'introduire l'irrégularité dans la régularité.

L'importance archaïque et historiquement attestée du décimal se manifeste également si, considérant que K'ien et K'ouen – les Parents fondateurs – forment un couple par les deux premiers rangs impair et pair qu'ils occupent, nous nous demandons ce qu'il advient des hexagrammes alliant un féminin avec un masculin de même âge. Alors nous constatons qu'ils sont en places 11, 12, 31, 32, 41, 42, et 63, 64. Pour que la règle décimale fût sans exception, il eût fallu que les 29 et 30 et les 57, 58 fussent respectivement des 21, 22 et des 61, 62. Il est vrai que nous avons quitté les Koua dont les noms n'appartiennent pas au langage vulgaire : réduisant le nombre de nos exceptions, nous nous sommes aventurés vers des champs linguistiques moins sûrs que les précédents. En admettant que le couple 57, 58 soit judicieusement placé au milieu des douze rangs séparant les 51, 52 des 63, 64, resterait le problème de ces Cadets-Cadettes situés en fin d'une première liste de 30 Koua et en fin du cycle. Et comme ce n'est donc pas leur âge qui a pu en décider, retenons ce problème comme de haute signification.

Les noms des Koua 29 et 30 ne nous renseignent guère : pourquoi l'Insondable, l'Eau, et Ce Qui s'Attache, le Feu, mériteraient-ils un traitement privilégié? Sont plus riches d'enseignements les Koua 63 et 64 qui signifient respectivement – et paradoxalement – Après l'Accomplissement et Avant l'Accomplissement. Cette fois, en effet, c'est la composition même de l'hexagramme qu'il faut tenir pour remarquable : le premier situe tous ses Yang en rangs impairs (1, 3, 5); il est donc ordre maximum, antérieur aux Transformations. Dans le second, tous les Yang sont en rang pair (2, 4, 6) : il est désordre maximum et oblige que tout recommence à partir de K'ien 1 et de K'ouen 2. Mais aussi nous sommes sortis du domaine des mots pour entrer dans celui des signes. Vérifions avant de poursuivre que nous n'avons rien négligé des premiers avis du dernier tercet cité du *Ta Tchouan.*

Une suffisante pratique du texte enseigne qu'il ne répond jamais sans équivoque aux questions qu'on lui pose, encore faut-il qu'elles soient assez précises pour mériter mieux que des non-sens. Et comme les seules significations dont il garantisse l'authenticité sont données par des figures muettes, nous demanderons à celles qui nous ont particulièrement intrigués ce qu'il faut attendre des mots qui leur furent associés.

Partons donc des problèmes soulevés à propos des trigrammes Cadets. Attirant l'attention sur les rangs 29 et 30, ils nous invitent à ne pas tenir pour fortuit que les hexagrammes 59 et 60 soient La Dissolution et La Limitation. Apparaît ainsi fondamental un « détail » généralement négligé par les traducteurs : le Yi-King est divisé en deux Parties inégales, l'une de trente et l'autre, donc, de trente-quatre Koua. La première concerne, nous dit-on, les « Fondements des Choses », la seconde ceux de l'existence commune. Dès lors, les Koua 31 et 32 signifiant L'Influence (La Demande en Mariage) et la Durée, il est remarquable qu'ils associent d'abord, en gage de bonnes épousailles, Benjamin portant Benjamine comme La Montagne élève Le Lac, gage de fertilité. D'autres hexagrammes sont aussi relatifs à l'Épousée ou à la Famille : aucun ne comporte de Cadets, comme s'ils étaient exclus de toute signification matrimoniale. On aurait beau solliciter le texte, on n'y trouverait rien qui parle d'inceste ou de prohibition. Nous n'en retiendrons pas moins qu'il n'a pu être fortuit que l'association Cadette-Cadet renvoie à un Avant Accomplissement – peut-être à un début des âges où il fallait bien que frères et sœurs s'unissent, union nécessaire pour que l'Histoire commence, puis interdite au cours de cette histoire.

Les deux derniers hexagrammes s'avouant nommément comme une sorte de récapitulation, regardons ce que veulent dire les quatre précédents – dont deux s'achèvent en 60, les deux suivants comblant l'intervalle avant 63. A nous en tenir aux *Commentaires,* surtout aux *Commentaires* post-confucéens, l'embarras est grand. A la fin de la deuxième série des trente Koua, une périlleuse audace invite – en 59 – à

« traverser les grandes eaux »; elle est suivie – en 60 – d'une mise en défaut de la ruse obligeant à pratiquer l'économie.

Le Koua 61 est la Vérité Intérieure, mais il évoque aussi les animaux les moins « spirituels » que sont le porc et le poisson. Le Koua 62, enfin, est la Prédominance du Petit : il apprend que mieux vaut rester en bas pour faire « Grande Fortune »; à vouloir rechercher le Prince, on ne rencontrerait que des fonctionnaires.

On trouverait là une certaine logique du développement socio-économique si le *Ta Tchouan* lui-même ne la démentait en commentant d'autres hexagrammes de telle sorte que l'invention des marchés ait été antérieure à celle des bateaux, elle-même en précédant bien d'autres de toutes sortes : élevage, gardiennage des maisons, pilons et mortiers, arcs et flèches, architecture et écriture. Autres enseignements déroutants : quand le *Ta Tchouan* se réfère aux Koua pour rendre compte de l'« Histoire de la civilisation », il n'assure pas le moindre rapport entre l'ordre des Figures et l'ordre chronologique. En revanche, le même *Ta Tchouan* établit la formation du caractère de chaque homme en étapes respectant l'ordre des Koua. Force est bien d'en conclure que le Yi-King jugé d'après les *Commentaires* n'est pas une chronologie, mais une logique morale; plus simplement – et c'était à prévoir selon ce qu'a montré notre chapitre III – le Yi-King croit au progrès de chaque homme et non à un progrès de l'Histoire.

En d'autres termes, sans en revenir à ce que nous avons dit au début du chapitre III, le Yi-King connaît bien les stades traversés par l'apprentissage individuel, mais sans en rendre la succession analogique à celle d'un progrès historique linéaire.

Il devient clair alors qu'après la dissolution et la limitation, rien d'essentiel ne demeure plus que la vérité intérieure et la préférence à donner à la Fortune Spirituelle sur la recherche des vaines grandeurs, quand ce monde touche à sa fin et à son recommencement. Comment ne pas accorder cette interprétation spiritualiste avec la situation du roi Wenn emprisonné par un tyran? Utilisés en vue de réussites matérielles, les Koua ne valent que un à un et indépendamment de leur ordre général. Ils répondraient alors aux besoins d'une clientèle en quête de divinations, non à ceux de sages intéressés surtout par la méditation.

La signification du Yi-King se serait-elle dégradée en fonction d'utilitarismes ignorés de ces inventeurs? L'érudition pourrait seule répondre à une question dont nous retiendrons seulement qu'il ne faut pas trop attendre des significations verbales des *Commentaires,* qui ne se soucient nullement d'expliquer l'ordre général des hexagrammes. Des deux versions que Richard Wilhem donne des soixante-quatre chapitres, la seconde, postérieure à Confucius, intègre des commentaires de son École ou encore plus largement postérieurs, comme celui emprunté à l'ensemble dit des Dix Ailes, apparemment le seul à parler de la « Succession des Hexagrammes » à propos de chacun d'eux. En voici des extraits non intentionnellement choisis :

Le Koua 12 est la Stagnation, il suit la Paix, « par la raison que les choses ne peuvent pas toujours rester réunies ». Vient ensuite La Communauté Avec les Hommes, parce que « les choses ne peuvent pas toujours stagner ». Le Koua 47, La Révolution, succède au Puits, car « l'érection d'un Puits doit nécessairement subir des mues avec le temps »; s'ensuit Le Chaudron qui « contribue à donner force aux choses ». A multiplier les références s'accroît le sentiment que de telles justifications se conforment tant bien que mal à un ordre respecté tel que préétabli, mais dont le secret a été sans doute perdu après avoir été trop bien caché. Quant aux noms des Koua, c'est sans doute quand ils sont le plus concrets qu'ils convient de les traiter le plus symboliquement.

Un inventaire complet n'ajoutant pas grand-chose à ces sondages, nous reprendrons notre problème en termes de Figures.

Considérons les hexagrammes avant qu'ils n'aient été formés : ce sont alors les six « places vides » dont parle le *Ta Tchouan* et à travers lesquelles vont « s'écouler » les altérations et mouvements « montant et descendant sans arrêt ». Ces places, de 1 bas à 6 haut, sont alternativement impaires et paires, donc Yang et Yin; il est normal qu'on nous avise que les traits Yang soient plus forts quand ils seront en 1, 3 et 5, là où au contraire les traits Yin deviendront faibles. Notons cette différence dont nous reparlerons en de tout autres conditions dans notre deuxième Section, et insistons sur la nécessité de descendre après être monté. Cet aller et retour fait équivaloir 1 à 6, 2 à 5, 3 à 4, et inversement; 7, somme marquant cette complémentarité, étant à lire 6 + 1. Ainsi peut s'expliquer une exception précédemment signalée, plaçant le 57 ou 58 à distance sept ou six du 50 ou 51 comme du 63 ou 64. Mais, surtout, il saute aux yeux que ce double parcours des places vides fournit la plus apparente des règles ordonnant le Yi-King. Sur trente-deux Koua de rang impair, 28 sont renversés pour former le Koua leur succédant en rang pair. Parmi ces 28 là, quatre produisent ainsi un dual qui leur est complémentaire par échange Yang-Yin. Les quatre Koua symétriques, dont l'inversion ne reproduirait qu'eux-mêmes, ont aussi leur complémentaire pour dual. Nous disposons ainsi d'une règle générale, bien que complexe, et à ce titre étrangère à nos esprits modernes et simplificateurs. C'est pour avoir été appliquée aux places vides avant de l'être aux Figures formées que la règle de complémentarité perd, en ce qui concerne ces dernières, son universalisme dualiste et se heurte à quatre exceptions. Cette recherche d'exceptions, caractéristique de l'esprit du Yi-King, y est de deux conséquences. La première est que les hexagrammes se présentent d'eux-mêmes comme l'indiquent plusieurs Commentaires : à un arbre qui s'élève mais est destiné à périr, succède une graine qui tombe. La seconde est que les huit Koua échappant à la règle en désignent une autre.

Il est manifeste que cette deuxième règle inspirée par les exceptions de la première est bien plus générale (quoique les Commentaires n'en parlent pas). Les Koua de rang impair se succèdent les uns aux autres de manière telle que tout koua comptant trois Yang ou plus est suivi d'un autre comptant trois Yin ou plus, et inversement. Pour que cette autre règle fût sans exception, il suffirait de deux permutations entre 29 et 30 et entre 43 et 45. Nous n'attribuerons pas ce défaut à une erreur du roi Wenn ou à celle de copistes, ne serait-ce que parce que notre attention se trouve pour la seconde fois attirée sur le cas de l'hexagramme 29.

Nous avons déjà repéré assez de « mesures fixes » pour en esquisser les principes : aucune règle sans exception qui ne soit due à une autre règle. Redisons-le en partant du fait qu'en Chine, les pratiques numérales sont décimales. La « mesure » décimale est troublée par la sextimale qui relève de la division en deux fois trente, à condition d'ajouter deux fois deux. Ce deux fait alterner Koua Yang et Yin par inversion, sauf quand il faut recourir à la complémentarité simple. Cette dernière s'applique aux couples de Koua impairs, mais non au dualisme 29-30, qui relève de la règle trente, ni au 43-45 dont nous ignorons encore le pourquoi, encore que 45 marque le milieu de la deuxième trentaine. Autrement dit, on est parti du vulgaire ou manuel pour aboutir à une binarité moins commune.

D'autres « mesures » se laissent repérer à vue, mais, trop nombreuses pour se prêter à inventaire exhaustif, elles ne le sont pas assez pour permettre de comprendre comment le roi Wenn eût pu déterminer d'avance la place de chacune des nouvelles Figures qu'il avait obtenues en associant des trigrammes. Les « mesures » précédentes, en effet, s'appliquent plutôt à l'organisation des soixante-quatre cases vides et à celle des six places de chacune d'elles qu'aux hexagrammes eux-mêmes. Il suffit, pour le vérifier, d'imaginer comment eût dû procéder le Prince prisonnier s'il n'avait disposé que des prescriptions visiblement formelles du vénéré Fo-Hi.

Une fois admise l'organisation de l'encadrement vide dont nous venons de parler, reste à puiser dans le stock des hexagrammes. Certains se désignent d'eux-mêmes : les Koua Parents aux deux premières places ; les Cadets en fin de première et de deuxième Parties. Admis aussi que ces Cadets ne se marient pas, l'hexagramme de mariage en début de deuxième partie réunit le plus naturellement Benjamin et Benjamine, et on peut supposer que le premier des deux Koua concernés fera porter la Fille par le Garçon. On serait vite au bout des prescriptions patentes, n'était une autre considération : la première partie concerne les « Fondements des Choses » ; elle comptera le plus de trigrammes Parents (en fait, les trois quarts) ; la deuxième partie – les « Fondements de l'Existence socio-familiale » – accueillera le plus de trigrammes mariables (50 sur 64). Enfin, l'une et l'autre partie recevront un nombre à peu près égal de Cadets : 14 et 18, donc avec une légère préférence du côté de l'existentiel, ce qui ne doit pas être fortuit.

Subsiste encore une grande liberté de choix obligeant de recourir au sens. Encore ne s'agit-il pas du sens des hexagrammes, dont l'interprétation ne saurait être que postérieure, mais bien du sens donné par Fo-Hi à ses trigrammes. Sans doute s'explique ainsi que si 14 des 16 premiers Koua comportent un Parent, le 3 et son dual associent au Cadet (un « régulateur » continûment présent de 3 à 8) le trigramme Aîné, signifiant l'Éveilleur. On pourrait continuer ainsi de proche en proche – Yi King en mains – et conclure que l'exception 43-45 est due à ce que le sens des mots a prévalu sur les « mesures » par l'effet de quelque résiduel hasard. Mais ce serait deux fois contraire à l'esprit du Yi-King : les mots sont postérieurs à l'organisation des choses, et les exceptions supposées de hasard sont dues, en fait, à une règle plus générale bien qu'ignorée.

Comme aucune des données explicitement fournies par le Yi-King ne nous renseigne à cet égard, nous conduirons notre recherche en direction de profondeurs occultes.

Les lois vivantes sont fixes

En proposant une explication des trigrammes de Fo-Hi, nous avions recouru aux « places » de l'espace et aux conditions géométriques de ce qu'on y construit pour justifier que les huit combinaisons de Yang ou Yin trois par trois aient pu suffire à rendre exhaustif un inventaire élémentaire. Nous avions alors souligné que, comme le *Livre* ne nous dit rien de la sorte, cette homologie ne pouvait être attribuée qu'à un processus intuitif d'origine inconsciente. Nous raisonnerons de même manière à propos des hexagrammes : d'évidence, il suffit de considérer que les six axes du modèle I et les six arêtes du modèle II puissent être indifféremment Yang ou Yin pour produire 64 cas. Cette hypothèse va nous permettre de découvrir une logique secrète, bien que concrète, aux « mesures fixes », logique grâce à laquelle nous essaierons d'élucider le cas troublant qui ne relève d'aucune raison patente.

Rappelons d'abord qu'en opposant, dans un tétraèdre, trièdre masculin et triangle féminin, nous rendions compte des oppositions de sens entre trigrammes Yang et Yin : Ciel Créateur, Terre Réceptacle, Aîné Foudre, Aînée Vent, Benjamin Montagne, Benjamine Lac. En dérivent analogiquement les sens abstraits ou moraux. Une attention particulière doit être portée aux Cadets : la Fille est Feu, le Fils, Eau, comme si ces trigrammes symétriques renversaient l'ordre géométrique vertical-horizontal. Toutefois, la Cadette étant aussi Ce Qui S'attache, et le Cadet L'Insondable, ces sens seconds ramènent à une signification générale qu'explicitent les *Commentaires* : ce Feu-là est terrestre (non céleste comme la Foudre) et cette Eau peut être soit l'abîme, soit aussi la pluie qui tombe.

Malgré le silence des textes sur ces points, nous pouvons vérifier la pertinence de la « mesure » décimale qui attira d'abord notre attention au cours de la section précédente : ce sont les Koua trièdres, triangles et trièdre-triangle qui sont situés de dix en dix à l'exception d'une part des Cadets (comme si l'ambiguïté leur convenait) et, d'autre part, des Aînés qui font prévaloir le sextimal (celui donc des orientations de l'espace dont nous est ainsi révélée la signification primordiale).

De même, il suffit de lire les orientations de l'espace à l'envers en épuisant les possibilités de rotation pour que les places de 1 à 6 deviennent celles de 6 à 1 : cela se lit plus aisément sur un hexagramme que sur le modèle I, mais l'homologie est absolue.

Quant à l'ordre de succession des Koua impairs, il poserait un problème insoluble si nous n'allions pas au fond des difficultés soulevées par le modèle II appliqué au Yi-King. Si l'on entend rendre concrètement géométrique l'opposition Yang Yin, le seul moyen compatible avec l'expérience vulgaire est de considérer ses arêtes comme celles de dièdres qui ne peuvent prendre « naturellement » que deux valeurs : aiguë, elle fait pointer le sommet du polyèdre vers le Ciel, c'est un Yang; obtuse, elle aplatit la figure, c'est un Yin. Mais on se heurte alors à une difficulté : un tétraèdre ne peut pas compter plus de trois dièdres obtus et ne peut donc en aucun cas signifier géométriquement un trigramme comme K'ouen. Recourons alors au tétracanthe : lui ne peut compter plus de trois angles aigus. De ce fait, la succession des Koua impairs est homologue à celle allant d'un tétraèdre à un autre en traversant un tétracanthe. Les deux images ainsi fournies sont analogues à celles de l'arbre formé et à la graine formative; elle serait particulièrement pertinente (plus que l'opposition entre bas-haut et haut-bas) puisque si le tétraèdre est un solide construit, le tétracanthe supplémentaire noue en un point les six angles permettant de reconstruire le volume. On peut même se risquer à supposer que le nœud abstrait d'axes est plus fragile que le volume concret, et que donc, si une « mutation » doit intervenir, ce sera effectivement comme dans le Yi-King entre Koua pairs et Koua impairs. Rappelons que le Livre a pu effectivement être traduit sous le titre *Livre des Mutations*.

Au regard de cette analogie révélatrice, nous signalerons par acquis de conscience que ce recours à des tétramorphes valorisant l'importance des sixtaines, il n'est sans doute pas fortuit que les trigrammes Aînés et Benjamins soient – à partir de 3 et jusqu'à 63, sauf exception significative en 27 – attachés à des trigrammes exclusivement Parents ou Cadets, dans un ordre non quelconque : dans la première partie, les sixtaines représentent alternativement des tétracanthes et des tétraèdres, et cela de manière que le Koua 30 puisse être considéré comme une structure nodale interne annonçant les développements de la deuxième partie. Peut-être cette particularité justifie-t-elle l'inversion du 29-30, causant un des deux troubles qui affectent la régularité de la succession des Koua impairs. Nous n'aurions pas noté ce détail s'il ne suggérait que Parents et Cadets jouent ainsi de façon visible le même rôle régulateur. Remarque marginale, mais qui pourtant attire l'attention sur deux autres singularités :

La première concerne le sens des trigrammes; elle est à mettre en corrélation avec l'ambiguïté feu-eau signalée ci-dessus. Le *Chouo Koua* – commentaire sur les Trigrammes constituant la huitième des Dix Ailes (ensemble composite qui semble avoir tardivement mêlé des interpolations de tous âges à des traditions archaïques) – comporte un Chapitre II débutant par un ensemble de remarques dont la fin étonne : « Le Ciel et la Terre déterminent la direction. La Montagne et le Lac unissent leurs forces. Le Tonnerre et le Vent s'excluent l'un l'autre. L'Eau et le Feu ne se combattent pas. » La dernière phrase contredit si évidemment l'expérience commune que, d'une part, elle confirme l'opinion détaillée par notre première section, laquelle considère que les *Commentaires* se sont pliés tant bien que mal à des leçons rendues impératives par une organisation primordiale devenue incompréhensible, et, d'autre part, que ce « mariage » (comme dit le *Chouo Koua*) pourrait bien être contre nature, ce qui confirmerait que si la disposition tétraédrique donne aux trigrammes Cadets la même structure qu'aux trois autres, elle pourrait signifier, ainsi que nous l'avons soupçonné, que cette alliance entre Cadets symbolise un mariage « naturellement » illicite. Reste à savoir si cette ambiguïté elle-même peut être rapportée à quelque propriété géométrique.

Une au moins peut être évoquée : elle concerne le modèle I. Toutes les rotations n'y sont pas également possibles, puisque si tourner de gauche à droite entraîne que l'avant est devenu l'arrière, il est moins naturellement aisé de renverser l'axe haut-bas, puisqu'on ne saurait vivre les pieds en l'air. Tenir compte de cette particularité entraîne que le roi Wenn eût dû substituer à l'opposition Ciel-Terre une autre entre Cadets et Cadettes. Or c'est bien ce qu'il fait, et cela nous permettra de partir vers d'autres découvertes.

Le Yi-King illustre deux manières de situer circulairement (cf nos schémas VI) les trigrammes. L'une est dite Diagramme de Fo-Hi et situe les Géniteurs sur l'axe Sud-Nord, occupé dans le Diagramme dit de Wenn par Cadette et Cadet. Dans le premier, la direction Est-Ouest est une Cadette-Cadet; dans le second, un Aîné-Benjamine, ce qui relègue Ciel et Terre au Nord-Est et Nord-Ouest dont les opposés sont respectivement l'Aînée et le Benjamin. Signalons en passant que cette disposition rend compte partiellement du rang des trigrammes associant la Terre et la Montagne (le Benjamin) et le Ciel au Lac ou au Doux (la Benjamine). Mais insistons sur l'essentiel.

Le diagramme de Fo-Hi nous est dit relatif à l'Ordre Antérieur du Monde ou Succession du Ciel Antérieur; l'autre est la Succession du Ciel Postérieur ou Ordre Intérieur du Monde. Une première déduction rend compréhensible que la première Partie du *Livre* commence par les Koua Géniteurs, et s'achève sur les Cadets annonçant la deuxième Partie, laquelle s'achève avec les hexagrammes Cadette-Cadet et Cadet-Cadette. S'expliquerait alors que les associations de trigrammes semblant jouer le rôle d'organisateurs « fixes » avec des trigrammes sujets d'organisations comportent le plus de Géniteurs dans la première Partie – surtout à son début – et un peu plus de Cadets dans la deuxième.

Il est notable que, comme nous l'avons remarqué en préambule, ces deux diagrammes circulaires sont à lire à l'aide d'une traversée en diagonale; ce qui, dans le cas de Fo-Hi, ordonne les trigrammes ainsi : Ciel, Benjamine, Cadette, Aîné, Aînée, Cadet, Benjamin, Terre. Cet ordre est celui du carré de huit du Frontispice; il serait donc constitutif. L'autre, celui de Wenn, est à lire, selon le *Chouo Koua*, dans l'ordre vulgairement donné par les saisons : de l'Est, l'Éveilleur-Printemps, au Sud-Été, à l'Ouest, Automne-Lac – Le Plaisir – et au Nord, Hiver-Eau – L'Insondable. Mais faut-il s'en remettre à ce commentaire tardif et si figuratif? En fait, de l'Est au Sud-Ouest, tout est Yang, et de l'Ouest au Nord-Est, tout est Yin; de telle sorte que dans les cas Yang, lus à l'envers, Ciel et Cadet précèdent les autres (analogiquement à l'organisation de la première partie) et que, dans les cas Yin, de quelque manière qu'on les lise, Cadette et Mère sont en position médiane. Cela pourrait vouloir dire deux choses. D'abord que si, pour Fo-Hi, Yang et Yin se partageaient harmonieusement les bons et mauvais temps, dans les deux époques correspondant aux deux parties du Yi-King de Wenn, les beaux temps sont moins forts, puisqu'ils sont tous Yin. Ensuite, que depuis Fo-Hi, une ère d'incertitude commence, obligeant Ciel et Terre à partager leurs fonctions organisatrices avec les Cadets.

Telle sera notre nouvelle base de départ pour percer le secret fondamental du Yi-King.

Nous n'avons pas encore tiré parti d'une des informations les plus constantes du Yi-King : le Yang vaut 9 et le Yin 6. Nous n'avons pas non plus élucidé ce que voulait dire le *Ta Chouan* en distinguant traits « fermes » et « malléables ». Or ce serait un contresens de croire les premiers Yang et les seconds Yin. Déjà nous avons constaté que Yang est le plus fort en rang impair de l'hexagramme, là où Yin devient faible. Mais il est une autre référence fondamentale à cette distinction : elle nous est fournie par les procédures de divination, procédures forcément significatives puisqu'elles rattachent les vicissitudes du vécu personnel à la permanence du monde.

Si le *Livre* est parfois appelé *Livre des Mutations,* c'est précisément à cause de cette procédure divinatoire. Son objet est de produire des traits Yang ou Yin à placer aux six rangs encore vides d'un hexagramme qui en devient révélateur d'une situation momentanée relative à un individu et à une interrogation donnée. Il y faut six fois de suite recourir à des manipulations complexes et des calculs déroutants. Chaque trait demande tris, ensembles d'opérations faisant intervenir les deux mains : celle de gauche, réceptive, dont les entre-doigts conservent jusqu'au moment du calcul les tiges d'achillées triées par la main droite, la plus active. Ces tiges sont d'abord au nombre de 50, mais réduites à 49 après qu'on en a écarté une tenue pour symbolique. Symbolique elle l'est, en tout cas, de l'importance précédemment notée du nombre 7, et de sa prévalence sur le décimal. Contentons-nous de mentionner que ces manipulations sont telles que les trois résultats successifs relatifs à un seul trait ne peuvent successivement être que d'abord 5 ou 9, puis deux fois 4 ou 8 (cf schéma X, p. 126).

Signalons que cette importance donnée au 9 – associée symboliquement au fait que la première des tiges d'achillées est comptée symboliquement pour un rien – eût satisfait Leibniz. Ce sont bien – dans la

Chine archaïque – les seules et fort vagues références à quelque chose voulant dire zéro, avant que 9 n'évoque une numération décimale de position qu'il faudrait alors rapporter à quelque intuition très obscure et nullement explicitée. En revanche, les calculs opérés sur chacun de ces résultats sont aussi instructifs qu'énigmatiques, puisqu'ils font raisonner comme suit :

De 9 à 5, il faut encore retirer 1 ; 8 est alors dit égal à deux fois quatre et il vaut deux : il est Yin. De 5 on retire aussi 8, mais le 4 résultant est considéré comme l'unité parfaite et doit alors être compté pour 3. L'absurdité arithmétique se résoud en évidence géométrique si on considère que les triangles Yin ne paraissent que sur un tétraèdre formé et que 2 est le premier des chiffres pairs. La réduction du 4 à 3 renvoie du tétraèdre à quatre trièdres au trièdre formé par trois axes. Nous considérerons ces singulières « équations » comme révélatrices, puisqu'elles s'appliquent aussi aux deux autres 4 ou 8. Mais avant d'en tirer parti, achevons notre description. L'addition des trois résultats partiels ainsi obtenus peut donner huit résultats terminaux.

Ces huit résultats terminaux reproduisent l'ordre des trigrammes respecté par les représentations circulaires et carrées du Frontispice : aucune ambiguïté sur le sens de la lecture, car si 4 et 8 ont chances égales de sortir, 5 en a davantage que 9 et mérite priorité. Mais, surtout, cet ordre est celui du diagramme de Fo-Hi à lire comme nous venons de le dire. Par ailleurs, on constate que les trigrammes 7 et 8 ont deux fois plus de chance, de sortir que les 6 et 9. Quant à l'interprétation à en donner, elle varie selon les traducteurs et peut-être les traditions : 9 et 6 sont cette fois pris tels quels comme impairs et pairs, et veulent dire Yang et Yin, et plus précisément vieux Yang et vieux Yin. Même chose pour 7 et 8 qui veulent dire jeune Yang et jeune Yin. La différence entre jeune et vieux signifie que les uns sont malléables ou mutants, les autres sont fixes ou non mutants. Signalons sans nous y arrêter – car cela n'importe pas aux raisonnements qui vont suivre – que les traductions et, sans doute, les traditions diffèrent sur la question de savoir si ce sont les jeunes qui persistent – interprétation de Richard Wilhem – ou bien les vieux – selon par exemple Yuang-Kuang, dont la présentation est d'ailleurs moins élaborée. En tout cas, le devin doit éventuellement établir deux hexagrammes quand apparaissent des traits mutants impliquant qu'ils peuvent être lus comme d'abord Yang ou Yin, puis Yin ou Yang.

SCHÉMA XI : MUTATIONS STRUCTURELLES

Conventions.

1) Les hexagrammes sont analogues à des tétraèdres (Yang, dièdre aigu ; Yin, dièdre obtus) ou à des tétracanthes (angles obtus ou aigus) ou enfin, cas retenu ici, à des trièdres (dièdres ou angles dits grands ou petits). Dans ces trièdres, 20 sont particuliers : la différence grand petit devient celle aigu-obtus.

2) Les trigrammes opérateurs de la divination correspondent aux trois premiers éléments angulaires d'un trièdre pouvant être dissémétrique.

3) Aux hexagrammes nommés d'après Fo-Hi (ordre antérieur du monde) peuvent être superposés des trigrammes opérateurs Yang ; quand deux yang (ou yin) se rencontrent, si l'un est opérateur, l'autre est mutant.

Les huit hexagrammes nommés d'après FO-HI sont constructibles par obtus-aigus ; les « mutations » en ajoutent douze autres de même type.

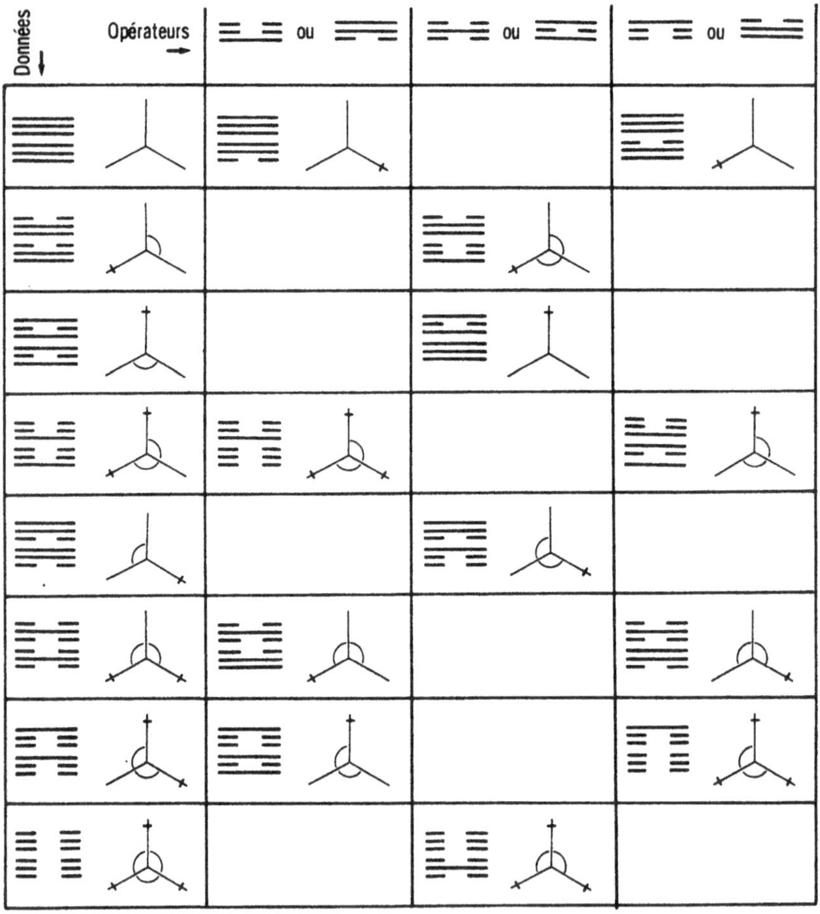

SCHÉMA XII : ORGANISATION GÉNÉRALE
DES HEXAGRAMMES

Observations

1) Pour connaître la place des 64 koua, il suffit de connaître celle des 32 koua impairs.

2) La procédure indiquée au schéma XI peut être mise en œuvre de plusieurs manières, mais donnant le même résultat si on observe les règles du Yi-King et si le couple de koua peut être repéré indifféremment par son hexagramme impair ou pair.

3) Les hexagrammes nommés d'après Fo-Hi formant quatre couples la sélection opérée comme sur le schéma XI divise en deux listes égales la liste des 32 couples.

Première partie du Yi-King

N°	koua symétriques	Listes 1	Listes 2	Organisation
1	x	x		
3				— --
5			x	-- — → 6
7		x	x	-- —
9		x		— --
11				— -- → 6
13		x	x	-- —
15		x		— --
17		x		— -- → 6
19				— --
21		x	x	-- —
23		x		— -- → 6
25				— --
27	x		x	-- —
29	x	x	x	-- -- → 6
				— --

Deuxième Partie du Yi-King

N°	koua symétriques	Listes 1	Organisation
31		x	
33		x	
35		x	
37		x	10
39		x	
41		x	
43	x		—
45		x	-- —
47	x		— --
49		x	—
51		x	
53		x	10
55		x	
57		x	
59		x	
61	x	x	
63		x	

Conclusions :

1) La Première Partie est organisée autour de Père-Mère ; cette organisation ne comporte pas de cadets ; mais elle est symétrique.

2) La Deuxième Partie est organisée autour des Cadets ; la symétrie en apparaît si on tient compte du milieu 32 et des significations spécifiques des couples 61 et 63.

3) La Première Partie ne peut comporter que 5 × 6 = 30 koua.

4) Dans la Deuxième Partie, les koua 43 et 45 ne sont pas interchangeables sans abolir les références aux Cadets.

Il ne semble malheureusement pas que ces « mutations » puissent apporter d'éclaircissements supplémentaires à l'ordre des 64 Koua. En revanche, la singulière arithmétique de cette divination invite à une nouvelle modélisation : 4 voulant dire 3, nous supposerons qu'un trièdre peut lui aussi représenter un hexagramme, les axes pouvant y valoir 1, 3, 5 et les faces 2, 4, 6.

Quant à la manière d'établir ces équivalences, elle est surabondamment fournie par le Yi-King. Le trait maître de l'hexagramme est le cinquième; il est le véritable haut, puisque le sixième annonce et signifie une retombée. De même le second est-il le vrai bas, le premier étant seulement son avant-coureur dans une démarche dont il nous est répété qu'elle doit être cyclique. La relative sous-signification des traits 1 et 6 est telle que Richard Wilhem attache la plus grande importance aux « trigrammes nucléaires » composés exclusivement des traits 2, 3, 4 et 3, 4, 5. Ce qui renvoie à d'autres procédés divinatoires, notamment afro-islamiques (cf. p. 390), mais dont nous retiendrons seulement que si on l'applique au Diagramme de Wenn d'où les Cadets seraient mis à part, alors les six orientations restantes minoreraient effectivement les deux à l'ouest, Ciel et Terre.

Si nous retenons maintenant que les hexagrammes faits de deux trigrammes semblables et portant le même nom qu'eux depuis Fo-Hi peuvent être considérés comme fondamentaux et que l'ordre en est fixé tant par la divination que par le Frontispice, nous allons en rendre les traits passibles un à un d'une mutation. Il appert aussitôt que ces mutations peuvent être indifféremment appliquées aux seuls trigrammes du bas ou du haut : le résultat revient au même.

Encore faut-il prendre en compte que si on étend aux trièdres l'équivalence entre Yang Yin et aigus-obtus, tous les trièdres ne sont pas constructibles. Les huit trièdres correspondant aux hexagrammes fondamentaux le sont bien, mais que pour 12 des 24 obtenus par mutation. Soit donc vingt en tout, désignant 32 couples de Koua impairs-pairs. Or les Tableaux récapitulatifs des pages 142-143 montrent que ces vingt cas ne sont pas disposés de manière quelconque sur la liste des 32 couples. La première partie du *Livre* doit s'arrêter au Koua 30 pour être ordonnée de part et d'autre des « K'ien ou K'ouen »; la seconde partie doit effectivement marquer une interruption au Koua La Limitation, pour que même fonction soit jouée par Cadets et Cadettes.

Un autre intérêt de cette représentation est qu'elle justifie qu'on ne puisse permuter les Koua 43 et 45 : l'ordre de la deuxième partie en disparaîtrait.

Ajoutons deux considérations. Une tradition dont Richard Wilhem ne fait pas mention voudrait que les Koua se correspondent quatre par quatre, selon une association quasi évidente dans le cas des hexagrammes « fondamentaux », mais notable aussi pour les autres, puisque – aux exceptions nécessitées par le fait que les huit fondamentaux forment seulement deux de ces groupements quadruples – sur les 14 autres, quatre n'ont forcément qu'un hexagramme appartenant à la liste des couples « structurels » (contenant un hexagramme correspondant à un trièdre constructible) pour permettre aux 10 autres de lui en emprunter chacun deux.

De plus et surtout, cette répartition en deux listes et les raisons de leur distribution accroissent notablement le nombre des contraintes imposées aux choix de Koua à situer en un rang donné. Le cas du couple 15-16 étant, entre autres, quasi prédéterminé, il attire l'attention sur les caractères spécifiques des hexagrammes à un seul Yang ou Yin. Ils occupent intégralement les douze rangs de 7 à 18, à l'exception bien entendu du Koua 11-12, relevant de la « mesure » décimale. Plus subtil mais sans défaut, un raisonnement analogue situerait le couple 17-18 à rang dix du 7-8 et à trente du 47-48, lui-même à six rangs de distance du couple 53-54 et à douze du 59-60. On vérifiera sans peine que la première partie du *Livre* annonce ainsi la seconde où elle localise les quatre hexagrammes de mariage (31-32 et 53-54) et ceux associant un Cadet « organisateur » à ses frères et sœurs.

Il nous semble pourtant d'intérêt mineur de poursuivre de tels inventaires, rendus trop conjoncturels par l'absence de textes : au IIIe siècle avant notre ère, les T'sin brûlèrent les bibliothèques, si bien qu'on ne peut décider si les premiers *Commentaires* d'hexagrammes sont du roi Wenn ou seulement de son fils, le duc Tchéou, la seconde hypothèse paraissant la meilleure.

Il n'est pas attestable mais vraisemblable que l'empereur mythique Fo-Hi ait pensé aux orientations de l'espace et au plus élémentaire des solides que l'on puisse y construire. Est-il possible que le roi Wenn ait eu sous les yeux quelque classification diversifiante des tétraèdres, tétramorphes ou trièdres irréguliers? Il n'en demeure pas moins que dans un cas comme dans l'autre, trigrammes et hexagrammes correspondent à une description singulièrement homologique de ces Modèles et à une utilisation de leurs plus évidentes propriétés pour mettre en corrélation procédures divinatoires et sériations non aléatoires des Figures qu'elles permettent de construire.

Le Yi-King a-t-il été inventé intuitivement ou consciemment? A tout le moins en conséquence d'ajustements progressifs, d'impératifs logiques inconscients inhérents aux leçons d'expériences pratiques.

Retenons, pour conclure, un fait indiscutable en ce qu'il échappe à toute critique philologique. L'ordre des 64 hexagrammes (pures figures) perd son mystère si on le rapporte, comme invite à le faire le processus divinatoire, à la généalogie des trigrammes-trièdres.

Le Yi-King, étant non-verbal, donne ainsi l'image en contrepoint de ce que nous découvrirons sous l'axiomatique stoïcienne, expression verbale des propriétés concrètes des « lettres » angle-dièdre entrant dans la composition des « mots » triédriques – mises en « phrases » tétramorphiques telles que les dieux égyptiens et les penseurs grecs vont, en mythes discursifs, nous en fournir au cours des deux prochains chapitres.

CHAPITRE 5

L'œil d'Horus

L'analyse du Yi-King paraît simple au vu des obstacles que devra surmonter celle d'un récit mythologique, dont nous attendrons qu'elle nous permette d'explorer la diachronie discursive de l'Occident. Toute tentative eût été impossible sans deux témoignages étrangers l'un à l'autre, mais concordants.

Le premier nous vient de l'œil d'Horus; segmenté, il servait à écrire les fractions binaires de 1/2 à 1/64; à chacune d'elles il faisait correspondre une orientation de l'espace. Seule figure aussi évidemment parlante dès l'aube de l'Histoire, elle nous avise immédiatement d'homologies spatio-numériques – donc synchro-diachroniques – que la Chine n'avait révélées qu'au prix de modélisations.

Le second témoignage est dû à Plutarque, sans lequel il eût été impossible de réunir tant de dieux égyptiens en un seul mythe. Il se trouve que sans parler des fractions d'œil, Plutarque nous raconte tous les antécédents indispensables pour rendre intelligible l'accident concluant l'histoire sacrée à laquelle les scribes attribuaient l'invention de leurs calculs.

Sans cette rencontre, seule aussi de son genre, entre une image mathématique et un récit, rien de sûr n'eût pu être proposé sur les origines archaïques dont nous pouvons espérer qu'elles recèlent des structures constantes, en un état pour ainsi dire natif et donc le moins recouvertes des strates qu'y ajouteront tant de développements logico-sémantiques. Encore l'historiographie nous prévient-elle que le secret des rapports entre arithmo-logique et mytho-logique a été bien gardé. Deux branches de l'égyptologie ont effectivement mis en lumière ce qu'il est indispensable de savoir du calcul et des dieux égyptiens; mais elles sont à ce jour demeurées distinctes.

Le but ici visé n'est pas de comprendre l'Égypte ancienne, mais bien d'apprendre de ceux qui la connaissent comment purent s'y manifester ces structures mentales dont la permanence se traduit en Chine par la plus constante des représentations mythologiques, alors que, dans les contrées à langues alphabétisées, elles se sont enfouies au plus profond de tous les discours, même opératoires. A cet égard, une de nos principales suggestions sera que la diachronie discursive permet de conjoindre à l'explicitation de rapports sémantiques entre actants dépersonnalisés, celle de rapports entre les rapports concernant des acteurs personnalisés. Plus concrètement, disons qu'en Chine il suffit aux Koua muets d'inventorier les dièdres de notre tétraèdre, alors que, dès ce chapitre, et plus explicitement à la fin du suivant, tout se passe comme si l'abstraction avait atteint le degré où l'importance de la disposition des angles – rapports entre rapports – prévalait sur celle de dièdres, et donc comme si le principiel avait déjà commencé de prévaloir sur le factuel. Impression obscure dont la problématique ne pourra être exprimée en termes clairs qu'à la fin de cet ouvrage.

Isis et Osiris

Nous emprunterons au célèbre ouvrage de Plutarque l'histoire sacrée dont Horus est le dernier acteur. Nous rendrons cependant leurs noms égyptiens aux dieux dont le prêtre de Delphes avait voulu montrer aux Grecs qu'ils étaient les mêmes que les leurs.

Nout, déesse du Ciel, ayant eu avec Geb, dieu de la Terre, un commerce secret, Ra, le Soleil, qui s'en était aperçu, prononça contre elle cette imprécation : « Puisse-t-elle n'accoucher ni dans le cours du mois ni dans celui de l'an ! » Mais Thot, dieu du Calcul, et amoureux de la déesse dont il avait aussi obtenu les faveurs, joua ensuite aux dés avec la Lune et lui ravit un soixante-douzième de chacun de ses jours. Il en forma cinq jours ajoutés aux trois cents soixante autres et que les Égyptiens appellent « épagomènes » ou additionnels. Osiris naquit le premier jour; une voix se fit alors entendre : « C'est le seigneur de toutes choses qui paraît à la lumière. » Osiris fut suivi, aux quatre jours suivants et dans l'ordre, d'Haroeris, appelé aussi Horus l'Ancien, de Seth, puis d'Isis, dans les marais du delta, et enfin de Nephtys aux confins des terres habitables.

Plutarque fournit en outre les précisions suivantes : Osiris et Haroeris, ajoute-t-on, eurent pour père le Soleil; Isis fut fille de Thot; Seth et Nephtys furent engendrés par Geb. A cause de la naissance de Seth, les rois regardaient comme néfastes le troisième des jours additionnels; ils le passaient jusqu'à la nuit sans vaquer à aucune affaire, sans s'occuper du soin d'eux-mêmes. On dit encore que Seth prit pour femme Nephtys, qu'Isis et Osiris, amoureux l'un de l'autre, s'étaient unis, avant même de naître, dans le sein de leur mère. Et quelques-uns racontent qu'Haroeris naquit de cette union.

Le règne d'Osiris est celui d'un civilisateur : il fait connaître les fruits de la terre, donne des lois, apprend à respecter les dieux. Il préfère la persuasion à la force et charme par chants et musiques. Mais quand Osiris revient d'un voyage, Seth lui tend une embûche avec l'aide de soixante-douze complices. Ayant pris en secret la mesure d'Osiris, il fait construire un coffre superbe et remarquablement décoré; puis, au milieu d'un festin, promet d'en faire présent à qui le remplirait exactement. Chacun des invités s'y essaie en vain, seul Osiris peut s'y étendre comme il convient. Au même instant, tous les convives s'élancent pour fermer le couvercle. Les uns l'assujettissent avec des clous, les autres le scellent avec du plomb fondu. Le coffre est alors jeté dans le Nil qu'il descendra jusqu'à la mer. Ces événements se passent le dix-sept du mois d'Athyr et la vingt-huitième année du règne d'Osiris ou, selon certains, de sa vie.

Avertie par Pans et Satyres et par la frayeur des foules, Isis en deuil commence le long du Nil une quête qui la conduit au-delà des mers, à Byblos dont le roi surpris par la magnifique croissance d'un tamaris l'avait fait couper pour en faire une colonne de son palais. Miraculeusement avertie, la déesse réclame l'arbre-cercueil, le ramène en un endroit secret, l'ouvre et embrasse en pleurant le corps de son époux. Elle s'en retourne ensuite auprès de son fils Horus.

Cette « quête d'Isis » donne à Plutarque l'occasion de mentionner des épisodes qui peuvent passer pour anecdotiques, sauf l'un qui aurait rendu Osiris coupable involontaire d'un adultère avec Nephtys, ayant profité de l'obscurité pour en concevoir un fils, Anubis, qu'Isis se charge d'élever.

Cependant, Seth retrouve, au cours d'une chasse, le corps caché, le coupe en quatorze morceaux qu'il rejette dans le Nil. Voici donc la déesse en nouvelle quête, jusqu'à tout retrouver et reconstituer, hormis

« le membre viril », dévoré, explique Plutarque, par « le lépidote, le pagre et l'oxyrrynque », poissons voraces.

Le récit passe aussitôt à l'éducation d'Horus. Exercé à la lutte par son père revenu des enfers, le jeune héros lui déclare que la plus belle action « c'est de venger son père et sa mère quand ils ont été indignement traités »; il est alors prêt pour le combat dont il nous est laconiquement dit qu'il dura plusieurs jours et se termina par la victoire d'Horus. La terrible bataille est suivie d'un procès, Seth prétendant Horus bâtard, accusation dont Thot fait justice devant les dieux. Et l'histoire se termine ainsi : Seth fut encore défait dans deux autres batailles; quant à Isis, avec qui Osiris avait eu commerce après sa mort, elle mit au monde avant terme, et faible des membres inférieurs, un enfant qui reçut le nom d'Harpocrate.

L'exposé de Plutarque présente des points obscurs dont lui-même nous avise : « J'en ai supprimé les incidents les plus odieux... si de telles fictions débitées sur... la nature de la divinité sont crues et racontées comme des faits véritables... il faut, suivant l'expression d'Eschyle, " les rejeter en crachant et se rincer la bouche ". »

En résultent des lacunes; l'une concerne l'affrontement opposant l'oncle et le neveu. L'imagination épique s'y donna libre cours, multipliant des épisodes d'origine populaire ou sacrée. Violences sans merci alternent avec procès porté devant le tribunal des dieux, au point que dura quatre-vingt années une affaire où tantôt c'est la force, tantôt le droit qui l'emporte. Autant d'occasions de méditer sur l'histoire terrestre et sur celle du cosmos auxquelles les deux protagonistes sont également indispensables. A la fin, Seth privé de ses nerfs – dont Thot fait les cordes d'une lyre – devient la constellation (la Grande Ourse) enchaînée à l'étoile polaire autour de laquelle elle tourne comme la vicissitude des jours et des nuits; Horus recouvre son intégrité, et notamment, grâce aussi à Thot, celle de son œil ou de ses yeux mis en pièces par son adversaire. Nous aurons à revenir sur cette longue épopée aussi souvent que nécessaire, et plus particulièrement pour comprendre ce Thot, un dieu pas comme les autres.

Autre défaut de Plutarque, attribuable à sa répulsion pour les détails immoraux : il nous parle d'Horus comme né du vivant de son père. En fait, son Harpocrate aux jambes faibles était vénéré en Égypte en tant qu'Horus tout jeune enfant; en témoignent les rituels, et aussi d'autres textes qui vont nous confronter à une difficulté significative. Les documents s'accordent pour faire d'Horus un fils né d'un père déjà mort et privé de son « membre viril », ainsi que le confirment les réglementations concernant l'ichtyophagie. On ne met plus en doute, aujourd'hui, l'opinion que le prêtre delphique jugea sans doute « extravagante » : Isis reconstitua elle-même le phallus manquant. Mais, alors, à quel moment Seth évire-t-il son frère? Si c'est seulement quand il le dépèce en 14 morceaux, pourquoi Isis, déjà mauvaise gardienne du cercueil, eût-elle attendu tout ce temps, alors que c'est un corps intact qu'elle embrassa au retour de Byblos? Il est aujourd'hui admis que Plutarque mit bout à bout deux versions (mort par étouffement ou par couteau) non sans en en évoquer — avec sa scène de chasse — une troisième, vraisemblablement très archaïque, où l'instrument du crime aurait été un sanglier. En tout état de cause, si c'est un coffre bien scellé qui descendit le Nil, on s'explique que la recherche du corps ait été entreprise le 29 du mois de Khoïak, quatrième mois de l'Inondation, soit 42 jours après l'assassinat, durée paraissant convenir pour que le dieu mort ou au moins sa semence ait pu féconder le fleuve dont la décrue annonce le printemps. Retenons de ce débat qu'il nous faudra rendre intelligible qu'encoffrement ou dépecage ait pu avoir même signification dans les manières apparemment contradictoires de raconter une histoire sacrée vécue comme aussi vraie dans un cas que dans l'autre.

Rendons au moins à Plutarque cet hommage que, pudibond et plus sensible à la beauté lyrique qu'épique dans un récit auquel il ne consacre d'ailleurs que peu de pages, c'est avec une méticuleuse conscience qu'il enrichit de détails vérifiés exacts aujourd'hui le reste, dix fois plus long, de son ouvrage. Ses observations y sont attentives, ses interprétations prudentes font appel aussi bien à des raisons politiques que cosmiques. Tantôt, par exemple, il attribue le dépècement d'Osiris au besoin de légitimer l'honneur que se disputent plusieurs cités, échelonnées le long du Nil, de posséder une relique du dieu civilisateur et nourricier; il va même jusqu'à évoquer qu'Isis eût pu elle-même découper la dépouille chérie afin d'en soustraire au moins quelque chose à l'acharnement de Seth. Tantôt il veut prouver que l'univers divin des Égyptiens est le même que celui des Grecs : il anticipe alors les raisonnements « structuralistes » à la moderne.

A son exemple, nous nous demanderons comment distinguer dans le mythe ce qui lui appartient nécessairement, et rend intelligible sa durable et rayonnante puissance émotive, de ce qui lui a été conjoncturellement ajouté par opportunisme intéressé. Autre manière de poser cette double question : le noyau essentiel du mythe tel qu'il subsiste à l'époque ptolémaïque est-il demeuré identique à ce qu'il put être aux âges archaïques où il dut apparaître comme une révélation? S'il y eut, entre-temps, ajouts ou interpolations, quel sens leur donner? Les recherches de réponses ne peuvent être que conjointes et on peut en attendre des avis convenant à nos méthodes d'analyses et aux postulats qu'elles impliquent.

La logique des pyramides

Avec ses « on dit » et ses « on raconte », Plutarque donne l'impression d'avoir été l'anthropologue d'une contrée où les traditions orales comptaient plus que l'écriture; il nous apprend ainsi ce que le mythe avait de plus vivant et de moins secret au temps de Ptolémée. Ses citations écrites sont grecques; elles témoignent de ce qu'un savant étranger pouvait trouver d'universel dans ce que les croyances égyptiennes avaient de plus durable et de plus patent. De ce double travail de filtrage, il avoue avoir rejeté des éléments trop immoraux et nous invite ainsi à y porter un surcroît d'attention.

L'égyptologie actuelle suffirait à compléter Plutarque si elle-même offrait des images assez précises du mythe aux différentes étapes de sa très longue évolution. Comme elle n'en est pas là, si tant est que les insuffisances documentaires lui permettent d'y jamais parvenir, il faudra que nos conjectures se réfèrent seulement aux plus évidentes des données les plus constantes. Il va de soi que notre propos n'est pas de suppléer des manques que l'archéologie érudite peut seule combler : il ne veut que montrer comment peut être modélisé ce qu'elle nous a appris. Nous nous autoriserons pourtant, à titre introductif, à signaler comment Plutarque lui-même rend intelligibles deux problèmes relatifs à l'histoire du mythe et à son historiographie.

Son traité relate que Seth, après les combats, eut deux enfants, mais

portant des noms judaïques : nous considérerons qu'il s'agit là d'un ajout ne prévalant pas contre les traditions qui veulent que Seth ait été stérile et n'ait pas aimé Nephtys. Nous n'en négligerons pas pour autant le fait que cette version politiquement intéressée ait été possible sans détruire le mythe. Autre cas lié à l'opinion d'un spécialiste qui a pu penser que le mythe osirien dut à des apports phéniciens d'être relatif à bien plus qu'un rituel funéraire : le voyage du coffre à Byblos y apporte clous et plomb – produits d'une métallurgie déjà avancée – cependant qu'au retour, Isis ramène un arbre en un pays manquant de bois. Échange commercial peut-être, mais n'ayant en rien affecté l'arithmétique égyptienne, structurellement différente de celle de l'Asie orientale. Là encore, nous n'évacuerons pas le problème posé par les deux manières d'assassiner Osiris et dont il nous faudra montrer comment elles sont compatibles. Retenons qu'une des priorités fondamentales de la mytho-logique est d'être flexible : elle répond à des besoins divers sans se rompre.

.

Ainsi avertis, abordons une évidence : l'adjonction de cinq jours à l'année veut dire qu'avant la faute de Nout et la tricherie de Thot, l'année comptait seulement 360 jours. Nous verrons, pour finir, que les Chaldéens, plus encore, ont souligné cette différence entre deux ères calendaires, la seconde commençant avec les vicissitudes d'une Histoire événementielle détachant l'Histoire de la logique des nombres. Mais le mythe ne pouvant couper le lien qui l'attache à des origines cosmiques s'est dû de respecter les enseignements archaïques venus des temps de régularité. Son histoire ne peut être que celle d'une recherche d'ajustements.

Il se trouve que le calendrier égyptien est aujourd'hui considéré comme datant seulement du IIIe millénaire, des débuts de l'Ancien Empire qui a légué des documents fondamentaux, notamment textes des Pyramides et de sarcophages. Le mythe, là, est funéraire, mais n'est sans doute pas que cela quand les tombeaux sont ceux de pharaons de légitimité cosmique. Ils meurent comme Osiris, mais, comme lui, ils survivent dans le surnaturel dont leurs ancêtres doivent également descendre. L'égyptologie nous apprend que pendant les jours épagomènes, les pharaons s'abstenaient de toute activité : souvenir était donc bien conservé de la différence entre les deux années, l'irrégularité de la seconde faisant temporairement obstacle à un pouvoir qui ne s'exerçait à plein que dans la régularité. On sait aussi que les mariages pharaoniques étaient consanguins, ceux du premier cosmos devaient donc l'être aussi. A partir de ces certitudes, et d'autres encore moins contestables fournies par l'architecture, nous procéderons par suppositions à vérifier dans les données mythologiques.

Les Pyramides ont quatre faces visibles pointant vers le ciel, régularité significative d'ères antérieures à la faute de Nout. Les textes le confirment. De l'océan ou chaos primordial surgit au sommet d'un premier tertre le Soleil, Atoum ou Ra, démiurge engendrant Shou, l'Air, et Tefnout, l'Humide, premier couple engendrant à son tour Geb, la Terre masculine, et Nout, le Ciel féminin. Sur ce que dut être la génération suivante, nous renseigne une tradition sans doute très ancienne, groupant les dieux égyptiens en une célèbre Ennéade. Elle ajoute aux cinq entités cosmiques quatre autres, plus anthropomorphiques : Osiris, Isis, Seth et Nephtys. Faisons de Ra un sommet et des deux premiers éléments deux faces non contiguës; ces dernières en impliquent deux autres. Schéma imaginaire mais qui rend compte de ce que Shou sépare Ciel et Terre, comme en témoignerait l'image classique présentant Shou comme une sorte d'Atlas soulevant le Ciel, si ce dieu, bras levés, ne rendait pas verticale une représentation que la logique du monument rend horizontale. Les Grecs, au chapitre suivant, nous donneront les raisons de cette contradiction qu'on eût pu espérer réduire en se référant aux leçons chinoises, qui rendent équivalentes des directions telles que Nord-Sud et Haut-Bas. Surgit alors une autre difficulté :

S'il est fréquent que la mythologique identifie saisons et points cardinaux, cela n'est pas possible en Égypte dont l'année se trouve divisée en trois tétraménies : Inondation, Semailles, Moissons. Une telle répartition – moins astronomique que relative à une agriculture dépendant des crues du Nil – ne serait-elle pas très ancienne que (avec ses 36 décades) elle n'en poserait pas moins en termes constants le problème des rapports entre les facteurs 4 et 3, en accordant quelque supériorité à ce dernier dont l'élévation au carré donne le 9 de l'Ennéade.

Encore, pour privilégier ce nombre 9, dans cette organisation synchronique, a-t-il fallu que l'Ennéade omette Haroeris, soulignant ainsi sa signification purement symbolique d'annonciateur d'un Horus postérieur. Autant de subtilités, mais dont il n'est pas concevable qu'elles aient été fortuitement conçues ou conservées dans la patrie d'arithméticiens dont l'habileté et les scrupules étaient hors de pair. Retenons en tout cas de ces premières générations que toutes fournissent à chacun sa chacune, mariables bien que consanguins, et sans créer un désordre que provoquera un Seth troisième né et qui laissera Nephtys à l'abandon.

Mentionnons aussi, à l'occasion de cette double quadripartition de l'Un-Atoum, que Plutarque a bon droit d'évoquer Empédocle, bien que sans en préciser la théorie selon laquelle quatre qualités engendrent quatre éléments. Il aurait pourtant bien eu occasion d'en parler quand il rapporte qu'Osiris est parfois dite être Eau et Isis, Terre; mais, outre que le mythe égyptien est loin d'être aussi simple, les préoccupations de Plutarque sont autres. Soucieux d'expliquer le désordre du monde sans l'imputer aux dieux, il recourt à l'idée grecque de « Génies », êtres intermédiaires qui seraient, en Égypte, les Enfants post-cosmiques. Imparfaits, ils méritent – surtout quand ils sont mauvais – ce qu'en dit Empédocle : « L'Air puissant les pousse dans la Mer, la Mer les crache sur le sol de la Terre, la Terre les renvoie dans les rayons brillants du Soleil infatigable, et celui-ci les renvoie dans les tourbillons de l'Air. L'un les reçoit de l'autre, et tous avec horreur les rejettent. » A cette citation, Plutarque en conjoint une d'Hésiode selon le même esprit.

De même ferons-nous en nous représentant le mythe égyptien et ses avatars comme la recherche d'un compromis entre désordre et ordre – ordre cosmique, mais aussi pharaonique. La flexibilité du mythe sera mise à profit par l'Empire, qui n'en eût pas si aisément tiré parti s'il ne l'avait héritée de millénaires antérieurs.

Les unificateurs de l'Égypte eurent à concilier des dieux locaux, classiques ou tribaux – disons « populaires » – avec les exigences d'un pouvoir à doter de légitimité cosmique. Ces êtres surnaturels d'origine populaire avaient bien dû relever, chacun en ses lieux, de mythes longuement élaborés pour satisfaire deux besoins : assurer une cohérence interne mais aussi restrictive qu'il convient à des identifications culturelles spécifiques, et répondre à des interrogations existentielles communes à tous. Ces communautés restreintes auront donc dû à la fois imiter des voisins et s'en distinguer. Cette double fonction de voisinage s'exerçant de proche en proche jusqu'en des confins lointains, le syncrétisme égyptien accompli aux débuts de l'Empire bénéficia d'expé-

SCHÉMA XIII : PYRAMIDE ET TÉTRACANTHE

Pyramide induite d'un tétraèdre; les propriétés de l'angle tétraèdre convexe peuvent être déduites de celles d'un tétracanthe dont une arête est inversée.

Une deuxième pyramide (formant un octaèdre avec la première) peut être construite en utilisant l'arête CD. Si ce CD est un en-bas, cette seconde pyramide peut être analogique à un sous-sol.

La figure peut 1° situer Nephtys, 2° modéliser l'épisode Osiris, Nephtys, Isis, Seth et Anabis, dieu de l'embaumement.

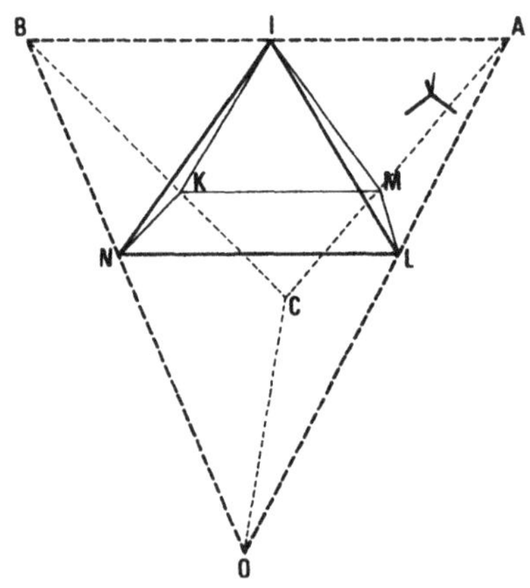

Une pyramide (ou un pyramidion) peuvent symboliser Ra (sommet I) Schou et Tefnout (triangles sans arêtes communes) ainsi que Geb et Nout. Sa base et ses quatre côtés peuvent être sémantisés avec les quatre autres dieux de l'Enneade qui sont alors en opposition avec le sommet I (Ra) ayant frappé leur naissance d'un interdit modélisé par la nécessité de prendre d'abord en considération l'angle tétraèdre (déduit du tétracanthe) pour géométriser la pyramide.

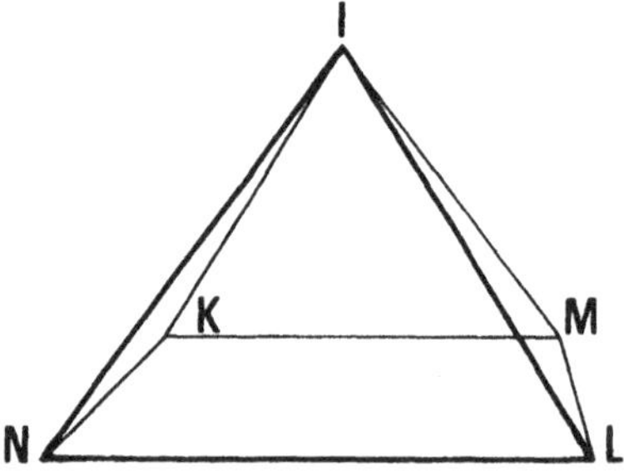

Modélisation de l'Ennéade relative au mythe d'Osiris.

riences étendues sur d'immenses territoires et au prix d'événements plusieurs fois bouleversants depuis les ères glaciaires. Ainsi pourraient être expliquées tant la souplesse que l'excellence du mythe osirien dont un prochain chapitre montrera qu'il fait figure de paradigme loin hors d'Égypte.

Sa valeur est d'assurer au mieux coexistence entre désordre événementiel et ordre cosmique incarné par l'Empire. Quand Memphis est promue capitale des deux Empires, son dieu Ptah n'y suffit plus : il devient « le cœur et la langue » d'Atoum, dieu solaire le plus communément révéré. Mais convient-il alors qu'Osiris et le pré-Horus, médiateurs entre puissances céleste et terrestre, soient fils de Geb, à traiter en coupable du dérèglement de l'année? Une solution claire est attestée à Héliopolis, devenue siège du pouvoir sacré : le véritable époux de Nout est Ra, père d'Osiris et d'Haroeris; les autres enfants sont adultérins : Isis, fille du Calculateur Thot; Seth et Nephtys proviennent de Terre.

Vient alors à l'idée que cette Ennéade pourrait être mise en correspondance avec les 9 éléments géométriques, soit de la Pyramide – un sommet, quatre triangles, quatre côtés du carré de base – soit, mieux, de l'obélisque d'invention héliopolitaine dont les faces rectangulaires élèvent au-dessus du sol le pyramidion du sommet.

L'obélisque montrerait au mieux que ces puînés relient le Ciel à la terre. Or la plus sûre manière d'en dessiner le sommet est bien de tracer d'abord un triangle isocèle, dont provient un semblable dans le prolongement des deux côtés égaux du premier; du même fait sont acquis les arêtes des deux autres faces.

Nous ignorons si cette analogie entre un monument et l'Ennéade est attestée en Égypte, mais les Grecs nous en diront la logique : l'édification du Cosmos commence par l'élévation d'un triangle – ici, Nout – que tire vers le haut, par sa pointe, le démiurge ou Ra. Ce Soleil apparaît alors porté par le Ciel qui, en Égypte, est effectivement lampadophore. Est ensuite géométriquement ou architecturalement nécessaire qu'au moins un autre triangle maintienne le précédent, fonction qu'on pourrait comparer à celle dévolue à Shou. La différence entre le rôle précédemment assigné au Calcul – Thot – et celui du dieu Air, est que le premier eût agi mentalement comme dessinateur, alors que l'effort de Shou doit être musculaire. Si aucun document ne confirme cette supposition, cela pourrait être expliqué par une difficulté qui, comme tant d'autres, se trouverait à son tour être révélatrice.

Constatons d'abord que Nout, ayant eu trois partenaires, ressemble à la Mère, triangle entièrement Yin entre trois points déterminés comme pieds des trois arêtes Yang d'un trièdre. Les trois pères que cette version du mythe mettent en cause lui confèrent la même consistance qu'aux trigrammes chinois, mais ne peuvent plus être rapportés aux éléments d'un édifice quadrangulaire. Il est vrai que les propriétés de l'angle tétraèdre convexe dérivent directement de celles du tétracanthe au moyen d'adjonctions permettant de situer Nephtys et Annubis à côté des quatre acteurs majeurs du mythe. Pourtant, outre qu'une telle analyse, très complexe, est aussi nécessairement – pour des raisons géométriques – incomplète, elle empêcherait de faire état de maintes précautions prises par le mythe pour réduire de six à quatre le nombre de ses personnages essentiels.

Pour qu'Horoeris disparaisse, le mythe nous dit qu'Horus a été pré-conçu dans le ventre de Nout par l'union cosmiquement prescrite d'Isis et Osiris avant qu'eux-mêmes ne naissent. Quant à la mère d'Anubis, elle encourt si peu les rigueurs de la déesse dont elle abusa l'époux qu'Isis en fait sa fidèle compagne. Une telle mytho-logique nous met bien en présence d'une recherche procédant par substitution ou exclusion afin que tous les rapports entre n'importe quel acteur et chacun des trois autres puissent faire l'objet d'un inventaire exhaustif que ne permettrait pas la Pyramide.

Concluons de manière simpliste : le monde serait le plus intelligible si son unité primordiale était quadrangulairement divisible et si l'année solaire comptait un nombre exact de mois lunaires. Comme il ne peut plus en être ainsi, place spéciale doit être faite au facteur 3 (ou au trièdre) dans les représentations à se faire d'un réel dont l'analyse ne peut pourtant atteindre la certitude que si elle s'exprime binairement. Les huit trigrammes de Fo-Hi ont aisément résolu cette difficulté autrement déroutante, quand la vérité égyptienne a besoin de récits tellement insolites avant de résumer le Cosmos à l'œil d'Horus.

Le secret des scribes

Vu du mythe osirien, Thot est un dieu à part : l'histoire du Cosmos n'en fait pas mention, et il n'appartient pas à l'Ennéade (du moins à celle-là, les préoccupations ternaires des Égyptiens en ayant suscité d'autres, moins célèbres). Ce dieu de science est pourtant indispensable. Astronome, il dispose de l'année, du comput et de la chronologie des rois. Gardien de la Lune, il s'en joue et fait de son croissant un scalpel médical. Grâce à sa connaissance de la lumière, il est oculiste et capable de rendre vie à la vue. Associant vision à division, il est par excellence dieu du calcul; il l'est aussi de l'écriture. Plutarque lui fait tort en l'identifiant sans commentaires à Hermès, messager, marchand ou magicien. Comment le prêtre grec eût-il tout compris des savoirs d'une Alexandrie où était rien moins que servile le travail d'ateliers inventifs et dont expériences, prières et recettes commençaient, en ce même siècle, de faire l'objet d'ouvrages attribués à Thot lui-même sous le nom grécisé d'Hermès Trismegiste : le Trois Fois Grand? L'intérêt de ces formulaires, auxquels Newton portera encore attention, vient de mentions faites à des proportions rigoureuses. Il fallait en effet qu'elles le fussent pour que des substances dangereuses – comme la digitaline, dont on dit qu'elle guérit Ramsès II – fussent parfaitement dosées. Or les scribes étaient très longtemps passés maîtres dans l'art d'un calcul fractionnaire auquel ils surimposaient des contraintes étranges à nos regards modernes. Il fallait que les résultats fussent écrits en suites de fractions de dénominateurs différents et de numérateur unitaire. Une exception pourtant en faveur de 2/3, à lire comme « deux parts ».

Rappelons que les six premières fractions binaires méritent une considération spéciale : elles pouvaient être exprimées en fragments de l'œil d'Horus. Il serait facile de montrer que sans la sacralisation faite de l'unité – l'Un cosmique –, le recours au binaire eût conduit les scribes à inventer une numération de position de base 2. Retenons seulement que quand Thot eut assemblé les six morceaux de l'œil blessé, il s'en fallut d'1/64 qu'il fût complet : le dieu Calcul y suppléa d'un souffle – symbole prémonitoire du zéro encore inconnu et qui rendra plus simples les multiplications par les puissances de la base. On comprend que des exégèses modernes aient été attirées, comme sans doute les scribes eux-mêmes, par ce jeu de « puissance » multiplicatrice et aient mis en valeur un « détail » du mythe dont nous retrouverons l'importance : Seth se serait servi de son phallus pour découper l'œil de son adversaire.

De quel œil s'agit-il? Les scribes recouraient tant au droit qu'au gauche, puisqu'ils écrivaient en boustrophédom. Mais, en outre, l'œil gauche – clignotant comme celui du faucon – était la Lune, et l'autre le

Soleil. Les yeux d'Horus – regard vers le Ciel, ciel regardé et lumières permettant de voir – sont un résumé du Cosmos mis à portée d'hommes. On célébrait la Naissance des Yeux d'Horus un mois avant que ne s'achève l'année; suivaient de quelques jours les offrandes à Harpocrate; les deux fêtes ne suivaient donc pas, mais annonçaient la naissance d'Osiris au premier jour épagomène. Cosmique, le culte rendu au don précède celui qu'on doit à l'enfant donateur né du « seigneur de toutes choses » quand « il paraît à la lumière ».

De si solennels avis nous invitent à prendre à la lettre le propos mis en tête du Papyrus de Rhind. Il s'agit apparemment d'un Traité d'arithmétique, mais l'auteur se réclame de savoirs antiques – remontant, semble-t-il, à l'Ancien Empire – et les annonce comme : « Règles pour étudier la nature et pour comprendre tout ce qui existe, chaque mystère, chaque secret. » Ahmès ne dit pas comment se servir de ces règles. Peut-être est-ce un secret seulement évoqué pour donner autorité à l'enseignement. Peut-être aussi la mise en pratique en était-elle si aisée qu'il suffisait au maître d'école de montrer comment calculer. Complété par d'autres documents de même type, notamment le Leather Scroll, des mieux conservés, ce Papyrus va nous permettre de poursuivre l'analyse du mythe et d'en modéliser de manière cohérente les épisodes les plus apparemment contradictoires.

Il va de soi que les modélisations géométriques auxquelles nous allons procéder ne furent nullement utilisées par rois, prêtres ou scribes qui contribuèrent à codifier un mythe dont les éléments, d'origine populaire ou savante, étaient déjà vécus comme vrais par le peuple ou par ses dirigeants. Y choisir en vue de réorganisations exigeait qu'on leur portât le minimum de respect sans lequel les croyances des uns ou des autres eussent perdu leur autorité sacrée, en même temps que la cohérence dont dépendait celle même de la légitimité politico-religieuse. De telles modifications ont dû être souvent spontanées, pour répondre à de nouvelles aspirations plus ou moins communément ressenties. Quand elles étaient voulues par le pouvoir de temples ou de palais, tout excès arbitraire fût allé à l'encontre des buts à atteindre, et bientôt sanctionné par la communauté, rejeté comme sans valeur ou suspect d'hérésie. Notre analyse du cas égyptien sera fondée dans notre constante hypothèse : si l'intuition obscurément intuitive de collectivités, ou plus consciemment orientée par des dirigeants, a pu produire des résultats qui nous mettent à même de les modéliser, cela provient d'impératifs découlant d'une logique inconsciente, inhérente à toute constitution ou évolution d'un mythe qui eut à demeurer assez longtemps vécu comme vérité révélée et de puissance sacrée. Et si y conviennent des modèles géométriques et numériques, c'est seulement que l'authenticité du mythe et celle de la démonstration expriment en termes différents des structures semblables, rendues universellement prégnantes comme conformes aux mêmes exigences d'une logique spatio-temporelle.

Quant aux vérifications exigées ici, elles seront moins aisées que dans le cas chinois où d'une élaboration mytho-logique accomplie dès Ho-Fi avec une suffisante pertinence, le résultat traduit en figures traverse des millénaires sans être affecté par leurs vicissitudes. Un mythe raconté en discours est, avons-nous dit, plus flexible; le noyau n'en doit être que plus consistant.

Pour explorer le mythe égyptien en vue d'en atteindre le noyau, il convient de partir des bases les plus assurées. L'arithmétique d'Ahmès nous en fournira une. Une autre nous sera donnée par le succès du mythe hors d'Égypte.

Les Égyptiens ont conjointement ou successivement pratiqué plusieurs manières d'écrire les nombres. L'œil d'Horus a été le plus longtemps réservé aux calculs relatifs aux grains et aux minerais, bases de sa civilisation. Il y fallait des mesures de capacité. Ce furent d'abord le *hégat*, le double et le quadruple *hégat*. C'est seulement à partir de la XVIIIe dynastie que s'y ajoute le *khar*, valant 16 *hégat*. Le facteur 8 n'apparaît pas dans l'état actuel de la documentation; on dut pourtant bien s'en servir, mais non dans les mêmes conditions que les autres.

Rappelons que dans notre deuxième chapitre, mettant en parallèle les leçons chinoise et égyptienne, nous avions constaté que les arêtes d'un tétraèdre peuvent être sémantisées comme valant 1, 2, 4, 8, 16, 32 et 64 (dénominateurs des six fractions d'Horus); si ce tétraèdre est opérateur, ses faces vaudront 1, 2, 4 et 16. Rassurés par cette homologie entre mythe et métrique égyptienne, poursuivons l'analyse du modèle ainsi

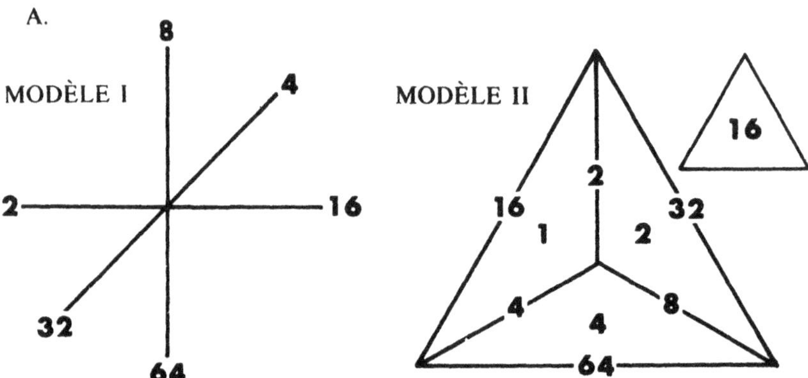

Conçu comme opérateur (ici, les arêtes multiplient des nombres faces), le tétraèdre (sémantisé dans un univers ignorant le 0 et les nombres négatifs) ne respecte l'opposition entre orientation contraire que dans le cas 4-32. Il invite à recourir à des angles obtus pour modéliser les oppositions principielles 2-16 et 8-64 et l'opposition expérimentée 2-32. En résultent les figures ci-dessous, l'une géométrique selon les différences angulaire aigu-obtus, l'autre mythologique ou aigu – et obtus sont sémantisés comme accord et désaccord, alliance et querelle ou vie et mort.

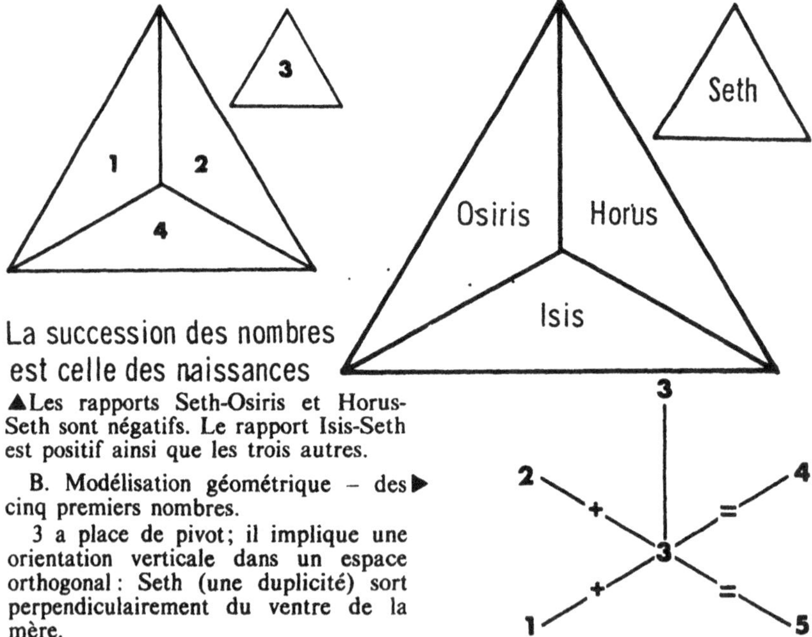

La succession des nombres est celle des naissances

▲Les rapports Seth-Osiris et Horus-Seth sont négatifs. Le rapport Isis-Seth est positif ainsi que les trois autres.

B. Modélisation géométrique – des ▶ cinq premiers nombres.

3 a place de pivot ; il implique une orientation verticale dans un espace orthogonal : Seth (une duplicité) sort perpendiculairement du ventre de la mère.

chiffré. Il présente un évident défaut : pour que les arêtes d'un tétraèdre soient homologues aux orientations de l'espace, les orientations opposées – droite-gauche, avant-arrière, et haut-bas – devraient correspondre à des arêtes non concourantes. Ce n'est plus vrai ici que dans le cas avant (4) arrière (32). Ne reste qu'un recours pour suppléer cette non consistance : rendre obtus les angles entre 8 (haut) et 64 (bas) comme entre (droite ou gauche) et 16 (gauche ou droite). Réservant pour un ultérieur examen le cas ambigu de l'alternative gauche-droite, consignons qu'aucun des deux yeux (connotés par 1/2) ne voit en arrière et que donc l'angle 2-32 est aussi obtus. En résultent deux constats :

Le premier est qu'il nous a fallu prendre aussitôt en compte des valeurs d'angles, lesquelles n'intervenaient, en Chine, qu'en extrême fin de l'analyse. De là une question : cette différence n'est-elle pas corrélative à celle entre figures muettes du Yi-King et figures chiffrées de l'Égypte et, par suite, corrélative aussi à ce qui distingue expressions plutôt synchroniques et plutôt diachroniques ou discursives?

Le second constat est d'ordre géométrique : si les angles 2-32, 8-64 et 2-16 sont obtus, alors doivent l'être aussi les dièdres chiffrés 16 et 32.

Toujours conformément à notre hypothèse générale, substituons des personnages du mythe aux nombres inscrits sur les triangles. En trois cas nous y sommes aidés par les dates de naissance : Osiris, 1 ; Haroeris-Horus, 2 ; Isis, 4. Sur la quatrième face, il ne pourrait s'agir que de Nephtys ou Seth; mais il nous faudra attendre des Chaldéens et de leur déesse Ishtar (dont parlera la section suivante) les raisons de substituer un 3 à la quatrième puissance binaire. En attendant, remarquons que de diviser 16 par 3, résulte 5 + 1/3; jusqu'à plus ample informé, Nephtys est à la fois associée à Seth et séparée de ce diviseur. Tenons-nous en à identifier hypothétiquement 16 à Seth.

Notre tétraèdre numérique est devenu modèle mythologique et situe pertinemment ses deux dièdres conservés comme obtus – signifiant maintenant répulsion, mort ou exclusion – entre d'une part Seth et Osiris et, d'autre part, Seth et Horus. On pourrait aussi bien expliquer ces dièdres « négatifs » comme une conséquence de la présence d'angles obtus entre les arêtes 16-2 et 2-32 pour marquer l'opposition entre mort et naissance ou entre reproduction et destruction. En outre, il va de soi que les éléments angulaires relatifs aux rapports positifs de parenté sont aigus. Mais il faut espérer que le mythe répondra à une question embarrassante : l'arête 64 étant nécessairement aiguë, que s'est-il passé entre Seth et Isis pour que notre modèle ne puisse a priori les traiter comme des adversaires?

A ce stade, nous pouvons déjà soupçonner que les significations d'angles peuvent éventuellement avoir priorité sur celles de dièdres – cas inverse de celui des Koua chinois. Aussi nous demanderons-nous s'il n'est pas quelque bonne raison pour que le *Khar* 16 ait été tardivement admissible. Rappelons à ce propos ce que notre second chapitre a dit de la structure des nombres d'Hamilton et de Cayley : le quatrième élément d'un tétramorphe ajoute une dimension de plus aux espaces abstraits de nos mathématiques modernes et une dimension de trop à l'espace usuel. C'est de toute autre manière que l'ancienne Égypte dut exprimer cette propriété des constantes structurelles.

Les scribes ne divisaient et ne multipliaient que par 2, procédés que notre Moyen Age employa sous les noms de « mediatio » et « duplatio ». Tenons-en compte pour comprendre, dans la logique du mythe, la part de la binarité pouvant être aisément accessible aux scribes.

Fondateur de la civilisation, Osiris est premier né; effectuons ces deux opérations sur le nombre 1, la première nous donne 2 et 4, et la seconde les successives fractions binaires de l'œil d'Horus : ces trois personnages appartiennent à la même « famille ». D'autre part, les Horus vieux et jeune sont trop manifestement des doubles pour ne pas être un 2 dont le calcul fait d'ailleurs un opérateur avant d'en faire un résultat. Considérant que la synchronie structurelle du mythe autorise qu'on localise spatialement les acteurs indépendamment de leur rang dans la chronologie historique ou familiale, reste à savoir pourquoi il faut absolument que Seth soit un 3, bien que déjà trois places soient occupées par Père, double Fils et Mère. Reportons-nous alors au calcul calendaire.

Les cinq jours épagomènes ont été ajoutés à une année apparemment déjà familière de 360 jours que, pour faire simple, nous écrirons à la moderne : $1 \times 2 \times 3 \times 3 \times 4 \times 5$. Le nombre trois trouble la règle simple qui eût multiplié dans l'ordre les cinq premiers chiffres : lui doit être mis au carré. Cette mytho-arithmétique n'est pas insignifiante et il ne passa pas inaperçu que l'année allongée soit devenue 365, autrement dit 73×5; or le mythe nous apprend que 73, nombre premier, est le nombre des assassins d'Osiris, Seth se faisant aider de 72 complices.

Vérifions la signification que le récit donne à ce 72 (déjà fraction de jour prise par Thot à la Lune). Par « mediatio », il conduit à des résultats fractionnaires tels que : 1/2 + 1/6 ou 1/4 + 1/32 ou 1/8 + 1/64; chacun de ces couples associe des orientations spatiales de sens contraire, symboles même de la contradiction. Opérant maintenant sur le 3 de Seth, les fractions résultantes seront : 1/2 + 1/4 ou 1/4 + 1/8 et ainsi de suite; il s'agit toujours d'orientations perpendiculaires entre elles, comme il convient aux trois déjà cosmiquement mis au carré pour calculer l'ancienne année. Revenons maintenant au mythe : il nous dit que la naissance de Seth témoigna aussitôt de son mauvais caractère; prompt à querelles et à contradictions, il déchira le ventre maternel pour en sortir perpendiculairement. De son côté, l'obscure Nephtys paraît, avec son 5, la digne émule de son partenaire, à ceci près qu'elle associe dans sa somme de fractions les dénominateurs 16 – gauche de l'œil vu à gauche – et 64 : En-Bas pour les deux yeux. Cela convient à la mère adultère ayant conçu d'Osiris, qu'elle abusa dans l'obscurité, un fils, Anubis, dieu des morts et de l'embaumement.

Cette même arithmologie rend compte d'autres nombres ou calculs avérés tant par le mythe que le calendrier. Mentionnons au moins une indication que le mythe fournit de lui-même et qui nous sera utile par la suite : Osiris meurt à 28 ans ou à la 28ᵉ année de son règne; son corps est découpé en 14 morceaux; poursuivant la « mediatio », on obtient en premier lieu les sommes : 1/2 + 1/4 + 1/8, soit les trois orientations positives de l'espace convenant au Civilisateur; puis, en second lieu : 1/16 + 1/32 + 1/64, trois orientations négatives associant à la gauche de l'œil vu à gauche la régression et l'en-bas. Ce fâcheux rapport 1/16, de signification ambiguë quand on l'écrit en boustrophédon, marque en tout cas le passage vers des orientations négatives; il sémantise aussi l'arête conjoignant, sur le tétraèdre, Osiris à Seth.

De la sorte, nous venons de quitter des considérations arithmospatiales, trop évidentes pour avoir échappé aux scribes, et d'en aborder d'autres relatives à un modèle tétramorphique dont il serait moins vraisemblable encore qu'en Chine que les plus savants prêtres aient pu en avoir connaissance. Au demeurant, le mythe n'a pas été élaboré par les scribes ni pour eux.

Bien qu'il puisse être considéré comme un paradigme, le mythe osirien est bien loin d'avoir été exporté ou imité dans son intégralité. Plutarque ne parle pas des fractions : les arithmétiques grecques – pas plus que les

Résidu diachronique par le récit, le modèle II devient indépendant du Modèle I.

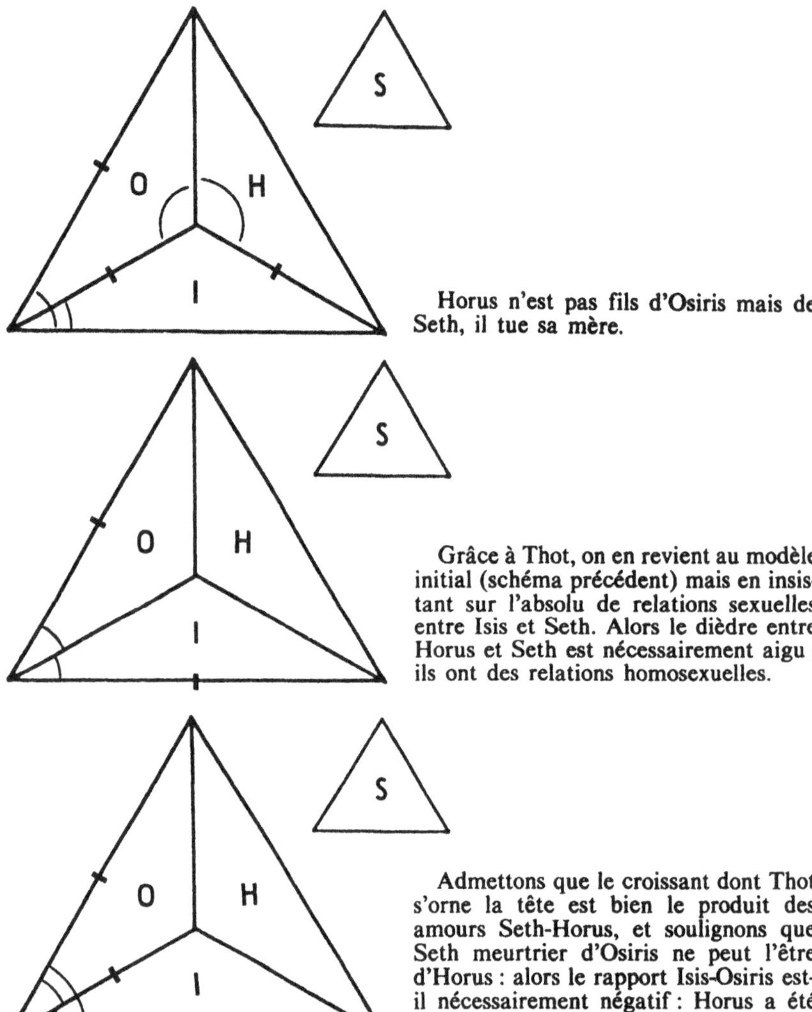

Horus n'est pas fils d'Osiris mais de Seth, il tue sa mère.

Grâce à Thot, on en revient au modèle initial (schéma précédent) mais en insistant sur l'absolu de relations sexuelles entre Isis et Seth. Alors le dièdre entre Horus et Seth est nécessairement aigu : ils ont des relations homosexuelles.

Admettons que le croissant dont Thot s'orne la tête est bien le produit des amours Seth-Horus, et soulignons que Seth meurtrier d'Osiris ne peut l'être d'Horus : alors le rapport Isis-Osiris est-il nécessairement négatif : Horus a été conçu d'un père mort.

Raconté le mythe peut faire état soit d'un épisode soit d'un autre; mais tous relevant des mêmes propriétés structurelles, ces épisodes apparemment incompatibles peuvent légitimement appartenir au même mythe, témoignage diachronique de la même synchronie.

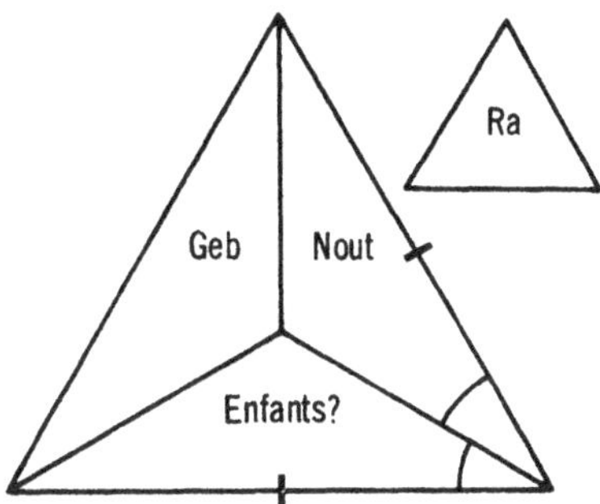

Ra épargne Geb et punit Nout ayant conçu des enfants qui ne sont pas de lui. Le dièdre Nout-Enfants peut être indifféremment obtus ou aigu : seul le sort en décide quand Thôt joue aux dés avec la lune.

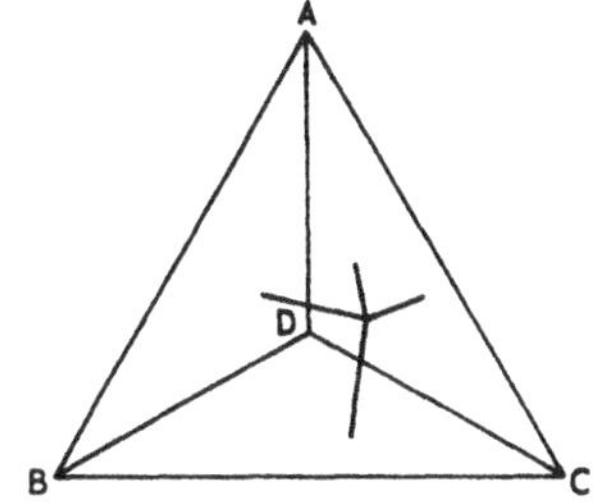

Tétracanthe : six plans et un centre forment les corps d'Osiris : 4 membres, têtes, phallus et le tronc les réunissant : soit 7 facteurs des nombres symboliques relatifs à la vie (7 × 3) et à la mort (7 × 2) d'Osiris : interprétation des plus simples mais qu'il nous a fallu compliquer dans le texte pour respecter des irrégularités du mythe.

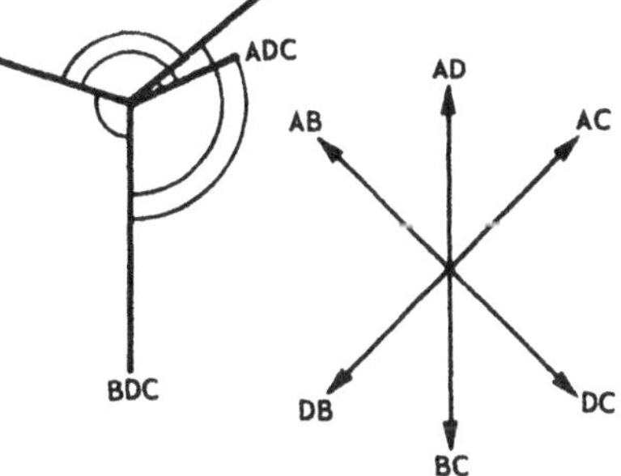

Tétracanthe enfermé dans un tétraèdre.

Le nombre des éléments et des opérations nécessaires pour construire ce double tétramorphe à 72 : nombre des complices de Seth.

Image de l'« homunculus » tel que la représenteront les derniers hermétistes, se réclamant du dieu Thot (cf. page 310).

chaldéennes – ne privilégient nullement les fractions de numérateur unitaire. Hors d'Égypte, Horus lui-même n'eut pas le même succès que ses parents. A s'en tenir à ce qu'on pourrait appeler le noyau dur (qu'on retrouve partout et même sans que l'Égypte y ait été pour rien), celui-ci concerne une femme et deux personnages masculins, généralement deux frères ou beaux-frères, l'un bon, l'autre méchant. A ce titre, il semble bien être l'exposé discursif des conséquences à craindre du non respect de la prohibition de l'inceste. Plaçons les trois acteurs sur les trois faces d'un trièdre; l'angle formé par les arêtes époux-épouse et frère-sœur sera obtus. Sauf si ce trièdre appartient à un tétraèdre dont d'autres éléments angulaires puissent lever cette obligation, le dièdre entre les deux hommes sera nécessairement obtus. En cas domestiqué, cette signification d'opposés pourra se traduire par un pacifique tabou; en cas brutal, il veut dire mort ou guerre. L'ambiguïté égyptienne associant le couple Osiris-Horus tant à un meurtre qu'à un combat n'a pas été retenue partout, et tantôt Caïn tue son frère privé de vengeur, tantôt l'époux a dû combattre le mal pour mériter l'épouse.

Tel qu'il a été élaboré, le mythe égyptien met notre modélisation en difficulté, le dièdre Isis-Seth ne pouvant être qu'aigu. C'est bien ce que transcrit un épisode du mythe dont la cruauté fit horreur à Plutarque. Au cours de son combat avec Seth, Horus apprend que son véritable père est Seth, qui donc aima Isis et en fut payé de retour. La colère du héros ainsi rendu bâtard est telle qu'il tranche la tête de sa mère : un dièdre obtus est en effet possible en cet endroit et entraîne des modifications d'angles qu'il serait aisé de sémantiser si ce n'était par trop allonger l'analyse. Au demeurant, le Tribunal des dieux répare promptement ce grand malheur : Isis revit innocentée et réconciliée avec son fils dont la légitimité ne sera plus mise en doute. Il n'est pas indifférent de noter le rôle décisif joué par Thot, le Mathématicien, dans cette remise en ordre : il apporte preuves et remèdes nécessaires.

Supposons maintenant, pour tirer Isis de tout péril, que nous trichions avec la spatio-arithmétique des scribes en rendant obtus le dièdre entre Isis et Seth; alors il faut que soit aigu le dièdre entre le neveu et son mauvais oncle. Le problème vaut qu'on s'y arrête.

Une variante relate une étrange aventure. Seth aurait aimé le jeune Horus, avisé par sa mère d'avoir à céder pourvu qu'il fasse absorber sa semence par son partenaire. Cela fait, Mère et Fils font appel au Tribunal : Seth est reconnu coupable et de son corps Thot retire le fruit en forme de croissant dont désormais il ornera sa propre tête. Un avantage annexe de cette version est de montrer comment le dieu diviseur est intervenu entre le dieu destiné à fournir et doter les hommes du calcul et l'arithméticien céleste à la fois gardien de la Lune et responsable de ses croissances et décroissances.

Il est au moins encore une autre manière de poursuivre l'inventaire des possibilités offertes par notre tétraèdre conservant le dièdre « mort » entre Osiris et Seth. Marquons cette fois que si Seth vient à bout d'Osiris, il ne peut que blesser Horus, finalement vainqueur. Dans ce cas, l'angle formé par les deux arêtes correspondantes sera obtus et rendra donc nécessaire de donner également sens de mort à un rapport de filiation. Le mythe, sur ce point, est déjà venu à notre secours en traitant en détail la conception de l'Enfant. Osiris était déjà mort et dépecé quand Isis le reconstitua, à l'exception pourtant du phallus qui devait assurer fécondité au Nil, Isis ayant alors à fabriquer elle-même le membre viril. Ce dernier détail donna lieu aux exégèses évoquées plus haut, dont nous retiendrons ce qui importe à notre géométrisation. Si le dièdre Osiris-Horus est obtus, alors l'angle qu'en fait l'arête avec celle du rapport Horus-Seth l'est nécessairement aussi et souligne l'opposition entre l'organe de procréation détruit et l'organe de vision blessé par Seth.

Pour finir et conclure, rappelons que le mythe raconte le meurtre d'Osiris de deux manières dont la conciliation semble avoir occupé aussi bien l'Égypte antique que les archéologues d'aujourd'hui. Tantôt Osiris fut enfermé dans un coffre fait à ses exactes mesures et somptueusement décoré comme un lit. Seth invite son frère à s'y étendre et ses complices rabattent le couvercle. Tantôt (éventuellement après que ce coffre eut été retiré du Nil où il avait été jeté) Osiris (ou son cadavre) fut découpé en morceaux. L'énigme peut être élucidée si l'on se rapporte à une tradition indatable mais qui reprit vigueur vers le XVIIIᵉ siècle en référence à Hermès Trismégiste, le dieu Thot. Elle traite d'un tout puissant « homunculus » enfermé dans un tétraèdre où il est disposé comme un tétracanthe : quatre angles portent représentation des membres, deux le font de la tête et du phallus, le tout noué par le tronc. Supposons qu'il s'agisse là d'une traduction intuitive de conditions logiques de constructions, la somme des éléments nécessaires pour composer ce double tétramorphe ou des opérations nécessaires pour les ajuster nous donne encore ce 72, nombre des complices de Seth. Si l'on se contente de dénombrer les éléments de la figure enfermée, ils se montent à 15 (quatre arêtes, quatre points limites, un centre et six plans), c'est-à-dire au nombre de morceaux découpés par Seth s'il a précédemment éviré son frère (cf schéma XVI, page 167).

Ces exemples suffisent à montrer combien il est facile de rapporter bien des péripéties aux conditions rendant constructible un tétraèdre irrégulier : il y suffit de choisir les épisodes en les considérant chacun comme possibles, mais non tous à la fois. Le terrible et interminable combat entre Seth et Horus est particulièrement abondant en incidents propres à enrichir un inventaire de cas géométriques séparément pertinents, mais non ensemble. Tout relater serait plus lassant que concluant, puisque c'est de la cohérence globale du mythe que nous avons ici à nous préoccuper. Nous considérerons donc que l'imagination sacrée a pu, au cours de millénaires, profiter d'un modèle flexible pour répondre à des besoins circonstanciels dont les expressions se rapportent bien à la même structure.

Ishtar et Isis

Nous avons laissé en suspens plusieurs difficultés : comment Seth, un 3 par sa naissance, peut-il être placé sur la face 16 du tétraèdre des fractions d'Horus? pourquoi la fraction 2/3 fait-elle exception dans une arithmétique qui n'admet que des numérateurs unitaires? faut-il donner suite à la remarque suggérant que les angles de notre modèle méritent d'être pris en compte avant les dièdres que le Yi-King rendait primordiaux?

De ces questions, la seconde mérite une attention particulière. Notre modèle (si on y substitue 3 à 16) sémantise sur ses faces les quatre premiers nombres et c'est à cette condition qu'il nous sera utile au chapitre suivant; or le mythe égyptien fait grande différence entre les deux rapports ainsi devenus 1/2 et 2/3. Le premier conjoignant Seth et Osiris est sans ambiguïté : le méchant frère vient aisément à bout du Civilisateur. Il n'en va pas de même des rapports entre Seth et Horus : tantôt père-fils, tantôt amants, pourtant ils se combattent furieusement, mais sans qu'aucun des deux protagonistes puisse en finir avec l'autre : le

Tribunal des dieux y prend garde; tous deux sont indispensables au Cosmos.

Partant à la recherche d'un autre exemple de ce 2/3 (dit les « deux parts », comme si un 3 pourtant si funeste constituait un cas spécial d'unité – l'unité dite « complète » dans la divination du Yi-King), nous en trouvons un sur les bords de l'Euphrate.

Avant de rappeler combien les mathématiques y sont différentes, approchons-nous d'Ishtar, déesse de la fécondité et seule de son sexe dans le Cosmos chaldéen. Elle aussi eut pour fils un héros, le fameux Gilgamesh qui a de son côté inspiré tant de légendes épiques. Or ce fils, né d'un mortel et dont le destin est humain, vaut les 2/3 de sa mère, c'est-à-dire 10, base anthropomorphique de tant de numérations décimales de type digital. Ishtar grossit et s'amincit, comme la Lune, mais elle n'est pas le dieu-Lune : là encore, la condition épique ou dramatique de l'histoire humaine provient d'un astre incertain : constant au ciel, il est inconstant vu de terre. Ces dieux appartenant à deux Triades de dieux-nombres, nommons-les : Anu, le Ciel, vaut 60; Enlil, la Terre, 50; Enki, les Eaux, 40. Ce 2/3 du ciel est suivi de trois autres dieux : Sin, la Lune, 30; Shamash, le Soleil, 20; et enfin Ishtar elle-même, 15. Aucun chiffre n'étant inférieur à 5, les six dieux se situent sur une échelle de 12 (3 × 4) où l'homme vaut 2 (deux fois les cinq doigts de la main).

Ainsi, ce que nous pouvons savoir de la cosmogonie chaldéenne la rend très différente de celle d'Égypte. Sur l'Euphrate, pas de dieu-Calcul : la fonction de Thot est dévolue à l'ordre du Cosmos. Sans doute est-ce à cette globalisation dépersonnalisée que peut être attribué le privilège des Chaldéens d'avoir traité de même manière quantités entières et fractionnaires dans la première numération écrite. De base sexagésimale – celle encore de nos montres, de nos valeurs d'angle et d'arc et de notre trigonométrie –, cette numération convient le mieux à l'année, laquelle, comme sur le Nil, nous est dite avoir été longtemps régulière avant qu'au début de l'ère des désordres, il ait fallu lui ajouter 5 jours « volés ». En outre, cette base soixante pourrait avoir résulté d'un compromis ou d'une conciliation entre trois types de numérations ou mesures accadiennes : binaire, ternaire et décimale. Le facteur 6 (12/2) présente l'avantage d'en combiner deux autres en faisant de 4 un 2/3.

Sans épiloguer sur une théogonie mal connue dont nous dirons seulement qu'Enlil (5 × 10) est si fâcheux que lui sont imputés, et non à Enki (2/3 du ciel), les malheurs du Déluge, nous nous en tiendrons à un fait : remarquables astronomes, les Chaldéens, qui ont dépersonnalisé l'ordre numérique du ciel pour mieux diviniser les nombres entiers, ont aussi été les fondateurs de l'algèbre. Non cependant en rendant cette algèbre aussi abstraitement formalisée qu'on le laisse encore souvent entendre. C'est en y regardant de plus près que nous demanderons à l'Euphrate, depuis si longtemps pôle d'échanges à travers le Golfe et jusqu'à l'Indus, les réponses aux questions laissées sans réponse par les agriculteurs et les métallurgistes des bords du Nil.

Les problèmes le plus ordinairement cités dans les ouvrages consacrés à l'algèbre babylonienne présentent deux singularités. La première est que si on les traite à la moderne, ils sont relativement difficiles; ils deviennent plus simples si on en calcule la solution comme nous pensons qu'on le faisait à l'époque. Si enfin cette solution est recherchée avec piété, elle est alors immédiate. Corrélative à la première, la seconde singularité est d'ordre historiographique : on a généralement attribué aux Chaldéens, parfois en « corrigeant » les textes, l'invention de procédés formels qu'ils ignoraient, puisque leurs solutions d'« équations du second degré » ne proposaient jamais qu'une seule valeur de l'inconnue qui en avait formellement toujours deux, et qu'ayant eu la possibilité de choisir entre deux réponses positives, ce n'est pas la plus simple qu'ils retenaient.

Les problèmes dont il s'agit relèvent de ce qu'eux-mêmes n'appelaient évidemment pas « équations du second degré ». Ils nous ont été transmis par des tablettes, en parlant en langage d'architectes comme de pavages ou de constructions. Nous en présenterons trois en nous contentant d'en donner la solution « sacrée », parfois présentée par le document, comme s'il s'agissait d'une évidence, avant celle qu'il calcule.

Voici ces trois exemples où nous avons traduit en décimal les nombres écrits en sexagésimal.

« On ajoute à six carrés égaux de dimension inconnue trois fois et demie la longueur de leur côté et on obtient 906; quelle est la dimension de ce côté? » Si nous nous en remettons aux dieux (et ce serait plus simple en écriture sexagésimale), 900 est le carré de Sin; le 6 qu'il faut ajouter à l'entité sacrée doit correspondre à quelque chose de séparé dans le pavage en cause; ce ne peut être trois longueurs et demie, un tel côté serait bien trop petit. Reste à essayer la demi-longueur : on trouve le résultat cherché : 12.

« Flanc, front, j'ai multiplié le flanc et le front, j'ai construit une surface; en outre, j'ai rapporté à la surface la quantité dont le flanc excède le front : 183. J'ai additionné le flanc et le front : 27. Que sont le flanc, le front et la surface? » Certaines quantités sont parlantes : 183 est 3 fois Anu + 3 dont 27 est le cube. Cet hommage rendu à Ishtar invite à essayer 15 : c'est bien la solution donnée par la tablette : 15; 12 et 15 × 12. L'admirable est qu'un algébriste moderne trouverait aussi bien 14; 13 et 14 × 13; la Tablette ne fait pas mention de nombres si peu célestes.

Ishtar nous sera plus secourable encore dans un troisième problème. « J'ai additionné la surface de deux carrés : 1 000. Un des carrés est les quarante-soixantièmes de l'autre; j'ai retranché 10 du petit carré. Qu'est chaque carré? » Dans ce cas, non seulement la fraction 2/3 est à peine déguisée, mais 10, fils de la déesse, est nommé. La solution sacrée est presque donnée : les côtés des carrés sont 30, dieu Lune, le plus élevé dans la triade à laquelle appartient aussi la Mère de l'homme 10.

Moins discrètes que le Papyrus de Rhind, les Tablettes enseignent l'ordre cosmique et la troisième fait d'ailleurs état, dans sa solution analytique, de très grands nombres : de sept chiffres en notre numération décimale. Leurs leçons ne sont pourtant pas que des prières et il semble bien qu'elles aient été laïquement utilisées par les constructeurs et marchands des bords de l'Euphrate. Elles ne fournissent pas de formule générale, mais impliquent qu'on se servait d'un modèle concret des plus simples.

Ces trois « équations », en effet, peuvent être rapportées à un carré de 9 dalles semblables, et donc de côté 3. Cette disposition suffit à imager sans ambiguïté une propriété familière aux Chaldéens : élevée au carré, la somme A + B est égale à la somme : carré de A + carré de B + deux fois le rectangle AB. Si on connaît le premier terme de l'égalité ainsi que A ou B, il est aisé de calculer B ou A. Il n'importe par ailleurs que ce dallage supposé soit ou non aux dimensions des nombres fournis par le problème : quelle qu'en soit la grandeur, fût-elle la plus petite, elle peut toujours servir de référence. Nous attribuerons à la découverte de cet avantage celle de l'algèbre babylonienne. Elle témoigne, en dépit de sa référence à un pavage concret, d'une remarquable réussite d'un effort d'abstraction : on peut à n'importe quelle longueur ou surface rapporter n'importe quel nombre. Mais si de cette liberté Descartes fera l'usage que l'on sait, comme provenant de ce qu'il n'existe aucune unité « naturelle » de longueur, les Chaldéens ont divinisé les grandeurs dont la nature est incertaine. Pour eux, c'est grâce aux dieux qu'on peut aussi bien ajouter des unités entières les unes aux autres que traiter les nombres humains comme des fractions de l'Un cosmique, ce Total dont les mouvements circulaires du Ciel donnent la plus constante image.

Il fallut pourtant aussi que les Chaldéens surmontent ce qu'on peut supposer avoir été un interdit : situer les dieux d'un Cosmos circulaire sur les côtés d'un carré banalement humain. Le plus grand dieu étant 60, ce carré eût dû valoir 3 600. Il se trouve pourtant que dans les problèmes ci-dessus, 5 apparaît comme une grande unité. Dès lors, ce carré des dieux peut se réduire à un pavage de 16 dalles divisées chacune en 9. Or, si on divise les nombres que le carré divin multiplie, il apparaît que $60/9 = 6 + 2/3$; l'indispensable « deux parts » aussi des Égyptiens. En outre, la coexistence du binaire et du ternaire peut s'exprimer comme $64 = 60 + 4$, ce qui suggère une mise en équation constituant un paradigme pour tout problème semblable à celui ci-dessus traité en second lieu. Écrit à la moderne, il donne : $AB + (A - B) = 64$, et $A + B = 16$

Pour différentes qu'elles soient, les mathématiques chaldéennes et égyptiennes semblent avoir obéi au besoin de répondre cosmiquement à la même question : ajuster le carré de 3 à celui de 4. En résulte une même réponse : sacraliser la fraction 2/3.

Nous sommes apparemment bien loin du tétraèdre et de ses éléments angulaires. Nous allons nous en rapprocher en faisant état de difficultés précédemment omises. En parlant de cercle cosmique, nous avons simplifié un ciel apparaissant comme sphérique. Si un petit carré peut valoir une très grande quantité, n'est-il pas seulement la surface d'un volume dont la troisième dimension soit de grandeur éventuellement cosmique? Autrement dit, l'algèbre de l'Euphrate comme l'arithmétique du Nil ont au moins inconsciemment profité de ce que des problèmes d'espace pouvaient être ramenés à ceux du plan. Cette réduction – à laquelle Aristote portera intérêt – nous intéresse à plusieurs titres.

Quand Plutarque parle d'Empédocle, il évoque une doctrine dont notre deuxième chapitre a dit qu'elle était le mieux modélisable par un tétraèdre (que l'on peut toujours inscrire dans une sphère), mais qui traversa les siècles accompagnée d'un carré et de ses diagonales inscrit

SCHÉMA XVII : ALGÈBRE « STRUCTURELLE »
DES CHALDÉENS

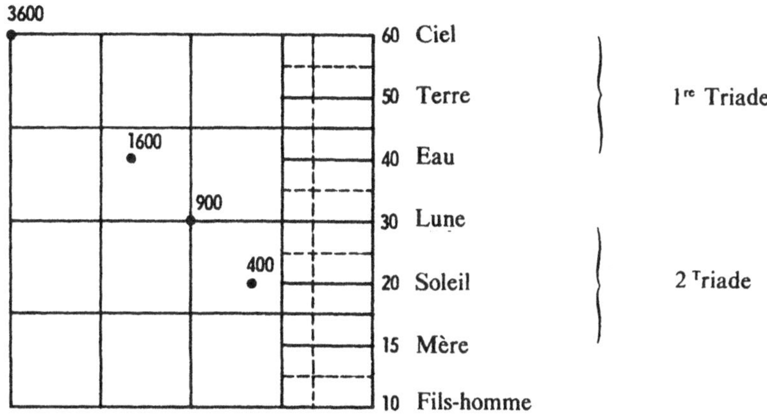

Solution chaldéenne.

Solution formelle moderne.

1er problème

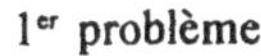

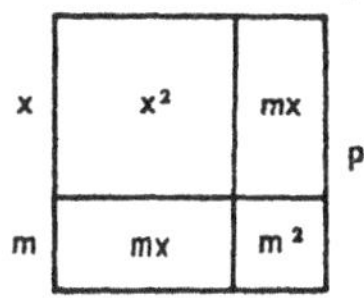

$$6 x^2 + 3,5\, x = 906$$
Discriminant : 21 756,25
$$x = 12$$
$$x = -15/12$$

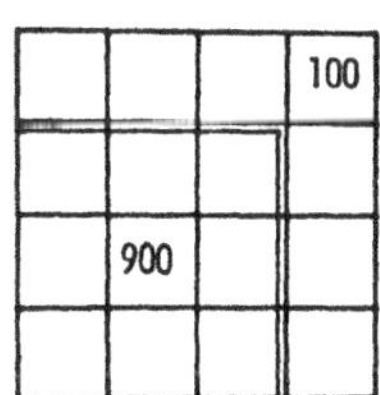

2e problème.

$$xy + x - y = 183$$
$$x + y = 27$$
$$x = 15 \quad y = 12$$
$$x = 14 \quad y = 13$$

3e problème.

$$x^2 + y^2 = 1\,000$$
$$y = 2/3 \times - 10$$
$$x = 30 \quad y = 10$$
$$x = \frac{170}{13}$$
$$y = \frac{310}{13}$$

dans un cercle. On a retrouvé en Égypte des damiers dont nombres de cases et noms des pièces renvoient au mythe, mais aussi des dessins magiques convenant à conjurer Seth et construits aussi sur un carré et ses diagonales.

En outre, nous avons été amenés à supposer que, dans l'analyse du récit, il convenait de porter l'attention sur les angles avant qu'aux dièdres, et que cette préférence pourrait être relative aux subtilités impliquées par la diachronie discursive du récit ignorée par les figurations synchroniques du Yi-King. Le chapitre suivant montrera en effet que seuls les 12 angles du tétraèdre et leurs irrégularités (mais non les dièdres) peuvent être modélisés à plat sur un quadrilatère et ses diagonales. Déjà, nous pouvons soupçonner que l'invention de l'algèbre amputa quelque chose de la logique spatiale qu'il nous a fallu respecter intégralement pour modéliser le mythe.

Nous aurions donc bouclé notre problématique si nous savions comment carré de 3 et carré de 4, fraction 2/3 et angles du tétraèdre étaient tous ensemble corrélés. Nous apprendrons progressivement (mais des Grecs) qu'ils le sont effectivement.

CHAPITRE 6

De Platon à Chrysippe

Pour traverser l'immense pensée grecque, la problématique de ce chapitre sera orientée par une énigme. L'*Encyclopédie* de d'Alembert et Diderot consacre soixante-dix colonnes à l'aristotélisme, dont moitié à Aristote qui occupe ainsi à lui seul autant de place que le stoïcisme, où Chrysippe n'est même pas nommé. Et pourtant les Anciens avaient célébré à l'égal du Stagirite, et parfois au-dessus, ce Silicien de vie longuement féconde, redevenu de nos jours objet d'admiration comme véritable fondateur d'une logique opératoire qui ne fait plus cas de la Syllogistique, inutile déjà à Euclide.

La réhabilitation de Chrysippe ne s'appuie que sur de maigres fragments ou éparses citations d'une œuvre qui a compté sept cent cinquante traités, perdus au fil de temps où les copistes s'occupèrent tant de l'*Organon*. Encore cet oubli ne suffirait-il pas à expliquer le silence d'un Leibniz, très attaché encore aux syllogismes en des années qui, pour résumer l'École du Portique, s'en tenaient principalement à ce que sa logique et sa physique avaient de commun avec Aristote ou Empédocle.

Mettant cette inégalité de traitement en relation avec le fait que Fermat écrivit son œuvre en marge de celle de Diophante comme si douze siècles n'avaient servi à rien, nous avons à nous demander si cette longue période n'en est pas une de latence, répondant au besoin qu'a le mythe de se réformer avant d'être à même d'engendrer un nouveau type de discours démonstratif.

Des circonstances externes ont pu contribuer à cette remise en gestation. La critique des textes invite aujourd'hui à se demander si les ouvrages conservés d'Aristote sont bien tels qu'il les écrivit. Il semblerait qu'une pensée proche de Platon ait été arrangée pour mieux discipliner les opinions, peut-être malades d'alexandrinisme, quand s'éploie la conquête romaine. A nouveau, le guerrier ramasseur d'esclaves va prendre le pas sur l'artisan qui n'a pas transformé en pouvoir son ingénieuse activité.

Chrysipe est stoïcien; élève de Cléanthe, il a succédé à ce maître aux mains calleuses, gagnant sa vie comme porteur d'eau. Genre de vie que n'eût pas désavoué Zénon – fils d'un artisan-marchand – dans une colonie crétoise d' « origine phénicienne », et lui-même marchand avant d'ouvrir boutique sous le Portique qui donnerait son nom à la célèbre École. De son premier ouvrage, Zénon dit l'avoir écrit « sur la queue du chien », « cynisme » répondant à qui eût pu lui reprocher ses origines « ignobles ». Les stoïques récusent en effet qu'il faille faire différence entre l'esprit et la matière; le monde est un, même si le mal le dégrade jusqu'à ce qu'une régénération périodique le rétablisse dans un embrasement qui ramène à l'Unique entre la fin d'une ère et le début d'une autre. Ce millénarisme cyclique se fût bien accordé avec d'autres s'il n'avait refusé un dualisme justifiant la différence entre le vrai ou le noble et l'erreur ou le servile. On conçoit le penchant pour le stoïcisme d'auteurs romains auxquels la montée ou le pouvoir des Césars feront regretter la république. Cicéron en témoigne dans son *De Fato*; Sénèque dans ses Traités et dans ses tragédies.

Mais il n'est pas aisé de réconcilier logiquement le matériel avec le spirituel, l'interne et l'externe, le bien auquel on aspire et le mal que l'on subit ou que l'on cause malgré soi. Chrysippe – la « colonne » du Portique, selon Cicéron – y fournit un recours par sa psycho-logique : lorsque nous formons un jugement, une cause extérieure nous en donne représentation; il nous faut aussi nous y accorder. Déterminismes externe et interne ne sont pas rigoureux au point de ne pas laisser marge à des ajustements plus ou moins réussis. Le logos peut être trompeur; dans quel cas ne l'est-il pas? Chrysippe passe pour avoir consacré plus de cent de ses traités aux fondements de cette logique : il appelle *lecton* ce qui n'est ni le fait lui-même ni ce qu'on en dit. Ce *lecton* se situe donc entre la « chose » et le signifiant. Son analyse importe en premier lieu.

Notre propre projet s'inspire de celui de Chrysippe, puisque nos « constantes structurelles » internes sont homologues aux conditions de construction imposées à tout objet sensible, tout en laissant très large place tant aux vicissitudes du discours qu'à celles des événements. Nous ne saurions prétendre faire mieux que Chrysippe : comme lui, nous nous heurtons à des « indémontrables ». Peut-être lui-même déjà, dans quelqu'œuvre perdue, nous avait-il précédé en montrant que ces indémontrables de la logique sont aussi dans la nature des choses et nous réduisent à faire l'inventaire d'homologies rationnellement irréductibles.

Ainsi délimités, les aperçus que nous allons maintenant proposer ne seront plus relatifs à des mythes proprement dits – histoires vécues comme vraies –, mais seulement à des mytho-savoirs exprimés par des philosophes. Ils respectaient l'Olympe et ses dieux, mais il est douteux qu'ils aient vécu comme vraies les histoires qu'en ont racontées Hésiode ou Homère. Plutôt en faisaient-ils des symboles de nécessité cosmique plus qu'historique. Le *De Natura Deorum* ne réduit pas les dieux à l'état de fictions poétiques; il les recherche en dessous d'elles. Ainsi fait Sénèque le Tragique. Dans ses ouvrages en prose, il n'a pu pénétrer – pas plus donc que ses maîtres – les mystères du destin, il ne lui reste – à lui comme à son temps – qu'à en revenir à la mythologie et à en mettre en scène les personnages pour suggérer la consistance des rapports entre le bien et le mal, le vice et la vertu.

Il va de soi que la mythologie ainsi transcrite par un familier de la doctrine stoïcienne est des plus aisée à schématiser conformément à nos modèles. Mais ces Jupiter et Junon, les Enfers, leurs Pluton et Cerbère, Hercule et ses travaux, fureurs et agonie, comme aussi ces Atrides, sont-ils bien ceux dont l'histoire fut effectivement vécue comme vraie? Autrement dit, s'il existe bien des mythes grecs dont, cas par cas, les personnages surnaturels se prêtent à des modélisations analogues à celles qui nous ont servi pour Horus, y eut-il un mythe grec qui, global ou central comme celui de l'Égypte, permettrait l'analyse de ses origines et de son évolution? Dans le doute, nous avons fait comme si les seules leçons à attendre l'aient été de philosophes et logiciens. Disons en termes simplifiés le postulat impliqué par cette restriction : dans les démocraties d'hommes libres, les dieux aussi échappaient aux contraintes syncrétiques en facilitant de la sorte les interprétations de penseurs qui ne s'en remettaient que marginalement aux croyances non indispensables à la cité : dieux non citoyens ou dieux cachés par les « mystères ».

Pour modéliser les croyances synchroniques chinoises, les propriétés les plus immédiatement perceptibles de nos tétramorphes – celles des dièdres du tétraèdre et, par complémentarité, des angles du tétracanthe – suffisaient à rendre intelligibles des Figures dont seul l'ordre, dans la plus cachée de ses lois, invitait à faire appel au trièdre et à ses angles. Sur lés bords du Nil et de l'Euphrate, les angles des trièdres semblèrent avoir conquis une pertinence prioritaire. Si donc Aristote – ou, plus exactement, l'aristotélisme – répond le mieux aux aspirations syncrétiques d'un Empire qui se subordonne les cités et à celles d'une philosophie réduite à réemprunter au mythe ses acteurs pour exprimer une pensée à laquelle le discours rationnel ne fournit pas d'actants suffisants, n'est-ce pas que les rapports entre termes sont homologues seulement aux dièdres du tétraèdre? Si, en revanche, Mégariques et Stoïciens atteignent les assises du calcul propositionnel, n'est-ce pas que leurs formulations ont pour modèles les trièdres et les conditions qu'ils imposent à la disposition d'angles représentant des rapports entre rapports?

Polyèdres cosmiques et éléments physiques

Malgré notre intention d'être bref, nous donnerons quelque longueur à cette section : elle commande la suite du chapitre ainsi que les suivants. La plus générale de ses leçons sera que – contrairement à la Chine, qui a intentionnellement troublé l'ordre arithmétique pour exprimer le monde –, la pensée occidentale n'attendit pas Newton pour se convaincre que les principes de la philosophie naturelle sont mathématiques, ce que l'Égypte déjà laissait pressentir. Platon en apporte témoignage dans le dialogue où il donne la parole à Timée. Nous proposerons un résumé sommairement commenté de ce Dialogue avant d'en modéliser les obscurités.

Le Dialogue parle d'abord des origines d'Athènes. Puis Socrate invite Timée à raconter les origines du monde selon le récit qu'enfant, il avait appris d'un vieillard. Platon authentifie son dire en l'attribuant à un ancien, assurément un Grec, bien que son Cosmos fasse souvent penser à celui d'Égypte, comme si un « originel » commun, mais oublié, et révélateur de nécessités constantes, avait à être retrouvé au-dessous de connaissances diverses ajoutées depuis. D'ailleurs, un préambule établit la différence entre ce qui « est » sans devenir et ce qui « devient » toujours et n' « est » jamais. L'ouvrier, dit Timée, crée le beau en fixant son regard sur ce qui se conserve identique, afin d'en reproduire l'essence et les propriétés. Et comme « ce qui devient, c'est par l'action de ce qui le cause qu'il lui fallut devenir », c'est vers un Modèle éternel qu'un démiurge, évoquant l'opposition entre synchronie et diachronie en « architecte » de l'Univers, a regardé.

Au moment où, dans sa bonté, le démiurge place « l'intelligence dans l'âme et l'âme dans le corps », l'intelligibilité originelle est celle d'une immanence spatiale dont les propriétés latentes seront transformées par la durée en êtres et en sentiments. Le divin géomètre donne aussi de la sorte essor à la diachronie des nombres : c'est sur « le tout doué d'intelligence » que se doivent régler les parties. Rien ne se multiplie que selon l'ordre divisant l'Univers, dont l'essence est d'abord unique. Il faut que l'éternité du Modèle soit féconde pour que le Démiurge fabrique le réel.

Timée raisonne ainsi : « C'est évidemment corporel, visible et tangible que doit être ce qui est devenu ; mais, séparé du Feu, rien ne saurait jamais être visible, pas plus que tangible en l'absence de quelque solide, et pas de solide sans Terre, aussi est-ce de Feu et de Terre que, lorsqu'il commença de le constituer, le dieu voulut fabriquer le corps de l'Univers. »

Contradiction entre la prééminence d'abord affirmée des propriétés abstraites de l'espace et l'importance aussitôt accordée à deux « Éléments » concrets dans l'espace ! Elle se résoud dans un système d'équivalences rapportant le Feu-Lumière au plus simple des polyèdres visibles, le tétraèdre, et la Terre au plus commun des polyèdres réguliers tangibles, le cube. Puis, comme l' « indissoluble » est composé de quatre Éléments, les deux autres, l'Air et l'Eau, seront l'octraèdre et l'icosaèdre. Il faut en effet que les quatre éléments soient relatifs entre eux selon des « proportions parfaites ». Grâce à elles, entre trois objets « le moyen a cette propriété que ce que le premier est à lui-même, lui-même l'est au dernier ». Si, sur une surface plane, une seule « médiété eût suffi », dans l'espace – dans la nature « solide » – il en faut deux. Si bien qu'entre le

Feu et la Terre, le dieu place comme intermédiaire l'Eau et l'Air, et de leurs rapports mutuels, dans la mesure du possible, il réalise une proportion, ce que le Feu est à l'Air, l'Air l'étant à l'Eau, et ce que l'Air est à l'Eau, l'Eau l'étant à la Terre; les unissant d'un tel lien, il constitue un Univers visible et tangible. Et c'est par ces procédés et à partir de ces éléments, ainsi faits et au nombre de quatre, que le corps du monde a été engendré, mis d'accord sur la proportion; l'amitié lui est venue de ces conditions, si bien que, rendu à soi-même unanime, le voilà indissoluble par tout autre que Celui qui l'a uni.

Cette partie du discours n'a pas cessé d'être un casse-tête mathématique. Que faut-il retenir de ces quatre polyèdres pour écrire une équation telle que :

$$\frac{\text{Tétraèdre}}{\text{Octaèdre}} = \frac{\text{Octaèdre}}{\text{Icosaèdre}} = \frac{\text{Icosaèdre}}{\text{cube}}$$

Ni les quantités de sommets, de faces ou d'arêtes, ni d'autres relations évoquées dans la suite du texte ne lèvent la difficulté.

Elle a tant retenu l'attention des commentateurs qu'on peut se demander si, à force de tant s'attacher à ce problème géométrique, ils n'ont pas été détournés d'en étudier un autre non moins embarrassant. Après avoir parlé de proportion entre les éléments, Timée en dit que « la totalité de chacun fut prise pour la constitution du monde ». Si Feu, Air, Eau et Air sont partout dans le monde, comment l'entendre de polyèdres?

Timée achève son modèle d'univers en le rendant sphérique, figure par excellence semblable à elle-même et donc parfaite : comme « il y a mille fois plus de beauté dans le semblable que dans le dissemblable, la polissure de tout le contour fut du dernier fini parce qu'il n'y a rien au-delà ». Puis, au bout ainsi achevé, le Démiurge attribua « en fait de mouvement celui qui était approprié à son corps, entre les sept mouvements, celui qui est le plus en rapport avec l'intelligence et la réflexion ». Six de ces mouvements sont précisément indiqués comme étant avant, arrière, gauche, droite, haut, bas, le septième étant circulaire; ce dernier est le propre de l'univers global, que les six autres particularisent, et le seul qui, dans sa totalité, « soit incapable d'errer dans toutes leurs directions ».

A ce point de l'exposé platonicien, on peut se demander si son apparent défaut de logique ne vient pas de ce qu'on en a abordé les difficultés l'une après l'autre au lieu de les traiter toutes ensemble à partir de la dernière : le monde sphérique est exempt d'erreur parce que les six mouvements lui sont non extérieurs, mais intérieurs. Quel rapport peut-on établir entre ces six mouvements et les polyèdres constitutifs du monde? La suite du *Timée* peut aider à le trouver.

Après avoir rappelé que ce « tout bien poli et sans inégalité de surface » a été « calculé » par le Dieu qui est toujours, en vue de convenir au « Dieu qui attendait d'être », Timée entreprend de parler de l'Ame du Monde. Ce n'est pas que cette Ame soit seconde ni en importance ni en âge pour être traitée en deuxième lieu, c'est eu égard à notre entendement d'hommes « dont le hasard et l'aventure sont assez le partage » que le corps a été regardé avant l'âme qui pourtant est née avant lui et le commande. Or cette âme est dialectique par sa nature, harmonique par sa structure et motrice par sa fonction, laquelle la rend en outre cognitive dans la mesure où son mouvement (circulaire lui aussi) la met successivement au contact d'objets dont elle fait reconnaître identités et différences.

La dialectique de l'âme s'exerce entre le Même et l'Autre – entre l'indivisible qui se conserve et le divisible en devenir – et, de ce mélange obtenu en contraignant l'Autre pour l'unir harmoniquement au Même –, le Démiurge fait surgir une forme intermédiaire de réalité. Triple combinaison, structurée par une harmonie, comme celle de la musique, et commandée par la suite de sept nombres dont l'Égypte et Chaldée nous ont appris l'importance : 1, 2, 3, 4, 9, 8, 27; les quatre derniers élèvent les quantités 2 et 3 au carré ou au cube et sont séparés d'intervalles à combler à l'aide de médiétés harmoniques et arithmétiques. Les commentateurs s'accordent à y voir l'expression d'une gamme où la quarte et la quinte se situent entre la tonique et l'octave, et font valoir un intervalle restant « ayant ses termes dans le rapport du nombre deux cent cinquante-six au nombre deux cent quarante-trois ». Ces calculs n'ayant pas donné lieu à débats, nous retiendrons de commentateurs unanimes l'importance qu'ils accordent aux fractions 4/3 et 3/2 dont le rapport donne 9/8, c'est-à-dire l'intervalle du ton platonicien entre la quarte et la quinte. Sans donc nous demander ce que ces quantités veulent dire pour Timée, nul n'en ayant douté, il nous faudra résoudre une difficulté dont on ne s'est pas encore inquiété : si l'âme commande le corps, comment la structure quantitative engendrant la gamme peut-elle avoir aussi produit les polyèdres élémentaires et ces « médiétés » qui les relient les uns aux autres?

On constate, à mesure que se déroule le texte platonicien, que se généralise aussi un problème auquel une réponse unique devrait valoir, du même coup, pour les détails laissés chemin faisant à leur ambiguïté. Écoutons Timée jusqu'au bout. Il nous dit des mouvements de l'âme que la révolution intérieure fut divisée en six pour en faire sept cercles. Ce point, éclairci depuis longtemps, se rapporte aux cieux des planètes. Mais demeure obscur le point de savoir comment ces mouvements peuvent être égaux en nombre aux six autres rapportés aux errements humains. Timée en vient ensuite à des considérations sur le temps : les planètes en sont l'instrument dont « le déroulement est rythmé par le nombre ». Platon, d'abord géomètre, parle ensuite en arithméticien; et dès lors que l'âme – grâce à laquelle le temps entre dans le propos – est de nature primordiale, la diachronie du nombre doit être consubstantielle au Modèle synchronique regardé par le Démiurge pour remplir l'espace de polyèdres. En outre, il faut souligner que la différence entre cette diachronie et cette synchronie se mesure à des manières de s'exprimer que Timée explicite ainsi : « Le Temps est né avec le ciel et il a été fait sur le modèle de la nature éternelle, afin d'y être au plus haut point ressemblant dans la mesure du possible. Le modèle en effet de toute éternité, il est, lui, au contraire, d'un bout à l'autre du temps tout entier, *a été, est et sera.* »

Cette conjonction du temps à l'espace permet de créer le vivant. Il y en a de quatre espèces; « la Première est l'espèce céleste des dieux, la seconde l'espèce ailée qui parcourt les airs, la troisième l'espèce aquatique, la quatrième celle qui a des pieds et vit sur la terre ferme ». Revoici donc une classification quaternaire, dont la première classe, valorisée, comprend tant les dieux-astres que ceux de l'Olympe, autant de dieux non absolument parfaits : immortels, ils ne sont pas éternels. Ils sont apparentés au Feu et associés par le Démiurge au reste de son travail créateur. C'est par les soins de ces dieux « seconds » et selon les ordres qu'ils ont reçus que l'âme est unie au corps des hommes mortels. Hélas, ces derniers, gens de la terre, sont passibles de six mouvements, dont trois sont contraires aux trois autres. Ainsi sujets de sensations contradictoires, il le sont aussi d'erreurs et de déraisons, et ce n'est pas sans peine que les harmonies essentielles (présentes aussi en eux, mais « tordues de toutes sortes de torsions »), trouvent leurs retours vers le bon sens.

Comme il serait trop long ici de suivre ligne à ligne le discours de Timée, nous en abrégerons la suite et y sommes autorisés par Platon : après avoir créé les dieux, le démiurge « rentra dans le repos conforme à son genre d'être »; il laissa la suite des tâches à ses enfants divins qui, « ayant compris l'ordre de leur père, y obéissent ». Mais si ces derniers imitent et s'ils procèdent aussi par portions et proportions ils, ne les unissent pas tout à fait aussi bien dans ce qu'eux-mêmes fabriquent, ils le font en effet non « au moyen des liens indissolubles qui les tenaient eux-mêmes unis », mais seulement avec des « joints serrés » en des corps soumis à perpétuels « flux et reflux ». Deux leçons se dégagent ainsi. La première est que l'univers des immortels (celui du Feu et donc du tétraèdre) est d'une « nature » supérieure à celle des trois autres. La seconde est que, l'action du « dieu qui est » n'étant plus qu'indirecte, la construction du monde se poursuit par approximations qui s'éloignent toujours davantage de la rigueur initiale. Le démiurge éternel a fait du Modèle et du Temps une somme parfaite de principes que les Immortels respectent de leur mieux, mais non parfaitement.

Un exemple de cette perte de rigueur nous est fourni par ce que Timée dit de la tête de l'homme : elle en est la plus noble partie parce qu'elle est presque sphérique, alors que pieds et mains servent aux six mouvements errants. User si librement d'analogies peut rendre raison de tout : le haut étant le léger et le bas le lourd; le feu étant le chaud et la terre le froid. On peut rattacher aux six mouvements et aux quatre éléments des théories physiques ou physiologiques. Ces dernières, par exemple, incluront des transformations comme celle de chaud en froid ou d'air (une vapeur) en eau et d'eau en glace, laquelle est pour Platon une forme de terre. Plus on s'éloigne de l'action directe du démiurge, plus aussi le contingent entâche la perfection. Le foie reflète les « images » pures ayant siège dans la tête; il en fait des « imaginations » auxquelles il mêle éventuellement une amertume à couleur de bile. Au lecteur moderne, le chemin paraîtra bien long entre le Modèle initial et un organe de la digestion qui elle-même, nous dit-on, si elle était trop prompte, rendrait l'espèce humaine étrangère à l'harmonie initiale et indocile à ce qu'il y a de plus divin du côté de la philosophie et des Muses. Mais, sur ce long parcours, Timée multiplie les étapes : en chacune d'elles, la fin garde quelque vague et suffisante ressemblance avec ce qui en marque le début : métonymies, métaphores, toutes autres formes de raisonnements analogiques seraient donc fondés en logique.

Dans cet esprit, il faut considérer ce que Timée expose à propos des transformations dont l'existence témoigne. Reprenons donc le cas précédemment cité d'un Air devenant Eau et d'une Eau devenant Terre : comment un octaèdre deviendra-t-il un icosaèdre et ce dernier un cube ? Dans la Seconde Partie de son discours, Timée retient que tous les polyèdres rassemblent en leurs faces des triangles. Cela se voit immédiatement des trois premiers, composés de triangles équilatéraux ou isocèles, et si les faces d'un cube sont carrées, Platon les regarde comme la somme de quatre triangles rectangles isocèles produits par les deux diagonales. Dès lors, la recherche d'un composant commun conduit à des triangles rectangles pouvant être juxtaposés en triangles isocèles ou équilatéraux. Timée choisit de ces derniers ce qu'il en faut pour construire les différents polyèdres, et montre que les propositions entre les assemblages ainsi faits obéissent aussi aux prescriptions de l'harmonie. Quant à changer un polyèdre en un autre, on le fera en décomposant le premier, en libérant ainsi les composantes indispensables au second.

Mais comment, avec des plans, fabriquer des solides ? Platon traite des triangles vers le milieu de son discours où, après avoir parlé du « dieu qui est » et du « dieu qui devient », il évoque un troisième genre d'être : le Réceptacle contenant tous les triangles là « où tout est contenu », mais à l'état informe. Ce constat explique l'équivalence entre éléments et polyèdres qui, constitués de triangles ajustés dans les trois dimensions de l'espace donnent formes « solides » aux formes planes d'épaisseur nulle. La densité des éléments viendrait donc de ce que les polyèdres enferment, et que Platon compare à une cire molle. Le démiurge s'inspire du Modèle pour modeler un Réceptacle dont la matière est triangulaire. Prenant le texte de Platon au pied de la lettre, nous savons maintenant quel Modèle le démiurge avait sous les yeux : un ensemble de règles permettant de construire des polyèdres à l'aide de triangles.

Nous ne modéliserons évidemment pas la physiologie du Timée, les fonctions métaphoriques de son foie ni la forme analogique de sa tête. Dans ce récit mythologique, ces propos confirment seulement combien grandit la marge de liberté donnée au discours quand son contenu s'éloigne d'origines cosmiques, seules propres à refléter des structures constantes. Le fossé entre mythe et science s'élargit alors d'autant plus.

Inutile, par ailleurs, de revenir sur l'équivalence entre les six orientations de l'espace et les arêtes d'un tétraèdre. Quant au septième « mouvement », circulaire, il évoque la sphère où peut être inscrit n'importe quel polyèdre régulier; seul le tétraèdre conserve cette propriété en devenant irrégulier, comme il se doit de l'être pour entrer en composition de tout autre solide. S'explique ainsi que le démiurge tantôt nous est dit associer les dieux tétraèdriques à son œuvre, tantôt qu'il leur en abandonne les prolongements imparfaits. Enfin, la réunion des considérations ci-dessus suffira à rendre intelligible que toutes formes polyèdriques puissent coexister dans l'espace pourvu seulement que le tétraèdre soit à la fois lui-même et l'ensemble de règles que les fils divins du démiurge eurent à observer de leur mieux (cf. schémas XVIII et XIX, pages 188 et 189).

N'en est alors que plus préoccupant le problème encore non résolu aujourd'hui des « médiétés » platoniciennes. Or, il suffit de traiter sommets et faces non seulement comme formes géométriques, mais comme équivalents numériques de formes dont cesse d'importer qu'elles soient « solides » (S) ou planes (P), pour obtenir l'équation suivante impliquant deux médiétés :

$$\text{Feu/Terre} = 4S/8S = 4P/8P = 6S/12S = 12S/24P = 1/2.$$

Cette solution nous satisfait en confirmant ce que nous avons dit d'un calcul chaldéen ramenant au plan les dieux de l'univers tridimensionnel. Elle est surtout la plus historiquement plausible. Il ne serait pas vraisemblable, en effet, que Timée ait attaché tant d'importance aux polyèdres et en s'en expliquant fort peu, si lui-même et ses auditeurs n'avaient pas été des plus familiarisés avec de tels objets. Nous en croirons ceux qui nous disent que les artisans grecs en fabriquaient à perfection pour des sages qui les manipulaient tout en raisonnant. Les quatre premières lignes du tableau montrent en outre combien il était aisé de constater que les nombres de sommets ou de faces (avec la correction requise pour le cube) s'obtiennent tous en multipliant deux à deux les quatre premiers nombres. Pour mieux le faire valoir, plaçons ces nombres sur les faces d'un tétraèdre. Après tout, Platon pourrait bien avoir fait lui-même cette conjonction entre tétraèdre, « dieu qui est », et les nombres, « dieu qui devient ». Ses arêtes multiplicatrices (puisqu'elles articulent plan à plan) produisent, pour quatre d'entre elles, 4, 6, 8 et 12. Quant aux deux arêtes restantes, nous prendrons à notre seul compte que, valant 2 et 3, elles donnent pour valeur à leur angle le fameux 2/3

SCHÉMA XVIII : PLATON GÉOMÉTRIE ET HARMONIE

	Nombre de faces	de sommets	Nature des faces	des sommets
Tétraèdre	4	4	triangles	trièdres
Octaèdre	8	6	triangles	tétraèdres
Icosaèdre	20	12	triangles	pentaèdres
Cube	6	8	carrés	trièdres
Dodecaèdre	12	20	pentagone	trièdres

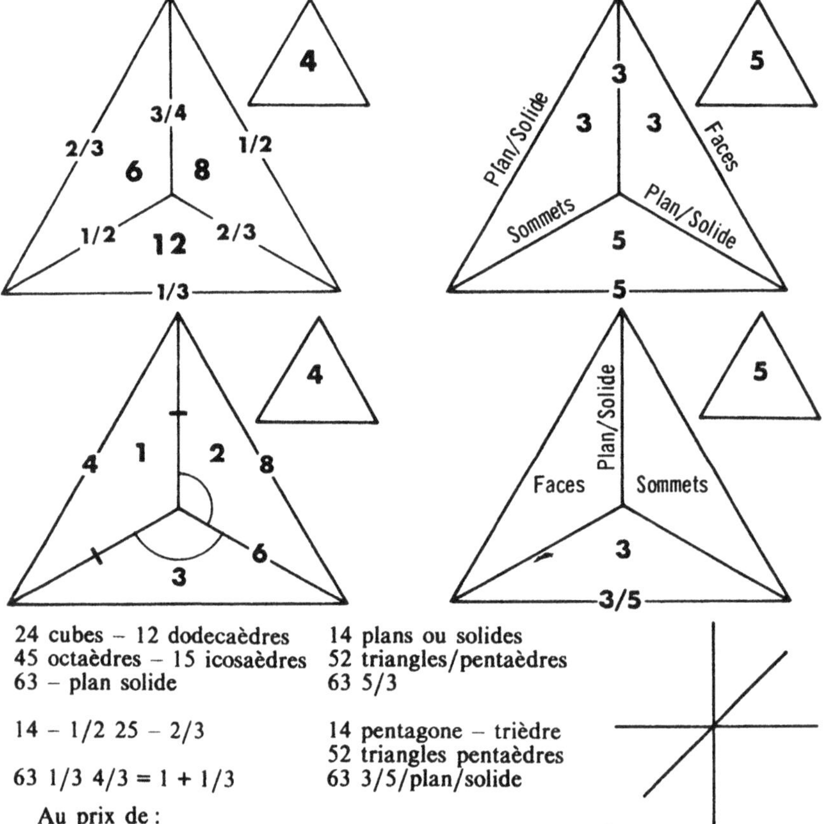

24 cubes – 12 dodecaèdres   14 plans ou solides
45 octaèdres – 15 icosaèdres 52 triangles/pentaèdres
63 – plan solide   63 5/3

14 – 1/2 25 – 2/3   14 pentagone – trièdre
    52 triangles pentaèdres
63 1/3 4/3 = 1 + 1/3   63 3/5/plan/solide

Au prix de :
1) changement d'équivalences entre éléments M2, M1.
2) substitutions sémantiques.

N.-B. 3/5 correspond à Seth/Nephtys.

Remarque : Construit – invariable ou variable – ou en construction – irrégulière – le tétramorphe situe, exprime ou produit des opérations classificatrices ou arithmétiques.

SCHÉMA XIX : DIÈDRES CHOSES OU QUALITÉS

A)

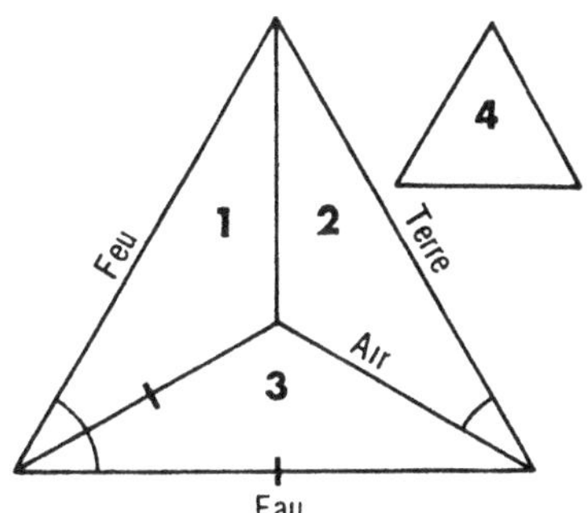

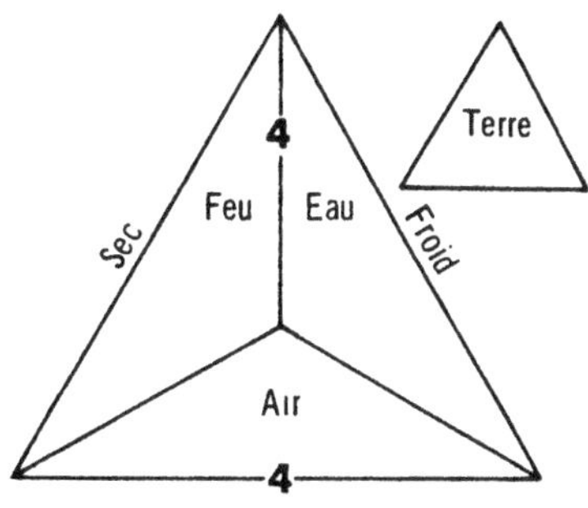

B) *Médiétés* selon l'interprétation rappelée par A. Rivaud.

dans le plan

dans l'espace deux et seulement deux
entre les contenus
AINJF et le contenant
AEGB suffit entre AEFI et ANBC

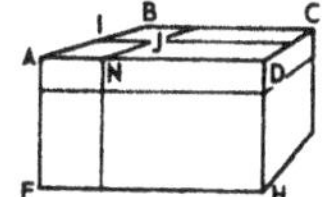

Ce carré et les faces du cube sont
analogues aux dallages des algébristes
chaldéens.

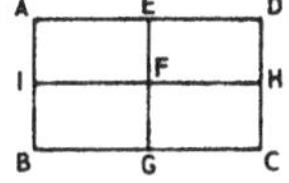

C) Ce qu'eut put être le Modèle I si Platon avait fait état du dodécaèdre.

La transformation A) est celle allant de Platon à Aristote.
La transformation C) annonce l'histoire de l'Alchimie depuis Thot-Hermès jusqu'à Raymond Lulle.

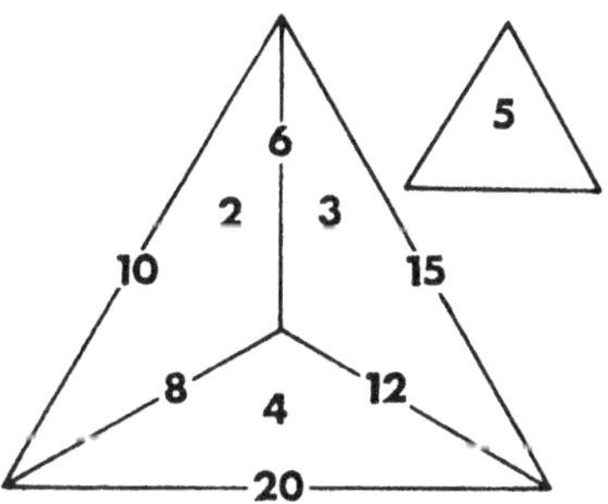

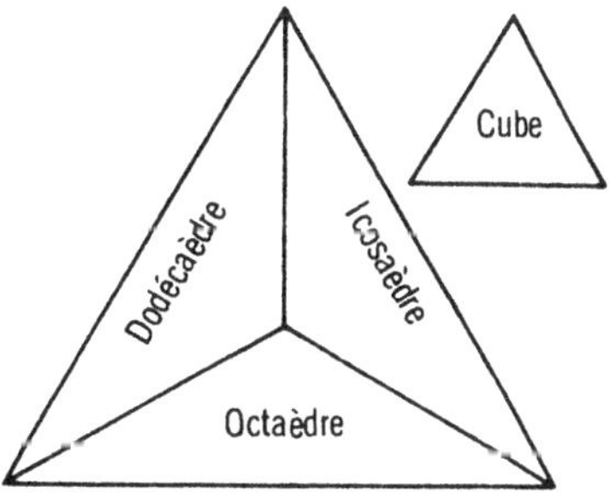

dont nous avons appris l'importance ailleurs et dont nous reparlerons en termes grecs.

En attendant, poursuivons la modélisation hypothétique d'évidences concrètes inscrites dans les deux dernières colonnes du Schéma, et utilisons notre tétraèdre pour marquer deux différences : entre sommet et face et entre 3 et 4, les quatre éléments trouvant chacun place sur un des triangles. En outre, et comme dans la théorie d'Empédocle, les dièdres non numériques traduisent métaphoriquement de manière rigoureuse les deux incompatibilités sec-humide et froid-chaud. Qu'au lieu de traiter les dièdres en multiplicateurs, on les regarde comme ce qu'ils peuvent être aussi : des rapports, alors ils deviennent les 1/2, 1/3 et 3/4 de la gamme platonicienne dont 9/8 donne le ton. Que Platon n'ait pas procédé comme cela ne l'empêcha certainement pas de remarquer de si frappantes propriétés des nombres.

Supposer ce que Platon a pu faire ne nous importe que pour tirer les conséquences d'un possible, et pour ouvrir un chemin vers l'après Timée. Ce dernier, en effet, ne dit rien d'un cinquième polyèdre lui aussi platonicien : le dodécaèdre, connu peut-être trop tard par Platon, mais assurément peu après lui. Il trouvera sa place dans la cosmogonie où il sera l'Ether, élément le plus élevé et le plus pur dans la sphère divine dont il entretient le mouvement. Mais aussi en fera-t-on la Quintessence, garante de la conservation essentielle des choses. Cette signification double se retrouvera à l'époque de Newton dans les deux sens du mot éther : « matière subtile commençant aux confins des cieux et en occupant toute l'étendue », et la « plus volatile des huiles » que la chimie puisse extraire. Comme médiateur entre ciel et terre, l'éther est de même dualisme que le tétraèdre platonicien : organisateur divin en même temps qu'un des quatre Éléments entrant dans la composition des choses matérielles. On ne s'étonnera donc pas si, au cours des siècles, le tétraèdre ait pu échanger ses fonctions avec celles virtuellement offertes au dodécaèdre, jusqu'au moment où Copernic placera la Lumière non au plus haut du ciel, mais au plus près de son centre.

Abordons ce problème que la seule référence à Platon rendrait anachronique, mais que pose pertinemment la nature synchronique de nos « constantes structurelles ». Ce dont Timée, venu trop tôt, ne parle pas, n'importe qui après lui eût pu le faire à condition de ne pas se soumettre trop littéralement à l'autorité des Anciens : traiter le tétraèdre seulement comme un organisateur universel et central et laisser au dodécaèdre la place du Feu, place lui convenant bien puisqu'il a lui aussi des trièdres pour sommet. Nous pouvons même raffiner notre modélisation afin qu'y apparaisse le 5 du pentagone ou pentaèdre : il suffit que les faces de notre modèle vaillent 2, 3, 4, 5. Le 1 et le 2 disparaissent des arêtes, mais au profit du 10 et du 15 dont la Chaldée nous apprit l'importance dans les rapports entre dieux du ciel et terre des hommes. Quant au 1 qu'on peut craindre de négliger, il deviendrait alors au centre du tétracanthe l'image de Ra rendu époux de Nout, ou image de leur fils Osiris, « seigneur de toutes choses ».

Nous venons de tricher avec le texte platonicien, mais non pas avec les propriétés de notre modèle synchronique, puisque les « possibles » ainsi évoqués deviendront réalité historique avec l'homonculus d'époque immédiatement prémoderne. Notre problématique s'en est enrichie et nous permettra de situer logiquement l'origine des longs et parfois sanglants débats qui opposeront aux aristotéliciens d'ère chrétienne les lecteurs d'Hermès Trismégiste.

Angles-dieux et ciel zodiacal

Dans les *Topiques* (traduction Tricot, Paris, Vrin, 1930, p. 236), Aristote s'exprime ainsi : « Dire que la définition n'a pas été constituée au moyen de termes plus connus peut se comprendre de deux façons : ou bien on suppose que ses termes sont moins connus au sens absolu, ou bien on suppose qu'ils sont moins connus pour nous, car les deux cas peuvent se présenter. Ainsi, au sens absolu, l'antérieur est plus connu que le postérieur : par exemple, le point est plus connu que la ligne, la ligne que la surface, et la surface que le solide; comme aussi l'unité est plus connue que le nombre, car elle est antérieure à tout nombre et principe de tout nombre. Et de même encore, la lettre est plus connue que la syllabe. Mais quant à ce qui est le plus connu pour nous, c'est parfois l'inverse qui se produit. C'est en effet le solide qui tombe avant tout sous le sens, et la surface plus que la ligne, et la ligne plus que le point, car la plupart des hommes connaissent d'abord ces notions-là. N'importe quelle intelligence ordinaire peut les comprendre, tandis que les autres exigent un esprit pénétrant et hors de pair. »

Cette contrariété n'a pas préoccupé qu'Aristote; elle donna lieu à des millénaires de réflexions et d'embarras. Il est plus facile de considérer le point comme l'intersection de deux droites que comme un « quelque chose » sans dimensions et qui pourrait pourtant s'ajouter à lui-même pour former une ligne. En revanche, si la ligne peut être obtenue par l'intersection de deux surfaces, dira-t-on d'une surface qu'elle est l'intersection de deux solides et, dans ce cas, qu'est-ce que l'espace? Aristote se réfère aussi aux nombres; mais que penser de l'unité? Est-ce celle du Tout ou bien de sa plus infime partie; et, dans ce cas, s'agit-il d'un atome ou d'un rien? On ne voit la raison à son aise que dans la « phase moyenne » du débat : celle où des surfaces peuvent d'une part enfermer un volume et, d'autre part, se recouper en lignes. Cela se voit sur des solides, leurs faces et leurs arêtes, lesquelles en outre peuvent se rejoindre en sommets.

Sur un sujet semblable nous sont parvenus des fragments de Proclus de Lycie, néo-platonicien du Ve siècle, et auteur d'un *Commentaire* sur le Premier Livre d'Euclide. En voici des extraits qui ont le plus désorienté l'exégèse (Librairie scientifique Albert Blanchard, 1948, pp. 117 et suivantes) : « L'angle est le symbole de la cohérence existant dans les créations divines » dont la fonction est de « rassembler les choses divisibles à l'état d'unité », de rendre impartageables les choses partageables et les choses multiples à ce qui les réunit ensemble. « C'est la raison pour laquelle les Oracles appellent les assemblages angulaires de figures des cohérences... conjonction divines par lesquelles les choses séparées ont de la connexion entre elles. » Proclus précise que les angles en surface représentent « les unions plus immatérielles » et ceux des solides des « unions qui s'étendent jusqu'aux choses infimes ». Cette dernière distinction n'est compréhensible que si on donne au mot « chose » une signification matérielle : l'angle plan résulterait d'une abstraction; le trièdre serait le plus simple des angles solides donnant une image directe du concret. S'il en est bien ainsi, la nuance est de grande portée : logiquement, la géométrie traite d'abord de figures planes extraites d'un « réel » tel qu'on le voit, le touche ou le ressent. Mais, dans ce cas, un angle polyèdre présente la difficulté soit des arêtes sans limites qui se prolongent dans les obscurités de l'infini, soit des arêtes de longueur donnée dont alors les extrémités sont les sommets d'une figure close : le trièdre, par exemple, serait à considérer comme un sommet de tétraèdre.

Ces propos sont relatifs aux angles « rectilignes » dont les côtés sont en ligne droite. Proclus en considère d'autres : angles « cornus » quand deux courbes se rencontrent, « mixtes » quand une droite rencontre une courbe! Sur ce point, nous ne commenterons pas ici Proclus, sauf à noter ce que l'on sait depuis longtemps : il ne se pose pas la question de savoir comment interpréter la nature de tels angles dans la proximité infiniment étroite de leur sommet. Ce problème sera un des plus difficiles de la mathématique moderne. Une autre distinction importe bien davantage : il existe trois types d'angles rectilignes : droit, aigu, obtus. Le premier est considéré à part, les deux autres le sont conjointement. A ce propos, Proclus se réfère aux Pythagoriciens et les approuve d'identifier l'angle droit à ce qui est « droit, inflexible, invariable »; ce sont « les causes pures des arrangements divins » et la « providence invariable des choses inférieures ». A juste titre, ajoute-t-il, les Pythagoriciens exhortent l'âme à faire retour à son origine, d'après cet aspect inflexible de l'angle droit, en ne penchant pas plus vers ceci que vers cela et en ne sympathisant pas plus avec telles choses et moins avec telles autres; car le partage de la sympathie fait descendre dans l'erreur matérielle et dans l'indétermination. Comme les dieux et comme l'univers, la morale s'exprime dans des propriétés angulaires. Et si l'opposition obtus-aigu est constante, l'un et l'autre sont des inconstants.

Ces angles aigus ou obtus et leur différence, Proclus, comme Socrate dans *La République,* les rapporte aussi à une cause procédant de l'infini, « bien qu'ils soient des effets » inférieurs et binaires. Certes, Euclide définit l'obtus et l'aigu « par relation avec l'angle droit », de la même manière que des choses inégales ont l'égalité pour mesure. C'est que des géomètres n'ont pas à expliquer pourquoi existent trois sortes d'angles. En revanche, les Pythagoriciens se réfèrent à des « causes pures d'arrangements divins ». Angles aigus ou obtus sont variables, peuvent être égaux entre eux, mais non nécessairement. « Ils disent les réserver aux dieux de l'accroissement, à ceux du mouvement et à ceux qui procurent la variété des puissances. »

Que signifie ce mot « puissance »? Proclus ne le précise pas, mais il l'illustre. « L'obtus est l'image de l'extension des formes entièrement sans repli. » Il franchit en effet l'angle droit pour s'étendre d'un côté à l'autre.

« L'aigu ressemble à la cause distinctive et motrice de l'universalité des choses. » Le propos est obscur, sauf à considérer que l'angle aigu introduit la plus fine des distinctions entre deux côtés rapprochés, et qu'il peut aussi bien signifier la première manifestation d'un mouvement tournant. En tout cas, à la différence de l'angle droit – qui est « limite d'être » et « semblable à la substance » –, les angles aigus et obtus relèvent de l' « accidentel », c'est-à-dire du concret et du sensible; ils « admettent le plus et le moins et ne cessent jamais de se transformer de manière indéfinie ».

Puis, après avoir dit de la perpendiculaire qu'elle est « symbole de puissance pure... divine et intellectuelle », Proclus cite Philolaos, de près de huit cents ans son aîné – disciple de Pythagore le Samosate, dont on ne s'étonnera pas qu'il pense à la chaldéenne et auquel Platon attacha assez d'importance pour acheter ses manuscrits laissés à des héritiers. Or non seulement Philolaos affirme que « tout ce que l'on peut connaître a un nombre; sans celui-ci, nous ne comprenons rien et ne connaissons rien », mais il s'exprime ensuite de telle sorte que les angles du carré soient porteurs de trois dieux quand ceux du triangle en contiennent quatre. Paradoxe dont Paul Tannery a poussé assez loin l'élucidation (*Mémoires scientifiques*, Paris, 1925, tome V) pour nous permettre une modélisation.

Un tétraèdre peut être écrasé sur un plan de deux manières, de telle sorte qu'en résulte soit un carré, soit un triangle. Dans le premier cas, aucun doute : l'angle du carré contient les trois angles du trièdre qui lui correspond. Mais, dans le second cas, de quel droit parler de quatre angles quand n'en apparaissent encore que trois? Proclus va nous sortir d'embarras.

Il écrit en effet : « l'auteur (Euclide) des *Éléments* paraît avoir fait la distinction... en considérant que tout triangle n'est pas trilatère, attendu qu'il y a des triangles quadrilatères, que d'aucuns disent lancéolés ». La seconde des figures ci-après dessine ce que Zénodore (au IIe siècle avant Jésus-Christ) appelle triangle à angle concave, appellation ambiguë puisque si l'on compte trois angles internes, il en existe un quatrième, externe. L'ensemble ainsi constitué revient à attribuer quatre angles à chaque angle des triangles a, b, c, comme le fait la figure suivante.

Les angles au centre sont effectivement à répartir entre les trois triangles désignés par les trois sommets a, b, c, ou par l'arête opposée :

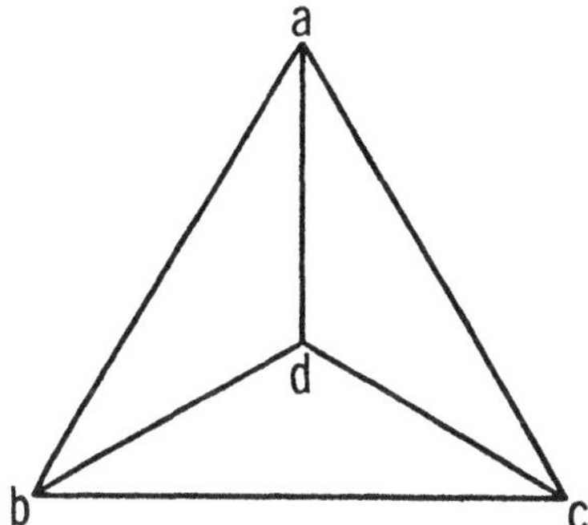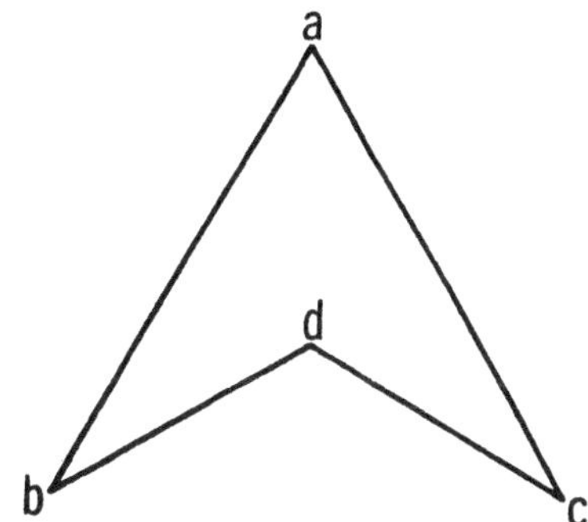

l'angle a d c est le double « lancéolé » ou externe de l'angle c a b du
« bilatère » a b c.

Donnant raison à Paul Tannery d'avoir pensé aux douze dieux
zodiacaux, nous nous servirons comme lui de l'astrologie médiévale et de
sa tripartition par carré des douze mois (ci-dessous en chiffres arabes) en
quatre « saisons » : I, Feu; II, Terre; III, Eau; IV, Air, passant pour
correspondre chez les Chaldéens à des points cardinaux. Nous obtenons
ainsi les trois carrés (A, B et C) familiers aux astrologues p. 196 :

A : Aries (I, 1); Cancer (IV, 4); Libra (III, 7); Caper (II, 10);
B : Taurus (I, 2); Léo (I, 5); Scorpius (IV, 8); Amphora (III, 11);
C : Gémini (III, 3); Virgo (II, 6); Arcitenens (I, 9); Pisces (IV, 12).

Cette répartition, conforme à un poème astrologique de Camateros, a
l'inconvénient de faire des Poissons un signe d'Air; elle a l'avantage de
rendre l'été chaud et sec. Si (comme la tradition astrologique le fait,
semble-t-il, prévaloir) on rend les Poissons à l'Eau, c'est le Verseau qui
devient (malgré son symbole fait de rides liquides) un signe d'Air, et le
printemps devient plus sec que l'été; ces deux versions sont moins
contradictoires qu'il n'y paraît, l'Air ayant le principe Humide en
commun avec l'Eau. Cette ambiguïté n'affectant pas les considérations
qui vont suivre, nous resterons fidèles à l'option retenue par Paul
Tannery pour proposer les deux figures ci-après :

La figure de gauche (un M_2) représente les mutations de la matière
selon la Physique d'Aristote : les « contraires » s'excluent entre eux
(dièdres obtus marqués); les autres couples, combinant leurs qualités,

SCHÉMA XX : LES ANGLES DIEUX DE PROCLUS

A) Deux manières d'applatir le tétraèdre

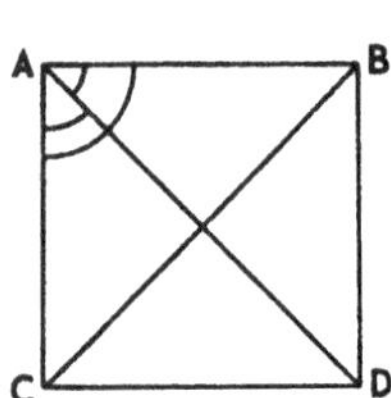
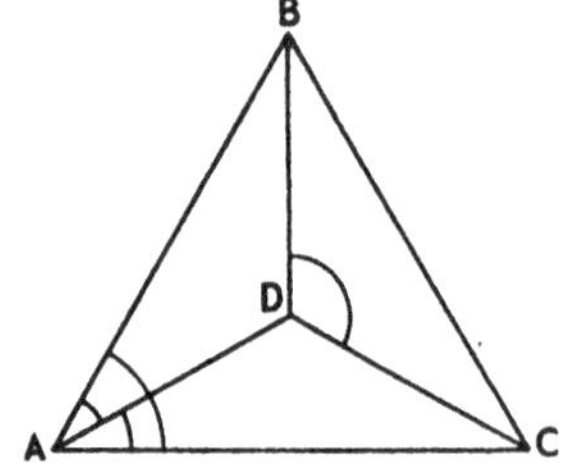

Trois angles au sommet du carré
Rhéa, Oemeter, Hestia

Quatre angles sur le triangle « lancéolé » ABC (O) plus Dyonysos

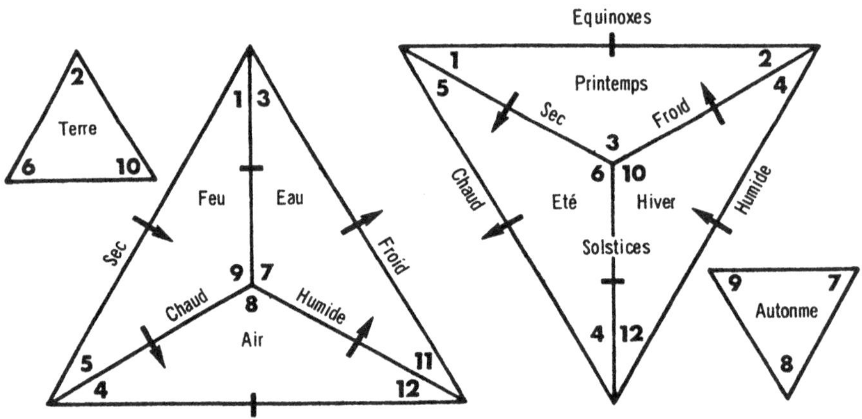

Cyclophonie des Éléments   Cycle des Saisons

Les trièdres de la figure de gauche deviennent triangles à droite.
Les Qualités chaud, froid, sec, humide se lisent dans les deux cas comme pour
Aristote. La figure de droite peut être un tétracanthe pour souligner l'identité des
deux équinoxes ou des deux solstices.

Angles dieux astres : 1 Aries, 2 Taurus, 3 Gemini, 4 Cancer, 5 Leo, 6 Virgo,
7 Libra, 8 Scorpius, 9 Arcitenens, 10 Caper, 11 Amphora, 12 Pisces.

sont constitutifs de la matière sous toutes ses formes et ils en définissent les mutations indéfiniment recommencées.

La figure de droite schématise le cycle des saisons et de leurs perpétuels retours. Cette seconde figure (un M'_2) est complémentaire de la précédente (un M_2) dont elle dérive par ce que la géométrie perspective appellera, au XIXe siècle, une transformation dualistique échangeant ici trièdres et triangles tout en respectant les arêtes dont les significations sémantiques peuvent en effet se correspondre de deux manières :

Selon l'une, dynamique, et non marquée sur la figure ci-dessus, le solstice entre hiver et printemps équivaut au Froid entre Eau et Terre; les autres correspondances situent le chaud à l'équinoxe entre été et automne; l'Humide et le Sec qualifient de même l'autre solstice et l'autre équinoxe. Selon la seconde manière, statique, plus subtile et retenue sur notre dessin dont elle souligne ainsi les propriétés synchroniques, on dira qu'existent des solstices d'hiver et d'été et des équinoxes de printemps et d'automne. Dans les deux cas se retrouvent les propriétés qu'Aristote attribue au principe du « contradictoire », qu'on ne peut surmonter qu'en paroles puisque la réalité interdit aussi bien une coexistence comme Feu-Eau qu'une contiguïté ou continuité entre deux saisons séparées par une troisième.

Reste à vérifier que nos références à l'astrologie chrétienne ou babylonienne valent aussi pour les Grecs. Proclus nous rassure. Il rappelle dans ses *Définitions* relatives au triangle que ce dernier, tant pour le Timée que pour les Pythagoriciens, est la « cause » des fabrications ou la « source » de la génération. Mentionnant ensuite que le triangle assure « communauté » et « connexion » à un « nombre » de lignes droites, il précise : « C'est donc à juste titre que Philolaos attribue aussi l'angle du triangle aux quatre dieux Kronos, Hades, Ares et Dyonisos ». Car, ajoute-t-il, en mentionnant « le haut du ciel » et les « quatre éléments du zodiaque », Kronos fait naître toute la substance humide et froide (donc l'eau) et Arès toute la nature ignée. D'autre part, Hades maintient toute la vie terrestre et Dionysos dont le vin, tout à la fois humide et chaud, est le symbole, régit la génération humide et chaude » (donc l'Air). Ces quatre dieux prennent effectivement place, sur n'importe lequel des trois triangles « lanceolés », des significations que nous avons précédemment désignées par III, I, II et IV, et telles que les « angles » où figure Dionysos, quoique « externes », occupent la place soit du feu (chaud), soit de l'Eau (humide), soit à leur conjonction l'Air, lieu aussi de la danse.

Quelques pages plus loin, après avoir remarqué que l'hypoténuse d'un triangle rectangle limite ou enferme l'angle droit (ébauche donc une transformation de M_1 en M_2) et attribué à l'angle obtus la « dimension » des éléments dont l'angle aigu assure la divisibilité, il se réfère encore, dans ses *Définitions* des quadrilatères, à Philalaos qui appelle « l'angle du carré l'angle de Rhéa, de Demeter et d'Hestia ». Il s'agit cette fois de déesses, mère comme l'épouse de Kronos, féconde comme la terre des moissons, ou gardienne du foyer comme celle qui deviendra la Vesta romaine. A titres divers, ces divinités sont sources de génération et donc des « causes » de communauté ou de connexions. A elles trois, elles occuperaient les faces de n'importe lequel des quatre trièdres du tétraèdre, trièdre devenant un triangle si ce M_2 projeté sur un plan y dessine une figure quaterne.

On peut supposer que les Pythagoriciens ont raisonné en ayant un « solide » à quatre faces sous les yeux; mais si l'érudition infirmait cette supposition, il serait plus remarquable encore que le fruit d'une pure inspiration soit si conforme à ce que nous appelons constantes structurelles.

Les indémontrables

Surabondants ou réduits à l'état de vestiges, les textes relatant les logiques aristotéliciennes ou stoïciennes et leur histoire ont été si bien élucidés qu'il suffit de respecter ce qu'en disent les experts pour procéder à nos modélisations. Seules ces dernières feront l'objet de quelques rappels préalables.

Tirant parti des leçons tant de Chine et d'Égypte que de Platon ou de Proclus, notre hypothèse sera que la vertu du mythe discursif et des langues alphabétiques est de faire valoir, sur notre modèle tétraédrique, des propriétés angulaires que laisse dans l'ombre le Yi-King, préférant le concret du destin aux prégnances émotives du surnaturel et aux abstractions requises par la démonstration. Nous partirons donc du principe que la logique d'Aristote est la plus proche de celle de Fo-Hi;

elle est, comme elle, synchronique et convint ainsi aux siècles romains et chrétiens jusqu'au moment où un Leibniz – tout en accordant grand intérêt tant aux « linéations » chinoises qu'à Empédocle ou à la Syllogistique – pourra employer son génie à promouvoir le formalisme opératoire. Dès lors aura été ouverte la voie qui conduit à redécouvrir la portée de l'axiomatique dont nous nous demanderons si Chrysippe – précoce théoricien des Indémontrables – ne l'avait pas formulée aux conditions déterminant la nature et la position des angles sur les trièdres constitutifs de nos tétramorphes.

Cette distinction peut aider à comprendre la vocation de l'aristotélisme. Quand son règne touche à sa fin, Buffon *(Premier Discours de l'Histoire Naturelle)* peut encore écrire de l'Histoire des Animaux qu'elle est « peut-être en ce genre » un hommage rendu à un génie de la classification (où la Chine aussi se distingue). Mais classer des formes de discours, n'est-ce pas apprendre d'où provient qu'il soit démonstratif? Autrement dit, l'ordre, selon Aristote, est conservateur.

Du syllogisme, on reconnaît aujourd'hui qu'il est un bon moyen de rendre convaincantes pour l'élève des connaissances déjà connues du maître, mais qu'il n'en est pas un de découvrir du nouveau. S'expliquerait ainsi que la logique d'Aristote ait convenu à des ères qui n'ont pu être innovatrices qu'en dépit de ce dogmatisme autoritaire.

Le même constat vaut pour sa mytho-physique qui choisit dans Empédocle ou Platon ce qui oppose le plus radicalement le ciel divin au monde sub-lunaire. Est ainsi justifiée la supériorité de l'homme libre ou du sage sur l'esclave ou sur l'artisan. Et la théorie des Éléments voudra qu'il n'y ait pas de centre jouant le rôle de carrefour dans une disposition quadrangulaire où les seules combinaisons possibles soient produites par contiguïté selon une cyclophorie condamnée à n'être que reproductrice. Nous l'interpréterons en disant qu'appliqué à l'aristotélisme, notre modèle tétraèdrique n'a pas de contenu central, donc pas de tétracanthe, figure exclusivement faite de trièdres et de leurs éléments angulaires. Ce serait impiété pour Aristote de croire qu'il y ait du divin dans la matière. Entre les deux sens que peut prendre le cinquième élément, son choix est fait : il ne peut être que céleste, donc extérieur au tétraèdre, entre lui et sa sphère.

Plus impérative encore sera l'incompatibilité entre les Qualités : le sec ne se mêle pas à l'humide, ni le froid au chaud. On ne saurait parler de degrés de température ni d'hygrométrie. Est encore impensable que puissent coexister des propositions contradictoires. On comprend qu'Aristote ait ainsi rendu condamnable toute référence à Hermès Trismégiste. Un tel absolutisme doctrinaire est une forme de piété, mais non celle dont le Stagirite aura été victime vers la fin de sa vie quand il s'exilera après qu'un prêtre de Cérès eut voulu le traduire devant les juges.

Pensant que nous avons déjà suffisamment parlé du système d'Empédocle, nous montrerons maintenant comment le syllogisme exclut toute modélisation triédrique, la seule possible quand nous aurons, ensuite, à traiter de logique stoïcienne.

Trièdres et tétraèdres se prêtent à tant de modélisations qu'on serait en droit d'espérer que les conditions imposées à leur construction sont respectivement homologues à celles de la validité du syllogisme et de la syllogistique. Or ce n'est vrai que de la seconde. Et pourtant on eût pu penser que les constituants binaires du trièdre conviendraient au mieux à modéliser ce genre de raisonnement. D'un côté trois propositions – deux Prémisses, majeure (M), mineure (m), et une Conclusion (C) – réunissant deux à deux trois termes – universels ou particuliers – par trois copules – positives ou négatives – de telle sorte qu'on a traditionnellement désigné les quatre types de propositions par les lettres A, E, I, O. D'autre côté, trois faces ou arêtes réunies deux à deux par trois dièdres ou angles, tous éléments soit aigus, soit obtus, et pouvant être supposés analogiques aux distinctions entre termes désignant des entités complètes ou incomplètes et des copules positives ou négatives. Mais, de quelque manière qu'on s'y prenne et quelque équivalence qu'on choisisse, rien ne vaut pour la totalité des quatorze cas retenus par Aristote.

Prenons l'exemple le plus simple, le syllogisme dit par les scolastiques en *Barbara* et considéré comme le générateur des autres. A serait le plus pertinemment face obtuse (la plus large) réunie à une autre semblable par un dièdre aigu (relation étroite) : l'ensemble forme un des trièdres le plus absolument inconstructibles. On ne réussirait pas mieux en modifiant les sémantisations. Qu'entre tant de possibilités on choisisse l'aigu pour dire universel ainsi que positif, alors on obtient aussi bien AAA ou AAE, – le second, une absurdité qu'on retrouve en substituant obtus à aigus. A varier de modes de lecture autant que de sémantisation, on trouve des solutions valant pour quelques modes, jamais pour tous. L'exercice n'est pas sans intérêt si l'on relit quelques-uns des si nombreux ouvrages consacrés au syllogisme en diverses époques : les difficultés de la modélisation correspondent à d'importantes remarques consignées dans ces textes théoriques. En voici une : le syllogisme en *Celarent* répond le mieux à une lecture conforme à la construction d'un trièdre telle que suggéré par sa généalogie associant faces et angles opposés; la lecture en devient irréaliste, mais on conçoit que des logiciens postérieurs à Leibniz aient remarqué que c'est seulement dans des propositions négatives que le prédicat est vraiment universel (Couturat, *La Logique de Leibniz*, pages 446 et *passim*).

Il est d'autant plus inutile d'insister sur ces singularités que la solution du problème ainsi posé nous vient d'ailleurs. Aristote, en effet, répartit ses quatorze Modes en trois Figures en comptant chacune quatre, quatre et six. Et si ses successeurs ont porté à quatre le nombre de ces Figures – où Leibniz situera vingt-quatre Modes pour satisfaire son goût de la combinatoire –, les deux derniers Modes aristotéliciens ont été finalement jugés de trop. En reste donc douze dont on s'aperçoit alors qu'ils sont aisés à répartir entre trois tétraèdres, de telle sorte que les propositions M, m et C soient à lire selon les trois manières de lire un angle : côté, côté, surface; côté, surface, côté; et surface, côté, côté. Si donc il est vraisemblable qu'Aristote – classificateur émérite – conçut pragmatiquement ses Modes à partir du discours avant de les répartir en Figures constitutives de la Syllogistique, c'est à cette dernière qu'il convient de se rapporter pour rendre intelligible le succès de sa théorie. Se trouve confirmée ainsi notre hypothèse que, pour comprendre la pensée du Stagirite, il convient – comme pour le Yi-King – de faire passer les conditions rendant un tétraèdre constructible avant la prise en considération des rapports qui en résultent entre ses éléments. Est ainsi tracé le chemin au bout duquel nous retrouverons comment des dispositions d'angles commandent celles des dièdres, ainsi qu'on pouvait l'attendre d'un système logique de type occidental.

Le tableau ci-après montre comment trois tétraèdres portent pertinemment chacun quatre des douze Modes concluants :

AAA, EAE, AII, EIO,
EAE, AEE, EIO, AOO,
IAI, AII, EIO, OAO.

Comparer les trois modèles ainsi sémantisés permet d'énoncer les règles aristotéliciennes de la transformation d'une Figure en une autre. De la première à la seconde, la Majeure ne change pas, la mineure devient Conclusion, le positif, négatif, et vice versa. De la première à la troisième, c'est la mineure qui se conserve, la Majeure devenant Conclusion, le général particulier, et vice versa. Transcrites sur un seul modèle, ces règles paraîtront résulter de raisons plus profondes que celles seulement relatives à des rapports contenant-contenu, qui ont conduit tant de commentateurs – notamment Euler, Leibniz et jusqu'à Venn – à traduire les syllogismes en images faisant état de la « dimension » des termes et de leurs dispositions réciproques. On appelle en effet petit terme le Sujet de la Conclusion figurant comme Sujet ou Prédicat dans les Prémisses. Les Prédicats ou Sujets des Prémisses sont dits moyens termes, le grand terme étant Prédicat ou Sujet de la Première Prémisse et Prédicat de la Conclusion. De la sorte, dans le cas *Barbara*, le petit terme est inclus dans le moyen, lui-même contenu dans le grand. Et cela est valide, que ces termes soient pris dans leur extension (ensemble d'objets que peut désigner un concept) ou dans leur compréhension (totalité des caractères renfermés en un concept) : dans le second cas, il suffit d'intervertir l'ordre des termes. Mais de telles images ne valent plus pour *Celarent* traité selon la compréhension : impossible de faire ressortir du dessin que si le « moyen » est inclus dans le « petit », le « grand » en est exclu. Cette ambiguïté ne sera résolue qu'à la fin du XIXe siècle par Venn, mais obligé de faire intervenir la main du lecteur pour ombrer différemment des portions de cercles se recoupant : rien à faire pour que les règles du syllogisme ressortent exclusivement des impératifs topologiques du Plan.

Faisons alors intervenir des propriétés conceptuelles du discours. Si quelques Athéniens sont hommes libres, d'autres peuvent ne pas l'être alors qu'il est exclu que tous les Athéniens soient libres si quelques-uns ne le sont pas. Et donc, en généralisant, O exclut A et I exclut E, alors que I et A ou O et E sont évidemment compatibles. S'il est en outre impossible que A et E soient vrais ensemble, il leur est possible d'être tous les deux faux ; cependant que I et O sont absolument compatibles. Les rapports I/E et A/O sont donc contradictoires ; A et E sont contraires, ce que I et O ne sont pas.

D'une part, Aristote disposait des concepts nécessaires pour traduire en termes de discours sa physique inspirée d'Empédocle : chaud et froid

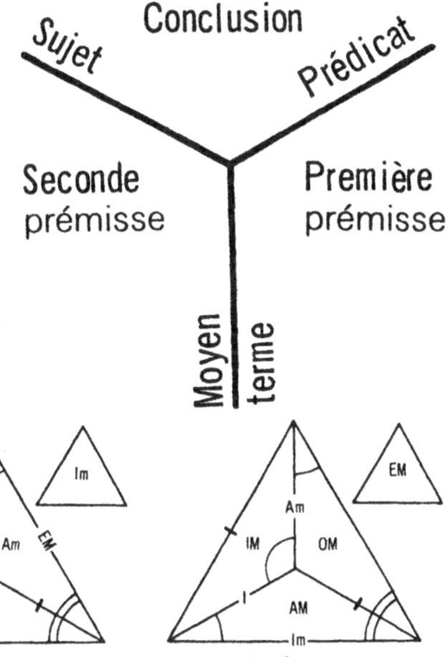

SCHÉMA XXI :
LA SYLLOGISTIQUE
D'ARISTOTE

A) Modélisation possible mais non pertinente du syllogisme : la nécessité discursive ne peut pas être induite des nécessités géométriques.

B) Modélisations des trois figures d'Aristote.

Elles sont commodes, mais faiblement analogiques entre elles et non homologiques.

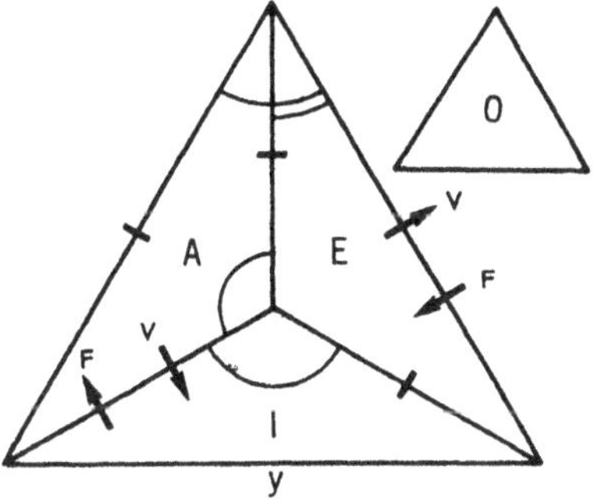

1ʳᵉ figure

2ᵉ figure

3ᵉ figure

Deux côtés font un angle ou bien un côté balaie un angle jusqu'à l'autre côté : conclusion. Une surface est celle d'un angle entre un premier et un deuxième côté : conclusion.

Le syllogisme apprend à lire un angle, l'inverse n'est pas vrai.

Les quatre angles marqués désignent des Modes. Si ces quatre angles étaient ensemble obtus sur le tétraèdre ou aigu sur le tétracanthe, ces tétramorphes ne seraient pas constructibles.

C) Modélisation des règles sous tendues par la syllogistique.

Comptabilités vrai/faux entre propositions : Y convention admise pour marquer la compatibilité I – 0.

Dispositions des universelles ou particulières, positives ou négatives selon les figures.

Ces deux tétraèdres (ou tétracanthes) sont constructibles en fonction de l'opposition aigu-obtus.

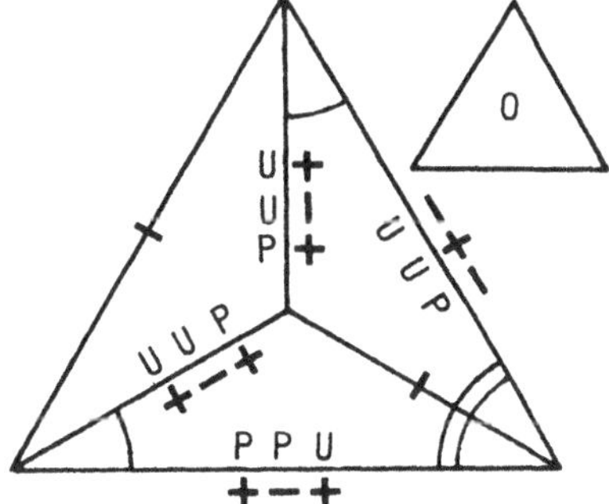

ou sec et humide sont contradictoires; Terre et Air ou Feu et Eau sont contraires, les autres associations de qualités ou mélanges d'Éléments sont possibles. D'autre part, nous sommes invités à modéliser sur notre tétraèdre trois angles comme obtus entre des propositions incompatibles, ce qui entraîne nécessairement que deux dièdres soient obtus entre des Conclusions. Le fait que l'angle en A – entre deux arêtes portant mêmes lettres – soit aigu correspond à une particularité de la construction de ce solide où il n'est pas possible que soient obtus ensemble quatre angles symétriquement placées sur les dièdres.

C'est au terme d'un long processus que les conditions d'angles apparaissent discursivement plus déterminantes encore que celles de dièdres. L'intérêt de la syllogistique l'emporte de beaucoup sur celui des syllogismes. La première n'a cessé de donner lieu à fécondes réflexions au cours des siècles; les seconds ne pouvaient servir qu'à disputes d'école. Dès Aristote, il est établi que la logique d'un syllogisme est réductrice, ce qu'on a vérifié depuis lors en reconnaissant que la Conclusion ne contient rien qui ne soit déjà dans les Prémisses. De même n'est-ce pas comme analogues à termes ou à copules que les éléments d'angles déterminent la construction du tétraèdre; celle-ci relève préalablement de conditions d'angles, puis de dièdres homologues à des présupposés intuitifs de nature linguistique dont les syllogismes eux-mêmes ne sont que les effets médiatement dérivés.

Ce constat – qui va nous conduire à la logique stoïcienne – est d'autant plus significatif qu'aussi paradoxal que cela puisse paraître, une autre manière d'aborder le problème du contenant-contenu en rend plus simple la modélisation triédrique. De même que les constantes structurelles ont pu être mises à portée de conscience des constructeurs de huttes ou des tailleurs de pierre, la logique de la Pensée Sauvage relative à la Cuisine a pu avoir même privilège. Bien que le trièdre ne représente explicitement les différences entre grand, moyen et petit que par référence aux angles obtus, droits ou aigus, c'est bien le trièdre tout entier, avec ses contraintes dièdres-angles, qui rend le meilleur compte des quatre principaux cas alimentaires : le Cru, le Pourri, le Rôti et le Bouilli, à partir des trois objets que sont l'Aliment (A), le Foyer (F) et la Marmite (M) : A n'est ni dans F ni dans M; A est dans M qui n'est pas dans F; A est dans F et on n'a pas besoin de M; A est dans M, lui-même dans F. Rapports et rapports entre rapports sont conformes à quatre trièdres constructibles; ils donnent raison à Claude Lévi-Strauss (cf. p. 209).

Mais alors, cette simplicité n'eût-elle pas dû se traduire tôt ou tard en Occident comme le fit si précocement en Chine la typologie des tétraèdres? La logique stoïcienne va maintenant nous donner réponses.

Ce fut sans doute en sondant le plus profondément à travers les strates ajoutées par des mythologies discursives aux évidences factuelles de très anciens temps que la logique stoïcienne les retrouva, non sous forme de figures, comme dans la Chine de Fo-Hi, mais de propositions axiomatiques. Ces mêmes axiomes ont été reconnus aujourd'hui dans les fondements d'une logique opératoire explorée elle aussi à travers les épaisseurs de démonstrations et d'algébrisations qui se sont superposées au cours des siècles oublieux des leçons prémonitoires des Grecs. Il s'agit bien à proprement parler d' « indémontrables » : conditions du raisonnement exact, ne pouvant avoir pour cause ce qu'elles produisent. On ne saurait donc rien dire des légitimités de leurs antécédents, sinon qu'ils sont « naturels », c'est-à-dire homologues à ce qui conditionne aussi toute construction concrète. Outre le fait que nous sommes ainsi en présence non de formes, comme avec les trigrammes du Yi-King, mais bien de formules de même nature que celles qu'on a pu exprimer en fin d'analyse de la Syllogistique, la différence entre la logique d'Aristote et celle dont nous allons parler est que la première s'occupe de liaisons entre termes, la seconde de ce qui unit nécessairement des propositions ayant à être concluantes.

Plusieurs aspects des visions stoïciennes du monde peuvent avoir fourni le milieu mental convenant à cette découverte. Respectueuses du travail artisanal, elles donnent au concret une importance qu'il ne pouvait atteindre chez Aristote, dont l'ordre social sépare maîtres et esclaves. A la recherche d'un monisme, elles n'évacuent pas Dieu du monde des hommes : les deux ne font qu'un, et bien plus intimement que chez Platon. Admettant que le monde d'abord parfait – disons, construit sur une verticale – se dégrade avec l'Histoire jusqu'à ne plus être que chaos – disons, aplatissement horizontal comme le réceptacle informe où le Timée amasse ses triangles sans relief –, les Stoïciens attribuent à un embrasement le rendant à la pure Toute-Puissance divine la réélévation d'un monde retrouvant perfection. Si nos analogies sont pertinentes, alors cette évolution cyclique est à l'image de la généalogie des trièdres : le premier tout aigu, le dernier tout obtus, dont le supplémentaire est à nouveau tout aigu.

Bien que nous attachions une primordiale importance à Chrysippe, nous prendrons en compte d'autres logiciens de même École, Diodore et Philon. Afin de simplifier la traduction de leurs formules, nous nous servirons de quatre lettres pour désigner les constituants que ces trièdres unissent trois à trois. Nous appellerons I un dièdre et son angle opposé aigu; V dièdre obtus, angle aigu; E dièdre et angle obtus; quant à la combinaison incapable d'exister seule entre des I (dièdre aigu, angle obtus), mais nécessaire pour achever l'inventaire des cas, nous la désignerons par A. A l'aide de ces conventions, il n'est plus besoin de schéma pour présenter nos modélisations conformes à la généalogie des trièdres.

Diodore définit comme suit quatre notions modales :

> Le Nécessaire : ce qui est vrai et ne sera pas faux.
> L'Impossible : ce qui est faux et ne sera pas vrai.
> Le Possible : ce qui est vrai ou sera vrai.
> Le Non-nécessaire : ce qui est faux ou sera faux.

Les lettres I et E sont nécessaires et des huit combinaisons qu'elles peuvent faire entre elles, aucune n'est fausse. Le *possible,* aux mêmes conditions, conjoint à ce qui est toujours constructible (par exemple III, EII ou VII) ce qui peut le devenir conditionnellement (par exemple AII n'est pas possible à son rang, mais A *devient* possible dans A E I). *L'impossible* se rapporte à deux lettres (par exemple AA et VV) qu'aucune troisième ne rend possible. Le *non-nécessaire,* enfin, ajoute à ces cas impossibles ceux où la fin d'un « mot » (un trièdre achevé) ne peut être construite quand des lettres ont été mal choisies au début : aucune troisième lettre ne légitime AA.

Les cinq « indémontrables » de Chrysippe sont en fait au nombre de huit, mais trois d'entre elles ont été justement omises par l'inventeur qui en reconnut la redondance (ici marquée par un bis) :

1) Si le premier le second, or le premier donc le second.

2) Si le premier le second, or pas le second donc pas le premier.

3) Pas à la fois le premier et le second, or le premier donc pas le second.

3 *bis*) Pas à la fois le premier et le second, or le second donc pas le premier.

4) Ou le premier ou le second, or le premier donc pas le second.

4 *bis*) Ou le premier ou le second, or le second donc pas le premier.

5) Ou le premier ou le second, or pas le second donc le premier.

5 *bis*) Ou le premier ou le second, or pas le premier, donc le second.

Pour en montrer les équivalences géométriques, on traitera à part, en dernier lieu, le cas 3 (ou 3 *bis*). Les cinq indémontrables, en effet, utilisent quatre opérateurs propositionnels : l'un est la négation ; les trois autres des connecteurs binaires : l'implication, la conjonction et la disjonction exclusive ; mais le cas 3 y ajoute l'incompatibilité assertorique, une non-conjonction combinant deux opérateurs (conjonction + négation) annoncée par « pas à la fois ».

Les quatre autres cas (1, 2, 4, 5) se répartissent eux-mêmes en deux groupes : les propositions 1 et 2 proviennent d'une condition apodictique annoncée par un *si, alors*, et telle qu'un choix de fait est encore ouvert ; elles se rapportent à une « construction » à entreprendre en commençant par un bout ou par l'autre, l'énoncé de la réciproque ayant à être explicite pour rendre clair l'engagement. Les propositions 4 et 5 sont assertoriques ; annoncées par un *ou bien, ou bien* (le second implicite dans la formulation de Chrysippe), elles se rapportent à la « lecture » d'une réalité précédemment mise à l'épreuve ; exprimées après coup, elles rendent leurs réciproques redondantes. Toutes quatre traduisent « lettre » par « lettre » l'alphabet auquel obéit la généalogie du trièdre, les « lettres » A et V et leur utilisation conditionnelle justifiant la nécessité des « lettres » I et E. Cet ensemble correspond aux affirmations géométriques suivantes :

1) Si le dièdre est aigu, l'angle est aigu ; or le dièdre est aigu, donc l'angle est aigu.

(A noter l'importance ici du sens dièdre-angle de la lecture, sens prescrit par la généalogie. En effet, il serait faux de dire « or l'angle est aigu, donc le dièdre est aigu.)

2) Si le dièdre est aigu, l'angle est aigu ; or l'angle n'est pas aigu, donc le dièdre n'est pas aigu.

4) Ou l'angle est obtus ou le dièdre est aigu ; or l'angle est obtus, donc le dièdre n'est pas aigu.

4 *bis*) Ou l'angle est obtus ou le dièdre est aigu ; or le dièdre est aigu, donc l'angle n'est pas obtus.

5) Ou le dièdre est obtus ou l'angle est aigu ; or l'angle n'est pas aigu, donc le dièdre est obtus.

5 *bis*) Ou le dièdre est obtus ou l'angle est aigu; or le dièdre n'est pas obtus, donc l'angle est aigu.

Les quatre propositions précédentes traitent de la première « lettre » d'un « mot » (un trièdre) dont les deux autres lettres sont supposées (comme dans l' « alphabet ») être des I. Cette supposition cesse d'être implicite dans la proposition 3 (ou 3 *bis*) qui se lira (ou se liront) :

3) Pas à la fois une « lettre » A et deux « lettres » I; or une lettre A, donc pas deux « lettres » I.

3 *bis*) Pas à la fois une « lettre » A et deux « lettres » I; or deux « lettres » I, donc pas une troisième « lettre » A.

Ces propositions constituent un inventaire exhaustif des conditions nécessaires imposées à l' « alphabet » par la constructibilité ou la construction des vingt types *possibles* de trièdre. Ces conditions sont telles que l'existence d'une première « lettre » réduit les possibilités de choix laissées aux deux suivantes; restriction qui s'accroît quand deux « lettres » sont déjà fixées. Comme l'ordre des Koua chinois, cette logique fait penser au Code génétique, bien que lui, non analytique (au sens que lui donne ici la binarité aigu-obtus des angles), soit aussi moins rigoureux et ait pu être ordinairement considéré comme le résultat d'une dégradation.

Achevons ces modélisations avec ce que les logiciens appellent Table de vérité; elle est due à Philon. L'homologie géométrique peut s'en montrer en recourant aux équivalences obtus = faux (le côté extérieur de l'élément angulaire n'est pas à l'intérieur d'un dièdre ou angle droit) et, réciproquement, aigu = vrai. Cette homologie apparaît alors de deux manières : soit qu'une lettre associée à un groupe de deux autres rende le mot-trièdre constructible, soit que dièdre et angles pris aigus et obtus séparément (et représentés par i, e, v, a) puissent ou non être associés dans un trièdre sans l'aide d'autres « lettres » obtuses. On obtient de la sorte :

```
Vrai  + Vrai = Vrai; i + v = I; I + II = III
Faux  + Faux = Vrai; e + a = E; E + IA = EIA
Faux  + Vrai = Vrai; v + i ≐ V; E + II = EII
Vrai  + Faux = Faux; i + a et I + AA sont impossibles.
```

Longtemps oublié, le message de la logique stoïcienne nous invite à poursuivre dans la voie que nous nous sommes tracée : l'analyse

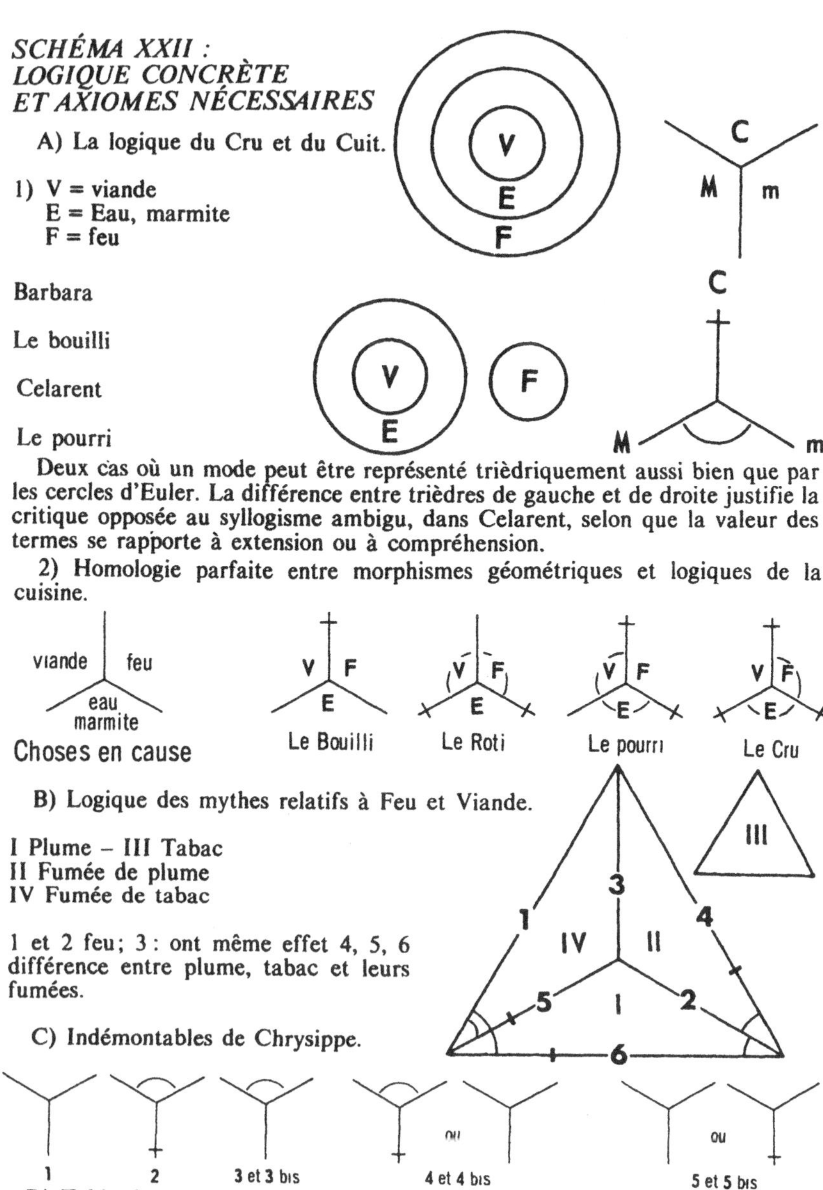

Deux cas où un mode peut être représenté trièdriquement aussi bien que par les cercles d'Euler. La différence entre trièdres de gauche et de droite justifie la critique opposée au syllogisme ambigu, dans Celarent, selon que la valeur des termes se rapporte à extension ou à compréhension.

2) Homologie parfaite entre morphismes géométriques et logiques de la cuisine.

B) Logique des mythes relatifs à Feu et Viande.

I Plume – III Tabac
II Fumée de plume
IV Fumée de tabac

1 et 2 feu; 3 : ont même effet 4, 5, 6 différence entre plume, tabac et leurs fumées.

C) Indémontables de Chrysippe.

D) Table de vérité.

homologique des métaphores mythologiques et des formalisations opératoires. D'ores et déjà, elle nous permet de vérifier que les structures fondamentales de la syllogistique ne sont pas à chercher dans les syllogismes (ils en dérivent) mais bien dans les Indémontrables de Chrysippe (lui-même ayant pu les atteindre à partir des cas particuliers que sont les présupposés sémantiques d'Aristote). Ces cinq axiomes sous-tendent en effet les constats suivants, en assurant la succession et confirmant qu'en logique du tiers-exclu, leur nombre soit cinq et non huit, ainsi qu'il apparaît ci-dessous où les lettres majuscules renvoient aux quatre types de propositions :

1) Si A, I; or A donc I.
2) Si A, I; or O donc pas A.
3) Pas à la fois O (ou E) et A; or O (ou E) donc pas A.
4) Ou A ou E; or A donc pas E.
5) Ou A ou E; or E donc pas A.
...
3 *bis*) Pas à la fois O (ou E) et A; or A donc pas E (ou O).
4 *bis*) Ou A ou E; or E donc pas A.
5 *bis*) Ou A ou E; or A donc pas E.

Récompense de surcroît : le fait que la logique des propositions soit plus forte que celle des termes (de même que, selon Aristote cité en tête de la précédente section, la connaissance des syllabes précède celle des lettres) confirme la manière dont nous avons sémantisé nos modèles géométriques. Confirmation rassurante au moment où les analyses qui vont suivre vont nous conduire de phrases relatant des rapports entre acteurs à des propositions de principe.

Archaïsmes et prémonitions

L'œuvre logique des Stoïciens et de Chrysippe est tellement prémonitoire de ce qu'il adviendra des axiomatiques modernes que la problématique historique ainsi impliquée mérite d'être élucidée avant qu'on en vienne aux faits étudiés dans la troisième Partie.

Sous-estimée ou ignorée pendant des millénaires, cette œuvre ne sera reconnue comme fondamentale que vers le moment où on découvrira les comment de l'atome et ceux de son éclatement qui transforme de la matière en énergie. Deux questions, donc : les Stoïciens ont-ils tout découvert des fondements de l'actuelle logique propositionnelle, et qu'arriva-t-il pour qu'on la méconnût si longtemps ?

La réponse à la première question est, on s'en doute, négative ; encore l'est-elle à divers degrés. Quand il s'agit du discours ordinaire ou de l'acquisition de compétence étudiée par la psychologie génétique, Chrysippe et ses émules ne sont pas loin d'avoir découvert tout l'essentiel. Peut-être même y sont-ils parvenus : de l'œuvre n'ont été conservés que de courts fragments, alors qu'on sait qu'il comportait en outre maints développements relatifs aux différentes manières de combiner ces indémontrables selon des « thèmes » dont pratiquement rien n'a été conservé. Il n'est donc pas impossible qu'ait été devancé de loin *l'Essai de Logique Opérationnelle* publié à Paris dès 1949, avant d'être révisé et complété par J. Piaget, aidé de Jean-Blaise Grize, en 1972. Cet *Essai* joue avec les propositions p et q, et entend épuiser leurs combinaisons très au-delà de ce qu'en retiendra restrictivement – par crainte d'anachronisme – le premier chapitre de notre quatrième Partie. Toutefois, cet inventaire ouvrant sur 16 rubriques, s'il peut légitimement être rapporté au « groupe » INRC – évoqué par le Tableau V, p. 428 –, est loin d'équivaloir au groupe de Klein avec lequel nos auteurs le comparent.

On dirait de cet effort méritoire de nos éminents logico-généticiens qu'il est comme celui de Leibniz (dont la *Logique* a été étudiée par Jean Couturat, Paris 1969), lequel compléta la *Syllogistique* d'Aristote en vue d'épuiser toutes les combinaisons qu'elle rend possibles, bien que non élémentairement nécessaires. Si ce rapprochement est exact, alors il est révélateur. En effet, ce n'est pas le tout – selon nos Modèles synchroniques – d'inventorier les types de trièdres, encore faut-il apprendre les conditions restrictives qui en font des éléments d'un tétraèdre. En outre, ce n'est pas tout – selon nos modélisations diachroniques et « systématiques » (cf. chap. II de la quatrième Partie) – de jouer discursivement avec les propositions, encore faut-il y distinguer les cas où elles sont opératoires pour démontrer et calculer. Que s'est-il donc passé pour qu'ait été pris conscience de ces suppléments d'informations conditionnelles ?

Il est remarquable que l'*Essai* réussisse à situer, ensemble par

ensemble de cas, leur 16 opérateurs propositionnels sur le « groupe »
INCR, mais alors en l'atrophiant éventuellement quand besoin est. Or,
un de ces ensembles est réduit à deux propositions (et, par suite, le carré
sémantique INRC aura donc deux de ses côtés nuls) et cette réduction
s'impose justement pour ce que l'*Essai* appelle : « affirmation complète »
et « négation complète », ce qui nous renvoie à la généalogie des trièdres,
mais aussi à la cosmogonie stoïcienne : l'univers se dégrade du tout
parfait au tout en désordre avant que Dieu ne rétablisse d'un coup, par
acte de sa volonté propre, la perfection complète. Il s'agit là d'une
circularité répétitive, bien qu'ayant à franchir un point de « catastrophe ». Or, on a vu et on verra que la systématisation opératoire implique
la linéarité du temps comme celle du discours ou du progrès exponentiel
(cf. p. 424 et 55).

Entre l'Antiquité classique et l'essor des sciences modernes se sont
donc déroulés des événements qui inspirent une modification radicale des
conceptions de la durée. Le chapitre II a montré la part prise là par le
càpitalisme gestionnaire à la moderne; mais cette « révolution » conceptuelle a-t-elle pu se produire sans antécédents médiévaux? La troisième
Partie montrera que non, et que les monothéismes (coranique ou
évangélique, chacun selon sa manière) ont déjà suggéré la linéarité du
temps en fixant un Avant et un Après irréductibles l'un à l'autre de part
et d'autre d'un O marqué par la naissance du Christ ou par l'Hégire.
Cela pourtant n'a pas suffi, puisque ce sera non en terre d'Islam, mais
dans l'Occident chrétien, que l'essor aura lieu.

Revenons-en donc à nos Stoïciens. Leur morale est si proche de la
chrétienne que l'Église en prendra occasionnellement ombrage, et à très
juste titre puisque sa propre cosmogonie n'est pas répétitive, à la
stoïcienne, même si – ou parce que – elle fait état d'un Jugement Dernier
séparant le juste de l'injuste, mais non pas pour que tout recommence
comme « avant ».

Afin de prendre la mesure des difficiles subtilités dont nous aurons à
raconter l'histoire, évoquons Hercule, le héros tragique de Sénèque qui a
bien dû convenir que la logique rationnelle de ses œuvres en prose ne
saurait répondre aux pourquoi du cœur. Cet Hercule – fils d'une mortelle
et du souverain des dieux, un esclave-sauveur qui a purgé la terre de ses
montres, a souffert de male mort avant de trouver place au Ciel – serait
un presque Christ si ses souffrances n'étaient pas imputables à ses
propres fautes. Lui aussi est descendu aux enfers pour en ramener, à

grand-peine, le cerbère tricéphale dont doit se cacher Jupiter lui-même –
frère de Pluton, mais avec lequel il ne peut rien partager –, action
prémonitoire aussi de ce qui incitera Descartes à situer nombres négatifs
autant que positifs sur ses trois axes spatiaux. On ne s'étonnera donc pas
qu'en ce siècle cartésien, Suzanne Colnort ait retrouvé Hercule dans les
antichambres du chancelier Séguier, lequel élaborait une doctrine
monarchique qui préparait le règne du Roi-Soleil à la copernicienne,
roi-Hercule aussi – et, comme lui, plus qu'homme mais non Dieu –,
Hercule dont la constellation tourne autour du pôle boréal, sur le
tropique céleste où elle se trouve entre, d'un côté, la Lyre (harmonie) et
le Taureau (de Crète), et, d'autre côté, le Dragon et le Serpentin, eux
symboles alchimiques dont Suzanne Colnort a non moins entièrement
réélucidé les significations et implications logico-expérimentales (cf.
Bibliographie, part. I).

Ces considérations préfigurent ce qu'il reviendra à la troisième Partie
de tirer au clair par référence à une histoire tourmentée.

Troisième partie

L'OCCIDENT USUFRUITIER

INTRODUCTION

Du monde racheté
par un Dieu sauveur
au monde né du Big Bang

L'Europe de Newton découvrira en deux cents ans la nécessité d'attribuer la naissance du monde à un Big Bang : explosion soudaine d'une petite boule superdense de masse-énergie.

L'Europe des Grandes Découvertes, elle, s'en tient encore aux six Jours de la Genèse et au péché d'Adam racheté depuis quinze cents ans par un Verbe fait chair, sans démentir qu' « *In Principio erat Verbum* » : au Commencement la Parole.

La « table rase » de Descartes ne concerne pas les Testaments; et si « diviser les difficultés » permet de substituer l'Analyse à la Synthèse, le *Cogito* prouve Dieu par une sorte de syllogisme à la Saint Anselme. Le Pascal du Pari et du *Calcul des Parties* est meilleur témoin d'une rupture entre raisons du cœur et raisons de la raison : c'est le cœur qui sent Dieu. Mais, à l'époque – si longtemps avant Kant et sa distinction ambiguë entre Raison Pure et Raison Pratique – la rupture est-elle déjà profonde au point que rien n'y subsiste des savoirs « gothiques » qui avaient cherché dans les *mystica* les raisons des *physica?* L'histoire que nous tenterons d'analyser par le moyen de modélisations nous conduira à beaucoup élever le point de vue d'où peuvent être aperçus d'incontestables et consistants repères dans le flou des continuités mutantes embrassées par un même regard porté de l'Antique à l'actuel.

Partons d'un fait impliquant une problématique. C'est en Europe et seulement là que prennent essor les sciences modernes. C'est sûrement parce que, première à lancer des navigateurs autour du monde, elle est première aussi à s'y assurer une maîtrise où les forces capitalistes de production prendront le relais de celles des armes et les renforceront. Mais n'est-ce pas aussi à cause de ce qu'il était antérieurement advenu de la Chrétienté, de ses évolutions socio-économiques, de ses croyances et des conceptions qu'elles ont inspirées? Avant de le montrer, rendons justice à des créanciers extérieurs parmi lesquels les Arabes sont non les seuls, mais à bien des égards les plus proches et les plus récents. N'est-ce pas à eux aussi que – grâce à Constantin l'Africain, marchand-médecin de Carthage qui, converti au christianisme, traduisit tant bien que mal des documents familiers dans l'outre-mer – pensait **Bernard de Chartres** quand il écrivait : « nous sommes comme des nains montés sur les épaules de géants, si bien que nous pouvons voir plus de choses qu'eux et plus loin »? Le propos est du XIe siècle; par la suite, certains de ces géants ont continué de grandir, et d'abord non moins vite que les nains qui, devenus géants à leur tour, auront vite fait d'oublier, surtout au XIXe siècle, ceux qui leur avaient tendu l'échelle.

Et pourtant, notre mot chiffre vient de *sifr* (vide); il désigne plus que le 0; les dix algorithmes de (0 à 9) sont une invention indienne arabisée et introduisirent nos actuelles manières de calculer (à la chinoise) en numération de base 10. La vieille abaque aura la vie dure, et le Malade Imaginaire vérifiant ses comptes d'apothicaire, se sert encore d'une table à colonnes décimales où placer des jetons; à tout le moins l'algèbre – réduction de l'arithmétique à forme plus parfaite – s'en trouve-t-elle facilitée. Al-Jabir avait vécu au VIIIe siècle, al-Khwarismi au IXe; mais pendant des siècles encore se seront poursuivis des emprunts à un Orient de mieux en mieux apprécié et qui, loin d'être encore stérile, atteindra en certains domaines un niveau au moins égal – sinon plus, qu'égal – à celui de l'Europe de Copernic. Autres emprunts, le mot alchimie (d'*al Chymia*, la matière et la science s'y rapportant) et certaines de ses leçons initiales, voire initiatiques.

Et pourtant, c'est bien en Europe que prirent essor les sciences modernes. Allah est, bien plus que la Trinité, à l'abri des critiques que les Lumières opposeront à la Foi, à son dogme romain et aux restrictions qu'il aura imposées au rationalisme et au positivisme. Ainsi l'histoire internaliste des mathématiques et des astronomies peut-elle rendre intelligible que malgré Seldjouks, Derviches et Gengiskhanides, l'Occident soit longtemps demeuré tributaire de l'Orient. Il en va autrement de l'alchimie et de ses implications. Pour situer la question des antécédents spécifiquement chrétiens des sciences modernes, réinventorions brièvement les données capables de suggérer une problématique.

A partir des XVIe-XVIIe siècles, les « structures constantes » donnent jour à des « systèmes » grâce auxquels les algèbres et leurs algorithmes substitueront l'Analyse (diachronique) à la Synthèse (synchronique) d'Euclide. Il y aura fallu que le 0 de la « ligne » des nombres intervienne entre nombres négatifs et positifs (mais en quoi le 0 datant la naissance du Christ est-il plus efficace que celui marquant l'Hégire ?). Il y aura aussi fallu que trièdres et tétraèdres soient « lus » comme figures référentielles de coordonnées linéaires, et donc non plus selon la circularité tant astronomique que mythologique. Cette nouvelle « lecture » impliquant que démonstrations et calculs soient fondés dans des axiomatiques qu'élucidera le XIXe siècle, il aura aussi fallu que soit intuitivement puis explicitement redécouverts les « indémontrables » stoïciens. La doctrine et la morale stoïciennes sont des plus suspectes (comme trop proches rivales ?) à l'Inquisition, mais l'Hercule cher à Sénèque n'avait-il pas eu à souffrir et à mourir pour prendre sa place dans le ciel constellé sans avoir eu ni père, ni fils mortels ?

Les algorithmes algébriques et mécaniques à la moderne ont été des traductions intuitives des leçons vécues dès le premier âge d'un capitalisme qui trouva les instruments de sa domination sans précédent dans les concepts abstraits et opérationnels de *firme*, de bilan substituant pari hasardeux mais profitable sur l'avenir aux anciennes références à des révélations passées interdisant que soit vendu à prix d'intérêts un temps qui n'appartient qu'à Dieu. Comment cette nouvelle morale (celle le plus clairement avouée par les Puritains) n'empêche-t-elle pas d'emblée les Protestants (notamment Calvin) de rester fidèles à la Trinité ? N'était-ce pas qu'elle aussi avait aidé à concrétiser, sinon les « fins dernières », du moins les fins que l'homme faustien peut ou doit se proposer dès ici-bas ? Cette extension du céleste au « local » permettra à la mécanique galiléo-newtonienne de s'appliquer indifféremment à tous les mouvements, ceux de la plus vile pierre ou ceux d'astres. On verra que ce transfert et cette extension auront été d'abord – grâce notamment à l'Esprit-Saint – ceux d'une Quintessence dont Aristote aurait jugé impie qu'elle pût avoir rien de matériel, ainsi qu'auront eu à le prétendre les alchimistes, se réclamant du dogme trinitaire, pour rendre compte de purifications « ou spiritualisations » produites dans leurs creusets et alambics.

Plus précises sont les leçons relatives à l' « attraction ». La notion est indispensable à Newton (il en trouva le nom, sinon la chose, dans des textes hermétiques dont il était grand lecteur), il en fait un algorithme abstrait de « réalité » inconnue; elle avait été une réalité émotive sans laquelle les alchimistes ne se fussent pas expliqué pourquoi certains « corps » s'attirent, se pénètrent et en font naître un de plus; ils se réfèrent à une « affinité » sublimant le sexuel mais l'ayant donc préalablement impliqué. Qu'y a-t-il dans la pensée chrétienne qui ait pu inspirer ou favoriser cette « sublimation »? Il faudra aussi que ce « quelque chose » de chrétien rende compte de deux autres problèmes : il est des cas où des « corps » mêlés (sans affinités) restent stériles sur le feu de l'athanor; il en est d'autres qui provoquent explosions. Il existe donc aussi une indifférence ou une répulsion éventuellement violente.

Notant que le vocabulaire alchimique est emprunté à celui de la mystique (macération, sublimation, purification, et, par sous-entendu, élan vers le parfait ou combat contre le Mauvais, un Mauvais éventuellement meurtrier), nous aurons à nous demander quelles expressions chrétiennes ont donné la plus frappante image à cette substitution du mariage mystique au mariage charnel. Mais expression qui ne peut être qu'ambiguë, faute de quoi remonterait au firmament aristotélicien une Quintessence d'où on avait voulu la faire descendre en toutes choses terrestres.

Cette expression et son ambiguïté, nous l'emprunterons à Saint Georges le dragonicide et aux deux manières dont en parle la Légende Dorée. L'une en fait un Persée mais qui n'épouse pas Andromède, bien que son arme d'estoc verse un sang comme celui de l'hymen qui fait obstacle à la procréation. Selon l'autre, vaincre le Mal, c'est préférer la mort à la Tentation pour épouser la Sainte Foi et son éternité. Modéliser cette ambiguïté donnera image de ce que devient le Dragon alchimiste, symbole de contre-force, de réaction ou de répulsion face à l'attraction de la Quintessence. Transfigurés à deux degrés (mythe païen, mythe chrétien), ces anthropomorphismes deviendront les algorithmes de notre mécanique rationnelle, mais pas avant le XVIe siècle ni avant que peintres, poètes et hermétistes aient explicité en images sexuelles les symbolismes où Carl Jung reconnaîtra ceux dont usent l'inconscient et le refoulement.

Cette rationalisation eût-elle été possible hors des antécédents chrétiens? Logiquement, pourquoi pas? Mais, historiquement, le fait est que c'est bien en Occident qu'elle aura été conçue.

De Newton, remontons à Copernic. Son Soleil est auprès du centre du monde, non comme masse, mais comme lampe. N'en alla-t-il pas de lui comme de la Quintessence qui éclaire, vivifie, purifie tout, même le matériel et le terrestre? Quasi-contemporain de Vésale, il avait reçu une formation médicale qui, à l'époque, traitait d'humeurs et de leurs équilibres qui conditionnent la santé, humeurs renvoyant aux quatre Éléments et aux quatre Qualités, et à faire harmonieusement coexister : la santé n'est-elle pas la lumière, le jour, le soleil de la vie? A tout le moins Paracelse impose-t-il aux médecins d'être aussi versés en astronomie astrologique qu'en alchimie. Par ailleurs, les premières préoccupations touchant la circulation du sang – avant que les vaisseaux capillaires s'abouchant sous le microscope permettent de regarder le cœur comme une pompe – rendent cette circulation analogue à celle, météorique, de l'évaporation en nuages (artères ne contenant qu'air dans un mort) avant qu'ils ne retombent en pluie. Reste le problème fondamental de l'attraction. Sur ce point, Copernic se ressent encore d'embarras comme ceux qui avaient empêché Nicolas de Cues d'énoncer un véritable héliocentrisme. Pour que la terre n'échappe pas, comme pierre de fronde, au centre du monde autour duquel elle tourne, Copernic suppose qu'un invisible « fil » l'y retient; un « fil » dont nous verrons qu'il n'est pas sans suggérer le « licol » soumettant le mauvais Dragon aux volontés de la Sainte Foi. En revanche, comment expliquer que sur la Terre tournant sur elle-même, matières, maisons et êtres vivants ne soient pas projetés dans l'espace? Copernic parle d'une *quaedam appetientiam* retenant tout vers le centre du globe terrestre : l'allusion à la Quintessence et à ses vertus est quasi-directe, du moins s'y agit-il bien d'une « attraction » encore appétitive, avant que Newton n'en fasse un algorithme général, c'est-à-dire capable de remplacer aussi le fil copernicien.

Curieusement, ce fil ou cette « appétence », le cours du chevalier Delambre, au XVIIIᵉ siècle, en parle comme d'un « véhicule » ou vecteur, notion connotée par celle de *conducteurs* comme en ont besoin des soldats confrontés à une « entreprise », mot à entendre comme à propos de Roland et des siens « entrepris » à Roncevaux. Autres temps, autres forces : militaires aux temps de Persée ou Saint Georges – et des « dragons » porte-étendards –, les forces « véhiculaires » du chevalier Delambre ouvriront le chemin conduisant au calcul et à l'espace vectoriels pertinents à toute « mécanique » – pas seulement relative à la gravitation, mais à ce qu'elle connote encore inconsciemment de génétiquement gravide.

Deux millénaires pour que la Quintessence soit au centre des choses; deux siècles pour que l'Univers soit vectoriellement calculable. Est-il logiquement nécessaire que cette promptitude ne doive rien à de si lents et conflictuels préalables? Comment le « prouver »? Du moins pouvons-nous constater que de tels préalables ont bien historiquement existé.

Ces préalables à prendre en compte sont, pour les plus récents, chrétiens; ils auront été antérieurement arabes, et plus anciennement non pas seulement grecs, mais aussi orientaux, et plus particulièrement égyptiens. Ce n'est pas sans raison que les alchimistes, même conventuels, se réfèrent à Hermès Trismégiste, le dieu Thot du Nil et, comme la Trinité, « trois fois grand » : maître des jours permettant à l'œil de voir, il l'est aussi du calcul; en outre, il est aussi accoucheur, il met au jour.

Ce serait donc en Chrétienté qu'aurait été le mieux mis en gésine, sous l'égide du Trinitarisme, l'accouplement des savoirs grecs et égyptiens. On y constate en effet que chez tout homme ayant même âme et même droit au ciel, l'opposition aristotélicienne s'estompe entre la pensée libre et le travail servile. On verra que ce fut selon le développement des forces de production génératrices d'une nouvelle société promise à un nouvel élan économique. Posons d'abord ici le problème en termes conceptuels.

Le progrès implique une linéarité, l'existentiel échappant à la répétitivité « circulaire » des Grecs, même stoïciens. Cette linéarité est celle des générations père-fils; mais combien aura-t-il été malaisé de se soustraire à cette contrainte aristotélicienne – platonicienne aussi, puisque les mouvements du Timée sont « errants » quand ils ne sont pas circulaires – d'ailleurs assortie d'un dilemme naissance-mort évoquant lui aussi le cyclique! Ce « vitalisme » survivra dans la pensée médicale jusqu'au XIXᵉ siècle. Or les alchimistes et plus particulièrement les distillateurs sont confrontés à la nécessité de mesurer des degrés linéaires entre le froid et le chaud ou le sec et l'humide. Comment le faire admettre des aristotéliciens pour qui le Chaud et le Froid, ou le Sec et l'Humide, sont des contradictoires excluant toute gradation? Sans le Trismégiste et une certaine orthodoxie trinitariste, les conflits conceptuels qui ont ensanglanté la Chrétienté l'eussent empêchée de jouer le rôle que nous venons de leur reconnaître dans les antécédents des sciences modernes. A cet égard, nous n'irons pas jusqu'à dire, comme Pierre Duhem, que la « révolution scientifique » eut lieu au XIIIᵉ siècle; les ambiguïtés avec lesquelles Copernic reste aux prises suffisent à le mettre en doute. Certes, il est remarquable qu'aux siècles de Nicolas Oresme ou de Jean Buridan, des représentations par *longitudo* et *latitudo* ou une notion comme celle d'*impetus* (le projectile conserve le mouvement qui lui a été imprimé) préfigurent Descartes ou Galilée. Galilée lui-même (en dépit de Kepler et de ses ellipses) regardera le mouvement localement linéaire comme un effet de la grandeur du rayon terrestre qui fait paraître comme en ligne droite ce qui est réellement courbe : le mouvement naturel est encore pour lui circulaire.

En fait, il n'est qu'une victoire incontestable du linéaire sur le cyclophorique : elle s'inscrit dans les degrés de température et d'humidité; elle est autorisée par la présence de la Quintessence au centre des Éléments et donc des Qualités. Imaginons concrètement comment le Dieu Trine est venu au secours du dieu Triple pour sortir des enfermements aristotéliciens.

Quand un Grec se faisait préparer une boisson chaude, il avait sous les yeux un raccourci de l'univers physique et de ses propriétés médicales. Sur un Feu, un récipient (une Terre) contenait un liquide (une Eau) d'où s'échappait une vapeur (un Air). Quand, le foyer éteint, le Feu (un Chaud-Sec) s'était dissipé pour rejoindre son lieu naturel (un En Haut), le vase-Terre et le liquide recouvraient leurs Qualités propres (un Froid-Sec et un Froid-Humide) et demeuraient eux deux En-Bas, cependant que vapeur-air (un Chaud-Humide) s'était elle élevée vers le Haut. Visiblement, les quatre Qualités s'accouplaient deux à deux; deux à deux aussi elles se montraient incompatibles : aucun Chaud ne pouvant être un Froid, ni un Sec, un Humide. Médicalement, on guérissait l'Humeur fébrile par un Froid-Humide, une Humeur froide par un remède Chaud – une médecine des « contraires ».

De même, les quatre Éléments ne s'accordaient deux à deux que d'une certaine manière : Feu et Eau s'entre-détruisaient; une Terre était impénétrable à l'Air. A chacun de ces Éléments, Platon avait assigné un des quatre polyèdres réguliers. Mais quand il fallut donner sens au cinquième polyèdre « platonicien », qu'en faire sinon une Quintessence dont Aristote nie qu'elle puisse avoir place ici-bas? Elle n'appartient selon lui qu'au firmament d'où proviennent tous les mouvements, soit visibles et linéaires – mais « errants » ou « violents », c'est-à-dire artificiellement dus à une, deux ou aux trois âmes venues surnaturellement du ciel – et transformant la matière par passage progressif d'une Qualité à une autre qui ne lui est pas contradictoire.

Quittons Aristote et la supériorité qu'il accorde au penseur, pour rejoindre l'artisan, lui une gloire de l'Égypte. Alors pourquoi la Quintessence ne serait-elle pas au centre des choses où ce cinquième Élément jouerait, entre les quatre autres, le rôle d'une sorte de régulateur, de moteur de leurs transformations? C'est ce dont ne sauraient douter les « quémistes », qui constatent que l'œuvre au sec produit une substance plus pure que les ingrédients mis en creuset (le métal est plus pur que le minerai) et que l'œuvre à l'humide permet semblablement de produire des « essences » qui (comme celle de térébenthine) préservent de corruption ce qu'on y mêle.

Mise au centre des Quatre Éléments, cette Quintessence assure aussi un lien de passage entre le Froid et le Chaud et le Sec et l'Humide : on dirait du centre d'un tétracanthe dont les arêtes et les angles relient les unes les faces d'un tétraèdre contenant, et les autres ses arêtes, notamment celles porteuses de Qualités, mais aussi les deux de plus signifiant la non-coexistence de Feu-Eau ou de Terre-Air. C'est ce dont ne peuvent plus douter les distillateurs de l'alcool : une *Eau de Feu*. Quand sont découvertes les propriétés de la distillation fractionnée, alors la pureté s'accroît d'une opération à l'autre. N'en va-t-il pas comme de parents vieillissants qui engendrent un enfant rajeuni? La métaphore devient alors « réalité » et se vulgarisera avant même le XVIᵉ siècle. Dans l'ordre des choses telles qu'elles sont, il y a bien encore quatre Éléments, dans l'ordre des choses telles qu'elles s'animent dans les outillages des « laboratoires » qui rende la nature « labourante » (c'est-à-dire en gésine), elles ne sont plus qu'au nombre de trois, que nous qualifierons pour le moment de Principes Père, Mère et Fils. Le travail s'opère au point central occupé par la Quintessence et qui autorise la continuité entre Qualités contradictoires : Froid et Chaud, Sec et Humide.

Le dieu Thot, maître de la Lune, se servait de son croissant comme d'un scalpel et de ses phases comme de celles d'un ventre tour à tour grossissant et s'amincissant. Par la suite, Dieu aura pris la place des dieux et on n'attendra plus de Lui qu'il confonde métaphore et réalité. Mais le Dieu Trinitaire étant à la fois Père, Fils et Saint Esprit, il fournit mieux que Thot les références sacrées nécessaires pour expliquer que le Fils rachète les âmes immortelles des hommes que le Père avait punis de mort charnelle, et que le Saint-Esprit conserve, selon la promesse du Christ, l'omni-présence divine en toutes choses de la Terre. Aussi bien pourra-t-on indifféremment dire l'Eau-de-Vie ou Esprit-de-Vin – le Vin, une des Saintes Espèces de la Cène.

Cette référence au divin transfigure le mariage, fait ressentir la surnaturelle présence de *Mystica* derrière les *Physica*. Pour conquérir Andromède, Persée avait fait couler le sang d'un Dragon. Saint Georges se sera offert de lui-même au Dragon-bourreau des premiers chrétiens, son sang versé scelle ses noces avec la céleste Foi en Dieu. Combat profane, combat sacré : l'un tend à s'identifier à l'autre au cours des siècles chrétiens, ceux de chevaleries et de croisades. Il n'est dans les « laboratoires », notamment franciscains, de *physica* qui n'aient signification de *mystica*. Les deux chapitres qui vont suivre montreront comment de ces débats – associant pureté et pauvreté, mais aussi pauvreté à vraies richesses – se seront fait jour la plupart des notions relatives à la possession, à l'usufruit, à la production créatrice et aussi à l'*hoecceitas* qui préfigure le Je cartésien; bref, les notions que le XVIᵉ siècle n'aura plus qu'à sémantiser pour engager, dans une société d'entrepreneurs, l'essor des sciences modernes.

Ces antécédents médiévaux vont revêtir ici une importance telle qu'ils méritent d'emblée quelques commentaires.

Le premier, à très petite échelle, est d'ordre logique. Le chapitre II a montré que le trièdre de coordonnées a devancé d'environ deux siècles le tétraèdre de coordonnées homogènes, bien que, mythologiquement, le tétraèdre soit plus prégnant que le trièdre. Ce parcours entre deux « systèmes » se situe dans un autre plus large : dès le XIIIᵉ siècle, les préoccupations concernant la chaleur auront précédé celles de la mécanique; à l'autre bout, au XIXᵉ siècle, la thermodynamique devra remettre en cause la mécanique rationnelle. On dirait d'une symétrie sous-jacente aux dissymétries du progrès scientifique : nous la rapporterons aux structures constantes et synchroniques, et aurons à vérifier que la dissymétrie provient du diachronique. A noter en passant le problème du zéro de température : la thermodynamique fera de ce zéro « absolu » une des constantes physiques; entre-temps, Celsius aura décidé d'un zéro relatif défini par la température de fusion de la glace en eau; mais avant lui, Fahrenheit aura défini ce zéro comme s'il n'y avait rien en dessous : encore un témoignage d'une symétrie cachée sous les dissymétries du progrès.

Passons à d'autres commentaires bons seulement à prévenir de ce que devront être les analyses historiques à suivre.

Le Je cartésien aurait-il osé identifier les nombres à des segments de droite si de récentes conquêtes planétaires et les enrichissements de l'homme chrétien n'avaient été ressentis comme récompenses dues à un croisé enfin victorieux avant qu'un excès d'orgueil fasse oublier Dieu, au XIX⁰ siècle, où le fasse regarder comme une invention circonstancielle de son propre esprit?

Or, ces succès ont été effectivement précédés par d'autres, longtemps risqués, avant la Renaissance, elle-même bien plus qu'une retrouvaille d'une Antiquité que l'Europe ne se serait pas appropriée comme ancêtre si elle n'avait été le théâtre d'autres audaces : faire siennes les connaissances post-grecques de l'Islam infidèle; admirer et envier la Chine et l'Asie demeurées païennes en dépit d'inefficaces missionnaires; convaincre l'Espagne, ses souverains et ses théologiens de donner suite au projet présenté par Christophe Colomb et justifié par toutes sortes de savoirs venus de non-chrétiens. La fameuse expédition trans-marine se prévaut d'être une croisade de plus; mais ses risques n'eussent pas été courus sans promesse aussi – et surtout – de profits matériels qui ont cessé d'être condamnés comme péchés, tant ils ont concouru à enrichir même et notamment l'Église ayant mis à prix, par concessions successives et avantageuses, le salut céleste des âmes d'un purgatoire opportunément inventé.

Les débats médiévaux relatifs à ces modifications dogmatiques n'ont pas été qu'intéressés. Faire son salut demeure trop préoccupant (soit que l'Église y ait fondé son autorité politique, soit que ses clergés se soient inquiétés de leur propre après-mort) pour que de convaincants arguments n'aient pas secondé cet élargissement ou ce transfert du pur céleste au tout terrestre : se défendre des maladies, vivre mieux et plus longtemps. Suzanne Colnort a prouvé que cette modernisation, le Moyen Age la doit le plus aux franciscains, sans doute d'autant plus inventifs qu'ils ont eu à combattre, et souvent tragiquement, sur deux fronts.

D'un côté, les Fils du Poverello d'Assise doivent craindre d'être rendus complices d'hérésies se réclamant de pureté à la bogomile ou de révoltes populaires contre riches et richesses. De l'autre, soucieux de réduire la part du matériel, ils font de leurs couvents d'actifs « laboratoires », notamment de distillations éventuellement admises, quand elles ajoutent des produits effectifs aux pharmacopées traditionnelles mais suspectes d'être diaboliques quand les acides corrosifs – produits en appareils sujets à explosion – peuvent détruire la matière ou faire perdre la vie. Destin ambigu comme celui de l'alcool, d'abord guérisseur puis cause de péché. Ils ne se seraient pas tirés d'affaire si ce qui les inspirait ne les justifiait aussi : l'invisible présence sur terre d'un Paraclet promis par le Verbe incarné avant son Ascension. Au cours de violents débats auront été mis en question les rapports entre l'appropriation ou la possession des choses et l'usage qu'il en faut bien faire pour survivre. L'affinement doctrinaire des mérites du renoncement préfigure alors le statut juridique du capitalisme. Supposons en effet que les Franciscains jouissent seulement – comme le voudraient tant certains d'entre eux – de l'usufruit des biens dont le pape – qui s'en défend – aurait seul la damnable responsabilité – vide pour lui d'intérêt – d'être le nu-propriétaire, alors il en irait de la papauté un peu (*mutatis mutandis*) comme de la firme capitaliste : le capital y est dans ses comptes, mais au passif, dette dont reviennent aux actionnaires les profits provenant d'une activité qu'ils contrôlent mais sous responsabilité limitée.

De telles ambiguïtés et subtilités sont partout, mais d'abord dans les expérimentations matérielles conduites dans les « laboratoires » conventuels. La quémie * est concrète par ses savoir-faire, mais mystique par ce qu'elle en fait penser. L'« impetus » que conserve et propage la pierre jetée est l'expression abstraite et mathématisable d'une réalité reconnaissable à ses effets concrets. Le premier impetus vient du Ciel-Lumière ; il est aussi force vitale (*vis formativa*) donnant des enfants aux mortels.

Au cours des siècles « médiévaux », les innovations conceptuelles vont de pair avec des transformations sociales. Les cheminements en sont lents, mais traversent des phases tragiques. En tous cas, les unes ne sont pas intelligibles sans les autres.

---

* *Convention lexicale* : Nous avons inventé les mots *quémiste* et *quémie* pour éviter toute confusion avec alchimie, restauration de l'étymologie arabe, mais qui, tardive, est d'une époque où l'ésotérisme mêle l'expérimental et le psycho-cosmique. Nos néologismes s'inspirent de Littré, pensant que « chimie » (ou « alchimie », prononcé alkimie en 1784) proviendrait (ainsi que ses homonymes arabes et grecs) de *Cham*, l'Égypte. Ainsi est-il à distinguer des *physica*, spécifiquement gréco-romains. En revanche, nous écrirons Chymie pour ce qu'elle est entre l'alchimie et Lavoisier. Quant à *hermétisme*, il convient à toutes époques qui se sont référées aux savoirs alexandrins, bien que cet hermétisme ait été contaminé par l'évolution de sens de « quémie », alkémie, alchimie.

SCHÉMA XXIII : QUATERNITÉ OU TRINITÉ

A) Trinitarisme hermétique; catholique; orthodoxe

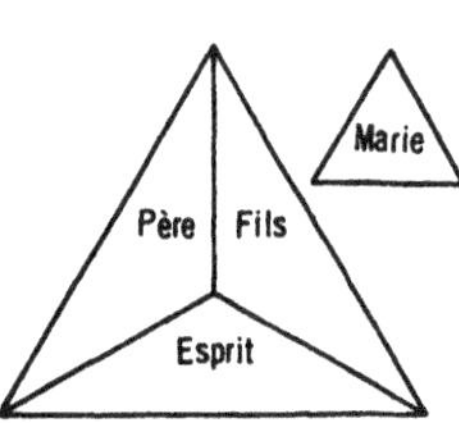

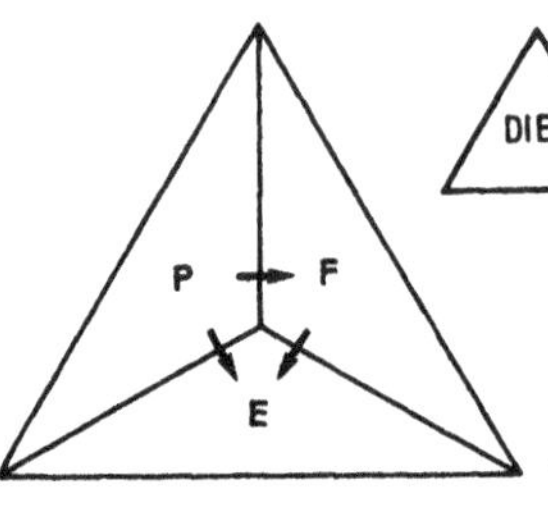

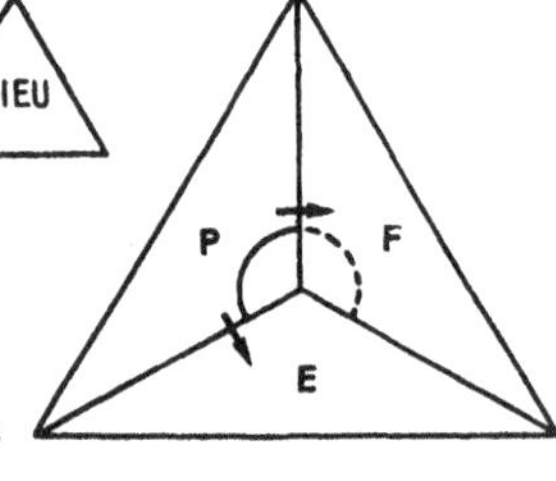

Le trièdre PEF est créateur, le triangle Marie est Créature et réceptacle.

Trois processions égales entre les Personnes. Rome

L'Esprit ne procède pas du Fils : processions différentes. Byzance. Spiration est une invention *tardive*.

B) Gnostiques.

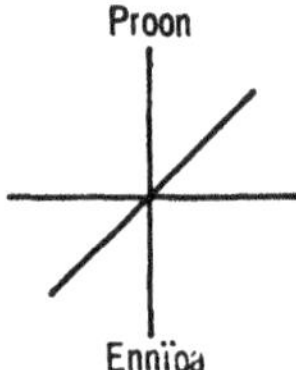

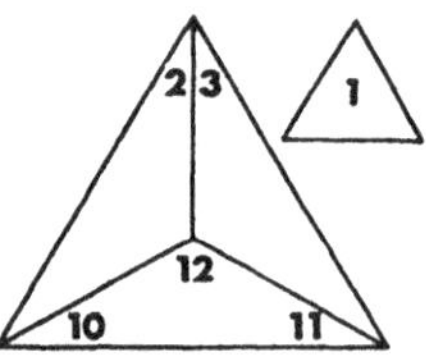

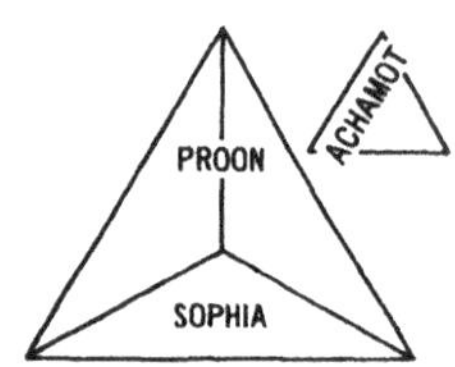

Ennoïa, constitution du plerome : 3 couples

Le plerome créateur de six couples et 12 éon

Proon et Sophia engendrent Achamot.

Double analogie avec la Chine et l'Égypte.

C) Hermétistes.

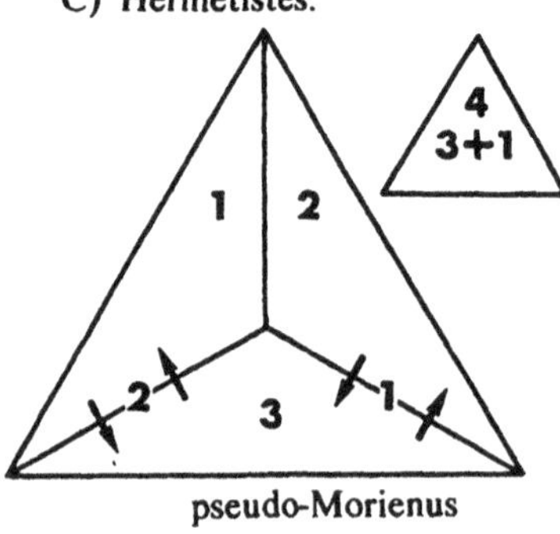

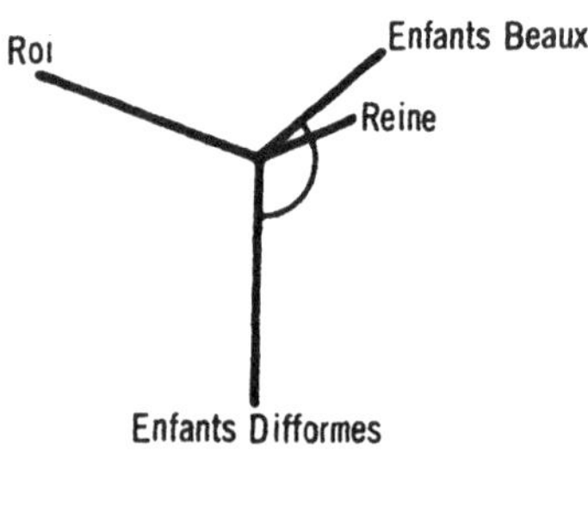

pseudo-Morienus

pseudo-Paracelse

CHAPITRE 7

La Trinité, raison de Dieu

L'histoire des sciences antiques ne s'interrompt pas quand les Césars sont devenus maîtres du monde; sa capitale n'est cependant pas Rome, cité de guerriers et de juristes, mais bien Alexandrie dont le cosmopolitisme avive d'anciennes conceptions nilotiques voyant la vérité aussi bien dans le charnel et le matériel que dans une géométrie à l'image des idées divines. Spiritualisme mystique, matérialisme pratique, le règne du dieu Thot (dieu instrumentaliste non moins que rationaliste), n'y fait pas différence et accorde même mérite aux fabricants de gemmes qu'aux découvreurs de théorèmes.

Ignorer qu'Aristote et ses taxinomies ont radicalement séparé le céleste du terrestre, est-ce le seul fait du Museon alexandrin et des ateliers qui l'entourent? La « décadence » romaine n'est plus pensée aujourd'hui comme elle le fut longtemps. L'Italie, se dépleuplant, est en quête de candidats pour les charges publiques, trop coûteuses quand s'amenuisent les dépouilles de la guerre; mais là, comme dans tout l'Empire qu'unifiera une même citoyenneté, le quotidien, l'activité, les soucis et les espérances se poursuivent à leur ordinaire, à ceci près pourtant que les sculptures tombales éternisent l'ordinaire plus qu'elles ne glorifient les anciens dieux. Politiques, les apothéoses des césars n'en font pas les intermédiaires sacrés dont l'humain a plus encore besoin depuis que le terrestre se banalise. Fournissant des raisons célestes à l'existence, l'irruption de religions orientales répond à un appel; elles pallient des malaises dont elles ne sont pas cause. Les barbares ne sont plus enchaînés à des triomphes; s'infiltrant librement, ils se révèlent utiles. L'esclave même est regardé d'un autre œil depuis que l'administration a besoin d'affranchis.

L'Empire est mieux géré qu'on ne l'attendait de césars parfois vicieux, fantasques, à la merci de rivalités armées; mais il est traversé de courants mystiques qui se cachent des rituels officiels que pourtant ils minent par la force de leurs mystères. Ils se disputent les âmes et continueront de le faire après que la foi de saint Paul aura été rendue œcuménique par Constantin. Les effets sont ceux que veut dire la devise de la Bibliothèque bodleinne : *Plurimi pertransibunt et multiplex erit scienta*. On dirait d'un réservoir spirituel ayant eu à se remplir pour que la science y puise des rajeunissements; ce ne seront pas ceux d'une mathématique qui semble avoir porté à son comble ce que peuvent dire de vrai des penseurs tournant dos au travail servile; ce seront ceux, en revanche, de praticiens travaillant de leurs mains à l'élucidation de phénomènes matériels.

Plus audacieuses les explorations du divin, plus efficaces le réalisme scientifique. Dieu unique et infigurable, Allah est le plus proche du rationalisme hellénique, et il lui reviendra de conquérir Byzance. Il parle par la bouche d'un Prophète annonçant que l'ère des miracles est passée. Il inspirera des mystiques sans hiérarchiser une Église. Tutélaire au génie algorithmique, il fera des Arabes les seuls véritables continuateurs des mathématiques grecques et les plus sûrs ancêtres des nôtres. Mais les Arabes n'auront guère donné que son nom à l'alchimie, continuation de pratiques antiques dans lesquelles les Chrétiens introduiront les réformes hermétiques qui feront d'elle le cytoplasme des sciences modernes.

C'est par ce qu'il a de plus irrationnellement novateur que le dogme chrétien – moins apte à conserver les territoires hellénistiques où il est né qu'à défricher l'Europe forestière – constituera le milieu socio-conceptuel capable de provoquer la plus radicale mutation qu'ait encore traversée l'évolution des savoirs. Fragilement fondé dans des miracles, ceux du Christ ou ceux des Saints, le Christianisme l'est le plus solidement dans des invraisemblances, celle d'abord de l'Incarnation d'un Dieu-homme. Mystère inouï quand l'héroïsation grecque ne s'était pas aventurée au-delà des génies intermédiaires, demi-dieux, non vrais dieux, dès lors que nés de parents qui ne l'étaient pas tous deux. Autre audace : la Rédemption des fils d'Adam et d'Eve sortie de lui aura exigé que meure du supplice des esclaves non un homme ou un demi-dieu destiné seulement après à prendre place au Ciel, mais un Dieu né Dieu comme éternel Fils du Père et né de la vierge Marie par l'opération du Saint-Esprit. On dirait que plus ce dogme défie la raison, plus il bouleverse les cœurs. A titre de comparaison, empruntons à ces temps fertiles en miracles, prophètes ou doctrinaires, l'exemple d'une doctrine plus prudente et plus respectueuse des symbolisations traditionnellement émotives.

Le Gnosticisme sera d'autant plus aisément traité comme ramassis d' « extravagances » – comme dira l'abbé Mallet, théologien attitré de l'*Encyclopédie* – que pour l'éradiquer dès sa naissance, le tout jeune christianisme en aura fait une caricature qu'il préservera de l'oubli aux dépens de l'original condamné. Voici ce qu'en résumera l'*Histoire Ecclésiastique* de l'abbé Fleury que son indépendance d'esprit fera choisir par le Régent en quête d'un confesseur pour le jeune Louis XV :

« L'hérésiarque Valentin, qui parut vers l'an 134 de J.-C., raffinant sur ceux qui l'avaient précédé, déduisait une longue généalogie de plusieurs Eones ou Aiones; il en faisait des personnes. Le premier et le plus parfait était inexplicable et il le nommait Proon, préexistant... »

Cet Eon masculin, demeuré longtemps en repos, y avait pour compagne Ennoia, la Pensée silencieuse. L'histoire cosmique prend début quand Proon-Ennoia créent un Fils et une Fille : Intelligence de Vérité procréant le Verbe et la Vie. En tout trois couples (ou Syzigies) réunis dans le Plérome, un Idéal, bien que non plus un Absolu comme Proon-Ennoia. En sont issus, quand commence l'histoire humaine, Anthropos et Ecclesia, suivis de cinq autres couples où figurent notamment Paraclet, Foi, Espérance, Charité, Perfection et Sagesse, dernier Eon.

Ainsi, au-dessus ou à la place des Idées à la platonicienne, règne un couple engendreur qui n'est pas sans analogie à la fois avec le Yiang-Yin ouvrant le cours des mutations et avec le Shiva-Pârvati antérieur à la Trinité brahmanique. La gnose est, dans ses prolégomènes, plus syncrétique ou universaliste que le Christianisme qui adopte la Genèse du Peuple Élu et fait Évangiles des paroles d'un Messie que Jérusalem n'a pas reconnu dans le fils de Marie s'affirmant Fils de Dieu. Il est vrai que, mystère pour mystère, Valentin en dit trop pour être écouté par les foules, et pas assez pour que s'y reconnaissent tous les Plutarques alors en quête de conciliations entre les surnaturels. Si, achoppant sur le problème du Mal dont saint Paul trouve la solution toute faite dans la Bible et la faute d'Adam, la Gnose ne répond pas plus aux interrogations de tous sur le Salut, c'est sans doute qu'elle obéit trop strictement à une logique des plus communes à tous les mythes alors acquis; elle tétraédrise implicitement et en détail ses couples d'Eiones comme Platon explicitement mais en gros ses dieux-nés.

Au nombre de six, ces Syzigies ajoutées au Plérome en seraient distinctes si un événement singulier ne les y rattachait. La dernière sœur, Sagesse ou Sophie, s'unit au Proon; mais comme elle n'a pas été initialement destinée au Plérome, elle en est chassée jusqu'au moment où sa douleur émeut un premier « Christ » qui l'y ramène. Au cours de son exil, Sophia conçut un fils, Achamot, lequel continuera de porter les souffrances de sa mère, jusqu'à ce qu'un deuxième « Christ » – Jésus – sauve du malheur les six fois deux Eons où Achamot fait figure de premier Mari et premier Père. Un troisième Christ est promis aux humains descendant de ces quinze Syzigies.

On retrouve là encore un mélange des cosmogonies chinoises et égyptiennes. Les six entités du Plérome sont, en langue parlée, ce que sont en figures muettes les trois Yang et trois Yin de Fo-Hi. Les six Syzigies suivantes, relatives au destin humain, sont comme les six Yang et six Yin de Wenn, à ceci près qu'issues des précédentes, elles s'y ajoutent au lieu de les combiner. Il est vrai que les mésaventures de Sophia expriment le besoin de rattacher le deux fois six aux origines du deux fois trois. Cette intervention malencontreuse de la diachronie a pour effet de mettre au monde un Achamot qui fait, lui, penser à Horus : le premier résulte de neuf Syzigies, le second s'ajoutait à l'Ennéade; le premier ouvre la généalogie de six couples, le second inventa les six premières fractions binaires. On pourrait même comparer les trois interventions de Thot (protecteur de Nout, d'Isis et de son fils) à celles des trois christs gnostiques étrangers comme le Trismégiste aux généalogies divines.

Autre remarque, enfin : l'Aristote de l'Empire romain nous avait paru symboliser un ordre permanent à l'écart de dieu – donc un ordre proche de celui du Yi-King confucéen – mais, en outre, garant des différences sociales. Ces trois caractères se retrouvent ici : Eons créés une fois pour toutes et Plérome de statut idéal, de telle sorte qu'en outre le destin de chacun soit prédéterminé. Les nés sages – ou « pneumatiques » – sont sauvés d'avance; les « matériels » sont perdus sans recours; les « pisti-ques » de catégorie intermédiaire échapperont à la matière grâce à leur foi, mais n'atteindront jamais l'éternelle vérité à cause de leur ignorance. De telles prédéterminations, étant avouées par la doctrine, ont pu servir de prétextes aux condamnations de leurs adversaires dont la victoire empêcha que souvenir exact soit gardé des arguments de vaincus auxquels aura été reproché le pire : « agapes » licencieuses et interdiction de procréer. Peut-être n'est-ce pas toujours à tort que ces croyances – rendues vicieuses par de faux témoignages – seront inscrites ensemble dans les attendus de condamnations qui frapperont d'ultérieures hérésies combinant excès de pureté et excessive prédétermination – si bien qu'aucun péché n'a plus d'importance dès lors que salut et damnation sont décidés d'avance.

Le gnosticisme, voué à l'échec, résultait d'une philosophie composite en quête de certitudes absolues. Elle en trouve certaines dans la tranquillité d'âme de chrétiens qui vivent le stoïcisme mieux que des Sénèque en leurs luxueux palais. Les autres ne lui viennent sûrement pas de la Chine, trop lointaine et de pensée ni diachronique comme l'histoire des Eons, ni systématisante comme la prédestination valentinienne. Elles ne peuvent être attribuées qu'à une intuition inspirée par ce que nous appelons structures constantes, qui, pour parler comme Plutarque, donnent à de mêmes vérités des expressions variant avec les milieux. En cette période et en cette région du monde où les influences religieuses venues de diverses contrées se rencontrent en mélanges divers pour satisfaire les besoins nouveaux – ceux créés par la chute des cités libres, puis ceux de l'Empire, empêché de traverser l'Euphrate et secrètement menacé de consomption comme en témoignent déjà les lois d'Auguste sur la famille – allait finalement prévaloir un autre dogme plus capable d'opposer l'immanence à la dégradation.

Il existe tellement de légendes populaires ou de mythes sauvages dont le héros, de naissance obscure, mérite par ses peines et sa vocation de rencontrer des êtres surnaturels qui le comblent de dons magiques grâce auxquels il sauvera les siens, que s'explique le succès collectif d'épisodes mythiques plus élaborés qui reprennent le même thème, mais en y ajoutant le plus généralement que les héros passant pour fils d'homme le sont secrètement d'un dieu. Non moins largement partagée a été la croyance – qui a persisté presque jusqu'à nos jours – que, pour assurer la solidité d'un ouvrage bâti, il fallut y sacrifier un être humain : à preuve les rites de fondation qui veulent qu'on enterre ou emmure vivant un être humain, le plus communément une femme, et mieux une mère ou future mère – donc une porteuse de graine telle que l'agriculture néolithique a pu s'assurer à ce prix la promesse de récoltes – afin que la construction échappe aux atteintes du temps et aux attaques d'ennemis. C'est bien conformément à ce double modèle qu'Osiris, fils de Geb ou de Ra – avec aussi Horus, autre victime divine mystérieusement née – rendit durable la fécondité du Nil et de la civilisation. On a vu qu'à son tour, Sénèque, le stoïcien, exalta Hercule : esclave condamné aux travaux, bien qu'ayant eu le roi des dieux pour père caché; comme le Christ, Hercule sera descendu aux enfers, mais lui, avant d'achever son œuvre purificatrice dans les souffrances d'un bûcher où il devient constellation. Des trois Mystères chrétiens, les deux premiers – Incarnation et Rédemption – n'humilient la raison qu'en extrapolant les leçons d'une tradition longue de passé et d'avenir. Il n'en va pas de même du Mystère de la Sainte Trinité.

La signification « structurelle » du chiffre 3 est manifeste notamment dans l'organisation en triades des dieux indo-européens; la Chaldée nous en donna des exemples. Il serait peu vraisemblable d'attribuer cette tripartition fonctionnelle à la seule révélation qui frappa saint Paul sur le chemin de Damas : Jésus s'étant ressuscité lui-même est Dieu, et le troisième mystère ne l'emporta pas sans peine sur de multiples hérésies dont la plus simple, celle d'Arius, assurait l'Unité divine en faisant de Jésus un modèle purement humain d'idéal moral. Les Pères de l'Église sont versés dans la philosophie et rompus à ses discussions; mais leur succès à rendre le christianisme différent tant du monothéisme judaïque que du polythéisme ne s'expliquerait pas si leur trinitarisme n'avait répondu à quelque intuition collective ayant inspiré les Évangélistes, même si les Évangiles ne sont pas que récits naïfs de témoins oculaires : Père, Fils et Saint-Esprit sont présents ensemble à la naissance et au baptême du Christ. Encore les spécificités des trois Personnes et leurs corrélations n'y sont-elles guère plus explicites que dans les théophanies de l'Ancien Testament.

Le mot Personne – ainsi que *Trinitas,* substance unique – apparaît vers l'an 200 avec Tertullien, premier témoin connu d'une tradition occidentale imprégnée de personnalisme. En outre, ce chrétien de Carthage pense-t-il que la tripartition divine eut lieu au moment de la Création, donc au début du temps; alors qu'elle est de toute éternité pour Origène, l'Alexandrin, qui oppose ainsi le plus radicalement à l'Arianisme une consubstantialité des trois « *homoousios* ». Constantin, à Nicée, tranche, en 325, selon l'esprit romain. Les débats poursuivis en Orient aboutiront, par décision de Théodose, à une formule conciliable avec la première. Dès lors, l'argument d'Athanase est décisif : il ne suffit pas que Jésus soit un idéal moral, il faut qu'il soit Dieu pour que sa médiation rende effectif le salut. Sont récusées ensemble l'unité pure du Sabellianisme et une distinction trop différenciée entre les Personnes, mot ayant trouvé son équivalent dans le grec *prosopon.*

Les métaphores propres à illustrer ce Mystère se précisent par étapes. Athanase en fait images d'espace : le Père, au-dessus de tout; le Fils, à travers tout; l'Esprit, dans tout. Les théologiens de Cappadoce y introduisent la diachronie : le Père, cause; le Fils, création; l'Esprit, achèvement. Saint Augustin accorde le non-verbal au verbal : l'Amant ou Celui qui voit; l'Aimé ou Celui qu'on voit; l'Amour ou la Vision unissant l'un à l'autre. Nos modèles et les sémantisations qu'ils permettent sont pertinents à ces références métaphoriques : une orientation créatrice ou initiatrice; un plan qu'on traverse, qu'on voit ou auquel on s'attache. Le trièdre en résulte de lui-même, nécessaire comme effet aussi bien que comme présupposé. Ouvrage de savants, ce dogme trinitaire fait état de trois et non pas six orientations; il est tout bien, tout positif, et le négatif ou le mal – qui préoccupa tant Tertullien – provient d'entités méchantes ou diaboliques opposées au Créateur : Lucifer, Anté-Christ, Esprit malin.

La Trinité ainsi consolidée allait pourtant donner lieu, entre Grecs et Romains, à d'autres querelles aux origines lointaines. Quand, vers l'époque même du concile de Nicée, Constantin baptise Sagesse divine la basilique de sa future capitale, sa décision est sans doute moins dogmatique que pratique dans une contrée où le culte chrétien sera désormais célébré en de hauts lieux du paganisme et notamment en ceux voués à Athéna. Mais le succès propre à l'Orient de cette Sainte-Sophie, nom de beaucoup d'églises, témoigne d'une interprétation du dogme plus subtile que celle qui tolérera et finalement prescrira l'ajustement de la foi à un aristotélisme convenant aux Pontifes devenus, pour l'organisation et pour la discipline ecclésiastiques, les successeurs des césars. Les exigences de la réflexion orientale empêchent de traiter comme mineur le problème posé par ce qu'on appelle la « procession » du Saint-Esprit. Le schisme entre Orthodoxes et Romains a des causes politiques, mais il est significatif qu'il ait trouvé là ses argumentations théologiques. Et comme l'option romaine préparait sans le savoir une révolution conceptuelle, nous allons orienter nos analyses en cette direction.

Avant de dire comment nous y procéderons, ajoutons à un rappel un supplément d'information. Le rappel sera que notre projet n'est pas de rechercher des origines sociales aux sciences modernes, mais bien des origines sacrées. Toutefois, ces dernières n'étant pas intelligibles hors du social, parlons brièvement de qui s'y rapporte quand apparaît le christianisme. Ni ce que nous savons des érudits, ni non plus ce qu'eux-mêmes ont jusqu'à présent établi ne rendent toute claire la question. Esquissons seulement – à titre marginal – une hypothèse qui peut être induite des considérations précédentes. Supposons deux « pyramides » possibles, l'une socio-politique, l'autre spirituelle. Quand l'ensemble des événements de tous ordres (mentaux aussi bien que concrétisés) y invitent ou le permettent, ces deux « pyramides » tendent à se confondre ou se confondent. Sinon, elles se séparent et s'en trouvent sujettes à ruines aussi longtemps, dans la mesure où il faut que le mythique, le vécu et le concret s'accordent pour durer. Selon cette métaphore, plusieurs cas sont à considérer ; tenons-nous-en à ceux dont relèvent les époques qu'il nous reste à traiter.

On dirait de Rome, où saint Pierre vient prêcher et où son tombeau sera – sur la colline vaticane où il remplacera le taurobole – le lieu d'ancrage de la catholicité, que loin d'être aussi féconde qu'Athènes ou Alexandrie dans les champs de la réflexion proprement conceptuelle, elle se soutient le mieux par la qualité de ses lois civiles et par le succès de ses armes, avec les profits qu'elles acquièrent ou conservent aux *négociatores*. La vertu romaine s'est-elle perdue quand l'Empire vieillit ? Rien de moins sûr, si on cesse d'en juger par les seuls exemples donnés par certains césars et autour d'eux. Il se trouve seulement que la vertu semble en quête d'autres références que les traditionnelles qui avaient porté le courage jusqu'à l'inhumain. La *Pax romana* se prête à l'établissement d'une autre échelle de valeurs. Enfermée dans ses *limes,* elle est par force ou tolérance amenée à reconsidérer ce que la guerre romaine avait fait qualifier de barbare. Aussi bien sera-ce après les « invasions » insidieuses ou violentes que s'étendra et s'assurera l'autorité occidentale de la Nouvelle Rome, dont Byzance se sera détachée avant que les Infidèles ne lui soient ennemis.

On dirait aussi que sous le règne des césars – ceux qu'avec Tacite, Suétone fustige – commence de s'élever par conversions de proche en proche une nouvelle « pyramide » spirituelle à la fin assez forte pour que Constantin plante son labarum à son sommet. Plus saint que Marc-Aurèle, le fils du tolérant Constance Chlore et de sa concubine Hélène la chrétienne, sainte à qui le Ciel accorda l'invention de la vraie Croix? L'imagerie chrétienne le veut ainsi. Mais mieux vaut s'en remettre à des transformations conceptuelles de plus haute importance spirituelle. Quand Suétone fait l'éloge du fondateur de la dynastie flavienne, il mentionne une prophétie juive annonçant qu'un roi des rois surgira de Jérusalem. Les Juifs n'ont pas compris, ajoute-t-il, qu'était ainsi désigné Vespasien, qui put orner son Triomphe et sa montée au Capitole des dépouilles du Temple et de l'Arche Sainte. Généralement, le même historien recueille pieusement tous prodiges à propos de naissances, destins et trépas d'Empereurs : moins souvent sont-ce hommes qui parlent, mais plutôt la terre, les animaux, les arbres qui lient leur sort à celui d'un maître du monde. Après Constantin, la nature se tait; les temps ne sont fertiles en miracles que par la volonté du Très-Haut.

Si l'on peut seulement supposer que cette conversion de l'en-bas à l'en-haut est corrélative à d'autres qui affectent le social, d'autres corrélations entre le mental et le scientifique sont, elles, attestées et peuvent fournir de plus sûres interprétations. Que la vie quotidienne, ses pratiques et ses besoins se soient prêtés à un retournement, pourquoi pas? Quand la même citoyenneté est accordée à tout l'Empire, les vindictes, les désirs et les ambitions ont bien dû changer de sens, sans que soit déterminable quel tournant produisit l'autre. C'est ainsi que, quand parmi l'élite des élites intellectuelles et politiques, vivre en anachorète séduit, ce ne saurait être, à vue matérialiste, qu'un effet second de la dépopulation faisant vertu, dans un tel contexte, de conséquences démographiques devenues dès longtemps imparables. Ainsi de saint Antoine et de bien d'autres. Comptant sur Dieu seul pour être nourris et survivre avant de vivre éternellement, ils se recueillent dans des « déserts » (déserts au sens actuel, mais aussi lieux inhabités, fussent-ils fertiles, ainsi que le mot voudra dire jusqu'au XVIIIᵉ siècle); de là ils consolent, rassurent et convertissent par l'exemple ceux que mettent en peine des temps devenus difficiles. Ils préfigurent, en autre situation, ce que sera le Poverello dans sa Portioncule, un des carrefours de l'Italie éveillée à la marchandise.

Or ces mêmes difficultés, comment n'auraient-elles pas aussi tourné les regards les plus avertis – ceux donc de haut niveau social, dont proviennent aussi tant de premiers saints et premiers docteurs de la foi – vers d'autres promesses? Promesses de ceux, nombreux, qui, comme Zosime le Panapolitain, dans la lignée des mystico-réalistes issue d'Alexandrie, se prétendent capables d'extraire aliments et remèdes de leurs enveloppes périssables, de rendre ainsi conservable sous faible volume ce qui, long à produire, est lourd à transporter!

Persécutés comme les chrétiens, non au même titre mais avec les mêmes redoublements d'efforts et par la même crainte que le pouvoir et la richesse ne perdissent leurs privilèges, les extracteurs d' « essences » ont eux aussi voulu rapporter leurs succès expérimentaux à des formulations qui traduisent en symboles un Existant hors de portée directe, mais se manifestant terrestrement.

Or les stocks où puiser ces symbolisations ne seront que postérieurement alimentés par de nouveaux flux de conceptions. Aux siècles du plotinisme, ces stocks ne sont que ceux laissés et enrichis avant la Rome légiste et militaire ou bien hors d'elle.

C'est selon ces constats et interrogations que seront réparties les sections suivantes. La première prendra le taureau par les cornes en traitant d'ésotérismes dont la modélisation conviendrait aussi bien au gnosticisme et autres mysticismes ou hérésies qu'au christianisme. La seconde section fera plus particulièrement cas du dogme Trinitaire, et de la place qu'il fait à l' « Esprit ». La troisième en donnera des illustrations relatives au culte du saint Patron de la chevalerie.

Ainsi ce chapitre VII dessinera-t-il le cadre, l'environnement conceptuel hors duquel le chapitre VIII ne pourrait montrer comment l'Esprit Saint guida la pensée occidentale d'Aristote à Galilée, ou d'Empédocle à Lavoisier.

Hermès Trismégiste sous le signe de la Croix

Si les siècles d'Euclide et Diophante avaient tout dit de ce qu'il fallait concevoir pour donner essor aux sciences modernes, les Arabes eussent été de loin les premiers à y réussir. Ce qu'avaient ajouté les philosophes ne suffisaient pas non plus, et d'autant moins qu'ils n'avaient guère tenu compte des recettes pratiques énoncées dans les traités écrits au nom d'Hermès Trismégiste, le dieu Thot. Par ailleurs, s'il est chronologiquement évident que la chimie, capable de définir sa première Nomenclature, ou la physique de l'électricité, aient été parmi les dernières nées dans l'histoire patente des sciences modernes, ces découvertes n'eussent pas eu lieu sans une très longue gestation, faite de réflexions sur la manière dont agit la nature pour que des éléments en produisent d'autres, ou bien sur les conditions dans lesquelles les tissus vivants ont en propre d'être « irritables ». Non seulement donc l'alchimie et ses ésotérismes « hermétiques » ne sont pas à traiter comme s'étant écartés du droit chemin de la science, mais leurs « secrets » – même et surtout quand ils empruntent à des fables populaires des images palliant l'impuissance de la collectivité savante à inventer des sèmes pertinents – jalonnent les étapes conceptuelles d'élaborations logiques auxquelles auront manqué seulement mots et symboles que l'ère moderne découvrira aux dépens d'héritages respectés à cause de leurs anciennetés.

Pour réhabiliter ces savoirs et recherches si méprisés encore depuis trois siècles – en dépit de l'honneur que leur fit Newton de s'en instruire et des soins de Marcelin Berthelot pour en réévaluer maladroitement l'histoire –, il suffit de prendre la mesure des tâches qu'il fallut accomplir pour surmonter les périlleux obstacles séparant les points de vue aristotéliciens des horizons vers lesquels la science moderne s'est engagée. Des recettes gréco-égyptiennes conduisaient déjà les praticiens à penser que n'est pas inerte une matière qui, mise en certaines conditions, œuvre d'elle-même, matière en outre capable de fournir des remèdes aux corps malades des vivants. Mais, selon Aristote, toute vie vient du Ciel, et il est impie de penser que la matière terrestre – le sub-lunaire – puisse avoir rien de céleste. Sous le règne de cette doctrine, il faut donc soit se cacher pour dire que la matière vit comme vivent les hommes, soit biaiser en invoquant des connaissances chaldéennes – que nul n'ose absolument contredire tant elles se sont ancrées, et souvent au meilleur titre, à propos des heures et du calendrier – pour alors mettre en corrélation substances matérielles et planètes. Pour Bombastus von Hohenheim – ce Paracelse si souvent cité depuis le XVe siècle comme pharmacologue innovateur –, astrologie et alchimie sont inséparables : opinion dont bien des prédécesseurs oubliés ou mal compris s'étaient départis bien avant cette résurgence peu catholique du chaldéisme.

Mais ces audacieux précurseurs avaient trouvé autre chose, et c'est au dogme chrétien lui-même qu'ils l'empruntèrent. Le Fils est venu rétablir sur terre, pour tous, le règne prometteur du Père et annoncer la permanente et universelle présence du Paraclet qui ne s'était jusque-là exprimé qu'épisodiquement par la voix des Prophètes. Dès saint Jérôme et surtout après saint Augustin, le problème de l'âme se pose en nouveaux termes : elle n'est plus ce qu'elle était pour les Grecs, un don des astres visibles lui ayant conféré propriétés végétatives, motrices ou spirituelles, mais bien le don d'un Dieu Trine invisible dans Sa gloire, Dieu pensé en termes mystérieusement abstraits comme maître souverain de toutes choses et référence suprême de tout le pensable. Ç'aura été, en effet, en invoquant l'omniprésence de l'Esprit flottant dès la Création sur les eaux et devenu nécessaire à la juste conception d'un surnaturel qui ne peut être que trinitaire, que les chimistes, au prix de risques souvent mortels, se seront persuadés bien avant Galilée qu'Aristote s'est trompé et que l'éternelle raison du Créateur en Trois Personnes est présente en tout ce qu'Il a créé. Les deux premiers Mystères chrétiens – Incarnation et Rédemption – ne font que transfigurer les solutions attendues d'anciennes mythologies répondant au besoin qu'existe un médiateur entre les dieux et les hommes. De tels mythes étaient le plus généralement d'organisation quaternaire, et nous en retrouverons de semblables avec le culte des Saints; mais, à ces deux premiers Mystères, s'ajoute celui de la Sainte Trinité, et un problème structurel se trouve ainsi posé. Ce troisième Mystère n'eût pas si aisément trouvé ses références dans les textes sacrés s'il n'avait correspondu à d'obscures et profondes remises en cause.

Elles sont liées à une autre concernant le temps ou la durée : il devient plus difficile de ressentir celle-ci comme cyclique, comme il convenait aux temps où Rome et le pouvoir impérial s'accommodaient le mieux de l'ordre aristotélicien et où, de leur côté, les Stoïciens attendaient de leur vision cyclique du monde une réduction moniste de la binarité bienmal. Le néo-platonisme recherche les fondements d'une pensée à réunifier, mais en des temps où la fin des libertés puis celle des conquêtes et donc des marchés d'esclaves obligent à reconsidérer les systèmes de valeurs. Rien de cela n'apprend à l'émotivité comment vivre un lent mais irrémédiable non retour de l'Histoire. Il y faut une mythologie historique qui rende compte de l'avant pour rendre intelligible le maintenant et prometteur l'après. La Bible le fournit quand un second Testament prolonge, complète et réforme le premier. Graine juive, plante hellénistique, le christianisme paulinien est une philosophie de l'Histoire.

Or, au cours des mêmes siècles, il faut aussi réconcilier deux visions traditionnelles des choses : celle de philosophes pré-stoïciens qui se sont mis au-dessus du travail servile et celle d'artisans qui ennoblissent des tâches profitables, notamment quand, en Égypte, ils fabriquent des pierres précieuses, ou gemmes, ainsi que des remèdes et même des produits de beauté et de rajeunissement. Tel est le cas des « cosméti-ques » qui ont rendu célèbre, entre autres villes, celle de Mendès en Basse Égypte. Ces facteurs de belles jouvences (que l'alchimiste Faust obtint de Méphistophélès) méritent bien leur nom emprunté au Cosmos, à l'étonnement des étymologistes : dons du Ciel auquel ils doivent leurs propriétés, ils tendent à y retourner par la plus subtile des évaporations. Cette Égypte des embaumeurs aura aussi été celle de premiers distilla-teurs d' « essences » capables de garder les vertus de plantes périssables et de rendre plus pures les flammes du naphte. A ce titre, elle n'a de rivale ou d'émule que vers l'Euphrate, notamment en Syrie.

Jeunesse, beauté, pureté et moyens de les conserver ou recouvrer, voilà qui ne put manquer de hanter les imaginations avant même la Rome des Césars et sous celle des Pontifes. Il s'agit de secrets gardés par crainte soit de les trop vulgariser, soit de paraître les avoir obtenus par maléfices. En outre stimuleront-ils des recherches expérimentales, elles aussi et pour les quasi-mêmes raisons souvent conduites en confidence jusqu'à ce que, vers le XVe siècle – quand un nommé Faust naît à Knittlingen –, on se prenne à en parler aussi bien en Bohème qu'en Sicile ou autour des mers nordiques. A un tel déploiement d'images et de discours mis à portée de non-initiés, Carl Jung doit le meilleur de son butin ; et on y revient de nos jours avec un intérêt réétendu. Bien que ces retrouvailles soient celles de vues relativement tardives, elles méritent quelque attention. D'une part, ces vues ne sont pas inutiles à la psychanalyse, développées qu'elles furent en un temps où les quémistes, mais non les alchimistes, commencent de ne plus confondre le physique avec le moral ou le psychique. D'autre part, elles aident à mesurer les difficultés qu'il aura fallu traverser avant ce XVe siècle pour concilier les leçons du Trismégiste avec les prescriptions de la Sainte Trinité.

En vue d'élucider logiquement ces dessous d'une histoire qui s'est manifestée en textes si bizarres qu'ils furent le plus souvent jetés aux oubliettes de l'absurde, le plus simple est de les modéliser. Mais comme il s'agit d'hermétismes qui ont été le plus vulgarisés entre XVe et XVIIIe siècle, nous présenterons un lot d'images et quelques textes ayant l'inconvénient d'être tardifs ou apocryphes, mais l'avantage de mettre en clarté crue les aboutissements de pensées dont nous devrons analyser ensuite les préalables étapes.

Images donc où saute à première vue qu'y ont particulière importance des références au Trismégiste, à l'harmonie, ainsi et surtout qu'à des figures géométriques forcément planes, mais le plus souvent à regarder comme des figurations tétramorphiques : en rendent compte les schémas qui les explicitent (figures page 228).

Passons aux textes, ils sont étranges, notamment vers la Renaissance qui s'est complue dans des ésotérismes, mais aussi dans la *Turba Philosophorum*, datant des environs des IXe-Xe siècles. Le passage cité ci-dessous est-il d'un Morienus mentionné dans un autre passage de cette *Turba* et dont Daniel Berthelot crut pouvoir faire un moine syriaque du VIe siècle, inspirateur d'un maître de Gebert et, par lui, des Chrétiens de laboratoire ? Voici ce « conseil » tel que traduit par Julius Ruska et auquel nous avons ajouté des barres en vue de l'interprétation qui suivra :

« Je vous commande, fils de doctrine, congelez l'argent vif. De plusieurs choses faites 2, 3 et 3,1 / 1 avec 3 c'est 4 : 4, 3, 2,1 // de 4 à 3, il y a 1, / de 3 à 4, il y a 1, donc 1 et 1, 3 et 4, /// de 3 à 1, il y a 2, de 2 à 3 il y a 1, de 3 à 2, 1, 1,1, 2 et 3. Et 1, 2 de 2 et 1, 1 de 1 à 2, 1 donc 1. Je vous ai tout dit... »

Nous sommes mis là en présence de proportions entre des composantes désignées par des chiffres dont nous sont aussi indiquées les différences : autant de petits nombres comme ceux auxquels le tétraèdre de Timée nous suggéra de recourir en les situant sur ce polyèdre ainsi qu'il nous fallut le faire. Mais le pseudo-Morienus ajoute cependant des informations non conformes aux interprétations numériques auxquelles il nous avait fallu recourir pour que le tétraèdre-dieux de Platon fût l'organisateur d'une nature faite de polyèdres.

Laissons au lecteur curieux le soin de vérifier par lui-même que les quatre chiffres lus comme faces d'un tétraèdre en décrivent successivement la constitution (nos barres l'indiquent), mais non sans en particulariser certains éléments, notamment concernant la face 4 : elle ne résulte pas d'un tri, mais d'une somme. En outre n'est pas mentionnée l'arête qui signifierait 2 + 2. Exception doublement significative. Si 1, 2, 3 représentent des Principes comme ceux retenus par les spagyristes, ce sont Soufre (Père), Mercure (Mère) et Sel (Fils) : Mère + Mère ne produit rien que Mère; quant au 4, il serait ce curieux *Caput Mortis* qui a tardivement et éphémèrement désigné un « résidu » sans valeur pour l'expérimentateur, sauf à l'identifier à ce que nous verrons avoir été aussi qualifié de « bave de Dragon » ! Si ces mêmes chiffres renvoient au sacré, alors ils sont les trois Personnes de la Trinité, plus un 4 évoquant cette fois Marie Vierge et Mère, mais non de nature divine et n'ayant pas posé aux théologiens le grave problème dont nous reparlerons : celui de la « procession » entre les trois Personnes d'un seul Dieu.

Ambiguïté tant physique que mystique (et que logique, selon notre code) de ce 4, qui apparaît dans Paracelse et ailleurs, notamment dans des pseudo-Paracelse dont nous emprunterons certains propos à ce que cite Bernard Gorceix dans *Alchimie* (Fayard, 1980). Ces textes sont plus loquaces que le « je vous ai tout dit » du pseudo-Marienus, épuisant le plus laconiquement et essentiellement la nature des choses et de Dieu. Ils le sont plus encore qu'un ouvrage du XVIIIe siècle intitulé *Mutus Liber* – Livre Muet, mais aussi laïc et dont on dirait que, de ce fait, il ne peut plus rien dire de la nature : il montre par images sans mots deux alchimistes (habillés) à l'œuvre avec leurs appareillages. Quand les « laboratoires » étaient conventuels, l'hermétisme « pesait » ses mots. Quand la Chymie se sera laïcisée, l'hermétisme n'aura plus rien à dire. Mais, à l'époque de Paracelse, quelle logorrhée ! En voici un aperçu.

Il provient d'un Anonyme allemand prétendant avoir tiré son savoir « du manuscrit de Théophraste Paracelse ». Après avoir traité des « Trois Pierres Magiques » ici assimilées aux minéral, végétal et animal (trimorphisme sans doute inspiré d'Aristote, mais qui eût été impie à ses yeux puisque le minéral est traité au même titre que ce qui donne âmes végétatives ou motrices, alors que l'âme rationnelle n'est pas mentionnée), l'Anonyme s'occupe du Tétragramme et montre longuement comment la faute d'Ève corrompit la nature créée parfaite, puis il évoque un Traité alchimique (*la Guerre des Chevaliers*) pour indiquer notamment :

« Un roi et une reine engendrèrent des enfants, les uns beaux, les autres difformes [à cause d'une faute de la mère]... Les corps qu'elle engendra furent donc soumis à des degrés divers de corruption... Le soufre luciférien, impur et étranger qu'adopta la mère enflamma son corps, le consuma et l'âme entière que le père ou soleil philosophique lui avait inspirée dans un premier mouvement en fut séparée avant d'être sacrifiée à l'air. Mais de même que Dieu prend pitié de l'homme déchu... qu'il promet à son fils, la seconde personne de la Trinité, de lui choisir et de lui réserver une femme pure et sans tache, qu'il envoie à l'homme par l'Esprit-Saint, la troisième personne de la Trinité, le fils de Dieu qui s'unit à la semence féminine de l'Humanité pour engendrer ensuite un Dieu et un homme véritable, qui se sacrifie pour l'homme pécheur... de même il en va pour les métaux. Afin que la teinture invisible et interne qu'ils ont souillée quelque peu d'une manière invisible et interne ne demeure pas éternellement dans le corps impur, pour ne pas que les métaux soient détruits par le feu d'occident... le soleil philosophique prend pitié du fils déchu. Par la semence de la femme, du mercure et au sein de la circulation élémentaire, il lui envoie une mère, une matrice pure et sans tache, le vrai mercure philosophique que l'on peut justement comparer à la Vierge Marie, point à Ève, mais à Marie. Elle reçoit alors la couronne d'or de la Trinité, elle est sublimée et distillée dans les viscères de la terre, et elle est dotée de l'âme centrale de la nature tout entière... » Et d'ajouter plus loin : « Si donc notre mercure ou vierge philosophique n'avait pas été auparavant purifié et purgé de l'aiguillon menstruel, s'il n'avait pas en lui l'âme centrale de tous les métaux, il ne pourrait recevoir l'essence, la teinture ou le soufre du soleil... »

Les concordances entre les préoccupations du pseudo Morienus et celles de l'Anonyme sont assez frappantes. Outre de vagues mais non négligeables analogies avec la faute de Nout, la Mère égyptienne, ce lointain successeur du véritable Morienus présente assez de similitudes avec tous les disciples du Syriaque pour nous aider à mieux le comprendre. Ici les nombres sont remplacés par des personnes sacrées, elles-mêmes transposées en termes de nature : le Soufre-Soleil équivaut au 1 et, comme ce 1, il a double statut (face ou arête) puisqu'il est à la fois Principe et Teinture ennoblissant naturellement d'autres matières ou susceptible de le faire grâce à l'intervention humaine. Quant à la Mère, elle est Marie quand elle est pure, et nous pouvons supposer qu'elle est 4 quand elle a été choisie pour engendrer sur terre la deuxième Personne de la Trinité par l'opération de la Troisième, elle-même consubstantielle à la Première. Paraphrasons : 3 + 1 est « vrai »; 2 + 2 est dépourvu de sens. Si c'est là trop solliciter les textes, une évidence demeure : à travers tous ces temps, on s'est interrogé sur la manière d'introduire les Principes actifs qui, comme les directions de l'espace, sont au nombre de seulement trois : le Soufre, masculin, le Mercure, féminin, le Sel, symbolisant l'enfant – ces trois mots n'étant pas à prendre comme signifiants de réalités concrètes, plutôt comme virtualités passibles de l'opposition amour-haine retenue par Empédocle comme primordiale avant qu'en aient été quasi-immédiatement issues d'autres notions comme « attraction » et « réaction » ou « affinités » ou « répulsion », encore utilisées de nos jours en mécanique et physico-chimie. Il va sans dire qu'une des difficultés aura été d'introduire la féminité aux côtés d'une Sainte-Trinité qui n'en comprend pas, et aussi d'introduire la vérité divine dans la matière et donc de braver l'interdit d'Aristote pour que la quintessence ne soit pas seulement éther du ciel, mais âme entre des choses. Dans son passage de la périphérie au centre, la quintessence entraîne le Soleil qui, comme lumière, est Soufre pur, et méritera que Copernic le situe au milieu de l'Univers.

Les pages suivantes montreront avec plus de détails comment a été obtenu un tel changement de localisation, corrélatif, on le verra, à la prééminence accordée au trimorphisme sur le tétramorphisme. Les significations mythologiques structurées par ce dernier seront en peu de temps jetées aux oubliettes de l'inconscient quand algébristes et expérimentateurs s'en tiendront au seul trièdre cartésien et à la définition qu'il implique d'une unité de longueur indépendante de la totalité cosmique.

Cette mutation de situation donnée à la quintessence n'est pas explicable si on ne rend pas justice aux travaux tant expérimentaux que conceptuels accomplis conjointement, et de telle sorte qu'ensemble aussi les propriétés de l'espace tridimensionnel aient abstraitement prévalu sur la nécessité concrète de compter quatre faces sur le plus petit des solides constructibles dans l'espace et le pavant. Autrement dit, une conception trinitariste de la vérité aura dû mettre dans l'embarras les émules d'Empédocle avant qu'elle n'apparaisse comme la traduction mythologique d'évidences spatiales.

Ainsi – et à la condition d'apprécier à leur juste valeur les résultats acquis par l'*al Chymia* aussi bien que par chimie et alchimie tant chinoises ou indiennes qu'occidentales – peut s'expliquer que les Arabes aient été si précoces dans les immenses progrès qu'ils accomplirent comme héritiers les plus directs des Grecs, mais sans découvrir la géométrie analytique dont pourtant ils préparèrent de loin les succès par ceux qu'ils obtinrent dans l'arithmétique et dans l'algèbre dont le nom même vient de celui de leurs plus fameux auteurs. Leurs textes savants commencent par invoquer Allah, mais sans que leurs raisonnements soient gênés par ce Dieu unique dont toute représentation est interdite et qui, ignorant l'Incarnation, ne force pas non plus à réviser les conceptions issues du concret au nom de celles donnant définition de l'Éternel.

Ajoutons quelques précisions à cet égard. Le Syriaque Morienus passe pour avoir été le maître du fameux Geber, ainsi que de son émule à peine postérieur, Rhazès. Ces deux savants arabes – dont les œuvres encyclopédiques ont été sans doute celles d'équipes et de disciples – exercèrent une telle autorité en Occident que, le premier, bien qu'il soit le plus ésotérique, y a pu faire figure d'autre Hermès Trismégiste. Mais dans son cas, on peut justement attribuer ce privilège au fait que sa pensée est plus empreinte de préoccupations métaphysiques et de portée plus générale.

Rhazès est le moins dogmatique. Médecin célèbre depuis le Khorassan jusqu'en Espagne, il exerce à Cordoue autant qu'à Bagdad; il donne d'exactes descriptions des maladies, notamment éruptives; il est précis dans la préparation de remèdes qui ont fait de lui un des maîtres de l'apothicairerie orientale; il suit la trace d'un Hippocrate qui n'a eu pour souci que guérir, alors que Galien prétendait en outre rationaliser les humeurs selon les Éléments et les Qualités d'Aristote. S'en tenir à d'heureux résultats pour critère du vrai est le fait d'une longue tradition à laquelle appartient notamment Avicenne, dont les cures psychosomatiques sont restées justement célèbres. Sans doute Rhazès sacrifiat-il aussi au besoin de théoriser, encore qu'on ait pu après lui ajouter à son œuvre des propos qui en ont déformé le sens et les prétentions pour en faire une compilation composite mêlant le Stagyrite à Oribase, un familier de l'empereur Julien qui rassembla les traités médicaux ayant fait leurs preuves. Rhazès, dit El Mansour, du nom d'un prince fondateur d'un hôpital dont le jeune Rhazès passe pour avoir fait un modèle, put certainement avoir bonne connaissance des fermentations; il est moins sûr qu'il ait inventé la distillation répétitive (la « rectification »), postérieurement ajoutée à son crédit avec le nom donné à l' « eau de vie » et dont nous reparlerons en son temps.

Plus remarquable est le destin de l'œuvre géberienne; l'autorité s'en était si bien généralisée que les traductions latines y inclurent des inventions multipliées depuis surtout le XIIIe siècle, particulièrement en Chrétienté. Un mélange distillé de vitriol de Chypre, d'alun et de salpêtre produit ce que nous appelons acide nitrique, « eau-forte » corrosive, devenant « eau régale » capable de dissoudre l'or et l'argent si on ajoute du sel ammonica au mélange initial. De tels résultats sont relativement récents, bien que présentés sous un nom qui a mérité le respect par l'étendue des compétences qu'il couvre. Toutefois, il va de soi que les invocations à Allah disparaissent des textes latins. Or il ne s'agit pas là seulement de différences entre piétés, mais entre des conceptions conjoignant les problèmes posés par l'évolution de la matière et le destin des hommes.

Un exemple introduira les analyses et modélisations qui vont suivre. Geber lui-même, Rhazès et leurs disciples en toutes contrées ont essuyé de la part des cartésiens le reproche d'avoir subordonné le quantitatif au qualitatif. Encore faut-il préciser de quel quantitatif on parle et à quoi on l'applique. Quand ces attentifs héritiers des Anciens ont pu être instruits par des arithmologies comme celle attribuée à Morienus, loin de négliger calculs de poids et proportions, parfois y attachaient-ils une signification excessive. Si le plomb paraît être un or dégradé capable de recouvrer sa pureté première par purification « matricielle », c'est que ces deux métaux sont de poids spécifiques voisins. Put alors paraître nécessaire et suffisant de réintroduire dans le métal vil, pour en refaire métal noble, la « teinture » que la corruption en avait expulsée. De part et d'autre de la Méditerranée, on s'y emploie – bien que Geber à l'occasion rappelle que si cette régénération était possible, elle eût été depuis longtemps trouvée – en invoquant également la valeur « chevaleresque », la pureté de corps autant que d'esprit, et donc moins pour gagner richesses matérielles – les césars avaient déjà promulgué des édits contre les charlatans – mais surtout pour conduire la pensée de l'homme dans les choses de la nature selon une vocation définie par la Providence.

Le troisième Mystère

Le chrétien a obligation de tenir pour vrais trois Mystères. Humiliant sa raison, il doit les croire quoiqu'il ne puisse pas les comprendre. Le premier est celui d'Incarnation : Dieu le Verbe s'est fait chair pour vivre au milieu des hommes et comme eux. Le second Mystère – de la Rédemption – veut qu'en mourant du supplice de la Croix, Dieu fait Homme ait lavé les conséquences de la faute commise par Adam, premier homme. Dans ces deux cas, le nouveau dogme ne fait rien de plus que sacraliser au plus haut degré de vieux mythes simplifiés et purifiés, celui d'Hercule, par exemple, fils du roi de l'Olympe et esclave sur la terre qu'il nettoie de ses monstres avant de subir supplice et de monter au ciel. L'Église ne cessera d'ailleurs d'être en garde contre ceux qui penchent à reconnaître dans le stoïcisme et son héros préféré (que le XVIIᵉ siècle réhabilitera) une préfiguration du christianisme.

En revanche, rien ne ressemble vraiment au troisième Mystère. Certes, nombre de dieux aryens ou gréco-romains sont organisés en triades, mais nulle d'entre elles n'identifie trois personnes en une seule.

Au XVIIIᵉ siècle, Palmieri, autre théologien de l'Encyclopédie, voit dans la Trinité « un des dogmes les plus élevés du christianisme ». La formule des premiers baptêmes prouve que dès l'origine, le Saint-Esprit fut d'essence divine ; les difficultés seraient donc provenues de problèmes d'expression : « Les pères apostoliques emploient des termes obscurs, des termes ambigus qui laissent planer le doute sur le véritable sens de leur enseignement ». Autrement dit, une révélation immédiatement parfaite n'aurait pas été aisément dicible dans les parlers vulgaires ni savants. Il s'agit en effet de rendre clair que si Père et Fils ne font qu'un même Dieu, l'Esprit y est nécessairement présent aussi. Affirmation conforme à un concile de 347 à Sinium, et que saint Augustin argumenta plus explicitement. Les Immortels des païens, étant dieux nés – donc imparfaits comme pour Platon –, ne pouvaient garantir qu'existât un autre Monde, lequel n'était assuré que s'il était éternel. Pour que les portes en soient ouvertes aux hommes, il faut qu'au règne du Père s'ajoute celui du Fils, Dieu lui-même. Et comme enfin existe une durée temporelle que pourtant il faut abolir, l'Esprit est comme le médiateur résolvant cette contradiction : il est simultanément un avant et un après, une troisième Personne qui rend indissolubles les deux autres. Justin avait déjà dit que « l'ineffable père... ne va nulle part ni ne se promène... Il ne se meut pas, lui qu'aucun lieu ne peut contenir ».

Le Dieu chrétien n'est pas celui des Parménides, des Socratiques ni des Stoïciens. Il n'est compatible ni avec l'éternel retour d'un temps cyclique, ni avec les mouvements « errants » dans les trois dimensions : il en est à la fois l'en deçà, l'Homme et l'au-delà.

Or – ajouterons-nous en simplifiant mais en respectant le sens – Père et Fils seraient un Avant et un Après – si on retenait ces deux mots selon l'acception ordinaire telle qu'elle est reçue aussi bien dans ce que racontent les mythes, que dans ce qu'exposent les philosophes parlant d'histoire tant cosmique qu'humaine et dans ce qu'argumentent les Juifs dans leur refus d'ajouter le Nouveau Testament à l'Ancien. Mais s'il est vrai que la naissance de Jésus marque une année 0 dans la chronologie du vécu – où elle sépare effectivement deux ères –, Père et Fils sont consubstantiellement éternels; il faut donc que la Substance divine contienne aussi une Personne propre à identifier diachronie et synchronie : cette fonction sera celle de l'Esprit. Dès la Genèse il flotte sur les Eaux; dans la vie de Jésus, il est naissance, baptême et après mort, ou plutôt après Ascension quand il se manifeste comme feu de Pentecôte et comme garant de tout avenir. Autrement dit, le Paraclet – mot voulant dire l'Invoqué – identifie à la fois les Éléments contraires, les Qualités ou les propositions contradictoires, du même coup qu'il abolit toute incompatibilité entre le synchronique et le diachronique. Il est ainsi consubstantiellement nécessaire à une Trinité transcendant tout *nunc* avec l'éternel et tout *hic* avec l'universel; il réunit transcendantalement toutes choses, toutes connaissances et tout verbe : Verbe-Père qu'il communique aux Prophètes, Verbe-Fils, acte créateur qu'il fait comprendre non seulement aux disciples, gens du peuple, autour du lac de Tibériade, mais aussi à tous pauvres en esprit, comme enfin à Juifs ou Gentils étonnés de comprendre chacun en son langage – les Apôtres n'en connaissant qu'un seul, mais venant de recevoir sous forme de langues de feu les dons de l'Esprit, parmi lesquels celui d'un parler (logolalie?) qui abolit toute distinction entre les entendants.

Avant de commenter cette universalité transcendante, soulignons que
– à peu de différences près, dont nous rendrons compte tout à l'heure –
saint Augustin ne fait qu'expliciter vers l'an 400 des certitudes acquises
depuis au moins deux siècles et énoncées déjà par saint Justin dont le cas
est remarquable. Pur philosophe, celui-ci apporta une contribution
notable à la théologie ; homme d'École et non d'Église, son martyre lui
vaudra une canonisation refusée à Tertullien et Origène ; né Grec en
Samarie, il grandit en milieu juif et enseignera à Rome contre païens et
hérétiques ; attaché au bon sens et aux raisons pratiques, il théorisera la
foi. Comme tant d'autres, il était en quête de certitudes qui le rendissent
heureux, mais il les attendit en vain de Pythagore, Aristote ou Zénon,
avant que Platon et la contemplation des idées pures ne donnassent « des
ailes à sa pensée » ; il rencontra alors un vieillard qui lui apprenait au nom
du Christ que « Dieu devient sensible au cœur ». Or ce n'est pas par ce
seul trait que Justin annonce de si loin Pascal.

Pour Justin, en effet, cet ineffable père qu'aucun lieu ne peut contenir,
pas même le monde entier, « était avant même que le monde fût fait ».
Dieu est donc à la fois dans et hors l'espace et le temps ; il est mouvement
sans se mouvoir. Il fait effectivement penser aux thèmes pascaliens :
« c'est le cœur qui sent Dieu » ; ou bien : « le cœur a des raisons que la
raison ne connaît pas » ; ou encore : « Dieu est un cercle dont le centre est
partout et la circonférence nulle part ». En outre, cette immobilité divine
ne contredit pas seulement le mouvement parfait de Platon, le dieu
mouvement d'Aristote, ou le millénarisme cyclique des stoïciens : elle
range sous le même statut les six mouvements errants des Grecs et donc
les trois directions de l'espace : Dieu est à la fois tout cela. Soulignons-en
les conséquences : avec près de quinze siècles d'avance, Justin annonce
que mécanique galiléenne ou coordonnées cartésiennes ne sauraient
affecter la foi qu'entre-temps l'aristotélisme aura rendue si vulnérable.
La pensée de Justin n'est fragile qu'en un point : il admet que Dieu
comme Dieu puisse se rendre visible à certains, en quelque lieu ou
quelque moment. Saint Augustin palliera cette fragilité : même ceux qui
ont vécu au temps du Christ vivant n'ont pas vu le Fils dans sa gloire : à
ce titre, il échappe à toutes nos sensibilités ainsi que lui-même en a
prévenu en disant : « Je suis celui qui suis », mots excluant toute
perception.

Or si, en gloire, Père et Fils nous sont ainsi inaccessibles, leur
Substance est celle même de l'Esprit. Dieu Triple est Un ; et les

considérants qui s'y rapportent vont bien plus loin que ceux de Tertullien parlant de soleil et rayons. C'en est fini aussi du sphérique parfait de Platon : la distinction entre le circulaire et le linéaire est affaire de raison mais non de foi; la seule métaphore convenant à celle-ci serait à emprunter aux présupposés des mathématiques – eux éternels, elles discursives – et encore, à la condition de ne pas confondre le créé rationnel avec l'illumination créatrice dont seule l'immanence émotive peut faire ressentir quelque chose aux conditions de n'y pas chercher raison et de n'en rien tirer de rationnel.

La foi ainsi mise à l'abri de tout ce que le travail scientifique pourrait lui opposer en quelque époque que ce soit, était pour ainsi dire d'accord d'avance avec ce que pourraient produire les transformations métaphoriques des images verbales utilisées par saint Justin et saint Augustin : il ne s'agit que de métonymies qui n'affectent pas la Trinité en sa gloire de Pantocrator.

Redescendons maintenant sur terre au milieu d'hommes qui ne peuvent parler du Mystère que par analogies rhétoriques, et revenons-en au trivial qui nous fit parler de droite, plan et trièdre. Les disputes sur la Trinité n'ont pas eu seulement à en définir les trois « axes », mais aussi leurs rapports mutuels. Chaque Personne ou *Prosopon* est Dieu, et leur ensemble ne fait qu'un : leurs rapports doivent assurer même unité. Et pourtant, il faut bien prononcer les noms en un certain ordre au moment du baptême ou quand on se « signe » de la Croix. On se souviendra que sont consubstantiellement éternels ceux qu'on désigne successivement, par référence tant généalogique qu'historique, comme Père et Fils, le Saint-Esprit ramenant du second au premier. C'est sur la nature spirituelle du passage conduisant de l'un à l'autre que s'engage un débat sans fin.

Un de ces trois rapports est « naturellement » filiation, un autre sera dit « procession » : le Saint-Esprit procède du Père. Le Symbole de Nicée s'en tient là, sans préciser le troisième rapport. Byzance n'y ajoutera rien au nom de l'orthodoxie; Rome prendra sur elle d'affirmer que le Saint-Esprit procède aussi du Fils : ce *filioque* les rendra irréconciliables.

Nous allons tenter de montrer la portée de la querelle en recourant à nos modélisations. S'il n'est pas de rapport désigné entre les deux dernières personnes, alors ceux relatifs à la première sont différents. Disons en notre trivial langage que le dièdre entre les plans 2 et 3 étant obtus sur le trièdre, l'angle du plan 1 peut l'être aussi. Traduite en termes théologiques, cette image concrète est – cela irait sans dire – fort éloignée de la pieuse conscience des Patriarches byzantins qui ne douteaint pas de l'homogène unité de la Saint-Trinité; mais elle permet de schématiser la subtilité grecque qui sacralisa la *Sophia* conformément à sa tradition culturelle. Disons qu'inconsciemment, cette pensée est restée imprégnée des leçons elles aussi inconscientes des mythes et de philosophies que nous avons pu analyser en fonction d'homologies angulaires. Si bien que la figure donnée au Pantocrator est plutôt celle du Père, sauf à protester que Dieu n'est pas représentable, que toute icône est suspecte, voire hérétique : les batailles de l'iconoclasme en seront une dramatique conséquence.

Rome ne va pas chercher si loin. Ses raisons n'eussent-elles été que politiques quand elle aventura son *filioque,* le résultat logique n'en est pas moins que sa Trinité est plus uniformément cohérente. Disons que tous les éléments du trièdre constitutif y sont synchroniquement droits, même si les sèmes constitués qu'ils portent doivent être lus l'un après l'autre. Cette régularité sera confirmée quand Rome dira des trois rapports qu'ils sont tous des processions, le mot filiation n'étant plus qu'une connotation rappelant que l'Incarnation est un fait historique et d'évidente importance, puisqu'elle représente l'an 0 de part et d'autre duquel le problème du salut se pose en d'autres termes par référence à un seul ou bien deux Testaments.

La querelle théologique s'achève, mais trop tard, au concile de Pise, quand Byzance, sur le point de tomber aux mains des Infidèles, est en quête de secours romains. On dit que c'est d'avoir dû céder que mourut le Patriarche grec. Il avait pourtant obtenu des concessions qui se traduiront dans les nuances données au mot « spiration ». Désignant les deux rapports propres au Saint-Esprit, on en distingue deux sortes : spiration active, qui n'est pas distinguée « réellement » de paternité, ou filiation et spiration passive, caractère formel par lequel on distingue, parmi les trois processions consubstantiellement identiques, les deux d'entre elles propres au Saint-Esprit. Ces nuances ne rallieront pas l'ensemble des Orthodoxes; elles confirment pourtant la symétrie profonde de la Trinité dont l'apparente dissymétrie ne provient que de l'impuissance à concevoir Dieu dans sa splendeur aussi longtemps qu'on vit dans cette vallée de larmes.

Dragon nuptial, dragon mystique

Le dogme de la Trinité – un des plus élevés du christianisme, nous a dit Palmieri – sera du petit nombre de ceux qui, chez les Protestants, survivront à la Réforme : à Genève, il donnera lieu au procès inquisitorial strictement dogmatique où périra Michel Servet. Et pourtant, la modélisation que nous avons faite de ces « expressions obscures » (ne pouvant être que telles) donnerait à penser que sa logique est incomplète. Pour la première fois, en effet, il nous a fallu renoncer aux trois orientations négatives de l'espace et recourir à un solide fermé pour rendre compte d'un Dieu sans limites. Mais comme ce dogme ne pouvait être accessible à la foi populaire, c'est celle-ci qui va nous fournir les données nécessaires à nos analyses impliquant qu'une pensée se construit dans l'espace et comme un objet.

Pour rappeler brièvement comment soit le négatif, soit le féminin ont pu être ajoutés par la tradition, nous n'avons que l'embarras du choix. Jésus est dit Nouvel Adam, le premier fut celui de la faute. Au XIIᵉ siècle, en Bulgarie, l'hérésie bogomile – proche des Cathares et des Vaudois – fera du démon un frère du Christ. La Mère du Sauveur écrase de son pied le serpent qui a séduit Ève. L'Église est dite Épouse de l'Époux. Un tel jeu est presque trop facile, et ne fait qu'ajouter d'autres images à celle de la légende arabe qui donna sœurs à Abel et Caïn afin de porter à six le nombre des rapports encore acteurs du mythe. Retenons seulement que l'Ancien Testament contient les théophanies annonciatrices des accomplissements relatés dans le Nouveau.

Mais ces théophanies sont si ambigument annonciatrices que les trois Grands Lecteurs de la Bible première – une Genèse suivie de l'Histoire sacrée d'un Peuple élu – ne l'entendent pas de la même manière. Pour les Juifs, Sabbaoth enverra un Messie conquérant. Pour l'Islam, Allah sanctifie la guerre qui ouvre le plus directement les portes de son paradis. Dans ces deux cas, Abraham conduit son fils à un sacrifice évité au dernier moment, cette marque d'obéissance suffisant à prouver que le père mérite longue descendance ici-bas. A mi-parcours historique de ces deux interprétations, le Dieu-Père des Chrétiens supplémente grandement cette antérieure théophanie. Lui, il envoie vers la croix son Fils Bien Aimé et ne lui épargne pas cette mort terrestrement ignominieuse avant d'en rappeler la Victime à l'éternité. Trois Promesses différentes, deux de royaumes tout terrestre ou déjà terrestre, l'autre d'un royaume seulement céleste. Trois engagements mystiques, mais un seul occupant divinement tout le parcours entre le transitoire de la vie naturelle et l'éternité surnaturelle. Or, c'est seulement au prix de la moins rationalisable de ces interprétations que semble avoir pu ou dû être conçu le dogme du Saint-Esprit, dogme dont le prochain chapitre montrera qu'il donna lieu aux pires disputes sur le bien et le mal, et sur la présence ou l'absence du spirituel dans le matériel.

En vue d'éclairer ces débats et de les imager plus concrètement, nous tirerons ici de mêmes enseignements du culte des Saints. Les Chrétiens n'ont pas été les seuls à demander secours à de saints hommes donneurs d'exemples ou de paroles révélateurs, mais seuls ils auront porté cette vénération au point d'en inscrire les sujets dans le cycle des jours associant le sanctoral au temporal dans le calendrier ecclésiastique.

Ce culte des saints, ayant ainsi supplémenté la signification sacrée de chaque jour, supplémenta aussi celle des rapports entre le terrestre et le céleste. Les Anciens avaient non moins eu besoin, dans leur existence quotidienne, et pas seulement celle du populaire, de « génies » ou dieux éventuellement secondaires qui fussent intermédiaires ou intercesseurs entre l'ici-bas et l'en-haut. Eux aussi avaient institué en leur honneur des fêtes marquant le retour des saisons. A cet égard, la Chrétienté reste plus proche d'eux que l'Islam, à cette différence près que semble s'être accru un besoin de systématisation à rendre aussi universelle que possible.

Parmi tant de saints, d'ailleurs bien plus nombreux que ceux le plus universellement retenus tant dans la célébration eucharistique de chaque jour que pour prénommer chrétiennement les baptisés, il en est qui ont vocation spéciale à patronner des activités, des métiers ou des situations existentielles. Nous choisirons ici celui qui, modèle pour tous, aura aussi été le plus particulièrement vénéré par les Princes et les vassaux d'une féodalité ainsi sacralisée. Ce saint Georges avait été des plus précocement institué par le César qui christianisa l'Empire, et le plus directement hérité de lui.

Archimartyr à Constantinople, saint Georges a été exalté par Constantin. Certes, les légendes qui s'y rapportent sont déjà mises en doute à Nicée ; pourtant, le pape Grégoire le Grand restaure à Rome l'église San Giorgio in Velabro. Ce soldat de Cappadoce mis à mort – à ce qu'on en rapportait – par Dioclétien ou par Dacien, sera le patron de la chevalerie et des Croisés auxquels il apparaîtra pour commander l'assaut de Jérusalem ; patron aussi de royaumes comme l'Angleterre où le synode d'Oxford l'adopte au XIIIe siècle ; il l'aura été aussi de tsars, et pas seulement en Russie. Dans la Légende Dorée, Jacques de Voragine – évêque de Gênes et hagiographe qui a le plus marqué le second Moyen Âge – présente plusieurs versions de ce qu'on racontait d'un des plus célèbres des héros chrétiens. Nous en retiendrons l'essentiel, nécessaire aux analyses qui suivront.

« Georges, tribun, vint une fois à Silcha, ville de la province de Libye. A côté de cette cité était un étang grand comme une mer, dans lequel se cachait un dragon pernicieux... ; il lui suffisait d'approcher des murailles de la ville pour détruire tout de son souffle. » Les habitants doivent chaque jour lui livrer d'abord des brebis, puis des enfants, jusqu'à ce que vienne le tour de la fille unique du roi. Après de longues discussions avec le peuple, « la princesse est revêtue d'habits royaux ; elle se dirige vers le lac ». Or, saint Georges passait par là, et, la voyant pleurer, lui demanda ce qu'elle avait. Suit un dialogue : elle veut qu'il fuie, il veut combattre ; et voici que le dragon paraît. A l'instant, saint Georges monte sur son cheval, et se fortifiant du signe de la Croix, il attaque avec audace le dragon qui avançait sur lui : il brandit sa lance avec vigueur, se recommande à Dieu, frappe le monstre avec force et l'abat par terre. « Jette, dit Georges à la fille du roi, jette ta ceinture autour du cou du dragon ; ne crains rien, mon enfant. Elle le fit et le dragon suivit comme la chienne la plus douce. » Comme le cortège s'approche de la ville, les habitants sont en panique, mais Georges leur fait signe et les rassure : « Croyez en Jésus-Christ, et que chacun de vous reçoive le baptême, et je tuerai le monstre. Alors le roi avec tout le peuple reçut le baptême et saint Georges, ayant dégaîné son épée, tua le dragon et ordonna de le porter hors de la ville. » Il y fallut quatre paires de bœufs ; et, ce jour-là, « vingt mille hommes furent baptisés, sans compter les enfants et les femmes ».

Dans une autre version, Voragine présente saint Georges discutant avec le juge en colère qui oblige l'accusé à boire une coupe qu'un magicien a empoisonné. Mais le signe de la Croix rend le breuvage inoffensif au point que le magicien se convertit au christianisme. Georges subit alors mille supplices, mais sans douleur, car le Seigneur se montre au saint dont il faut finalement trancher la tête. Parmi les variantes de ce deuxième récit, l'une montre Dacien lui-même tentant de séduire le héros par caresses et promesses d'un royaume. Ensemble alors ils vont au temple où le premier soin de Georges est de briser idoles et édifices, « dont ne reste absolument rien ». Outré de colère, le roi prend à témoin Alexandrie, son épouse, par qui le roi stupéfait s'entend dire : « Ne t'ai-je pas dit trop souvent de ne pas inquiéter les chrétiens, parce que leur Dieu combattrait pour eux? Eh bien! apprends que je veux me faire chrétienne ». Le martyre de saint Georges est alors précédé de celui de la princesse, rassurée d'apprendre que le sang ainsi versé vaut eau du baptême. Et Voragine d'ajouter ce que saint Ambroise a écrit dans la Préface consacrée au Saint : « C'est pourquoi la reine des Perses, qui avait été condamnée par la sentence de son cruel mari, quoiqu'elle n'eût pas reçu la grâce du baptême, mérita la palme d'un martyre glorieux : aussi ne pouvons-nous douter que la rosée de son sang ne lui ait ouvert les portes du Ciel et qu'elle n'ait mérité le royaume des Cieux. »

A ces témoignages que Voragine lui-même présente comme légendaires, nous n'avons rien à opposer d'authentique. Comme il n'est pourtant pas vraisemblable que Constantin eût célébré un saint fictif – l'Empereur n'aurait eu que l'embarras du choix –, c'est qu'il exista sûrement : parmi les martyrs chrétiens des armées d'Orient fut en effet condamné un certain Georges, tribun militaire.

Notre étude portera donc sur deux transformations dont le double récit de Voragine laisse supposer qu'elles sont corrélatives ou au moins à conjoindre. L'une part d'un épisode dont nous verrons qu'il appartient à un cycle mythique fort ancien, et le christianise sans que l'action franchisse le seuil séparant le terrestre de l'éternel. L'autre part d'un fait possiblement historique – le martyre d'un premier chrétien dont la mort terrestre devient vie céleste – et l'orne d'étonnants détails. Dans les deux cas, il s'agit d'édifier des fidèles en mettant l'indicible omnipotence surnaturelle à portée d'imagination.

Faute de textes authentifiables, l'iconographie nous renseigne : elle nous présente clairement – au cours du premier Moyen Âge catholique et

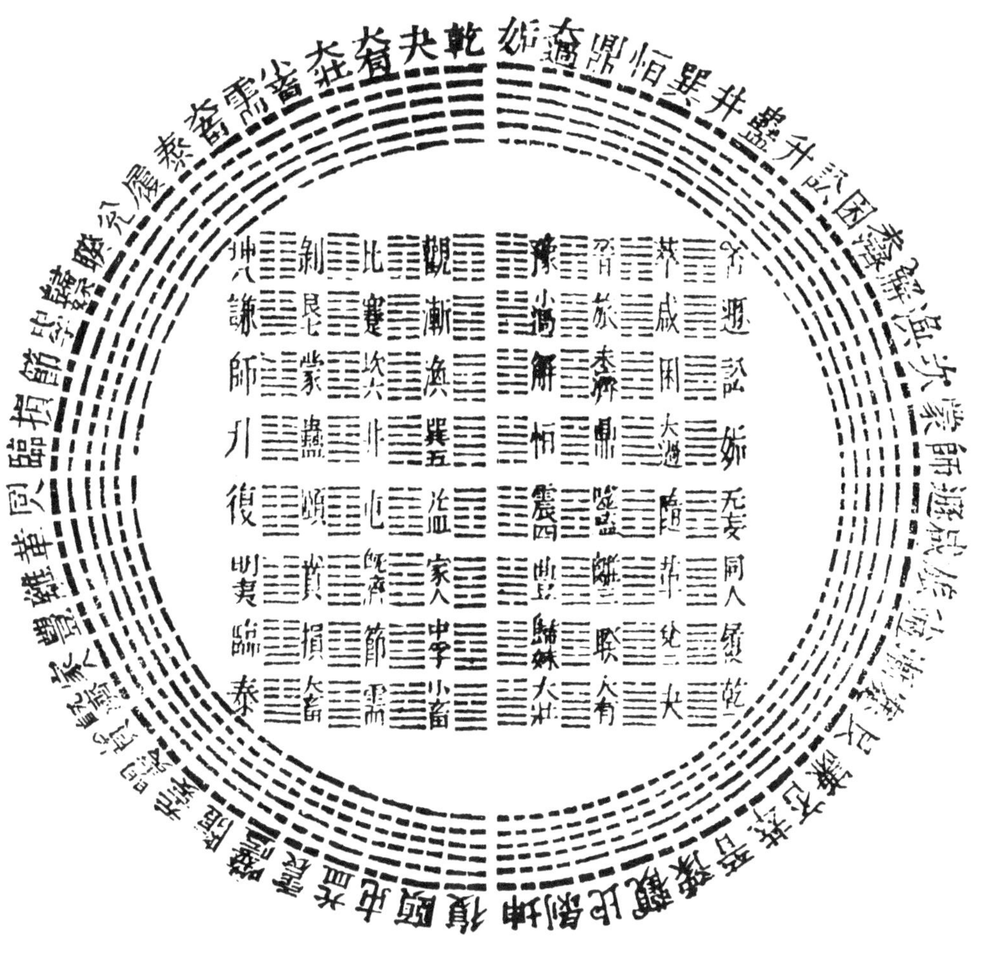

Yi-King, manuscrit mandchou de la Librairie de Louis XIV.
L'ordre des figures présentées de prime abord comme circulairement ou quadratiquement analogue à une numération
binaire de position n'est nullement cela pour les Chinois, ni
dans le Livre qui traite en apparent désordre ces soixante-
quatre hexagrammes Yin-Yang. L'énigme est élucidée dans le
chapître IV.

Cliché : Bibliothèque Nationale

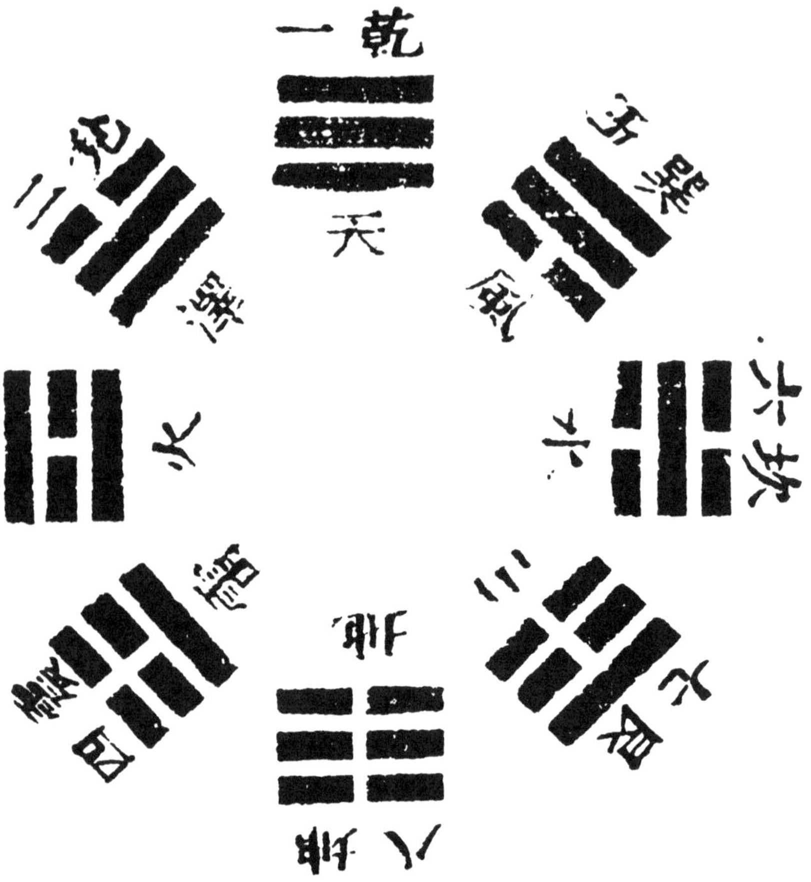

En haut : Les trigrammes de Fo-Hi disposés tel que l'empereur mythique est supposé l'avoir voulu, père au sud et mère au nord.
En bas, à gauche : Du trigramme « vieux » Yang sont issus les trois trigrammes fils, de gauche à droite, aîné, benjamin, cadet. Du trigramme « vieux » Yin, les trois trigrammes filles, aînée, cadette, benjamine.
En bas, à droite : Le plan du monde devenu classique à l'époque de Confucius, commenté au chapitre IV.

Clichés : Bibliothèque Nationale

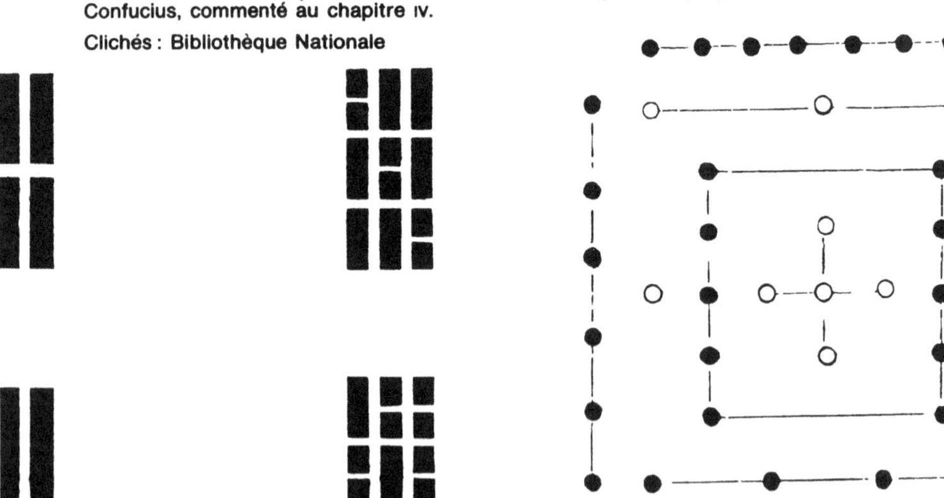

Reste sans doute d'un incunable, cette gravure coloriée prend parti dans deux querelles, l'une engagée par des Protestants suspectant le culte marial, l'autre, ancienne, entre Byzantins qualifiant Marie de *Christotokos* ou de *Théotokos*. Ici, elle est bien porteuse du Dieu Trine, le Père, l'Esprit rayonnant et le Fils ayant eu à « naître d'une femme » pour que l'Incarnation soit hors de doute. Les paroles qui entourent la Vierge sont tirées de ses Litanies.

Cliché : Collection particulière

Curieux témoignage, sur le pavement du Dôme de Sienne, du besoin d'accorder la Loi morale de Moïse avec les lois physiques de l'Égypte. Le turban dont est coiffé Hermès Trismégiste est un hommage rendu aux savoirs arabes.

Cliché : Anderson-Giraudon

Représentation des quatre éléments. Image fallacieuse mais indicatrice du besoin d'accommoder à la Croix l'héritage aristotélicien d'Empédocle. Pour mieux opposer Ciel et Enfer, l'auteur a remplacé le poisson par le dragon dont la place devrait être au centre pour symboliser les contraires, contrevenant au mystère de la Rédemption.

Cliché : B.N.-Éditions du Seuil

Speculum veritatis, XVIIe siècle. L'Enfant-Dieu est source de toute reproduction progressive. Trois Œuvres successifs doivent affiner remèdes absorbables et métaux à forger.

Cliché : Bib. Apostolique du Vatican-Éd. du Seuil

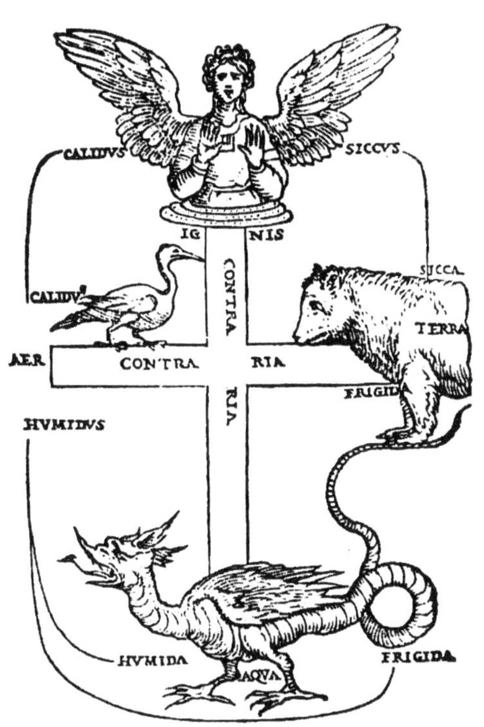
CALIDVS
SICCVS
IGNIS
CALIDV
CONTRA
RIA
AER
CONTRA RIA
SICCA
TERRA
FRIGIDA
HVMIDVS
HVMIDA
AQVA
FRIGIDA

Practica.
F. Basilius
Valentinus
Occidentalis
Phus.
Geber
Sumptibus et studio Iacobi de Senlecque

Selon nombre d'historiens de la chimie indienne, ses aspects hermétiques de l'ère alchimique auraient été influencés par l'Occident, en même temps que liée au Tantrisme associant au concret le rituel, le magique ou le symbolique. Au moins une tradition – tamoule – distingue principes mâles et femelles. A la manière de dieux aux cent bras, l'Eau et le Feu s'unissent dans l'Eau-de-Feu.

Cliché : Éd. du Seuil

Basile Valentin (page de gauche) et Hermès Trismégiste. Gravure allemande du xvᵉ siècle. Les degrés du savoir écrit ou de savoir-faire concrets (qui ici enflaconnent des « esprits », de faibles à forts) sont comme ceux de la gamme des instruments à corde ou à vent, et comme ceux des sept cieux planétaires. Au Trismégiste est attribué l'alambic et les « cosmétiques ». Basile Valentin est un personnage inventé pour christianiser des secrets venus de l'Orient. Il s'agit de venir à bout du dragon pour que l'union sexuelle de triangles contraires produise des essences fortes, symboles de transsubstantiation.

Cliché : Giraudon

L'ère constantinienne transfigure Persée et Andromède pour canoniser saint Georges dont le martyr répond à l'offre de la sainte Sophie de vaincre le dragon païen. Dans ce cas, la Femme n'est pas liée au mal, elle le tient en licol.

Cliché : Connaissance des Arts

Même licol dans les icônes orthodoxes – ici archaïquement abyssin – et reproduites telles quelles jusqu'à nos jours dans la chrétienté orthodoxe.

Cliché : Bulloz

Légende de saint Georges par Blondel, Bruges. Le peintre ne comprend plus comment la Femme pourrait lier le dragon, qu'il remplace par une brebis.

Cliché : Bulloz

Saint Georges combattant le dragon par Carpaccio (page de gauche). Musée de l'Accadémia à Venise. Et *Le triomphe de saint Georges* par Carpaccio. Venise, École de Saint Georges. Du licol, plus de trace quand Carpaccio raconte les deux temps d'un combat chevaleresque : d'abord par la lance puis par l'épée. Selon le peintre, le monstre est achevé au centre de la cité délivrée, sauvée, convertie.

Clichés : Giraudon et Alinari-Giraudon

Le Tintoret, *San Ludovico e San Giorgio* (détail). Venise, Palais Ducal. Entre les deux temps du combat, le Tintoret montre la Bête chevauchée par la Femme délivrée. Le licol reprend un sens.

Cliché : Osvaldo Böhm

Giorgione, *Saint Georges tuant le dragon*. Rome, Galerie Nationale. Sur le tableau de Giorgione, l'épisode central s'est « humanisé ». Il abolit la différence entre saint Georges et Persée.

Cliché : Anderson-Giraudon

Paolo Uccelo, *Saint Georges tuant le dragon*. Paris, Musée Jacquemart-André. Curieuse symbolisation d'archétypes que réinterprêtera la psychanalyse : entre le féminin chtonien (la grotte) et le masculin combattant (la lance), un dragon dont les ailes aériennes porteuses des sept planètes sont conformes à l'hermétisme.

Cliché : Giraudon

Delacroix, *Saint Georges et le dragon*. Musée du Louvre. Delacroix affirme dans sa correspondance avoir peint un saint Georges dont il a fait, au vrai, un Persée; à preuve la princesse liée au rocher et le cheval qui ne peut être que Pégase pour atteindre par la voie des airs une île qu'entourent des flots tumultueux.

Cliché : Bulloz

Aurora consurgens, xve siècle. Bibliothèque de Zurich. Ici le dragon est purement hermétique; il est vaincu par les deux principes féminin et masculin symbolisés par une et un alchimistes.

Cliché : Éd. du Seuil

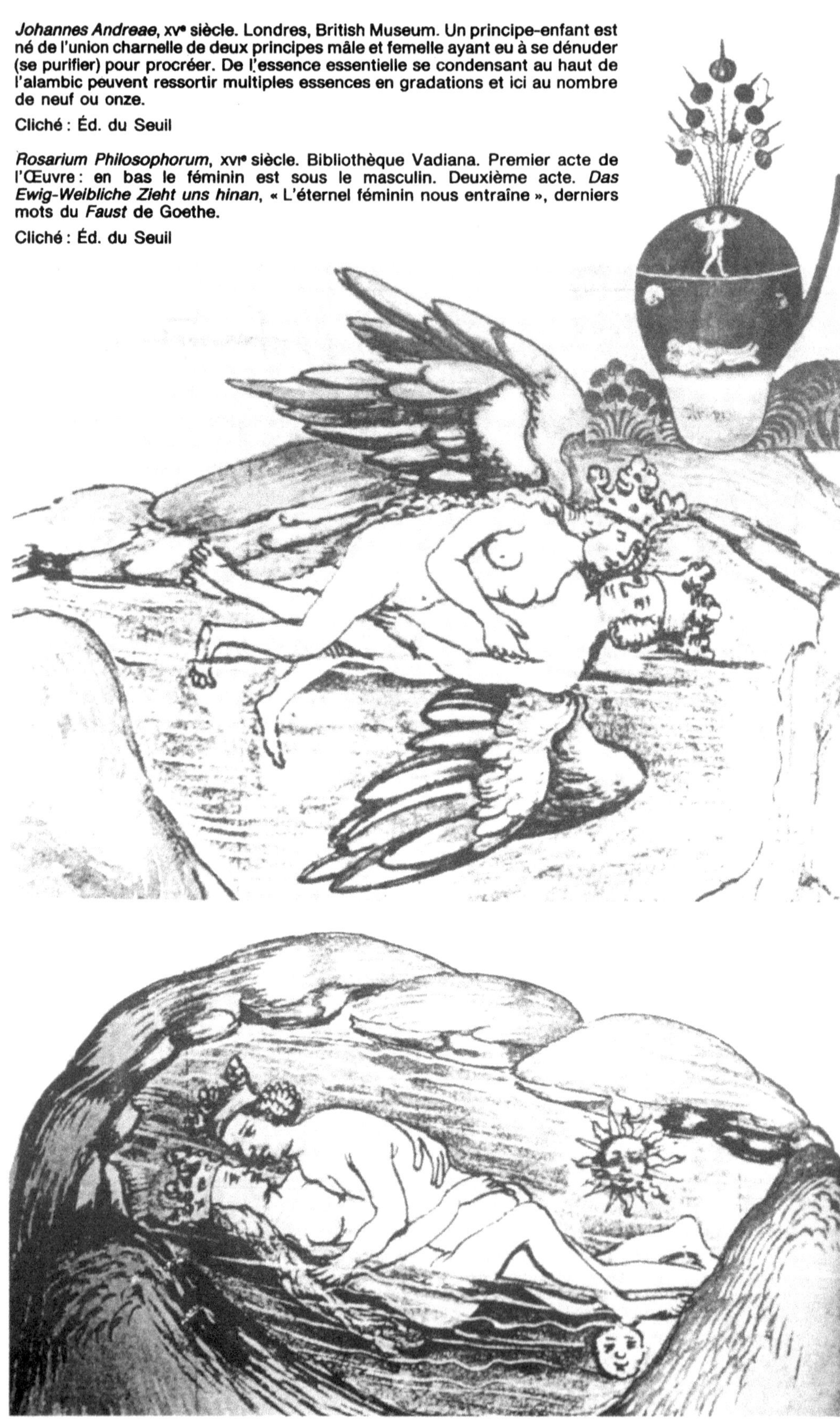

Johannes Andreae, xv⁰ siècle. Londres, British Museum. Un principe-enfant est né de l'union charnelle de deux principes mâle et femelle ayant eu à se dénuder (se purifier) pour procréer. De l'essence essentielle se condensant au haut de l'alambic peuvent ressortir multiples essences en gradations et ici au nombre de neuf ou onze.

Cliché : Éd. du Seuil

Rosarium Philosophorum, xvi⁰ siècle. Bibliothèque Vadiana. Premier acte de l'Œuvre : en bas le féminin est sous le masculin. Deuxième acte. *Das Ewig-Weibliche Zieht uns hinan*, « L'éternel féminin nous entraîne », derniers mots du *Faust* de Goethe.

Cliché : Éd. du Seuil

Mylius, *Opus medicochymicum*. L'univers quaternaire (face du Cube-Terre de Platon) devient ternaire (face de son tétraèdre-Feu), figure inscriptible dans la sphère des sept cieux planétaires ou des douze maisons zodiacales. Des triangles non barrés, l'un est Feu d'en haut, l'autre Feu d'en bas. Analogiquement les triangles barrés sont Air et Terre.

Cliché : Éd. du Seuil

Ars magna lucis et umbrae par Athanase Kircher, 1646. Image résumant tout l'hermétisme placé sous le nom de Très-Haut. D'Hermès-Thot viennent tous savoirs – *lux* éclairant l'objet, *lumen* le projetant sur les organes des sens qui alimentent la réflexion, elle-même alimentant les savoir-faire. Ainsi la nature brute est-elle l'expression directe du Trismégiste, alors que la nature « cultivée » (ville ou jardin) est produite après réflexion. La différence préfigure celle de Kant entre chose en soi et *phénomène*.

Cliché : Bibliothèque Nationale

jusqu'à nos jours chez les Orthodoxes – un héros, le plus généralement un cavalier, perçant de sa lance un monstre horrible et fabuleux tenu en licol par une femme qui ne peut être qu'une symbolisation de la vraie Foi, de l'Église ou de sainte Sophie. Elle conduit vers le soldat un dragon, symbole de souffrances mortelles, et le met devant le choix de fuir ou de braver le risque : il choisit le supplice, et sa mort voudra dire victoire sur le mal.

Cette symbolisation prend son sens dans la distinction, implicite dans les Actes des Apôtres et notamment dans saint Paul, et la plus évidente dans saint Augustin, opposant deux cités : celle des hommes et celle de Dieu. Ce qui est mort dans l'une devient naissance à l'autre; la souffrance est la porte de la félicité; les gloires tourmentées proposées par les royaumes terrestres ne sont qu'éclats de verre au regard de la glorieuse plénitude assurée par la Trinité. Enfin on appartient déjà à la cité divine quand, même sans baptême, on sacrifie son sang, gage assuré de l'éternel salut. L'apparent vaincu d'ici-bas sera reçu par le Très-Haut dans l'Église triomphante par un cortège de palmes exaltant le triomphe du victorieux. Vécue comme vraie, cette Promesse fonde au plus profond des témoins de la foi la constance et la certitude dont sont en quête ceux que submergent d'anxiété leur appartenance à un Empire où Auguste a fermé les portes du temple de Janus et où la vitalité familiale, en voie de consomption, fait place à la recherche de plaisirs qui prennent goût de cendre à mesure qu'ils sont satisfaits. La victoire des témoins de la foi n'est alors pas seulement céleste, leur exemple contagieux grossit l'armée de l'Église militante dont le chef visible prendra pour capitale celle où avaient régné les Césars.

Bivalence ambivalente dont témoignent à leur manière les récits heureusement consignés par le cardinal gênois : leurs invraisemblances historiques et leurs appels au fabuleux, dissimulant des évidences historiques et de constantes vérités émotives, sont des images métaphoriques où nous tenterons de retrouver celles-ci en vue de les modéliser.

Les deux versions de Voragine et les variantes de la seconde présentent des similitudes et des différences également importantes pour l'analyse logique. Dans un cas – le second mentionné – saint Georges assure pour lui seul la victoire qui le fera entrer dans la cité divine. Dans les deux autres cas, il assure le salut d'une femme – trouvant ainsi sa place dans l'univers masculin de la Trinité – et il le fait de deux manières. A Silcha, une princesse royale est sauvée sur terre, mais aussi promise au salut éternel ouvert également aux siens et à ses futurs sujets qui se comptent par milliers : succès de l'Église militánte vers laquelle les maris et pères entraînent les femmes et les enfants. Face à Dacien, saint Georges convertit une reine. Retenons au passage l'ordre socio-familial dont notre Première Partie parla déjà : la conversion de Constantin vient à l'appui de cette constante mythologique; quant au rôle premier réservé au masculin, il renvoie à des temps post-néolithiques qu'ont situé dans l'en-bas ou dans l'en-dessous les fonctions des déesses chtoniennes de la fécondité et où, dans les triades divines, les producteurs ne sont nommés qu'en troisième lieu après les détenteurs de savoir et les conducteurs de la guerre. Aspect peut-être mineur mais instructif, puisqu'il invite à rapporter le mythe chrétien à d'autres mythes bien plus anciens.

A cet égard, la première et la plus apparemment fantaisiste des versions présentées par Voragine est la plus significative : relatant un épisode où le héros survit à son succès, elle est plus proche d'époques pré-chrétiennes et présente un intérêt plus général, en montrant combien persista dans les représentations populaires le besoin de rapporter à un récit vécu comme vrai les rapports immanents de l'homme et de la femme, conquise au prix de mérites. De plus, nous sommes invités à penser que la lance versant le sang du dragon pourrait bien être une image transposée de l'hymen blessé d'une future mère. Que cette légende là nous soit relatée en premier lieu pourrait bien vouloir dire qu'elle était la plus généralement reçue : la suite de notre exposé et son iconographie confirmeront que, réduite à la pureté non charnelle de l'éthique théologique, la leçon de saint Georges n'eût pas été si convaincante.

Il est peu de légendes plus universellement attestée que celle où un héros doit abattre un dragon avant d'épouser une femme. Elles héroïsent la sacralisation de tout mariage en faisant état d'un combat dont Edwin Sidney Hertland a retrouvé les traces depuis l'Irlande, la Souabe ou la Dalmatie jusqu'au Pendjab, le Siam ou la Corée, la Nubie ou la Sénégambie. Impossible de parler ici de diffusion et d'imitations. Certes, à ne considérer que l'Angleterre ou la France, par exemple, la même donnée fondamentale est assortie de détails différents mais non incompatibles d'une province à sa voisine; mais entre l'Occident et l'Extrême-Orient, l'identique n'apparaît qu'en fin d'analyses. L'imagination obéirait donc bien à des impératifs structurels avant de profiter de la liberté que ceux-ci laissent à des enjolivements convenant à des milieux différents.

La légende de Persée est une des plus achevées et comporte trois épisodes. Avant de délivrer Andromède, le héros dut conquérir les armes de sa vaillance; au lendemain de sa victoire, il lui faut faire face à d'autres prétendants imposteurs qu'il doit convaincre de mensonge. Sera surtout analysé ici le second de ces trois moments, dont l'ensemble pourtant mérite une rapide mention. Persée, comme la plupart de ses émules, est un élu du surnaturel : une naissance miraculeuse lui vaut de traverser victorieusement les épreuves successives auxquelles elle l'a non moins prédestiné. Persée, fils de la pluie d'or dont Zeus embrase Danaé, fut à la fois sauvé et condamné par le second mari de sa mère; une rencontre aveugle avec Méduse engage la suite de ses exploits. A la fin du récit d'Ovide – et donc en troisième épisode – le regard de la Gorgonne, dont le héros sut conserver la tête, pétrifie un rival traité d'usurpateur qui se prétendait le vrai vainqueur. Par ailleurs, sur plus de cent contes dont Hartland fit l'inventaire en distinguant les diverses manières dont la supercherie est dénoncée, les trois quarts, venant d'Occident, font référence à la langue du monstre ou à ses oreilles : le discours dont saint Georges se sert aussi met fin à l'erreur. En d'autres cas, les pièces à conviction sont les yeux du dragon : témoignage oculaire faisant penser à la conception chinoise du certain.

Enfin, une même intention paraît se dégager de circonstances si diverses accompagnant un même propos central : régénérer un univers dégradé. Païennement, le héros est fils secret d'un dieu; chrétiennement, sa force lui vient d'être né à Dieu par conversion et baptême.

Venons-en maintenant à l'épisode central de Persée. Cassiope, épouse de Céphée, roi d'Éthiopie, s'était prétendue aussi belle que les Néréides. La colère de Poséidon suscita un monstre ravageant la contrée et assiégeant la ville. Un oracle de Zeus-Ammon (influence égyptienne dont Hérodote fait état en mentionnant Horus, né miraculeusement pour combattre Seth) fait alors savoir au roi qu'il doit, pour tout sauver, livrer sa fille Andromède et la lier à un rocher. Persée survient; monté sur

Pégase, cheval volant que lui donna Pallas; chaussé par Hermès et casqué par Hadès, il est armé d'une épée forgée par Hephaïstos. Mettant à mort le dragon, il délivre Andromède qu'il épousera finalement après avoir mis les imposteurs en déroute. Comme Bellerophon, son doublet, Persée appartient à une famille que le meurtre de proches rend tragique; cet aspect ne sera pas retenu, son analyse n'apportant rien qu'Horus n'ait déjà fait connaître.

En revanche, le dragon est une nouveauté : ce n'est pas un individu seulement qu'il convoite ou menace, son pouvoir destructeur s'attaque à toute la cité. Cette dernière avait d'ailleurs commis une faute – en plus de celle contre Neptune – en préparant, avant le drame, le mariage d'Andromède avec son oncle Phineus. En tout état de cause, Céphée est le prisonnier d'un dilemme maléfique : laisser périr sa ville ou faire mourir sa fille. Identifiée avec son roi conformément à la mytho-logique ou aux deux sens du mot règne la cité fait ici figure de personnage dans le récit qui en compte trois autres : le dragon, la fille, le héros.

A propos de ces quatre actants, construisons un nouveau schéma : Persée et Andromède sont alliés, et ils le sont ensemble contre le monde; la cité, ayant eu à choisir, préférant satisfaire le désir du dragon qu'elle se rend ainsi favorable, a exclu la fille de ses murs. Entre les relations ainsi déterminées, les rapports se définissent d'eux-mêmes : le mariage opposé à l'acte ou la menace de mort; le choix à tiers-exclu offert par le monstre – sacrifier ta ville ou ta fille; le choix enfin auquel le roi s'est résolu après l'ultimatum faisant de la princesse le prix de la survie de la ville. On constate soit des similitudes de relations : Andromède est une victime désignée tant par la cité que par le Dragon, et pourtant Persée, Andromède et la Cité appartiennent au même camp; soit des oppositions clairement tranchées : don d'amour, don de mort; soit enfin des choix exclusifs, celui que dicte le monstre et celui que subit le roi.

Toutes les légendes de ce cycle présentent un épisode central comme celui-là, même quand elles ne sont pas, pour le reste, comparables à celle de Persée. Pour l'essentiel, elles relèvent identiquement des données nécessaires à l'établissement du précédent modèle. Parmi les détails qui changent, on peut faire trois parts : on comprendra sans peine que le héros ne demande pas partout à la princesse qu'elle veuille bien le débarrasser de ses poux. Si, de la Nubie à la Valachie et de la Bosnie au Caucase, le guerrier s'endort pour être réveillé par les pleurs de la dame, peut-être est-ce à l'imitation d'Isis. Pour le reste, enfin, référence peut être cherchée du côté de la psychanalyse. Glaive ou lance, fusil, flèche ou seulement bâton sont les armes d'ici ou de là, mais gardent en tous les cas la même signification virile; on peut sans doute en dire autant de procédés d'attaques moins communs, tels que liquides magiques aux « semences » fécondantes. Il est à remarquer que des engins moins précisément évocateurs, tels que pourraient être filets ou trappes (symbolisations féminines), ne sont – à notre connaissance – employés nulle part. Du côté de la femme, le dragon garde une porte, une grotte, un hallier, ou encore une forêt obscure. Aussi riche que soit l'imagination, elle s'en tient à d'évidents symboles psycho-analytiques; le mystère de la reproduction est latent dans le décor ou l'instrumentation. Reproduction, n'est-ce pas ce que veut dire aussi le miroir dans le cas – seul de son espèce – d'un héros toscan? Comme pour Horus, la structure est celle d'un mythe relatif à l'engendrement.

A une différence près : cependant qu'Horus était un dieu de science affronté à la mort, ici la culture tout entière s'oppose à la nature. Pour que la ville renaisse avec son abondance, un risque a été pris, un combat engagé dans un lieu écarté et sauvage. Le regard d'Horus put prendre, avec ses yeux, place de constellation; dans les légendes relevant plus précisément du cycle de Persée, le paysage où se déroule l'action est hors cité : tantôt mer et rochers, tantôt forêts impénétrables ou terres désolées. Une fois que le héros a été doté d'armes, l'action se passe sur terre; ni Poséidon ni autres dieux n'interviennent plus dans une action qui se rapproche d'autant d'un vécu commun : pour Horus, une femme devient mère; avec Persée, une fille devient femme. Change seulement l'origine masculine du sang versé avant que l'hymen ne devienne fécond : en Égypte – comme pour Georges martyr – c'est celui de l'époux charnel (ou mystique), alors qu'avec Persée – et Georges encore tribun – la victime propitiatoire est dragon.

La légende dorée aurait donc réuni dans un même chapitre deux modalités mythiques qui ont été aux temps païens chronologiquement successives. Avant de modéliser cette réduction du diachronique au synchronique, considérons ce que nous en apprennent les peintres qui ont eu à traiter le sujet depuis le haut Moyen Age jusqu'après la Renaissance. Ayant déjà mentionné les œuvres les plus anciennes ou le plus orthodoxement conservatrices, nous parlerons d'une œuvre étrange conservée à Venise dans la Galerie de l'Académie : elle nous paraît se

SCHÉMA XXIV : SANG DES NOCES ; NOCES DE SANG

Persée (tétraèdre).

La Cité pactise avec le Dragon et se sépare d'Andromède que le Dragon veut tuer ; en échange, il épargnera la Cité qu'il avait d'abord voulu détruire. Persée tue le Dragon et sauve Andromède que menaçait le monstre. Persée sauve aussi la Cité dont il deviendra roi-père.

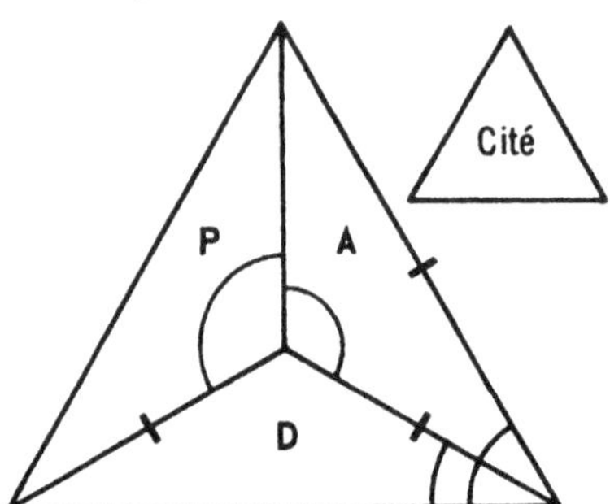

Georges. (tétracanthe)

Georges n'appartient pas encore à l'Église triomphante ennemie des païens, mais à l'Église militante. Sa mise à mort par le Dragon assure son salut. Sainte Sophie appartient à la Cité de Dieu et n'a rien à craindre du Dragon qu'elle maîtrise. Les angles 1 et 2 marquent la différence entre appartenance acquise ou à mériter les angles 3 et 4 : mourir en martyr c'est renaître en Dieu, être martyr est échapper à l'éternelle damnation.

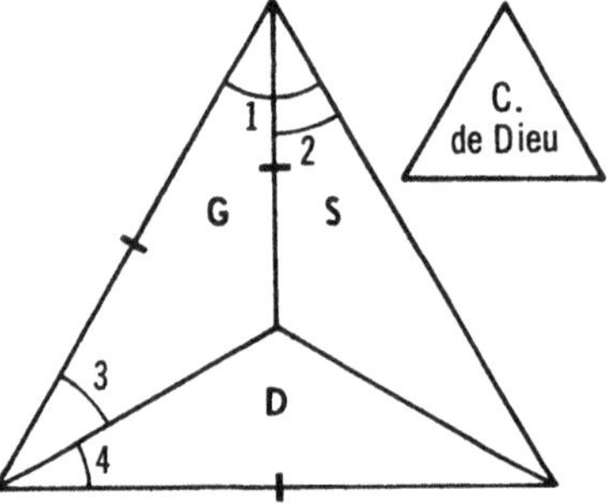

Tétraèdre pouvant être lu comme le tétracanthe du précédent. Cf. tableau II page 360.

Les deux Georges de Voragine. (double tétramorphe)

Il faut lire les deux figures à la fois pour montrer que si Georges n'appartient pas encore à la Cité de Dieu et à sa Sophia l'une et l'autre lui sont promises par sa mort-naissance comme victime du Dragon ennemi et auxiliaire de Dieu et de sa sagesse.

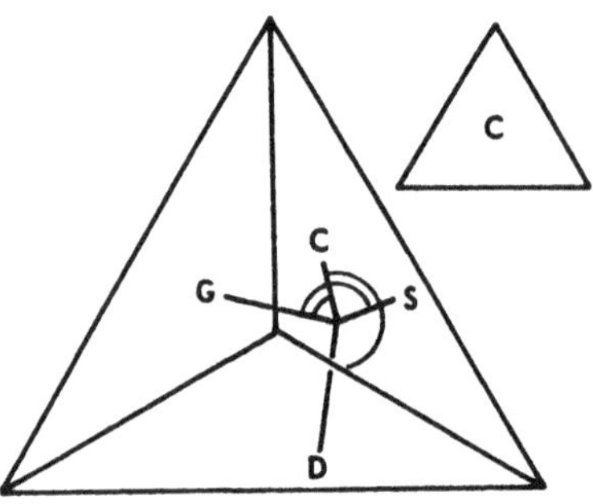

Dès avant le XIIIe siècle les contraires et contradictoires d'Aristote commencent d'être considérés, les premiers comme combinables, les seconds comme des degrés d'une seule et même Qualité.

situer au centre d'un parcours que nous accomplirons ensuite dans les deux sens.

Les deux – ou trois – saint Georges de la Légende Dorée ont donc de longs antécédents, mais non exempts d'ambiguïtés : soit qu'un dieu d'après mort devienne gage de fécondité et de savoirs civilisés ; soit qu'un héros armé par la magie du surnaturel assure la paix d'un royaume en même temps qu'une descendance à son roi. Devrait en résulter que le saint Georges vraiment chrétien soit un Horus sanctifié par la grâce et que, strictement complémentaire du paganisme de Persée, il puisse être modélisé comme tel. La femme devenue la Foi est invulnérable au dragon qu'elle maîtrise ; loin d'être mise hors de la Cité de Dieu, elle en ouvre les portes à ceux qui s'y destinent. Cette cité exclut tout Pacte avec le Mal ou l'Erreur auquel le martyr ôte son venin ou qu'il anéantit en se livrant à ses supplices. C'est bien ce que fait savoir la plus ancienne tradition fidèle aux intentions de Constantin. Une enluminure du XIᵉ siècle conservée à Vérone rend symboliquement compte de ce renversement : située sur une montagne-nuage désignant le Ciel (ce ciel dont mosaïques ou fresques représentent un fond d'or ou de fleurs), la Foi tient en licol le dragon qu'elle présente à l'arme du martyr-chevalier dont le destrier brave des yeux et du pied la bête immonde. Les valeurs à donner aux éléments sont angulaires du modèle correspondant et exactement supplémentaires de celles que voulait la modélisation de Persée. Mettant en scène le dragon, l'image véronaise annonce des malentendus dont nous esquisserons l'histoire avant de conclure en parlant du problème posé par l'animal fabuleux.

Une miniature du XIIIᵉ siècle ajoute une ville au fond du décor chevaleresque où la princesse ne tient plus en laisse le dragon, mais un substitut de signification contraire : une brebis. Du licol, Franz von Bocholt non plus ne sait que faire : ce licol traîne sur le sol. Pour Paolo Ucello, en revanche, tantôt la Femme devant sa grotte lie la bête, tantôt elle prouve ne la pas craindre, ou même la guide vers la lance héroïque qui a hauteur des arbres près desquels se tient le héros. Un des tableaux les plus étranges du Tintoret montre la Femme montée à califourchon sur le dragon que le Chrétien mène vers la ville. Image explicitée par Carpaccio dans les trois chefs-d'œuvre dont il orna l'Église des Esclavons à Venise : combat à la lance sur un terrain couvert de crânes et ossements ; mise à mort par le glaive au centre de la cité ; baptême des princes et des sujets. Dans cette même église, Carpaccio a placé un saint Jérôme apprivoisant un lion et un saint Augustin levant les yeux de l'écritoire pour recevoir vision de saint Jérôme. Le même Tintoret, mais chez les doges, a dépeint le combat sans faire plus état du licol ; la ville y paraît en un lointain si ombreux que Jean-Paul Sartre a cru y reconnaître la Rome menaçante des Papes. A partir de Raphaël, la transformation se poursuit : Rubens ôte la ville, remet la brebis, cependant que s'effarouche le cheval naguère impavide. Avec Delacroix enfin, dont les lettres prouvent que c'est bien du saint chrétien qu'il s'agit, le combat a lieu sur une île qui n'a pu être accessible qu'à un Pégase, et auprès d'un rocher où Angélique est attachée comme Andromède. Du Persée d'avant Constantin, on est revenu à un autre Persée qui s'est imposé à l'artiste romantique comme malgré lui.

Au cours de ces transformations, mentionnons à titre anecdotique que la chevalerie se battait à la lance avant de recourir au glaive. Plus important est de noter combien se modifient les villes : sorte de château fort, puis muraille ouvrant toujours plus largement sur la mer sillonnée de plus abondants vaisseaux, les avenues bordées d'édifices gagnant en magnificence. Un tournant à situer aux alentours de la Renaissance associe changement de croyances à montée des richesses. Témoignages bien visibles, mais qui ne doivent pas affaiblir la plus générale des leçons. Saint Georges fut d'abord pur symbole d'un christianisme qui dément absolument le matérialisme charnel des païens dont il se réaccommode ensuite : à ce titre, Voragine annonce Delacroix dont le saint Georges est involontairement un Persée.

Or les deux modèles tétramorphiques convenant à schématiser l'une et l'autre légendes sont précisément du type ambigu pouvant signifier aussi bien tétraèdre que tétracanthe. Le fabuleux dragon serait tout autant les contraires ou les contradictoires : né de la mer ou d'un lac, il est Eau ; ses pieds et ailes le font Terre et Air ; mais aussi il crache la destruction par sa bouche de Feu. L'Humide, le Chaud, le Sec, le Froid, tout y est réuni. Aristote eût moqué les prétentions symboliques de l'animal imaginaire qui viendra pourtant à bout de sa doctrine en prenant place au centre de sa cyclophorie sans rayons.

CHAPITRE 8

La Trinité, raison des choses

Le Saint Georges de Voragine est un soldat aussi bien de la cité des hommes que de la cité de Dieu; il défend chacune comme elle doit l'être, l'une en tuant, l'autre en mourant. La brèche ainsi ouverte entre les deux cités facilite le passage entre le surnaturel et le naturel. Il sera aisé au Père-Fils des Évangiles de canoniser le père-fils que les alchimistes désignent comme Soufre-Sel, deux Principes masculins, l'un engendreur, l'autre engendré. La troisième Personne se prête moins aisément à l'analogie entre le céleste Saint-Esprit et le matériel Mercure, Principe féminin qu'épouse le Soufre. La difficulté opposée à l'hermétisme chrétien n'est pas sans faire penser à celle que rencontrera Hamilton : pour étendre à l'espace ce que les nombres complexes sont au plan de Gauss, il a dû recourir à une quatrième dimension : ce quatrième axe deviendra du même coup un vecteur portant les nombres réels que Descartes avait inscrits sur les trois droites de son trièdre, droites destinées ensuite à devenir vecteurs des nombres imaginaires nécessaires aux quaternions. L'hypothèse sous-tendant ce chapitre sera la suivante : dans le céleste, les Trois Personnes suffisent; le terrestre a besoin d'une mère, mais qui, comme la Vierge Marie, n'a conçu que par l'opération du Saint Esprit nécessaire pour compléter la Trinité en l'unifiant. Pour transformer cette hypothèse métaphorique en analogie effective, nous recourrons à l'histoire, celle de terribles mais fécondes querelles théologiques.

Il y suffira de remonter à un épisode du IXe siècle. Le principal acteur en est Jean Scott, grand voyageur jusqu'en Orient et conseiller de

Charles le Chauve. Ce Jean dit l'Érigène voulut, comme tant de ses émules et successeurs, accorder la foi chrétienne avec la raison grecque, dont les Arabes étaient les plus directs et les plus compétents héritiers. Ajoutant, à l'affirmation que Dieu est tout, celle que tout est Dieu, il incorpore le sacré au terrestre d'où nul ne fut ensuite capable de le retirer par raisons raisonnables, même quand, pour l'extirper, on brûlera comme hérétiques, et le plus souvent au nom d'Aristote, les continuateurs de cette doctrine condamnée par Rome en son temps. Huit siècles plus tard, la victoire était si bien acquise qu'Henri IV laissera publier un Traité faisant du Sel – appellation générique subsumant les plus significatifs et plus prometteurs des produits chimiques – le témoin (sel de la terre) de la présence de Dieu incarné dans la matière. Sous Louis XIV, la corporation des alchimistes-distillateurs est dite « corporation du Saint-Esprit » avec cette devise qu'Église ni Sorbonne ne contestent : « Tout vit dans l'Esprit et l'Esprit est vivant dans son corps. »

L'histoire que nous évoquerons le plus attentivement sera celle de l'« esprit de vin » ou « eau de vie ». Son éminente signification mystique conféra élan aux progrès des expérimentations concrètes et aux progrès conceptuels dont l'empirisme tira le plus effectif parti. En outre, ces progrès distillatoires – œuvres « à l'humide » – entraîneront ceux des expérimentations sur les solides – l'« œuvre au sec » – ainsi que des théories s'y rapportant. Preuve en est – nous aurons à le redire – que le mot alcool a signifié atome de matière solide avant que le sens ne s'en étrécisse et ne se confonde avec ce qui désigne la « liqueur » identifiée, comme le vin eucharistique, avec l'âme ou même avec la vie des corps.

Toutefois, il convient de distinguer deux étapes ou plutôt deux courants de pensée, le second, à la fin, plus fort que le premier : l'eau-de-vie ou esprit-de-vin est volatile, ce peut être un « pneuma » liquide ; le sel qui est un solide – la pierre philosophale en sera le parangon – peut-il être « pneumatique » ? La légende du Graal le croit quand cette coupe, ayant recueilli le sang du Christ (éventuellement un aliment solide), devient, après Wolframm von Eischenbach, un cristal dur mais que pénètre la lumière divine.

La problématique de ces transferts de sens relève – nous le verrons – de trois principaux arguments. Le premier est que sans cette symbiose progressivement conquérante entre dogme chrétien et hermétisme, les avatars de l'un et les conquêtes de l'autre sont inintelligibles.

Le second argument concerne l'importance fonctionnelle de transferts de sens qui, au nom de la deuxième Personne, l'Incarné, et de la Troisième, l'Invoqué, conduiront des mystères de l'âme aux concrétisations effectives au service de l'existence terrestre. Cette transformation, qui traverse les vives querelles opposant Nominalistes et Réalistes, jettera un nouveau jour sur la logique et sur les ressources qu'elle offre à la raison raisonnante. En résultera que l'*Ars Magna* de Raymond Lulle, Majorquin béatifié par son martyre à Bougie, assimile les raisonnements relatifs aux raisons du cœur et de la raison, à une mécanique formalisable dont on constate les effets dans les choses matérielles d'ici-bas.

Le troisième argument est plus complexe. Selon le Bienheureux majorquin, la logique humaine (aussi capable de rationaliser Dieu que la matière) fait de l'homme une créature médiatrice parce que raisonnante. L'individu humain ou personne humaine est donc en droit de nommer des idées convenant tant aux vérités éternelles qu'aux choses transitoires, expérimentales d'ici bas. Apprécier ainsi l'homme et la double puissance déductive et inductive de son intelligence, c'est préparer le futur humanisme; ç'avait été, au IXᵉ siècle, mettre en cause les rapports de l'individu avec l'*Ecclesia*. Il n'est pas fortuit que la condamnation des écrits de Jean Scott, pourtant tout nourris d'Origène, Père de l'Église, ait été prononcée en un temps de troubles sociaux. Nous verrons qu'en chaque grande étape de l'avancée conceptuelle, les avatars des raisonnements théologiques ou rationnels sont corrélatifs à ceux d'aspirations et revendications populaires. D'emblée, nous pouvons en annoncer les implications générales. Quand Jean Scott distingue quatre « natures » – celle de Dieu de la Genèse qui crée sans être créée, celle des causes idéales qui crée en étant créée, celle du visible qui est créée et ne crée pas, celle de Dieu de la Vallée de Joséphat qui n'est pas créée et ne crée plus – il en fait des « formes » selon le sens antique et dont les sept siècles suivants traiteront les nécessités en termes appelés à donner naissance à la mécanique galiléenne au moment où une profonde transformation sociale accomplira, grâce aux effets socio-culturels des Grandes Découvertes, un renversement préparé au long du Moyen Age.

Le siècle le plus significatif sur le parcours de ces modifications préalables à la Renaissance et à son capitalisme étant le XIIIᵉ siècle, et la préoccupation la plus significative s'y rapportant aux modifications de rapports entre matière et esprit introduites par la distillation, nous conclurons cette introduction en soulignant une des leçons relatives à la liqueur-esprit que Voragine présente comme mort des morts ou vie des vies. Une des variantes du récit racontant le martyre de saint Georges met en scène un magicien qui s'y est repris à deux fois pour préparer un poison des poisons. Aussi est-il si stupéfait d'en constater l'inocuité qu'il se jette aux pieds du saint et l'implore de le faire chrétien. Voilà donc une eau de mort devenue eau de vie et prouvant d'autant mieux l'éternité de Dieu qu'elle aura fait l'objet de ce que les quémistes appellent, en ce même XIIIᵉ siècle, la « rectification » : successives distillations d'un même produit. En un temps où disputes sur la grâce et succès que Dieu ou le Diable assurent aux alchimistes occupent tous les esprits, on pourrait suspecter Voragine d'avoir pris un parti théologique si le reste de son ouvrage n'en faisait pas une compilation naïve de croyances largement populaires. Nous ferons donc l'hypothèse qu'un milieu socio-culturel imprégné d'idées opposées et de sentiments contradictoires les exprime en mythes qui orientent collectivement et inconsciemment la mystique en faveur de ce que les expérimentateurs prétendent.

Pour Aristote, sa Physique et sa Syllogistique, le Chaud et le Froid sont des « contradictoires » entre lesquels il n'existe pas de degrés; l'affirmation ne convient guère aux alambics dont cornues, col de cygne et spirales (à sept cercles-cieux) conduisent progressivement du chaud au froid. Bravons le thomisme des Dominicains et leur Inquisition : une progression linéaire s'inscrit entre le plus ou moins indifféremment chaud ou froid. Ce n'est pas seulement thermométrie et calorimétrie – voire la thermodynamique – qui se trouvent ainsi annoncées; toute la nature en est bouleversée. Si, en effet, existe une ligne entre ces deux qualités contraires, ainsi qu'entre autres qualités ou éléments, un point central est donné pour situer l'atome – sens originellement arabe d'*al kohol* – de n'importe quoi. Et comme cette quintessence interne court-circuite linéairement les transformations exclusivement cyclophoriques d'Aristote – n'opérant que de proche en proche entre Éléments mis en roue sans moyeu – le linéaire n'est pas moins « naturel » que le circulaire. En même temps et corrélativement, l'*hoecceitas* de Duns Scot, celle des choses entraînant celle des hommes, prépare dès le XIIIᵉ siècle le Je de Descartes ainsi que la Géométrie analytique.

Quintessence? Comment put-elle être introduite au centre des choses quand Aristote en faisait ce qui remplit le Ciel? Elle était déjà toute terrestre pour les artisans expérimentateurs d'Alexandrie qu'Aristote eût mieux compris s'il ne les avait tant dédaignés comme inférieurs. De la sorte naît un soupçon : comment se fait-il que soit devenu non seulement pensable par quelques-uns, mais mis à portée ordinaire et quotidienne de tout chrétien que le divin soit présent en moindre chose et à tout moment de l'existant?

Le plus célèbre et le plus effectif des saints ayant fait ce don aux fidèles est François d'Assise. Si, né riche d'un père marchand, il se dépouille de tout afin qu'un total dénuement lui méritât de bénéficier totalement des grâces divines, c'est qu'il est fils d'une mère de piété assez proche du parfait pour que moindre chose et moindre acte, fussent-ils pénibles, soient l'occasion de louer Dieu et de lui rendre grâce. L'enfant de messire Bernardon et de dame Pique est si doué que, prénommé Paul par le baptême – du nom de l'apôtre cofondateur de l'Église pour avoir traduit en hautes pensées la foi vécue émotivement par Pierre, l'humble pêcheur – il reçoit en outre lors de sa Confirmation l'autre prénom de François, tant il avait avec facilité appris à parler en français. Au cours de sa prime jeunesse et de son adolescence, ce Paul-François se livre à tous les divertissements, sauf l'alors trop coupable péché de chair, ainsi que l'apprit par révélation son biographe frère Léon. Le jeune homme aurait – dit-on – à ce point redouté ce péché des péchés qu'il se serait roulé nu dans la neige pour éteindre les flammes du feu sensuel et commander à son corps de servir soigneusement Dieu et Lui seul. A ce prix et dans cette conviction, François – nous disent les *Fioretti* – prêche aux fleurs, aux eaux et aux oiseaux, il invite la nature entière à se reconnaître fille de Dieu et à le louer. A cette nature, œuvre fidèle à son Créateur, François se livra d'abord pour en recevoir de quoi vivre avec modestie et de quoi donner aux pauvres malchanceux. Nature aussi physique, la nature humaine trouve grandeur et joie intérieure non moins que dilection du prochain dans l'aumône reçue et donnée.

Cette conception est si répandue parmi les saints hommes, au tournant des XII-XIIIe siècles, que plusieurs ordres mendiants y sont fondés; celui de François se distingue des autres par un « naturalisme » si extrême et si sacralisé qu'il explique peut-être une singularité. A quelque ordre monastique qu'on appartienne, travailler manuellement est une obligation. Si l'ordre y trouve profit financier, ce sera en faveur des pauvres dont l'existence glorifie le Dieu des Mendiants. Mais alors que les Fils de saint Dominique font parts distinctes du manuel et de l'intellectuel, auquel aussi tout moine est tenu, beaucoup de successeurs des premiers disciples qu'attirèrent la Portioncule et l'« Hymne aux créatures » se livrent à des recherches conjoignant le faire au penser, dans les ateliers extrayant les essences des substances.

Cette singularité ressort directement de la foi chrétienne et de ses dogmes, mais aussi de ces saints qui ne sont pas tous des « combattants » comme saint Georges, soldat martyr qu'un autre soldat victorieux – Constantin – aura voulu canoniser comme exemplaire sous le signe du labarum crucifère. Voulue par le pouvoir temporel, cette canonisation aura gardé autorité spirituelle pendant siècles et siècles de règnes, règnes comme royauté et règnes comme réunion de sujets de tout royaume chrétien. Ce saint Georges est tueur de dragon, et, à l'ère constantinienne, ce dragon est le paganisme romain vaincu par les croyants courant au-devant de la mort. Mais les premières représentations qu'on s'en fait sont au modèle, bien qu'inversé, d'autant de Persée, eux aussi des dragonicides, mais en tout autres contextes.

Persée vient à bout du monstre pour délivrer une Andromède qu'il épousera dans une cité qui, ainsi sauvée du plus mortel péril, se verra en outre dotée d'une descendance tout humaine assurée au roi-père Céphée. L'imagerie n'est pas sans faire penser au sang des noces avec une épousée dont il aura fallu être digne : par mérite ordinaire si elle est de naissance commune; par mérite plus que naturel si elle est de famille royale. Le plus banal des humains mariages se consomme dans un sang, mais les noces mortellement sanglantes de saint Georges ont la foi ou l'éternité céleste pour épouse : elles transcendent la sexualité charnelle par un engendrement spirituel exempt de maculations charnelles, à l'image relativisée de ce qu'a été l'impeccable Immaculée Conception de Marie, impeccablement aussi Mère du Sauveur par l'opération du Saint Esprit.

Le revoilà donc, l'Esprit, comme revoilà ausi le dragon dont la fonction est celle du Seth égyptien ayant tout fait pour priver Osiris, le premier né, de descendance légitime. Histoire longue, en effet, que celle du dragon, mais aussi ambiguë, et duplice de plus d'une manière. Le dragon est peut-être dès l'Égypte le serpentin de l'alambic, tant cause que lieu d'épreuve pour que d'un distillé impur sorte un distillat purifié. Il l'est sûrement peu après elle – et jusqu'au moment où alchimie sera latinisé en chimie, les mots arabes et francisés étant peut-être sinon des dérivés, du moins de quasi-homonymes du grec *Khemeïa,* action faisant couler les métaux du fourneau comme le font les élixirs de la cornue. Autant de confusions phonétiques et sémantiques expliquant d'aisés transferts de sens quand les dernières générations d'alchimistes diront que l'œuvre réussie est celle qui tua le dragon pour délivrer la quintessence (solide ou liquide) des matières viles qui l'emprisonnent.

En tout cas, et de quelque côté qu'on aborde cette grande affaire, le maître mot de tous les processus est purification, celle aussi du baptême par l'eau ou le sang, celle non moins (bien qu'ailleurs) des rites éventuellement requis par les menstrues. Or, des noces de Persée à celles de saint Georges (aussi bien que des « nuptialités » de toutes choses concrètes ou de celles d'abstractions les symbolisant ou les théorisant) s'est produit un renversement de même sorte que ceux qui ont eu lieu (doublement aussi) quand la quintessence aura été déplacée du ciel d'Aristote au creux des appareils chauffés par l'athanor. Et quand des « forces » pensées comme vivantes auront été calculées comme facteurs de combinaisons agrégatives ou de transformations sélectives.

Tout cela mis ensemble amène à supposer plusieurs rapprochements analogiques, à commencer par les suivants. Le dragon hermétique (un symbole) gardant la grotte où est enfermée la Quintessence est comme le dragon de saint Georges barrant le chemin vers la Foi salvatrice; analogie à une transformation près, substituant le « local » (le pur métal ou l'élixir) au global (le divin). Le dragon de l'alchimie concrètement à l'œuvre dans le serpentin de l'alambic est comme le dragon que Persée doit vaincre pour mériter Andromède; analogie subordonnée à un déplacement de signification – notamment en faisant équivaloir à relations de force les rapports entre acteurs ou actants – et entre les choses matérielles en mutation et les êtres vivants s'engendrant par filiation. Plus ils entreront dans les détails, mieux les chapitres suivants rendront aisée une modélisation, soit qu'elle insère tétracanthe (barycentrique) dans le tétraèdre (référentiel des coordonnées de Klein), soit quelle rapporte le tétraèdre (objet infiniment petit ou bien infiniment grand et tel qu'alors la triangulation puisse en être conditionnellement aussi proche qu'on voudra du sphérique) au tétracanthe, système référentiel (mécano-algébrique) d'Hamilton.

Rechercher les origines historiques de cette mystico-physique nous ramène du XVIe siècle – où imageries par centaines sont tétramorphiquement organisées – aux siècles pré-trinitaristes ou pré-augustiniens où les réflexions gnostiques sur les nombres impliquent inconsciemment que pour écrire une numération de base 4, on a besoin de 0, 1, 2, 3.

L'alchimie, science des sciences

Un primordial savoir dut bien répondre à la nécessité de se nourrir, d'utiliser comme aliments des ressources naturelles brutes ou transformées. Ce choix et ses opérations constituent un des futurs objets de ce qu'on appellera du nom arabe d'alchimie. D'autres préoccupations y auront été ajoutées entre temps, non seulement pour tirer d'autres partis de la nature, mais aussi pour demander aux plus constantes modalités de la vie des interprétations qui rendent intelligibles les constats d'expériences. En dépit donc de ses ésotérismes hermétiques, le travail des adeptes est des plus effectivement concrets aussi bien quand il s'accomplit en temples ou palais que quand c'est en couvents franciscains ou apothicaireries – nom anobli des boutiques et faisant suite à d'antiques ateliers d'utilité commune. L'alchimie a donc procédé dès longtemps comme nos sciences : observer, expérimenter, calculer, comprendre et se mettre au service des forces de production. Nous l'expliciterons brièvement en vue de rendre compte des conditions qui ont fait de cette science des sciences, associant l'étude des nombres à celle des astres, l'objet de si grands défis à la raison et à la foi avant de rendre nécessaire qu'on la réconciliât avec elles.

On a fait ordinairement remonter les origines de l'alchimie aux premiers âges des métaux. Mais le chevalier de Jaucourt n'ayant pas tort d'attirer l'attention des physiciens et chimistes sur les leçons à tirer des traités de cuisine multipliés au siècle des Lumières, on pourrait aussi bien rapporter l'invention alchimique à celle de la cuisson et du feu. On pourrait aller même plus loin : la cuisine associant l'art de conserver les aliments à celui de les préparer et de les servir pour en faciliter la digestion, on est autorisé à penser qu'en deçà du cuit, le séché, le salé ou le pourri ont donné lieu à pratiques, interprétations et rites dont l'hermétisme hérita. Ajoutons que les produits absorbables font le principal des pharmacopées.

Pour expliquer comment, établie sur un si vaste territoire, la quémie, au moins du temps de l'hermétisme, est devenue une connaissance réservée à des initiés si souvent suspectés de magie, il convient de s'en rapporter à des distinctions sociales qui ont catégorisé inventeurs, praticiens, théoriciens et utilisateurs. Nous esquisserons ici quelques vues d'ensemble, utiles pour situer notre sujet en l'axant sur la transformation d'une science initiatique en une science universaliste.

Premières pratiques et interprétations ne sont ni localisables ni datables. Tout s'est produit partout depuis toujours, et si anciennement et universellement que le récit d'origine n'a pu prendre que forme de mythes. Les garants de ces traditions orales ont normalement pu être considérés comme les dépositaires du sacré. Quand à l'usage de matières médicales, il n'a pu être qu'associé à des rites guérisseurs se suffisant parfois à eux-mêmes.

Toute étape du progrès des « forces de production » et des pratiques mentalement ou physiquement bénéfiques put donc également en être une dans la croissante autorité de maîtres de la vie et de la mort. Les dépositaires de pouvoirs exclusifs n'ont pu manquer de l'être aussi de ces savoirs. Pour d'autres raisons, quand des cités s'émancipèrent, un processus inverse eut le même résultat. La dignité de l'homme libre étant de penser, il se distingue des artisans, souvent des esclaves, au-dessus desquels il s'élève en méconnaissant l'importance de savoir-faire toujours insularisés. Compte tenu de la facilité – dont nous reparlerons – que présente la fabrication innovatrice de produits comme ceux de la future alchimie, les collectivités ainsi différenciées ont pu être les témoins d'inventions novatrices, mais dédaignées de leur temps et perdues pour ensuite. Dès avant, puis au moment où l'œcumène devient hellénistique, des connaissances non grecques intéressèrent Platon, mais furent incomprises d'Aristote : Trismégiste est alors marginalisé par la philosophie dominante.

La problématique que nous venons de suggérer peut s'appliquer aussi à d'autres contrées et aux siècles post-antiques. Les connaissances expérimentales accumulées en Asie, notamment en Chine et en Inde, ont pu être plus nombreuses encore que celles dont souvenir est gardé. Nous intéresse plus spécialement ici le cas arabe. Progressivement étendu sur la plus grande partie des contrées occidentales les plus fécondes en inventions, l'Islam draine toute l'Asie méridionale et orientale. Carrefour de connaissances, Bagdad en sa grande époque est le théâtre d'innovations dont ce qu'on sait fait penser qu'en existèrent d'oubliées par l'histoire. D'importants stocks de documents conservés intacts dans le secret des lieux saints n'ont pas même fait l'objet d'inventaires. En outre, ces savoirs n'étaient sans doute pas tous consignés : affaire de monopole d'intérêts ou souci de prudence politico-religieuse.

Sur ce second point, cependant, il semble bien que l'Islam – du moins avant que Seldjouks et derviches n'imposent une orthodoxie restrictive – ait permis une ouverture d'esprit rendue d'autant plus effective que le siège du Khalifat l'était aussi des plus splendides activités. Rayonnant à l'entour, comme avait commencé de le faire cette contrée au temps des Sassanides, ce pôle l'était aussi des connaissances. Parmi tant de savant qui s'y distinguèrent, la plupart exerceront une influence durable sur tout l'Occident, même et peut-être surtout chrétien. Cette abondance éclectique se traduit en encyclopédies, ouvrages d'auteurs dont les noms sont à considérer comme collectifs, tant y ont été ajoutés par des disciples associés à leur maître ou postérieurs à lui. Deux de ces Sommes ont été particulièrement vénérées sous les noms romanisés de Geber et Rhazès. Plus pragmatique que son aîné, le second est plus orienté vers les problèmes médicaux et hospitaliers. L'universalisme du premier nous retiendra davantage.

Son compendium traite de tout en centaines de livres loin d'être courts. Les philosophes grecs y voisinent avec Euclide; place y est faite aux leçons hermétiques : tout relève de la munificence d'Allah, pieusement invoqué en chaque occasion. Les premiers et méritants commentateurs modernes qui se sont intéressés à cette célébrité – notamment Marcellin Berthelot qui prit la peine de faire procéder à de notables traductions – ont penché à critiquer des « déclamations vagues et charlatanesques », un occultisme procédant par allégories et de dérisoires références à la cabale. Mais si l'œuvre n'avait été que cela, comment des chrétiens lui eussent-ils attribué une autorité dont la section suivante de ce chapitre rappellera qu'elle fut ravivée vers un XIIIe siècle marqué par tant d'inventions expérimentales en Chrétienté? En outre, vers le moment où travaille Geber, le mot *al chymia* – notre alchimie – désigne la matière, objet donc d'une discipline relativement spécifique parmi d'autres qui incluent le sacré. Cet embryon de classification est significatif lorsque règne un monothéisme rapportant tout à Dieu.

Là encore, nous procéderons par hypothèse. Le polythéisme eut bien à faire la différence entre le magique et le sacré – disons entre Médée et Athéna – mais la typologie des êtres surnaturels y est trop ambiguë pour que tout soit le mal d'un côté et le bien de l'autre. L'ambiguïté peut être tenue pour transculturelle quand le mot allemand *Gift* signifie à la fois poison et cadeau. La frontière est plus abrupte sous le règne d'un Dieu unique; bien aussi, convient-il d'attribuer à ce dernier quelque bienveillante tolérance pour que ne soient pas damnables des connaissances évidemment utiles. Existent des poisons qui, à dose convenable, sont remèdes. Il importe de ne pas se tromper en de tels dosages quand on s'adresse à théocrates ou autocrates; aussi est-ce un bon moyen de se faire valoir que de mettre en pratique des inventions accordées par Allah. Si donc on donne au mot mystique la signification monothéiste, s'explique que les ouvrages les plus effectivement scientifiques se présentent en chaque occasion comme d'inspiration ou de portée mystiques.

Faute que l'évolution sémantique du mot mystique ait été suffisamment élucidée, nous nous contenterons d'invoquer le singulier destin du nom de Démocrite. Peu de choses sont restées de l'œuvre de ce physicien de l'atomisme. Mais à peine est-il mort que son nom sert de pseudonyme à l'auteur inconnu de *Physica et Mystica*, mettant à l'abri d'une réputation acquise les nouveautés de type hermétique. Plus important encore le fait qu'hermétisme et mysticisme fussent réconciliés afin que le premier reçût droit de cité chez les Croyants. Outre d'effectives pratiques à supposer bien plus nombreuses que celles consignées dans les « encyclopédies » arabes, ces dernières, et notamment celle de Geber, ont rendu un signalé service aux Chrétiens quand eux aussi ont dû réconcilier la matière – la *Chymia* – avec le divin. Avant que les derviches ne fassent bannir les Livres d'Euclide, les grands siècles musulmans auraient ainsi ouvert la voie à une pensée occidentale qui rend encore plus radicale l'opposition entre Cité de Dieu et celle des hommes. Rappelons qu'en ces temps, il ne s'agit pas seulement d'affronter les interdits sociaux, mais d'abord d'assurer la paix de sa propre conscience.

Et comme l'œuvre arabe a été aussi le véhicule transportant à travers cultures et siècles un vaste ensemble de connaissances patentes, l'alchimie chrétienne regardera vers l'Orient d'où, pendant longtemps, tout ou presque provint. Nous en tenant à l'essentiel, nous allons maintenant proposer quelques-unes des interrogations posées à la mystique par les réalisations concrètes de la quémie.

L'histoire de la quémie a été longtemps empoisonnée par de fausses questions : à force de s'être demandé si elle avait rendu possible l'impossible – fabriquer de l'or – on sait mal comment elle a été effective dans presque tous les domaines de la production : agriculture aussi bien que métallurgie, porcelaineries ou verreries, teintureries ou blanchiments, sans compter bijoux, onguents de beauté et toutes gammes de pharmacopées.

Il est incontestable que, toute la doctrine impliquant la transmutation, elle fit croire aux adeptes comme aux non-initiés que la transformation du plomb en or était possible. Pourtant, les praticiens les plus autorisés – les plus nombreux aussi – ont le plus généralement fait la différence entre le pensable et le réalisable; ils ont parfois dit ou laissé entendre que si cette transmutation métallique était aisément accessible, elle eût été réalisée depuis longtemps et eût d'ailleurs ôté prestige et valeur au fabuleux métal. Certains ont produit du presque or – présentant des propriétés physiques très voisines, mais corps qu'on sait aujourd'hui être des composés et dont, hormis les charlatans, nul ne parlait comme de vrai or. Cette affaire témoigne seulement d'un attrait constamment exercé même sur de sérieux praticiens acharnés en d'autres tâches.

Pour donner une brève idée de l'ancienneté à la fois sacrée et effective de l'alchimie, signalons quelques faits justifiant l'autorité d'Hermès-Thot. Notre mot ammoniaque vient d'Amon, dont un temple était proche de sables ammoniacaux. Dans cette zone afro-asiatique riche en naphte, on a su de bonne heure le filtrer et sans doute le distiller pour que des flammes jaillissent d'autels. Les ateliers jalousement gardés par les Pharaons ont produit des pierres précieuses, béryls d'ailleurs mal distinguables des verres convenablement colorés. Mentionner ces derniers, parmi tant de réussites admirables, donne l'occasion de commenter Pline. Celui-ci explique que des marins phéniciens, s'étant servis de pains de nitres tirés de cargaisons pour soulever la marmite où cuire le repas qu'ils allaient prendre sur la plage où était tiré leur vaisseau, auraient vu couler un liquide brillant se refroidissant en verre. Mais ce dernier avait été antérieurement utilisé sur les bords de l'Euphrate, du Jourdain ou du Nil. Ce recours au hasard, pour expliquer une invention ayant répondu à côté à un projet, revient à oublier que ne pas trouver ce que l'on cherche n'implique pas qu'on puisse trouver sans chercher.

On ne peut plus douter aujourd'hui que les alchimistes – comme arithméticiens ou géomètres – aient opéré des découvertes dont on retrouve traces éparses, bien qu'elles n'aient pas été retenues dans le stock des savoirs acquis. On peut même supposer innombrables ces trouvailles chaque fois qu'il s'agit de procédés disponibles en des conditions réunies à l'époque. Encore eût-il fallu que l'importance en fût reconnue par les auteurs eux-mêmes ou par leur milieu. Sont donc à inscrire dans l'histoire effective de la science les innovations ou inventions susceptibles de figurer dans ce que nous appellerons par extension de sens un « programme » – programme non délibéré mais implicite grâce à un ensemble d'œuvres et de circonstances. Ce paradigme explicatif ne rend pas compte que d'oublis, il souligne l'importance que prennent des conceptions générales dans l'élaboration de réussites particulières et le succès qui les accueille.

Un tel programme semble rendre compte d'un des plus grands tournants historiques de l'alchimie. Il a lieu en Égypte – ou entre la Syrie et l'Égypte – entre le IIIe siècle avant et le IIIe siècle après J.C., c'est-à-dire au moment où recettes et doctrines sont consignées sous le nom d'Hermès Trismégiste. S'y accomplit une relative identification des principes concernant ce qu'on appellera l'« œuvre au sec » et l'« œuvre humide », traitant l'une des solides ou métaux, l'autre des liquides. Il aboutit à rendre prédominantes les interprétations à donner des phénomènes distillatoires. Avant de souligner l'importance de cette réévaluation, nous en rappellerons brièvement les antécédents.

Si les potiers d'ère archaïque s'étaient à jamais contentés des fours et des températures suffisant à cuire les argiles, on n'eût pas extrait de leurs gangues des métaux dont il n'est pourtant guère vraisemblable qu'en ait alors été programmée la recherche. L'est davantage que des usages culturels du feu entretenus en des fourneaux constitués de matériaux à reflets brillants aient offert aux yeux de gardiens de la flamme des liquides étincelants. Dès lors put naître l'idée que la nature sacrée procède par « génération » irréversible, comme celle d'un fils par un père : du minerai découle un minéral, et l'inverse n'est pas vrai. Cette espérance en un progrès récompensant une piété ne cessera pas de longtemps d'être tenue pour vérité sacrée.

Moins aisément imaginable, l'origine encore plus ancienne de pratiques concernant les fermentations, celles de laits ou de végétaux, conduit aux mêmes conclusions. L'anthropomorphisme convient d'autant mieux qu'il s'agit de boissons, « pains » et remèdes; la notion de génération spontanée restera en vigueur jusqu'à l'ère pasteurienne, elle renvoie le plus directement au divin. Considérons ce qu'il advient de cette pensée qui tire de la gésine une croyance au divin.

On peut raffiner les produits de fermentations plus aisément encore que ceux de métallurgies dès qu'on dispose d'alambics. Sous des formes rudimentaires, on en trouve jusqu'en certaines sociétés archaïques. Leurs distillats échappent à la corruption, analogiquement à ce qui rend le fer moins cassant que le bronze. Mais si tout est vie, celle des êtres animés ne s'accommode que des températures modérées. Est alors significatif que soit féminin le nom donné au IIIe siècle avant notre ère au Bain-Marie, cette Marie la Juive ayant pu aussi bien être syriaque ou copte, ou même entièrement supposée. Mais alors, pour ce qui concerne les liquides, les sublimations sont à deux niveaux : celui où « eau » reste eau; celui où elle est devenue vapeur avant de redevenir « eau ». Si un cas est celui de la vie charnelle, l'autre doit être spirituel et permet de parler d'« essence ». Homologiquement, du côté des « métaux », on donne place à part au Soufre et au Mercure, eux des Principes, l'un féminin, l'autre masculin.

Si de telles notions ne sont pas aisément datables, on sait que le règne alchimique des « essences » est assuré dans les témoignages qu'en donne Zosime le Panapolitain. Auteur, au IIIe siècle, de nombreux traités illustrés d'alambics, il consacre l'un d'eux au *Tribicus*, qu'il nomme ainsi à cause de ses trois pointes d'où goutte le distillat. L'époque est celle aussi où, parmi tant d'essences dès longtemps fabriquées – notamment comme parfums de fleurs ou remèdes végétaux –, il en existe une dissolvant les autres et donc plus « essentielle » qu'elles. Il s'agit de celle obtenue à partir de la résine du térébinthe; elle dissout les graisses et garde de se corrompre les essences plus fragiles. Cette hiérarchie des essences est analogue à celle des éons de la Gnose. Il n'est pas impossible que les gnostiques, accusés de magie par leurs rivaux chrétiens, se soient directement inspirés de l'œuvre distillatoire. L'importance que prend cette dernière au cours de ces six siècles-charnières est en tout cas la manifestation la plus réaliste d'un « programme » socio-culturel de portée bien plus générale quand l'apogée de l'Empire Romain marque aussi la fin du rêve d'Alexandre, et quand de premiers stigmates de vieillissement s'accompagnent d'emprunts aux spiritualismes orientaux et fraient la voie au christianisme.

Restituée dans cette histoire globale, l'œuvre de Geber et de ses émules confirme ce que nous lui supposions pour raisons logiques : assurer une réconciliation entre les héritiers des philosophes grecs et ceux de Thot. Quant aux Chrétiens, ils ne disposeront pas seulement d'un Dieu Père et d'un Dieu Fils (ainsi que d'une Sainte Marie) : bien plus tardifs que les Arabes à tirer parti de ces transformations, ils le feront plus radicalement grâce à la Troisième Personne de la Trinité.

L'esprit, principe de la matière

D'après une ancienne et persistance affirmation, l' « alcool a été inventé au XIIᵉ siècle en Europe ». C'est contestable pour deux raisons. La distillation était connue depuis longtemps, même – pourquoi pas ? – celle du vin et même par des savants arabes qui n'avaient peut-être pas que des raisons religieuses de n'en pas faire cas, tant il s'agissait de pratiques courantes. Par ailleurs, le mot alcool ne s'applique guère avant le XVIIᵉ siècle à ce qu'on appelait esprit de vin. Il vient de l'arabe *al Kohol* – substance solide noirâtre et parfumée, antimoine fait onguent pour soigner les yeux ou pour en souligner la beauté féminine. Ce Kohol est tellement friable que sa poudre passa pour la plus subtile de toutes. Il représente le plus petit des composants possible – « atome » ou « particule » – de n'importe quelle matière, même minérale ou métallique. *Alcool* n'aura donc été longtemps que l'expression, à la manière de Démocrite, de ce qu'« esprit » énonce en termes mystiques.

Toutefois, il est indubitable que vers le milieu du XIIᵉ siècle, près de Salerne, un distillateur note qu'il vient de réussir à distiller du vin, opération routinière à laquelle son auteur ne semble pas attacher une importance particulière. Au demeurant, cette Sicile est celle où Frédéric II s'est rendu suspect pour l'excessive admiration ou complai-

EXEMPLES DE SYMBOLES ALCHIMIQUES

Choisis parmi d'autres, beaucoup de même type, ces symboles sont articulés par une croix :

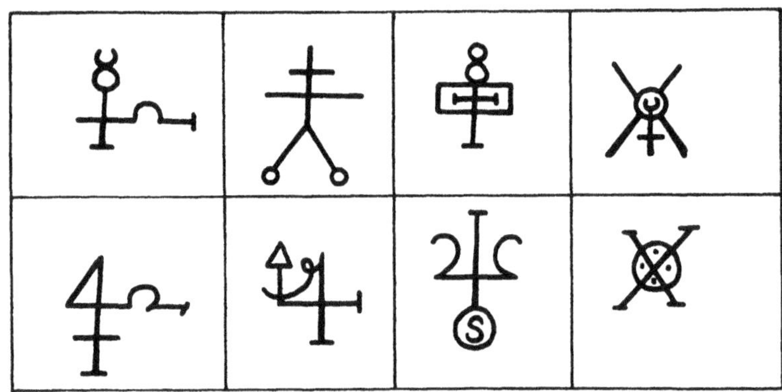

ARGENT VIF SUBLIMÉ	SOUFRE	ESPRIT DU MONDE	ESPRIT ESSENTIEL
QUINTESSENCE	TARTARUS	VITRIOL	TÊTE MORTE

Ces symboles sont tardifs, mais illustrent des préoccupations anciennes :

Mercure et Soufre sont les Principes actifs engendrant le Sel. L'Esprit du monde est un concept des plus récemment inventé comme pour encadrer le crucial essentiel et doubler par son 8 médian-haut le 4 latéralisé de la Quintessence. Le Tartarus est un tartrate, résidu de lies de vin ou d'alambics. Ce contre-alcool est un remède (diurétique, émétique, vomitif) à dose convenable; sinon il est poison et a peut-être vulgarisé anti-moine en antimoine.

Le vitriol, s'il n'a pas été inventé par Roger Bacon, lui a sans doute valu la prison tant il est à la fois actif et dangereux.

La Tête Morte aura été finalement désignée pour porter à quatre le nombre des Principes dont trois restent essentiels : Mercure, Soufre et Sel.

sance qu'il manifestait à l'égard des Infidèles. Si donc l'affaire était destinée à prendre un tel retentissement, il faut l'attribuer à une conjoncture nouvelle. Non seulement ce vin qu'on sait distiller est, depuis la Cène, transsubstancié en chaque messe, mais il l'est en un siècle où Joachim de Flore, révolté par les abus d'une Église trop mondaine, annonce le règne prochain du Saint Esprit. La pseudo-invention chrétienne n'est donc nouvelle que comme inscrite en un milieu mental entré en émoi et destiné à y demeurer longtemps. Nous verrons tout à l'heure que cette distillation est promise à des perfectionnements inconnus des Arabes. Mais quand on se prend à parler d'esprit de vin, c'est au début d'un nouveau « programme » général qui réoriente aussi bien les mouvements populaires – Arnaud de Brescia est, à l'époque, mis à mort aux portes de Rome qu'il souleva contre le Pape – que les débats théologiques et scientifiques.

L'histoire de ce « programme » conduit jusque vers le XVIe siècle; y appartient l'histoire de l'alchimie, notamment celle des « liqueurs » – des liquides – relative à des opérations « à l'humide » qu'on finira par appeler « menstrues » vers le moment où Ambroise Paré qualifiera de « spiritueux » le sang féminin qui passe pour capable de dissoudre aussi bien que d'engendrer. Or non seulement un tel « programme » explique que Voragine – involontaire partisan d'un « spiritualisme » que les Spirituels lui reprocheront de n'avoir pas compris – ait associé dans un même Saint Georges un ancien mythe de l'union sexuelle avec celui de poison transformé en raison de foi, mais l'ensemble de ces facteurs conjugués va préparer, au lexique près, les sciences auxquelles seront donné statut matérialiste de Galilée à Darwin. Pour éviter d'interpréter récursivement les faits, nous tenterons de montrer comment l'évolution socio-politique de croyances a guidé presque sans défaillir l'alchimie le long d'une voie dont elle ignorait l'issue. A travers hérésies et révoltes, guerres et pestes, et malgré l'Inquisition, l'hermétisme va s'y accorder avec deux espérances conflictuelles et successives : celle que le monde ici bas est capable de bonheur au prix de pauvreté, et celle que l'homme est promis aux bonheurs matériels de l'abondance.

Une première étape est franchie quand le mot essence, trop rationnellement connoté par la philosophie, est remplacé par « esprit », venu d'Hippocrate mais sacralisé par la théologie. Il s'agit d'un liquide matérialisant le Pneuma – souffle – et cette matière-non matière est obtenue en « purifiant » une matière-matière. Se trouve ainsi offerte aux hommes une « Eau Ardente » méritant cette appellation contradictoire puisque, bue, elle donne sensation de chaleur, rend vigueur à un malade, en apaise les douleurs ; et que, quand on en tamponne les plaies, elle en hâte la guérison. L'Église n'est d'abord pas hostile à une pensée inspirée par le dogme et conforme aux idées platoniciennes consacrées par saint Augustin et confirmées par les deux condamnations qui ont frappé Abélard et son nominalisme de type aristotélicien.

Quand, au début du XIIIe siècle, saint Dominique et saint François fondent deux ordres mendiants offrant aussi des cloîtres aux femmes, rien ne semblait annoncer que ces deux fondateurs voisins par l'âge et par le cœur mettaient ainsi en place des camps rivaux. Une même piété unit Thomas d'Aquin, illustration de l'ordre dominicain au cours des mêmes années où Jean Fidanza sera devenu François Bonaventure en reconnaissance d'un des derniers miracles accomplis par le Poverello. Toutefois sera bientôt patente une hostilité conceptuelle aggravée par des crises sociales. Par son titre de Docteur Séraphique, saint Bonaventure paraîtrait l'emporter sur le Docteur Angélique si la *Somme Théologique* de ce dernier n'avait fini par prévaloir. Le succès ecclésiastique de cette Somme met en recul les conceptions de Platon et d'Avicenne ; il affirme un retour en puissance de l'aristotélisme avec Averroès le Cordouan dont l'œuvre traduite par Maïmonide répond, en Chrétienté, aux besoins d'ordre exprimés aussi bien avec les Almohades qu'en Iran au moment où l'Empire Seldjouk et ses derviches marquent la fin des libertés tolérées par l'ancien khalifat : à Bagdad même, Euclide est devenu suspect. La papauté s'inquiétera à son tour des désordres romains qui lui feront chercher refuge en Avignon ; et des monarques s'emparent de l'autorité laissée vacante par l'Empire qui a dépéri en Sicile. Dès lors, le thomisme est bientôt voué à fournir des motifs à l'Inquisition et à son combat sans pitié contre des hérésies populaires.

De son côté, l'héritage de saint François n'est pas moins difficile à préserver. Annoblissant la pauvreté et ayant remplacé par une corde la ceinture qui servait de bourse, les Mineurs confèrent éminente dignité aux pauvres ; une sorte de matérialisme témoigne que leur Fondateur avait prêché aussi bien les oiseaux que les hommes : Dieu est présent dans toute la nature. La signification que certains frères attacheront au titre qu'ils se donnent de Spirituels sentira bientôt l'hérésie et allumera d'autant plus aisément les bûchers que d'autres hérésiarques et tant de révoltés se réclament de mêmes principes. En outre, les couvents franciscains s'équipent d'alambics où se fabriquent des « esprits ». Et comme le règne de la Troisième Personne annonce la fin des temps, il rend anxieux de savoir comment faire la différence entre le Christ et l'Ante-Christ. La difficulté est aggravée par le successeur de François : cet Élie de Cortone, que le Poverello avait pourtant désavoué et privé de sa charge de vicaire, n'a pas seulement rendu l'ordre très riche par une manière habile d'administrer et de prêter sur gages l'or qu'apportent les pélerins à la Portioncule, désormais lieu d'une magnifique basilique; il pratique une autre alchimie que celle, « ascendante », d'esprits en esprit; il s'intéresse aussi à cette « distillation » « descendante » qui conduit de matières en matières jusqu'à promettre qu'on aboutisse à l'or.

C'est parmi les franciscains, malgré l'hostilité qu'ils suscitent dans la hiérarchie et malgré leurs divisions internes, que l'alchimie progresse de conquête en conquête. Dans leurs rangs se comptent de grands docteurs : Roger Bacon, l'Admirable; Raymond, Lulle, l'Illuminé; Duns Scot, le Subtil, et bien d'autres plus obscurs mais non moins importants, sinon plus, tant auprès d'eux ces célébrités font souvent figure d'épigones. Il est vrai que beaucoup de quémistes se cachent leurs interprétations exotériques, par exemple sous le nom de Geber, soit crainte, soit absence d'intérêt pour de vaines gloires, soit enfin parce que le fameux Geber confère plus d'autorité aux découvertes. Ce serait leur rendre justice que de rapporter à l'hermétisme les atteintes portées à l'aristotélisme. Mais comme ce n'est pas sans raison que l'usage s'en est établi, nous opposerons scotisme à thomisme.

Une première cause d'opposition ramène aux querelles entre Nominalisme et Réalisme. Essences, esprits, sont-ce purs concepts? Non au moins dans le second cas, si l'Esprit est celui de Dieu. Réhabilitant la pensée d'Abélard, les thomistes assurent, au nom d'Aristote, que seule la grâce et non le monde peut donner une idée de Dieu. Le scotisme fait état de l'Incarnation et de la Pentecôte : le Saint-Esprit est parmi nous. Certains concepts classificatoires sont ainsi réifiés. Duns Scot aura le mérite de le préciser en proposant une notion dont nous verrons que la portée est du plus grand avenir, et prémonitoire des conditions morales et juridiques qui permettront l'essor des sciences modernes.

Si l'idée que représente un mot comme *cheval* n'a de sens que dans la mesure où des chevaux existent, Duns Scot affirme qu'en chaque cas l'idée générale est incluse et associée avec une notion particularisante qu'il nomme *hoecceitas*. Dès lors, si un homme est tel homme, c'est cause de cette hoecceité, principe d'individuation. D'une part se trouve remis en cause le simplisme de la théorie aristotélique de la forme – « la forme, assure le même franciscain, Duns Scot, ne fait qu'un avec la matière ou le sujet »; d'autre part, les droits du sujet se trouvent valorisés au nom même de l'Esprit. On a parfois présenté ce « réaliste » comme un prédécesseur de Kant. En fait, ses raisonnements sont fondés tout autrement que dans la Raison Pure; ils s'étendent en revanche sur la Raison Pratique, et sur ses implications tant linguistiques et juridiques que morales. Il se trouve qu'en outre – confirmation notable de notre interprétation – les temps où s'élabore le scotisme sont ceux où prennent aussi naissance d'autres notions que le capitalisme rendra indispensables.

Au moment, en effet, où tant de Franciscains sont pris en tenaille par les répercussions sociales d'une pensée réconciliant spiritualisme et réalisme, ce même XIIIe siècle est violemment agité de querelles sur la Pauvreté. N'y échappent ni peuples, ni rois, ni emprunteurs, ni usuriers, ni le Pontife d'Avignon, ni ses conciles. Chaque Mineur est pauvre et a fait vœu de n'accepter aucun don en espèces quand il mendie. Pour sortir d'affaire, il suffirait d'un biais juridique : sont alors inventés les mots « nue-propriété » et « usufruit », au pape la première, aux moines le second. Mais Jean XXII ne se soucie pas d'avoir à rendre compte au jour du Jugement de ce dont les frères auront tiré le plus clair parti. Les interventions et apostrophes du concile de Vienne (1311-1312) préfigurent ce qu'il adviendra quatre ou cinq siècles plus tard pour assurer fondement juridique aux « sociétés anonymes » usant du capital sans le posséder. En attendant, les violences ne s'atténuent pas; et des Franciscains périssent tant par la volonté d'autres Franciscains que par celle des Dominicains. N'empêche que se poursuivent recherches et expérimentations concourant à prouver que les distillats sortis d'alambics ont bien toutes les propriétés d'« esprit » : incorruptibles, ils conservent; dissolvants, ils viennent à bout de matières; concentrés, ils réduisent le superflu au nécessaire. Il n'est pas dû au hasard qu'un alchimiste franciscain – né près de Montpellier vers le moment où sont anéantis les derniers Albigeois – et impliqué dans d'autres hérésies des Purs, Arnaud de Villeneuve, attache tant d'importance au concept de « rectification » qui prend place dans le lexique mystico-expérimental à côté de macération, purification ou sublimation. Avec ce nouveau concept, un nouveau stade est franchi, et déjà l'eau-de-vie n'est plus qu'un « esprit » parmi d'autres.

Au cours des guerres entre couronnes de France et d'Angleterre, et à travers les pestes aggravant les malheurs du XIVe siècle, l'esprit de vin ou eau de vie fait ses preuves comme remède. Mais elle se vulgarise si bien que la spiritualité en est compromise. Elle paraît sur les tables seigneuriales, et même dans les tavernes. Peuples et princes courent le risque de n'être réunis que dans le vice. En compensation, le processus de rectification se révèle efficient pour bien d'autres « esprits ». Il consiste à ne pas se contenter d'une seule opération distillatoire, mais à en faire se succéder plusieurs en se débarrassant chaque fois des résidus de la précédente. Rien ne témoigne que le procédé ait été pratiqué auparavant au point d'attirer l'attention. Peut-être cette apparente négligence peut-elle être expliquée par une ambiguïté de l'hermétisme, elle-même découlant d'une confusion compréhensible entre fermentation et distillation. Retirer le ferment du produit fermenté, c'est interrompre le processus que la rectification ne poursuit qu'en abandonnant toute référence à quelque spécifique matière vivante. Les produits qu'elle traite étaient probablement connus et utilisés auparavant, mais à l'état de dilutions où leurs propriétés demeuraient affaiblies. Il en va autrement quand on « concentre » ces mêmes produits et qu'on obtient alors bien plus que les acides faibles des Arabes : des « acides » si forts qu'il devient périlleux d'en juger au goût. Ce que nous appelons acides sulfurique, chlorhydrique ou nitrique sont, au temps de leur découverte, désignés de diverses manières ; on parle moins d'« esprit » – bien qu'on ne cesse d'y penser mais d'essences, d'« huiles » ou plus simplement d'« eaux ». On en fabrique en très grand nombre, chacune avec un nom (souvent encore d'usage actuel) tiré de ses origines, de ses propriétés, de ses apparences ou de sa puissance quand l'eau forte annonce le règne de l'eau régale. Cette dernière (mélange d'acides sulfurique et nitrique) dissout même l'or. Déjà Jean de Meung fait d'un alchimiste l'interlocuteur d'un « Dialogue ». Les thèmes de l'alchimie envahissent le quotidien quand ses productions transforment les travaux d'ateliers. A partir du Quattrocento, la victoire quitte le camp de l'aristotélisme. On ne parle pas encore de progrès – mot inventé au siècle suivant; mais du substantif progression a dérivé l'adjectif progressif qui témoigne d'une révolution conceptuelle.

Dans l'alambic, ainsi que dans l'œuvre au sec, il ne suffit plus de distinguer les différents « états » de la matière en mouvement – solide, liquide, gazeux; toute distinction tranchée en disparaît alors qu'il est si nécessaire de mesurer des degrés quand on constate qu'en dépit d'Aristote; les passages entre froid et chaud ou sec et humide sont progressifs. En outre, la rectification fait repenser les progressions, dont Arnaud de Villeneuve et ses successeurs demandent à d'anciens traités arabes des représentations algébriques non fournies par l'enseignement des Universités chrétiennes qui ne font qu'une place très restreinte à l'enseignement mathématique. Ces progressions sont de deux sortes, dont nous emprunterons des représentations tardives mais instructives à Venel et à son contemporain d'Alembert.

On appelle *rectifié*, dit (dans l'Encyclopédie) le chymiste Venel, « l'esprit de vin distillé de nouveau en vue de la séparer de son eau surabondante; l'ether distillé de nouveau pour le séparer d'un esprit phlegmatique ». Et le même Venel parle en termes analogues d'« huile essentielle » à rendre plus fluide. *Rectifier* une courbe, dit d'Alembert, « est trouver une ligne droite égale en longueur à cette courbe ». Autant de préoccupations déjà présentes chez les distillateurs du XIIIe siècle et grandissant ensuite. Et c'est à d'Alembert encore que nous emprunterons des exemples anecdotiques expliquant pourquoi l'alchimiste doit savoir faire la différence entre progressions arithmétique et géométrique. La première convient dans le cas où à un baril contenant une pinte de vin et une pinte d'eau, on ajoute de l'eau pinte par pinte. Soit maintenant un « valet fripon » soutirant du même baril autant de liquide qu'il ajoute d'eau; remplaçons eau par esprit et nous constatons que la concentration de ce dernier progresse géométriquement à volume constant. Disons – pour fixer des chiffres – que dans le premier cas 63 opérations sont nécessaires pour obtenir 63/64; et que 6 suffisent dans le second. Encore faut-il non seulement soutirer les résidus, mais éviter que ne s'échappe la précieuse vapeur et donc « luter » son appareil – le rendre étanche jusqu'à son bec –, fût-ce au risque d'explosions.

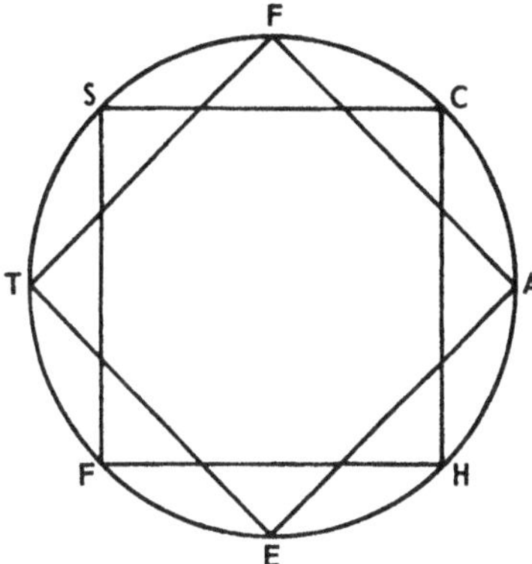

Cyclophonie aristotélicienne conforme à la sillogistique, la quintessence est au sommet du ciel. (Par exemple entre les carrés et la circonférence)

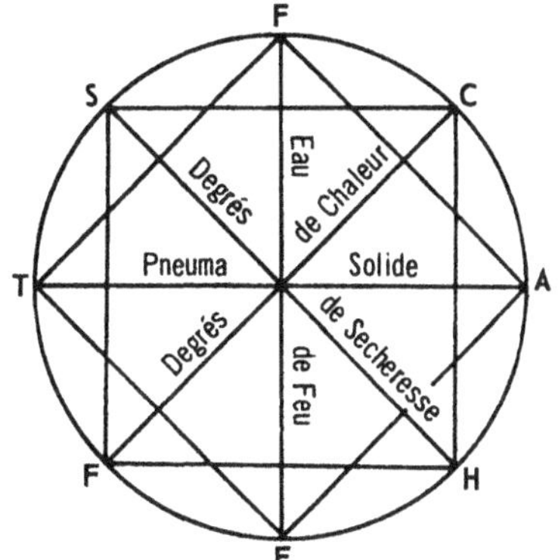

Diagramme de Raymond Lulle et de Leibniz : la quintessence est au centre des choses.

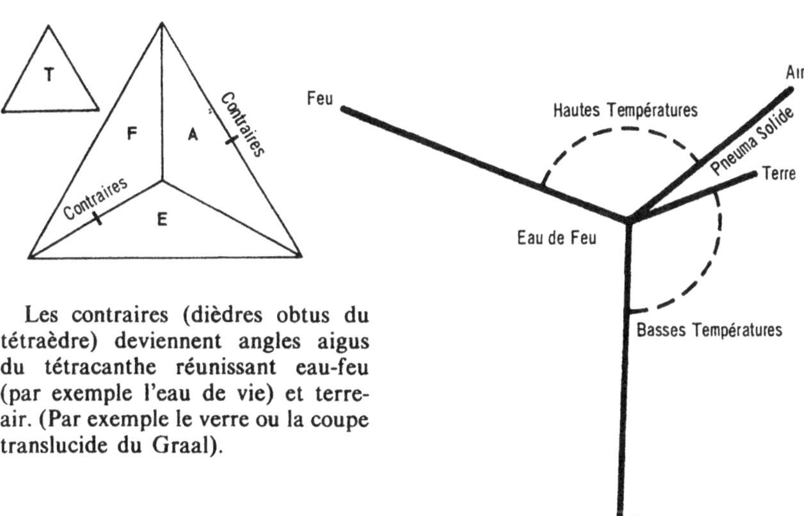

Les contraires (dièdres obtus du tétraèdre) deviennent angles aigus du tétracanthe réunissant eau-feu (par exemple l'eau de vie) et terre-air. (Par exemple le verre ou la coupe translucide du Graal).

Les contradictoires du tétraèdre (arêtes non concourantes), deviennent axes concourants du tétracanthe entre Feu et Air ou Eau et Terre. Les dièdres aigus deviennent angles obtus du tétracanthe et donc angles divisibles puisqu'ils contiennent l'angle droit. A la fin de cette transformation l'eau s'évaporant et la glace (terre) fondante deviendront des repères de l'échelle thermométrique.

Le quémiste n'avait pas à craindre que l'Inquisition, mais aussi sa propre imprudence. Est-ce pourquoi le mot *ithmid* (l'*antimonium* de Constantin l'Africain) est devenu anti-moine? Ce remède-poison, plus aisément fusible que le fer, le durcit quand on l'y mêle à juste proportion. Tant pour fabriquer l'outillage que pour s'en servir, il fallait observer, noter, calculer avec précaution. Que le client moderne d'un bistrot se fasse servir un « alcool » sur le « comptoir » rappelle incidemment que près de l'alambic se trouvait la table à compter.

Leurs manières de calculer, les chrétiens les doivent aux Arabes, leurs maîtres au moins jusqu'au XVIe siècle. En revanche, la notion d'« esprit » et les concepts opératoires qu'elle implique sont précisément chrétiens. Signalons qu'au moment où les « rectificateurs d'esprits » travaillent à comparer progressions arithmétique et géométrique, les théologiens pensent à propos du purgatoire que les fautes additionnées sur terre sont punies par des peines multipliées dans l'au-delà.

Cependant que l'alchimie « ascendante » allait de la matière à l'esprit, une autre, « descendante », procédait en parcours inverse. Rechercher l'or partait de connaissances exactes des propriétés physiques des métaux et de leurs poids spécifiques. Nier ces anciens acquis et leur précision pour expliquer – ainsi qu'on l'a longtemps fait – que l'alchimie ne soit pas devenue plus tôt la chimie, c'est rendre le problème insoluble.

On savait depuis très longtemps qu'étaient voisines les densités du plomb et de l'or. Ce qui manquait au premier passait pour être une Teinture, non coloration de surface, mais imprégnation à cœur. Ainsi, alors que l'eau ardente ou l'eau de vie (nos alcools à 60 ou 90 degrés) étaient tenues pour pures (bien que l'alcool soit un corps composé), l'or (un corps simple) était traité comme une combinaison. Les propriétés fonctionnelles des Teintures sont efficaces en certaines matières textiles, mais déroutantes en d'autres cas. On n'aura pas réussi à « teindre » en or avant que nos actuels accélérateurs de particules y parviennent à prix excessif, mais d'autres succès furent atteints. Dès lors que Sainte-Claire Déville – un des premiers fabriquants de l'aluminium – crut lui-même que ce métal était celui dont parle Pline à une époque sans électrolyse, il est très vraisemblable que les Pharaons aient disposé de béryls ou de corindons artificiels. Mais si notre admiration s'en tient au plus certain, elle se portera sur les arts du verre.

A eux sont dus certains objets célèbres, par exemple la coupe sacrée conservée à Gênes où des Croisés l'avaient amenée comme ayant servi à recueillir le sang du Christ. De même en est-il sans doute de la fameuse Table d'Émeraude de l'Espagne arabe, qui a donné son titre à un des plus appréciés Traités hermétiques : ses aphorismes cessent d'être obscurs dès qu'on les lit comme autant de démentis formellement opposés à l'aristotélisme. Ce qui veut dire que les verriers ne pouvaient que faire cause commune avec les distillateurs. Leur souci, vers le XIIᵉ siècle, est de teindre à cœur des verres jusque-là superficiellement colorés. La réussite en est acquise peu après : en témoignent les vitraux qui font alors la gloire des cathédrales. Art « oublié » au XVᵉ siècle quand les mosaïques de verre sont remplacées par des verres peints en surface grâce à de nouveaux produits tinctoriaux, et d'abord un jaune d'or? Art du moins assez complexe pour être encore souvent traité d'inimitable, faute qu'aient été conservées ou transmises des recettes dont l'anonymat peut aussi bien être attribué à l'humilité chrétienne qu'aux privilèges du secret. Pour le peu qu'on en sait, on y utilisait des résidus du feu, cause de mort ou de vie : la cendre ou l'urine, résidu liquide de la vie passant par le même canal que son germe. De la sorte, la lumière céleste glorifiant l'intérieur de la maison de Dieu traverse le passage entre le transitoire et la perpétuation. Pratique effective au service de la beauté culturelle, symbole mystique de la régénération, un tel art comporte en outre des enseignements conceptuels : l'œuvre alchimique est le théâtre d'un combat entre vivre et mourir.

Or, dès le XIIIᵉ siècle, on commence de se demander si la matière est bien faite d'Éléments, comme dans Empédocle ou Aristote, et non pas plutôt d'« humeurs » telles que Galien les a classifiées selon une division quaternaire : le sang, le phlegme, la bile et l'atrabile. Quand les proportions de ces humeurs sont harmonieuses – selon l'idée platonicienne – tout est en santé; sinon, il faut s'attendre à dépérissement.

En ce siècle où la Légende Dorée fournit tant de sujets aux vitraux, les alchimies ascendantes et descendantes s'accordent à dénoncer Aristote, et à retenir de Platon ce qu'il dit des proportions et de leur harmonie. Cette harmonie divine étant la vie même telle qu'elle est ennoblie par l'Incarnation, la meilleure manière d'introduire la plus belle Teinture dans un corps solide sera de le traiter comme un corps vivant. Purifier le

Roi Soufre et la Reine Mercure avant qu'ils ne s'accouplent fera naître un meilleur Sel Enfant. Il s'agit là de symboles, mais tenus pour démonstratifs. Au début du XVIIᵉ siècle, un Traité du Vray Sel situera, entre une première et une troisième parties consacrées à des pratiques hermétiques, une seconde partie consacrée à Euclide.

Cette manière de présenter les mathématiques dans le milieu des choses n'est que vaguement allégorique, et l'est en une époque où Galilée a déjà dit explicitement que la nature s'exprime en termes mathématiques. Elle n'en est pas moins significative des services depuis longtemps et encore rendus par l'hermétisme à la science naissante.

Aux quatre Éléments-Polyèdres de Platon, un cinquième s'était peu après ajouté; mais où placer cette Quintessence? Le Timée, pour cause, n'en dit rien; mais comme son Feu-Trièdre symbolise des dieux auxquels le Démiurge a légué, avant de quitter le monde, quelque chose de son omnipuissance, ce Feu-Trièdre est à la fois un Haut et une active omniprésence. Aristote met fin à cette ambiguïté : sa quintessence emplit la voûte céleste : sa pureté est absolument absente du monde sublunaire. Mais quand le Verbe s'incarne – ou que la Parole d'Allah se répand ici bas – le platonisme retrouve ses droits et les conserve aussi longtemps que la société peut échapper à d'excessives rigueurs de l'ordre. Quand enfin, malgré saint Thomas, l'expérimentation fait la preuve qu'existe bien un Esprit-Matière, la Quintessence n'est concevable qu'au centre de toutes choses. L'Islam des Califes avait permis qu'on le pensât avant que l'Islam des Seldjouks et des Derviches n'en revînt au radicalisme d'une double opposition accordant l'aristotélisme avec l'ordre rétabli par les premiers Césars : à Rome dominante, Provinces dominées; *physica, mystica*. Les Chrétiens apprirent de l'illustre Bagdad qu'était possible ce que leur XIIIᵉ siècle permit au scotisme d'exprimer comme certain. Certitude encore sujette à controverses, mais de moins en moins sanguinaires à mesure que les productions, les échanges et les urbanisations occidentales tendent à prendre l'éclat qui avait auparavant rayonné en Orient.

Situer la Quintessence au centre des quatre Éléments, c'est aussi assurer un passage linéaire entre les Qualités contradictoires. Cette linéarité conceptuelle, venue de ce qu'il faut donner mesure au qualitatif, bat en brèche l'obstacle qui avait jusque-là séparé mouvement « naturel », céleste, circulaire et mouvements « errants », liénaires et terrestres, eux bien plus communément quantifiables et concrètement quantifiés depuis toujours, bien que par commodité pratique et non selon la vérité des Idées. Et pourtant, pour que la brèche soit élargie et l'obstacle anéanti – ainsi qu'il le sera quand le système métrique remplacera les anciennes unités anthropomorphiques de mesure par pouce, pied, coudée – d'autres anthropomorphismes auront dû être transfigurés en termes d'algorithmes. Ce problème nous confronte à un paradoxe de plus, mais du même genre que ceux qui nous sont devenus familiers : la linéarité anthropique s'illustre de la manière la plus voyante vers le moment où elle perd sa raison d'être.

Les processus de « rectification » ont invité à recourir aux « progressions » linéaires – arithmétique et géométrique – à propos des manières de produire du plus pur à partir du moins pur : nous sommes là dans le domaine des Qualités (chauf, froid, sec, humide) et des « esprits ». Par ailleurs, ces « esprits » sont choses concrètes : distillats liquides ou « sels »; solides à ce titre, on les pense encore en termes de « reproductions » devant à leur nature génésique de pouvoir être progressives. Sous les contraintes de l'aristotélisme, seule la succession des générations donne l'image d'une suite linéairement quantifiable; seule elle rend « naturelle » une progression temporellement irréversible opposant le futur au passé alors que le cycle des jours et des saisons est, lui, répétitif.

Interprétons cette étrangeté en recourant à nos Modèles. En introduisant le Modèle III dans le Modèle II, nous avons situé la Quintessence et relié entre elles, deux à deux, les Qualités contradictoires. Restent deux arêtes (Feu-Eau et Terre-Air) dont nous n'avons rien dit de concret ou d'expérimental à propos de leur mise en relation linéaire. Toutefois, nous savons que l'Eau Ardente est un « esprit »; le Terre-Air ne serait-il pas un Sel-Pneuma? Inscrits sur les deux angles disponibles de M 3, ce Sel-Esprit y suggère une continuité dont le Modèle I rend le mieux compte. Si Bas-Haut est Froid-Chaud, et Arrière-Avant Sec-Humide, alors Gauche-Droite serait Sel-Esprit.

De quelque manière qu'on s'y prenne, ni les orientations de M1, les arêtes de M2 ou les angles de M3 ne font place à la durée créatrice Père-Fils. De là un embarras majeur dont on ne sortirait qu'en faisant appel à une « quatrième » dimension de M1, ou, plus conformément à nos modélisations, aux quatre arêtes de M3. Encore faudrait-il que ces dernières soient récursivement prolongées en deçà du centre du tétra-canthe.

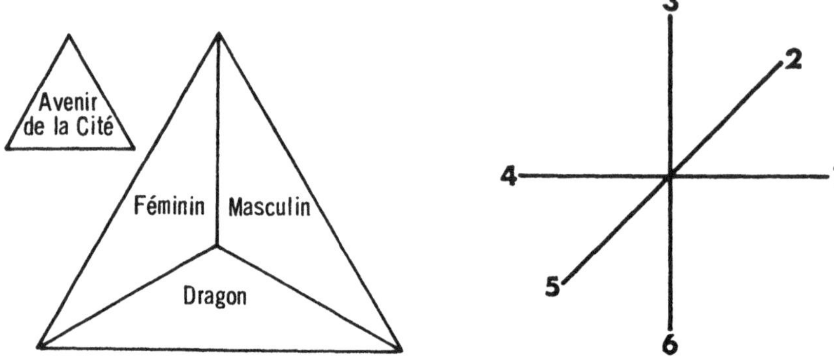

Avant : Modèle II.

Après : Modèle I.

3-6 Attraction géométriquement progressive.
1-4 *Vis formativa* masculine ou féminine.
5-2 *impetus* positif ou négatif.

Phases des transformations.

A) Andromède subit l'impétueux Dragon : Sainte Sophie le dompte. L'impétueux Persée met à mort le Dragon auquel l'impétueux Saint Georges s'offre en victime.

B) La distillation descendante a même valeur que l'ascendante; le dragon disparaît au profit du Sel; et à l'opposition entre Dragon et avenir de la Cité se substitue la différence entre Sel et Esprit également obtenue par rectification progressive, qu'elle soit ascendante ou descendante.

C) Le Tétraèdre « extérieur » comportant un Dragon à vaincre par l'Alchimiste contient un tétracanthe Quintessence où le Dragon est remplacé par le Sel, ou l'Essence obtenue après victoire de l'Alchimiste sur ce que l'alchimie tardive appelle aussi « dragon ».

D) Les Universaux en cause changent de nature ainsi que leur structure :

1) Les contradictoires se rencontrent pour qu'on puisse passer par degré du Froid au Chaud et de l'Humide au Sec; le Modèle II se transforme en un Modèle I.

2) Les trois orientations doubles du Modèle I deviennent :
3-6 Attraction et progression géométrique (ancien Haut Bas).
1-4 Force formative masculine ou féminine (ancien Droite Gauche).
2-5 Impétus positif ou négatif.

Le schéma modélisant la Sylvia Philosophorum (schéma XXVIII) confirmera ces interprétations.

A la lumière de ce que les quaternions d'Hamilton nous ont appris à la fin du chapitre II, nous voyons que si les « vecteurs » i, j, k suffisent à représenter la « réalité » vectorielle de ce que le concret offre de mathématisable, le premier terme du quaternion, nombre « réel », s'inscrit sur la ligne du temps. Laissant au lecteur curieux le soin de poursuivre l'inventaire des analogies ainsi suggérées, nous nous contenterons ici de consigner une suggestion intuitive et un avis des plus triviaux.

Voici la suggestion : si on pense un angle de M3 en fonction de la distance séparant ses deux côtés, celle-ci diminue comme le·font les quantités de quoi que ce soit quand elles s'approchent du zéro à partir de ce qui lui est inférieur ou supérieur; ainsi des températures.

Quant à l'avis simpliste, il est que, lu comme « structuraux », nos Modèles ne pouvaient sortir l'hermétisme d'embarras, dont la section suivante résumera les émotions qu'ils suscitèrent. Il faudra qu'ils soient lus comme références de « systèmes » pour donner essor aux sciences modernes qui ont eu à transformer radicalement la notion d' « élément ».

Des « choses » dont l'alchimiste ne savait que penser, la plus singulièrement ambiguë est le *Caput Mortis* (Tête Morte) : des scories apparaissant dans le bouillonnement de l'œuvre au sec ou les résidus à jeter entre des distillations fractionnées et que les alchimistes s'accordent finalement à nommer « bave du Dragon ».

Cette évocation de l'animal fabuleux – vers le moment où la place centrale donnée à la Quintessence est parfois représentée par l'I.H.S., sigle de l'Incarné, ou par la Colombe, signe de l'Esprit, ce qui aura rassuré la conscience des spagiristes ainsi que celle des partisans de l'héliocentrisme – présente un autre avantage. Depuis longtemps, on distinguait qualités premières et secondes, ou propriétés apparentes et propriétés cachées (le plomb cache l'or et l'or le plomb). Le Dragon est ainsi rejeté dans le secret des modalités de la fécondation, et donc du temps créateur. Nous allons voir maintenant qu'en ce lieu secret, le Dragon symbolise mythologiquement ce que la mécanique rationnelle traduira dans une mathématique de la composition des forces.

Les illustrations présentées hors-texte témoignent d'efforts « avortés » pour identifier le matériel au sexuel, et la force des choses à celle des armes, avant que l'illustre Leibniz n'emprunte à Raymond Lulle un diagramme « combinatoire » convenant à donner un centre au concret, mais sans faire· état de notions mécaniques à la galiléenne (p. 310).

Le dragon, symbole de force

Au XIVe siècle, tant d'ouvrages savants sont semblables à ceux du XVIe ou même du XVIIe que Pierre Duhem fit naître les sciences modernes en 1277. Il y manquait pourtant quelque chose, notamment l'addition $n + (-n)$ et donc la racine carrée des nombres négatifs. Et comme la « réalité » de ces nombres négatifs est de même sorte que celle des « vecteurs » – entité mathématique définie au cours du second XIXe siècle, avant qu'au XXe on en subordonne la légitimité à celle d'espace vectoriel –, on peut résumer le débat en disant qu'au XIVe siècle l'espace était l'impassible théâtre de conflits entre des « êtres » agissant comme s'ils étaient vivants. Il n'avait pas encore bénéficié de la révolution qui finalement le doterait abstraitement de propriétés jusque-là détenues par ce qu'il contient.

Au moins la réhabilitation d'un Pierre Duhem a-t-elle l'avantage d'attirer l'attention sur une erreur longtemps reçue : le christianisme du Moyen Age aurait empêché que la nature y fût pensée comme nature. Un poème – *La Fontaine des Amoureux de la Science* – composé en 1413 par Jehan de la Fontaine, fait parler deux « belles dames »; « Amy, j'ay à nom congnoissance, dit l'une; Voicy Raison que i'accompaigne ». Dame Raison donne alors la « signifiance » « de la Fontaine et des (sept) ruisseaux » qui sont « si plantueux et beaux ». Une explication de ce chiffre sept nous sera fournie par les nombres hypercomplexes dont les propriétés apparaîtront finalement comme dérivées de celles des espaces vectoriels (p. 458). Retenons pour l'instant qu' « en la fontaine ha une chose » dont un ensemble de procédures résumant celles de l'alchimie fait naître une pucelle « en haut volant à val coulant et en descendant faonne, Faon que la nature luy donne. C'est un dragon qui ha trois goules... » Le poète, semble-t-il, ne sait trop comment parler de ce à quoi, nous le verrons, les praticiens attachent un sens précis, bien qu'en un langage incompréhensible à la raison moderne. Leurs propos pourtant ne laissent aucun doute sur les « honneurs » dûs à Dame Nature, « car aussi tost que Dieu eut faicts les Eléments qui sont parfaicts, Nature en tout parfacte feu... Nature est mère à la ronde de toutes les choses du monde ». Voilà donc la nature qui a pris la place du tétraèdre des dieux platoniciens, et cela, après que, comme pour Leibniz, Dieu ait tout créé à perfection.

Mais quittons le poète pour retourner à nos savants et considérer en quoi ils ont pu donner raison à Pierre Duhem et à Jehan de la Fontaine.

Vers 1350, le *Liber Calculationum* de Swineshead, disciple de Bradwardine, met en parallèle la suite des nombres entiers et celle des fractions binaires à l'égyptienne (de numérateur unitaire) : la première, représentant des accroissements de vitesse, et l'autre des diminutions du temps de parcours, donnent une formulation exacte de la fameuse loi galiléenne. Cet exemple n'en est qu'un parmi bien d'autres antérieurs ou contemporains; tous témoignent de la même précocité. Après lecture d'anciens textes, on dirait que leurs auteurs, disposant d'avance de données mathématiques – mise en parallèle de deux types fort anciens de numération – s'étaient demandé ensuite à quoi d'autre elles pouvaient servir après avoir si bien traduit les phénomènes de la rectification. Cette dernière était relative aux mouvements internes d'éléments vivants; pourquoi n'en pas tirer leçon en ce qui concernait le mouvement externe d'objets rendus inertes dès que tirés de la matrice de Dame Nature qui enfante tout? On sait que les sciences modernes procéderont à l'inverse. Galilée jettera des pierres avant d'en calculer la vitesse, et ce, bien avant que la biologie s'inscrive dans le lointain prolongement de la mécanique.

Dans des perspectives non identiques à celles-là, mais qui les extrapolent, d'autres anticipations s'expliquent. Quand Nicolas Oresme dessine deux axes, *latitudo et longitudino,* pour leur rapporter le mouvement d'un point, il fait comme Descartes. En outre, il est un pré-Kepler ou un pré-Newton quand il s'en remet à l'équivalence de surfaces pour comparer des « flux » de vitesse constante ou croissante. Quand aux précisions manquant à l'observation astronomique, les Arabes auraient pu les fournir. Pourquoi alors trois siècles d'attente entre ces savoirs presque modernes et les modernes?

On pourrait invoquer les malheurs des temps, les recherches trop dispersées ou les livres trop coûteux, mais ces obstacles n'avaient pas empêché les très rapides succès atteints par les décennies antérieures. Force est donc d'élever nos vues pour comprendre comment la mécanique rationnelle et la géométrie analytique, qui forgeront le fer de lance de nos sciences modernes, n'ont pas été mises au travail plus tôt.

Or nous venons de voir – vers la fin de la précédente section – que comparer progressions arithmétique et géométrique était devenu une nécessité dans l'appréciation de « rectifications » alchimiques. Par ailleurs, les deux auteurs médiévaux que vient de nommer le paragraphe précédent sont oxfordiens, donc dans la lignée de Francis Bacon. Avis nous est ainsi donné qu'en ces temps, l'ordre des progrès scientifiques était : expérimentation alchimique, interprétation mathématique, transfert de résultats à des problèmes de mécanique. Confirmé par le fait que Nicolas Oresme traite ses équivalences de surfaces comme des résultats de mélanges, cet ordre est justement inverse de celui des sciences modernes qui font précéder de presque deux siècles la mécanique de la chimie.

Avant qu'au nom de la mécanique d'ici-bas, Galilée ait pu dire – comme le fera Newton au nom de la mécanique céleste – que la nature s'exprime en termes mathématiques, on pensait que si cette même mathématique est bien une expression commune, la nature est d'abord écrite en termes alchimiques. Dès lors, les pages qui vont suivre auront à vérifier comment l'hermétisme auquel avaient été dues les rapides avancées du XIIᵉ au XIVᵉ siècle n'a pu déboucher correctement sur les sciences modernes. Si l'ancien atelier du progrès scientifique – les feux et fours, cornues et alambics – demeure pour deux ou trois siècles encore le producteur principal, voire exclusif, d'innovations, c'est à cause des prompts et évidents services qu'il avait rendus en s'inspirant du Fils et de l'Esprit pour déclarer que la nature vit comme un être incarné, animé et rationnel.

Expliquer en ces termes la quasi-révolution conceptuelle des XIIIᵉ et XIVᵉ siècles, c'est aussi donner les raisons de ce qui leur manqua pour que cette quasi-révolution en devienne une radicale. Les pages suivantes vérifieront que si l'hermétisme conçut bien la notion de force, il ne put la penser comme une abstraction induite de la matière inerte ; pour lui, elle ne pouvait être qu'une manifestation de la vie. A une exception, toutefois : les phénomènes alchimiques mettaient en cause des forces négatives que pourtant on n'attribuait pas au diable. Pour désigner ces contre-forces, on ne put trouver rien de mieux que de les symboliser sous forme de dragon. Nous verrons que ce dragon n'a pas alors été traité comme un vrai monstre fabuleux, mais seulement comme un mot exprimant le mieux – et conformément à une nature pensée en termes nuptiaux, tant terrestres que célestes – l'obscure et indéfinissable contre-puissance s'opposant au progrès des choses. Il est « l'esprit qui toujours nie », « *der Geist der stets verneint* ».

Comment désigner, en effet, le mystérieux ensemble de forces néfastes qui empêche la nature de se purifier ou de s'améliorer d'elle-même? Il faut qu'à la Quintessence, somme des vertus et des espérances, s'oppose une puissance négative qu'au nom du Fils ou de l'Esprit l'adepte devra dompter et vaincre. Pour réussir l' « œuvre », l'alchimiste doit tuer le dragon. Mais tout est à recommencer en chaque opération, ce qui justifie l'antique croyance en une « pierre du dragon », sorte d'escarboucle capable de rendre sans limite le pouvoir à qui la tirerait du front ou du cerveau d'un dragon vivant. Pour Hermès Trismégiste, il s'agit d'un symbole, comme sans doute pour saint Isidore et Albert le Grand, bien que Pline l'ait traitée comme une réalité. Quand la Légende Dorée contribue à ramener le dragon de saint Georges à celui de Persée, elle en donne une image nuptiale; et c'est alors à l'alchimiste qu'il revient de combattre cette anti-Quintessence qui empêche que se rejoignent le Roi-Soufre et la Reine-Mercure dont doit naître l'Enfant-Sel.

Cette métaphore perdra tout sens aux yeux des physiciens d'époque newtonienne, son syncrétisme s'étant alors décomposé en plusieurs significations spécifiques. L'une d'entre elles est d'ordre mécanique : elle concerne la composition des forces positives ou négatives et leur résultante. Cette notion de force et sa rationalisation sont les fruits d'une histoire si complexe – le dragon-étendard évoquant aussi la force des armes ou des soldats (nos dragons) – que nous l'aborderons récursivement à partir de Newton.

Comment deux corps peuvent-ils s'attirer à distance et s'informer l'un l'autre de leurs masses, position et mouvements respectifs? L'auteur des *Principia* déclare à cet égard ne pas vouloir faire d'hypothèse; en fait, celle qu'il admet implicitement fonde le plus durablement toute la science moderne : donner un nom à une notion de réalité inconnue, mais d'usage efficace. Cela s'applique le plus étroitement à l'attraction gravitationnelle, une énigme encore aujourd'hui. Une telle manière de légitimer pragmatiquement le sens d'un mot ne répondant à rien de sensible ou de communément admis marque entre le nominalisme des scolastiques et celui de Lavoisier une rupture cachée mais complète; en donner la meilleure idée revient sans doute à montrer comment le dragon occupa justement si grande place dans le langage des empiristes avant de disparaître du vocabulaire scientifique.

La notion d'attraction est toute naturelle pour l'hermétisme qui a sexualisé la matière; celle-ci est faite de « corps » qui ont quelque chose de charnel, dotés d' « affinités » et exerçant l'un sur l'autre une « attraction » ou une « répulsion » comme en produisent l'amour ou la haine. Appliquées à des corps purement matériels, ces mêmes notions, et surtout celle d'action à distance, n'ont plus aucun support, ni dans le sens commun ni dans des traditions porteuses, depuis le fond des temps, de symboles émotifs. Newton a emprunté aux alchimistes un mot qu'il dépouille de sa réalité sensible. Ce faisant, il fonde la science dans le raisonnement hypothético-déductif, il en appelle à l'avenir de juger ce réalisme sans précédent; il creuse un fossé infranchissable entre ce savoir nouveau et les anciens savoirs qui n'avaient que le vécu passé pour garant.

Il s'agit là d'une « révolution » conceptuelle retirant toute validité au rapprochement ordinaire fait entre le réalisme d'Abélard et celui de Stuart Mill. Newton s'autorise solitairement à changer le sens du mot attraction sans mettre en doute que ce mot désigne bien toujours une réalité. En outre, une fois admis cet arbitraire changement de dénotation – n'ayant originellement que l'autorité d'un Je pour garant –, plusieurs autres hypothèses s'ensuivent. Passons sur celles déjà avancées ou sous-entendues par Copernic et Galilée et dont plus d'un siècle d'observations, expérimentations et calculs ont suffisamment vérifié le bien fondé; il en subsiste une d'importance capitale et qui n'a elle aussi que le Je de Newton pour auteur. Pour que sa théorie soit correcte, il faut concevoir le mouvement « inerte » de telle sorte qu'une masse en mouvement de vitesse constante, si « aucune force » ne s'y applique, poursuit son mouvement en ligne droite.

Aucun prédécesseur n'avait eu telle audace. Outre que Descartes niait le vide – une « matière subtile » et ses « tourbillons » transmettant le mouvement d'un mobile à un autre –, Galilée avait attribué – dans l'ignorance d'ailleurs des leçons de Kepler – le mouvement des orbes au fait que toute rotation s'entretient d'elle-même; idée conforme à l'expérience commune et confirmée par les machines qui avaient passionné Léonard de Vinci : une roue bien huilée tourne sur son axe plus longtemps que ne peut se mouvoir un projectile sur sa lancée. Si, pour

Galilée, ce projectile peut être abstraitement pensé comme si, sans la pesanteur et la résistance de l'air, il poursuivait uniformément sa course en suivant apparemment une ligne droite, c'est que le diamètre de la Terre étant très grand, peut paraître rectiligne un mouvement réellement circulaire autour du globe. La décision prise par Newton, sans précédent dans le nouvel univers de la science, n'est pas, en revanche, sans précédent dans l'hermétisme auquel on sait combien l'illustre novateur attachait d'intérêt. Dans l'hermétisme, en effet, étaient déjà préfigurées deux sortes de mouvements continus et linéaires. Le premier était à l'image de la succession des générations père-fils, seule linéarité acceptable par l'aristotélisme et marquée par une succession d'unités semblables – chaque fils d'un père étant père d'un fils – et vulgarisée par la manière chrétienne, vieille d'environ sept siècles, de numéroter négativement ou positivement la succession des années avant ou après Jésus-Christ. La seconde linéarité, bien plus directement pertinente à l'innovation newtonienne, est celle de la continuité enfin reconnue entre froid et chaud. Cette dernière ne présente pas de coupure comme celle marquée par la naissance d'un enfant; et si on la divise en degrés, le choix de telles mesures est presque aussi libre que celui dont s'autorise Descartes pour décider que tel segment de droite arbitrairement choisi représente l'unité. Certaines températures méritent bien une attention spéciale, mais elles sont si nombreuses et de typologie si ambiguë que rien n'y peut fixer de choix incontestablement « naturel ».

Nous examinerons successivement ces deux cas, le second se rapprochant le plus de la linéarité newtonienne.

Dans l'ancien univers, rien sans doute n'était moins rationnellement exprimable que la notion de mouvement. Le mystère s'épaissit avec Aristote; tout mouvement terrestre vient du ciel en rotation constante et, indirectement, d'un Dieu, premier moteur ayant quitté le monde après l'avoir mis en marche. Dans le sublunaire, seuls les êtres animés se meuvent. L'inanimé ne bouge que par suite d'un désordre qui se répare de lui-même pour obéir aux exigences d'ordre. Si donc la pierre tombe, c'est que sa place est en bas; et si une vessie remplie d'air s'élève à la surface de l'eau, alors que vide elle reste au fond, c'est que cet air rejoint un au-dessus prescrit. Nulle « force » donc en ces cas : l'échelle Terre,

Eau, Air, Feu, est celle de la nature des choses et de la forme des Éléments. Quant aux mouvements linéaires – déjà « errants » pour Platon – ils sont propres au vivant. Les phénomènes physiques – vents et pluies, airs plus ou moins chauds et humides – tournent comme la circularité supra-lunaire des saisons et des jours, et en transmettent le modèle à la circulation du sang, ainsi qu'on le croira jusqu'au moment où l'on découvrira que les artères vivantes ne sont pas canaux d'air, comme dans les cadavres, et que des capillaires microscopiques bouclent un circuit justifiant alors que la fonction du cœur soit seulement celle d'une pompe.

Quand ce cœur était tout autre chose que ce dont la iatromécanique va en faire, expliquer qu'une pierre s'éloigne de son « lieu naturel » sous l'effet d'un geste vigoureux avait amené aussi à contredire Aristote : pour lui, rien de non vivant ne peut se déplacer s'il n'est poussé; l'air rejeté par la proue du projectile revenant nécessairement derrière sa poupe dans une nature sans vide. Ainsi s'entretient un mouvement jusqu'au moment où la nature des choses inanimées rétablit son ordre. Or, au XIVe siècle, prévaut l'idée que le geste humain a communiqué au mobile déplacé un *impetus* qui va en se dégradant. Selon que cet *impetus* est de même sens ou de sens contraire à la pesanteur, le mouvement est accéléré ou ralenti. Buridan, défenseur de cette nouvelle interprétation, va jusqu'à estimer pensable que la Terre tourne, bien que pour en rejeter aussitôt l'éventualité.

Ce Buridan – connu par son âne qui, ne sachant s'il doit d'abord manger ou boire, ne fait ni l'un ni l'autre – confirme que deux besoins égaux et opposés s'annulent si n'intervient pas une volonté – donc une *hoecceitas* –, don du ciel. La notion qu'il a de la force en fait toujours un privilège de l'animé. Et pourtant l'inanimé peut se montrer violent, par exemple quand une cornue explose; est-ce donc que les contraires – Eau et Feu – ont réagi « naturellement »? Le problème est plus complexe depuis que l'hermétisme invite à ne plus penser l'œuvre alchimique en termes de cyclophorie. On ne nie pas que la matière ne puisse rien être d'autre que pur possible si elle ne prend pas forme. Mais à cet aristotélisme s'ajoute une notion de plus. Conforme tant aux idées de saint Thomas qu'à celles de saint Bonaventure, cette nouvelle notion avait pris nom, au XIIIe siècle, de « *vis formativa* ». L'action s'en manifestera finalement partout; mais si elle rend compte de l'*impetus,* elle a préalablement expliqué qu'un Élément ou une matière a disparu au profit d'un ou d'une autre – la « rémission » ou l' « intension » des formes. Surtout, cette force formative a d'abord et avant tout désigné ce qui reproduit un père dans un fils.

On mesure le chemin parcouru par une logique qui a commencé par montrer comment un semblable produit un semblable pour aboutir, avec l'*impetus,* à contester un aristotélisme qui rapportait tout mouvement de matière à l'opposition des contraires. Le scotisme a déblayé la voie où cheminera Galilée, sans pourtant que l'*impetus* de Buridan ne soit l'inertie newtonienne, décidant qu'un objet reste en repos ou conserve sa vitesse en ligne droite quand aucune force n'agit sur lui. L'idée ancienne se ressent encore d'un anthropomorphisme dont l'ère moderne débarrassera la physique avant de bannir le vitalisme de la physiologie. Or, elle le fera d'autant plus aisément que les alchimistes, parlant du Dragon, savaient bien que c'était simple manière de dire.

A cet égard, à la fin du XVᵉ et au XVIᵉ siècle, l'hermétisme est traduit en singulières images montrant un homme et une femme nus; leurs serviteurs les baignent avant qu'ils ne s'accouplent; et rien n'est caché de l'épisode nuptial devant donner naissance à un enfant. Les deux amants sont Roi-Soufre et Reine-Mercure procréant l'Enfant-Sel. Cette représentation très ou trop simple de leurs présupposés ne sert de rien aux alchimistes véritables. On dirait qu'en se dévoilant, ce pseudo-hermétisme appelle à l'aide des poètes comme il l'avait déjà fait aux temps de Jean de Meung, de Dante ou de Jehan de la Fontaine.

A tout le moins est-il patent qu'en ces temps, contrairement à ce qu'il adviendra à partir de la Renaissance, ce n'est pas le milieu social qui fournit des conceptions à la science; il reçoit d'elle des images qui l'aident à rendre crûment naturelle une sexualité qui avait été antérieurement transfigurée quand la femme aimée de saint Georges était la sainte Sophie (cf. illustrations 8 à 12, hors-texte).

C'est à bon droit que Carl Jung porta un si vif intérêt à ce genre d'images. A la collection qu'il en fit s'en ajoutent bien d'autres, provenues de bibliothèques princières. Il en est du XVᵉ siècle, celles du XVIᵉ et du XVIIᵉ leur ressemblent, notamment dans le *Rosarium philosophorum,* quasi contemporain de Copernic. Dans le premier, l'acte impudique figure la Quintessence, soleil du second. Une libération des instincts coïncide donc avec un signe avant-coureur d'un essor scientifique, lui-même accompagnant l'essor d'un capitalisme dont la plus efficiente morale sera puritaine. Bref instant faisant trêve entre des refoulements de deux sortes, sacrée et matérialiste. Supposer que l'inconscient fasse un moment surface dans la conscience, c'est expliquer que, comme nous le verrons, le tétraèdre apparaît en tant d'autres diagrammes hermétiques de même époque. Mais tenons-nous-en pour l'instant à un phénomène significatif. Certaines images, plus habillées et généralement antérieures, mettent en scène le dragon combattu par des Éléments ayant figures humaines; or le dragon est absent entre les acteurs nus. Remarquons en passant qu'il n'est plus mal de copuler, mais posons la question : ce dragon, où est-il passé? Le mot a pourtant subsisté, mais dans un contexte où ce ne sont plus des êtres-choses qui le combattent : c'est un être-homme, l'alchimiste.

Modification en effet significative, car elle donne à penser que le savant se ressent désormais confronté non plus à mâle et à femelle, mais aux attractions qui les rapprocheraient « naturellement » sans l'intervention d'une force répulsive, celle du monstre fait lui aussi de froid, de chaud, de sec et d'humide. Entités positives et négatives seraient alors comme les points d'application de forces elles aussi positives et négatives. L'algèbre mécanicienne est là sensible comme sous-entendue, ou plutôt faute de concepts adéquats, empêchée de prendre « forme » – non au sens aristotélicien du terme, mais comme elle deviendra avec les formalisations modernes.

Reprenons le problème en considérant que si le dragon n'est plus indispensable pour illustrer en général comment Dame Nature est en gésine, il le demeure pour expliquer les obstacles rencontrés, œuvre après œuvre, par l' « *hoecceitas* » de l'alchimiste. Cette méthode procédant cas par cas est celle de Descartes – interprète de Galilée – et divise les difficultés pour les résoudre. Est ainsi intuitivement suggéré aussi qu'en chaque œuvre particulière, le Dragon n'agit pas contre Soufre, Mercure ou Sel, mais contre les trois modalités (attraction, affinité, reproduction) de la *vis formativa* qui, issus de la Quintessence, font du Soufre, du Mercure et du Sel un père, une mère et un fils. La plus simple manière d'en donner image est de dessiner un trièdre (trois axes de référence ayant la Quintessence pour origine) et de faire du dragon le point d'où projeter trois perpendiculaires sur ces trois axes. Le dragon, agissant diversement selon chaque œuvre, est donc comme un point mobile défini par ses coordonnées sur un trièdre de référence. Ne manque à cette pré-figuration d'une géométrie analytique de l'espace que de quantifier les dimensions des segments issus du dragon en faisant équivaloir à des nombres les échelons des demi-droites réunies par la Quintessence. Suggestion intuitive qui serait hasardeuse si les mêmes illustrations de l'hermétisme, en mettant à nu les secrets, n'étaient pas généralement associées à d'autres représentant trièdres ou tétraèdres.

Extrapolons de ces figures deux modélisations. Soit un trièdre de centre Q dont les arêtes le relient à Soufre, Mercure et Sel; Q n'est pas un zéro, mais si l'intervention de contre-forces, celles du dragon, empêche l'œuvre, alors les deux systèmes de forces s'annulent comme le représenterait le modèle I. S'il s'agit des quatre Éléments ou Qualités dont les mouvements s'annulent quand Quintessence et Dragon s'opposent à égalité de puissance, alors conviennent soit les modèles II et III, soit seulement le dernier si les axes peuvent être négatifs et positifs. Sont ainsi implicites les futurs systèmes de coordonnées tels que les expliciteront quantification mécanicienne et invention des nombres.

Venons-en à ce qui manque à ces représentations vulgarisées à partir du XVIᵉ siècle : des nombres dont le zéro, ce chiffre des chiffres arabes, l'*al Sifr*. En revanche, le fait que ce n'est pas la Quintessence elle-même qui anéantit le dragon livré aux armes de l'expérimentateur, commence déjà de faire prévaloir l'*hoecceitas* de l'homme dans le combat contre l'impureté. Ce *Je* prend la place de saint Georges au moment où la rationalité quantitative est appelée à se substituer à sainte Sophie. Pour infimes qu'ils peuvent paraître, ces indices vont pourtant nous permettre d'achever l'enquête concernant la disparition du Dragon inutile à la Mécanique ou à la Géométrie analytique avant d'être banni de la « Chymie ».

Au XVIᵉ siècle, on pense – notamment Ambroise Paré – que le sang féminin est à la fois nourricier et dissolvant : analogue donc à un esprit. Par la suite et encore au XVIIIᵉ siècle, les chymistes parlent de l'œuvre humide comme de menstrues, et bien que Jean-Baptiste Malouin et ses émules écrivant dans l'*Encyclopédie* prétendent que ces menstrues n'ont rien à voir avec le cycle féminin, ils font de tels éloges de l'alchimie, « la plus subtile des Chymies », et s'insurgent si fort contre les prétentions des Physiciens – donc de Newton –, qu'ils préfèrent s'en remettre à la sensibilité de l'expérimentateur plutôt qu'à thermomètres et pyromètres pour mesurer des degrés de chaleur. En fait, la seule diminution de sens subie par le mot menstrue vient de ce que ces chymistes ne pensent plus à rapporter l'œuvre chimique aux cycles lunaires, comme le recommandait encore Paracelse au nom d'une tradition remontant jusqu'à la Chaldée.

Par ailleurs paraît au début du XVIIIe siècle un livre étrange : ce *Mutus Liber* ne comporte pas un seul mot d'écrit, seulement des images. Un homme et une femme, mais rhabillés, s'occupent autour d'appareils et montrent par gestes comment faire ce dont on ne peut rien dire. Aveu que l'hermétisme n'ajoute plus foi en son ancien vocabulaire, bien qu'il ne veuille pas davantage s'en remettre aux nouveaux lexiques de la science en essor; attestation aussi que si la nature est « labourante », l'œuvre alchimique est le fait d'hommes. Ils travaillent en laboratoire, mot nouveau dont le sens a été d'abord ambigu, comme en témoignent encore certains usages. On appelle ainsi la partie du four à réverbère où le minerai est en contact avec le feu – la nature y est en gésine –, bien qu'en son sens appelé à prédominer, le mot commence de désigner l'atelier où les distillateurs s'occupent d'alambics. Ainsi nous est-il appris que le passage des langages hermétiques d'hier aux Nomenclatures de demain traversa des coulisses où le rôle de sujet a changé d'acteur : c'était la nature même, ce sera désormais le savant. L'*hoecceitas* de Duns Scot sera devenue le *Je* de Descartes.

Presque aussi tardive que la biologie rationnelle, la chimie trouvera ses méthodes et se dotera d'une première Nomenclature au moment où, grâce notamment à Lavoisier, le Feu, et même le philogistique de Stahl, disparaît de la liste des Éléments, ou plutôt, comme on dira alors, de la liste des « états de matière » : solide, liquide ou gazeux. Postérieure de presque deux siècles à l'avatar du tétraèdre, cette disparition de la Lumière (presque centrale pour Copernic qui a respecté tant la place du Divin que celle du 0 cartésien) est d'un retard surprenant, compte tenu de la précocité des alchimistes à rendre continue la variation du froid au chaud. Cela peut pourtant s'expliquer.

A mesure que se perfectionnent l'œuvre au sec, ainsi que, plus significativement, la distillation et la rectification, le problème est de savoir comment évaluer ce qu'on peut désigner comme température « moyenne ». La réponse à donner est d'autant moins évidente que d'une opération ou d'un type d'opération à l'autre, cette valeur moyenne ne paraît pas être la même. Autrement dit, les nombres comme purs nombres auront été plus faciles à situer de part et d'autre d'un zéro que des quantités représentant des températures. Les schémas ci-après donnent image d'une ambiguïté due à ce que la nature chimique est toujours pensée en termes d'Éléments, lesquels, en outre, depuis notamment Galien, ne sont pas aisément distinguables des « humeurs » constitutives de la vie.

Si Jean-Baptiste Malouin suspecte les thermomètres et pyromètres, c'est, affirme-t-il, que le plus sûr des critères pour juger de chaleurs est celle du corps humain. Il en est conduit à distinguer quatre types de chaud. Le moins sujet à contestation est celui, ponctuel, où l'expérimentateur éprouve un « sentiment de chaleur ». Au-dessous se situe le froid qu'il appelle le Chaud-Froid, manière de dire choisie moins par prémonition du froid-froid que sera le zéro absolu de température du XIXe siècle que par mise en garde contre l'aristotélisme. Au-dessus, deux étapes : la première conduit de la sensation de chaleur jusqu'au point où l'eau se transforme en vapeur – étape correspondant le mieux aux menstrues et ayant pour limite supérieure celle que ne peut dépasser le bain-Marie ; l'autre prolonge la précédente sans limite. Cette singulière échelle respecte la figuration tétraédrique de structures constantes, à l'évidence du moins pour trois cas : la limite inférieure se situe au sommet opposé au triangle Feu, c'est bien un Chaud-Froid ; la température d'eau bouillante est située au sommet où l'eau devient Air, sommet opposé à Terre ; enfin, le plus chaud du Chaud est au sommet opposé à Eau et correspond à l'œuvre au sec. Un repère moins sûr est celui situé au sommet opposé au triangle Air : peut-on parler du corps humain comme dépourvu d'air ?

L'ambiguïté est résolue vers la même époque par Fahrenheit. Au lieu de s'en remettre à la « sensation de chaleur », il retient le point où la glace, une Terre, devient Eau. Ce serait pure raison commune si l'échelle de Fahrenheit ne se servait de deux types de numération. De la température de la glace fondante, il fait un 32, si bien qu'au-dessous la division rappelle des fractions binaires à l'égyptienne ; cette même référence paraît plus évidente encore entre ce 32 de glace fondante et le 96 correspondant à la température d'un homme sain : de l'un à l'autre, le nombre de degrés est de 64. En revanche, du 32 à la température de l'eau s'évaporant, il compte 180 : nombre chaldéen évoquant les mois lunaires et correspondant bien aux menstrues.

Un dernier progrès du côté de nos usages actuels sera accompli par le

Suédois Celsius. Son rival germanique avait supposé – dit-on – que 0 (32 au-dessous de la glace fondante) était le plus grand possible des froids, celui qu'il aurait subi au cours d'un hiver particulièrement rigoureux à Dantzig. Plus tardif, Celsius s'en tient au décimal et à l'eau (0 quand la glace fond, 100 quand l'eau bout) et s'autorise donc à parler de températures négatives.

De Malouin ou Fahrenheit à Celsius, un grand pas est franchi. Les deux premiers n'ont pu encore se détacher de l'ancienne théorie rendant corrélatifs trois passages : du Froid au Chaud, du Sec à l'Humide, et d'un Élément à l'autre ou d'un état de matière à l'autre. Quand la simplicité décimale et celle du zéro prévaudront, le Feu courra le risque de ne plus compter parmi les Éléments, l'alchimie aura presque entièrement perdu le reste de territoires que lui avaient laissé les conquêtes de la mécanique, de l'algèbre et de la physique, et aussi, d'autre côté, les savoirs relevant des sentiments, des émotions, des poésies, savoirs au nombre desquels il faudra par la suite compter la psychanalyse.

Quant à la biologie, le rapport de ses progrès avec les leçons de l'hermétisme sera plus ambigu. Quand le *Mutus Liber* substitue l'homme habillé aux Principes anthropomorphiques mis à nu, une École médicale alors des plus en vogue, celle de Montpellier, assure le succès de la doctrine vitaliste. A distinguer radicalement du physique ou du matériel, le vivant est animé par un Principe Vital. C'est rompre avec l'union de la matière, du corps et de l'esprit à laquelle l'alchimie et son pan-sexualisme tenait tant, à juste titre d'ailleurs, puisqu'au nom de l'Incarnation et du Saint-Esprit elle avait abouti à unifier tout l'existant. En revanche, quand le XIXe siècle se défera du vitalisme pour intégrer la biologie dans l'ensemble des sciences positives, il permettra aux biologistes de rebrousser les cheminements qui avaient conduit du pensé à l'animé et de l'animé au non-animé. Cette biologie des XIXe et XXe siècles, avec les problèmes qu'y poseront le darwinisme, l'hérédité, la sélection, reprendra en termes de molécules (ou d'atomes, donc d'alcohol) et de forces (d'attractions et de répulsion) les grands débats de la Chrétienté. Et la fonction que Duns Scot confère au langage dans les présupposés de l'*hoecceitas* annonce plus directement ce que la biologie moderne et son code génétique feront de l'immunité.

Nous achèverons ces considérations en soulignant une nouveauté due au seul hermétisme, dont elle résume toutes les autres dans les rapports

SCHÉMA XXVII : CONQUÊTES INACHEVÉES DE L'HERMÉTISME

A) Vers la linéarité des températures.

Malouin : Sommet I : Chaud-Froid;
II, la Chaleur sensible; arête II-III,
température de la menstrue; sommet III, évaporation de l'eau; arête III-
IV et trièdre IV : l'œuvre au sec.

Fahrenheit : Sommet I : le froid du
plus rude hiver de Dabzig; sommet 212,
l'eau devient vapeur (Air) au-dessus et
sans limite, arête III-IV. Les métaux ou
airs y résistent, pas l'Eau (sommet IV).
De 32 à 96 (température normale du
corps humain, il y a 64).

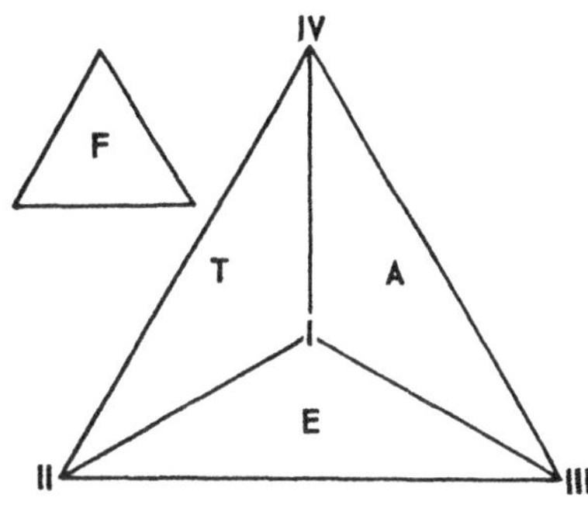

Celsius : II : passage Terre Eau vaut 0; III : passage Eau Air vaut 100. La
même arête II-III vaut 180 pour Fahrenheit : demi-cercle des saisons. L'angle
entre II-IV-II et IV-III est orthogonal.

B) Vers la régularité du tétraèdre et
l'orthogonalité du trièdre.

L'opposition Eau-Feu disparaît avec l'eau
ardente; l'opposition Terre-Air ou Terre-Pneuma
disparaît avec le Sel, une matière esprit. Sur ce
tétraèdre régulier toutes arêtes ont significations
réalistes.

Si la face Feu en disparaît (avec Cardan) le
Trièdre Terre, Air, Eau peut être orthogonal au
centre d'une sphère ou Feu pourra être représenté
par un triangle sphérique pensable à l'infini.

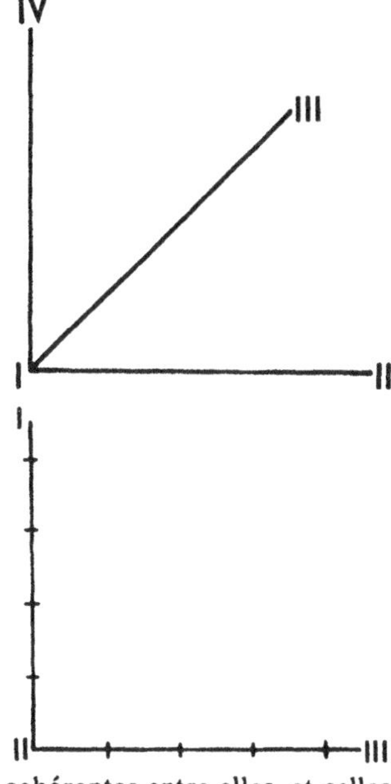

C) Vers l'équivalence cartésienne entre
nombres et sommes de segments.

Les températures étant mesurables du Chaud-
Froid à zéro et au-dessus; le Feu-Lumière étant au
Centre du monde cependant que Air-Pneuma-
Saint-Esprit peut s'éloigner à l'infini, alors peut-on
confusément concevoir que l'angle entre II-I et
II-III est droit entre des arêtes quantifiables.
L'arête II-IV ne l'étant pas de cette manière, les
axes de coordonnées seront seulement ceux du
plan, comme pour commencer chez Descartes.

Les différentes tendances intuitives n'étant pas cohérentes entre elles, et celles
évoquées en C) ne situant pas les nombres négatifs sur les prolongements bas ou
arrière de I-II et II-III, mais plutôt sur II-I, perpendiculaire à II-III (axes des
futurs nombres imaginaires quand le Plan I-II-III aura été conçu en fonction de
rotations comme en évoquant les degrés Fahrenheit entre 32 et 212) les leçons de
l'hermétisme sont impuissantes à tirer au clair ce qu'il inspire; il faudra en faire
table rase et repartir de la mécanique galiléenne.

qu'il établit entre choses et mots, dans un cas particulièrement significatif pour nos modélisations. Tant que Feu ne pouvait coexister avec Eau, ni Terre avec Air, ces Éléments ne pouvaient être accouplés que verbalement par le même mot de « contraires ». Il nous était donc revenu de situer un dièdre obtus entre les faces représentant respectivement ces « choses », dièdres obtus signifiant analogiquement les « contraires » de la Syllogistique. Mais dès lors qu'existe une Eau Ardente et un Cristal dur comme pierre et transparent comme air, il convient que ces deux dièdres linguistiquement obtus soient rendus concrètement aigus, puisqu'ils sont devenus les lieux de ce que la nature a de plus excellent. En résultent deux corollaires :

L'un va de soi et concerne la querelle des Universaux : un sème abstrait cède sa place à une réalité; le langage humain annonce une chose à découvrir. L'hermétisme préfigure ainsi ce qu'il adviendra de la logique opératoire dont les formules abstraites conduiront les physiciens modernes à rechercher expérimentalement ce qu'ils ont à trouver là où les mathématiciens ont inscrit un paramètre indispensable à la cohérence d'équations.

Le second corollaire est non moins prémonitoire. Sur nos modèles tétraédriques ou triédriques, la différence entre angles aigus et obtus est dépouillée de sa pertinence structurelle : le trièdre pourra être uniment orthogonal par commodité; les éléments angulaires du tétraèdre pourront être indifféremment quelconques. Mais alors l'évaluation de différenciations devra être recherchée ailleurs. Le chapitre II a montré en effet que les systèmes de coordonnées ont eu pour première condition de procéder par métriques linéaires avant de retrouver la signification de rotations angulaires. D'un univers commandé par le qualitatif de type émotif, on sera transporté dans un autre où le qualitatif prévaudra par référence à des pesées elles-mêmes légitimées par l'universalisme de la loi gravitationnelle. Il irait presque sans dire que cette transformation est celle de l'astrologie en astronomie, de la force formative en force galiléenne et de l'alchimie en chimie. Celle aussi, dans l'évaluation des productions et des échanges économiques, du *justum pretium,* aux implications moralement théologiques, au prix du marché impliqué par les bilans des firmes capitalistes légitimant leur statut par référence à l'*homo economicus.*

CHAPITRE 9

Aperçus sur l'ère moderne

L'ère moderne n'intéresse cet ouvrage que dans la mesure où elle nous renseigne sur les origines des sciences qui ont bouleversé nos destins au cours des récents siècles.

D'emblée pouvons-nous annoncer que de l'hermétisme, rendu muet à l'époque du *Mutus Liber,* auront divergé trois notables courants, inconsciemment animés, à divers degrés, par sang des noces, noces de sang et leur mise en correspondance. L'un de ces courants conduira à la psychanalyse, et à l'ambiguïté du psychique et du somatique. Les deux autres seront les plus significatifs d'une rupture entre les *physica* des sciences et les *mystica* qui continuent d'imprégner et d'animer les évolutions socioculturelles. Au premier de ces deux titres, les sciences symboliseront en algorithmes les symboles affectifs d'affinité, d'attraction, d'action ou réaction, en même temps qu'elles linéariseront en « systèmes » de coordonnées ce qui aura été, hermétiquement, la lignée des générations. Au second titre, on retrouvera l'éternelle problématique du fratricide, de l'homicide, de la guerre, de l'honneur et des identifications culturelles au nom de classes ou de nations.

Des Sectes (Francs-Maçons, Roses-Croix, etc) voudront sauver la fraternité; elles recourront à des ésotérismes dont donnent une première idée les illustrations et le schéma ci-après (pp.310-313). La IVe Partie analysera Kircher, précurseur mystique de Kant (illust. 16 et pp. 386 et ss.

On peut donc s'attendre à deux destinations le plus théoriquement distinguables. L'une concerne les « systèmes » scientifiques qui ne cessent d'améliorer leurs propriétés opératoires. L'autre, des structures constantes – constamment aussi inconscientes – qui perpétuent les conflits dont l'Égypte archaïque nous donna une première image : celle d'une mytho-

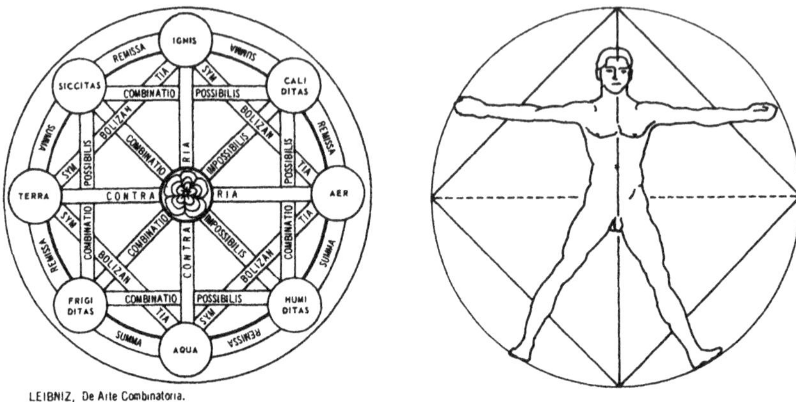

LEIBNIZ, De Arte Combinatoria.

A gauche, ce diagramme fameux illustra le *De Arte Combinatirii* de Leibniz.
Il provient de Raymond Lulle ayant schématisé la physique d'Empédocle
selon les leçons d'Aristote. Si on combine la signification des mots avec
celle des traits dessinés, alors la figure plane est comme la projection d'un
tétraèdre qui, même s'il est irrégulier, comme il se doit pour épuiser les
significations, est inscriptible dans une sphère. A remarquer, au centre, la
« marguerite », la Perle évoquant la Quintessence. De perles aussi est ornée
le diadème de la Princesse du Tintoret dont on a pu croire qu'il voulut
peindre Sainte Marguerite. Prise pour une rose, cette fleur à la croisée des
contraires a inspiré les Rose-Croix.
A droite, dessin du centre d'une image illustrant un manuscrit russe du
XVIIIᵉ siècle. (Collection Karl Jung). L'homme est enfermé dans un tétraèdre
représentant la nature cosmique et ses quatre Éléments. Quant au solide, il
fait penser au coffre où Seth enferma Osiris le Civilisateur.

Beaucoup de textes ésotériques des premiers siècles de l'ère moderne sont
restés à l'état manuscrit. Sous la plume de Paetreus, la Turba philosophorum du premier Moyen Age est devenue la Sylvia Philosophorum. De tels
documents témoignent de premiers essais pour décoder géométriquement
les « choses connues et inconnues » du scribe Ahmès. Ces dessins seront
réanalysés dans la Quatrième Partie.

SYLVIA PHILOSOPHORUM

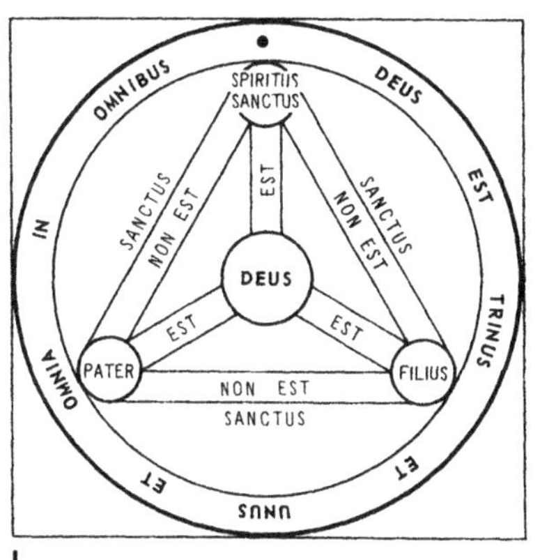

I

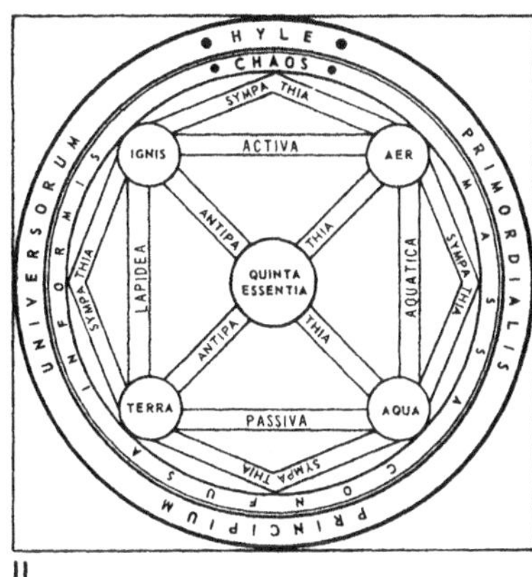

II

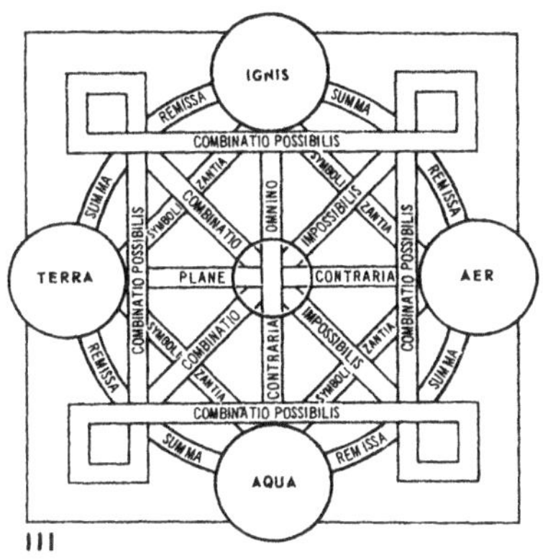

III

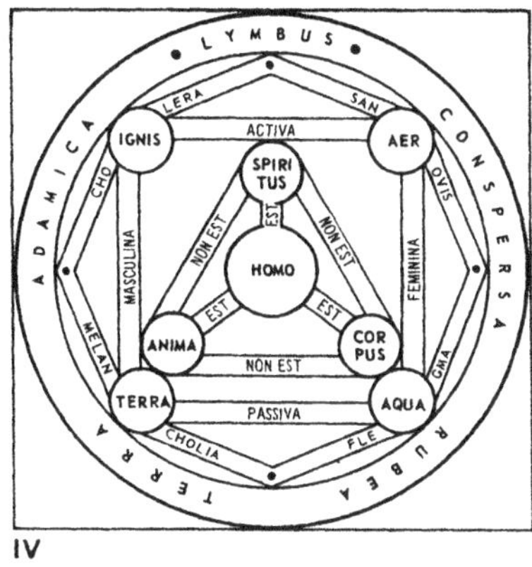

IV

SYLVIA PHILOSOPHORUM *(suite)*

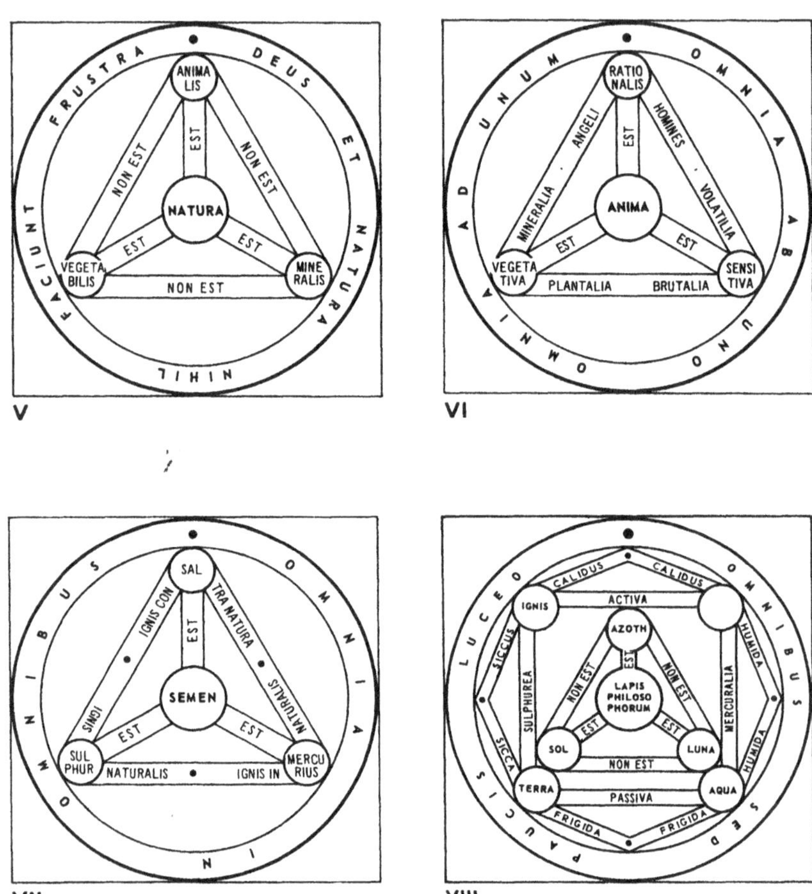

SCHÉMA XXVIII : SYLVIA PHILOSOPHORUM : RAYONS ET OMBRES

A) Les trièdres.

0	DIEU	HOMMES	NATURE	AMES	SEMENCE	Pierre des P
1	Père	Ame	Végétale	Végétative	Soufre	Soleil
2	Fils	Corps	Minérale	Sensitive	Mercure	Lune
3	Esprit	Esprit	Animale	Rationnelle	Sel	Azoth

On voit que les analogies sont proches et pertinentes seulement pour Dieu et Homme ; et, à la rigueur, pour Semence, si Mercure renvoit non au Christ mais à sa Mère. A noter que dans la figure VIII de Petraeus, le Soleil des Philosophes prend place de la Terre.

B) Les tétraèdres et les directions de l'espace (Modèles II et I).

1) Féminin, liquide.
2) Masculin, pierre.
3) et 5) Actif et passif.
3) et 6) Antipathie.
3) *Contraria « omnino ».*
3) *Contraria « plane ».*

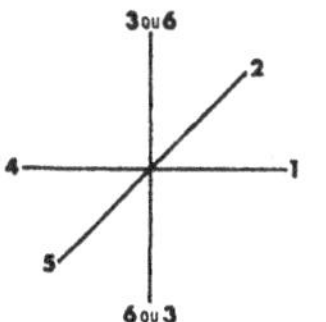

Les équivalences entre arêtes du tétraèdre et orientations de l'espace ne respectent pas les homologies ordinaires. Bien que Petraeus ait voulu schématiser toutes les leçons de l'hermétisme, on ne peut à la fois assurer les homologies avant actif, arrière, passif et droite masculin, gauche, féminin. En revanche une distinction intervient entre le bas contradiction absolue et le haut du « plan » contradiction atténuée.

C) Les tétracanthes.

Si l'on situe comme Petraeus les sommets du tétracanthe-tétramorphe intérieur sur les arêtes du tétramorphe contenant apparaissent des nouveautés : l'esprit devient une relation entre deux arêtes d'un tétraèdre dont le troisième axe est Ame. De même le mystérieux « azoth » et le Soleil.

D) Rappel des contradictions entre Quintessence et Anti-Quintessence : le Dragon annule au centre des choses la valeur des axes porteurs des Éléments d'Empédocle.

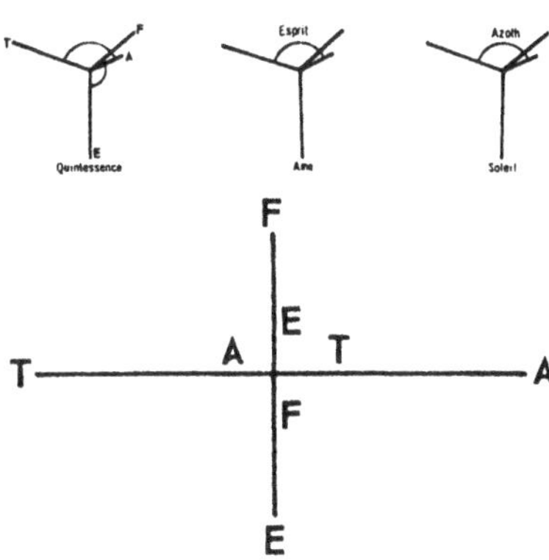

Au XVIIᵉ siècle l'hermétisme a le double mérite de se référer à des structures constantes et de faire du trièdre une interprétation partielle du tétraèdre. Mais la sémantisation consciente de ces structures référence est moins heureuse que celles opérées inconsciemment par la mytho-logique. Elle ne lui équivaut guère que dans le cas du dogme trinitaire.

logique attribuant à fautes cosmiques ou crimes de dieux anthropomorphes l'apprentissage de « calculs » dont Thot était le maître divin et qui, grâce à lui, permettent à des humains de savoir le connu et l'inconnu de toutes choses existantes.

L'intention directrice de ce chapitre est de chercher comment rendre intelligible le passage de sciences « gothiques » aux sciences modernes. Sans revenir sur ce qu'exposa notre chapitre II, insistons sur un point qui peut prêter à malentendus. Il s'agit de celui soulevé par Pierre Duhem, situant aux entours du XIVe siècle le premier essor des sciences modernes, et cela sans faire état d'hermétismes auxquels nous attachons une importance majeure.

C'est qu'en effet l'*impetus* auquel Buridan attribue l'entretien du mouvement d'un projectile, s'il n'est plus aristotélicien, conserve quelque chose d'anthropique dont sera entièrement débarrassée l'inertie newtonienne du mouvement linéaire uniforme. De même, les « longitudes » et « latitudes » des représentations mécanicistes de l'époque évoquent un espace orographique, non vide de toutes choses comme celui de Descartes.

La seule linéarité conceptuellement révolutionnaire est celle des degrés de températures, c'est-à-dire se rapportant à ce qui avait passé pour être qualitatif. En vue de fixer les idées, proposons l'image de deux parcours : l'un, conduisant de la chaleur alchimique à la thermodynamique de Carnot-Clausius, est plus long qu'un autre se situant entre les coordonnées trièdriques et les coordonnées tétraèdriques dites homogènes. L'un aura ouvert la voie à l'autre et le dépassera. De même pourrait-on dire que la « mécanique » implicite dans l'hermétisme est déjà, implicitement aussi, plus « riche » que la mécanique galiléo-newtonienne, dite rationnelle, et dont la fin du XIXe siècle ne pourra plus se contenter.

Le vrai moment d'une « révolution » conceptuelle est celui où apparaissent quasiment en même temps comme « vrais » les nombres négatifs et leurs racines. Les secondes étant logiquement les puînées des premiers, le sont à la manière dont les coordonnées cartésiennes seront les aînées de la représentation géométrique des nombres complexes. Or ces coordonnées, d'abord trièdriques, ont eu aussi à « mettre au jour » des orientations négatives comme il n'en était implicitement que dans les mythes : celui du souterrain cerbère à trois têtes, ou celui, hermétique, des trois goules de « nature » que Jehan de La Fontaine tire de son secret comme eût pu le faire l'Hercule appelé à devenir bientôt de signification royale.

Puissance du mythe! Le siècle des Lumières aura cru l'exorciser. Nos temps modernes n'auront guère tardé à démentir les espoirs ainsi mis dans la « civilisation » et sa raison.

Le Big Bang et ses implications

Les sciences actuelles, ayant prolongé jusqu'à l'origine de toute chose ce qu'on savait de l'évolution des espèces, ont aussi conçu une cosmogonie : la Théorie du **Big Bang**. Notre univers naquit il y a environ treize milliards d'années quand explosa une boule super-énergétique, superchaude et superdense, aussitôt divisée en photons et neutrons, aussitôt constitutive d'un espace inconcevable avant elle et s'éployant dans ses trois dimensions en grandissant à mesure que grandit, à partir du même point O, la dimension du temps, cependant que cet espace-temps se peuple de particules qui se diversifient et s'agglomèrent. Consommatrice d'énergie, la formation d'atomes et de galaxies absorbe de l'énergie et abaisse la température. Trois milliards d'années après ce Big Bang apparaissent les premiers astres de notre galaxie; cinq milliards de plus et notre Terre prend forme. Encore un milliard et les premiers micro-fossiles semblent naître pour former, deux milliards deux cents millions d'années plus tard, des micro-fossiles multi-cellulaires : la matière a pris forme vivante sur une Terre suffisamment refroidie. Là, dès lors, tout se précipite : six cents millions d'années séparent l'homme des premiers vertébrés et deux cents des premiers mammifères.

Comme physique, la théorie du Big Bang est fondée sur des observations et expérimentations actuelles; elle en extrapole les résultats vers un passé inaccessible; elle le fait par formalisations et calculs dont on postule qu'élaborés au cours des temps, ils sont pourtant de légitimité sans date. C'est au début du XIXe siècle que commença d'être prise une conscience nouvelle de ce que les logiciens auront appris à désigner comme le Principe de Permanence. Il s'était agi d'une évidence immédiate quand la vérité mathématique avait la Synthèse pour référence du vrai, donc une géométrie figurative relevant de la synchronie. Le même Principe ne peut plus être qu'une affirmation réfléchie quand il s'applique à des algèbres diachroniquement fondées dans l'arithmétique. Ç'aura été une des préoccupations de George Peacock, homme d'Église s'adressant à gens d'Église comme avaient obligation de l'être, vers 1830, les professeurs des universités anglaises. L'auteur d'un fameux rapport sur l'état des mathématiques avait reçu mission d'informer son pays et l'ensemble de ses institutions scientifiques – pas toutes universitaires – des progrès accomplis sur le continent et qui avaient beaucoup ajouté à Newton auquel ses compatriotes étaient restés attachés.

Au cours des décennies suivantes, les Anglais seront parmi les premiers à poursuivre les cheminements ainsi ouverts à des recherches et enseignements progressivement laïcisés. Il n'en demeure pas moins qu'aujourd'hui et partout la pensée mathématicienne n'est pas tout à fait la même selon qu'elle s'intéresse soit à elle seule, soit aux physiques et astro-physiques. Ce n'est pas qu'il y ait là contradiction, mais seulement différence de perspective.

Traduite en mathématiques, la « boule » du Big Bang est un « point de singularité » dans un espace capable d'en traiter d'autres en quantité quelconque, mais ne nécessitant pas *a priori* qu'il n'y en eût d'abord qu'un seul. Autrement dit, les mathématiques peuvent penser l'espace comme les physiques, mais penser autrement que dans le temporel n'est pas pour elles une nécessité interne. En tout cas, d'une telle différence entre mathématiques pures et appliquées, Newton n'avait pas eu à s'occuper. Les *Philosophiae Naturalis Principia Mathematica* n'y font pas de différence; pour leur auteur, une seule Création, un seul Créateur. Le *Systema Mundi* n'a pas à proprement parler d'histoire, ni comme monde ni comme système. Cela cessera bientôt d'être le cas pour le monde, encore que non pour les fondements des mathématiques.

Le monde commence d'être historique avec Laplace. Soleil et planètes se sont formés à partir d'une nébuleuse qui tourne et se condense : mêmes lois physiques, autres formations matérielles. De découvertes en découvertes – et à la suite de celles relatives à la thermodynamique, à l'entropie et voulant que l'univers se refroidisse – une étape capitale est franchie vers la fin du XIXe siècle. Il n'existe pas de vitesse plus grande que celle de la lumière, qu'on désignera spécifiquement par le mot algorithme « célérité »; cette « constante physique » assigne une limite à l'espace physique : aucun déploiement ne pouvant être plus rapide que cette célérité. Rappelons sommairement qu'avec d'autres de ces constantes rencontrées à environ la même époque, naît une nouvelle théorie, ainsi qu'une nouvelle formule remettant en cause celle de Newton relative à l'équivalence entre masse et énergie. A autre macrocosme, autre microcosme. L'atome de Bohr est encore, au début du XXe siècle, à l'image d'un système solaire newtonien; le noyau y joue le rôle de soleil, mais sera bientôt à son tour analysable comme composite. Il est fait de protons et neutrons; il est fissible comme le rend manifeste la radio-activité. Libérée, l'énergie constitutive de la « masse » se dégage quantiquement; la théorie des quanta conduit à la notion de photons, sorte de feu-lumière.

Autorisons-nous à comparer imaginairement la cosmogonie du Big Bang à d'autres cosmogonies mythologiques; après avoir évoqué le *Fiat Lux* de la Genèse ou le tétraèdre Feu-Lumière associé par Platon au cube Terre-Matière, mieux vaudra aller jusqu'à l'Antique Chine pour trouver le plus grand lot de comparaisons que, jusqu'à plus ample informé, nous nous garderons pourtant de traiter comme des analogies au sens strict que nous entendons garder à ce terme. Soit Tao la « boule superdense », la quasi immédiate division photon-neutron sera comme celle entre Yang et Yin que le signe traditionnel marque déjà dans le Tao même, dont le cercle est divisé en deux par un S. Considérons maintenant ce que la physique moderne dit des « forces »; il en existe de quatre sortes : nucléaire forte ou faible, électromagnétique, et enfin gravitationnelle; chacune de ces forces est faible (la dernière presqu'infime) par rapport à la précédente. On pourrait dire aussi du Tao que sa consistance relève de quatre types de forces, correspondant respectivement à ce qui « consolide » diagrammes, trigrammes, hexagrammes et enfin les 64 hexagrammes entre eux. De cette comparaison, retenons seulement qu'une vague similitude (relevant surtout d'un truisme : Tao et Big Bang relèvent l'un et l'autre des prescriptions imposées à la pensée) est rendue boiteuse par une différence majeure. Certes, il est dit du Tao qu'il est primordialement énergie – un Souffle –, mais y manque ce qui affecte d'un coefficient l'équivalence entre masse et énergie, c'est-à-dire la célérité de la lumière. Archaïquement, la diffusion lumineuse est immédiate, il aura fallu des millénaires pour lui attribuer une vitesse, puis une célérité : notions relevant d'une mécanique abstraitement rationnelle dont les mythes antiques n'avaient pas à se préoccuper : matière inerte et dynamique du vivant n'y faisant qu'un. Insistons sur cette difficulté, celle-là même que nous avons si souvent rencontrée chaque fois qu'il fallait associer le diachronique au synchronique.

En résulte une explosion des connaissances scientifiques accompagnant une évolution des algèbres, elle fidèle à des structures constantes (cf. pages 322-323).

Une nouvelle occasion nous est donnée d'évoquer la dimension temporelle non seulement de l'histoire de la physique, mais bien de la matière elle-même. Une métaphore de plus montrera vaguement que l'une peut être vue comme un reflet de l'autre. Considéré à l'échelle de ses antécédents, l'essor des sciences modernes fait figure d'explosion; tout y diverge en embranchements, qui ne cessent de se démultiplier dès avant le XIX\ siècle, mais surtout pendant et après. Mais on assiste aussi à des convergences, sortes de « condensations ».

Sur l'éventail dessinant l'évolution des sciences depuis le XVI\ siècle, regardons au travers de la gerbe représentant les éploiements de conceptions théoriques, les flèches renvoyant d'une branche à d'autres et aboutissant à ce qui les orne de petits cercles ou de carrefours représentant, eux, des réalités synchroniques, soit concrètes soit abstraites. Tenons-nous-en aux premières dont on esquissera un inventaire non exhaustif mais moins incomplet que ce que le graphique pouvait indiquer par images. Seraient à y situer de bas en haut des notions représentant des « réalités » : celles de masse avec Galilée, d'astres ou d'objets avec Newton, de molécules et d'atomes au sens des mots à l'époque de Dalton, puis, pour être bref, d'électrons, de quanta d'énergie et de photons. Ces « condensations » ressemblent vaguement à celles produites dans les prolongements du Big Bang, bien qu'en un ordre inverse.

Laissant à l'imagination du lecteur le soin de compléter ou rectifier ces aperçus sciemment flous, retenons-en seulement un constat et une interrogation proposés à l'intuition.

Constat d'abord : la théorie du Big Bang projette du passé au présent ce que la suite de découvertes théoriques acquises dans ce même ordre chronologique propose à une lecture récursive. Si nous prolongions cette lecture en arrière jusqu'en deçà du XVI\ siècle, elle nous ramènerait à l'hermétisme et à ses anthropismes sexualisés, c'est-à-dire à ce qui, selon les physiques, achève en direction de l'histoire mémorisée la grande aventure humaine. Signalons à cet égard la disproportion d'ampleur cosmique entre la durée qui suffit pour aller de savoirs anthropiques à la cosmogonie scientifique et la durée que cette cosmogonie assigne à l'évolution générale de l'existant. De cette disproportion, Bertrand Russell aimait donner une image frappante, bien qu'encore en dessous de la réalité : l'histoire connue ou connaissable de l'homme est à celle du Cosmos ce que l'épaisseur d'un timbre poste serait à l'Empire State Building.

Passons à l'interrogation : l'expansion en largeur des savoirs scientifiques au XXe siècle ne serait-elle pas comme le « champignon » du processus explosif du progrès scientifique moderne? Ce serait suggérer que les sciences actuelles, avec leurs énormes élargissements et multiples retombées, ont pour ainsi dire épuisé – jusqu'à nouvel ordre – ce qu'on pouvait tirer de leurs antécédents si on prétendait formuler des résultats expérimentaux comme on l'avait fait jusqu'au cours du premier XXe siècle. Empruntons une image cette fois à René Thom. Pour Einstein encore, les données qu'il met en œuvre se traduisent en une formule à la fois simple et rigoureuse; disons que cette formule s'inscrit en transparence entre ce dont elle provient et ce qu'on en peut tirer. Aujourd'hui, plus de ces « boîtes claires », seulement des « boîtes noires ». Il faut travailler par modèles perfectionnables mais toujours approximatifs, modèles conçus pour pouvoir être traduits en calculs à effectuer par ordinateurs dans les cas de plus en plus fréquents où le pur démonstratif ne suffit plus à tout. Autres méthodes, autres perspectives : la part de l'anthropique s'accroît dans les manières de raisonner; la part de l' « historique » aussi. Cela provient notamment de la place que les physiques ont du faire au calcul de probabilités face à des hasards ou à des « indécidables ».

Part du hasard? Elle s'accroît plus encore dans les raisonnements des biologistes. Elle confronte à un problème majeur qui, nouveau pour les sciences physiques dont Einstein aurait voulu l'ôter – Dieu, la nature ne jouent pas aux dés – est le plus banalement rencontré par l'historien en toutes circonstances. Avant d'y revenir à ce double propos – biologique et historique – nous regarderons maintenant le graphique en ce qu'il suggère du côté des « systèmes ».

Nous avons sommairement écrit tout à l'heure que le système du monde était sans histoire, même comme système; ce serait plutôt à mettre au compte de Laplace (un déterministe convaincu pour ce qui concerne les lois du monde, bien qu'il ait ébauché une histoire des « choses » s'y constituant) que de Newton. Sans Halley, lui eussent manqué les moyens et peut-être le goût de faire front à une philosophie,

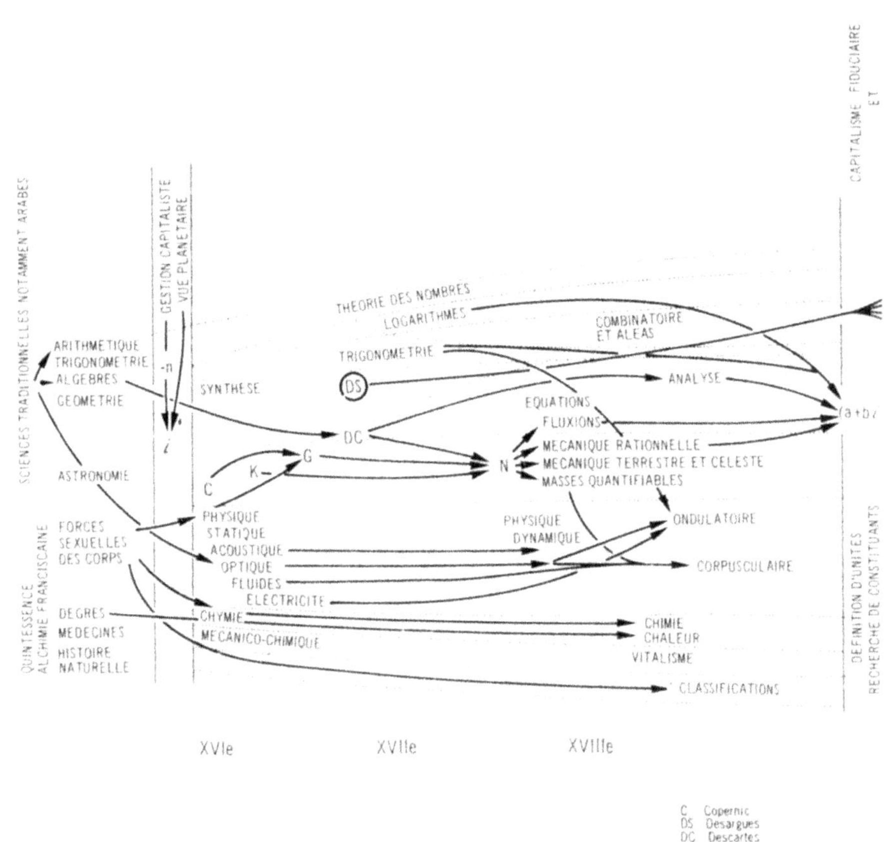

SCIENCES TRADITIONNELLES NOTAMMENT ARABES
GESTION CAPITALISTE VUE PLANETAIRE
CAPITALISME FIDUCIAIRE ET
ARITHMETIQUE
TRIGONOMETRIE
ALGEBRES
GEOMETRIE
-n
SYNTHESE
i
ASTRONOMIE
QUINTESSENCE ALCHIMIE FRANCISCAINE
FORCES SEXUELLES DES CORPS
DEGRES
MEDECINES
HISTOIRE NATURELLE
C
K
G
DC
PHYSIQUE STATIQUE
ACOUSTIQUE
OPTIQUE
FLUIDES
ELECTRICITE
CHYMIE
MECANICO-CHIMIQUE
THEORIE DES NOMBRES
LOGARITHMES
TRIGONOMETRIE
DS
COMBINATOIRE ET ALEAS
ANALYSE
EQUATIONS
FLUXIONS
MECANIQUE RATIONNELLE
MECANIQUE TERRESTRE ET CELESTE
MASSES QUANTIFIABLES
N
PHYSIQUE DYNAMIQUE
ONDULATOIRE
CORPUSCULAIRE
(a+b)
CHIMIE
CHALEUR
VITALISME
CLASSIFICATIONS
DEFINITION D'UNITES RECHERCHE DE CONSTITUANTS
XVIe
XVIIe
XVIIIe
C   Copernic
DS   Desargues
DC   Descartes
G   Galilée
K   Kepler
N   Newton
-n   Nombres négatifs
i   Nombres impossibles

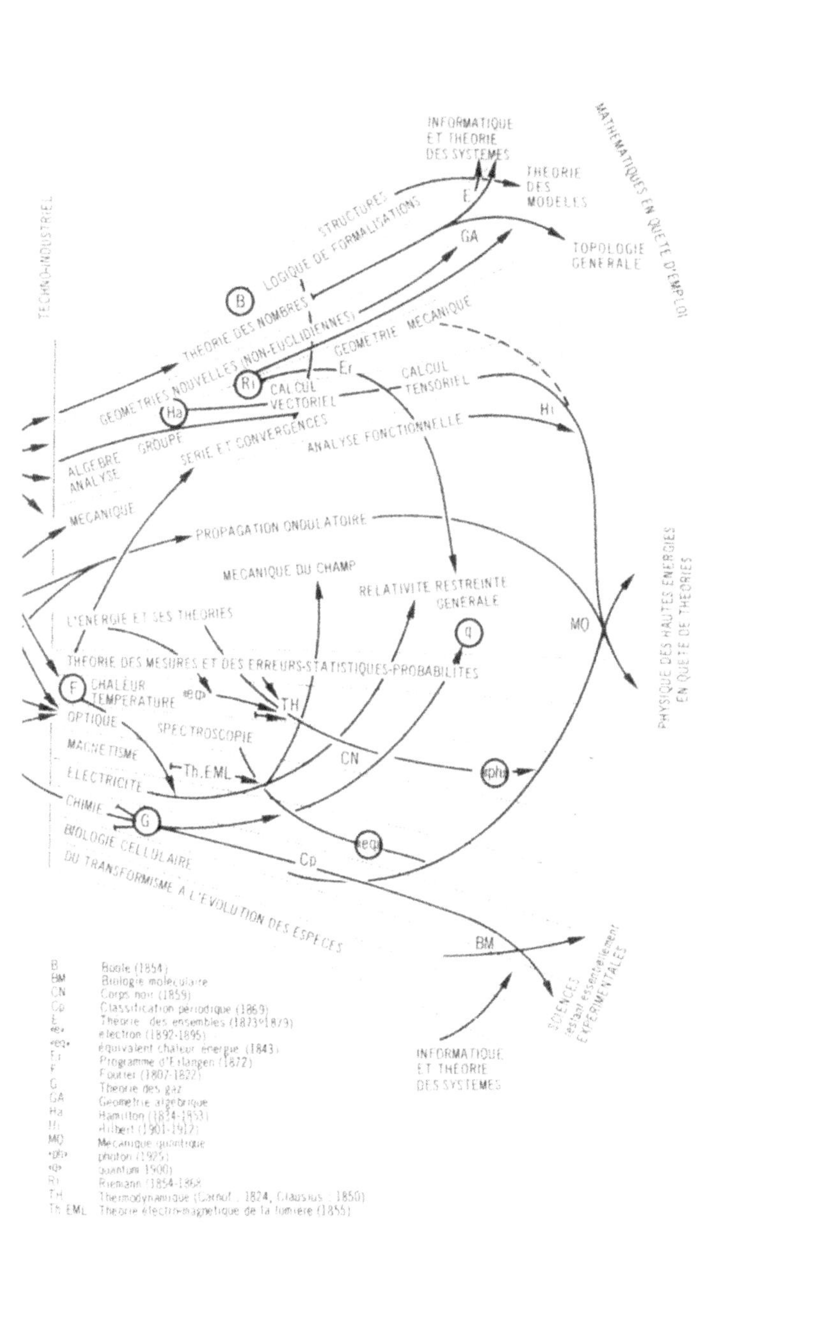

B   Boole (1854)
BM   Biologie moléculaire
CN   Corps noir (1859)
Cp   Classification périodique (1869)
E   Théorie des ensembles (1873°1879)
e   électron (1892-1895)
éq   équivalent chaleur énergie (1843)
Er   Programme d'Erlangen (1872)
F   Fourier (1807-1822)
G   Théorie des gaz
GA   Géométrie algébrique
Ha   Hamilton (1834-1853)
Hi   Hilbert (1901-1912)
MO   Mécanique quantique
ph   photon (1925)
q   quantum 1900)
Ri   Riemann (1854-1868)
TH   Thermodynamique (Carnot : 1824, Clausius : 1850)
Th.EML   Théorie électromagnétique de la lumière (1855)

SCHÉMAS XXIX : ALGÈBRES MODERNES

A) Multiplications de rapports.

A. Laisant, pour vulgariser les quaternions, utilise la figure ci-contre (biradiales, cf. schéma VI) où
AOD = OD/OA = (OB + OC)/OA
OD = OB + OC et OD′ = OB′ + OC′
(Maupertuis).

Opérer sur OD ou OD′ revient à opérer sur des biradiales (ici rectangles et unitaires).

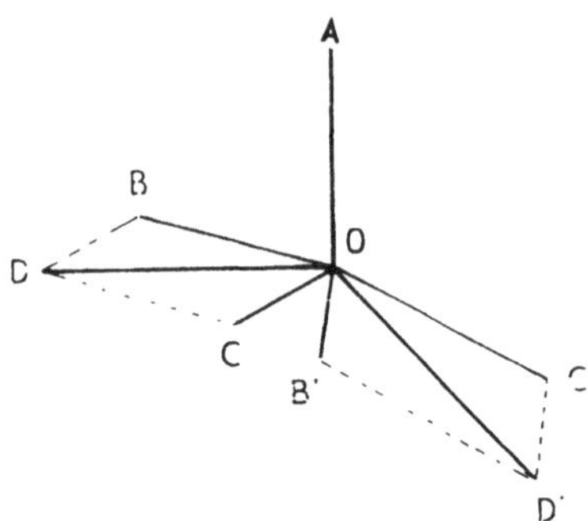

B) Coordonnées tétraédriques (homogènes).

Une droite s'exprime dans l'équation
$x_{12} + x^{34} + x_{13} x_{42} + x_{14} x_{23} = O$
1, 2, 3, 4 renvoient à des faces mais peuvent représenter des sommets.

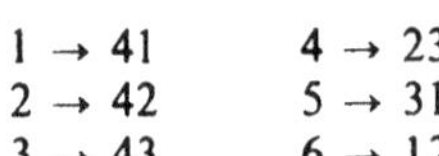

C) Transformations.

1) Une figure, ensemble de points ou engendrée par des plans peut être transformée en une autre de même type par transformation homographique.

2) Un espace ponctuel et un espace planaire sont transformés en espaces contraires par transformation dualistique (plan devient surface, surface devient plan).

3) Dans les deux cas une droite devient une droite (transformation homographique et dualistique).

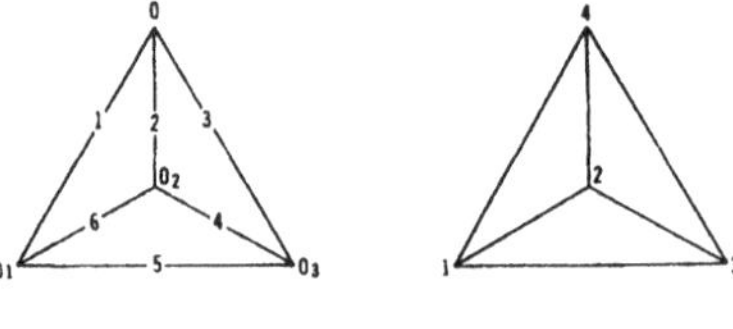

D) Coordonnées de Klein.

Koenig (cours de 1887-8) présente la géométrie de Klein en dessinant la figure de gauche et évoquant celle de droite, la première représente des complexes; la seconde leurs directrices

1 → 41	4 → 23
2 → 42	5 → 31
3 → 43	6 → 12

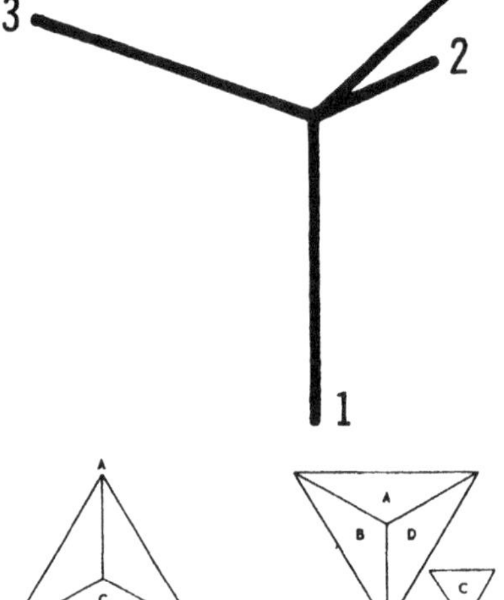

Le polygome de B devient une somme de six carrés (figuration géométrique postérieure à l'invention algébrique).

SCHÉMAS XXIX (SUITE)

E) Système fondamental de Klein (dit aussi sextuplement orthogonal).

Au cours de la démonstration du passage d'un polygone à l'autre, Koenig utilise le quadrilatère gauche ci-contre et les produits remarquables (cf. schémas XVII)
$(a + b)^2 = a^2 + b^2 + 2\,ab$;
$(a - b)^2 = a^2 + b^2 - 2\,ab$.

2) Nombres de paramètres des complexes C_1 à C_6
$5 + 4 + 3 + 2 + 1 + 0 = 15$.
Cf. p. 425.

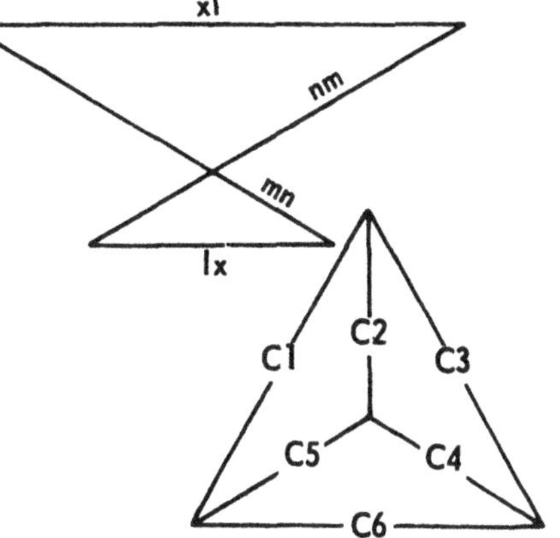

L'ensemble des démonstrations évoqué ci-dessus justifiant *a posteriori* les conventions utilisées par nos modélisations représentées par tous nos schémas, nous présenterons ci-dessous : 1) une analogie entre transformations de Klein et celles du Yi-King et 2) une modélisation relative au passage des « nombres » aux algèbres actuelles.

F) Du Yi-King aux algèbres de Klein.

Figure de gauche : cf. schéma XI.
Figure de droite :
O sont les pôles des plans P.
C sont les complexes

	O	Oi	Oj	Ok
P		Ci	Cj	Ck
Pi	Ci		Ck	Cj
Pj	Cj	Ck		Ci
Pk	Ck	Cj	Ci	

(les raisons de cette analogie sont triviales).

G) Des nombres de Cayley aux « constantes de structure » des algèbres de Cayley-Dixon.

Se reporter à la CONCLUSION et au Tableau VI (p. 458)

« dame impertinente et procédurière au point qu'autant vaudrait procès que de traiter avec elle ». Toutefois, les ambiguïtés de ce *De Systemate Mundi* sont des plus ordinaires, comparées à celles qu'il va nous falloir affronter.

La notion mathématique de système ne s'est élaborée que progressivement avant de prendre forme au XIXe siècle et de buter sur une difficulté majeure au XXe. Regardées du côté des mathématiques, les « convergences » – qui, sur l'autre côté de la gerbe, aboutissaient à des « choses » – marquent ce que nous appellerons sommairement l'origine historique intuitive de nouveaux systèmes de nombres, avec l'invention de nombres négatifs et de leurs racines; avec Descartes et Newton, l'algébrisation des lignes et des surfaces; avec Rowan Hamilton prendrait forme un « système vectoriel », et ainsi de suite en fonction de conceptions dont mieux vaut se contenter de donner une image globalement intuitive, une définition risquant de nous entraîner trop loin de ce qui nous concerne ici. Nous conviendrons d'appeler « système » un ensemble de démonstrations ou de procédés opératoires reposant sur un lot d'axiomes tenus pour évidents, bien que toutes axiomatiques explicites résument les implications préalablement mises en œuvre de manière intuitive. Deux exemples pourront suffire à l'illustrer. Hilbert axiomatise la géométrie euclidienne, ou, plus précisément, la réaxiomatise à la moderne sans innover radicalement par rapport aux énoncés d'Euclide lui-même : la Synthèse – essentiellement synchronique – relève le plus immédiatement du Principe de Permanence. L'époque de Péano aura, quelques décennies auparavant – et pour la première fois – axiomatisé l'arithmétique, bien qu'on ait correctement utilisé nombres et opérations élémentaires au cours de millénaires quasi immémoriaux. L'avantage de cette procédure est que formaliser des présupposés spontanément mis en œuvre, c'est aussi ouvrir des embranchements et permettre des combinaisons. Le graphique en donne une esquisse sommaire. A noter qu'il arrive à des physiciens de contribuer à l'élaboration de systèmes : cas des équations de Fourrier relatives à la diffusion de la chaleur.

Mais existerait-il un système de tous les systèmes, ainsi que l'astrophysique dit avoir existé une « boule superdense » riche de tout l'univers physico-matériel? C'est ce que les logiciens auraient voulu espérer pour fonder synchroniquement le Principe de Permanence appliqué aux arithmétiques et algèbres; espoir auquel il faut définitivement renoncer, depuis les environs de 1950, à cause de ce qu'a établi le calcul dit des propositions : pas tout à fait une vraie démonstration, mais bien une preuve irréfutable.

Vers 1950, au terme de parcours difficiles, le « calcul des propositions » déboucha alors et finalement sur des « théorèmes » majeurs différents ou même opposés à ce qu'on avait attendu. Depuis Kurt Gödel, en effet, il est évident qu'aucun système ne peut être à la fois consistant et complet; c'est-à-dire qu'il comporte au moins une proposition « indécidable » pouvant être aussi bien tenue pour fausse que pour vraie. Dès lors, tout système parvenu à maturité offre une possibilité de choix, une ambiguïté qu'élucidera soit un système plus vaste, soit des systèmes alternatifs, l'un ou les autres ne pouvant être que postérieurement élaborés, et qui non plus ne peuvent être à la fois consistants et complets. Est donc sans fin un processus procédant d'indécidables à d'autres par divergences et convergences.

Les mathématiques actuelles ont intégré ce résultat et ne s'en sont que plus largement et plus vite éployées. On ne peut pourtant plus en parler comme de celles d'autrefois.

Elles ne peuvent plus passer pour expliciter progressivement des « raisons premières » hors de contexte : elles élargissent circonstanciellement le champ de raisonnements opératoires dont on ne saura jamais quelles sont les raisons de la non raison. Inutile de compter sur elles pour rétablir un « finalisme » que la science a voulu bannir, leur « fin » étant formellement inaccessible; mais il faut alors y compter non seulement ce qu'ils eurent de proprement mathématique (comme le fait l'histoire événementielle des manières d'expérimenter, de calculer et démontrer), mais aussi ce que des antécédents autres que mathématiques, continrent inconsciemment de mathématisable bien que non encore susceptible d'être mathématisé.

Illustrons ce point de vue en suggérant pourquoi mieux vaut mettre entre guillemets le mot « théorème » quand il s'agit du calcul propositionnel, et, préalablement, pourquoi l'espèce d'interdit prononcé par Kurt Gödel n'eut aucun effet négatif sur la poursuite de l'œuvre mathématique. Kurt Gödel constata que l'ambiguïté persistante des systèmes est due, en premier lieu, à la nécessité qu'ils ont de recourir à l'arithmétique et à sa diachronie – par exemple et dès le départ pour ordonner les propositions les unes après les autres. Or, $1 + 2 = 3$ a toujours été intemporellement vrai et il n'y a aucune raison rationnelle pour que ce ne l'ait pas été avant le **Big Bang**, même s'il fallut attendre l'homme pour l'exprimer en algorithmes opérateurs. De même a toujours été vrai que $1 + (-3) = -2$, même s'il fallut attendre le XVIe siècle pour que cela soit « naturel ». On continuerait de la sorte des nombres naturels aux complexes et hypercomplexes dont le chapitre II a montré que chacun de ces types n'était qu'un cas particulier du suivant, au cours d'un processus historique se poursuivant au profit de toutes sortes d'autres calculs, par exemple vectoriel. Or ce même chapitre indiqua – à propos de la non commutativité des quaternions – qu'elle était implicite dans des mythes racontés en langage vulgaire. A ce même langage vulgaire, toute axiomatique emprunte un minimum d'éléments, ne serait-ce que pour énoncer des définitions ou propositions. A fortiori ce même recours est-il indispensable à la méta-mathématique (nom parfois donné au calcul propositionnel), qui, elle, doit embrasser toutes les axiomatiques possibles. Leurs « théorèmes » ne sont pas discutables, mais au nom plutôt de preuves que de démonstrations ayant chacune à renvoyer à un ou à des lots précisément circonscrits d'axiomes.

Tenons-nous-en à d'élémentaires constats résultant de premiers aperçus sur la cosmogonie élaborée par les sciences modernes. A l'époque du Big Bang, l'univers était le plus dissemblable de ce qu'il est aujourd'hui, et pourtant il était régi par les mêmes mathématiques qu'aujourd'hui, bien que leurs explications actuelles aient dû attendre quelque 13 milliards d'années. Ces mêmes mathématiques étaient donc a fortiori vraies il y a seulement quelques milliers ou centaines d'années, même si elles étaient alors impensées ou impensables et enfouies dans les inconscients s'exprimant mythologiquement.

Plus brièvement – et en-deçà de toute métaphysique ou théologie – la vérité mathématique est *sub specie aeternitatis,* comme le sont les Idées de Platon ou le Tao chinois, ou un Souffle comme le *spiritus* latin. De la sorte, ces mythologies ouest-orientales (*das Westöstliche,* selon Goethe) n'avaient-elles pas à s'interroger sur les origines de la pensée, du logos ou du verbe; origines dont ne peut rien dire la cosmogonie du Big Bang qui traite évolutivement de phénomènes exclusivement matériels ou concrets. Nous y reviendrons à la fin de la 2e Section à propos d'avis prospectifs. Pour le moment, poursuivons l'analyse de l'évolutionnisme scientifico-matérialiste.

En fait, à l'époque où, il y a environ soixante ans, commença d'être énoncée la théorie du **Big Bang**, était déjà très largement élaborée la théorie évolutionniste des espèces vivantes. Il n'y aurait que quelques décennies à attendre pour que cet évolutionnisme darwiniste puisse être prolongé récursivement jusqu'aux micro-cellules, leurs composants moléculaires et leur code génétique. Et pourtant, même ainsi, des physiciens ont pu s'interroger sur les origines de la vie sur terre. Fred Hoyle et Chandra Wickramasinghe y ont récemment répondu en parlant de *Life Cloud,* nuage de particules bio-chimiques. Avant de dire comment, insistons sur la différence de statut entre Big Bang et *Life Cloud.* Quand, pour la première fois, on parla du premier – vers 1922 en Russie – c'était comme d'une hypothèse organisant des acquis, mais séduisant surtout comme image. Par la suite, elle mérita effectivement le nom de théorie : doivent y faire explicitement référence les comptes rendus de phénomènes aujourd'hui marginaux mais qui – comme il arriva si souvent – pourraient bien être centraux demain. Le *Life Cloud* est encore à l'état d'hypothèse spéculative; contestée, elle attend d'ultérieures vérifications. Nous ne la retiendrons ici que comme pensable et argumentable.

La durée séparant la formation de la croûte terrestre de l'apparition des premières micro-cellules est – paraît-il – trop courte pour que, compte tenu de la relative lenteur des formations atmosphériques, le hasard suppléant aux insuffisances de la nécessité suffise à produire du vivant. Il faudrait donc supposer que les constituants biochimiques de la cellule proviennent d'ailleurs que de la Terre; ce serait des particules en nuages dans l'espace cosmique, présentant les conditions requises par la biochimie et d'où quelque comète les eût fait tomber ici-bas. Cet avatar était-il inscrit dans les déterminismes implicitement inclus dans la « boule superdense » ou dans le « point de singularité » auquel se réduit le primordial espace physique? Si non, qu'est-ce donc que le hasard? S'il ne suffit pas à expliciter le comment des premières manifestations de la vie sur terre, suffit-il à rendre compte qu'une comète ait touché terre au bon moment pour qu'y végètent ses apports?

De là une question globale et majeure à laquelle dieux, Dieu, Providence et providences avaient répondu d'avance : le concept de hasard ne subsumerait-il pas tout ce que nous ignorons, soit comme inconnaissable, soit comme ensemble tellement complexe de paramètres qu'on aurait beau les connaître un à un, on ne pourrait rien dire de leur totalité?

Cette laïcisation de la Providence en hasard est d'un temps où le sacré eut à faire face au scientifique. Pour aborder le cas en meilleure connaissance de cause, survolons l'histoire, d'ailleurs courte, de l'évolutionnisme moderne.

Ce n'est guère qu'au XVIIIe siècle que la Terre et ses âges, les espèces vivantes et leurs classifications hiérarchiques commencent à être dotées d'une histoire à proprement parler. A l'époque, l'Histoire Naturelle désigne une science d'application plutôt qu'un corps de principes ou de postulats permettant périodisations. On y fera cas, jusqu'avec Daubenton, de « phénomènes » : hommes de taille démesurée ou de force fabuleuse, animaux composites comme il en convenait aux mythes. Sont-ce là survivances d'hermétismes convaincus que la matière vit et progresse à l'occasion de reproductions (hermétismes grâce auxquels l' « irritabilité » des tissus vivants vient non de ire ou colère, mais de *res*, « chose »)? Même dans Buffon, pourtant, on commence de penser autrement les processus reproductifs et donc évolutifs; le problème sera correctement posé au XIXe siècle, notamment avec la paléontologie anatomique puis la découverte de cellules sur la platine des microscopes. Tout alors va très vite : Darwin a cinquante ans quand son fameux ouvrage met, en 1859, les esprits en émois. Des espèces à l'homme, la Genèse a eu tort de parler de « créations » spécifiques successives, tout relève d'un même processus. Par ailleurs, l'époque prépasteurienne parlait, à la « gothique » ou à l'antique, de « générations spontanées ». Or, Gregor Mendel tire déjà de la reproduction de pois, dans son jardin conventuel, les notions et premiers principes d'une génétique fondée sur le calcul des probabilités. Non inconnu, mais mal assimilable par les naturalistes de son temps : Mendel lui-même ne se douta pas qu'il avait établi une première passerelle entre le physique et le biologique au-dessus d'un fossé que, peu après, combleront conjointement chimie biologique et biologie moléculaire.

Revenons à Darwin lui-même. Outre ce qu'il doit à des devanciers qu'il admire, comme Cuvier, ou qu'il répudie, comme Lamarck, il aura emprunté ses premières intuitions à ce qui aura été dit ou fait sous ses yeux de jeune naturaliste par Malthus : un surpeuplement signifierait misère et mort si les trop pauvres n'étaient tenus à l'écart du mariage dans *Poor-House* ou *Work-House;* les éleveurs profitant des *enclosures* – qui avaient mis fin aux friches et aux droits de pacages et glanages – améliorent les races en les sélectionnant. Beaux exemples de luttes pour la vie comme en verra tant d'autres le passager du *Beagle* naviguant de côtes en côtes. Si donc nous avons dû précédemment noter qu'il n'était pas certain que l'évolution bancaire ou financière du XIXe siècle ait été inspiratrice de conceptions mécanico-mathématiques autant que ç'avait été le cas dans les tout premiers siècles du capitalisme dominateur, il est plus que probable que l'inspiration darwinienne soit en quelque corrélation avec les processus socio-productifs de l'Angleterre de Pitt et Walpole. En s'étant de la sorte historicisée, la biologie remplit d'avance les milliers de siècles achevant sur la terre une évolution cosmique dont ce stade terminal – celui de la formation d'êtres complexement organisés et organiques – laisse muettes tant l'hypothèse spéculative du *Life Cloud* que la théorie du Big Bang.

Il convient alors de souligner une différence de statut scientifique entre ce qui est relatif à la matière, à la vie microscopique et à celle d'organismes supérieurs. Trois types en effet de *comment* : l'un dûment expérimentable, le second ouvre l'expérimentation à une problématique spéculative, le troisième ne met pas en doute l'évolutionnisme – fondé, disait déjà Thomas Huxley, tant sur l'embryologie que sur la paléontologie – mais affronte de bien plus grand suspens quand il faut rendre intelligible que la durée suffisante pour créer le cerveau humain n'a été que d'environ un millième de ce dont aura disposé le vivant pour qu'à partir du multicellulaire se forment, bien rapidement aussi, vertébrés et mammifères.

La part du hasard aurait-elle été réduite en proportion inverse? Ne serait-ce pas en revenir à un vitalisme ou à un finalisme, mais sans se l'avouer ou en le camouflant? Voilà du moins ce qu'évoque l'histoire proprement dite – timbre poste sur l'Empire-State Building – puisqu'elle aussi s'accélère et le plus manifestement depuis les trois ou quatre derniers siècles. Or, il s'agit précisément de ceux où naquit et se développa la théorie et les applications du calcul des probabilités.

Quand Blaise Pascal en énonce les premiers rudiments presque deux siècles avant que Frédéric Gauss ne le formalise, il n'est pas question que la matière, la vie ou Dieu jouent aux dés. Pascal répond à des parieurs, « esprits forts » dont lui-même spiritualise les enjeux : le seul pari non abusif est celui qui mise tout sur l'existence de Dieu. Mais alors pari de portée ontologique, comme l'est aussi, et lui seul, le calcul dont il relève. Aux yeux de Pascal, Descartes est redoutablement fautif d'avoir voulu fonder Dieu dans la raison et par raisonnements rationalisés comme ceux propres à rendre analytique la géométrie. Cette divergence d'opinion est significative d'un moment où une irréparable bifurcation affecte savoirs, savoir-faire et conceptions tant de l'existant que de l'existence.

Jeux de dés ou jeux de « hasard » n'étaient pas nouveaux en Europe, et l'histoire en mérite un bref aperçu. Roi de Castille, Alphonse X le Sage – connu par ses tables astronomiques dites « alphonsines » et comme restaurateur de l'université de Salamanque – était versé en savoirs arabes. Un de ses derniers ouvrages, le *Livre des jeux d'échecs*, emprunte *azard* à *az-azahr,* dé ou jeu de dés. Mais *azard* désigne coup heureux, et pas encore – au XIIIe siècle – risque ou « chance ». Sans raffiner inutilement sur cette différence, insistons plutôt sur le fait que si le jeu d'échecs est à l'image de stratégies royales, l'*az-azahr* – sous autres noms – aura été au cours de millénaires bien plus qu'un amusement : procédure divinatoire pour interroger le destin. C'est à ce titre que l'époque de Nostradamus s'y reprend de passion avant que les « esprits forts » n'y voient, comme duellistes, que moyen de braver la fortune.

Tant à cause de ses origines infidèles que de défis ou d'indiscrétions interdits par le deuxième des Commandements de Dieu, le *azard* ou *hazard* était suspect à l'orthodoxie. Qu'adviennent bonheurs ou malheurs à qui observe le plus scrupuleusement les lois de la Table, ils proviennent de la Providence qui ne répond qu'à des prières et le fait toujours pour le bien, même si c'est au prix de souffrances ou de déceptions. Tout change avec le capitalisme et ses entrepreneurs. Ils blâment les « tripots » (intrigues licencieuses au XIIe siècle, jeu de paume pour François Villon); en revanche leur est-il à honneur de miser sur l'avenir; risques encourus méritent paiement d'intérêts, d'autant qu'ils peuvent avoir été pris à perte.

Matérialiste dans ses principes rationnels, le capitalisme se voudra idéaliste dans ses principes moraux, que ces principes se laïcisent dans le libéralisme doctrinaire ou bien qu'ils restent imprégnés d'un christianisme modifié à la puritaine ou encore qu'ils suscitent d'autres formes de religiosités. Pour ne pas trop nous écarter de ce qui nous importe ici, mentionnons seulement qu'au-delà des « variations » du protestantisme, on assistera à l'apparition de sectes originales. Une des plus significatives est celle des Mormons, eux fidèles au Trinitarisme, mais combien particularisé! A un ultime prophète, Joseph Smith, une Bible aurait été remise, situant la Terre Promise en Amérique du Nord. Les disciples survivant au prophète mort en martyr se trouveront un Jourdain fertile se jetant dans le Grand Lac Salé.

Considérons plus attentivement combien grandit bientôt la place du calcul des probabilités dans l'économique et le social. Ce ne sera pas encore sans ambiguïté au XVIIIe siècle, mais déjà avec une efficacité croissante au profit d'assurances et de toutes sortes d'autres gestions administratives, productrices ou commerciales. Avec Adolphe Quetelet, la Statistique – naguère encore une « géographie » – contribuera à cerner l'homme et ses phénomènes; et, recourant à des moyennes, fera parler d' « homme moyen ».

Probabilités, statistiques : les champs d'application grandiront et s'introduiront même au cœur des physiques; le champ des espérances apparemment ouvertes à une meilleure connaissance de l'homme ou à une amélioration de sa condition générale ira, lui, en s'étrécissant. Le mot « civilisation » ne restera pas longtemps le singulier qu'il avait été au milieu des Lumières pour Victor de Mirabeau – auteur de l'*Ami des Hommes* ou *Traité sur la Population* – comme promesse d'une humanité réunie et fraternelle. Des civilisations – au pluriel au XIXe siècle – il y en aura de toutes sortes, différentes, rivales ou opposées, et s'entre-dominant ou s'entre-dévorant.

Karl Marx voulut dédicacer son *Capital* à Charles Darwin, lequel jugea apparemment qu'il avait déjà suffisamment à faire avec son propre combat. N'empêche que cette rencontre, à quasi même époque, de deux pensées majeures, fait penser à une sorte de mise en résonnance du vécu historique et des théories qu'il inspire ou qu'il argumente du côté des espèces vivantes ou du côté des sociétés humaines.

Transformations sociales, mentales, scientifiques, jamais les unes n'avaient tant contribué à l'accélération des autres depuis que les traumatismes subis au XVIe siècle avaient appris que sur la sphère terraquée tournant dans un vide infini, le commerce (dont seule une minorité d'esprits s'avisa qu'il était « forcé » ou inégal) ouvrait des perspectives infinies au progrès de la production et des échanges.

Aux premiers temps de cette substitution du linéaire cumulatif à l'antique répétitif, le premier capitalisme gestionnaire fournit plus de concepts opératoires à la science que celle-ci n'offre d'outillages aux productions. Autour de 1800, les proportions tendent à s'égaliser, puis les courants à s'inverser. Cent ans plus tard, la science poursuit d'elle-même et par elle-même ses accélérations conceptuelles ; ce qu'elle emprunte de moyens financiers et d'instrumentations à la société qui s'industrialise, elle le lui rend au centuple en outillages productifs et ressorts de productivité.

Si on pouvait mettre ces concomitances d'avatars en image, ce serait un dyptique ; vers le même moment où, côté science, le physique et le biologique se conjoignent, côté société, l'ingénieur transporte vers la production ce qu'elle attend des physiques. Quant à relier les deux extrêmes – évolutionisme biologique ou biophysique d'une part, évolution socio-mondiale de l'autre – la civilisation conçue comme processus unique et global y périt d'écartèlement. Entreprise par entreprise, contrée par contrée et État par État, l'ingénieur sert des intérêts particuliers en rivalité ; il arme la concurrence pour produire, mais aussi la guerre pour détruire.

A la veille de l'exposition universelle de Paris, Gabriel Tarde publie un de ses plus magistraux ouvrages : l'*Opposition universelle*. On s'inquiète de la « psychologie des foules ». Bientôt Georges Sorel annoncera du XXᵉ siècle qu'il ouvre une nouvelle ère de violence.

Que s'est-il donc passé ? Quel nouveau dieu-Calcul jouant aux dés le progrès humain – comme le dieu Thot avait joué aux dés la régularité du cours des ans pour que naissent les fruits incestueux d'un commerce illicite entre le ciel et la terre – doit être désormais tenu pour responsable de nouveaux fratricides, responsable des meurtres par de nouveaux Seth, de nouveaux Osiris appelant de nouveaux vengeurs ?

Persistances et aggravations de la mythologie

En dépit de la civilisation et de la croissante rationalisation des savoirs, les mythes persistent sous d'autres formes ; la fonction mythologique n'a rien perdu de son activité ou de sa virulence. Sans elle, les progrès des conceptions opératoires auraient atteint leur terme. Si des systèmes était exclue toute part d'indécidables, passant inaperçue et obligeant que – d'un système ou ensemble de systèmes aux suivants – fût tenu pour vrai ce qui ne l'est qu'optionnellement par conventions, les mathématiques pures appliquées d'aujourd'hui seraient ce que Diderot pensait d'elles : un tout achevé ayant des pyramides la taille, la solidité et la durée. Explicitée ou non, cette part du convenu fait de chaque embranchement de la logique opératoire ce que – sous forme sauvage, archaïque ou actuelle – chaque groupe, ethnie, classe ou nation tint ou tient pour vrai et vécut ou vit comme impératif au nom de traditions intuitivement inexprimables ou exprimées et transmises par logos verbal ou non verbal. A cet égard, l'histoire, étant analytique, se divise en histoires particularisées, notamment nation par nation : chacune a sa vue du passé, chacune ses grands hommes qui, Persée ou saint Georges des uns, sont Dragons pour d'autres. En va d'elles et de ce qu'on récite et enseigne d'une génération à l'autre comme des anciens mythes et de leurs êtres surnaturels tutélaires pour les uns, faux dieux ou dieux ennemis pour les autres. Il en va, toutes proportions gardées, des « génies » scientifiques comme des grands hommes politiques ou culturels : des savants, selon leurs spécialités et leur appartenance, chaque nation les vénère ou en retient les leçons selon ce qui lui convient. Cela vaut d'autant plus que ces « génies » ont été plus effectifs dans les champs d'applications ou de productions. Dans le champ des applications des ondes hertziennes aux radio-communications, les Occidentaux Marconi ou Branly (avec son « cohéreur ») se voient préférer Alexandre Stapanovich Popov (avec son propre cohéreur) en Russie et dans l'*Encyclopédie Soviétique*. La différence entre les grands hommes de la socio-politique et les « génies » scientifiques est que les seconds méritent et finissent par être reconnus selon le même respect – celui dû à une science de portée universaliste et déculturant ou dénationalisant l'innovation – alors que les héros garants de l'identité culturelle ou nationale traînent avec eux des cortèges qui mémorisent des rivalités ou confrontations souvent meurtrières. Les cultes de la personnalité ravivés à la moderne en politique ont même perdu une part des œcuménismes relatifs dont la religion faisait bénéficier certains saints nationaux. Les musées bulgares conservent de saintes icônes associant en dyptique saint Georges et saint Demitrius : deux tueurs de Dragons dont l'un était le paganisme, l'autre un roi ennemi de Byzance, et dont une même foi orthodoxe fit oublier qu'il avait été prince de Bulgarie...

Si l'âge de telles réconciliations n'est pas terminé, elles revêtent d'autres formes. Le XXᵉ siècle a vu des personnalités omnipotentes vénérées hors de chez elles, mais aussi tombées de leurs piédestaux-autels chez elles et éventuellement vouées aux gémonies. Cela veut dire qu'il arrive aux mythes d'être de durée raccourcie, ce qui en bien des cas témoigne qu'ils auront été excessivement virulents.

On peut souligner les échecs ainsi infligés à la « civilisation » de l'*Ami des Hommes* en imaginant ce qu'il en serait advenu – malgré Edgar Quinet et son Merlin, ou Victor Hugo et le livre qu'il intitule *Les Génies* sans, par une sorte de respect sacré, inscrire comme d'usage un nom d'auteur au-dessus de ce titre – si les nations et leurs héros avaient pu être abolis au profit d'une Humanité à la comtiste, mais dont l' « homme moyen » de Quetelet eût banni les hommes extrêmes.

Illusions perdues avant même d'avoir été partagées au-delà des plus étroits entourages de ceux qui en rêvaient. Perte d'autant plus significative que l'auteur du *Contrat Social* et de l'*Émile* l'avait d'abord été du *Discours sur les sciences et les arts*, qui imputait à leurs progrès les origines de l'inégalité et de ses conflits.

En bref, à l'universalisme des sciences et malgré lui s'opposent les individualismes et les particularismes de nations (ou de classes) voués à être abolis ou conquis s'ils ne sont pas conquérants. Sous des appellations diverses – renvoyant à sentiments, attachements, idéologies, doctrines ou programmes – le mythe est aujourd'hui ce qu'il était sauvagement ou archaïquement : il guérit des insécurités mentales légitimes des puissances publiques et le fait par effet de charismes collectifs relevant du mystère de l'être qui associe le *je ressens donc je suis* à la nécessité que des « autrui » sentent et soient autrement.

On suivrait le plus aisément l'évolution historique du mythe à l'ère moderne en partant de la résurgence d'anciens mythes à l'époque de la Renaissance. L'époque de Machiavel est celle de théorisations du pouvoir, de ses droits au-dessus du droit, et des stratégies souscrites aux contraintes morales. On verrait que la raison n'y suffit que dans des livres, non dans les faits. Le roi-soleil est une transformation mythologique de Copernic et de ses calculs ou hermétismes. On pourrait suivre d'aussi près que l'on voudrait cette transfiguration depuis Henri III à Venise jusqu'à Louis XIV à Versailles. Sur ce parcours, on rencontrerait le chancelier Séguier et son entourage d'informateurs, de codificateurs et aussi d'astrologues-astronomes et d'hermétistes. Là se sera concoctée l'idée d'un roi-Hercule, fils mystérieux d'un Tout-Puissant et comme lui seul capable de mettre à mort l'Hydre à sept têtes et de purifier un royaume d'Élide en y faisant passer le divin fleuve Alphée. A partir de ce même Hercule qui a eu à souffrir mille morts avant de devenir constellation, on pourrait même comprendre à la chrétienne (c'est-à-dire après transfiguration du fils de l'Olympien en Fils du Père trinitariste) le reste de stoïcisme exprimé par le dernier des héritiers politico-spirituels de saint Vladimir : « qui a souffert jusqu'au terme sera sauvé », écrivit Nicolas II au Grand Duc vaincu à Tannenberg.

Mais là n'est pas le principal propos de cette section destinée à rechercher comment ont été pensés la civilisation, ses succès, ses risques et ses échecs.

De ce que notre propre point de vue nous a permis d'apercevoir de l'histoire selon le résumé proposé par le chapitre III, trois constats majeurs peuvent être retenus. L'histoire « internaliste » des sciences n'explique pas comment l'Europe fut le théâtre de ses espoirs modernes. Il convient d'y ajouter une histoire « externaliste » – celle d'inspirations d'origine socioculturelles agissant sur et par l'inconscient au profit de la part du logos où purent se conjuguer le mieux mécaniques, mathématiques et physiques au service d'une théorie « fer de lance » qui a ouvert le champ des principales conquêtes de la science jusqu'à au moins Einstein et encore après, bien que les percées aient alors cessé d'être en aussi droite ligne, depuis que ce « fer » émoussé rend divergentes les attaques sur des fronts toujours plus élargis et où modèles équivoques sont à substituer à l'univocité des formules. Par ailleurs, l'histoire purement « externaliste » serait à elle seule déficiente, tant la difficulté de prouver que ces progrès proviennent tous de l'économico-social invite à penser qu'au moins au cours de phases longues et fécondes, comme celle du second XIXe siècle, les progrès conceptuels se poursuivent d'eux-mêmes.

Un second constat est que l'essor des sciences modernes a été le fait d'un « milieu » marqué par une brusque et traumatisante transformation. Que la Terre soit une sphère tournante, n'importe quelle culture eût pu en tirer les leçons pourvu seulement que fût revenu à ses navigateurs d'en faire le tour. Mais si cette nouvelle vision influença effectivement la représentation géométrique des nombres imaginaires, il aura fallu auparavant que soient traitées comme « réelles » les quantités négatives, nombres « faux » de Descartes. Il aurait donc fallu aussi que la circumnavigation du globe ait eu les mêmes conséquences qu'en Europe sur les développements concrets et conceptuels d'un capitalisme de gestion (sinon d'appropriation) à rendre dominateur. Ce qui impliquerait qu'ailleurs que sur les rives de l'Atlantique une nouvelle motricité économique eût aussi bien reçu son surcroît d'énergie d'un accroissement de différence entre cultures plutôt « froides », offertes à conquêtes, et cultures plus « chaudes », aptes à conquérir.

Enfin, la Chrétienté et ses savoirs « gothiques » avaient transféré la Quintessence ou l'Esprit de leur lieu « naturel » (selon Aristote, au firmament) à celui qu'hermétistes ou spiritualistes franciscains leur découvrirent : au centre de toutes choses même matérielles. Ce transfert, les matérialismes de toutes sortes, concrets, philosophiques ou politiques à la marxiste, n'auront plus qu'à l'extrapoler pour que les producteurs deviennent « sels » de la terre au titre et à la place de ce qui avait été « essences » ou idées ou Verbe dans les Cieux. De ces constats, une large partie, mais seulement une partie, se trouve dans les principales philosophies élaborées au cours des trois derniers siècles.

Pour Descartes (et assez généralement pour son temps), les idées sont innées, ce qui permet à l'auteur du *Discours de la Méthode* de raisonner de Dieu à la saint Anselme. Tout change peu après lui, et premièrement dans l'Angleterre qui a parcouru dès le XVIIe siècle les deux cycles révolutionnaires dont la France, l'Allemagne et plus tard encore la Russie (et avec des conséquences différentes et finalement extrêmes) ne sortiront changées ou bouleversées qu'après de moins ou plus longs délais, ceux nécessaires pour que les influx socioculturels venus des océans atteignent en circonstances appropriées le cœur du continent eurasiatique.

Contemporain de Newton, John Locke est comme lui grand lecteur de Descartes, mais ni l'un ni l'autre n'en retiennent ou n'en rejettent même chose. Rappelons que les *Principiae* s'appuient sur la géométrie analytique en y ajoutant le calcul des fluxions, et aussi que la définition « systématique » donnée à l'hermétique attraction rend inutiles les « tourbillons », et suspecte la « matière » subtile. Comme Descartes, Newton croit en Dieu, mais comme cause première des lois du monde et non comme nécessité démontrée par un syllogisme ontologique. Ces deux manières de prouver Dieu le rendent unique; règles de la pensée ni lois du monde n'apportent preuve de la Trinité. De telles théologies ne prennent donc pas en compte la subtilité mystique – ou mytho-logique – des relations à établir entre les trois Personnes. Quant à John Locke – ignorant tout de l'hermétisme – c'est un grand voyageur malgré lui au temps des troubles d'une Angleterre où il revient en un moment où ses intenses activités commerciales sont comme institutionnalisées dans les Comités ou Conseils et dans la Banque, imposés à la nouvelle monarchie. Nulle part n'est alors porté tant d'intérêt aux récits venus de partout pour décrire un monde et des peuples naguère pratiquement inaccessibles. Si donc l'auteur de l'*Essai sur l'Entendement* procède comme celui des *Méditations* par réflexions introspectives, il y cherche autre chose que la conception quasi toute faite dont se contente son prédécesseur.

Pour Descartes, les idées sont innées; comment pourraient-elles l'être pour Locke quand sont si différentes mœurs, langues et croyances en cent peuples divers? Les idées sont acquises, elles sont des expressions de sociétés. L'analyse introspective se doit donc – en écartant toute ingérence de quelque métaphysique que ce soit – de procéder d'abord à un inventaire d'« états » internes relatifs à ce qu'on croit, ressent, désire ou veut. Le rôle de la conscience est organisateur : elle classe et hiérarchise ce qui, en elle, provient du monde sensible. Les idées sont induites comme l'est aussi l'induction qui y met ordre. John Locke est un écrivain hâtif, son style relâché est dû à une surabondance de choses à dire : par là, il connaît grand succès. Il n'est guère de philosophes qui ensuite ne s'y réfèrent. Locke n'est pas seulement, en effet, le témoin conscient des effets patents d'une récente mondialisation qui suscite l'étonnement. Inconsciemment et localement, il exprime intuitivement ce qui ne pourra paraître à l'évidence que bien plus tard et progressivement : nées en même temps que le capitalisme, les idées nouvelles, même scientifiques, ne sont que superstructures ayant la production et l'échange pour infrastructures.

Parmi les successeurs de Locke, David Hume est à retenir, puisque c'est grâce à lui que Kant dira s'être réveillé de son sommeil dogmatique. Or, prolongeant à sa manière la querelle des Universaux, David Hume, lecteur aussi de George Berkeley – un évêque qui avait tiré la foi des risques que lui faisait courir une manière nouvelle de définir socialement la conscience – prend position plus radicale encore. Dans son ouvrage qui passe d'abord presque inaperçu, il prend le contrepied d'une des rares démarches de Locke restée quelque peu cartésienne. Écrit à La Flèche – où Descartes avait été élève des Jésuites –, le *Traité sur La Nature Humaine* conteste, comme Berkeley, que puisse exister une idée de triangle capable de subsumer toutes les formes possibles de triangles. Considérons maintenant le mot *matière* : aucune idée générique ne pourra être donnée de toutes les matières possibles : le mot synthétise un ensemble d'états de conscience. Mais si cette réflexion avait conduit le philosophe épiscopal à bannir la matière de la sphère des réalités pour n'y laisser que les idées et Dieu, l'esprit par excellence, le *Traité sur la Nature Humaine* de Hume, voue l'esprit au même sort que la matière : ce sont là abstractions dépourvues de réalité.

Rien ne subsiste réellement dans la pensée, sinon des impressions sensoriellement précises et spécifiques qui, en prenant du vague, donnent lieu à idées. Et ces dernières, n'étant que sous-produits, pâtissent du défaut de ce qui les produit : données discontinues sans lien entre elles. Continuités et relations ne sont qu'apparences; dues à des habitudes, elles donnent l'illusion d'une continuité là où n'existent que contiguïtés répétées. Cette mésaventure affecte premièrement la causalité : à force de constater qu'un phénomène précède un autre, il en paraît la cause. Ce renforcement de la méthode introspective et de ses conséquences logiques correspond à un temps où le sujet étend son règne : comme l'entreprise et l'histoire, la science semble avoir seulement des sujets pour auteurs, auteurs qui ne sont eux-mêmes que des faisceaux de sensations.

Dans cet enfermement – que Kant fera sien en déclarant inaccessibles *noumen* et choses en soi – tout devient accidentel ou conjoncturel. Ramener l'entendement humain à des premiers principes ne conduit qu'à l'absolu scepticisme; y échapper veut qu'on agisse. Hume d'ailleurs achèvera sa vie comme diplomate à Paris, puis à de hautes fonctions gouvernementales. Peut-être est-il significatif que Hume se soit lié d'amitié avec Rousseau dont l'antirationalisme dut lui paraître salutaire; l'affaire s'est mal terminée, comme si l'auteur d'une vite célèbre *Histoire d'Angleterre* ne pouvait demeurer en bonne intelligence avec celui des *Origines de l'Inégalité*.

Rendu pragmatique par son scepticisme, Hume ne peut fonder sa Morale que sur l'utilité publique, ce qui lui vaut succès dans une société qui ressent trop à charge une aristocratie oisive. Et s'il faut, comme dira Adam Smith, son élève, donner aiguillon au travail, la meilleure forme que peut prendre un inévitable égoïsme est celle de l'intérêt bien compris. Toutefois, s'il n'existe pas de science démonstrative des faits, la démonstration d'idées – effective seulement quand elles sont quantitatives, dit Hume – est tout aussi privée de fondement, si les idées viennent des faits, que l'attraction privée par Newton d'émotion. Au total, rationaliser le sujet sans croire qu'aucune idée soit innée, c'est abandonner l'homme à la dérive des courants sociaux faits d'événements auxquels leurs successions tiennent illusoirement lieu de causes.

Si de telles doctrines n'étaient que paradoxes mondains, elles n'eussent pas empêché qu'à l'essor des sciences mécaniciennes s'en joignissent d'autres qui eussent, par compensation, recherché les fondements émotifs de la logique pour pallier les effets provenant de la disparition du sacré. Mais comme ces présupposés critiques inscrivent en tête de leurs syllogismes ce qui en assure la vogue dans un milieu social qui les inspire – les idées viennent de la société –, un processus cumulatif a presque d'emblée pour résultat de réduire à presque rien la place laissée à ceux qui pourraient mettre en doute que le matérialisme pragmatique partagé par la science et le capitalisme modernes soit la seule référence possible au progrès. Les ésotérismes qui s'y efforcent – en un siècle où ils sont d'ailleurs mal distinguables de charlatanismes à la mode – ne sont que les prédécesseurs obscurs et à peine audibles de ce qui deviendra la psychanalyse, en un temps où il sera trop tard pour agir sur une psychologie des foules enfermées en États rivaux, encadrés en classes sociales ou restés dans les en deçà des développements modernes. Quand la Révolution française proclamera ses Principes, ce seront justement ce que Hume aura appelé idées, non démontrables dans les faits.

Univers démontrable des idées quantifiées, univers indémontrable des faits : il y a deux cents ans qu'on essaie de tricher avec les conséquences socio-logiques d'un dilemme absent des temps où la mytho-logique était celle des sentiments, et qui constitue désormais la première articulation commandant les mouvements intellectuels et économiques des sociétés qui ont remplacé la transcendance surnaturelle par le positivisme concret de la civilisation. Du côté des penseurs, Kant ajoute la Raison Pratique à la Raison Pure; ses plus proches successeurs tentent d'interpréter la phénoménologie de l'esprit dans un idéalisme transcendantal qui se fait fort d'expliquer aussi bien comment les plantes produisent feuilles et fleurs que pourquoi toute politique future a pour premier objet de renforcer l'État. Vers la même époque, les logiciens anglais à la Peacock regardent l'algèbre comme l'expression la plus certaine de la vérité et travaillent – au milieu de troubles qui s'aggravent, du luddisme au chartisme – à légitimer les prétentions des entrepreneurs qui se battent sur deux fronts face à l'aristocratie et au peuple, alliés à l'occasion contre les intérêts bourgeois. Quand s'achève le règne de Hegel ou de Fichte – sans que Schelling ait tiré parti du constat inscrivant toute philosophie possible selon quatre doctrines fondamentales –, la dialectique se révèle convenir aussi bien au matérialisme qu'à l'idéalisme; c'est pourtant encore une idéologie que Marx propose aux espoirs, revendications et luttes du prolétariat. A l'époque, Rowan Hamilton tente de rationaliser l'existant à l'aide de ses triplets. Ce passage de l'idéalisme au matérialisme s'effectue vers le moment où son ancienne alliance avec le capitalisme cesse d'être avantageuse à la science. Cette dernière, ayant achevé de systématiser les structures, est confrontée avec l'entropie thermodynamique, mais elle peut passer outre, tant ses laboratoires et leurs langages sont solidement institutionalisés dans une société qui ne peut plus se passer d'eux ni pour ses profits ni pour ses guerres.

Rappelons qu'en la période où la science en mue était fragile, le capitalisme ralliait par son libéralisme une majorité de penseurs : sa logique progresse comme la logique opératoire quand ses fondements s'élargissent de la nécessité de bilans – des équations – à celles de la monnaie fiduciaire garantie par les métaux précieux – on donne alors représentation concrète aux nombres imaginaires pour achever la théorie des nombres – et achèvent ces élargissements en faisant reposer monnaie et crédit sur les qualités d'opérations d'échanges et de productions – moment où les mathématiques élaborent la théorie des opérations, les rend relatives à des propriétés qui permettent de concevoir les données inscrites dans les calculs en fonction d'ensemble de relations.

Vers le milieu du XIXe siècle, moment où se fait jour le matérialisme historique, les échanges entre science et société ne sont plus ceux de concepts, comme ç'avait été le cas quand la science était peu coûteuse et rapportait encore peu à des industries qui n'avaient guère fait plus que perfectionner d'anciens procédés; ces échanges ne sont plus que ceux d'intérêts matériels : États et entreprises professionnalisent à leurs frais la recherche et attendent qu'en retour, elle lui fournisse d'avantageuses technologies tant guerrières que pacifiques. Le dilemme idées démontrables – faits indémontrables est toujours irrésolu, mais il est occculté par les progrès de l'abondance dans les pôles du développement, occulté aussi par les raisons qu'elle donne d'espérer que seront tenues les promesses des idéologies, aussi peu démontrables quand elles dissimulent sous la vertu du proclament au nom de la nécessité leurs postulats matérialistes.

A l'époque de Hume ou d'Adam Smith, la notion d'utilité publique n'avait été si séduisante que dans la mesure où elle ne précisait pas de quel *public* il s'agissait. L'intérêt bien compris des uns n'était, en fait, celui des autres que dans des cercles sociaux ou nationaux dont les élargissements se heurtaient finalement à des limites. On a pu les espérer franchissables, même quand guerres et violences en prouvèrent la solidité; cet espoir est aujourd'hui compromis et invite à réexaminer les rapports entre idées et faits.

On comprend que Peacock se soit référé à Aristote, tant l'un comme l'autre avaient effectivement grand souci de l'ordre public. Traduite en termes de civilisation, l'opposition politique ordre-désordre soulève deux principaux problèmes, dont seul le premier peut recevoir réponse parce qu'il est conceptuel. Dans une vision cyclique du destin et cyclophorique de la physique des choses, Aristote permet qu'on s'en remette à une figure empruntée à la géométrie, idée la plus proche des Idées pour Platon et convenant aussi au monde sub-lunaire de l'inventeur de la syllogistique, dans la mesure où on ne conçoit pas de mouvement propre à l'ici-bas. Quand la civilisation même est mouvement, Peacock fait appel à l'analyse ou algèbre, ses principes sont ceux d'une vérité dont les difficultés d'application n'affectent pas l'immanence, celle aussi des lois physiques dont les mouvements apparents ne sont que des effets seconds. La linéarité progressive de ce qu'on dit, observe ou fait, procède donc d'une origine dont la nécessité et les vertus sont celles du vrai; et le bon ordre prévaudra tôt ou tard sur le mauvais désordre.

En revanche, cette même opposition ordre-désordre cesse d'être identifiable quand les hasards de l'existence ne peuvent être opératoirement formulés que par un calcul des probabilités dont les postulats ne sont pas de nature linguistique, mais n'ont de référence que concrète, par exemple quand on jette n'importe comment un dé pouvant tomber sur n'importe quelle face. N'importe en effet que des jets préalables aient privilégié un résultat, les chances d'une nouvelle épreuve sont égales si les dés ne sont pas pipés. Pour pallier cette incertitude, on peut s'en remettre à des moyennes établies – dans des cas plus complexes – à partir d'un grand nombre de répétitions. De même en politique, la loi du grand nombre décidera du plus ou du moins en fonction de la dualité majorité-minorité telle qu'elle ressort des urnes, pourvu que ceux qui ont ainsi à « ballotter » – verbe inventé au XVIᵉ siècle – aient les mêmes droits et en usent dans le secret et sans contrainte.

Avant de modéliser cette nouveauté, insistons sur ce qu'elle implique du côté des oppositions idées-faits ou nominalisme-réalisme. Pour Aristote, faire la distinction entre deux « genres », c'est le faire entre deux « contradictoires », donc entre des absolument incompatibles. La distinction entre « espèces » en est seulement une entre « contraires ». Disons en raccourci que plus « idéel » encore que l'espèce, le genre est par excellence un concept classificateur dépourvu de réalité. Or le parlementarisme, ainsi que le constate Jeremy Bentham, confère à la Loi Fondamentale – la Constitution – une autorité supérieure à celle des lois ordinaires : ces dernières peuvent résulter d'un choix majoritaire entre deux avis contraires, mais elles ne sauraient être en contradiction avec la loi constitutionnelle. Le plus évidemment factuel des impératifs imposés au pouvoir législatif – arbitre aussi de l'exécutif – provient donc de la plus idéelle des conceptions. Et comme une telle ambiguïté est étrangère au mythe, nous tenterons d'évaluer les conditions de cette transformation historique.

C'est parce qu'ils ont su vaincre le Dragon que Persée ou saint Georges ont mérité d'être reconnus comme époux terrestre ou mystique par la reine appelée à régner dans la Cité du ciel. L'un et l'autre destinés par leurs antécédents ont répondu mieux que leurs rivaux de moindre valeur ou sans vertu à un appel venu de celle dont dépend l'avenir d'une collectivité ou de l'Église triomphante. Quant au Dragon, il est le Mal, réalité physique ou historique dans les deux cas, mais avec cette différence que dans l'un il est passivement subi par la cité et sa princesse, alors que dans l'autre il est le moyen activement utilisé par la sainte Sophie pour faire valoir un héroïsme. Le mythe de Persée transfigure une expérience événementielle ; la légende constantinienne de saint Georges symbolise une transcendance au temps. En fonction d'antécédents – parmi lesquels comptent la naissance des deux héros et leurs ascendants – les droits à régner sont soit plutôt d'ordre historique, soit plutôt d'ordre éternel.

Cette légitimité, mêlant à divers degrés l'historique au sacré, souligne ou atténue la différence entre le roi devenu roi parce qu'il fut soldat heureux, et le roi ayant à régner comme élu de Dieu. Quand, au tournant des XVIᵉ au XVIIᵉ siècle, les conseillers de monarques s'interrogent sur ce qui en fondera le mieux l'autorité, ils bénéficient des leçons d'un hermétisme qui a matérialisé la Quintessence comme. Sel autant que comme Esprit, ré-illustré par l'antique hermétisme et vérifié à la moderne par l'héliocentrisme. L'entourage du chancelier Séguier se sert de tout : le roi est un Hercule, c'est aussi un Soleil – Henri III y avait pensé lors de son étape à Venise, entre son départ de Pologne et son retour à Paris ; en outre, ce roi – ce Louis XIV qui établira les distillateurs en corporation du Saint-Esprit – est « naturellement » aussi le centre de toutes choses.

Mais que peut-il en advenir quand perdra évidence la différence entre ordre et désordre ? Il faut que le désordre soit parfait pour que le jeu des probabilités donne un résultat fiable ; et il est illusoire d'escompter qu'un ordre politique meilleur prévaudra si on ne met pas en désordre l'ordre ancien. Inscrivons donc sur nos modèles les contraires bien-mal et souverain-peuple ; un degré d'abstraction de plus conduira à inscrire, à la place tenue par des contradictoires, des « idées » destinées à prendre force réelle : d'une part, choix des urnes pour décider entre des partis se prévalant chacun de l'ordre créateur pour accuser l'autre de désordre ; d'autre part, confusion entre souverain et peuple pour proclamer la souveraineté populaire. Ces idées seront reçues pour vraies tout le temps que et dans la mesure où les conséquences techno-économiques des sciences conduites par algèbres confirmeront les promesses de la civilisation. En cas contraire, par exemple au moment des guerres, les peuples en désarroi seront en quête des sauveurs qui combattent le Mal ou l'ennemi Dragon. Ces sauveurs cesseront bientôt d'être légitimés par droit de naissance, mais continueront bien de l'être au nom d'antécédents enfouis dans les mystères de l'histoire ou dans ceux de destinées.

Mis à l'abri de tels retournements, les facteurs internes du développement scientifique – facteurs conceptuels qui ont résulté, comme les nouveaux concepts politiques, d'abstractions appelant à traiter comme

« réels » des « vecteurs » qui prennent place de comportements affectifs entre sujets réels – n'en demeurent pas moins subordonnés aux nécessités réelles que représentent les coûts de la recherche et de ses équipements. Plus la science devient « réaliste » par ses applications, plus elle est mise dans la dépendance de politiques qui peuvent indifféremment être décidées par suffrages ou « ballottages » ou par recours à un sauveur tirant son héroïsme de la mytho-logique.

Et comme les Principes mêmes du libéralisme parlementaire ne sont qu'idées auxquelles donnent force des avantages particuliers assimilés à l'intérêt public, on peut dire de l'histoire ainsi traversée qu'elle est aux mythes ce que le récit vraiment vécu d'êtres conceptuels ou affectivement transfigurés est au récit d'êtres surnaturels vécu comme vrai. Les mythes étant eux-mêmes des résumés d'un passé inconnu, la différence est tenue à proportion de ce qu'on ignore d'histoire; elle disparaît quand sciences et politiques s'en remettent à l'avenir de corriger les maux présents.

Superposer ces doctrines permet de les schématiser. L'homme reçoit de l'extérieur des informations qui, irréfutables à ce stade purement sensoriel, sont comme des « atomes » que sa pensée transformera en « molécules », pensées plus ou moins solides et stables selon l'intensité des forces aggrégatives donnant lieu à idées dont la fiabilité rationnelle s'échelonne entre le vague et le précis. L'intensité de ces forces est au degré auquel les porte l'habitude. Quand le vécu ajoute des acquisitions à des acquis, la nouveauté a pour critère l'utilité publique. Comment en serait-il autrement, puisque c'est de la société que proviennent les idées? Ce schéma élucide les plus importantes transformations qui s'accomplissent au cours de la même période dans la science et dans la société.

La métaphore empruntée à la physico-chimie l'est à bon droit. Ce qui avait été attractions ou affinités entre corps charnels le devient entre corps matériels, soit insécables, soit à considérer comme masses réductibles mécaniquement à un point, centre de gravité défini par les coordonnées barycentriques. Selon cette représentation mécanico-chimique, l'attraction relève de la causalité; l'affinité, de la finalité. Causalité et finalité sont le plus identifiables l'une à l'autre quand l'événementiel est le plus répétitif, cas d'abord de la géométrie et de l'arithmétique, puis des lois naturelles dont toutes expériences refaites prouvent la constance.

Du côté social, l'adéquation entre ce que chacun fait et ce dont tous ont besoin n'est pas parfaite. Mais ces erreurs dues au vague des idées provenant de l'événementiel le moins répétitif sont corrigibles et sanctionnées quand l'individu, persistant à se tromper, est banni de la société. Tôt ou tard, et à prix de hasards et de risques, l'intérêt de chacun rejoint celui de tous. Adam Smith a sa place dans le schéma dessiné d'après Locke et Hume.

Reste le problème du pouvoir. Les pouvoirs d'hier (« féodaux ») étaient institués sur des fiefs concédés par un suzerain qui était l'intermédiaire entre le terrestre et Dieu ; ces fiefs ne désignaient un territoire qu'à travers tout ce qui y vivait et s'y activait, d'autres intermédiaires prolongeant celui qui faisait d'un roi un élu de Dieu. Intermédiaires comme en étaient aussi les anthropomorphismes indispensables à l'hermétisme pour signifier comment l'Esprit traverse l'humain pour être présent dans la matière. A mesure que l'activité se mécanise, elle libère le matériel du spirituel, y reconnaît des lois naturelles auxquelles elle se plie pour les utiliser. Porté à ses extrêmes par Condillac, ce matérialisme subordonne les idées au réalisme de la société en passe de se réifier. Il convient donc de rendre directe ou immédiate la possession, à commencer par celle du sol, que le XVIIIe siècle entreprend de cadastrer ; celle aussi de machines, marchandises et moyens d'échanges. Les possédants, étant ainsi le mieux à même de connaître les lois naturelles, le seront aussi de décider des lois civiles. Les « bourgeois » peuvent se réclamer de la science et de la raison pour revendiquer l'autorité politique.

En cette autorité pourtant subsiste une part qui ne relève que de la mytho-logique dont parla notre chapitre II, et cela d'autant plus qu'un peuple n'est pas seulement fait de possédants. D'où la nécessité de conserver, au moins à titre symbolique, une couronne ou un emblème en tenant lieu. L'État ne serait plus soumis à cette condition et pourrait même disparaître si la propriété était collective, ainsi que Marx l'induira de devanciers comme Ricardo ou Adam Smith qui n'avaient pas été jusqu'au bout de leurs raisonnements.

Ce processus mythologique est aisément modélisable. Le pouvoir de l'Ancien Régime implique que soient radicales les différences entre bien et mal (Dieu-diable) ainsi qu'entre le souverain (élu de Dieu) et le peuple. Ces deux oppositions deviennent conjonctions avec la souveraineté populaire et le système majoritaire et donc bipartisan du parlementarisme qui laisse aux électeurs le soin de choisir la majorité d'élus convenant le mieux aux circonstances. Si le premier cas est dessiné selon M 2, le second sera un M 3 – option convenant le mieux à situer cette mythologique moderne dans le prolongement de ce qu'il était advenu de Persée-Prince devenu, dans l'hermétisme, un jeu de forces positives sémantisé comme un Principe, ce qu'est aussi la souveraineté populaire. Mêmes modèles; sèmes modifiés par même jeu d'abstractions corrélatives à des inversions. Si l'idée de souveraineté populaire s'inscrit sur une arête de M 2 – arête résultant de la rencontre de deux plans – elle est un plan sur M 3, plan construit par deux arêtes réduisant à l'état de symbole le souverain identifié au peuple. Le processus se poursuit dans un milieu social continuant de se réifier. Réaliste sur M 3 où elle est commandée par des abstractions, la souveraineté populaire n'est que nominale sur M 2 où l'État et le peuple sont des réalités concrètes. La logique marxiste s'accorde au même modèle : faire disparaître l'État bourgeois en portant au pouvoir un prolétariat ayant vocation à exercer sa dictature sur les non prolétaires au nom d'une supériorité de fait, comme l'avait été du droit divin celle du Bien sur le Mal.

Substituant au Prince des Principes (souveraineté populaire; droit électoral de choisir un ordre sans perdre sa liberté), le charisme parlementaire est ce que Georges (charisme céleste) est à Persée (charisme terrestre). Remplaçant Dieu par la Nation, il la rend passible, sous le coup d'anxiétés, de se livrer à un sauveur historique de même que Georges le sacré put redevenir Persée, prince terrestre. De même-aussi ce charisme parlementaire est-il au charisme du roi héréditaire ce que la quintessence hermétique est à l'aristotélisme, bien qu'alors le retour au second ne se produise plus. Des trois dragons l'un est réel (le mal combattu par Persée, le Roi ou le chef historique) actif et à tuer; l'autre est un symbole enchaîné (par la foi ou la liberté); le troisième n'est qu'une figure sémantique (dans l'hermétisme) destinée à disparaître définitivement de la science. Dans le charisme parlementaire, la cité devient peuple ou nation, et sainte Sophie devient la liberté à laquelle est honneur et bonheur de sacrifier sa vie. Au total la mystique chrétienne préfigure l'idéologie libérale moderne. Les dispositions angulaires ci-dessus se présentent comme un compromis entre celles des mythes chrétien et païen, compromis résultant de ce qu'il était advenu de la quintessence.

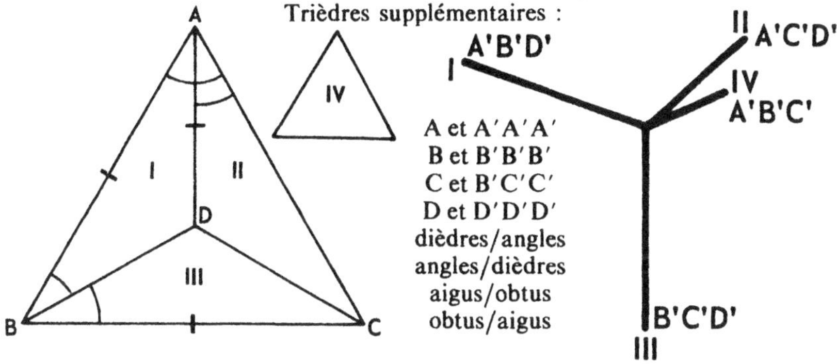

CHARISME SACRÉ

I : souverain de droit divin.
II : peuple non souverain.
III : ordre selon Dieu (et consigné par tradition) : les *olim.*
IV : désordre selon Satan.
I-III : ordre souverain.
II-IV : désordre populaire.
III-IV   ordre/désordre   =
Bien/Mal.

an obtus en A : châtier le désordre impliqué de ne pas pactiser avec lui.

an obtus en B : défendre l'ordre doit châtier le désordre.

an aigu en A : pour châtier il ne faut pas appartenir au peuple sujet à désordre.

an aigu en B : imposer l'ordre est préférer Dieu à Satan.

an aigu en C : le peuple est indifféremment fidèle à Dieu ou tenté par Satan.

an aigu en D : le souverain n'étant pas le peuple veut identifier à la même nation l'ordre souverain et l'ordre populaire.

CHARISMES TOTALITAIRES

Même modélisation, mais substitution sémantique. Le peuple abdique de sa souveraineté au profit d'un chef unique (ou d'un collège obligarchique) et se remet de définir l'ordre à imposer et le désordre à combattre.

CHARISME PARLEMENTAIRE

I : pouvoirs élus par le peuple.
II : le peuple électeur.
III : ordre choisi par la majorité.
IV : liberté laissée à la minorité.
I-II (aigu) : souveraineté populaire.
III-IV (aigu) : l'ordre implique liberté.
I-IV (aigu) : le pouvoir protège la liberté.
II-III (obtus) : le peuple peut contester l'ordre établi de la majorité.

di aigus en A' : la liberté du peuple veut que le pouvoir la respecte.

di aigus en B' : pour garantir la liberté le pouvoir doit respecter l'alternance.

di obtus en A' : le peuple est plus libre que le pouvoir gouvernant en son nom.

di obtus en B' : le pouvoir libéral ne revient pas sur les choix électoraux.

di obtus en C' : élire implique un choix entre deux propositions distinctes. Celles choisies pour assurer l'ordre ou pour être respectées par les candidats.

di obtus en D' : le mandat accordé par le peuple ne le prive pas de sa souveraineté, mais exclut qu'il conteste ses mandataires avant nouvelle élection.

Le même fonctionnalisme élémentaire de la représentation rend compte a posteriori – non prédictivement – des revers subis par le libéralisme idéologique. Les citoyens en guerre y perdent leur liberté; les sociétés dont l'activité perd son dynamisme font appel à un sauveur et s'y soumettent comme à un nouveau Persée ayant à délivrer des assiégés.

Dans les deux cas, toute faillite de la *Gesellschaft* fait resurgir la *Gemeinschaft* et rend patent le mythe latent sous l'idéologie. Aux siècles modernes, le culte de la personnalité s'en remet à des archaïsmes dont les monothéismes n'auront été politiquement que des transfigurations provisoires. Dans les sociétés scientifiques où se perd la pratique religieuse, les seuls effets durables des unifications du sacré sont d'ordre rationnel; en témoigne le dynamisme de formalisations théoriques qui poursuivent le même inaccessible but : un système qui soit à la fois consistant et complet.

Le surnaturel politique est celui de toujours : le transnaturel scientifique et sa recherche d'une création unique n'est que l'image réifiée des spiritualités se confiant à un Créateur unique.

Épilogue

L'histoire ne conclut pas, elle continue et bouscule sans les voir les conclusions des historiens qui veulent marquer des temps d'arrêts. Avant que nous n'ayons compris que, comme l'évoque le chapitre IX, sont révolus les temps où les formulations scientifiques se traduisent par ce que René Thom appelle des « boîtes claires », nous n'aurions pas été tentés – aux entours de 1960 – de réunir en un seul ouvrage les modélisations concernant les précédents de « l'âge des foules » et ceux des sciences modernes. Les deux cas nous auraient renvoyés aux mythes et au sacré, mais auraient rendu trop téméraire de vouloir traiter les « systèmes » comme des manifestations spécifiques et irréductibles de « structures constantes ».

Deux ouvrages donc au lieu d'un seul. Le « pivot » du premier eût été la « réification » selon Marx, tournant entre, d'une part, des antécédents marqués par la querelle des Universaux, et, d'autre part, des prolongements où le stalinisme eût été un cas particulier de la réalisation ou actualisation de l'alternative analogique Princes-Principes. L'autre ouvrage eût bien proposé, comme ici, de choisir les racines des nombres négatifs comme témoins le plus significatifs d'une révolution conceptuelle entre d'un côté les mathématiques à l'euclidienne (aboutissements hellénistiques des leçons afro-asiatiques ou mathématiques à la stoïcienne, plus précisément chaldéennes ainsi qu'égyptiennes) et, de l'autre côté, les modernes axiomatisées à la Péano ou à la Hilbert et leurs prédécesseurs. Mais alors cet autre exposé – traversant lui aussi l'hermétisme – eût consacré des analyses approfondies – trop encombrantes pour nos présents chapitres – à certains problèmes tel que celui posé par Héron l'Ancien, souvent tenu – abusivement si on y regarde de plus près – pour avoir effectivement conçu la racine de la quantité négative – 63. Ce 63 n'est pas un nombre comme les autres : il occupe la place – dans une numération binaire de position impliquant le 0 – revenant dans une numération d'addition sans 0 au nombre 64 dont nous avons de toutes sortes de manières indiqué combien sa signification est primordiale dans la mytho-logique (cf. tableau III bis, page 377).

Par ailleurs, notre ouvrage tel qu'il est – s'il n'avait dû éviter de soulever de trop lourdes questions dont les lecteurs informés trouveront d'eux-mêmes la place logique dans la suite de nos évocations – eût pu souligner combien il est significatif que le mot « ingénieur » dérive d' « engin » plutôt que directement d'*ingeniosus*. Le premier désigne des machines de guerre à la romaine; le second donna l'ancien français « engeigner », connoté de ruse et tromperie. La différence est comme celle entre outillages physiques, armes effectives mais sans secrets, et quelque chose de trouble ou d'ambigu qui n'est pas sans faire penser à des produits alchimiques capables de tuer comme de guérir et de donner à des poisons l'apparence de remèdes.

Or, quand les laboratoires ne seront plus logés en couvents, ils n'entreront pas seulement – aux environs du XIVe siècle – dans les apothicaireries innocentes ou compatissantes, mais aussi et plus intensément dans les équipages militaires. A partir du XIIe siècle, « esquiper » voulut dire embarquer, mettre à la voile, c'est-à-dire faire « démarrer » un navire. Le même mot, au XVe siècle, désignera les arrière-trains des troupes à conduire au combat. Là, les productions alchimiques ne seront pas que pour guérir maladies ou blessures, mais aussi et – plus efficacement – pour donner, avec la poudre, à l'artillerie (ce qui « pare » les engins) une puissance de canon valant bien celle du feu grégeois des Byzantins.

Maléfique destin des choses et des mots! Mal entendu par le vulgaire, le mot arabe *ithmid* était devenu l'antimoine parce qu'il pouvait administrer la mort dans les couvents. Mais les moines pouvaient être aussi victimes d'explosions. Cette seconde forme d' « anti-moine » deviendra un « anti-ennemi ». Avant même que le Dragon alchimique n'eût disparu de l'hermétisme comme symbole de forces répulsives, la signification meurtrière qu'il tenait des mythes de Persée ou de Saint Georges avait été et resterait retenue – sous ce nom ou sous d'autres – par l'art de guerre et ses agents qui avaient à jeter hors d'action ou de vie des adversaires.

Ah, si seulement – selon une interprétation internaliste de leur histoire – les sciences de l'ère moderne avaient pu n'avoir d'autre intention que d'expliquer le monde! Hélas, elles tenaient et conservèrent de leurs antécédents d'être aussi des forces de production. Outre que, sans évidemment en avoir eu le moindre soupçon, les grands Docteurs franciscains, à partir de la querelle des Universaux et à travers la transformation de la Quintessence « spirituelle » en Quintessence matérielle, avaient ouvert la voie à un « réalisme » qui compterait dans sa descendance la « réification » constatée par Karl Marx, ils avaient, comme alchimistes expérimentaux, engagé d'autres processus que ceux qu'ils attendaient de leur spiritualité. Les Docteurs de la Foi avaient proposé; les relations de production auront disposé. Elles auront choisi dans les « superstructures » ce qui accroît le plus et à plus grand profit les productions améliorant l'existence, mais aussi armant les arsenaux. De ce fait, les sciences auront été vouées à ce qu'elles deviendront de plus cruellement manifeste : d'une part, des agents d'inégalités renforcées entre individus, classes, nations, cultures, les uns dominateurs, les autres dominés; d'autre part, des agents de ce qui outille pour la lutte les concurrences mercantiles et les conflits sanglants.

La complicité non nouvelle mais d'effectivité grandissante entre sciences et productions civiles et militaires vise à tout polariser agressivement et éventuellement mortellement à l'avantage des premiers découvreurs et premiers utilisateurs. Cette complicité s'établit à travers une catégorie socialement fonctionnelle, justement celle des ingénieurs. A travers elle grandissent des échanges entre pouvoirs et savoirs; mais ils y changent aussi de nature. Encore conceptuels au profit de la théorie « fer de lance » à l'époque de Fourrier ou de Gay-Lussac, maître de la firme industrielle Saint-Gobain; conceptuels toujours, mais en une autre branche de savoirs, à l'époque de Darwin, quand un biologiste observa autour de lui le travail et les résultats de propriétaires fonciers, ils prendront ensuite d'autres aspects. A mesure que l'activité scientifique se professionnalise, l'activité productrice paie celle des laboratoires, elle lui fournit des instruments et en reçoit des outillages et des procédures.

Corrélativement, les institutions changent de forme et se réclament d'autres principes. L'entreprise veut être libre, mais aussi protégée par l'État, fût-ce au prix de conflits sanglants entre États. Après le monarchique « Dieu et mon Droit », viendra l'heure des nations associant aux droits de l'homme ceux des peuples à disposer d'eux-mêmes, et par force s'il le faut. Ce transfert du royal au national est, à son tour, corrélatif à un autre : un processus faisant passer l'identification culturelle par l'individuation.

L'*homo economicus* est une sorte d'atome ou de particule qui serait inerte si n'agissait sur lui ou elle un « attrait », celui de l'intérêt personnel. A cette conception sociale, préfigurant partiellement ce que deviendra un univers particulaire formalisable en espaces vectoriels, s'en associe une autre qui complète l'analogie. Elle se réclame du « bien public », mais ce « bien » est en fait particulariste, comme se doivent de l'être les nations. Ces dernières sont « massives », mais non plus comme elles l'étaient par appel de Dieu ou du roi. A l'ère des « compains » (de la *Gemeinschaft*), la masse était vécue dans son principe comme une communauté d'âmes. A l'ère des « compagnies » (de la *Gesellshaft*), d'un individu à l'autre s'établit une distance faite des flux de production et d'échange. De la même manière que dans l'univers physique un « solide » deviendra surtout un vide ne paraissant un plein qu'à cause des « forces », l'individu tend à n'être plus qu'un entrecroisement « réifié » d'attractions et de répulsions économico-émotives.

Ces flux ou ces entrecroisements rendraient-ils mieux compte que le Big Bang de ce qu'est la pensée face aux choses, et leur étude finirait-elle un jour par trouver le secret de ce qui empêche l'humanité en son entier de répondre à ce qui se dessine comme un impératif : devenir une ou n'être plus? Tel en tous cas doit être l'objet d'efforts en vue de rendre la civilisation telle que les inventeurs de son nom avaient espéré qu'elle serait bientôt.

A cet effet, le présent ouvrage, s'il ne prétend pas conclure l'histoire, en tire du moins une leçon : il semble bien qu' « existe » un Code mental dont il propose de premiers éléments. Face à ces rudiments, l'Humanité est une bien grande affaire! Du moins suffiraient-ils déjà à suivre pas à pas le processus exponentiel qui conduisit des conceptions globalisantes du sacré à celles, « particularisantes », des sciences modernes. Donnons-en encore deux exemples avant d'évoquer les balancements structurellement constants de va-et-vient entre Princes et Principes.

Mentionnons – à titre donc de premier exemple – que sur le parcours exponentiel des sciences modernes, on rencontrerait la transcription – grâce à la Nomenclature chimique – de l' « acide muriatique déphlogistique » en Chlore symbolisé par l'algorithme Cl. L'un évoque comme plus concrètement effectif un « corps » (au sens anthromorphique) qu'on a cru des plus purs, l'acide « sublimé » de ce que les marais salants retirent de la mer. L'autre, Cl, désigne par convention un corps simple, corps n'ayant plus rien d'anthropique.

Autre exemple suggéré par les conditions dans lesquelles le « vitalisme » aura été mis en déshérance : l' « irritabilité » — mot venu étymologiquement d'un *ir* (chose) d'origine obscure, mais connoté par ire, colère – aura été tenue pour une qualité propre à la vie et aux tissus vivants. Les expériences dont elle aura fait l'objet auront bientôt conduit de l'antique *electron* (l'ambre grecque) à l'électricité statique, puis dynamique, et enfin au moderne électron, une particule.

Comme vécue, qu'est l'histoire? Comme recherche, elle est et ne peut être qu'analytique. A bon droit, une des premières innovations typographiques de l'imprimerie aura été celle des guillemets authentifiant la citation : ils rendent à chacun son dû mais aussi le relativise. Ne subsiste-t-il pas des cultures ce qu'il advint des sciences depuis que « boîtes noires » ont remplacé « boîtes claires »? Si oui, ce qu'on a parfois appelé « crise » des sciences ferait écho à la crise de l'ordre mondial. François Simiand avait établi que les crises cycliques de l'économie moderne forcent à l'innovation technologique; pourquoi notre crise actuelle n'annoncerait-elle pas un rebond de conceptualisations scientifiques?

Analogie au sens rigoureux du terme? Plutôt indication ouvrant à l'espérance qu'accorder légitimité au raisonnement analogique sera une manière de contribuer à savoir si l'on pourra sortir d'impasses en quelque jour lointain.

Quatrième partie

LE FIN MOT DE L'HISTOIRE

Le Code mental, deus ex machina

Les premières lignes de la Bibliographie citeront Jacques Hadamard ; c'est son *Invention en Mathématiques* qui nous permettra d'introduire ces éléments du Code mental.

La véritable innovation résulte d'un travail dont la phase créatrice est inconsciente. Henri Poincaré l'avait déjà dit ; pré-profondateur de l'école intuitionniste, il indiqua comment il était venu à bout de ses recherches sur les fonctions hyperfuchsiennes. Après de longs efforts de veille qui n'avaient pas abouti, la solution lui sauta en l'esprit au moment où il partait en excursion pour se délasser : un rapprochement s'était fait de lui-même en lui-même entre l'analyse fonctionnelle et des formalismes arithmétiques auxquels il n'avait pas pensé ; il ne lui resta ensuite qu'à vérifier que cette soudaine suggestion l'avait correctement informé de ce qu'il fallait faire. Ces deux célèbres mathématiciens ajoutent à leurs constats introspectifs maints témoignages d'émules. Tous concordent sous formes diverses. Gauss y parle de Dieu ; Einstein fait état de processus inconsgients (nous dirions bio-inconscients) dont la profondeur contraste avec « *die Enge des Bewustsein* », l'étroitesse de la conscience.

Ils évoquent d'autres cas. Dans les sciences expérimentales, la découverte peut avoir pour condition qu'on ait l'esprit assez ouvert pour « penser à côté » : Fleming découvre la pénicilline qu'il ne cherchait pas ; bel exemple de l'utilité d'associer « *accident and schrewd observation* » ; il y faut cette « ruse » dont les Grecs avaient fait la déesse Métis, que Zeus s'incorpora en l'abusant. En outre, ce qu'Hadamard appelle « illuminations brusques » sont aussi, selon lui, dons d'artistes. Au galop d'une voiture, Mozart note sur ses manchcttes une idée symphonique qui lui est venue tout à coup et qu'il craint d'oublier ; Chopin disait la peine qu'il faut prendre pour reconstituer note après note une œuvre surgie entière dans le bonheur d'une soudaine inspiration.

Mais tout est-il mêmement objet de travail pénible et consciemment médiat après avoir intuitivement surgi par immédiate inspiration dont la perception s'accompagne d'un sentiment de joie puissante ? N'y faut-il pas distinguer le beau, le bon et le vrai après qu'ils ont été confondus dans des surgissements intuitifs toujours semblables ? Aux exemples cités, ajoutons-en un autre relatif au faire et aux réflexions qui l'ordonnent : Saint Paul, sur le chemin de Damas, se prend à mener son action et ses pensées au contraire de ce qu'il s'était proposé. La problématique concernant ces « illuminations » devra être à la fois globalisante et sectorielle. On se demandera si ces « illuminations » créatrices, rationnelles ou sublimes, sont seules à relever du non conscient. Or nul besoin d'être grand clerc pour constater introspectivement qu'il n'en est rien. Dans le plus humble quotidien assemblage de pensées et de syllabes, de mots et de gestes, elles s'opèrent spontanément. Dans le moi sub-liminal elles sont comme vivantes, cachées mais prêtes à répondre au moindre appel, voire à le devancer, et pas seulement quand, comme on dit, un « mot nous échappe ». L'automatisme en est si ordinaire que font cas les occasions où il faut étudier ses gestes par référence à des modes d'emplois consignés dans la mémoire ou dans des traités écrits, ou bien « chercher ses mots », ce qui est alors comme feuilleter un dictionnaire analogique. Paroles et gestes spontanés sont comme le fait de respirer face à l'acte voulu.

Le moi sub-liminal vivifie de l'incorporé en mille automatismes qui le sont souvent devenus sans même que nous ayons eu à y prêter attention ; y a suffi de vivre, d'écouter et de parler, d'agir au milieu d'autrui et de choses, maîtres non perçus d'apprentissages acquis à moindre peine. Et pourtant, la conversion de saint Paul ou telle des plus notables inventions scientifiques font figure d'événements, la moindre des choses dites ou faites est aussi de nature événementielle ; absente, avant, du tissu existentiel, elle n'en peut plus, après, être retirée. Il conviendrait donc de parler d'une sorte d'échelle des profondeurs. Plus l'événement surprend, de plus bas aussi il provient ; mais de quelque assise secrète qu'il le fasse, c'est toujours comme effet de durée introduisant dans l'accompli d'autres accomplissements, aussi irrattrapables qu'est non modifiable l'espace comme lieu usuel de synchromies.

Encore faut-il, comme les linguistes et pour la totalité du logos, verbal ou non, faire la différence entre la compétence – un acquis – et la performance – une mise en œuvre. Or la compétence elle-même s'acquiert, si bien que l'événement produit par une performance – fût-elle des plus humbles – aura été précédé d'un autre, moyen d'acquisition. De la sorte, l'historicité du sujet parlant ou agissant s'inscrit en corrélation avec l'histoire de son milieu, formateur ou informateur non moins que formé ou informé. Pour schématiser à l'extrême, on dirait d'une ligne – l'histoire – traversée d'autres – des historicités. L'en-bas de ces sécantes serait acquisitions personnelles de compétences; leur en-haut représenterait les performances. L'avant et l'après du point de séquence serait l'histoire comme formatrice d'apprentissage et l'histoire comme somme de résultats de performances.

Ne voulant pas rendre trop pesante cette Introduction, nous laisserons aux spécialistes le soin de vérifier une analogie entre cette image simpliste et une autre utilisée par Pierre Louis Buée qui a préfiguré ce qui deviendra, peu après lui, la représentation géométrique des nombres imaginaires inventés par les *Je* d'algébristes. Buée fait de tous points de la ligne des nombres réels (une abscisse) le pied d'une perpendiculaire (une ordonnée) où puisse s'inscrire l'« imaginaire » qui leur correspond. Pour aller de cette figure à celles des Wallis, Argand ou Gauss, il suffirait d'ajouter les arcs de cercle tournant d'un avant vers un bas ou d'un haut vers un après : deux sens différents et qui auraient pu être indifférents si la commodité ou l'efficacité, préférant l'acquis aux manières d'acquérir, n'avait pas amené à choisir trigonométriquement le sens inverse de celui des aiguilles d'une montre.

Revenons-en à l'essentiel : à la différence entre l'« illumination » géniale et l'automatisme trivial. Ils relèvent ensemble du logos; ensemble ils sont dus au non-conscient. Mais on dirait que les seconds, surgis quasi-spontanément, proviennent des affleurements supérieurs du subliminal alors que la première a dû traverser des profondeurs qui se mesurent notamment aux efforts et à la durée dépensés entre ce que, selon Jacques Hadamard, nous appellerons la cogitation et l'intellection. Tout se passe – nous est-il dit – comme si l'esprit projetait un flux de concepts agités en toutes sortes, d'entrechocs jusqu'à ce que l'un d'eux produise une combinaison stable, étant précisément la solution cherchée et s'imposant comme telle à l'attention qu'elle emplit de bonheur. En outre, dans le cas d'innovation véritable, la mise en flux n'est que partiellement consciente (sans cela, elle n'aboutirait qu'à expliciter du déjà implicitement acquis). De la sorte, si la part volontaire de la cogitation doit produire un flux assez étroit pour que puisse se produire le choc voulu, il lui faut le rendre assez ouvert pour entraîner dans son courant des stocks sans lui inertes, parce que le savant en éveil n'y avait pas pensé, bien qu'ils lui eussent été assez familiers pour que, même hors d'attention, ils soient spontanément entraînés dans le branle.

L'image ainsi proposée est familière à la physique particulaire; elle ressemble plus encore à ce qui s'est produit au cours de l'« explosion » des sciences modernes, situant ses inventions à la rencontre de courants conçus et lancés, comme distants, avant qu'ils aient atteint chacun, par développement interne, le degré d'expansion permettant éventuellement qu'ils se rejoignent et se combinent. A son tour, ce schéma historique n'est pas sans quelque ressemblance avec ce que la psychologie génétique selon Piaget décrit sous forme d'acquisitions quantiques de « structures », les plus accessibles dès l'enfance étant d'ordre émotif et sensori-moteur, celles marquant l'entrée dans l'âge adulte étant d'ordre rationnel. Aux stades traversés par l'intelligence de l'enfance à l'adolescence correspondent ceux qu'eut à franchir la formation émotionnelle d'un moi contraint, selon Freud, de faire prévaloir le principe de réalité sur le principe de plaisir : autant de « révolutions coperniciennes » permettant que l'individu cesse de se considérer lui-même, puis ses proches, comme le ou les centres du monde, sans finalement n'avoir plus besoin des consolations offertes, à titre transitoire, par les féeries.

Pour vague qu'elle soit, cette mise en correspondance de l'histoire et de l'historicité suffit à prolonger l'analyse des deux « actes » : cogitation, intellection.

Comme purs algorithmes, les « particules » de pensée seraient inertes; elles tirent leur énergie vivante d'avoir été incorporées par un apprentissage convenable impliquant des mises en œuvre qui prennent force d'automatismes. Cela vaut pour instrumenter aussi bien l'intellection que la cogitation. La première est plus immédiatement sub-liminale, plus proche d'un seuil qui, sur l'échelle des savoirs mathématiques, s'élève en fonction de deux facteurs : accroissement vivant de compétences personnelles et accroissement historique de connaissances collectives inertes comme telles, mais offertes à la réflexion vivante. Distinctes, les unes ne vont pourtant pas sans les autres. Il aura fallu des millénaires d'histoire pour qu'ajouter un 0 aux chiffres d'un nombre écrit en numération de position revienne à le multiplier par la base de cette numération ; il suffit de quelques mois pour qu'on l'apprenne dès l'âge requis et qu'on s'en serve alors automatiquement. Quant à la cogitation, il lui faut, elle, remonter un phylum d'acquis jusqu'à retrouver le point où s'y embrancha, sans qu'on en ait pris conscience, un autre phylum qui entre-temps a pu paraître indépendant. La cogitation requiert plus d'énergie que l'intellection, mais une énergie puisée à même source, celle-là même qui – tant dans l'histoire que dans l'historicité – mit d'abord en marche le sensori-moteur embrayé sur l'émotif.

On pourrait suivre au cours des âges ou de l'âge – et selon les domaines du savoir ainsi que selon les degrés d'apprentissage – comment cette puissance aura été successivement mise en œuvre. On pourrait dire schématiquement qu'au « début », elle s'exerce comme si, démultipliée, elle se serait exercée tout entière au service des besoins ou urgences d'une existence conçue comme globale, et aurait associé lenteur des progrès à une sorte d'omnipotence intrinsèque de savoirs qui, comme ceux des mythes, sont aussi capables de conforter le groupe que de guérir des maux individuels, aussi propres à fournir des pourquoi à l'existence que de rendre plus aiguë toute perception et moins problématiques ou hasardeux les comportements de toutes sortes, notamment producteurs. A la « fin », cette même puissance est comme démultipliée ; l'histoire en va beaucoup plus vite, mais au prix d'une division du travail social qui empêche que la condition des hommes soit effectivement une, même si se garde la nostalgie de l'unité. Cette puissance – celle de l'historicité – n'est évidemment pas à confondre avec celle, historique, qui grandit les forces de production dues à la mise en œuvre de sources d'énergies non humaines, ainsi que de mécanismes physico-chimiques qui accroissent les rendements mais donnent aussi des suppléments d'armes aux conflits. Avec la vitesse augmente le risque ; avec la multiplication des recours à la nature physique s'étendent les concurrences, les incompréhensions et donc les possibilités d'anomies.

Ce constat ne contredit pas celui de Roger Bastide. Il semble à celui-ci que l'homme sauvage est mentalement plus fragile, sa consistance psychique (on en dirait autant de *l'homo hierarchicus)* étant celle d'une totalité organique ; en revanche – de par la nature de ses savoirs et savoir-faire – il est quasi-immédiatement guérissable et sans besoin de s'en remettre à des produits fournis par des laboratoires. L'homme civilisé (ou *homo economicus*) emprunte une bonne part de sa solidité à

sa position spécifique dans un des ensembles des relations de production :
que cette intégration ne soit pas assez adéquate, alors il déraisonne et sa
guérison réclame, d'autant plus d'efforts tant de soi-même que d'aides
spécialisées. On pourrait aussi se référer à la différence *Gemeinschaft-
Gesellschaft*. Cette dernière a complexifié les relations interpersonnelles
à tel point que (selon Henri Baruk) quand un accident psychique a fait
rétrograder les stades de l'individuation, la guérison implique des
souffrances requises pour remonter les marches descendues par esprit de
fuite.

Quand donc une « crise » affecte une collectivité nationale – notamment comme effet de désajustements économiques –, s'instaure dans la
Gesellshaft une nostalgie – mère, dans ces conditions, de violences,
réconforts de la *Gemeinschaft*. On a vu que ces accidents se traduisaient
(fin du chapitre IX) par le renversement structurel rendant – conformément à la psychologie des foules – au Prince la place d'où l'avaient
chassé les Principes.

Au point où nos raisonnements sont parvenus, il convient de faire une
pause et d'en occuper le loisir pour procéder à un inventaire des
problèmes soulevés dès avant de poursuivre l'exposé qui aura à y
proposer des solutions. L'ordre de cet inventaire nous sera dicté par ce
que nous avons dit ; les vues d'ensemble qu'il offrira suggèrent l'ordre de
ce qu'il reste à mentionner pour conclure cette Introduction.

Cogitare et *intelligere* désignent deux activités cérébrales indispensables l'une à l'autre, mais distinctes tant par les moments où elles ont à
intervenir que par leurs conditions et leurs manières d'agir. La première
précède la seconde et met en branle des concepts et des conceptions, les
jette en flux orientés restrictivement, mais non étroitement, au point que
ces flux intentionnels n'entraînent ni ne réunissent dans leur courant
d'autres flux mettant en mouvement d'autres conceptions et d'autres
concepts qu'à elles seules les intentions et attentions premières eussent
laissés à l'état de stocks inertes. D'où proviennent ces éléments ou
particules conceptuels et ne sont-ils pas de deux natures : statiques
comme notions relevant d'algorithmes, et dynamiques par les rapports
opératoires qu'ils soutiennent entre eux ? Comme cette dualité est
effective, ces rapports sont-ils ou non ceux d'équilibres, et des déséqui-

libres seraient-ils susceptibles de dépasser un point de rupture? Quant à l'énergie qui les met en branle, d'où provient-elle? Est-ce de ces particules ou de ces rapports eux-mêmes, ou bien d'une autre source?

Intelligere est action aussi, mais de choisir. Quels critères arbitrent ces choix et d'où provient l'énergie nécessaire ou suffisante pour y procéder? Là encore, quelles sont les fonctions respectives des concepts et de leurs relations, et des uns ou des autres, quelle est l'origine?

Autre problème, corollaire du précédent : la cogitation et l'intellection opèrent-ils dans le verbal ou dans le non-verbal, et dans quels cas tantôt l'un tantôt l'autre? Quand il s'agit du non-verbal, disons d'images ou de schémas, ils sont apparemment statiques ou synchroniques, mais le dynamique ou le diachronique n'y est-il pas impliqué et dans quelles ou à quelles conditions? Dans le second cas, là encore, d'où provient l'énergie?

De là une troisième question. L'énergie dépensée l'est à un travail; qu'entendre par ce mot, et s'agit-il d'un travail libre ou jugulé? Admettons que ce puisse être tantôt l'un, tantôt l'autre : comment répertorier les deux termes de l'alternative? Deux répertoires dont il est à prévoir qu'aucun ne sera simple, qu'il concerne soit l'analogie, offrant plus grande liberté, ou bien l'homologie, soumise à bien plus d'exigences.

Enfin, ayant appris des précédents chapitres qu'il n'est d'homologie qui soit pure de toute analogie et que tant les stades traversés quantiquement par l'historicité et ses apprentissages que ceux franchis par les mutations obscures ou spectaculairement révolutionnaires de l'histoire conduisent du plutôt sensori-moteur au plutôt rationnel, opérationnel ou opératoire, que dire de ce phylum général, de ses manifestations et de ses composantes naturelles ou culturelles? Oblige-t-il à s'en tenir à l'homme ou bien invite-t-il à regarder en deçà, c'est-à-dire à tout le moins du côté du règne animal?

Commençons par le plus simple : les fonctions du non-verbal et du verbal et de leur ordre chronologique dans les apprentissages de l'historicité, dans les performances de l'histoire et dans la gestation des « illuminations brusques ».

La genèse de l'intelligence enfantine force de constater que l'enfant ressent, agit, imagine dès avant de savoir parler au sens propre du terme, c'est-à-dire en langage articulé et non seulement par cris accompagnés de manifestations physionomiques ou gestuelles. En outre, l'enfant parlant traverse une phase de féeries. Elles compensent sa déception de n'être pas au plus près du centre du monde où, faute de ne plus pouvoir s'y sentir lui-même, il avait illusoirement situé ses parents. Ces féeries, il a besoin qu'on les lui raconte, et il se les raconte à lui-même, mais n'est-ce pas besoin d'images ou du moins d' « imagination »? Cette phase est-elle celle d'une réintroduction d'images ou seulement d'une explication d'imageries confusément latentes? La seconde hypothèse paraît la bonne : la phase en cause serait celle d'une mutation de l'imaginaire qui ne se suffit plus du trop flou.

Cette chronologie est-elle conforme à celle de l'histoire? Le langage articulé semble avoir été aussi vieux que l'homme, mais nous ne savons guère le degré d'importance qui s'y attache spécifiquement, face tant à des expressions par cris ou gestes qu'à ce qui s'imagine ou se traduit concrètement en formes construites, dessinées ou gravées. En fait, dès à propos de ces premiers moments les plus obscurs de l'histoire, se pose la question de savoir ce que les comportements humains gardent de semblable aux comportements animaux. Biologiquement, on a pu dire de l'homme qu'il est un animal né avant terme, c'est-à-dire avant que son cerveau proportionnellement très agrandi ait été entièrement doté de toutes ses interconnexions crâniennes, ni d'instincts comme ceux qui font que le jeune singe montre plus d'adresse que le trop jeune enfant. Le goût enfantin pour les dessins animaliers ne témoigne-t-il pas d'un reste d'admiration ou d'intérêt? A l'âge où déjà on sait bien que les animaux ne parlent pas, si on leur attribue ce don, n'est-ce pas en survivance d'envies portées à d'autres dons effectifs et dont l'homme ressent le manque au cours de sa première enfance? Si oui, l'histoire des mythes et de leurs acteurs animaux serait rendue intelligible par référence à la prime historicité.

Moins hypothétiques seront les considérations à consacrer maintenant aux processus de l' « illumination brusque ». Jacques Hadamard témoigne que la pensée d'un mathématicien hautement performant procède d'abord par images floues. Il conteste l'opinion de psycholinguistes allemands qui prétendirent que la pensée opère d'abord par mots; en fait, il se rallie à des assertions bien plus sûrement fondées : celles de la *Gestalt-Theorie,* qu'ici nous ferons nôtres. Pour Hadamard, mots et algorithmes n'interviennent qu'après. Toutefois, cela n'est sûrement vrai que pour la phase finale de la cogitation dont le résultat n'est pas à tout coup fiable, tant il arrive souvent qu'il soit seulement hypnagogique. Serait-on en droit d'en dire autant de la phase initiale de l'intellection? Cela ne nous est pas précisé. Le fait est que, dès ou presque dès ses premiers moments, l'intellection se prête à algorithmes, eux, bien évidemment nécessaires pour vérifier si l' « illumination » a été illusoire ou non.

Ayant pris position sur ce problème images-mots, nous avons largement entamé ce qui concerne le principal : cogitation, intellection et leurs éléments et modalités. Il va de soi qu'en mathématiques, l'effort conscient de mise en marche se sert d'algorithmes et de formalismes opératoires acquis. Si ces acquis suffisaient – tirés qu'ils sont par le savant compétent des strates supérieures du subliminal déjà largement automatisé en lui – il ne serait nul besoin qu'intervienne l'inconscient. Quand il le fait, en résultent des « images floues », trop floues pour n'avoir pas besoin de vérification, mais assez pour qu'inconsciemment le savant ait pensé « à côté » des données qu'il a mises consciemment en œuvre.

Ces données portent-elles « en elles-mêmes » l'énergie qui les jette en flux? Question qui mérite à peine d'être posée après ce que nous avons dit de l'énergie vivante qu'elles empruntent à des apprentissages qui les ont « incorporées » au prix de longs efforts. Ce sont ceux de l'élève ou de l'étudiant, mais aussi de l'adulte qui y consacrent de nécessaires surcroîts d'énergie. Au stade de l'acquisition de compétence, l'effort est le plus strictement d'obéissance « disciplinée »; par la suite – et à mesure que l'adolescent ou l'adulte sont hors de tutelle – grandissent les parts de la vocation ou de l'intérêt personnalisés, de l'émulation dans un groupe ou un milieu où il est désirable de faire figure, celles aussi de ce qui nourrit la recherche par l'information de ce que des autres ont fait ou pensé. Les impacts reçus du milieu relèvent de conditionnements à la Pavlov.

Algorithmes, concepts ou conceptions sont offerts et reçus comme stocks; mais, produits par les flux cérébraux de prédécesseurs ou de rivaux, ils en suscitent d'autres chez qui entend en poursuivre les tâches et en améliorer les résultats.

De telles réflexions ont déjà empiété sur celles appelées par la notion de travail. Quand est-il libre et quand jugulé, et alors consciemment ou non? Voilà qui nous invite à prendre du recul : le travail n'est pas que de l'esprit; il invite à élargir les perspectives.

Labor, labeur, labour sont connotés par la promesse de moissons. Quand il est transitif, l'allemand *schaffen* veut dire enfanter. Travail a d'abord été la « machine » où l'on assujettit les bœufs ou les chevaux (à ferrer); de *tripalium* vint aussi *trepalium,* instrument de torture au VIe siècle. On trouve là du naturel conjoint à du culturel. Rappelons que selon l'hermétisme, quand la nature est en travail, c'est qu'elle est en gésine, et que, quand le « laboratoire » n'est plus cette nature elle-même mais le lieu où on l'aide à procréer, le travail de l'expérimentateur contribue à faciliter des « enfantements », donc à hâter les temps de leurs procréations. Aux époques serviles, la *pœna* est épargnée aux hommes libres, le Concile d'Auxerre interdira que gens d'Église soient soumis au *trepalium;* puis l'histoire chrétienne valorisera la peine, prix du mérite.

Ainsi aboutissons-nous à l'aperçu final concernant le dernier problème inscrit dans notre inventaire. L'essentiel en a été précédemment suggéré : vu de loin et dans le flou requis, le phylum historique conduisant la compétence sociale du sensori-moteur à l'opératoirement formalisable a traversé des mutations où il n'est pas aisé de faire la part du hasard pur (sauf à agrandir considérablement l'échelle de l'observation jusqu'à rendre visibles les conditions d'échec ou de succès de performances personnelles) ni celle des invites et contraintes exercées par le milieu; les plus que probables déterminismes de la très longue ou de longues durées se dissimulent sous les très évidents hasards des mille moyennes ou courtes durées. Et, s'il est vraisemblable qu'il n'y ait rien, dans les tout débuts du *Sapiens sapiens*, ou même du *Sapiens,* qui ressemble au nourrisson à peine né, alors ce phylum – toujours, bien entendu, dans le champ du logos et lui seul – serait à remonter (comme le montre Thomas Sebeok) au règne animal et à ses manières d'exprimer et recevoir messages. Disons, pour ne parler qu'en logicien de l'analogie, que si le code génétique est principalement de même type du début du vivant jusqu'à l'homme, il n'y aurait pas à s'étonner que quelque chose de ce codage, ayant ouvert passage de l'inerte à l'organique, se retrouve dans le passage de l'organique au mental.

Reste à présenter les Éléments du code mental. Sans doute les précédents chapitres en ont-ils déjà beaucoup laissé entendre, mais des aspects inabordés ou différés peuvent ou doivent être offerts à des suppléments de vérifications.

Peuvent l'être ce que cette introduction ajouta de remarques d'ordre général aux constats relevant plus précisément de l'histoire et de la critique historique. Ce sera notamment pour analyser comment ce code soumet à son joug tant toutes formes d'analogies que d'homologies, et aussi bien dans les domaines du logos qui se prêtent à automatismes que dans ceux, bien plus restrictifs, où prévalent le démonstratif et l'opératoire. Dans les cas de formalisations abstraites, on a vu comment – par affects du milieu social se modernisant avec l'échange régi par le capitalisme –, les opérations finissent par dicter leurs lois aux algorithmes à la nature desquels elles avaient précédemment obéi. De même en ce qui concerne le sacré, selon deux avis de Georges Dumézil.

En voici un premier : « C'est moins chaque figure, chaque concept religieux qu'il faut prendre en compte, que les rapports qu'ils soutiennent entre eux et les équilibres que révèlent ces rapports ». Cette notion d' « équilibre » ressemble à celle de « réversibilité » dont parle Piaget à propos des « structures » rationnelles, mais ce psychologue de l'enfance et de l'adolescence ne se prétend pas historien. Or, au cours de l' « explosion » des sciences modernes, tout va d'un déséquilibre à un autre et la nécessité de procéder à révisions récursives (par exemple pour inventorier des axiomatiques) n'implique pas, ou plutôt exclut (en stricte homologie) qu'on en revienne à des logistiques antérieures, entre-temps reformalisées dans le sens du généralisable. L'homologie étant le propre de ce que nous appelons « systèmes », rappelons que, depuis Gödel, il est hors de conteste qu'un système donné puisse logiquement être légitimé autrement que par un ou des systèmes postérieurs.

L'autre leçon à retenir de Georges Dumézil est relative aux corrélations entre rapports conceptuels, rapports sociaux ou relations de production : Jupiter, Mars et Quirinus sont entre eux comme prêtres, guerriers et producteurs dans les sociocultures indo-européennes.

Enfin devront être modélisées deux singularités essentielles :

L'une concerne la différence entre le géométrique et l'arithmétique. Rappelons que quand le tout moderne Hilbert axiomatise la géométrie, ne concevant que trois dimensions à l'espace, il le fait à peu près comme Euclide lui-même, auquel d'ailleurs on trouverait bien des antécédents plus ou moins explicités et jusque dans la plus vieille ère d'une Chine qui, même à l'heure des Jésuites, ne jugea pas devoir fonder sa logique sur des démonstrations. En revanche, Peano, axiomatisant l'arithmétique, n'a que de très immédiats prédécesseurs, Pierce et Dedekind. Il y est besoin de trois « termes » : zéro, nombre et succession. Le second de ces termes est intuitif; le premier aura dû attendre le VIIe siècle de notre ère pour que l'Inde et les spécificités de son phonétisme l'introduisent dans la numération décimale de position. Quant à « succession », il aura traversé toutes sortes de convulsions historiques avant que – sur le modèle de la graduation de Qualités ou de quantités intensives – on ait pu faire d'un fils devenant père ou d'un roi « succédant » un roi (ainsi qu'on le disait transitivement encore au XVe siècle) un segment à la cartésienne ajouté à un segment, comme un nombre entier provient d'une unité ajoutée à son prédécesseur.

Problème crucial, et que nous aborderons selon l'hypothèse suivante. Supposons que – analogiquement à la succession de père en fils – les trièdres constitutifs d'un tétraèdre (et définis par la différence angulaire aigu-obtus) relèvent d'une généalogie, alors le successeur comptera un angle obtus de plus que son prédécesseur. Ce serait comme si l' « univers » comptait une « différence » de plus. Or nous serons à même de constater qu'ainsi 0 et les trois premiers nombres peuvent s'inscrire sur chacune des arêtes d'un trièdre orthogonal constitutif d'un cube que nous appellerons « cube généalogique ». Ce cube nous rendra compte de deux énigmes : il est « naturel » de compter additivement de dix en dix – grâce aux chiffres de 0 à 9 –, cependant que l'importance mythologique de la quantité soixante-quatre renverra à un terminus d'une numération de position de base 4.

Autre singularité, autre problème crucial : celui annoncé par la 3e Section du Chapitre II et concernant les octaves de Cayley. L'occasion nous sera donnée de présenter des schémas récapitulatifs signalant (pp. 456 et ss.) des analogies entre algèbres modernes et données mythologiques offertes par le Yi-King, et permettant de tout achever par un survol de ce qu'il est advenu de la notion d'espace dans les homologies du XIXe siècle.

CHAPITRE 1

Le code
synchro-diachronique

L'espace dans lequel on construit comporte trois dimensions, chacune dédoublée. En un point donné, ces six orientations sont fixes si elles renvoient à des entités comme Nord-Sud ; elles sont mobiles si elles sont relatives à un sujet pouvant se déplacer et se retourner comme de gauche à droite. Il sera figuré par le Modèle I auquel sont associés autant de nombres qu'il en faut pour l'inventorier. Il implique symétries et rotations, mais ces dernières n'ont été algébrisées que tardivement. Ce Modèle n'est donc pas à voir comme un des éléments du code, mais à « lire » intuitivement comme la plus simple manière de figurer des présupposés inaccessibles dans leur essence et seulement manifestés dans l'expérience vécue. Comme fixe, ce modèle a signification plutôt naturelle. Comme mobile, il est plutôt culturel et se rapporte à un sujet agissant et parlant. Orthogonal, il ne se prête directement à évaluations binaires que comme gauche et droite ; mais il fournit aussi l'angle droit comme unité naturelle de mesure pour différencier binairement les angles aigus et obtus.

Ces derniers ne peuvent apparaître que sur le Modèle II, figurant le plus élémentaire volume constructible. Il comporte six arêtes numérotées de 1 à 6 par analogie – mais non homologie – avec le Modèle I. Utiliser de mêmes nombres pour repérer des éléments de figures irréductibles l'une à l'autre implique que des sèmes puissent être transférés en conservant leurs connotations, mais non leurs dénotations. Cette possibilité de transfert sera inscrite parmi les présupposés constitutifs du code, possibilité à étendre à l'ensemble des sèmes inscriptibles sur les mêmes figures comme analogues ou homologues à leurs éléments. Ainsi le Haut (3) d'un des axes spatiaux peut-il devenir un 3 (haut) sur un tétraèdre où il peut se prêter à comparaison avec deux autres sèmes (tels que droite ou avant), comparaison binaire permise par la différence aigu-obtus et permettant de signifier en haut et à droite, ou en haut mais non à droite.

Si le modèle I peut être relatif au Sujet dans le cas de déplacement et rotations, le Modèle II est objet, encore que ses sémantisations impliquent l'existence d'un Sujet. Les précédents chapitres ont montré que d'une part, ces transferts sont en va et vient chaque fois qu'il faut procéder à comparaisons de type angulaire ou transcrire le résultat de ces comparaisons dans l'espace orienté, et que, d'autre part, ces transferts sont l'occasion de mutations comme celles qui permettent de remplacer les notions de « vers le haut » ou « vers le bas » par celles de + z ou − z. On a vu que de telles mutations sémantiques avaient rendu possibles l'élaboration de l'analyse, l'interprétation géométrique des nombres complexes et la conception d'espaces vectoriels. Le fait qu'il ait fallu attendre si longtemps pour que les propriétés des modèles en fassent des systèmes de coordonnées cartésiennes ou tétraédriques souligne l'irréductibilité des deux Modèles I et II, et donc la nécessité de les inscrire l'un et l'autre dans le Code.

En outre, l'histoire nous a appris que de tels résultats ont été commandés par la solution donnée à des débats comme ceux concernant la quintessence, et, grâce à elle, la notion de continuité linéaire, d'abord dans l'évaluation de degrés de températures. L'importance prise ainsi par le centre du tétraèdre oblige qu'on ajoute un troisième Modèle aux deux autres : le tétracanthe. Les quatre pointes de ce dernier pouvant devenir les sommets d'un nouveau tétraèdre tel que les faces de l'un soient les sommets de l'autre, nous aurons à lire ce troisième modèle comme signifiant ce que Chasles appellera transformation dualistique : autre donnée à inscrire à l'état brut dans le Code.

Ces trois figures sont inscriptibles dans une sphère significative de rotation et de n'importe quel rayon. Le tétraèdre est le seul volume conservant cette propriété s'il est irrégulier. Sur cette sphère, les quatre points délimitent des triangles sphériques au sommet desquels se situent, entre arcs et rayons, des angles dits cornus ou « mixtes » par les Grecs. Ces angles sont aussi semblables qu'on voudra à des angles rectilignes à l'une ou l'autre ou l'une et l'autre des conditions suivantes : les regarder au plus près de leur sommet, faire tendre vers l'infini la longueur du rayon. A noter d'emblée une distinction radicale entre les deux concepts :

tendre vers l'infini ou être à l'infini. Dans les deux cas, on raisonne de l'infini à partir du fini; dans le second, il aura fallu légitimer la projection de l'infini dans le. fini. Qu'une géométrie projective soit possible est à inscrire dans le Code : autre manière de souligner que, représentable en figure, le Code ne leur est pas identifiable, puisque, là encore, il aura fallu attendre si longtemps pour mettre au jour cette propriété.

Nous supposons que les précautions ci-dessus indiquées suffisent à évoquer les autres, relatives aux tableaux qui vont suivre, pour tout résumer graphiquement avant de procéder à quelques commentaires (cf. Tableaux I, II, II *bis*, III et III *bis*, pages 373 à 377).

Pensée et discours holistiques

Nous appellerons holistique la pensée où l'espace et le temps sont confondus dans une même éternité, et où le désir ne fait qu'un avec la réalité. Cette omnipotente omniprésence est celle attribuée à la puissance qui, comme celle du Tao, peut créer avant de créer, à l'existant primordial d'où sont nés les premiers ancêtres, ou encore au Dieu de la Genèse. C'est un a priori intuitif postulé a posteriori. La psychologie génétique et la psychanalyse permettent qu'on y remonte en rebroussant les stades du développement de l'intelligence ou ceux de la constitution du moi. L'une de ces deux remontées s'opère de l'abstrait au concret, à travers les « structures » acquises par sauts quantiques; elle conduit de la réflexion vers les données immédiatement sensori-motrices impliquant circularité. L'autre part du moi formé et connaissant ses limites, jusque vers un moi-tout tel que le laisse supposer la déception du très jeune enfant surpris que ses cris et gesticulations ne satisfassent pas ses envies.

En fait, cet « originel » synchronique intuitivement supposable n'est exprimable que diachroniquement, et alors selon des exigences grandissant à mesure que sont franchies des « révolutions coperniciennes » dont les manifestations dans l'historicité individuelle ne sont pas sans analogie avec celles de l'histoire générale. L'enfant, devenant adulte, prend successivement conscience de sa dépendance de parents, eux-mêmes

SOUS L'ŒIL D'HORUS : DU RÉEL A L'IMAGINAIRE

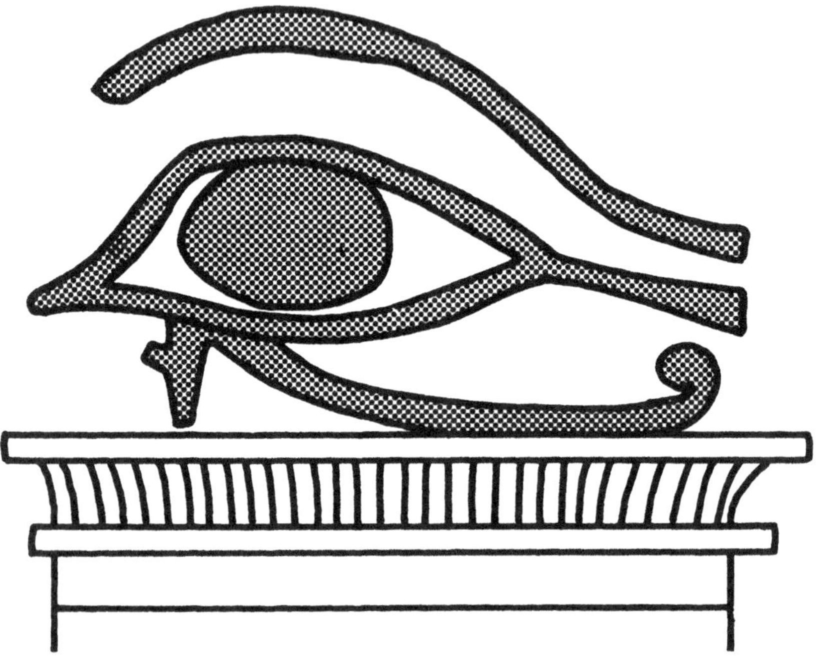

Figures ci-dessous : toujours M2, M3 applatis ensemble en un carré où le choix entre dièdres additifs (M2) et angles soustractifs (M3) soit ceux de nombres nécessaires à la CONCLUSION qui en appellera aux « constantes de structure » des Algèbres modernes pour circonscrire les permanences de la logique événementielle. Ce carré annule l'axe T (du temps, cf schéma VI) à rétablir imaginairement.

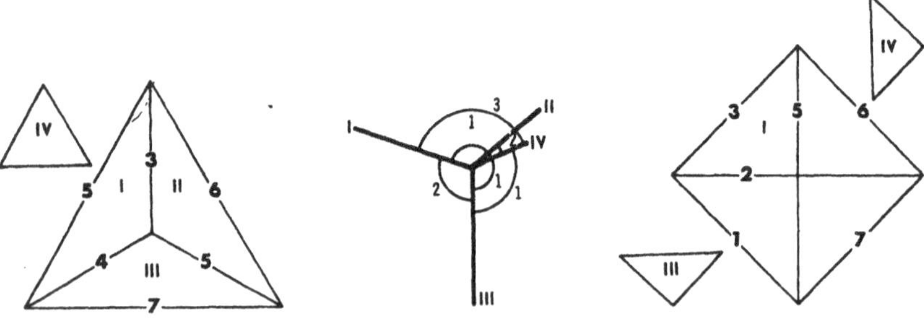

TABLEAU I MODÈLES CONSTITUTIFS OU CARDINAUX

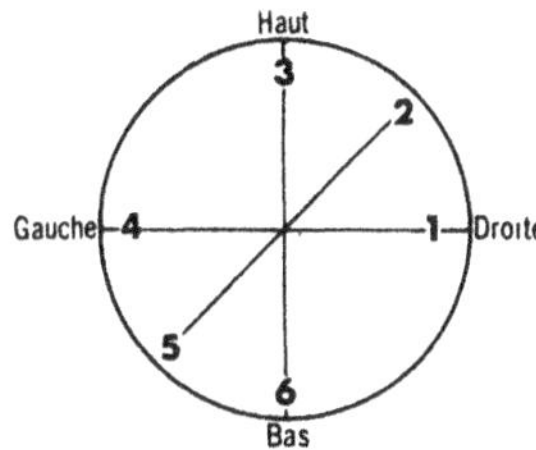

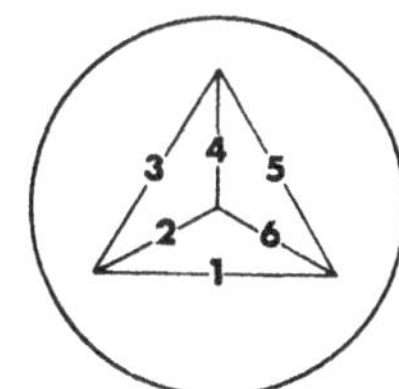

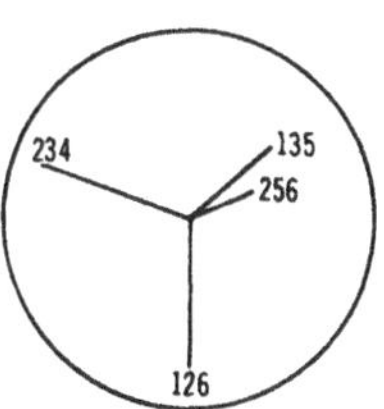

M 1	M 2	M 3
L'espace ou le sujet dans l'espace	L'objet et ses conditions de construction	Supplémentaire à M 2

M 1 doit être considéré avec ce qu'il permet de rotations (du sujet dans l'espace), ce qu'il présente de symétrie (telles que gauche-droite) et ce qu'il autorise d'analogie (telles que Nord-Sud/Avant-Arrière/Avant-Après, etc. ou Ouest-Est/gauche-droite/maléfique, bénéfique/Féminin-masculin, etc. ou bien ciel-terre (haut-bas)/divin-infernal/vie-mort/dominant-dominé. Les six numérotations sont nécessaires bien que dans un ordre arbitraire (inspiré ici de l'œil d'Horus); elles sont transférables analogiquement d'un modèle à l'autre (non homologiques l'un à l'autre) par le fait d'être tous inscriptibles dans une sphère et passibles d'oppositions binaires.

– M 2 devient M 3 par construction d'un tétracanthe dont les pointes peuvent devenir les sommets d'un M 2, etc. Le cercle de ces transformations est eulérier (quand un tour a été complet, le suivant ne s'identifie pas au premier mais s'y ajoute).

– Quatre des huit dièdres de M 1 deviennent des triangles de M 2 et redeviennent trièdres sur M 3, etc. Les quatre autres restent des drièdres.

– Les orientations opposées sur une même droite de M 1 deviennent non concourantes sur M 2 et des angles conjoints par leurs sommets sur M 3.

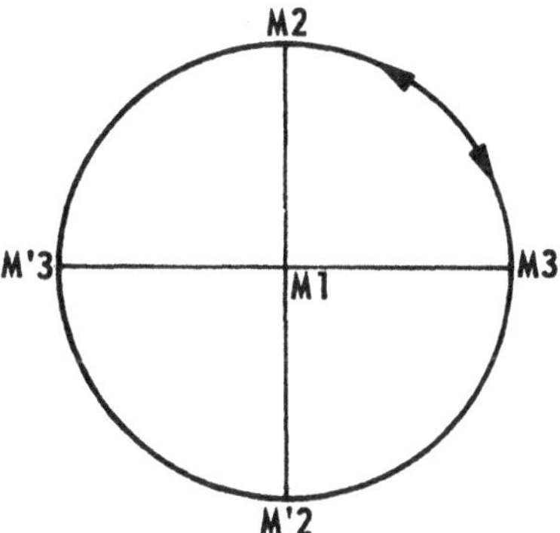

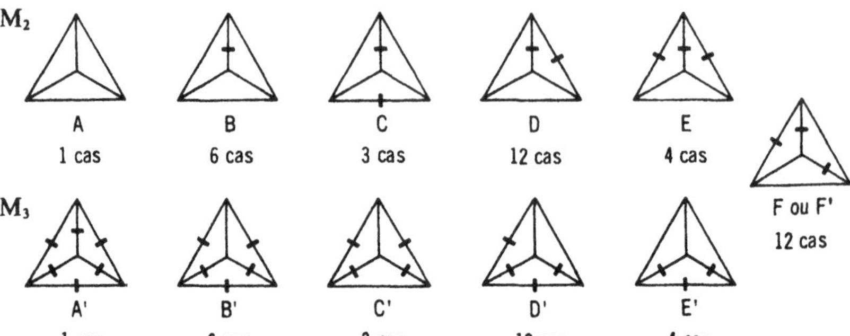

Les modèles 2 et 3 du tableau I sont transformables, les dièdres (trois au maximum) du tétraèdre ou les angles (trois au minimum) du tétracanthe pouvant devenir obtus (barrés sur la figure). Appelons « modalités » ces modifications n'affectant pas l'existence des modèles. Ces modalités seront synthétiques parce qu'elles sont celles de solides ou d'angles complets et soit clos comme des contenants (M_2) soit enclos des contenus (M_3). Pour faciliter la lecture et souligner le caractère supplémentaire des deux types de figures, on a représenté les M_3 comme des M_2. On voit ainsi que l'interprétation logique ne peut pas recourir indifféremment à M_2 ou M_3 sauf à tenir compte d'une double inversion sémantique entre dièdres et angles et entre aigu et obtus.

Le nombre de ces Modalités s'élève à 76 si on omet que F, F', sont soit tétraches soit tétracanthes.

Si on compte pour 0 le cas A (aucun élément obtus) les 64 figures représentant les quantités exprimées en numération de base 2 : A est un 00000 ; A' est un 63. 11111. Cette analogie est conforme aux prescriptions traduites par les Modèles I où dans des dénominateurs des fractions d'Horus, les chiffres de 1 à 6 représentent des puissances de 2. Sur les tétraèdres un dièdre obtus sur un sommet l'est aussi sur un autre. La figure ci-contre rend compte de cette corrélation pour faciliter la lecture du cube généalogique du tableau III mais sans tenir compte des orientations. On notera la singularité du type C. La même disposition vaut pour les tétracanthes dont on obtient les quadruplets en soustrayant de 3 les nombres inscrits ici : C' vaudra 2222, F' 1122, etc.

	00	11	21	31	22
00	A	B			
10			D		
11		C		E	F

20 MODALITÉS ANALYTIQUES

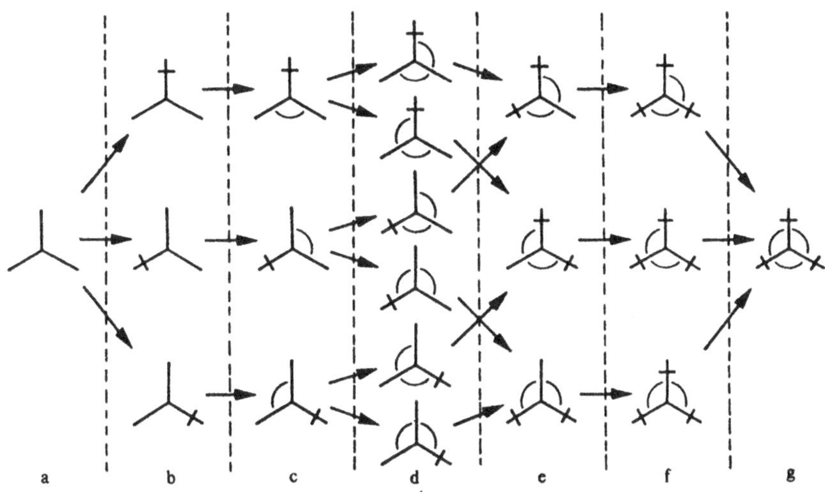

Le trièdre n'existe que comme composante d'un tétraèdre. A ce titre ces 20 modalités sont analytiques. Les angles obtus sont ici marqués d'un arc.

Ces 20 modalités dérivent les unes des autres par adjonction d'un élément obtus selon une généalogie allant du tout aigu (a) au tout obtus (g). Le franchissement de chaque ligne pointillée verticale représente le franchissement d'un élément droit. Les sept premières figures ont les sept dernières pour supplémentaires, les six figures en position médiane ont leurs supplémentaires, dans la même colonne. Le trièdre orthogonal serait sur le passage direct entre la modalité (a) (à la limite une droite) et la modalité (g) (à la limite un plan).

Les tableaux ci-dessous « alphabétisent » la résille des trièdres. La « lettre » A est nécessaire, mais ne peut être construite telle qu'elle est dessinée. Lignes, colonnes et cases désignent la 2ᵉ et 3ᵉ lettre selon deux cas : trièdre construit selon la généalogie et trièdre ou « lu » tel que déjà construit.

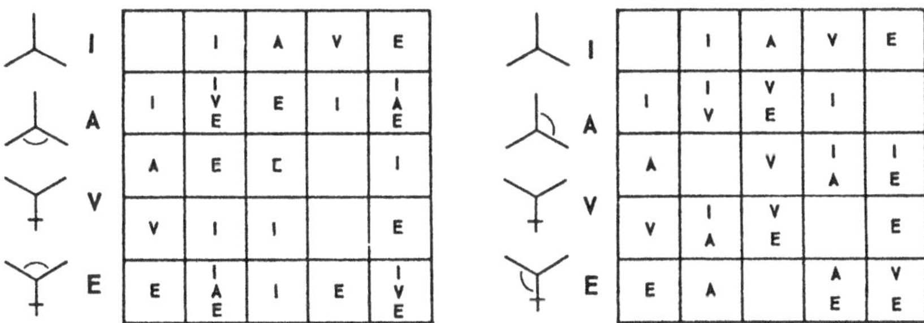

	I	A	V	E
I	I V E	E	I	I A E
A	E	⊏		I
V	I	I		E
E	I A E	I	E	I V E

	I	A	V	E
I	I V	V E	I	
A		V	I A	I E
V	I A	V E		E
E	A		A E	V E

TABLEAU III RÉSILLES ET CUBE GÉNÉALOGIQUE MG

La résille 1 schématise la généalogie des tétraèdres non orientés et caractérisés par le nombre de leurs éléments obtus. Les dièdres sont dénotés pour chacun des quatre trièdres dans la ligne supérieure de ·l'étiquette. La généalogie de ces dièdres obtus est présentée sur la résille 2 par la succession des cas de A à F ; elle est complétée de A' à F' par la généalogie (supplémentaire) des angles obtus du tétracanthe. La généalogie des angles du tétraèdre est présentée par la résille 3 ; les 10 cas en sont doubles en soustrayant de 333 les quantités indiquées ici. Cette généalogie tient compte de l'orientation des solides seulement pour préciser quelles formes sont différentes bien que constituées d'une même quantité d'éléments obtus. La résille I organise ainsi 27 types.

Les nombres sont cardinaux sur les résilles et à la fois cardinaux et ordinaux sur le cube.

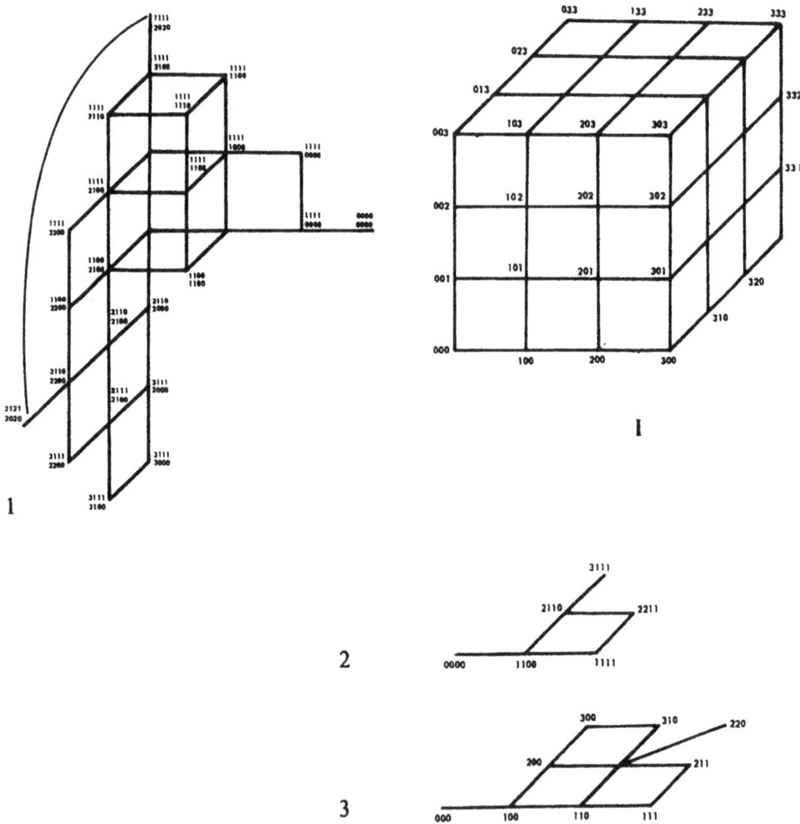

LECTURE SYNCHRONIQUE DU CUBE GÉNÉALOGIQUE

Les figures 1 et 2 inscrivent dans des carrés ou des cubes les quantités que le cube des Modèles III assimilait à des points. L'unité devient indifféremment un point, un segment, un carré ou un cube. La figure 1 rend possible un changement de base de la numération (ici le carré contenant donne 64 en base 8 et rapporte à 64 carrés les 64 cubes de la figure 2). Les orientations spatiales ont été situées soit pour couper le grand carré en quatre, soit pour isoler le petit cube ou le petit carré contenant le 0. La lecture synchronique ne tient pas compte de la diachronie généalogique et ne traite que de son résultat synchronique. De la sorte elle compte les carrés ou les cubes sans tenir compte de leur signification ordinale. Le carré ou le cube 0 est tenu explicitement pour 1 bien qu'il signifie implicitement une quantité mystérieuse ou inconnue.

Le carré 9 fournit le minimum d'éléments nécessaires pour établir le produit remarquable $(a + b)^2 = a^2 + 2\,ab + b^2$ avec a différent de b $(1 + 4 + 4)$. Le cube 27 permet dans les mêmes conditions d'expliciter $(a + b)$. Si le carré isolé est traité comme une quantité inconnue (située dans le canton invisible de l'espace regardé en haut à droite), la figure propose l'équation $x^2 + bx = C$, pour $b = 2$, $c = 3$ et la résoudre immédiatement si on ne retient que la solution positive $x = -1$. Le procédé est généralisable. On ne peut opérer de même manière sur la figure 2. Pourtant si le grand cube est à calculer, une réponse est donnée pour $x^3 = p\,x + q$ si $p = 9$ et $q = 28$: x est alors égal à 4. Mais la solution n'est pas généralisable et c'est le petit cube (isolé) qui l'interdit quand on ne dispose pas de quantités négatives et imaginaires.

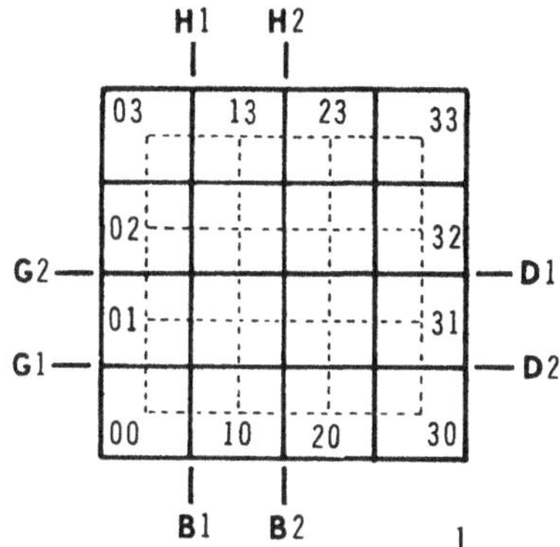

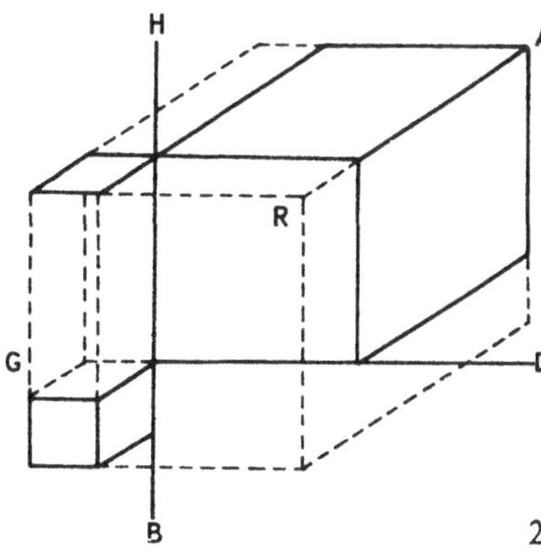

H : Haut
B : Bas
G : Gauche
D : Droite
A : Avant
R : Arrière

H = Haut
B = Bas
G = Gauche
D = Droite
A = Avant
R = Arrière

dépendant d'autrui et ainsi de suite, le recours aux fées constituant un premier subterfuge pour pallier imaginairement les insuffisances du réel. Analogiquement, enfin, la permissivité du langage rend possible de concilier des inconciliables : on voudrait que l'Existant ou le Créant soient parfaits et bons, alors que l'existence et le créé contiennent des maux et imperfections. Le tableau I offre à l'intuition de premières images qui la guident vers un « originel » dont l'authenticité n'est pas rationnellement exprimable. Les mythes le recouvrent sous l'immense profusion de symboles sacralisant des données concrètes. Les mathématiques l'enfouissent sous l'épaisse profondeur de symbolisations d'autant plus opératoires qu'elles sont plus abstraites.

Les modèles synchroniques ou quasi synchroniques (selon le degré de nécessité imposé à des recours ou à des appels à la circularité et à la diachronie) identifient orientations de M 1 et éléments constitutifs de M 2 à des nombres ordinaux et à ce qu'ils impliquent d'opérations. A ces sèmes numériques, d'autres sont substituables par de constants allers et retours de l'abstrait au concret. Les deux modèles n'y exercent pas mêmes fonctions. M 2 ne se prête guère qu'à opérer sur des acquis que M 1 identifie ou situe. On en donnera quelques exemples pour haut-bas. Notre tableau en fait un 3,6, ce pourrait être un autre couple de chiffres ; on y lirait aussi bien ciel, terre ; dominant, dominé ; léger, lourd ; joyeux, pénible ; chute ou pesanteur ; ou encore des « choses » désignées par lieux d'élection, comme oiseau, poisson. Analogies directes ou indirectes sont autant de procédures, de verbalisations ou de classifications de mots dont aucune définition n'échappe à la circularité des dictionnaires. Tout cela étant fort connu, soulignons seulement qu'à force d'expérience et en conditions historico-culturelles spécifiques, cette direction 3,6 deviendra le $+ z$, $- z$ des coordonnées de la Géométrie analytique.

Le très long chemin historique qu'il aura fallu parcourir pour aller de pensées archaïques – bien que déjà très avancées comme celle du Yang-Yin – jusqu'à l'abstraction des formalismes scientifiques, n'empêche pourtant pas que les premières démarches soient encore absolument actuelles. Montrons-le anachroniquement.

Le fait que les Modèles I ou III n'articulent pas de la même manière des univers sémantiques semblables ouvre la voie aux processus discursifs de la pensée analytique; la première étape en est le passage de M_1 à M_2. Si un lien continu est supposé relier le Ciel et la Terre (3 et 6) (lien constitué par l'Homme dans le Yi-King) ou le Ciel et l'Enfer (la fraternité entre Jupiter et Pluton), cette continuité relève de M_1. Si on les oppose absolument (comme Salut à Damnation, ou bien par l'interdiction faite aux maîtres de l'Olympe et de l'Hadès d'être présents ensemble sur terre), c'est M_2 qui est mis en œuvre. Si enfin on veut compter ce que peuvent avoir à la fois d'analogue et de différent le céleste et le terrestre ou le souterrain, il faut recourir à M_3. Dans ce dernier cas, la comparaison entre 3 et 6 entraîne celle entre deux autres sèmes (par exemple 5 et 2), comparaison rendue possible par la présence du même sème 1 auprès des deux couples mis en rapport. Ce dernier, pouvant être jugé positif ou négatif, sera traduit (en M_3) par un angle aigu (deux côtés dans un même canton) ou obtus (chaque côté a son canton propre) entre les triplets 351 et 621.

La présence d'un angle obtus en M_3 impliquant celle d'un dièdre aigu en M_2 pourra signifier, par exemple, que l'homme, univers clos de M_2, confond ce que distinguent les dieux (univers ouvert de M_1). Une autre interprétation est aussi vraie : l'homme (enfermé par M_3 dans M_2) peut concevoir comme incompatibles des réalités réunies par le Tout englobant. Ces interprétations sont inverses (angle aigu en M_3, dièdre obtus en M_2).

Les apprentissages ainsi proposés par l'expérience vécue et sa transcription en discours sont – évidemment – très antérieurs aux conceptualisations géométriques utilisées pour leur commodité par les Modèles I et III et découvertes au bout de très longues élaborations inconscientes conduites par l'événement historique, et c'est en tenant compte de cette inconscience qu'on interprétera aussi les transformations résumées par les autres Modèles.

Le fait que ces derniers privilégient les triplets et les accouplent relève d'une prédominance, constatée par l'histoire, de la conjonction d'opérations ternaires et binaires valant pour l'organisation des concepts ou des sèmes et les associations de dieux en triades.

Le même tableau I permet de référencer la Genèse selon les trois Modèles M_1, M_2, M_3. Le récit de la Création sera, à titre d'exemple, résumé comme suit : *In Illo tempore*, avant que n'interviennent l'historicité de mortalité, le Dieu de Lumière (3) sépare le jour (2) de la nuit (5) et il juge que cela est bon (1) bien que le Mal (4) existe et que le Malin

(6) guette. De même, et après d'autres opérations semblables, Elohim (3) crée l'homme (1), lui associe une compagne issue de lui (4), leur ouvre un avenir sans passé (2) tout en les mettant en garde contre une chute (6) cachée (5). Avant l'histoire, tout est discursivement décomposable, mais sans rien omettre des possibilités du Modèle. Après le commencement de l'histoire – c'est-à-dire avec ce passage de Dieu à l'homme de la science du Bien et du Mal –, la valorisation d'une dimension axiale engage l'inventaire et le démontage des autres en vue de remontages partiels. Le discours devient effectivement diachronique, rend conscient des aspects partiels dont les contre-parties supplémentaires sont séparées ou refoulées. L'homme se cache (5) avant d'être chassé (2); Iahvé (3) même regrette d'avoir créé cet ami devenu celui du démon (6); et le texte sacré dit à la femme : tu enfanteras dans la souffrance (524), en omettant le complément : tu auras conçu dans le plaisir (521).

Ensuite, quand la connaissance et son expression sont devenues analytiques, le serpent a raison de dire à l'homme que s'il écoute ses propos, il en saura autant que Dieu; après avoir vécu dans l'ignorance et l'innocence, il vivra désormais dans la conscience d'un réel dont il aura expérimenté toutes les possibilités (M_1), bien qu'il ne puisse les exprimer que fragment par fragment selon les différences Bien, Mal, Élévation, Chute, Avant, Après, ainsi que selon les plus et les moins (M_2, M_3) de la relativité des choses; Dieu lui-même s'inquiètera que tant de possibilités aient été de la sorte offertes à sa créature.

Les emprunts que nous venons de faire à la Bible nous seront l'occasion de montrer que les modélisations en persistent à travers l'histoire, même si elles se déguisent autrement du fait de circonstances événementielles. Nous nous référerons à la Cabbale juive. Postérieur au Talmud, mais en commun usage au Xᵉ siècle, le *Livre de la Création* fait état de dix « *séfirot* » : dix « créateurs » s'engendrant l'un de l'autre pour accomplir et prolonger l'œuvre du Créateur. Les six dernières renvoient explicitement aux six orientations de l'espace définies par les six combinaisons des lettres IVH. La première *séfira* est à la fois Souffle primordial et éternité passée; la seconde est l'éternité future, en même temps que Soufle verbal porteur des 22 lettres de l'alphabet (auxiliaires de la création, dont on notera qu'elles élèvent à 32 le nombre, remarquable, des actants créateurs); la troisième et la quatrième sont les principes du mal et du bien, ainsi que l'une la matière terrestre (eau-terre) et l'autre la matière céleste (feu). De cette doctrine qui se ressent (comme le dogme chrétien) des influences gnostiques s'exerçant sur l'époque, on retiendra que quatre de ses actants sont modélisables sur M 3 et les six autres sur M 1 ; qu'ils impliquent le langage dès que la binarité est acquise ; qu'ils se prêtent à des substitutions de nombres à lettres, moyen cabbalistique de divination à partir du livre sacré.

Si on se contentait, comme on le fait ordinairement, de schématiser sur un plan ces *séfirot*, l'image en serait simple, mais en serait exclu l'essentiel, c'est-à-dire la corrélation entre une figure géométrique (le dessin) et des significations définies verbalement. Une modélisation pertinente tant au sens donné à chaque entité qu'à l'ordre les situant en graphique doit répondre à plus d'exigences. En voici un exemple : la première *séfira* est aussi la « source » de tout l'univers et commande, à ce titre, la « triade » des trois *séfirot* suivantes. Celles-ci appartiennent donc à un univers déjà fait. La figure ci-dessous en rend compte : sur un M 2 dont deux arêtes opposées voudront dire éternité ou principe comme le fait, sur M 1, la direction haut-bas, axe permanent autour duquel peuvent tourner les autres orientations, alors l'« éternité » d'« avant » n'est dessinable qu'en marquant une troisième arête sur les six à construire d'avance pour y marquer les deux arêtes haut-bas. Dans ce cas, la « triade » des *séfirot* 2, 3, 4 achève l'inventaire des modélisations F ainsi permises.

De même ne se contentera-t-on pas du schéma ordinaire pour modéliser une version postérieure de la même Cabbale. Vers le XIIIe siècle – au moment où se trouve dramatiquement posé le problème de la quintessence –, le *Zohar* commente le Pentateuque ; c'est une compilation où se reconnaît le besoin d'introduire les nouvelles données de l'hermétisme. On construira donc un M 3 dans le M 2 pour traduire l'énigme faisant des *séfirot* 6 et 10 un Roi et une Reine, co-auteurs des générations du monde matériel. Ainsi que le suggère le schéma classique (mais muet à cet égard) réduisant les 1 + 3 *séfirot* de tout à l'heure à une simple triade 1, 2, 3, on fera de 4, 5, 7, 8 les pointes d'un tétracanthe dont le centre est 6 (le Roi = 1 + 2 + 3 ou 2 + 4 = 3 + 3), cependant que 7, 8, 9 et 10 (la Reine = 6 + 4 = 9 + 1) ajoutent aux deux pointes (7, 8) de M 3 des faces de M 2, l'arête 9 nécessaire pour compléter le tétraèdre ayant 1, 2, 3 pour premier sommet et 5 et 4 pour autres faces. Cet assemblage M 2, M 3 respecte les conventions constamment admises par nos modélisations, mais ne rend pas compte immédiatement de

Comparons le *Zohar* du haut (datant de l'hermétisme finissant et en voie de se déplacer du chimique au psychanalytique) au *Zohar* simplifié par Isidore Loebe à la fin du XIXᵉ siècle. Le second met le mieux en lumière les propriétés arithmétiques décodées par M3. Les six premières Séfirot les annoncent le plus conformément à M1. Les quatre autres et leurs liaisons avec les précédentes sont les plus significatives du fonctionalisme du tétracanthe. D'une part, les arêtes de 1 à 6 de M2 deviennent des angles de M3; d'autre part, les axes de ce dernier sont des arêtes faisant la somme des faces de leurs dièdres.

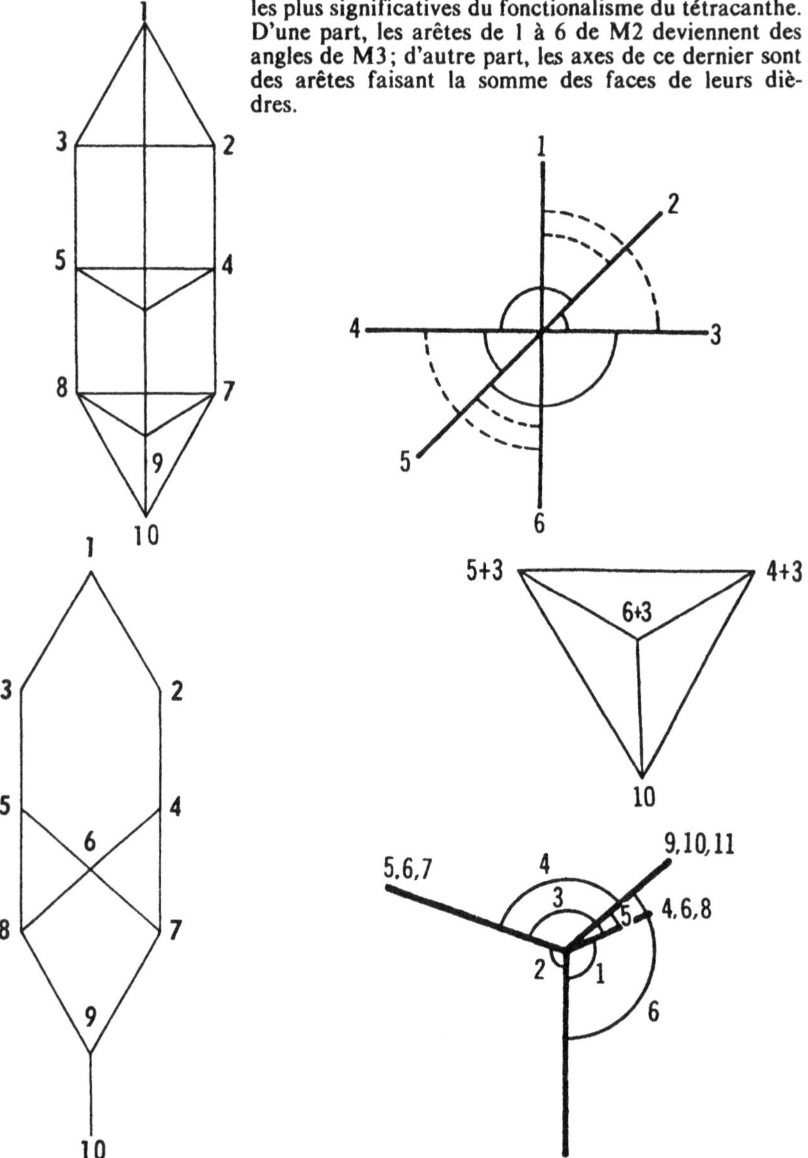

l'opposition gauche-droite sur laquelle insiste le *Zohar*, invitant à se reporter à M 1. De même faut-il construire autrement les 9 premiers nombres, mais toujours sur un tétraèdre, pour obtenir ce que cette Cabbale-là dit des « triades » : 123, l'« ordre de l'univers », un trièdre; 789, le monde physique (le triangle opposé); 456 étant le monde moral (trois arêtes joignant le trièdre ou triangle). Le livre ésotérique demande à l'adepte, comme le Yi-King, de se placer de plusieurs points de vue; un même code en permet les interprétations. Cabbale et hermétisme se ressembleraient, même si la première n'avait pas fait entrer de force la royauté concrète des alchimistes et la sexualité et recouru dans cette intention à une redéfinition des *séfirot* originellement spirituelles; la première est devenue la couronne et la dernière la royauté. Signe des temps : l'holisme se sémantise circonstanciellement selon Machiavel. Constante prégnance de structures fonctionnelles en pensées holistiques de tous âges. Les dix *séfirot* associent au M 1 (en plan horizontal et axe vertical) les six premiers, au M 2. Ses quatre autres, dans le *Zohar* de la Bibliothèque bodléienne, s'achèvent sur un tétraèdre, polyèdre obsédant les premières décennies de l'essor des sciences modernes, mais en subordonnant le numérique au figuratif géométrique. Le même *Zohar* s'achèvera sur un M 3 au siècle d'Hamilton qui a eu besoin de penser ses quaternions selon un M 3. Les figures ci-contre rendent compte de cette substitution.

A noter que le 11 est exclu du *Zohar* : la base 10 prévaut encore et ses chiffres sont additionnels de I à X, selon l'écriture à la romaine conservée en Angleterre dans les comptes administratifs consignés sur les bâtons de bois cochés qui aviveront l'incendie du Parlement de Westminster en 1835.

Transitions

L'influence de la réflexion juive a du être ancienne; mais, sauf coïncidence, elle se démarque le mieux sur l'hermétisme finissant quand ensemble ils repensent aux gnostiques et quand celui-ci, annonçant la psychanalyse, fait penser à Freud; son matérialisme à Marx; sa réforme de l'espace-temps à Einstein. Quand elle n'est pas pur isolat, toute minorité jette sur ce qui l'entoure (actions, pouvoirs, concepts) un regard plus lointain, plus indépendant et plus objectif, plus aisément syncrétique et, somme toute, plus effectivement opératoire. En outre, cette pensée juive aura été reçue en chrétienté à travers un filtrage qui risquait de l'amputer (comme dans le cas de Freud à Jung) mais aussi de l'adapter, ainsi qu'il advint notamment dans l'Allemagne, passant du *Mittelhoch-deutsch* (le yiddisch est judéo-allemand) à sa langue actuelle. La patrie de Melanchton aura été le mieux à même de traduire la Bible et autres textes se référant le plus directement à l'Ancien Testament, travail inaugurant celui de la plus précoce et brillante école philologique.

Les présents développements ayant à traiter du problème général des transitions – entre l'holisme synchro-diachronique et la diachro-synchronie de la langue ordinaire, creuset où, sous nouvelles influences, prennent naissance les systèmes opératoires – se rapporteront d'abord à des témoignages allemands datant des XVe-XVIIe siècles, époque féconde en nouvelles légendes populaires, elles-mêmes rejets modernisés provenus de la souche de l'« arbre » sacré, le *Mitgarden*, abattu avec ses dieux et ses mythes par l'apostolat chrétien. Nos recherches nous ayant convaincu que la plus simple et sûre manière d'aborder les difficultés soulevées par les transitions – généralement révélatrices du Code – était de procéder par décodages d'exemples d'abord allemands (fusionnant dans l'épopée chrétienne les restes épiques du Walhalla détruit), nous emprunterons le premier à un étrange ouvrage (1646) écrit par le prolixe Athanasius Kircher sous le titre *Ars Magna Lucis et Umbrae*. Cet *Ars Magna* diffère de celui de l'illustre Raymond Lulle en ce qu'il découvre les présupposés sous-jacents aux propositions d'ordre pratique énoncées par le Bienheureux majorquin, le Docteur Illuminé. A ce titre, Kircher ne prélude pas seulement au règne impérial de la science allemande des XIXe et XXe siècles et aux axiomatisations spécifiquement opératoires; hanté par le besoin d'accorder le sacré au rationnel, comme le voulait l'époque des Réformes et Contre-Réformes, il est un de ceux qui ont le mieux intuitivement senti que doit exister un Code commun à toute pensée. Il n'en dit rien explicitement, faute d'avoir modélisé aussi clairement que le font les hermétistes décadents qui avaient, eux, divisé les difficultés; Kircher les aborde toutes de front en recourant à des métaphores le plus aisément décodables, et n'en néglige aucune de celles prégnantes depuis un long passé ou en voie de se vulgariser. Ignoré de ses contemporains, il fut ensuite des plus célèbres, puis il sera traité de prédécesseur de Kant par la pensée allemande bien après que les autres l'eurent méprisé ou ignoré. Le XIXᵉ siècle français moquera ce Jésuite – professeur de mathématiques, de philosophie et de philologie orientaliste, d'abord à Wurzbourg puis à Rome – d'avoir péché par crédule ambition et tout mêlé de disciplines dont l'effectivité se mesure à leur degré de spécialisation.

Deux illustrations suffiront à donner une idée de cette ambition et des significations théoriques qu'elles occultent pourtant, moins comme images à prendre telles quelles que comme accompagnement de discours eux forcément obscurs. Considérons-en une première (illust. XVI) dont une seconde enrichira le sens.

L'*Ars Magna* s'y résume; tout est à y prendre en compte. D'abord, au centre, le nom de l'auteur en une sphère cerclée par le zodiaque. Prétention astrologique, mais aussi modestie face au Ciel, face aussi au pouvoir impérial représenté par le nom de Ferdinand d'Autriche auquel l'œuvre est dédiée. Au sommet, Dieu, mais nommé en hébreu et donc réduit à un unitarisme auquel Newton se ralliera secrètement. La main de Dieu est celle de l'autorité sacrée, active fût-ce en donnant le Livre; son regard, celui de la raison qui, comme la chouette, voit dans l'obscurité, ce qu'elle transforme en acte après réflexion en miroir. L'acte divin est créateur comme le dit le Livre; il est générateur de toutes fabrications humaines, celle d'écritures à lire en lumière artificielle étant au-dessus de celle qui construit sur le sol ou le cultive. En ce même côté gauche, une figure centrale : Hermès Trismégiste, actif tant sur la raison et sur les perceptions que dans le sous-sol des choses. Cette prédominance de l'action est celle de temps qui deviennent faustiens. A droite, la Raison, déjà sorte de déesse ayant pris la place du fictif Basile Valentin – fiction contemporaine –, telle que représentée dans l'illustration VII introduisant notre chapitre VII. Cette Raison, ayant l'oiseau d'Athéna pour sceptre, est aussi une nuit, une lune qu'éclaire le soleil trismégiste (une quintessence aussi sans doute). Elle est symbolisée par un paon au plumage superbement constellé mais n'ayant pas la force de l'aigle, symbole de la puissance active. Ces deux symboles ont chacun deux têtes, les unes se regardant en face, les autres voyant un au-delà non signifié ou non signifiable. Enfin, le bas : entre le sol cultivé et le sous-sol brut où agissent secrètement les forces naturelles, un médaillon figure l'Archiduc : pouvoir de prince situé, comme le pouvoir de l'homme, entre nature et culture.

Trop célèbre encore aux siècles de Newton et de Leibniz pour qu'il ait pu y être tenu pour contredire, dans ce qu'il enseignait du caché, ce qu'eux prouvaient et démontraient, ce mathématicien du Collegio Romano a été avant eux admiré pour son vaste savoir et lu avec avidité par un public éclairé et assoiffé de nouveautés. Au contraire des « Philosophes » que les philosophes des Lumières moqueraient ou dont ils ignoreraient les œuvres laissées à l'état manuscrit, ce Jésuite, achevant sa vie en archéologue et philologue, aura contribué au mouvement qui conduira la pensée, notamment allemande, du fictif mais vite popularisé Johannes Faustus jusqu'aux *Critiques* kantiennes relativisant la raison pure alors que la raison pratique est catégorique; jusqu'à aussi *Eine Tragödie* de Goethe. Les unes auront pu trouver, dans ce Kircher auquel la raison française reprochera son absence de « jugement » et « d'esprit critique », les fondements métaphysiques du jugement et les prolégomènes à toute métaphysique future; l'autre en aura poétisé le recours prémonitoire à l'action comme maîtresse du verbe.

On mesurerait aisément cette différence France-Allemagne en comparant l'illustration VII relative à Hermès-Valentin, et celle-ci. La seconde est débarrassée de numérologies en effet traitées comme harmonies au pays de Descartes qui dut emprunter tant d'« ingénieurs » de mines et de hauts fourneaux à l'outre-Rhin. Les métaphores picturales de Kircher se laissent le mieux décoder par un modèle géométrique, donc à considérer non seulement comme porteur de nombres, mais bien comme significatif de relations entre actions de fait et actes de pensée ou de langage. La figure ainsi obtenue est des plus simple; elle peut être lue aussi bien comme tétraédrique que comme parallélogramme de forces à la manière de Maupertuis. Le passage d'une lecture à l'autre traverse une transformation (de M 2 en M '2) annonciatrice de ce qu'il adviendra du tétraèdre de référence dans les mathématiques du XIXe siècle.

Pour être sûr de ne rien omettre (notamment la « nuit » de la Raison), rappelons que l'« illumination brusque » de l'invention implique trois phases : réflexion consciente sur les données reçues à cogiter (*co-agitare*); travail inconscient (nocturne) où la cogitation se poursuit d'elle-même jusqu'à intellection (*inter-ligere*); choix à vérifier consciemment. Dans l'illustration de Kircher, ces phases sont : rayon reçu, miroir réflexif nocturne, rayon émis dans le visible. Nos figures feront deux parts des liaisons marquées par rayons allant d'Hermès (côté gestes divins) aux choses et aux sens et rayons (côté œil de Dieu) symbolisant la réflexion :

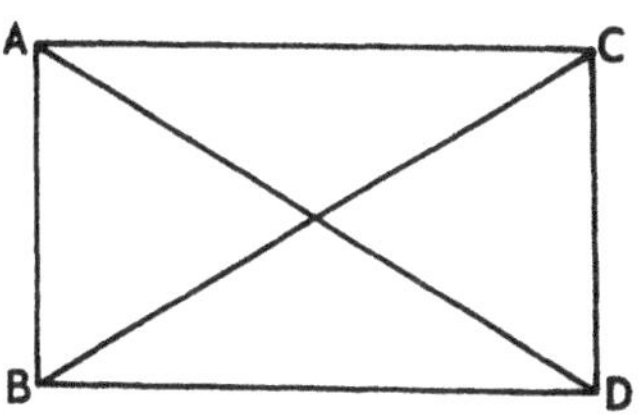

Part 1 : I, nature; II Dieu; III, jour; IV, nuit;
1 naturel, 2 opposition,
3 le révélé, 4 le créé; 5, opposition, 6 le culturel. Ce M2 est de type Cc, irrégulier.

Part 2 : I, l'action, II Hermès, III Raison, IV la pensée consciente-inconsciente.
I intelligere; 2 force de l'aigle;
3 cogitare; 4 données de fait;
5 conceptualisation; 6 beauté du paon.
Ce M2 est un Aa, régulier à la cartésienne.

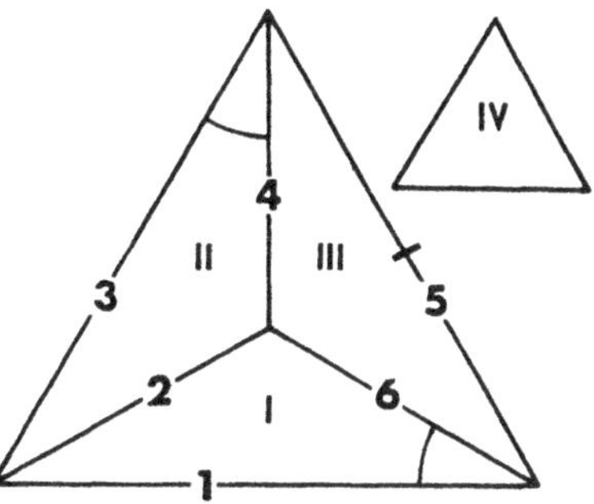

Le passage du tétraèdre au carré implique une transformation faces-sommets, occasion d'une régularisation de la figure. A devient Dieu (geste et œil); B, la nature agie invisiblement; C, la réflexion claire (comme âme sous l'œil de Dieu), obscure (comme reflet) de et sur la nature; D, l'action par force physique ou selon règles harmonieuses, l'une et l'autre unies dans la quintessence.

La transformation M 2 – M '2 implique un passage par M 3; reste donc à vérifier qu'est vraisemblable l'hypothèse assimilant ci-dessus le soleil trismégiste à la quintessence. Confirmation en est donnée par une autre illustration du même auteur, non reproduite ici où nous nous contenterons de la modéliser. Elle est relative aux archanges. S'y croisent en effet les deux lignes – chacune un « axe » avant croisement et un « vecteur » après – représentatives de gradations intensives : *conserva-generat et congelat-dissolvat* : propriétés et opérations précisément quintessentielles. Or ces lignes-axes relient deux à deux des points où concourent des « lignes » (de M '2; ce seraient des plans sur M 3) représentant les quatre archanges ou « Esprits » renvoyant à l'illustration que nous venons de commenter. Michel est pour l'Action; Gabriel, la Parole; Uriel, la Lumière; et Raphaël, la Vue. De là des figures confirmant les précédentes :

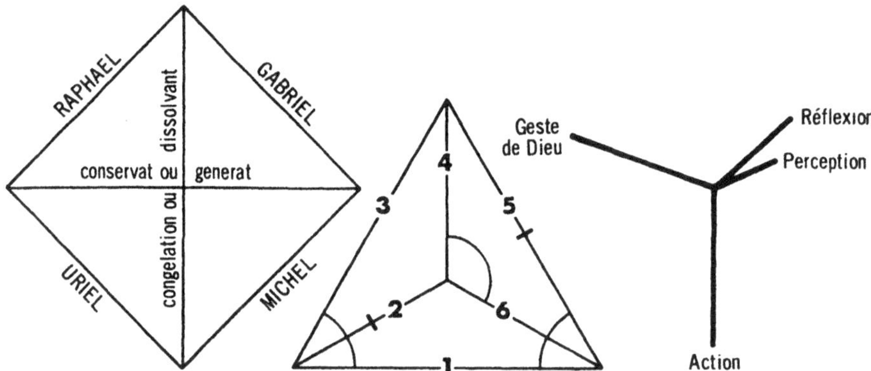

Faisons des arêtes 2 et 6 des propriétés éventuellement opérationnelles; les dièdres en seront aigus ou obtus. Prenons le second cas (mémoire passive, acte gelé) les angles Michel-Gabriel Raphael-Michel pourront être obtus : parler n'est pas agir et voir peut laisser muet. Dans ce cas l'action non plus ne voit le jour. Trois angles obtus, le quatrième symétriquement placé ne peut pas l'être : vue et lumière demeurant indissociable.

Revenons en au premier cas, dans la Genèse celui de Dieu, dans l'histoire celui de l'homme faustien, alors tout est actif et l'esprit, comme la matière, engendrent à proportion de ce qu'ils dissolvent.

Alors aussi la parole vaut la vue; elle est acte de lumière.

Du premier au second cas, on peut passer par étapes chacune commandée par le nombre choisi d'éléments obtus rendus aigus. Si tous le sont, alors le tétraèdre est-il régulier comme il en advint tout à l'heure des Parts I puis II de l'illustration liminaire.

En droit de supposer qu'Hermès est quintessence, on en fera le centre d'un tétracanthe dont les trois axes visibles vont à la réflexion sous l'œil de Dieu, à la sensation provoquant perception et à l'action naturelle de la quintessence sur les choses. A ces trois axes s'en ajoute un quatrième : la quintessence provient d'un geste de Dieu. Ce quatrième axe est indiqué, non dessiné. Le nier, c'est évacuer l'hermétisme et permettre à Hume

d'assurer que toute idée provient du seul sensible dans un univers réduit
au trièdre cartésien.

Ainsi instruits des conditions dans lesquelles le dynamisme de l'histoire permet à celui de l'historicité de transférer la compétence et les
critères de vérité du visible au parler (donc de la synchro-diachro-
nie à la diachro-synchronie), il convient de se demander : si elles
n'ont pas été précédemment au moins partiellement remplies, comment
elles permettent des confusions ou substitutions sémantiques ; comment
y intervient l'harmonie ; et, enfin, si une modélisation d'ordre plus
général ne conviendrait pas à décoder à la fois la logique concrète
et celle de la sémantisation du logos. Quatre points que nous examinerons successivement à partir d'exemples soit très particularisés, soit,
pour finir, le plus général, emprunté aux mesures des quantités extensives.

Un de ces exemples se rapporte à un lointain passé irano-arabe et
africain. Il serait de modèle chinois si, convenant à des cultures ayant
alphabétisé le langage, celles-ci ne réduisaient de 64 à 16 le nombre de
combinaisons entre seulement quatre traits binaires, et donc ayant à
accroître à proportion ou démesurément le nombre des équivalences
sémantiques non plus intuitivement inspiratrices mais bien concrètement ou formellement définies. Cette divination date au moins des
Achéménides, quand on s'y servit d'osselets à quatre faces de type 11,
12, 21, 22 ; elle est plus proprement désignée sous le nom de géomancie quand ces signes font le compte de traces laissées sur les sables du
désert par un interrogateur du destin. Relativement peu nombreux et
chacun laconique en Afrique, ces lexiques d'équivalences entre mots
ordinaires et signes divinatoires en présentent des milliers au-delà de
l'Euphrate et les consignent ou les traduisent en « carrés magiques » de
taille éventuellement gigantesques, comme celui conservé à l'Université
de Téhéran.

Ces divinations par dés ou par géomancie sont d'usage médical, mais
seulement en vue de diagnostics ou pronostics ; elles ne correspondent pas

GEOMANCIE ARABO-IRANIENNE

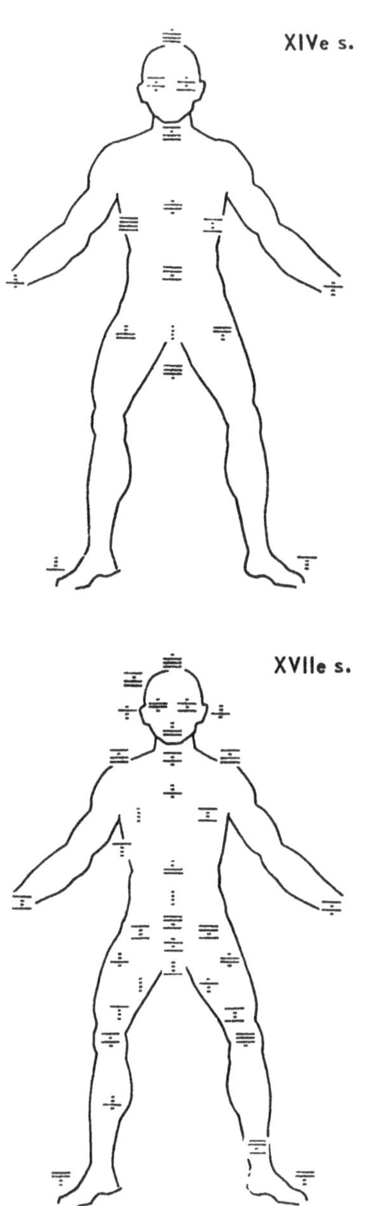

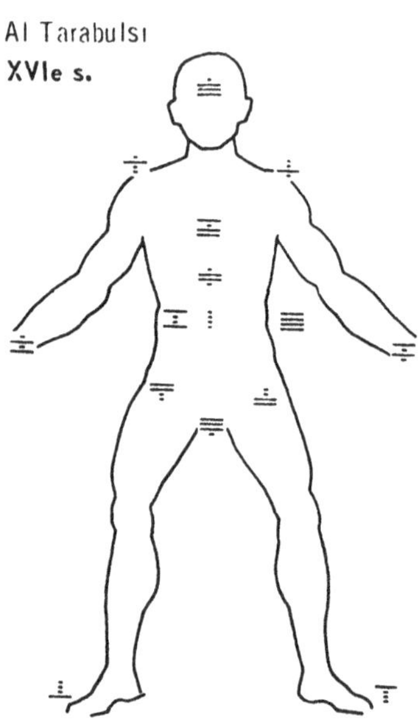

Influence chinoise ou bien invention endogène ? L'usage de traits de type Yang-Yin est très ancien dans l'Iran des Achéménides. Il s'est répandu partout, si tant est que n'importe où il put être aussi bien spontanément trouvé. Ici, il fait penser à la physio-médecine des « méridiens ». Médicalement, en effet, la divination, éventuellement géomancienne, pensait localiser l'organe malade.

à une physio-anatomie curative comme dans la médecine chinoise des « méridiens » et de l'acupuncture. Sous cette réserve, les illustrations ci-contre en donnent une idée, simplifiée comme le sont aussi les deux tableaux ci-dessous relatifs à des Berbères :

11	12	21	22
Solidarité	Donneur	Demandeur	Défaite
Demandé	Force de Dispersion	Prison	Dedans
Preneur	Espoir	Force d'union	Ouvert
Victoire	Fermé	Dehors	Plénitude

	11	12	21	22
11	Mort	Pauvreté	Juré	Avenir
12	Beauté	Ennemi	Malheur	Chef
21	Honneté	Poésie	Possession	Vol
22	Générosité	Bonté	Esclavage	Chez soi

Il va de soi que les modélisations suggérées ici par quelques flèches se feraient comme celle des quatre traits « nucléaires » du Yi-King.

Un autre exemple, plus explicatif, portera d'abord sur un détail suffisant cependant à poser le problème de confusions de sens telles que celle devenue banale dans le cas de sirènes. Celle populaire à Copenhague est poisson, donc serait muette si elle n'était que cela; dans Homère, les sirènes sont oiseaux au chant mortel, comme l'est celui de la Lorelei rhénane de Heine, elle une femme et tant une « eau » où se noient ses victimes qu'un « air » faisant entendre la voix fatale chantant du haut de la falaise. Une légende plus respectueuse de la différence entre eau-air nous est offerte par les territoires vendéens conquis sur les eaux : le comte de Lusignan a pour très amoureuse épouse une Mélusine qui l'a prévenu que, ne pouvant être vue sans voile, elle ne peut être nue que la nuit. Fier de cette surnaturelle beauté que lui envient ses amis, ignorant qu'elle est cachée à son amant, Lusignan veut la regarder dans son bain, ménage un œil dans la porte; se croyant non vu, il voit, mais est aussi vu et perd à jamais ce trésor.

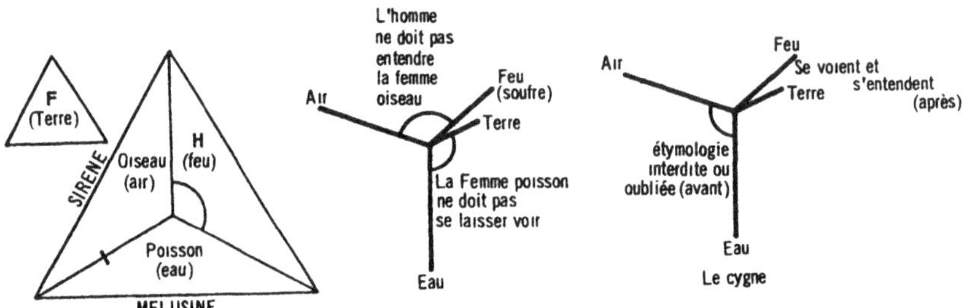

Poisson qu'on voit dans la transparence liquide mais sans l'entendre; oiseau qu'on entend dans les airs mais qui se cache dans les ramures: cette opposition « naturelle » tourne à son contraire dans le surnaturel: sirène à ne pas entendre, mélusine à ne pas voir. Ce retournement est de même type que celui entre les deux saints Georges; comme lui il a pivot, comme en est un la quintessence. Modéliser la mélusine supposée venue des Croisés ne peut se faire qu'en modélisant aussi la sirène homérique: conjonction engageant une identification syncrétique de deux manières, soit par pure confusion verbale provenue d'ignorances, soit dûment signifiante aux bords du Rhin. La première, licence de vocabulaire, porte sur le signifiant; la seconde implique un signifié interne et mérite qu'on s'y arrête en considérant les modélisations ci-dessous: l'une un M2 à portée de langage ordinaire; l'autre un M3 ayant à recourir à des métaphores telles que les quaternions en algèbre selon la logique non euclidienne.

L'Allemagne, encore, nous indique l'orée de ce chemin où les symboles émotifs deviendront symboles abstraits. Parmi les héros légendaires qui ont survécu en Allemagne bien qu'y étant tardivement nés: Lohengrin. Il appartient au cycle – chrétien – du Graal, vase ayant servi à Joseph d'Arimathie à recueillir le sang du Christ et conservé dans un donjon montagnard gardé par des chevaliers. Ce Lohengrin épouse une princesse qu'il vient de sauver de prétendants imposteurs: d'elle il se laisse voir et entendre, mais il lui interdit toute question concernant son nom et son passé. Cédant aux supplications de l'épousée, Lohengrin avoue ce qu'il est et d'où il vient, mais alors disparaît à jamais. Le Cygne qui l'amena revient pour qu'il s'en aille; le cygne: un oiseau, mais flottant. A cette combinaison air-eau correspond une modification sémantique : un « avant » – aussi un « étymologique » – doit rester ignoré pour que l'époux, « après » avoir sauvé l'épouse, puisse lui rester visible et en être entendu. Il s'agit là d'un rappel de ce que le mythe de Persée nous avait appris des origines mystérieuses du héros et des « témoins » probants de sa victoire que lui disputent des imposteurs, preuve visible comme l'est la langue du Dragon. Autre transfiguration d'un mythe archaïque : même mytho-logique, mais reliant directement, cette fois, la parole au mystère de l'action. Cette fonction du logos autorise le laxisme : rien n'empêche d'appeler sirène ce qui est mélusine, mais à la condition d'ignorer les origines et le sens originel du mot. Ces considérations ajoutent le diachronique aux synchronies de l'*Ars Magna* de Kircher.

Un mot maintenant de la musicologie de Descartes. Évoquée dans notre deuxième partie à propos des harmonies platoniciennes, elle mérite ici un rappel ayant à commenter la différence France-Allemagne. Rappelons que, peu avant que Kircher n'associe Hermès Trismégiste à Raison, l'époque du chancelier Séguier lui avait donné Basile Valentin pour émule. Une numérologie apparaît dans les deux cas, mais, réduite au caducée d'une image le plus aisée à géométriser, elle envahit, avec le nombre 7, toute l'autre, elle non directement décodable et où même la bibliothèque compte sept « encyclopédies » orientales. Ce 7 est aussi le nombre des tuyaux de l'orgue et des cordes offertes à l'archet. Il est en consonance avec les sphères célestes et les « essences » terrestres. Aussi bien fait-il aussi la somme des notes de la gamme (illust. VII).

Le XVIIe siècle, comme s'il craignait que ses nouveautés musicales compromissent le caractère « naturel » de la gamme, le voulut établir, ce que fera finalement Jean-Baptiste Rameau. Pourtant, dès 1622, Descartes, ayant alors vingt-deux ans, compose son tout premier ouvrage (non publié); c'est son *Musicae Compendium*. La beauté, nous dit-il, est celle de la simplicité de chiffres-rapports. Elle plaît en « affectant » l'âme, grâce à l'*affectio* inhérente aux degrés d' « intension » comme du grave à l'aigu (ainsi qu'alors encore entre le froid et le chaud). De là proviennent les effets de « consonances » (sons simultanés), de « degrés » musicaux (sons successifs) et de « dissonances » (un successif impliquant un simultané). Ce Traité veut tout « proportionner » afin que la douloureuse disproportion des bruits cède place à musique agréable. Il la faut facile à entendre et donc se rapportant à des quantités simples et notamment 1, 2, 3, 4. Dès lors, le son est au son de ce que la corde est à la corde; mais aussi faut-il ménager des suspens, proposer des difficultés à résoudre.

D'autres nombres sont mentionnés par Descartes, notamment un 64 valant $4 \times 4 \times 4$: 4 termes, 4 mesures, 4 manières de présenter des thèmes. Ce 64 fait de 4, familier à la logique « émotive », nous ramène au tétraèdre, modèle commode aussi pour situer ce qu'il advient d'une corde harmonieusement pincée.

Les fractions 1/2, 2/3, 3/4 correspondent « normalement » à l'octave, à la quinte, à la quarte; rien à dire, sinon que Descartes trouve l'octave trop simple, la quarte décevante comme trop près de la quinte, elle la plus belle, comme s'il s'agissait de la quintessence. S'y ajoutent tierces majeure et mineure, sixtes majeure (et mineure, ignorée par Descartes) : 4/5, 5/6, 3/5 (et 5/8). La modélisation va de soi sur un M2 sémantisé (selon M3 comme au cours de notre seconde partie) par faces valant 1, 2, 4 et 8, et par référence à M2 chiffré comme à l'ordinaire (selon MI) : 1 – 4, 2 – 5 et 3 – 6, et préfigurant le trièdre cartésien de coordonnées, avec le triangle qu'y implique sa quantification. En effet, les seules consonances synchroniques dans ce *Musicae Compendium*, sont 1/2, 1/6, 2/6, 3/4, 3/5, 4/5. Les autres (donc la sixte mineure) sont diachroniques. Les figures ci-dessous résument ces considérations :

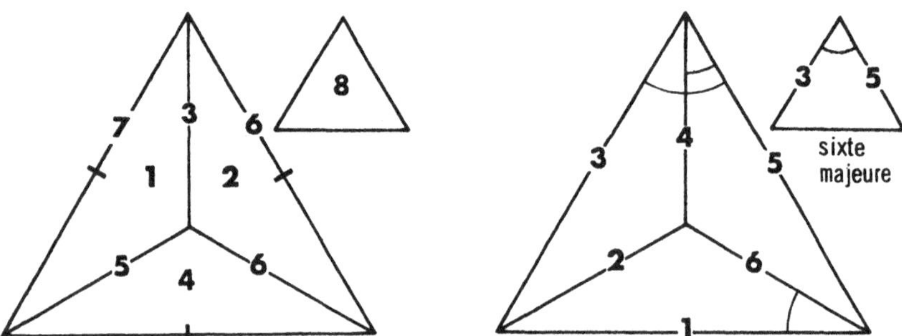

Séguier, Descartes : deux témoins d'un même temps et préoccupés chacun à sa manière de savoir comment les actions et pensées modernes peuvent être rapportées, pour garder heureuse légitimité, à des constantes « naturelles ». La dissonance, c'est l'accident qui, surprenant, n'est rassurant que par les solutions promptes qu'on lui apporte. Vues principalement françaises face à une Angleterre qui entre en « révolution » (irréversible) et à des Allemagnes en convulsions mais qui se reconnaissent ensemble (entre bien d'autres aspirations à une toute-puissance disputée) dans les pratiques utiles ou envoûtantes de Paracelse.

Trop complexes pour être résumés dans cette étude raccourcie du Code mental, le problème de la gamme mérite pourtant brève mention, notamment pour ce qui concerne les deux « rapports » dits diachroniques par Descartes ; l'un est aisément situable sur le tétraèdre, mais il est superflu pour le définir par trièdre basé sur un triangle. L'autre, posé par la sixte mineure qui embarrasse le futur auteur de la géométrie, obligerait qu'on numérotât M2 (mieux M2-M3) en vue d'obtenir 5/8 (et 3/8) de telle sorte que puisse apparaître aussi une arête 7 comme sur le tableau VI pp. 458-9, ainsi que le chiffre 13, nombre des demi-tons de la gamme postérieurement modifiée pour que, « bien tempérée », elle rende les octaves successives semblables entre elles. Cette modification est corrélative à trois autres. La quinte cessera d'être aussi « agréable » qu'elle l'avait antérieurement été. La note *si* est devenue nommément désignée, ce qu'elle n'était pas quand Gui d'Arezzo se servit des premières syllabes des vers de l'hymne à Saint-Jean pour « syllaber » sa gamme sémantisée dans l'ancien grégorien par les premières lettres de l'alphabet (conservées outre-Rhin). Enfin, ce changement de goût est concomitant d'une modification sociale en vertu de deux corrélations, l'une entre les proportions harmoniques et celles de l'hermétisme quintessentiel, l'autre entre ces dernières et leurs implications sociales précédemment analysées au chapitre VIII.

L'analyse historique de ces modifications devrait sans doute faire intervenir l'inconscient, ainsi que semble en témoigner Mallarmé dans un « récit » obscurément onirique. Remontant une rue d'antiquaires, il rencontre chez l'un d'eux d'archaïques instruments à cordes et des ailes (effleurantes comme l'archet) d'oiseaux (symboles platoniciens de l' « air ») ; le poète pleure alors la pénultienne disparue. Il s'y agit de la note *si,* effectivement une après-mort si on remonte (récursivement) un cours du temps qui, parcouru à l'endroit, ferait de cette même note une avant naissance. A dire vrai, ce n'est pas la note elle-même qui meurt dans un sens et va naître dans un autre, mais seulement le nom qu'elle reçut tardivement, et moins du fait d'un innovateur (le choix en est indécidable et donna lieu à controverse confuse) que d'un besoin devenu progressivement un impératif collectif. Retenons du poète (peut-être mais non évidemment aussi un érudit, et sans doute renseigné au « hasard » d'entretiens ayant eu ce débat pour objet, devenu sélectivement et circonstanciellement source d'inspiration émotive) et de cette histoire (celle aussi d'une « magie ») qu'outre de l'activité inconsciente, l'écrivain et sa situation dans un flux de réflexions dialectiques témoignent d'une maïeutique personnelle, mais aussi d'une problématique modernisée par la nouvelle linguistique. Le signifié n'a pas besoin d'un signifiant pour « exister », et pourtant il était à l'état de non vivant ou de non né quand aucun signifiant ne lui avait encore été attribué (cf. p. 483, Y. Vadé).

Une remarque de plus : l'usage musical de la « gamme » (non venu de la lettre grecque utilisée pour symboliser sur la « portée » la première note des six syllabes de l'hymne grégorien) aura simplifié d'abord les pratiques, et contribué ensuite à rationaliser les théories de l'art musical, enfin rendues capables de fixer les règles à la diachronie des œuvres.

Faute de place pour tout élucider en détail, invitons seulement à sentir intuitivement combien ces modifications et innovations sont corrélatives à la transformation de conceptions passant du circulaire au linéaire à l'époque où Descartes (moins compétent en sa prime jeunesse en matière musicale que déjà en mathématique) raisonne archaïquement du goût auditif comme si c'eût été là une condition mentale pour qu'il simplifiât l'ancien géométrisme tétraédrique afin de n'en retenir analytiquement que son trièdre « cartésien », construit sur la « proportion » harmonieuse à laquelle il accorde préférence. Ainsi aura-t-il laissé à Félix Klein le mérite de regarder les coordonnées triédriques comme seulement un cas particulier des tétraédriques.

Au moment où les événements commencent à faire prévaloir « *die That* » sur « *das Wort* » et où la recherche de pré-axiomatiques creuse les fondements de systèmes en proches jaillissements, on commence aussi à prendre conscience d'évidences triviales depuis trop longtemps pour avoir été prises en considération, notamment celle-ci : un signifiant donné peut contenir un autre signifié que le sien propre à condition que l'usage ordinaire en oublie l'étymologie. Ce signifiant peut être un mot (et alors non seulement comme précédemment unissant deux « côtés » en un « angle », mais regroupant – cas de la sirène – l'harmonie d'un double récit); il peut être aussi toute une image ou tout un drame. Disons qu'alors un phonème ou groupe de phonèmes ayant désigné un élément de M2, par exemple, peut enfouir inconsciemment l' « harmonie » de tout son entier. L'oubli de l'étymologie dépend de circonstances différentes entre régions pourtant voisines; il dépend à la limite de ce que le XVIIIᵉ siècle commencera de formaliser comme pur aléa.

Mais en tous actes et discours, le diachronique se réfère au synchronique au moins en ce qui regarde l'ordre des quantités, la quantification intensive de l'hermétisme triomphant donnant signification nouvellement opératoire à des mesures extensives banales, elles, depuis toujours. Ainsi en va-t-il de la logique concrète du contenant-contenu que résument les modélisations ci-dessous qui lui associent la logique différentielle du grand-petit.

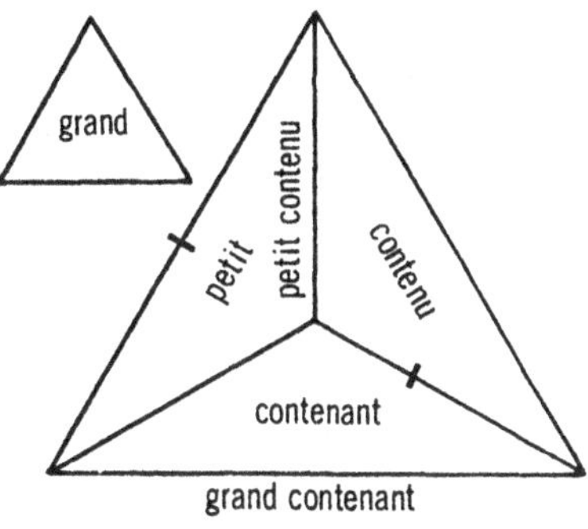

Le grand contenant contient forcément le petit contenu (condition minimale d'existence de M2 lu analytiquement). Si, aléatoiremet, le contenant n'est pas assez grand pour le contenu, le M2 devient un M3 (passage de l'espace euclidien aux espaces hypercomplexes).

L'ordinaire réduction de données spatiales en figures planes inspire les considérations suivantes, à retenir notamment pour ce que la deuxième partie dira de plans à l'infini ou du « cercle absolu ». Elles se rapportent aux implications historiques ayant préludé aux opérations de « projections » d'un solide sur une surface ou, plus généralement d'un espace à n dimensions sur un autre, n–1.

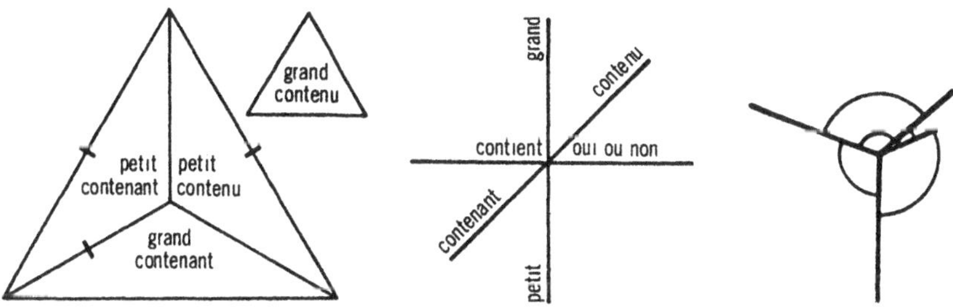

Précisons qu'un petit contenu pourra toujours être contenu dès lors qu'on a le choix de contenants, alors qu'un grand contenu n'est pas contenable du tout s'il ne l'est pas dans le plus grand contenant. Appliquer ces « gradations » aux quantités intensives (comme le firent les hermétistes) rend intelligible qu'on ait pu penser, dès Fahrenheit, à une limite inférieure du froid, mais non à une limite supérieure du chaud.

Appliquée à la relation signifiant-signifié, cette même logique (aussi classificatoire) rend intelligible qu'un discours puisse être rendu aussi long qu'on voudra et au-delà de toute prévision, alors qu'un minimum de signification sera toujours préhensible, fût-ce l'atome d'un atome. Est aussi loisible de confondre mélusine avec sirène, alors qu'évidemment sirène n'est pas pensable sans sirène. Plus généralement, à titre d'hypothèse dont la seconde section vérifiera un cas, un seul mot peut signifier la totalité d'un M 2.

Enfin s'il est possible qu'un grand contenant contienne un grand contenu, ce n'est pas certain. Ce doute intervenant entre la nécessité et le « hasard » est modélisable par la non implication d'une modalité de type c par une modalité de type b, l'inverse n'étant pas vrai. Cela fera l'objet du développement suivant.

Le possible et le certain

La plus visible des différences entre les tableaux II et II *bis* est que les modalités du premier sont plus nombreuses que celles du second; deux fois 32 d'un côté (et à la condition ne pas compter deux fois les 12 cas F ou F´ qui peuvent être des M_2 ou des M_3 si on ne se réfère pas à une convention) et deux fois 10 de l'autre côté, bien que si on supposait que les éléments angulaires d'un trièdre puissent être dits grands ou petits sans être effectivement aigus/obtus on obtiendrait aussi 64 combinaisons. Une autre différence vient de ce que la description des figures du Tableau II est incomplète (y manquent les angles de M_2 et les dièdres de M_3) alors qu'elle est complète au Tableau II *bis*. Une troisième différence tient à ce que les modalités du Tableau II *bis* doivent faire supposer que les axes et les faces du trièdre sont de dimension indéfinissable; sans cela, en effet, on aurait affaire à des tétraèdres dont le quatrième triangle (virtuel) aurait pour sommets les limites des trois axes, que ces limites soient infiniment proches ou lointaines. Autrement dit, le trièdre définissable n'est concevable que comme une composante du tétraèdre dont il est arbitrairement ou conventionnellement abstrait : le trièdre relève de la pensée analytique.

En outre, le Tableau II *bis* se prête mieux que le Tableau II à une classification de type généalogique. Considérons le cas A : il coexiste avec A´, et l'adjonction d'un dièdre obtus (cas B) peut se faire de six manières différentes; de même l'adjonction d'un deuxième dièdre obtus conduit soit à C, soit à D, donc à 15 modalités différentes. Une résille généalogique situant les 38 types de tétraèdres définirait une vue d'ensemble comme celle offerte par les Modèles III. Ainsi les 64 modalités II de M_2 et M_3, sont-elles à la fois toutes possibles et toutes incomplètes; elles épuisent toutes les combinaisons dans une numération de position de base 2, de 0 à 63, sans y faire d'autre différence qu'entre n et $63 - n$. Ces modalités correspondent aux 64 *koua* du Yi-King (ignorant la numérotation de base 2 puisque A y est un 1 et non un 0 et que A´ y est un 2 et non un 63); elles seront considérées comme représentant des possibles parmi lesquels le sort choisit et dont l'interprétation dépend d'un supplément d'information que le Yi-King emprunte soit à l'univers des sèmes, quand il est objet de méditation, soit aux circonstances quand il est instrument de divination. En revanche, les modalités II *bis* imposent une sélection (réduisant 64 cas supposables à 20 cas vérifiables expérimentalement ou démontrables); elles symbolisent le certain, le rend relatif à une opération d'abstraction (le trièdre ne pouvant provenir que d'une décomposition analytique du tétraèdre), laquelle permet de prendre en compte des sèmes dérivés seconds ou des jugements portant sur des jugements. Cette corrélation entre l'abstraction et le certain est montrée par les figures étudiant comment s'associent modalités analytiques et synthétiques.

On peut dès à présent remarquer que cette association n'affecte pas trois types de cas : A, A´ et F ou F´. Dans la période euclidienne, jusqu'à la découverte des coordonnées tétraèdriques, la géométrie ne s'est intéressée qu'au cas A dont relève le tétraèdre régulier de Platon (bien que n'importe quel tétraèdre soit inscriptible dans une sphère); et cette géométrique n'a même pas donné de nom à la figure A´. En revanche, la pensée mythologique ou ésotérique peut associer tétraèdres contenant et tétracanthe contenu, et le fait en général implicitement, mais presque explicitement dans le Yi-King dont les *koua* impliquent six rangs où s'échangent Yang et Yin. Le mythe d'Horus aussi suppose A et A´, le premier (M_2) enfermant le second (M_3) dont les six faces représentent alors les quatre membres d'Osiris, sa tête et son phallus, réunis par le centre de M_3 ou composant un corps total en M_2. Cette représentation commande les figurations ésotériques de l'homme ou de l'Homunculus et s'est exprimée en images tétraèdriques sans équivoque (cf. p. 310).

En résulte que l'inventaire des modalités synthétiques par la méditation holistique ou l'imagination mythologique a nécessairement précédé de loin l'élucidation géométrique qui, elle, étudiera, bien que de manière incomplète, les propriétés du trièdre (le plus simple des « angles solides ») avant celles du tétraèdre (le plus simple des « solides »). Le trièdre ainsi considéré aura été soit emprunté à A, soit, quand il est orthogonal, au passage en court-circuit de a à g, ou de g à a des modélisations II *bis*. Rappelons en revanche que la logique a découvert les conditions impliquées par la généalogie analytique sans avoir eu besoin de prendre conscience de cette dernière.

Une autre propriété appartient exclusivement aux modélisations II *bis*. Seules elles permettent d'affirmer, par exemple, et hors des cas particuliers de type d, que si un angle est obtus, alors le dièdre opposé l'est aussi. Elles sous-tendent la notion d'implication en la subordonnant à la prise en considération du contexte. En résulte que ces mêmes modélisations permettent d'établir les « indémontrables » sur lesquels se fonde, depuis Chrysippe jusqu'à nos jours, le calcul propositionnel. En outre elles assimilent (ainsi que nous l'avons précédemment noté et le refigurerons ici) l' « alphabet » de II *bis* à la Table de Vérité des logiciens.

Rappelons aussi que ces « lettres » et la particularité de l'une d'entre elles font penser au Code génétique. Toutefois, une différence radicale sépare les deux Codes. Dans l'un (le biologique) les 64 cas ont valeur de « mots », ils représentent des informations; les 20 cas sont des « objets » entrant dans la constitution de l'organisme. Dans le mental, le statut de ces cas est inverse : les 64 modalités de M_2 ou M_3 représentent des choses toutes constructibles ou des morphismes « réellement » capables d'organiser le sémantique; les 20 modalités analytiques constituent des abstractions impliquant l'analyse de type discursif.

On formulera alors l'hypothèse suivante : le Code mental est comme le reflet dans un miroir des conditions physiques organisant le réel;

l'inversion en résultant transforme le synthétique de l'un en analytique de l'autre. L'avantage de cette hypothèse serait de rendre compréhensible une leçon évidente de l'histoire des sciences : les élucidations correctes du concret ont dépendu de la constitution préalable d'un rationalisme conceptualisé. Aussi longtemps que le travail mental s'applique directement au réel, il l'interprète mythologiquement et crée des dieux ou des symboles satisfaisant les émotions. L'exactitude des sciences expérimentales est atteinte par les détours de l'abstraction en découvrant les principes.

Vers l'homologie des systèmes

Sur le tableau du cube généalogique, la résille 4 complète la résille 3 en inventoriant diachroniquement l'augmentation des éléments obtus du tétraèdre (angles) et du tétracanthe (dièdres) selon leur position sur l'un ou l'autre de trois des sommets du premier ou des axes du second. Si cette résille est supposée orthogonale, le cube obtenu ne permet pas de tenir compte du quatrième sommet ou axe; cette impossibilité traduit la proposition voulant que tout tétraèdre (ou tétracanthe) comporte nécessairement un sommet (ou un axe) dont tous les angles (ou dièdres) sont aigus.

Les quantités inscrites à l'entrecroisement des lignes du cube sont au nombre de 64, et sont inventoriées selon les 64 premiers nombres d'une numération de position de base 4. Faire cas par cas la somme des trois chiffres fournit les nombres – de 0 à 9 – de toute numération (d'addition, de position ou mixte) de base 10. Dans la numération d'addition ainsi transcrite, il n'y a qu'une manière de représenter 0 et 9; il en existe trois pour 1 et 8 et jusqu'à douze pour 4 et 5. Cette disposition met en lumière la structure additive interne de ces nombres et ne le fait complètement que pour les trois premiers. En outre, dans le cas de 6, nombre parfait, le symbole 123 peut se lire comme $1 + 2 + 3$ ou $1 \times 2 \times 3$. Étendue au nombre 9, cette seconde lecture fait aussi du symbole 333 la représentation de 27, nombre des petits cubes.

Les diagonales (non dessinées pour ne pas surcharger la figure) ont valeur de racines carrées, non cubiques. Elles permettent en outre soit d'identifier les quantités rendues égales dans la numérotation de position, soit de les différencier par deux. Elles mettent en évidence les facteurs entrant dans la numérotation de position et situent les facteurs premiers des nombres 0 à 63, en corrélation avec les nombres diachroniquement structurels (de 1 à 64) et obtenus par addition des·six (nombres synchroniquement structurels) premières puissances de 2 (avec la convention $2^0 = 1$). D'une manière ou de l'autre (inversant le pair et l'impair), les 64 premiers nombres peuvent seuls faire l'objet d'un « atlas » tridimensionnel et orthogonal.

Enfin, chaque face du cube généalogique est composée de 9 carrés si les nombres y figurent à l'intersection de droites, et de 16 carrés si ces mêmes nombres y sont inscrits. Ces modèles ont rendu aux algèbres babyloniennes un nécessaire et suffisant service avant que les premières algèbres modernes ne les traduisent l'un et l'autre dans l'équation générale qui permet de résoudre par radicaux les équations du second degré.

Ces problèmes du second degré résolus algébriquement par les Chaldéens se rapportent à de tels pavages. Des solutions se lisent immédiatement si on les écrit en numération sexagésimale ou si on tient compte des fractions sacrées comme 2/3, ou primordiales comme 60/64. Cette dernière (rapport de la valeur en degré du quart de cercle à la sixième puissance de 2) peut être mise sous la forme 1/4 + 1/8 + 1/16 + 1/32. D'autres solutions babyloniennes excluent ces références synchroniques à la structure et doivent faire appel aux proportions (théorème de Thalès). Dans ce cas, l'algèbre était effectivement systématisée.

Pourtant, même dans ce cas, elles refusaient les racines négatives. Celle correspondant aux paradigmes devenus classiques peut être fournie par la figure divisant la face du cube en 16 carrés, à la condition de la lire diachroniquement, c'est-à-dire selon deux manières de compter deux sommes égales mais différemment constituées, la seconde manière donnant $16 = 8 - 1 + 9$.

Cette même figure 1 peut aussi être lue synchroniquement comme un carré central égal à 36 (9 x 4) et un pourtour égal à 28 : 4 (3 + 4). On retrouve ainsi les deux quantités utilisées dans le cas particulier d'équation du 3e degré fournie par la figure 2. Cette analogie entre opérations sur le plan et sur le « solide » tient à ce que ce dernier multiplie par quatre les quantités de carrés inscrites sur le plan, ce qui donne aussi $6^2 + 8^2 = 10^2$.

Les divisions par 4 et par 27 entrent dans la formule de Cardan qui avait sans doute sous les yeux cette même figure volumétrique. Mais la généralisation de la solution par radical de l'équation du troisième degré recourt aux quantités imaginaires (donc aux rotations) pour le petit cube isolé à l'origine du cube généalogique.

L'ordinaire réduction de données spatiales en figures planes inspire les considérations suivantes, à retenir notamment pour ce que la deuxième section dira de plans à l'infini ou du « cercle absolu ». Elles se rapportent aux implications historiques ayant préludé aux opérations de « projections » d'un solide sur une surface ou, plus généralement, d'un espace à n dimensions sur un autre, $n - 1$.

La figure ci-contre applatit M2 et M'2 dont elle conjoint les triangles de base pour former une étoile. Les sommets de ce polygone étoilé sont ceux d'un hexagone indescriptible dans un cercle si l'un et l'autre sont réguliers. En résulte la division sexagésimale du cercle. Les nombres inscrits sur la figure renvoient aux transformations M_2, M_3, M'_2 et M'_3.

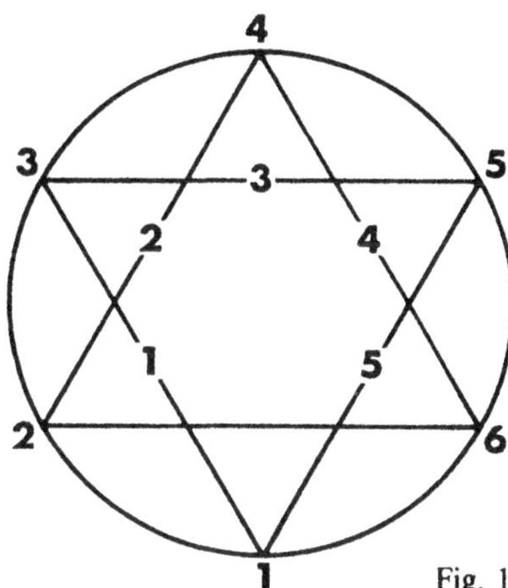

Fig. 1

Si l'opposition Haut-Bas est respectée, les deux autres (Avant-Arrière et Gauche-Droite) deviennent ambiguës. Ici comme précédemment et pour les mêmes raisons, on a privilégié la pesanteur en considérant la figure comme verticale. Le demi-cercle supérieur décrit alors le mouvement apparent du soleil. La numération sexagésimale convient le mieux à l'établissement du calendrier, bien qu'au prix d'une irrégularité puisque 360 tient la place de la deuxième grande unité 3 600, supérieure à la première grande unité 60. Une autre difficulté surgit en outre pour raccorder 60, nombre calendaire, à 64, sixième puissance de 2. Cette irrégularité et cette question sont perceptibles dans les conventions et dans les énoncés des problèmes servant de paradigmes aux algébristes chaldéens.

L'hexagone ainsi construit (symbole de Zeus en Grèce) se lit dans la succession des nombres, sauf quand il faut revenir de 6 à 1. La rupture désigne le lieu où situer les 5 jours épagomènes du calendrier égyptien vicié par l'inconstance de Nout; elle autorise la Chaldée à diviser l'histoire en deux époques : celle où l'année avait été parfaite précédant celle où elle est devenue imparfaite. Cette distinction est reprise par la Bible. Les jours épagomènes sont ceux où des dangers invitent à ne rien faire. Corrélativement, la semaine ajoute à ses six jours un septième que la Genèse a consacré au repos de Dieu. En résulte une ambiguïté entre 6 et 7 et donc entre 12 et 14, cette dernière quantité étant elle-même située entre deux moments : celui où rien n'existait encore (un 0) et celui où tout étant achevé (un 15) invite à un recommencement.

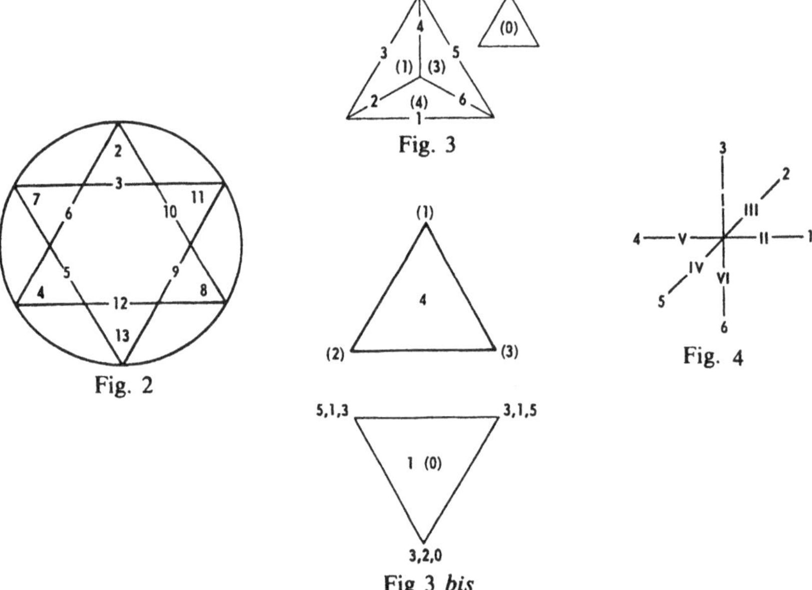

Fig. 2

Fig. 3

Fig 3 bis

Fig. 4

Ce passage d'une quantification hexagonale à une autre exprimable en sommes des quatre premières puissances de 2 (dont la puissance nulle vaille 1) peut être illustré par les figures ci-dessus, construites comme la précédente, telles que le triangle 135 (triangle de M′2 et donc trièdre de M_2 signifiant sur M_1 Avant Sublime et Juste) soit un 0 et le triangle 246 (triangle de M_2) signifiant sur M_1 Après Néfaste et Dégradé. Le chiffre

15 est la somme des cinq premières puissances non nulles de 2. Rappelons que selon cette interprétation, le 0 et le 15 (Rien et Tout) représentent un encadrement échappant aux vicissitudes de la durée temporelle. Cette même interprétation donne son plein sens à la théologie chrétienne qui ramène la célébration de l'Avent – attente de la venue du Sauveur – à la veille de l'équinoxe d'hiver.

Les chiffres de la figure 2 expriment les quantités obtenues par l'addition des puissances de 2 dont les indices sont marqués entre parenthèses sur le groupement des figures 3 et 3 *bis*. Construite comme la figure 1 (chiffres de 1 à 6 des figures 3 et 4), elle doit être lue dans l'ordre des chiffres romains de la figure 4 (M_1) pour que l'ordre de 0 à 15 (correspondant, sur les faces de M_2, à l'ordre de 1 à 3) soit respecté. Cet ordre fait prévaloir les orientations positives et accentue les oppositions Haut-Bas d'abord, Droite-Gauche ensuite. Ces quatre orientations symbolisent des immanences (le Parfait et le Dégradé, le Bien et le Mal) plus essentielles que les mouvements temporels de progression et de rétrogradation.

On vérifiera que cette lecture est significative en se reportant à la figure ci-contre, où l'ordre des chiffres romains de la figure 4 remplace celui du Modèle 2 du Tableau. Les chiffres arabes sont soit des puissances de 2 (les faces), soit leurs sommes (arêtes et trièdres); on voit que la suite s'en lit comme se construit abstraitement un tétraèdre : une face vaut 1, une seconde vaut 2, leur

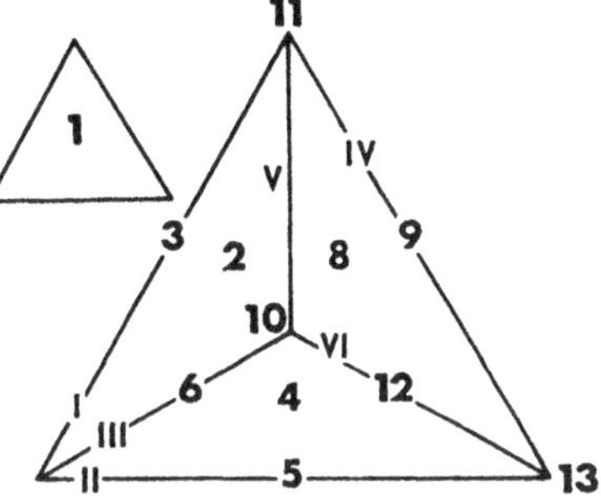

conjonction fait 3; pour aller au-delà, une troisième face, 4, est nécessaire, qui, comme précédemment, produit 5 et 6, puis le trièdre valant 7. Le procédé se poursuit de la même manière jusqu'à 14, la quantité 15 étant la somme des quatre faces, et 0 leur absence. La construction du tétraèdre spatial se trouve ainsi traduite dans une suite linéaire de 16 premiers nombres d'une numération de position de base 2. Rappelons que ces 16 dispositions sont celles des géomancies, elles aussi relatives aux faces de M_2 Le 15 renvoie à la lecture du tétraèdre de référence de la géométrie réglée (cf. p. 323).

En fonction de l'hypothèse analogique concernant les énoncés sur la ligne temporelle du discours (en numération de base 2, 0 est le premier et 15, le seizième nombre, grande unité des géomancies), c'est aller de Rien à Tout en explicitant seulement les nombres de 1 à 14. D'autres propriétés pourraient être tirées des manières de construire un tétraèdre et à l'aide des récapitulations qui vont suivre.

Récapitulations théoriques

L'ensemble des constats précédents peuvent être traduits en propositions théoriques de deux sortes : l'une est relative à l'expérimentation et donne une image concrète de l'univers mental à explorer par formalismes abstraits en vue de vérifier un ensemble d'hypothèses (de statut scientifique puisqu'il y peut-être répondu par oui-non et qu'en cas de non, elles se prêtent à précisions améliorées); la seconde est d'ordre plus spécifiquement sémantique. Nous conviendrons de distinguer ces deux sortes par les noms de *Formulaire* (indicatif de constats) et de *Formulations* (relatives à des processus).

1. Formulaire

On formulera maintenant quelques hypothèses impliquées par les constats énoncés de 1 à 11 et proposées à vérification.

1) L'univers mental inconscient est un réseau; les mailles en sont des triangles et les maillons des tétraèdres, dont les nœuds sont porteurs d'informations d'origine externe (images perçues) et interne (émotions ressenties). Ces nœuds sont mis ou non en communication par des lignes dont les conjonctions angulaires correspondent à des fonctions soit paradigmatiques, entre informations analogiques entre elles, soit syntagmatiques et constitutives d'informations plus composées.

2) Ces réseaux ne sont saisis par la conscience que point par point et au prix de deux transformations : l'une rendant équivalentes les oppositions oui-non et aigu-obtus; l'autre, les différences paradigmes-syntagmes et dièdres-angles.

Ces transformations (tardivement rationalisées en systèmes) sont attribuables au fait que la pensée s'élabore en premier lieu selon l'expression concrète et se construit comme le tangible fait de surfaces et de volumes avant de rendre concevable la notion abstraite de point sans dimension. Le travail d'abstraction a pour objet et pour effet de découvrir les conditions logiques de toute construction et de les exprimer en termes purement relationnels.

3) Si l'univers mental peut être supposé structurer l'univers réel relevant donc du même Code, les aspects réels de ce Code ne sont pas accessibles et les aspects mentaux ne le sont que par manifestations interposées. Ces dernières mettent tout le Code mental en œuvre quand elles agissent spontanément dans l'inconscient, mais sont alors indéchiffrables; quand elles sont déchiffrables, elles ne sont que partielles et diachroniquement sélectives. La logique serait donc innée et synchronique, mais impensable comme telle, elle ne se révèle en fait que partiellement et au prix d'expériences vécues agissant de deux manières ou à deux stades (l'un plutôt passif, l'autre plutôt actif) : celles-là chargent la structure de déguisements sémantiques qui la dissimulent; elles sélectionnent progressivement parmi certains sèmes ceux qui en conditionnent l'organisation.

4) Cet effort sélectif (actif ou passif) et lexical ou syntaxique procède par différenciations binaires comme celle opposant éléments angulaires aigus et obtus équivalents soit à oui ou non (M_2), soit à non ou oui (M_3) en fonction du contexte.

La production ou la lecture de paroles procède aussi selon deux modalités. La conjonction soit de sèmes à phomènes ou signes, soit de morphèmes à morphèmes opérant par syntagmes, de même qu'un dièdre ou angle conjoint deux éléments. La substitution de « variables » procède par choix dans des séries métaphoriques ayant toutes pour commune origine l'association d'un nombre ordinal à une orientation différentielle de l'espace-temps. Dans ce dernier cas, le processus de création ou de reconnaissance sémantique relève à son tour de deux modalités : l'une où la métaphore rattache immédiatement ou médiatement un sème à l'une de ces orientations différentielles; l'autre où la métaphore s'applique à des objets sensibles et n'utilise la logique de la première modalité que comme instrument classificatoire.

5) Les copules, aussi bien que les sèmes qu'ils relient en syntagmes, sont sujets à substitutions paradigmatiques observant les conditions imposées à la construction (syntagmatique) d'éléments angulaires aigus ou obtus. Aussi bien que pour les formes ou les sèmes, cela vaut pour les couleurs, constituées par trois couleurs fondamentales, et pour les sons

dont les valeurs proportionnelles sont inscriptibles sur des arêtes entre faces représentant les trois ou quatre premiers nombres. Il existe un nombre infini de modalités échappant à l'opposition obtus-aigu. Trois interprétations peuvent être alors envisagées : subdiviser les angles aigus ou obtus en respectant la différence entre grand et petit considérée comme une élaboration postérieure mais initialement commandée par cette opposition fondamentale ; considérer la distance entre sèmes comme due à des différences autres que géométriques (et analogiques, par exemple, à des différences de « tension ») mais pouvant leur être rapportées par métaphore (cas de vecteur ou de tenseur pondérés par leurs longueurs ou par des nombres elles ou eux analogiques à des éléments angulaires) ; dans ce cas, le nombre des modalités trièdriques s'élève aussi à 64 ; enfin, ne pas analyser identiquement une pensée ou un discours selon que sa cohérence est acquise ou qu'il est seulement en train de la rechercher ; le discours, par exemple, peut être fait de mots sans suite (éventuellement témoins de glossolalies), de phrases bien construites mais dépourvues de sens ou de cohérence avant d'atteindre les stades de l'authenticité logique.

6) Tout futur étant un conditionnel, l'ordre construction-lecture (du modèle angulaire) est essentiel à la signification. Dans le cas d'un verbe, par exemple, la construction le rend actif ; la lecture peut être, selon le sens de la lecture, active ou passive, justifiant de la sorte l'ambiguïté du déponent latin.

7) Le Code et ses Modèles sont séparés de leurs réalisations effectives (grammaire et lexique des langues naturelles, ou opérations et symboles des formalismes opératoires) par des épaisseurs variables d'expériences historiques relevant chacune du Code, mais par une suite d'opérations si nombreuses que le résultat paraît à première vue indépendant des fonctions simples qui l'ont atteint par concaténations.

8) Le passage de la circularité des angles à la linéarité des nombres implique que les premiers se transforment d'aigus en obtus (ou inversement) selon un ordre bi-univoque et constitutif de l'addition ou de la soustraction. La multiplication (et la division) implique que l'espace « pensée », échappant à l'espace réel, puisse avoir autant de dimensions que ces deux opérations font intervenir de facteurs : seul l'esprit de système permet d'en prendre conscience grâce à la diachronie du langage qui, quand il exprime un holisme synchronique, est exclusivement poétique ou mythologique.

9) Quand le Code et ses Modèles affleurent à la conscience, ils s'y transforment en axiomes.indémontrables mais constitutifs de la logique formelle. Les impératifs traduits par des axiomes sont sous-jacents à toute distinction et à toute corrélation entre sèmes, phonèmes et morphèmes; ils constituent de même manière les structures sémantiques ou syntaxiques. Ces « lettres » A et V du Code peuvent être formalisées en considérant ces éléments angulaires comme des copules positives ou négatives de propositions : p, – p, q, – q. Ces propositions, au nombre de deux par « lettres » du Code (cf. ci-dessous) relèveront d'implications dont nous rappellerons qu'elles ont été inventoriées par Chrysippe (cf. pages 206 et suivantes); les revoici :

$$I = p \text{ et } q$$
$$A = p \text{ ou } q$$
$$V = - p \text{ et } q$$
$$E = - p \text{ et } - q$$

10) Symbolisations formalisées : appelons p, p′, q, q′ quatre propositions énonçant pour un dièdre (ou un angle) la présence ou l'absence de son côté OP (ou OQ) dans l'un ou l'autre des cantons (C) ou (D) de l'espace (ou A et B du plan) définis l'un par son autre côté OA (ou OC) et l'autre par le prolongement OB (OD) de ce côté en deçà de la perpendiculaire en O sur le plan OPB (ou en deçà du point O de la droite OA); la figure ci-dessous, relative à un angle (mais valable pour un dièdre défini par sa projection), donne lieu aux énoncés suivants (redondants) :

<table>
<tr><td>q = Q appartient à (C)</td></tr>
<tr><td>non q = Q′ n'appartient pas à (C)</td></tr>
<tr><td>q′ = Q′ appartient à (D)</td></tr>
<tr><td>non q′ = Q n'appartient pas à (D).</td></tr>
</table>

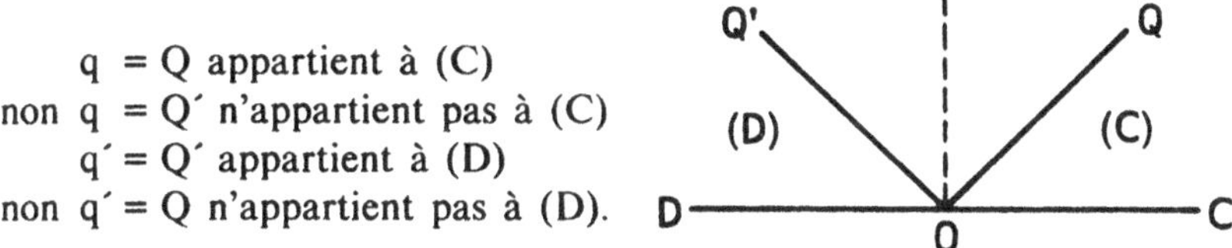

Même chose serait dite de p et p′ pour (A) et (B). Dans ce cas, les lettres de l'alphabet des Modèles VI signifient :

I = p, q = p et q, conjonction (p est vrai, q est vrai).

A = p/q′ = p ou – q, incompatibilité (pas à la fois p et q′, l'une au moins des deux est fausse).

V = p′. q = – p et q, compatibilité.

E = (– p) . (– q) = ni p ni q, rejet ou binégation (ni p ni q ne sont vrais).

Ces significations seraient renversées si on utilisait les modèles supplémentaires de ceux utilisés ici.

En outre, deux lettres telles que I et V de l'alphabet du tableau II *bis* peuvent être réduites en sous-alphabet dissociant dièdres et faces qui, selon qu'il s'agit d'éléments aigus ou obtus, seront notés par mêmes lettres en minuscules. On pourra dire alors : si v (angle aigu), alors ou i ou e (dièdre aigu ou obtus), c'est-à-dire par une alternative (de p et p′, l'une ou l'autre sont vraies) écrite ordinairement sous la forme p w p′. Cette disjonction se distingue de la disjonction p v p′ renvoyant à la distinction préalable entre p et non p (si l'une est vraie, l'autre est fausse). L'apparition du mot « si » dans le raisonnement engage l'implication.

Les formalismes ci-dessus symbolisent les moyens convenant à la correction logique; ils ne suffisent pas à déterminer la « vérité » logique et moins encore la « vérité » réelle. Les conditions de la première sont d'elles-mêmes remplies dans le cas de figures géométriques; le fait que la seconde dépende de l'expérience vécue (ou de l'expérimentation) invite à analyser les univers « quelconques » du langage ou de l'expression (deuxième chapitre) fournissant des équivalences sémantiques à ce qui est désigné ci-dessus par les lettres majuscules P, P′, Q, Q′, A, B, C, D et O, et telles que le *Logos* peut dire le faux même s'il n'est pas parlé par un menteur, telles aussi que le *Mythos* soit absolument logique, même si les images dont il se sert contredisent les apprentissages concrets de ce que n'importe qui peut le plus banalement percevoir.

Achevons en reprenant l'homologie signalée dans l'étude des indémontrables de Chrysippe et en les traduisant en constat des contraintes imposées à la constitution d'un trièdre fait d'éléments aigus ou obtus. Ces cinq propositions sont formalisables à la moderne, selon R. Blanché, comme suit et dans leur ordre :

1	2	3	4	5
$p \supset q$	$p \supset q$	$\sim (p.q)$	$p \text{ w } q$	$p \text{ w } q$
p	$\sim q$	p	p	$\sim q$
q	$\sim p$	$\sim q$	$\sim q$	p

Les implications qui les justifient s'écriraient ainsi :
1. $((p \supset q).p) \supset q$
2. $((p \supset q). \sim q) \supset \sim \mathrm{p}$
3. $(\sim (p . q).p) \supset \sim \mathrm{q}$
4. $((p \mathrm{w} q).p) \supset \sim \mathrm{q}$
5. $((p \mathrm{w} q) . \sim q) \supset p$

L'analogie avec l'holophrase et le récit analysés ci-après s'en dégage d'elle-même, comme aussi les homologies entre les données des tableaux II, II *bis* et III, si on introduit les trièdres généalogiques dans les tétramorphes et leur généalogie.

11) Si on choisit de faire équivaloir le dièdre d'une « lettre » à une première proposition et l'angle opposé de la même lettre à une seconde proposition, et si on s'en remet à un sous-alphabet tel que i ou e veuillent dire dièdre aigu-vrai ou obtus-faux, cependant que v ou a soient angles aigus-vrais ou obtus-faux, alors les implications de la Table de Vérité des logiciens devient :

i + i = I, vrai ; i + A = A, faux ; e + v = V, vrai ; et e + a = E, vrai.

En effet I, V, E représentent des types constructibles du tableau A II *bis,* alors que i + a = A n'est pas constructible.

2) Formulations

Bien que le Code se situe en deçà de toute formalisation, il doit pouvoir s'ouvrir sur la logique. On l'établira donc d'abord à l'aide de propositions aussi rationnelles que possible : trois axiomes et quatre postulats. Voici les premiers :

1) Toute signification implique une différence,
2) Toute différence signifiée est le produit d'un jugement,
3) Tout jugement implique une alternative.

Soit B différent de A – sèmes qu'on appellera jointifs –, la signification du seul A/B – sème jonctif – est ambiguë, témoignant à la fois d'une continuité et d'une séparation que pourront exprimer soit un Et, soit un Ou. Pour les actualiser ensemble, deux sèmes jonctifs sont nécessaires, et donc un troisième sème jointif faisant apparaître par exemple un B/C mis en comparaison avec A/B. Pour la commodité de l'exposé, on parlera de rapports entre sèmes jointifs et de relations entre sèmes jonctifs.

Mais jusqu'où, privilégiée de la sorte, une représentation synchronique demeure-t-elle à tout coup la condition de jugements diachroniques? Certaines interrogations telles que : deux sèmes contigus à un troisième le sont-ils entre eux? ou comme : l'ordre est-il donné ou une construction doit-elle être explicitée? On se servira de « postulats » dont deux, cités en rang pair et relatifs à la synchronie des structures, sont incompatibles avec les deux autres, relatifs à la diachronie de systèmes :

4) L'énoncé du successif implique la perception du simultané.

5) La perception du simultané implique l'énoncé du successif.

6) L'univers de la représentation est clos.

7) L'univers de la représentation est ouvert.

Les deux premières propositions traitent prioritairement soit l'expérience spatiale et le dessin, soit la parole et l'ordre temporel. Les deux dernières se réfèrent soit à des nombres ordinaux se prêtant une disposition circulaire quand une différence de rang n'implique pas une différence de quantité, soit à un alignement de nombres cardinaux consécutivement croissants.

Nos habitudes « civilisées » de raisonner logiquement rendent aisé de concevoir la succession de jugements axiomatiques comme s'ils étaient ce qu'ils ne sont pas, la description d'une coexistence; ainsi procède aussi le syllogisme; dans les mêmes conditions, on admet aujourd'hui d'emblée que la nature des nombres ne change pas quand la suite en devient infinie. En revanche, la pensée structurelle nous confronte à de surprenants paradoxes cachés sous des évidences triviales.

Face à trois sèmes A, B, C, seule la structure peut donner au rapport A/C la même nature qu'à A/B ou B/C. La position dessinée de ces trois lettres est ainsi rendue « dominante »; la notion de quantité attachée à leur rang devient alors « récessive ». Mais, dans ce cas, la relation entre deux seuils s'identifie au sème jointif qu'ils encadrent. Autrement dit, la relation (A/B)/(B/C) est identifiable à B. On traitera ici prioritairement de cet aspect, le moins familier au sens commun d'aujourd'hui, bien qu'il ait dû originellement contribuer le plus aux premiers apprentissages de la métaphore.

Si sèmes jointifs et seuils sont synchroniques, l'affirmation que les seconds aient pu produire les premiers est aussi vraie que l'inverse. Appliqué à la parentèle, cela voudra dire, par exemple, que duale avec la notion Enfant, celle de Parent peut aussi bien avoir donné lieu aux deux notions de Père et Mère qu'avoir été produite par elles. Pour compléter ce rudiment de sémantique, on notera que trois êtres, jonctifs ou jointifs entre eux, pourront être signifiés ensemble comme les procréateurs d'un même procréé ou comme les deux procréés d'une même procréation.

Soient deux Hommes – entre lesquels doit s'établir une différence de statut – et une Femme; cette dernière sera connotée Mère et/ou Sœur entre deux sèmes jointifs tels que Père et Frère. Dans ce cas, le sème Femme est le siège d'une relation témoignant d'une ambiguïté à résoudre entre conjugalité et consanguinité. Quand il faudra expliciter la différence entre un sème jointif et la relation qui s'y ajoute, on parlera de configurations «'supplémentaires », ce qualificatif ayant été choisi pour des raisons explicitées dans le tableau II bis.

Aussi réduite qu'elle soit, une structure élémentaire apparaît comme le support binaire de trois sèmes, de trois seuils-rapports ou jugements de deuxième ordre, ces derniers renvoyant aux sèmes initiaux dont ils enrichissent le sens. Cette structure convient bien à la métonymie, chaque signification particulière étant issue d'un groupement global de significations perçues ou énoncées (postulat 4); en outre elle engage le double processus attendu de la métaphore, soit dénotant Père pour produire Homme, soit connotant Homme pour produire Père. Ce double modèle structurel fait place à une certaine diachronie, mais de caractère circulaire tant qu'il relève du postulat 6.

Le même modèle, lu autrement, convient aussi à l'analyse systématique selon les postulats 5 et 7 : n'importe quelle signification polysémique appréhendée comme syntagme se prête à des dénotations réduisant l'équivoque. Dans ce cas, la binarité incluse dans la substitution toujours possible entre sèmes jointifs et jonctifs ou dans la nature duale des seuils peut produire l'opérateur 0/1 et conduire à la récurrence linéairement diachronique. En constatant que le dessin d'une roue sur un plan permet d'illustrer la synchronie structurelle de type euclidien, on évoquera l'hélice dont il serait la projection (eulérienne) pour donner son caractère sans fin à la diachronie du système. Analogiquement, par suite, la structure de l'espace usuel serait la projection de systèmes impliqués en d'hyperespaces dont reparlera le deuxième chapitre.

Pourtant, ces dernières remarques ont fait franchir un pas trop grand pour qu'on puisse passer sous silence le tournant pris par l'exposé. Certes, en se servant de dessins, avec leurs frontières, leurs bords, leurs secteurs, ou en se référant implicitement à la dualité contenant/contenu, on n'a pas procédé autrement que tant d'ordinaires traités de logique. Mais puisque précisément il s'agit de les décoder, on rendra aussi patente que possible l'hypothèse ainsi mise en œuvre et nullement incluse d'elle-même dans les axiomes ou postulats énoncés en premier lieu. Le droit de se servir de figures est-il fondé de la même manière que la nécessité d'énoncer des propositions? On supposera dès lors que le discours analytique n'a été que la traduction diachronique la plus pertinente des conditions les moins médiates de toute représentation structurelle. En remontant de ce qui peut être dit à l'expérience originelle de ce qui se laisse percevoir, on cherchera dans les données de fait les plus constantes la manière dont s'exprime cette septualisation.

L'histoire est sans ambiguïté sur ce point : le trièdre orthogonal, celui des volumes euclidiens ou des coordonnées cartésiennes, est demeuré indispensable aux mathématiques les plus élaborées pour quantifier analytiquement la structure locale des surfaces ou des espaces. Un recours aussi constant n'a son pareil du côté des nombres – dont on a précédemment signalé combien les concepts ont changé d'âge en âge – que pour les trois premiers et leur duplication tels qu'Akkad les explicita déjà aux origines de nos numérations sexagésimales. Avant de vérifier comment de tels constats s'accordent avec les leçons précédemment déduites par l'analyse, on les rapportera encore au plus banal usage de la signification la plus fruste. Des expressions comme : ce qui est au fond, sur le côté, par terre, engagent la métaphore par la métonymie; évoquant un objet, elles montrent une position; exprimables en gestes, elles suffisent à des interlocuteurs ne parlant pas la même langue; elles tirent leur précision d'oppositions couplées comme avant-arrière, gauche-droite, haut-bas, enfin elles donnent même un « sens » aux émotions quand la sensibilité s'exprime élémentairement par rapprochement ou recul, réunion ou séparation, effondrement ou redressement. On retiendra alors comme primordiale une formulation justifiant par voie expérimentale et connotant concrètement le modèle précédemment évoqué : les trois directions de l'espace, et la binarité que chacune d'elles implique, identifient autant qu'il est possible ce qu'elles sont avec ce qui les désigne; dans l'univers objectif, elles réalisent le modèle bi-ternaire auquel la réflexion abstraite avait conduit.

On peut aller au-delà et accepter pour acquis, à partir de la statique de l'homme debout et du mouvement nécessaire au regard pour juger de la troisième dimension, que le vertical est une direction ajoutée à l'horizontal perçu comme une surface, distinction qui en engage une autre entre une perpendiculaire et le plan, quel qu'il soit, auquel elle se rapporte. Dès lors, à tout trièdre correspondra son supplémentaire, les arêtes de l'un étant aux faces de l'autre comme le *lumen* renvoyant à l'œil quand est droit l'angle d'attaque du regard sur la surface regardée. Cette dualité avec laquelle la formalisation de tout à l'heure a dû compter pour demeurer structurellement conforme au postulat 4 devient concrètement synonyme de la dualité vécue entre le sujet et l'objet, l'actif et le passif.

Et pourtant, pour anciennes qu'elles soient, les premières conceptions rationnelles de l'optique ou de la statique appartiennent à un âge avancé du discours. Le concept d'angle droit peut-il être tenu pour donnée première? Inclus dans l'équilibre des démarches ou des constructions, il a pu n'être appréhendé qu'à partir d'approximations successives qui ont dû en faire un produit relativement tardif d'expériences portant sur la différence entre des angles plus grands ou plus petits que lui. On est en conséquence amené à enrichir l'hypothèse relative à l'objectivité concrète de l'espace.

Considérons à cet effet ce qu'il advient de trièdres dont les éléments ne seraient qu'aigus ou obtus, cette différence seule étant initialement perceptible. De la sorte, on inscrit dans les conditions de la représentation une dualité dont l'opposition Et-Ou pourrait être, pour les raisons susdites, la plus simple expression, elle-même renvoyant à une prescription telle que : elle est Sœur ou Épouse, mais non les deux à l'égard du même Homme.

Des jeux aussi anciens que le jeu de paume, image de n'importe quel combat, conduisent le regard du spectateur soit dans chacun des camps où se rassemblent des alliés, soit d'un camp à l'autre, son adverse. Cette comparaison n'épuise pas la problématique du et/ou, mots que l'usage a pu rendre ambigus quand, par exemple, le second notifie une indifférence, mais on tiendra pour originelle la nécessité de distinguer absolument l'éloignement, signalée par l'angle obtus du rayon visuel, du rapprochement commandé par l'acuité.

En résulte qu'à une première manière de considérer le trièdre — régulier et aux éléments fixes — s'en ajoute une seconde, sujette à variations dissymétriques, mais non quelconques. A chaque cas s'associe un type particulier de l'articulation et/ou : le premier, discursif, se prête à toute la combinatoire du langage temporel; le second est subordonné aux exigences de toute construction dans l'espace. D'un côté, six sèmes jonctifs de valeur binaire produiront 64 cas; de l'autre, ce nombre est réduit à 20 pour obéir aux contraintes de la géométrie.

On parlera, selon les deux cas, de trièdres systématiques parce qu'ils résultent de connotations analogiques et épuisent une combinatoire, ou de trièdres structuraux parce qu'ils incluent sèmes géométriques et conditions spatiales dans une même dénotation. Ces deux définitions doivent pourtant être nuancées avant de transformer en un postulat d'ordre historique l'hypothèse générale qu'elles impliquent. Ayant jusqu'à présent limité le processus de distinction à la binarité positif-négatif, on pourra soit considérer que ces oui-non sont situables dans un angle d'ouverture, constante ou bien que ces oui-non entraînent une modification angulaire réduite à l'opposition aigu-obtus. Le premier cas ouvre la voie au système dans la mesure où des axes de coordonnées doivent conserver le même angle (pratiquement orthogonal) au cours d'une même analyse utilisant alors les différences quantitatives linéairement dénombrables à l'infini; et pourtant, ce même cas, laissant ignorer les impératifs imposés à la construction de trièdres irréguliers, ne conduit pas à des démonstrations géométriques qu'elles n'en traduisent pas moins pertinemment en équations. Dans les mêmes conditions, enfin, l'univers sémantique non mathématique (et prioritairement qualitatif) ne manifeste ses distinctions que plastiquement ou verbalement. On parlera alors de trimorphe. Le second cas détourne du système, et pourtant implique que des propriétés géométriques soient mises inconsciemment en œuvre par les représentations plastiques ou discursives.

De là cette signalarité attestée par l'étude historique des homologies explicitées par les documents : la pensée holistique (notamment antérieure à Euclide) est d'autant plus effective qu'elle se réfère davantage au trièdre qu'au trimorphe; la pensée analytique se rapporte effectivement au trièdre (notamment à l'époque de Descartes) et l'utilise sous forme orthogonale au moment où de persistantes représentations holistiques s'inscrivent ouvertement sur des tétramorphes où elles privilégient des trimorphes.

Il s'ensuit, en vue de l'étude historique, le postulat suivant : l'homologie entre les constructions de la pensée et celles réalisables dans l'espace suit, après l'invention de la géométrie analytique, un parcours inverse de celui précédant l'invention de la synthèse euclidienne.

Arrêtons là ces considérations théoriques qui pourraient être sans fin. Telles qu'elles viennent d'être exposées, elles suffisent à montrer comment, par expériences pratiques, il est possible de déceler le code synchro-diachronique sous les diachronies du vécu historique ou quotidien, du parlé en langage usuel et du démontré par formalismes algébriques.

CHAPITRE 2

Décodages du diachronique

Les modèles que nous venons de présenter et commenter avaient été dégagés par l'analyse de textes énigmatiques d'importance majeure et par comparaison avec les systèmes de coordonnées indispensables aux sciences modernes. Ils se sont prêtés à quelques prolongements et à des commentaires ne portant guère que sur de rudimentaires émergences dégageant la pensée discursive de la pensée holistique. A partir du code, en effet, on ne saurait aller plus loin puisqu'il est seulement organisateur de sèmes issus d'un existentiel ne donnant pas lieu (grâce aux axiomatiques) à interprétations récursives, non rationalisables, sauf dans les cas où l'événement appartient à l'univers de la mathématique, ou bien sauf à l'inscrire, récursivement aussi, dans des séries causales relatives à des opinions donnant lieu à débats indécidables. Mais comme ces Modèles ont pu donner lieu en fin du précédent chapitre à des formulations théoriques de caractère général, ils devraient permettre de décoder indifféremment n'importe quel message mental.

Remarques sur l'événement

Tenant pour évident que l'événement est, en bloc, émotivement ressenti avant d'être ensuite analysé à différents degrés de rationalité, nous emprunterons au lexique de la psycho-physiologie les concepts de cenesthésie et de kinesthésie : ensemble de sensations internes et sous-ensemble de sensations relatives au mouvement. Ces deux concepts impliquent des différenciations telles que, d'une part, bien-être, mal-être, et, d'autre part, lourdeur, légèreté, affectant l'émotivité en fonction d'une troisième différence entre l'avant et l'après. Cette triple binarité se retrouve dans une affirmation socio-politique telle que la suivante (ou son inverse) : « avant, un peuple dominé était malheureux; après, il a été assez heureux pour dominer ». Transfiguré en termes religieux, des phrases de même type évoqueraient la création cosmique de l'existant à partir du non-existant, ou bien la Rédemption par un Sauveur : la diachronie passe du non-ordre ou du désordre à l'ordre; la synchronie sémantique est celle des trois directions de l'espace telles que numérotées sur le Modèle I : 1/4, Bien-Mal; 3/6 Haut/Bas et 2/5, Avant/Après.

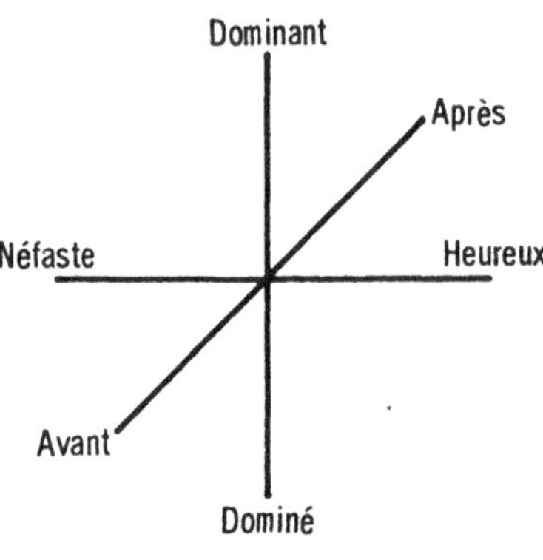

Une vue plus objective de l'événement politique de type conflictuel se rapporterait à des analogies telles que : de l'Avant à l'Après, un partenaire heureux eut le dessus sur son adversaire malheureux. A une telle objectivation, le modèle I ne suffit plus; le modèle II permet d'expliciter davantage n'importe quel événement, fût-il des plus infimcs.

Soit, en effet, un acheteur qui s'est procuré dans des conditions meilleures que prévues une denrée dont le vendeur n'a mesuré la valeur qu'en constatant la satisfaction de son client : avant, aucun des deux acteurs ne prévoyait l'événement; après, le bénéficiaire de la transaction s'en réjouit cependant que le perdant est au regret. Transférons les sèmes inventoriés ci-dessus selon M 1 sur des éléments à rendre correspondants en M 2; ce dernier fait valoir la modification intervenue entre l'avant (type A) et l'après (type B) dont les trièdres seront successivement de type b, c, d. Dessinée pour la commodité comme M 2, cette figure ambivalente est à lire comme M 3 (type C' dont deux trièdres sont de type c) dans lequel seuls doivent et peuvent être aigus les deux dièdres conjoignant un des actants à un bonheur d'après, et l'autre à un malheur d'après (312 et 624), en se souvenant que sur la figure, le ou les dièdres aigus de M 3 sont représentés par des angles obtus de M 2. Considérons maintenant comment ces deux actants ressentent la situation où ils étaient avant (5) : la logique de la construction (telle qu'un trièdre du tétracanthe doit avoir tous ses dièdres obtus) veut ou bien que si le vendeur était heureux avant sa vente (6 1 5), l'acheteur n'était pas malheureux avant un achat pour lui inattendu (3 4 5); ou bien que si celui que la chance favorise avait été jusque-là malheureux (élément aigu entre 3 et 4), alors le défavorisé était sous de fâcheux auspices, même s'il l'ignorait. La première de ces deux interprétations rappelle que c'est l'événement qui fait prendre conscience des chances ou malchances auxquelles le sort prédestine. La seconde fait savoir à un protagoniste malchanceux qu'il eut tort de se croire à l'abri d'une fatalité; l'implication de cette situation logique est que la victime du sort eût pu ou dû interroger le destin à l'aube d'un jour qui donnerait lieu à regrets : ainsi se trouve structurellement légitimé, bien que rationnellement contesté, le recours à quelque procédé divinatoire.

La structure logique des événements étant la même quelles que soient leurs dimensions, elle s'appliquerait aussi bien à deux Princes, l'un profitant subitement d'une occasion inattendue pour tirer parti par surprise de ce que son compétiteur, se croyant en sécurité, eût mieux fait d'interroger à temps les augures. Cette dernière suggestion implique la totalité synchronique de la première figure sémantisant M 1.

Inutile de trop prolonger un commentaire donnant un air savant à des truismes; indiquons seulement que si le type d'événements dont nous venons de parler relève d'une histoire qu'on pourrait appeler externe, une autre histoire – celle de dispositions internes précédant l'action – serait modélisée de même manière. Similitude signalant que le Code vaut indifféremment pour cenesthésie ou kinesthésie, pour faits en accomplissement ou faits accomplis. Les différences proviennent d'analyses diachroniques – de type discursif – et qui, permises par le Code, se servent de sèmes qu'il ne crée pas mais ne fait qu'organiser. Cette fonction organisatrice fait que le Code invite à institutionaliser un résultat de fait. La situation établie par un événement accompli durera jusqu'à modification par un autre événement dont la signification différente n'aura pas été prévisible. Un exemple simple serait celui d'un prince (ou d'une dynastie) assurant le salut de sa cité jusqu'à ce que, affaibli, il soit défait par un rival plus heureux; cet aspect a été précédemment commenté à l'occasion de Persée ou de saint Georges.

Rappelons que, d'une part, ces modélisations sont induites de celles des structures de la parenté et que, d'autre part, l'État peut inscrire l'alternance dans sa constitution ou ses pratiques institutionnelles. L'autorité est alors celle d'un principe, la souveraineté populaire impliquant le suffrage des urnes et le libre choix inscrit dans les postulats de la notion mathématique de hasard. Dans ce cas, les sèmes dont la lecture commande celle des autres ne sont plus à situer sur des faces, mais sur des arêtes d'un Modèle M 2 à lire autrement que quand il convenait à modéliser un roi élu de Dieu ou du destin.

Ce changement de lecture correspond à des propriétés géométriques, celles de « transformations ». La transformation que Chasles appelle « dualistique » remplace un tétraèdre défini par ses faces en un autre défini par ses sommets, les arêtes demeurant inchangées. Gardons ces images à l'esprit au moment d'élucider comment la pratique du discours aurait pu elle aussi faire prévaloir la signification de lignes entre deux points sur celle de dièdres ou d'angles, et cela bien qu'il n'existe d'unité « naturelle » que circulaire, sauf à se référer au diachronique.

TABLEAU IV

D'UN MOT DÉSIGNANT UNE ACTION D'EFFET NUL
A UNE TRAGÉDIE, COMPENDIUM DE L'EXISTENTIEL

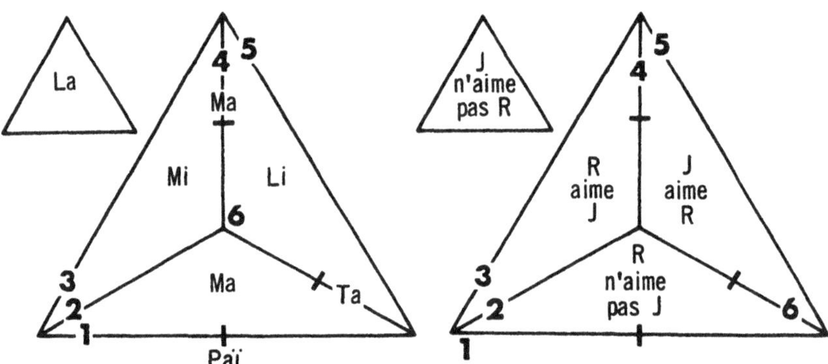

Momilapinatapaï : holophrase   Roméo et Juliette : tragédie

Les deux figures sont des M 2 type F et se lisent de même manière : d'abord les quatre triangles l'un après l'autre, puis les trois arêtes marquées (dièdres obtus signifiant double sens) et numérotées 4, 6, 1. Les sémantisations sont différentes.

En 1) 7 phénomènes où M et T sont l'un et l'autre des moi-lui; L et P des toi-lui (ou elle); N, T, P sont des nous en accord-désaccord; a, i et aï sont respectivement non, oui et non-oui. Le sens général est : « tous deux voudrions ou voudraient, mais ni l'un ni l'autre n'osons ou n'osent. L'arête 1 est pour finir à lire une deuxième fois comme 7 ».

En 2) quatre propositions simples – Roméo n'aime pas Juliette; il l'aime; Juliette n'aime pas Roméo; elle l'aime – occupant les triangles. Les Propositions doubles occupent les trois arêtes marquées – ils s'aiment, se marient, mais secrètement, et doivent se séparer – le cortège nuptial devient funéraire bien que Juliette ne soit qu'endormie – 6 – Roméo croit Juliette morte bien qu'elle soit vivante et il se tue – et I. Au début du drame, ce 1 veut dire que Roméo ni Juliette ne se connaissent; à la fin, ce 1-7 devient : Roméo ni, par suite, Juliette ne sont plus vivants, mais réunis dans le même tombeau, ils sont les gages d'une réconciliation générale des factions ayant opposé deux familles et dont le Prince de la cité constate ou proclame la réconciliation.

Les deux Modèles M 2 F sont synchroniques, mais celui de la figure 2 est à lire comme plus analytiquement diachronique que celui de la figure 1.

Les dièdres (aigus) 2, 3, 5 ne sont pas sémantisés et leur signification est contraire à celle, muette, provenant de la contiguïté des faces qu'elles unissent.

La richesse d'information modélisée par la figure 2 invite à inscrire dans son M 2, type F, un M 3, type F′. Cette introduction d'un M 3 dans un M 2 répond à un besoin de dédoubler toute signification, chacune impliquant ou bien (cas de dièdres aigus en M 2) qu'est permis par la nature un amour interdit par les circonstances culturelles, ou bien (angle obtus en M 2) que les propriétés et les effets physico-culturels de l'élixir fourni par le moine-alchimiste (ayant maîtrisé les propriétés de la quintessence ignorées des non initiés) sont bénéfiques si on les connaît et sait s'en servir, et maléfiques ou mortelles en cas contraire.

Sur les deux figures, les angles obtus en M 2 opposent significations simples (arêtes aiguës) et significations doubles (arêtes obtuses) dans les trièdres 426 et 561, organisateurs synchroniques des deux autres trièdres prescrivant l'ordre diachronique de la lecture. Le cas de l'arête 1-7 résulte d'une duplication supplémentaire : séparation des morts – réconciliation des vivants (cf. Tableau VI en Conclusion).

Comme l'a précédemment indiqué ce que nous avons appelé cube généalogique, les arêtes y sont divisées en « moments » (au sens qu'Hamilton donne à ce mot dans son algèbre du temps pur), moments égaux entre eux et s'ajoutant comme s'ajoutent un à un des angles obtus sur un tétraèdre en transformation entre le type A (cas normal d'un tétraèdre régulier ou cas, à la limite, d'une droite) et les types E ou F, les plus riches en irrégularités et réduisant, à la limite, E sans ambiguïté à un plan (cf. Tableau IV).

Mot et récit : syntaxe et pronoms

Le mot choisi ici nous est proposé par l'ethnographie d'occupants de la Terre de Feu. Il s'agit d'une holophrase enfermant synchroniquement en un seul vocable un sens à définir par une longue phrase. « *Mamilapina-tapaï* veut dire, grâce aux propriétés agglutinantes de la langue : état ou comportement de deux personnes dans l'espoir que l'une fera ce que toutes deux désirent sans qu'aucune n'ose l'entreprendre ». Le Tableau ci-dessus le modélise de la même manière que le *Roméo et Juliette* où Shakespeare actualise un thème immémorial en politisant l'interdit opposé à deux amants. Dans le secret, ils s'accordent et peuvent parler par je, tu, nous, et penser par il ou elle; publiquement, on ne parlera d'eux comme époux que quand ils seront morts.

L'holophrase, nous dit-on, s'accompagne de gestes, ou plutôt de gesticulations repérables par le modèle M 1. Le récit rapporte une suite complexe d'événements dont la synchronie ne peut être rapportée qu'à M 2 ou M 3. Entre un tel mot et un tel récit, la mise en œuvre des ressources à supposer communes à toute langue est fonction d'une exploration plus étendue des possibilités de l'espace-temps historique. Dans un cas, le pronom est noyé dans le mot; dans l'autre, il facilite l'énoncé et contribue à en particulariser les moments et les situations. Le nous et le vous seront prononcés au cours du mariage entre vivants, sanctifié par un prêtre présent. Le « ils » ne se rapporte pas forcément à des disparus; quand c'est le cas, seule la troisième personne est de mise.

Le récit de Shakespeare en évoque un autre d'âge babylonien. Pyrame se voyant refuser Thisbée l'avise de fuir dans le désert où il la rejoindra. Mais un lion s'empare de l'amante dont le voile ensanglanté met l'amant en un désespoir auquel il ne peut survivre. Ce drame là serait modélisable comme l'autre, mais les deux mêmes figures ne sauraient être lues de la même manière. Une Cité, Pyrame, Thisbée, un lion, donnent quatre acteurs à une histoire comme celle de Persée. Le Modèle M 2 y suffirait, avec cette seule différence, aisément modélisable elle aussi, que le héros arrive trop tard pour sauver l'héroïne. Shakespeare ajoute beaucoup de circonstances culturelles – notamment alchimiques –

à cette légende archaïque plus proche du naturel. Ces ajouts invitent à conjoindre un M 3 au M 2 dont se contente aussi l'holophrase.

La structure de l'holophrase fait apparaître ses significations de deux manières. Tantôt la distinction entre deux morphèmes en rend implicite un troisième non sémantisé : cas Ma – Mi voulant dire changement d'avis, sans que ce changement fasse l'objet d'un phonème spécifique. Tantôt un troisième phonème est nécessaire quand le rapport entre deux phonèmes n'explicite pas la totalité du signifié : Mi – Pi voudrait dire qu'un accord est intervenu, alors que ce n'est pas vrai, ce dont rend compte Na, signalant la présence d'un dièdre obtus en 4; de la même manière, Di – Ma voudra dire rupture d'un accord, mais rupture qui ne serait possible que si l'accord était intervenu, alors que Na entraîne nécessairement Ta (angle 46 aigu); de même, enfin, Paï**doit informer que si la situation finale (7) est apparemment semblable à la situation initiale (1), quelque chose est intervenu entre temps et que la succession de non (a) et oui (i) s'achève sur un non-oui (ai). L'ordre de succession des consonnes obéit à la même logique. M prenant l'initiative du oui, puis devenu un T, celle du non, il convient que l'imitateur soit lui aussi désigné par des consonnes comme L, P, ce qui conduit, la fin du processus, à Païet. En reportant les significations de la figure modélisée par F par référence au Modèle 1, on voit que le phonème Naïet est à exclure en 7 où, prolongement (1) de Na (4), il voudrait dire que tout a commencé par une hésitation qui ne saurait être affirmée qu'après expérience faite. La signification implicite de 1 (à laquelle se substituera la signification patente 7 ou Païet) serait Ma – La, elle ne saurait être explicitée par l'holophrase puisqu'elle voudrait dire que les deux protagonistes sont à l'avance d'accord pour s'abstenir, signification contraire à celle voulue par les Fugéens.

A le considérer pour ainsi dire « en surface », ce drame de Shakespeare commence par une modification irréversible des sentiments de Roméo : après qu'il lui eut été indifférent d'aimer ou non Juliette – fille d'un clan ennemi – il l'aime, bien qu'elle-même ignore encore si elle aime ou non (trièdre 123). Ensuite, les deux amants se lient pour toujours par mariage obligatoirement secret (trièdre 246). Pour finir, Juliette, ayant fait un choix contraire aux prescriptions d'une cité divisée, doit recourir à un subterfuge faisant de son sommeil paisible une apparente mort. Dans le tombeau, elle est encore en mesure d'aimer Roméo, mais ce dernier, croyant à tort que ce ne sera plus possible, s'abandonne à un trépas où va le suivre son épouse (trièdres 561). Les dièdres du tétramorphe en cause, en faisant aussi bien un tétraèdre qu'un tétracanthe, se prêtent à l'interprétation posthume suivante : ils n'ont pas pu s'aimer ouvertement ici-bas mais demeureront symboles d'amour impérissable pour la cité réconciliée : le trièdre 345 signifie à la fois cette pérennité et l'interrogation qu'elle suscite sur son lieu : dans ou hors du vécu. Ce trièdre articule les autres et noue le drame.

La signification des angles se déduit aisément de ce qui précède si on lit diachroniquement la figure synchronique. Ainsi la certitude où est Juliette que Roméo lui sera fidèle exclut qu'elle-même change de sentiment (angle obtus entre 6 et 5), exclusion empêchant qu'on en revienne à une situation d'indifférence (angle obtus entre 5 et 1). Roméo ne déçoit Juliette qu'en mourant (angle aigu entre 6 et 1). Au prix des mêmes précautions, le reste va de soi, sauf dans le cas de l'angle aigu 1 et 2. Si, en effet, on considère l'arête numéroté 1 comme la première à lire – c'est-à-dire si on traite l'amour de Roméo pour Rosaline comme partie intégrante du drame –, alors Roméo pourrait paraître inconstant. Mais Shakespeare qualifie explicitement cette passion de révolue; dès lors l'arête 1 doit être lue en dernier, l'angle en cause voulant dire que seule la mort a pu empêcher Roméo d'aimer Juliette ici bas.

Sans entrer en de trop lassants détails, raffinons pourtant quelques éléments d'analyse. Le dièdre 4 est obtus pour marquer l'interdit social; et pourtant, le mariage effectif voudrait que l'angle entre les époux soit aigu. Il convient donc de conjoindre au trièdre en cause un autre trièdre, son inverse. Il est aisé de voir que cette ambiguïté est à marquer pour tous les protagonistes qui procèdent par dissimulation dans un drame où la vie prend les apparences de la mort et où cette même mort, pour finir, prend dans la bouche du prince valeur de réconciliation des vivants.

La modélisation doit mettre en œuvre un double tétramorphe, comme dans le cas du Persée-Saint-Georges (sang des noces, noces de sang) ou plus précisément encore comme dans le cas de l'hermétisme et de sa quintessence. Les alambics de monastères sont ici directement évoqués avec la double signification mort-vie (le *gift* allemand : un poison-don) des élixirs qu'on y distille, avec aussi les implications conceptuelles et politiques d'une quintessence réconciliant les contradictoires aristotéliciens.

A cet égard, on notera que sont obtus les angles du tétracanthe correspondant aux dièdres aigus du tétraèdre; cette différence entre obtus et aigu en marque une autre entre ce qu'on sent en soi et ce qu'on dit ou bien apprend par paroles d'autrui. Seule la mort par fidélité prouvera qu'est bien jusqu'au bout authentique la constance des amants (angle du tétracanthe aigu en 7), gage, pour le prince, d'une cité réconciliée. Mêmes types de raisonnements s'appliqueraient aux dièdres de M 3.

Nous avons dû – au troisième paragraphe ci-dessus – conjoindre deux trièdres supplémentaires pour modéliser, sans tricher avec le Code, l'interdit social obligeant les amants à se dissimuler. Or, ce tétracanthe (mariage secret) à deviner dans le tétraèdre (non noces publiques) évoque aussi la Quintessence, et donc aussi l'élixir de Frère Jean, un franciscain, comme il se doit, et dont l'art caché produit une mystérieuse liqueur aux vertus ambiguës. Son effet est tenu pour positif tant par l'amant que par l'alchimiste, cependant que l'effet final – dû à une évaluation inexacte de sa durée – paraît à tort fatal à Roméo qui eût été détrompé si le savant moine l'avait rejoint à temps. Le dernier de ces malentendus peut être considéré comme typique d'une époque : la science – pour qui la connaît, comme le moine y voyant don de Dieu – est œuvre de vie; mais si elle est conjointe à l'incrédulité, alors elle est œuvre de mort. Ces deux regards opposés sont ceux du grand débat théologique étudié dans un précédent chapitre.

Un dernier mot concernant le Prince réconciliateur : il préfigure le Roi-Soleil à la copernicienne, harmonisant le monde autour de lui. En témoigneront des imageries politico-alchimiques.

Nous pouvons maintenant en venir à l'analyse pronominale.

Ces considérations historiques permettent de souligner la différence entre l'élixir de Juliette   fatal non parce qu'il cause la mort mais la brave – et le lion, puissance naturelle, livrant Thisbé à un trépas sans phrase. En outre, les deux héros babyloniens n'ont pu être unis par sacrement ni dans la cité, ni hors d'elle, à une époque excluant que le sacré puisse être personnel sans être au collectif. Aussi bien Shakespeare

TABLEAU V

APPROFONDISSEMENT ET GÉNÉRALISATION DE L'ANALYSE PAR RECOURS A L'ANALYSE SYNTAXIQUE DES VERBES, CONJONCTIONS ET PRONOMS

Les figures 1, 1 bis, 2 et 2 bis modélisent les propositions sur un M2 situant les conjonctions que les figures 2 et 2 bis transforment sur M1 pour différencier les cas où « et » et « ni » veulent dire avant-après ou bien vie-mort. La figure 1 bis schématise sur un plan la syntaxe de IRNC.

Les figures 3 et 3 bis remplacent sur les triangles de M2 les propositions par leurs sujets et attributs ; les arêtes transférables sur M1 situent ces sujets et attributs réels, les verbes (provisoirement le verbe : aimer) et les deux notions abstraites de sujet et de prédicat. Le masculin-féminin étant « naturellement » une droite gauche et les verbes étant au présent ou au passé, les notions grammaticales sont en haut et bas. Les figures 4 et 4 bis s'en tiennent aux pronoms. La figure 5 rappelle qu'un seul dièdre aigu ou obtus, lu dans les deux sens suffit à modéliser deux triangles libres pour il, elle et ils.

La figure 6 situe les acteurs sur ses faces mais remplace les notions sujet-attribut par le verbe « devient » en rendant RI, R2 et JI et J2 représentatifs des situations existentielles ; les indices 1 voulant dire « séparés par la vie cachée au public » ; les indices 2 réunis publiquement dans la mort par l'effet d'une passion les ayant identifiés l'un et l'autre (comme par processus d'intégration et d'immunisation). Les arêtes (autrement numérotées que ci-dessus) s'en lisent dans l'ordre 1, 2, 3, 4 puis 5 ; ce dernier impliquant réciprocité (secrète) invite à retourner le sens de la lecture à partir du

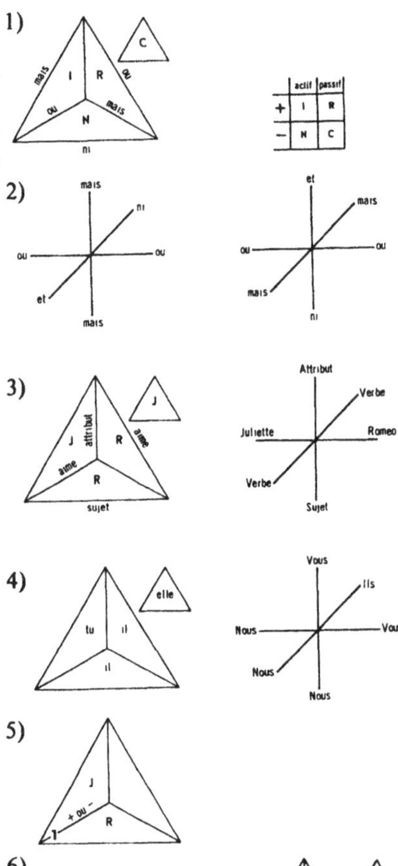

mariage secret (5) vers les arêtes I (RI, R2) désignant un Roméo faisant ou non confiance aux secrets alchimiques avant que de rendre public son amour en se tuant. L'arête 6 laissée vacante revêt le sens de double mort publique quand JI (endormie) devenant J2 (réveillée) rejoint son amant dans la tombe. Le passage de 4 à 6 (à travers le 5 « devient ») est celui d'un haut à un bas signifiant passage de vie à mort et analogiquement passage du + au –. Analogiquement aussi à la figuration de pronoms, les figures 7 et 7 bis opposent comme M2 à M3, et par référence aux figures ci-dessus, le « vous » dit par le moine-alchimiste aux mariés (des « nous ») ainsi que le « vous » dit par le public aux héros vivants, au « ils » seul capable de les désigner quand ils sont morts.

Complétant la figure 6, et en vue de développements à intervenir dans la troisième étude (à suivre), la figure 8 dispose en un tableau les fonctions sujet-attribut des acteurs selon les verbes en cause. Rapporté à MI ce même tableau fait valoir de nouvelles manières la spécificité de la direction haut-bas de l'espace si le haut est rendu analogique à « s'aimer dans la vie » ou « se marier » tandis que le bas veut dire « être réunis dans la mort ».

Enfin la figure 9 indique comment sémantiser angles de M2 (et dièdres de M3), ce à quoi, pour simplifier nous n'avons procédé qu'épisodiquement jusqu'à présent. Les indications ne portent que sur le début d'une lecture traduisant en informations discursives les conditions de construction de M2 sémantisé. Ces débuts d'indications incomplètes (elles ne portent que sur 6 des 24 éléments angulaires) suffisent à montrer comment poursuivre la traduction du reste (fig. 10 et 11) :

7)

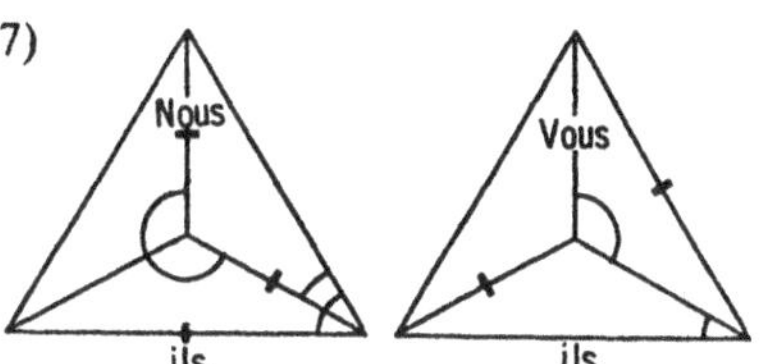

8)

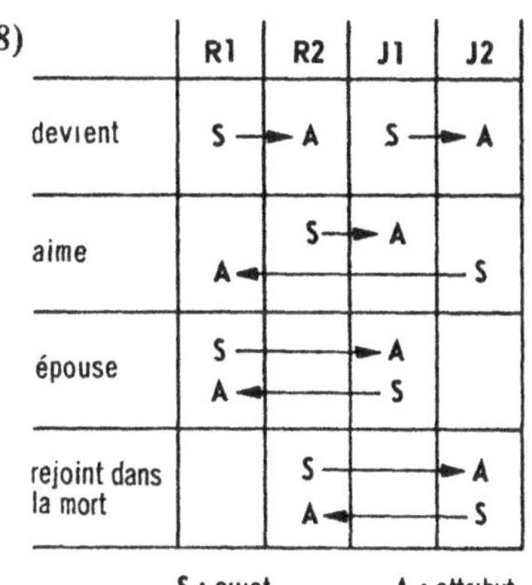

	R1	R2	J1	J2
devient	S → A		S → A	
aime	A ←	S → A		S
épouse	S →	A		
	A ←	S		
rejoint dans la mort		S →		A
		A ←		S

S : sujet   A : attribut

9)

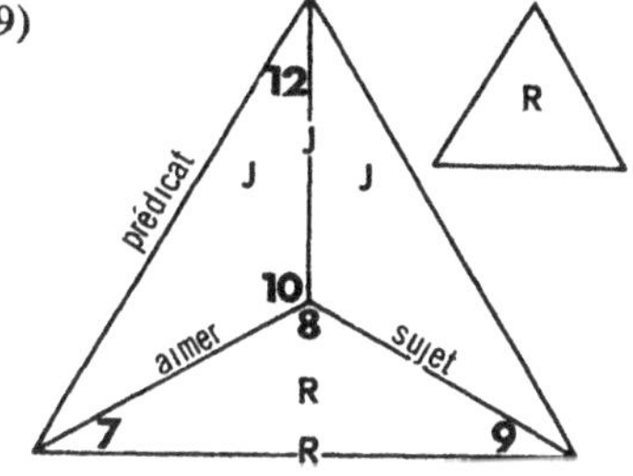

angle 7 Roméo aime, mais n'est-ce pas Rosaline?

8 Le verbe aimer a un sujet non « désigné ».

9 Roméo est le sujet de « non aimer ».

89 Roméo n'aime plus, mais parle d'aimer.

789 Roméo aime et le dit, mais sans savoir qui.

78910 11 Roméo aime Juliette et dit qu'il aime quelqu'une.

78910 11 12 Roméo aime Juliette et dit qu'il aime Juliette.

La suite de l'analyse diachronique et discursive aurait à tenir compte de même manière de différences de trois types : aimer ou non et dire ou non la vérité; entre savoir par cenesthésie qu'on aime, ou l'apprendre en se l'entendant dire par autrui; parler poétiquement d'aimer sans ressentir en soi un amour en soi-même identifiable et identifié par un objet virtuel ou réel d'amour, ce recours à la connaissance par discours étant indispensable quand le verbe est de sens passif. Dans les mêmes conditions que cette distinction entre le poétique, l'éprouvé en soi-même et l'appris d'autrui, serait à faire les différences, mettant en cause la mémorisation entre des données relevant d'une typologie diachronique telle que celle distinguant « j'avais aimé Rosaline » (plus-que-parfait) je ne l'ai plus aimé « elle » (passé composé) mais « j'aimais toujours aimer » (passé simple; « j'aimais sans savoir qui » (imparfait); j'aime quelqu'un, Juliette.

Même chose pour le futur notamment celui employé par un récitant racontant au passé l'avant Juliette, au présent l'accord et le mariage avec Juliette et au futur les suites dramatiques de ce mariage ayant bravé les interdits familiaux.

10)

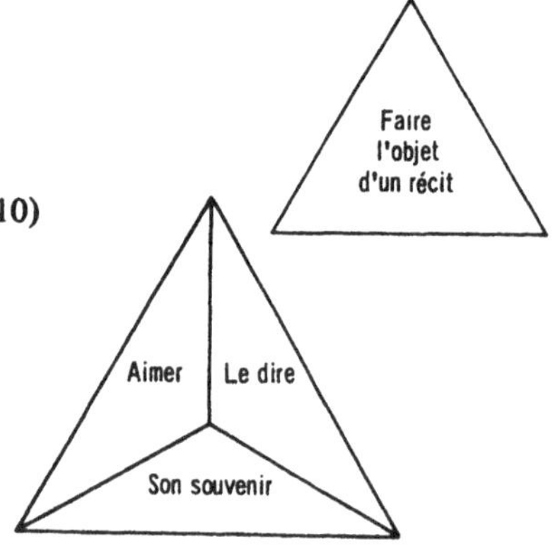

11)

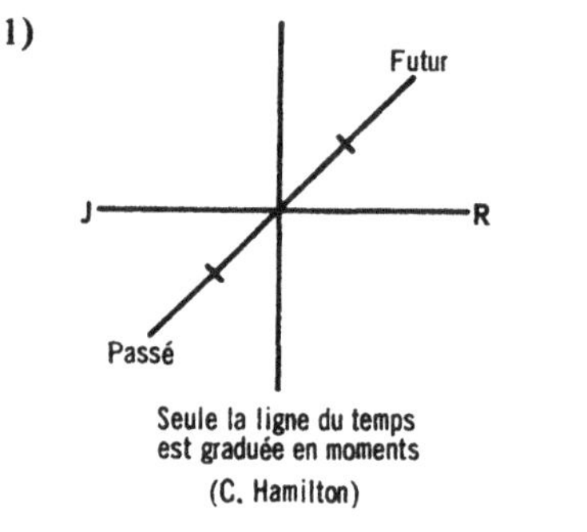

Seule la ligne du temps est graduée en moments
(C. Hamilton)

relate-t-il cette histoire archaïque dans *Le Songe d'une Nuit d'Été*, mais en la rendant dérisoire. Il met en scène des tréteaux, théâtre d'un théâtre où des acteurs de la comédie onirique, jouant par bribes et de manière bouffonne les rôles d'un pseudo-drame y figurant comme épisode scénique, ne peuvent venir à bout de leur pièce tant ils sont moqués par les acteurs tenant le rôle de spectateurs. Un tel dédoublement des fonctions d'acteurs-acteurs et d'acteurs-témoins n'est pas sans raison. Il supplée à ce qui manque au récit archaïque, lequel ne peut être que rêve ou mythe puisque l'action relatée ne laisse derrière elle aucun témoin capable de désigner par « ils » des héros eux-mêmes empêchés par la mort de dire « il » ou « elle ».

C'est un droit du théâtre que de mettre des je, tu, nous dans la bouche d'acteurs vivants jouant le rôle de disparus. Il n'existe pas de temps des pronoms comme il en est des verbes; ces derniers suppléent cette carence soit par leur logique interne (empêchant qu'on dise « je suis mort hier »), soit par des raffinements formels comme dans les langues turques marquant la différence entre ce qu'on a vécu ou vu et ce qu'on a entendu dire. En dépit des riches leçons à tirer de cette langue agglutinante, nous nous en tiendrons au premier de ces deux cas, le plus général; il confère à la troisième personne un privilège, sauf dans le cas de citations à interpréter comme des « il » a dit : « je... ». A noter que l'invention des guillemets date de la Renaissance, ou plus précisément de l'imprimerie, donc environ l'ère de Shakespeare. Cette invention des guillemets marque une époque où, pour de multiples raisons – clarté dans des textes devenant plus complexes, justice à rendre à des individus quand la connaissance provient de moins en moins de dons divins offerts à tout fidèle, et de plus en plus d'inventions personnelles donnant droit à propriété – l'écriture répond à une nouvelle définition de l'identité, non plus interprétée comme une identification de soi au tout, mais comme une spécification de chacun en son particulier.

Un tel accroissement d'exigences dans la transcription du discours invite à se reporter à une époque un peu postérieure où la fonction tragique des mots sera mise en valeur dans la *Phèdre* de Racine. N'eût-elle rien dit à Hippolyte, ni elle ni lui n'eussent péri. Un « elle aime » eût été de moindre danger; le « je t'aime » est fatal. Cette tragédie serait aussi modélisable selon le Code : l'analyse devrait faire là la différence entre une version antique et une version moderne. Humanisant celle d'Euripide (qui fait appel à des culpabilités cosmiques) et celle de Sénèque (Diane Vierge jalouse d'Hippolyte, le chasseur vierge), Racine donne au destin la figure d'Aricie, quatrième acteur humain ajouté aux trois autres : Père, Mère, Fils. L'avantage de s'en remettre à un chef-d'œuvre du classicisme français serait de rendre plus aisée la mise en valeur du discours en un siècle où la problématique du Je s'est substituée à l'ambiguïté quintessentielle de l'hermétisme et de l'« Hoecceitas ».

Nous nous en tiendrons pourtant à l'exemple déjà étudié et que les précédentes analyses ont rendu plus familier ; mais nous l'aborderons par un autre côté, plus ouvert sur ce que la syntaxe du verbe présente d'universel. La langue française nous y aidera en spécifiant phonétiquement la différence entre *je* et *me*, ou *tu* et *te*, dualité distinguant ces pronoms de ceux de la troisième personne dont les *le, la* ou *les* sont aussi des articles. Distinction non fortuite dont la portée a déjà fait l'objet d'une précédente remarque : le *je* du locutant s'adresse au *tu* du locuté, l'un et l'autre supposés en présence, les *ils* renvoient à des absents, soit contemporains, soit séparés par n'importe quelle distance temporelle. Dans ce dernier cas, ces *ils* désignent des protagonistes d'actions irrémédiablement nouées aux trames du passé, ayant valeur de faits accomplis, donc à jamais réels.

Formes pronominales et verbales sont organisées chacune de leur côté, mais non sans qu'existent entre ces deux organisations des corrélations impératives, le *je* ne pouvant être sujet d'un verbe à la troisième personne. Avant de modéliser les pronoms, modélisons les verbes. Nous nous en tiendrons au plus simple, le reste s'en induisant aisément. Les verbes entrent, pour l'essentiel, en quatre types de propositions : indicative – j'aime – réciproque – je suis aimé – négative – je n'aime pas – et corrélative – je ne suis pas aimé. Les symbolysant par les lettres I, R, N, C, les psycholinguistiques relient les unes aux autres par des transformations représentées par un carré et ses diagonales. Le passage de l'une à la suivante résulte d'une seule des deux opérations, inversions ou négations. Les passages de I à C ou de R à N se font en diagonales représentant deux opérations. De I on peut revenir à I au prix de quatre opérations ou de l'adjonction d'une opération double à une simple. L'ensemble peut être modélisé sur un tétraèdre dont deux dièdres seront obtus quand leurs arêtes sont représentatives de diagonales.

Cette transposition d'un carré en un tétraèdre nous a été rendue familière par l'analyse des diagrammes aristotéliciens ou hermétiques ; nous constatons que les arêtes obtuses en cause sont non concourantes sur le tétraèdre, lui donc de modèle C et suggérant l'analogie entre M 1 et M 2 : deux arêtes non concourantes du second peuvent recevoir, après transfert, les significations des deux orientations opposées sur une même direction de l'espace.

On constate aussi que le tétraèdre IRNC est sémantiquement homologue au tétraèdre modélisant le drame babylonien ou shakespearien si l'on s'en tient aux sèmes des faces. Au-delà, les analogies deviennent de moins en moins directes. Le M 2 verbe et le M 2 drame n'ont en commun qu'une arête obtuse, celle numérotée 6, cependant que le second rend obtus en 4 et 1 (ou 7) des dièdres aigus sur le M 2 verbe. La lecture diachronique pallie cette difficulté propre au synchronique. Nous allons le montrer en introduisant les conjonctions de coordination.

Entre I et N ou R et C intervient un « ou » pouvant être soit d'indifférence, soit d'exclusion. Entre I et C ou N et R, intervient un « mais ». « Et » relie I à R et « ni » N à C. Les « mais », signalant des opérations doubles, mériteraient une première attention si le problème posé ne dépendait pas de la solution d'un autre. Le « et » rapproche deux amants vivants ; le « ni » est effectivement ambigu ; il écarte des personnages vivants qui s'ignorent ou réunit des morts (ni l'un ni l'autre en vie). Les deux arêtes leur correspondant sur le M 2 drame sont obtuses ; dans le cas du ni (en 7), cela va de soi. Dans le cas « et », il nous a fallu le mettre en contradiction avec un interdit socio-culturel de conséquences mortelles. Le premier « mais » précède l'interdit opposé à « et », sa pertinence n'est qu'éphémère puisque l'amante répondra bientôt à l'appel de l'amant. Le second « mais » lui, est, définitif par les conséquences d'une erreur de l'amant croyant morte de mort naturelle une amante qui ne l'est qu'en apparence et par voie d'artifice. Pour illustrer la différence entre ces deux « mais », disons qu'ils se rapportent à deux phrases quasi contradictoires entre elles : « faute qu'il m'ait été permis de te connaître, je n'ai pu t'aimer plus tôt, mais je t'ai aimé(e) à première vue ; à première vue nous nous sommes aimés » ; « j'étais vivante, mais tu m'as cru morte ; le même tombeau nous réunira ». Dans le premier cas, un témoin haineux peut être scandalisé de ce « qu'ils s'aiment et s'épousent ». Dans le second, le constat posthume ne peut avoir que « ils » pour sujet pronominal et l'on nous dit que ce « ils » est réconciliateur.

De telles élucidations sont relativement aisées face à d'autres que les figures du deuxième Tableau rendent plus aisément intuitives que de longs commentaires. Notons pourtant que deux faces (Roméo, Juliette) suffisent (avec leur arête dièdrique « aime ») à épuiser les quatre cas I, N, R, C si ce dièdre est lu soit dans un sens, soit dans un autre, et s'il peut être aigu (oui) ou obtus (non). Dans ce cas, les deux autres faces de M 2 sont libres de porter soit d'autres acteurs, soit les mêmes, mais alors à l'article de la mort ou bien morts et obligeant de recourir à elle, il ou ils. Notons enfin que, plus généralement et indépendamment du récit en cause, une différence est à établir entre ce qu'on ressent en soi et ce qu'on dit. Le locutant disant qu'il aime peut savoir en son for intérieur qu'il n'aime pas. Autre possibilité : le locutant peut dire véridiquement mais en confidence qu'il aime alors qu'en présence de témoins hostiles, il le nie. Enfin, aussi sincères que soient les deux protagonistes, l'un sait *réellement* qu'il aime comme il le dit mais n'apprend que *verbalement* qu'il est payé de retour. Selon la même distanciation et à d'autres fins, Roméo peut transformer en son cœur le « je t'aime » entendu de Juliette en un « elle m'aime » qui l'enchante. Ensemble de combinaisons modélisables par M 2 contenant un M 3 et à la seule condition d'opérer soit des transferts de sèmes d'un élément à l'autre, ou, sur un même élément, des transformations simples de sèmes comme celle du *tu* en *elle*. Du moins une transformation est-elle impossible sans l'intervention d'un troisième acteur : celle du *nous* en *ils*.

Le problème général des pronoms est beaucoup trop complexe pour pouvoir être traité ici; même réduit au français, il y faudrait plus d'un chapître. Nous n'en retiendrons que l'utile à la schématisation linguistique de notre récit, c'est-à-dire le peu implicitement contenu dans l'holophrase. Pour ne plus revenir sur ces restrictions à propos des commentaires et des figures, rappelons que les deux premières personnes peuvent tenir lieu de personne non encore explicitement nommée (mais ce ne sera pas le cas ici) et que le « il » peut désigner un objet aussi bien qu'un être vivant, généralisation à retenir, puisque l'instrument de l'ambiguïté vie-mort, l'élixir, pourrait presqu'être traité en responsable ou en coupable. Rappelons une autre particularité à sous-entendre pour la suite : le pluriel dit de majesté est à lire comme un singulier; à l'époque, le *vous* anglais n'a pas encore si généralement remplacé le *tu* sacralisé par la prière; dans la langue du docteur Faust, cette même politesse s'exprime par la troisième personne du pluriel.

La différence entre le « je t'aime » venu du fond de soi et le « je t'aime » entendu de l'amant ou de l'amante fait que la modélisation pronominale sur le même tétramorphe serait sémantiquement dissemblable selon que le premier acteur choisi pour référence générale, est Roméo ou bien Juliette. Dans les deux cas, le « tu m'aimes » peut devenir un « je suis aimé », conformément à la transformation entre la proposition indicative et sa réciproque; en revanche, le *tu* ne se transforme pas indifféremment en *il* ou *elle*.

Nous modéliserons donc les pronoms, sans en attendre que leur organisation sur un M 2 la rende conforme à celle du drame. Ce sera seulement un autre moyen de mesurer ce qui réunit ou ce qui sépare le modèle INRC (ou celui de l'holophrase) et celui relatant du vécu.

Supposons – selon la convention utilisée précédemment – que les arêtes d'un tétraèdre conviennent à porter les sommes des sèmes inscrits sur ses faces. Si ces dernières sont Je, Tu, Il et Elle – ce qui est encore privilégier un premier locutant, mais en permettant que les mêmes verbes aient pour sujets (successivement dans le récit et synchroniquement sur son modèle) les trois personnes pronominales, la troisième comptée comme masculine ou féminine –, les résultats d'additions donnent trois « nous », deux « vous » et un seul « ils ». D'une part nous modélisons ainsi le privilège de la première personne dans une hiérarchie où le « vous » prononcé par des témoins présents apparaît deux fois plus que le « ils » désignant des absents ou des disparus. D'autre part, on constate que ce « ils » n'est obtenu que grâce à la présence d'un *elle* – ou alors d'un autre *il* en l'absence de tout féminin. Force est donc bien de recourir à un tétramorphe dont le quatrième sème n'a pas même statut que les autres. Ceux-ci répondent à une nécessité naturelle, l'autre à un nécessaire présupposé logique.

Ce modèle n'est pourtant pas encore conforme au M 2 du récit qui veut qu'on substitue au « je suis aimé » ou au « tu m'aimes » de l'amant le « je t'aime » de l'amante. Quant au « vous » ou au « ils », ils n'apparaîtraient pas si aux deux acteurs du drame ne s'en ajoutait au moins un troisième, non figuré sur le M 2 du récit, mais impliqué par la relation de ses épisodes. Insistons – au risque de redites – sur ce point important.

Dans le drame babylonien, il n'est personne qui dise *vous* (le lion étant muet) et le « ils » ne peut être le fait que d'un récitant relatant une action à laquelle il ne participa pas. Il est remarquable que seul « ils » soit soumis à cette condition, puisque Pyrame a pu penser à « elle » et Thisbé à « lui ». Sortons du *Songe d'une Nuit d'Été* pour rentrer à Florence; le « vous » peut être celui dit par une confidente; il l'est assurément par le prêtre adressant un « vous » aux mariés, eux un « nous ». Toute l'affaire étant secrète jusqu'à la scène du tombeau, il convient que celle-ci donne parole au prince, personnage symbolisant la collectivité à réconcilier, pour que soit prononcé le « ils » mis alors sur toutes les lèvres réunies dans un même sentiment. On constate ainsi que les trois *nous*, deux *vous* et l'unique *ils* peuvent convenir à six propositions résumant tout; les voici : nous ne nous connaissons pas, nous nous aimons, nous nous marions, vous serez mariés, vous êtes mariés, ils sont mariés – cette dernière phrase n'étant publique qu'après mort.

Pour ne pas surcharger ce commentaire, nous renvoyons aux figures pour faire sentir intuitivement comment la modélisation présentée en tête de cette étude résulte de constructions successives et de telle sorte que les sèmes de ce M 2 reportés sur M 1 situent sur les trois directions doubles de l'espace deux fois un *nous-vous* et une fois un *nous-ils*. Cette dernière binarité représente le plus explicitement l'avant-après d'une même direction, de telle sorte que quand le « ils » est devenu le sujet d'une phrase constatant une réalité, l'antérieur « nous » n'a d'existence que virtuelle, entre guillemets. Nous ne tiendrons pas pour fortuite l'analogie suggérée par ce troisième cas entre d'une part un virtuel négatif et un réel positif et, d'autre part, la droite cartésienne des nombres qui les situe de part et d'autre d'un zéro. On pourrait en effet étendre l'analogie aux autres cas en réduisant à leur pronoms-sujets les quatre propositions sémantisant le modèle synchronique du drame.

Nous nous contenterons de proposer ce dernier avis comme une suggestion qu'il serait trop fastidieux de développer à l'aide d'analogies diachroniques et de substitutions sémantiques. Signalons seulement un cas résultant de première dérivation, le cas de « elle m'aime » : ce dernier « elle » se traduit dans la pensée d'un des protagonistes par la possibilité de se dire « nous nous aimons » avant de donner à un témoin extérieur le droit de dire : « il ou elle aime ou est aimé(e) », « ils s'aiment ou se sont aimés ». Rappelons que recourir à un témoin extérieur est licite dès lors qu'il a fallu inscrire un M 3 dans un M 2 pour faire la différence entre ce qui est secret – contraire aux exigences de la cité – et ce qui est public, condamné par ces mêmes exigences, sauf à devenir admis dans une cité réconciliée. Retenons aussi comme déjà montré que sur le M 2 du drame, le trièdre 123 est plus spécifiquement relatif au Roméo-Je, et le trièdre 651 au Roméo et Juliette – « ils », ce même « ils » pouvant figurer sur le trièdre, nœud du modèle synchronique où le « nous » du couple devient le *vous* dans la bouche d'un témoin susceptible d'en parler comme de « ils ». En conséquence, il n'est pas aisé de situer l'arête « ils » sur le M 2-drame, la même arête l'exclut ou l'exige selon qu'elle est numérotée 1 ou 7 ; l'arête 5 s'y prête, mais au prix d'une traduction du « vous » en « ils » sur le sommet 345.

En fait, ce n'est pas la logique du contenu du récit, mais celle de sa forme, qui invite à opposer deux droites non concourantes passant chacune par deux points parmi quatre, de telle sorte qu'on ait Je + Tu = Nous et Il + Elle = Ils. Le M 2 du drame (et de l'holophrase) l'autorise, mais en opposant le Nous du mariage au Ils du tombeau (ou le *nous* du presque accord au *ils* de l'impuissance), mais au prix d'une transformation dualistique d'un tétraèdre défini par ses faces et en un autre défini par ses sommets – transformation qui laisse les arêtes inchangées.

Plus généralement, désignons alors ces quatre points par a, b, c, d ; ces quatre lettres renverront soit aux quatre situations émotives ou existentielles de nos héros, soit aux quatre propositions syntaxiques INRC, soit aux quatre pronoms personnels je, tu, il et elle. Ces lettres désigneraient donc soit des acteurs ou actants, soit des actions, soit des signes remplaçant la définition par le défini, soit évidemment aussi quatre éléments, faces ou sommets du tétraèdre. Cette symbolisation littérale est de caractère algébrique, mais désigne aussi bien des éléments de figures géométriques.

De l'holophrase à la légende babylonienne et de celle-ci au drame d'époque élisabéthaine, on est en droit de supposer que ni les ressources de la langue, ni ses structures n'ont changé, mais aussi est-on invité à penser que les expériences vécues et leurs mises en œuvre linguistiques sont autant d'apprentissages des possibilités logiquement opératoires de fonctionnements mentaux décodables par modèles.

Osons dire plus. Dans le cas babylonien qui ne comporte que deux acteurs parlant, un seul trièdre du tétraèdre suffit à situer *je*, *tu*, ainsi qu'un *il* et un *elle* exclusifs l'un de l'autre, puisqu'ils ne donnent occasion d'utiliser ni le *vous*, ni le *ils*, faute de troisième personne, faute que Pyrame ni Thisbé puissent penser chacun à soi en terme de *il* ou *elle*. Prenons le risque d'extrapoler pour guider l'intuition au prix d'un abus que le lecteur corrigera de lui-même. Le *je*, le *tu* et le *il* (ou *elle*) peuvent être considérés comme positifs ou négatifs selon qu'ils vont vers le bonheur ou le malheur. On n'en tirera évidemment pas l'absurde conclusion que la légende eût pu inspirer un Descartes ! Ce recours à un raccourci abusif mais faisant image n'est bon qu'à suggérer une corrélation historiquement authentique et que voici :

Aussi longtemps que le Je cartésien a pu être pensé comme (et seulement comme) une première personne du singulier, les formes pronominales au singulier se suffisent d'un trièdre. Historiquement plus tardif (comme l'élixir de Juliette est « scientifiquement » plus tardif que le lion de Thisbé), le recours à un tétraèdre implique qu'on en appelle à des pluriels. Encore ne seront-ce pas des pluriels subsumant l'individuel sous le collectif, comme aux temps archaïques, mais au contraire résultant de l'addition d'individus. Ce recours, présupposant que *l'hoecceitas* du *je* ait été antérieurement dégagée, est à mettre en corrélation avec des transformations conceptuelles : bannir l'argumentation ontologique ; rapporter l'objectivité à des conventions résultant de convictions partagées et conduisant à des axiomatiques. Autant d'étapes qui invitent à ne pas regarder comme fortuites d'autres concomitances entre deux types de mutations : l'une est socio-culturelle quand à l'autorité du prince qui n'a pas suffi à éviter le malheur se substitue par voie de fait l'autorité d'un principe de réconciliation ; l'autre, logico-mathématique, conduit à préférer le tétraèdre au trièdre (qui n'en est qu'un cas particulier) comme système de référence ayant à rendre les équations homogènes.

Les systèmes homologiques

Les mythes, mytho-sciences ou exemples de discours que nous avons interprétés obéissent tous à des contraintes logiques inventoriées grâce aux Modèles auxquels nous nous sommes référés comme à des manifestations supposées être les produits les plus directement fiables des fonctions révélatrices et justiciables d'un Code, à tout le moins (et en multiples cas de toutes sortes) constatées comme le plus banalement commodes. Tous témoignent que leurs conceptions et expressions résultent d'une recherche et d'une mise en œuvre obéissant à un besoin de systématisation satisfait par les propriétés fonctionnelles de ce Code. Mais si l'on peut rapporter à ce fait qu'œuvres pensées et exprimées se présentent comme les produits de systématisations, ceux-ci, dans ce cas, ne sont articulés comme des systèmes qu'au prix d'analogies à évaluer selon un large éventail de recours, certains plus immédiats, les autres plus ou moins lointainement médiats, aux processus de l'analogie. De ces recours, certains sont décodables avec une certitude suffisante ; les autres mettent en cause des enchaînements plus ou trop longs de substitutions sémantiques dont la problématique est alors à diversifier entre, d'un côté, le plus spontanément accordé avec les données logiques impliquées par toute prise de conscience introspective ou intuitive, et, d'autre part, le moins vérifiable par ce seul moyen qui rendrait toute vérification impossible si nous ne disposions pas de documents témoins provenant de cultures opposées ou d'époques différentes, analysables seulement de l'extérieur. Il y faut une critique des textes associée à une réflexion dégageant conjoncturellement des raisons à interpréter, au prix de conjectures souvent contradictoires, les données des anthropologies et de l'histoire.

Bien que non abolies, ces incertitudes et ambiguïtés sont bien moindres dans le cas des mathématiques. Elles aussi résultent de systématisations qui réduisent progressivement la part de l'analogie pour accroître celle d'homologies, ce qui nous permettra d'appeler systèmes les acquis ainsi retenus. L'opposition entre systématisations analogiques et homologiques est conceptuellement si forte (bien que non absolument tranchée) que nous nous autoriserons aussi à dire que si les deux témoignent de la prégnance de structures communes, les premières ne le font rationnellement qu'au plus près du structurel, alors que les secondes deviennent rationnelles et ont interposé entre elles et lui tant de successives conventions linguistiques, d'autant plus étrangères au langage vulgaire, que s'accroît la part d'inventions de concepts et sèmes spécifiques, et donc la part diachronique ajoutée aux fonctions élémentaires qui ne sont justiciables d'un code que si on y privilégie le synchronique. Disons pour simplifier que les systématisations librement analogiques sont quasi structurelles mais par déguisements, alors que les systèmes sont lointainement structurels mais sans rien déguiser de ces longues concaténations.

Pour grande que soit la distance – à travers une immense épaisseur de formalisations inventées – entre les « systèmes » mathématiques ou diachroniques et les structures, les jalonnements à rebrousser pour découvrir ces dernières sous ce qu'en traduisent les formalismes opératoires prêtent le moins à égarements. En résulte une situation paradoxale : nous avons pu nous contenter de faire appel au sens commun pour rapporter au code des œuvres de caractère analogique. Ce simple bon sens ne suffit plus quand il faut traverser tant de symbolisations abstraitement rationnelles pour retrouver sous elles des structures constantes. Autre manière d'exprimer ce même paradoxe : il est à la portée de tous de décoder récursivement, en se servant de nos Modèles, des données pourvu qu'elles soient solidement établies par l'érudition ; il ne l'est pas de décoder les mathématiques sans connaître en outre, et avec une précision extrême, les enchaînements logiques et historiques de leur logique. La tâche serait même impossible – en l'état actuel des spécialisations scientifico-mathématiques – si enchaînements logiques et historiques n'étaient pas les deux aspects d'une même progression sélective faisant qu'un mathématicien d'aujourd'hui ne peut, sans initiation érudite, comprendre ce qu'ont voulu dire des prédécesseurs par des mots et symboles qui ont eu souvent sens et toujours portée autres que les actuels.

De ce fait, les pages à venir ne prétendent pas être utiles aux mathématiciens – sauf à en réorienter les intuitions, nullement gages de certitudes – ni utiles non plus aux historiens des mathématiques, sauf à leur indiquer des points d'histoire qui méritent un supplément d'attention. Nous nous contenterons ici d'indiquer par un très sommaire raccourci comment vérifier, par intuition synchronique, une problématique élaborée historiquement à propos des analogies entre d'une part conceptions du langage vulgaire, et, d'autre part, concepts, symboles et processus opérateurs élargissant la pertinence de calculs démontrables.

Nos réflexions partiront d'un fait avéré : des psycholinguistes ont parlé des transformations impliquées dans le passage de l'une à l'autre des propositions I, N, R, C comme d'un « groupe » au sens précis que prit, au XIXᵉ siècle, une notion généralisée par Félix Klein. Ce transfert de sens du mathématique au linguistique s'est autorisé de ce que, pour l'auteur du Programme d'Erlangen, les quatre opérations arithmétiques – fondements de toutes les autres – permettent aussi d'opérer les transformations qui font passer homologiquement de l'une à l'autre des quantités suivantes : m/p, -m/p, p/m, -p/m. Pour que le mot « groupe » garde son sens dans l'univers du discours, il faut analogiquement assimiler d'une part la négation à la substitution d'un nombre inférieur à 0 à un nombre positif, et, d'autre part, la réciprocité actif-passif à la substitution à une fraction de son inverse. Nous retiendrons cette donnée de fait et ses implications que nous nous sommes donnés de situer sur les arêtes d'un tétraèdre les opérations s'appliquant aux sèmes portés par des faces. Et comme de I à C ou de R à N interviennent deux opérations – ainsi que de m/p à -p/m ou de -m/p à p/m – nous utiliserons aussi une de nos conventions habituelles pour rendre obtus le dièdre constituant les arêtes en cause. Nous noterons ainsi que cette modélisation rend compte de ce que la négation et l'inversion ne sont pas sans rapport l'une à l'autre, comme c'était le cas des « contradictoires » de la physique ou de la syllogistique d'Aristote. Pour raccourcir l'exposé, nous nous en remettrons à une figure du Tableau III d'attirer intuitivement l'attention sur : premièrement, la signification à donner à quatre angles à rendre obtus pour marquer la différence entre négation et inversion; secondement, l'écrasement en résultant du tétraèdre sur un plan – celui du « carré » des psycho-linguistes; enfin, sur la légitimité d'un transfert sémantique de M2 à M1, ce dernier mettant le mieux en valeur que la... disons troisième direction commune aux deux dièdres obtus du M2 porte une signification double de celle des deux autres.

Constatant alors que la psycho-physiologie subordonne elle aussi la troisième direction de l'espace à une intervention du mouvement bien plus accentuée que dans le cas des autres, nous demanderons à une autre figure d'en développer les conséquences en égalisant, pour simplifier, m à 1. On voit plus aisément ainsi dans quels cas les quatre quantités en cause peuvent être alignées en ordre décroissant sur une direction de M1 – et de deux manières, selon que p est plus grand ou plus petit que 1 ou 0 – et ce qu'il en advient si au numérateur 1 on substitue le carré – 1 de l'imaginaire; et, enfin, combien il faudrait faire intervenir de très arbitraires conventions pour aligner en ordre croissant – p, + p, – 1/p et

+ 1/p. Une autre figure suggère l'analogie entre ces figurations et celles des pronoms je, tu, il, elle, si on admet qu'ils désignent deux à deux des couples bisexués – soit père-mère, soit frère-sœur : l'information est suffisante en quatre cas, redondante dans un cinquième et nulle dans le sixième. Nous renvoyons à de précédents chapitres pour évoquer intuitivement l'analogie entre ces différences et les difficultés rencontrées par Rowan Hamilton à la recherche de « triplets ». Les raisons de cette analogie sont triviales si on les rapporte aux contraintes et propriétés des rotations dans l'espace à trois dimensions. Enfin, nous avons figuré quelles substitutions sont permises entre les quatre quantités respectivement désignées par a, b, c, d.

Plus spécifiquement relatives aux trois directions de l'espace et au tétraèdre géométrique, d'autres figurations renvoient aux groupes de transformation dont les recherches d'isomorphismes entre algèbres et géométrie font état dans le cas du plus élémentaire volume constructible à l'euclidienne. Un constat moins apparemment trivial que les raisons logico-mathématiques qui le sous-tendent fait valoir que les « éléments » du groupe de rotation et des groupes « alternés » et « symétriques » permettent, selon des conventions très simples, de retrouver la classification des tétraèdres irréguliers définis par la différence obtus-aigu de leurs dièdres (à l'exception du type D), et cela, bien que soit régulier le tétraèdre auquel se rapporte Klein.

Nous retiendrons de ces rapides évocations qu'il serait lassant et inutile aux historiens de rendre plus détaillée qu'elles ne le légitiment la sémantisation par sèmes comme a, b, c, d, au prix de permutations ou de transferts du tétraèdre choisi comme figure convenant à modéliser le code. Surtout en retiendrons-nous qu'elles invitent à ré-analyser le processus historico-logique qui a conduit le développement des raisonnements opératoires au XIXᵉ siècle.

Pascal disait : « ce qui dépasse la géométrie nous surpasse »; depuis Gödel, on peut dire : « l'arithmétique nous surpasse ». La première époque est celle où le vide des espaces infinis prive de lieu les fins dernières de l'homme et fait de l'existence de Dieu un enjeu. La seconde rencontre le mystère du nombre. Entre les deux, la science prédictive est amenée à faire de l'univers physique un ensemble de particules et de forces; elle s'exprime en mathématiques, conduites à traiter l'univers rationnel comme ensembles de points régis par des opérations. Évacuer de la sorte les formes platoniciennes au profit de formalisations discursives et épurer si radicalement le pythagorisme que ses entités sacrées ne soient plus que des points d'espaces abstraits auxquels correspondent des réalités ponctuelles dans l'espace concret, c'est aussi bannir l'émotivité et s'interdire de voir la nature telle qu'elle paraît sensoriellement et de l'interpréter selon le bon sens ou « sens commun ».

Cette histoire peut être divisée en deux phases. Au cours de la première, la science est prédictive en s'en remettant à des lois exprimables en formules simples. Par la suite et jusqu'à aujourd'hui, macrocosme et microcosme sont à traduire en modèles intuitivement approximatifs et dont la traduction quantitative est le fait d'ordinateurs dont les calculs mécaniques procèdent par nombres d'ouvertures ou de fermetures de circuits. Le nombre a été ainsi ramené à son état concret à la suite de bouleversants processus dont la première étape identifie la suite des nombres à des adjonctions de segments.

Disons que, durant une première phase sous le parrainage de l'algèbre, l'arithmétique et la géométrie se sont unies en un « mariage » jugé jusque-là impossible, union dont naquirent des générations de géométries et d'algèbres isomorphes entre elles. Au cours de cette deuxième phase, celle de générations puînées, deux aspects sont à distinguer. Tantôt formalismes algébriques et géométries portent à maturité, chacun de leur côté, les explicitations rationnelles de présupposés intuitifs à l'état naissant puis axiomatisés. Tantôt ces formalismes algébriques injectent dans ces géométries des sèmes rationalisés conformément aux intuitions premières ; ces injections sont alors l'occasion des mutations qui rendent de nouveaux systèmes opératoires, et de nouvelles systématisations spatiales radicalement différentes de celle qui leur a donné naissance. Au cours de cette même phase, l'arithmétique se développe de son côté – et non sans faire siennes des problématiques ni sans tirer parti de résultats ayant régi ou ayant été acquis par les deux autres branches des mathématiques – mais cette arithmétique, conservatrice intransigeante d'héritages archaïques, a surtout pour fonction d'exercer en leur nom des contrôles impératifs : quels que soient les sèmes quantitatifs en cause, ils relèvent aussi absolument que les premiers nombres entiers positifs d'opérations elles aussi absolument contraintes par des règles constantes.

Rappelons que vers la fin du XVIIIe siècle encore, les figures géométriques restent garantes d'une vérité réaliste ; progressivement, puis radicalement vers le début du XIXe siècle, s'achève ce règne des figures quand les nouveaux espaces et les algèbres y convenant échappent à toute représentation concrète. Au cours de l'évolution générative et des mutations dont nous venons de parler, l'exactitude, son irréductible nécessité et ses critères d'authenticité n'ont plus pour référence concrète que les opérations le plus élémentairement effectives dans le plus humble et le plus commun des calculs.

Ainsi schématisé, l'histoire des mathématiques modernes pourrait être modélisée à l'image de parentèles, des mythes syncrétiques s'y rapportant, et notamment de l'hermétisme. Mais en ayant plus qu'assez dit sur cette arithmétique – Frère non mariable à la géométrie avant le XVIe siècle, puis Père avant de n'avoir plus toute-puissance qu'avunculaire au XIXe –, nous en retiendrons seulement, au cours des décodages qui vont suivre, une problématique : comment, au règne de la Synthèse euclidienne, s'en est-il substitué un autre, puis d'autres, jusqu'à ce que, pour finir, la science achoppe sur l'ultime réalité intemporelle de fait, celle de la suite des nombres entiers et positifs telle que produite à partir des quatre premiers nombres grâce à ce qu'ils impliquent d'additions d'unités ou de multiplications de pluralités, et telle que rebroussée par soustraction ou segmentée par division? La bijection analogue entre nombre et éléments géométriques inscrit dans le code la possibilité de bijections homologiques entre algèbres et géométrie.

Ajoutons que traduire les mathématiques anciennes en termes modernes relève d'anachronismes et de raisonnements finalistes bannis par la science. Il faut procéder du passé au présent pour respecter causalité et chronologie.

Attachons d'abord l'attention à la portée effectivement révolutionnaire du premier « mariage » entre la géométrie, que la synchronie spatiale rend le plus aisément démonstrative, et le donné arithmétique diachronique, plus « naturellement » discursif que facilement démonstratif. Le produit d'une union antérieurement tenue pour impossible prouve immédiatement combien il élargit en proportion inespérée, et pour des conséquences imprévisibles, la famille des mathématiques.

En vue de rendre intelligible le cas tel que les dernières décennies du XVIe siècle et les premières du suivant l'offrent au jugement historique, considérons ce qu'il en avait été avant et ce qu'il en est devenu depuis.

Pour faire court, nous utiliserons le lexique des mathématiques modernes en marquant, en chaque occasion où c'est le plus évidemment nécessaire, les corrections requises par cet anachronisme.

L'actuel lexique mathématique invite à distinguer quatre géométries que nous retiendrons comme principales, les autres en dérivant; on les nomme métrique, euclidienne, affine et projective. La géométrie métrique traite de figures égales; la géométrie euclidienne y ajoute les figures semblables. La géométrie affine fait état d'un plan à l'infini où toutes les parallèles se rejoignent et où un cercle dit « absolu » appartient à n'importe quelle sphère de cet espace affine dont les cercles coupent en deux points le cercle absolu. L'analyse d'un tel espace non représentable concrètement ne peut être qu'algébrique, à l'aide d'équations à quatre variables, relatives au plan à l'infini (choisi une fois pour toutes) et demeurant inchangées quel que soit le trièdre de référence choisi. Enfin, la géométrie projective diffère de la précédente en ce que n'importe lequel de ses plans peut être choisi comme plan à l'infini.

Chacune de ces géométries a pour condition que les figures et leurs éléments ne soient pas modifiés en cours de raisonnements; on réunit sous le nom de « groupe principal de transformations » toutes celles qui respectent cette obligation d'invariance. On constate démonstrativement que chacun de ces quatre groupes est inclus dans ceux qui le suivent, de telle sorte que Gp implique Ga qui implique Gs qui implique Gm. Ce dernier peut être a priori considéré comme le plus proche du Code et donc le plus facile à décoder.

Il concerne, par exemple, les cas d'égalité des triangles. Les démonstrations s'y rapportant impliquent qu'un triangle ne change pas si on le transporte par mouvements linéaro-circulaires sur un triangle (fixe) afin d'analyser à quelle condition il s'y superpose exactement; les deux triangles sont alors dits égaux. Il est un de ces cas, pourtant, où la démonstration la plus simple invite à conjoindre symétriquement les deux triangles en cause. C'est donc, au total, translations, rotations, symétries qu'il faut inclure dans la liste des « mouvements » de Gm. Ils sont évidemment décodables par M1. Ajoutons que tous les « objets » ainsi traités sont ou bien des M2 de dimensions supposées fixes, ou bien des éléments de ces M2 (cas de triangles), ou bien des solides composés de M2, ou enfin des éléments de ces solides composés. Rappelons que ces Modèles incluent les sphères ou cercles dont nos dessins les ont entourés pour rappeler circularités et rotations, si bien que, par exemple, un trièdre de M2 peut être lu comme un cône, et sa face opposée comme une surface découpant des sections coniques. Enfin, la combinaison translation-rotation peut donner naissance à toute courbe euclidienne. Insistons sur le fait que cette géométrie dite numérique (encore que les longueurs n'y soient pas nombrées) n'est « initiale » que logiquement; historiquement, elle n'a pas donné lieu à un corpus spécifique. Il est même vraisemblable que dès la préhistoire, on a raisonné du semblable avant de le faire de l'égal; du moins Thalès précède-t-il de loin Euclide.

Ce dernier tire parti de son devancier pour traiter de similitudes; elles conservent les angles, mais non les longueurs. On en raisonne par recours à l'homothétie que Gs ajoute à Gm : l'égalité est un cas particulier de cette homothétie. Nous avons inclus l'une et l'autre dans le code, M2, M3, etc, pouvant être de dimension quelconque. En outre, nous avons retrouvé plus spécifiquement la seconde dans le cube généalogique. Ce cube (un Modèle « généalogique ») que nous désignerons désormais par MG, est à lire en y ajoutant diagonales et transversales (que nous avons omis d'y inscrire pour ne pas surcharger la figure), mais sans ses chiffres, sauf à les considérer comme de simples repères ordinaux facilitant les désignations. Cette dernière remarque vaut pour M1; elle est pertinente à un univers où existent des unités d'angles (par exemple, l'angle droit constitutif de MG et conditionnant l'interprétation géométrique des positions chiffrées qui désignent des variations d'angles), mais pas d'unité naturelle de longueur; elle convient à une époque historique où géométrie et arithmétique forment deux domaines séparés.

Les groupes de transformations dont nous venons de parler ne suffisent évidemment pas à fonder toutes les démonstrations en cause et exprimant verbalement des propriétés concrètement incluses et vérifiables sur figures. Il faut en outre que des mots comme *triangles* soient abstraitement identifiables à des choses comme les triangles. De cette implication les mathématiques ne font pas état; ce qui, à ce stade, serait superflu. En effet, parler en mots ne fait alors que décrire ce qui est produit concrètement par règle ou compas avant d'être vu. Si le raisonnement verbalisé n'était pas strictement conforme à la réalité constructible et visible, cette dernière condamnerait toute conclusion verbale abusivement atteinte. Il en va autrement au-delà de la géométrie euclidienne.

La géométrie affine dérive de l'espace arguésien, adjectif tiré du nom de Désargues, fondateur d'une géométrie tout autre. Elle part du fait qu'en un dessin en perspective, deux droites parallèles se rejoignent en un point d'une ligne à l'horizon. Ce dernier est à l'infini, mais sa représentation s'inscrit dans le fini. L'avantage est compensé par un inconvénient : un arbre offert dans ses détails en gros plan devient un point imperceptible à l'horizon et l'on ne peut plus s'en remettre à des unités constantes de dimension. Une telle géométrie contrevient à Euclide et aussi à Descartes, elle n'a plus d'expression qu'algébrique ; les quantités y sont à écrire sous forme de proportions ; l'horizon n'étant qu'imaginairement à l'infini, ce qui le concerne ou s'y rapporte rendra nécessaire le recours aux nombres complexes.

En vue de décoder cette transformation conceptuelle, rappelons d'abord que Descartes a décidé de faire équivaloir à 1 n'importe quel segment choisi une fois pour toutes. C'est lire les arêtes MG avec ses chiffres. Ceux-ci ne dépassent pas 3 ou 4, mais suffisent à signifier divisibilité et proprotionalité. Si on divise autant qu'on voudra la longueur d'une arête en vue de l'« agrandir » ensuite et proportionnellement, grâce à Thalès, vers l'infini, on est dans le cas cartésien. Si on s'en tient à la première opération en décidant que la limite extrême de cette arête est l'infini, on est dans l'arguésien. Il n'est pas étonnant que les deux cas soient ceux d'auteurs de même époque et se servant des mêmes propriétés du code, indifféremment décodables de ces deux manières. A ce stade, ces deux « lectures » du cube en traitent les sèmes numériques comme représentatifs de longueurs, interprétation synchronique d'une « réalité » mentale diachronique puisque les nombres de référence sont ceux de transformations temporellement successives d'éléments angulaires.

Inventorions donc plus complètement les données et les prescriptions de MG. Les unes sont des plus générales : chaque point étant chiffré, une longueur impliquant un facteur temps et la « force » nécessaire pour passer d'une modélisation II *bis* à une autre est associée à une rotation pouvant varier de 0 à 180 degrés et, au-delà (sous des conditions qu'il serait trop long d'expliciter), conduit à la notion de vecteur. D'autres s'y ajoutent : entre les nombres angulaires propres à une arête et ceux d'une autre, existe un ensemble de liaisons significatif d'une non-indépendance et dont on peut ou non tenir compte grâce à la permissivité du code.

En outre, sur toute face de MG, tout point chiffré est au sommet d'un triangle dont le sommet opposé est au point 0 : le second dessine les deux axes de références, le premier les coordonnécs d'un point donné ; l'un et l'autre suffisent à la Géométrie de Descartes qui ne traite que de figures planes. Les points intérieurs de MG sont dans l'espace; il y faut lire les transversales de MG pour avoir image des coordonnées cartésiennes de l'espace; sinon, les coordonnées de ces points intérieurs renvoient à des plans et donnent image des coordonnées de Plucker. Si on combine le trièdre de sommet 0 avec un des triangles obtenus en joignant des points quelconques chiffrés des arêtes de ce trièdre de référence, on obtient un tétraèdre. Un point intérieur de MG est à distance donnée de cette quatrième face si on ajoute la transversale convenable aux trois perpendiculaires tombant de ce point sur les arêtes du trièdre 0 de MG. On acquiert ainsi le moyen de surdéterminer la position d'un point dont les coordonnées, désormais au nombre de quatre, s'écriront sous forme de rapport et seront homogènes, évacuant de la sorte l'arbitraire du Je qui a eu à choisir arbitrairement un segment comme unité de longueur. Dernière remarque enfin, des plus importantes pour décoder l'histoire des mathématiques : les chiffres de MG sont à lire positivement dans un sens (celui d'adjonctions de particularités) et négativement dans l'autre sens (celui de retraits ou de soustractions). Cette association de (–) à (+) peut être généralisée si on inscrit convenablement, selon une orientation ou à rebours, huit MG dans les huit trièdres de M1, sémantisé comme un Je capable de tous les mouvements (et donc non « objectivement » fixé par les points cardinaux).

L'inventaire ainsi esquissé n'est pas épuisé; il y faudrait notamment ajouter des considérations précédemment esquissées à propos des nombres complexes et de la figure que propose MG quand on associe ses deux divisions possibles en 27 ou 64 petits cubes : on a vu que cette dernière figure est à l'image de la formule de Cardan. Mais nous supposerons en avoir assez dit pour achever notre exposé.

Revenons-en à M2 dont on supposera qu'un des sommets est indifféremment un *a* ou un *a'* des modélisations II bis. La face opposée peut s'éloigner autant que l'on voudra vers l'infini, les trois autres sommets tendant aussi à être orthogonaux sans y parvenir tout à fait : nous sommes dans le réalisme cartésien. Si cette quatrième face est traitée comme à l'infini, nous passons dans l'imaginaire arguésien. Si on se sert de cette quatrième face pour rendre les coordonnées homogènes, nous substituerons à la triade classique x, y, z le quaterne X, Y, Z, T. Cette dernière lettre n'a pas, nous venons de l'indiquer dans l'analyse de M2, même propriété que les autres si la quatrième face tend vers l'infini.

Mais si on introduit l'infini dans le fini, alors T peut être traité comme X, Y, Z. Le premier cas est celui de la géométrie affine; le second, de la géométrie projective.

Au cours de nos raisonnements, nous avons radicalement modifié la lecture de nos Modèles. Un tétraèdre dont tous les éléments angulaires seraient orthogonaux serait dépourvu de toute réalité concrète, et tel qu'il vient d'être énoncé, notre propos est un non-sens mathématique. Si donc, pour la commodité, nous gardons nos figures euclidiennes, elles sont à voir comme des représentations fausses d'articulations vraies entre des sèmes. L'histoire des nombres complexes prouve surabondamment que leur invention lexicale a précédé les représentations géométriques qu'on en donna plus tard. C'est à cause des sèmes identifiés à leurs éléments que nos Modèles sont des guides utiles en vue de décoder après coup des formalismes diachroniques intuitivement apparus comme événements historiques et non comme produits logiques du code synchro-diachronique.

La légitimité des décodages n'en est pas compromise. Si les mathématiques étaient entièrement étrangères aux physiques, alors il n'y aurait pas à chercher ce que les abstractions des unes ont de commun avec les résultats d'expérimentations opérées par les autres dans l'espace concrètement vécu. En fait, la pertinence d'applications confronte à la nécessité existentielle d'une communauté logique originelle entre le pensé et le matériel.

Ces réserves précisées, poursuivons nos interprétations analogiques des homologies mathématiques. Dès lors que les chiffres de MG ne sont plus lus comme ordinaux dans l'espace mais comme cardinaux dans le temps, il y fallut une première convention introduite par le Je cartésien, elle-même suivie d'autres qui lui ôtent sa spécificité en l'incluant dans des décisions prises par des Je postérieurs, selon un processus d'emboîtements. Cette transitivité, au sens mathématique du terme, pourrait être évoquée métaphoriquement par référence à la logique pronominale du récit et à l'aide de guillemets : « Moi (C) J'inclus dans ma convention celle de B ayant dit : " Moi (B) J'inclus dans ma convention celle de A ayant dit : ' Moi (A) Je conviens que... ». Ces trois locutants suffiraient à inclure le cartésien dans l'affine et l'affine dans le projectif. Sans plus y insister, signalons seulement que synchroniquement, C peut dire tantôt Nous (A, B, C accordés sur même chose), tantôt Vous (B et C), et que B peut dire Tu à A (Descartes et Desargues étant contemporains). La même métaphore traiterait de troisièmes personnes, le plus compréhensif des Ils désignant A, B, C. Le tout est modélisable par un M2–M3 tel que (respectant la différence contemporains – non contemporains) le trièdre sommet de M2 ait pour faces Je-A-Je-B, Je-C, et pour arêtes nous, vous, il; la quatrième face ou arête est « ils ». Ces emboîtements modélisent linguistiquement la notion de « géométries subordonnées ».

C'en est assez, pensons-nous, pour faire sentir ce qu'il est pertinent de retenir des controverses entre hypothèses externalistes et internalistes du développement logico-scientifique. Chaque Je est « externe » – c'est-à-dire inspiré par de nouvelles circonstances historiques – puisqu'il innove; mais il est aussi « interne », puisqu'il inclut de précédentes innovations.

Revenons-en à l'essentiel. Les groupes Gm et Gs n'incluaient pas l'invariance à supposer entre les réalités de figures et celles de sèmes abstraitement conventionnels. Il en va autrement de Ga et de Gp. Cette vérification se fait alors à l'intérieur de l'univers logico-discursif, non plus entre un concret visible et des symboles lexicaux, mais entre des propriétés et contraintes qui doivent être les mêmes, qu'il s'agisse de nombres arithmétiques ou de symbolismes abstraits. Retenons notamment que Gp distingue deux sortes de projectivités : l'« homographie » (commune à Ga et Gp) fait correspondre un point à un point ou aux points d'un plan les points d'un plan; la « réciprocité » (propre à Gp) fait correspondre un plan à un point ou aux points d'un plan, des plans passant par un point. Notre tableau A I donne une image simpliste des conditions dans lesquelles M2 devient circulairement un autre M2 ou bien diamétralement M′2. On voit que la « composition » de deux réciprocités donne une homographie, de même celle de deux homographies, alors que la composition d'une réciprocité et d'une homographie donne une réciprocité. Soient donc H, H, R, R les faces d'un tétraèdre, quatre arêtes seront R et deux autres (sur une même direction de M I) seront H. Admettons les analogies H ou I et R ou 2, alors seuls I/I et 2/2 valent I.

Si, au lieu de traiter de points et de plans (indifféremment identifiables à quatre nombres), nous le faisons de droites, le même tableau A I montre qu'elles sont inchangées dans les deux cas de composition. De là l'importance conceptuelle prise par la Géométrie Réglée. Si, comme MG le suggère, on rapporte une droite de l'espace à ses projections sur trois plans, on obtient six coordonnées non indépendantes entre elles; si on les rapporte imaginairement à six axes de coordonnées distincts mais corrélés, le système référentiel est tétraédrique. Il est imaginairement modélisable par M2 incluant un M3, dont non pas les axes mais les angles (disons, si le tétraèdre est régulier, les bissectrices de ces angles) définissent alors la position d'un point.

Il est bien évidemment impossible de déduire ces géométries du Code. En revanche, il est possible de les décoder a posteriori au prix d'analogies successives, elles-mêmes analogiques à une modélisation de la plus élémentaire arithmétique. Analogiquement, en effet, les points et plans de M2 sont au nombre de quatre, comme leurs coordonnées ci-dessus indiquées; de même, les droites sont au nombre de six. Autre analogie, elle relative à l'invariance : le M2 ainsi sémantisé et le M3 qui le complète donnent l'image de ce que peuvent être des « géométries équivalentes »; on peut choisir en fonction de la commodité entre espaces définis comme ensemble de points, de plans ou bien de lignes.

Abordons pour finir le problème des nombres; il peut être posé de deux manières. Si les entiers sont les points d'une droite, ils y laissent des « lacunes » que les nombres fractionnaires ne suffisent pas à combler. On peut y ajouter, au nom de conventions plus ou moins simples à modéliser, les nombres irrationnels et certains nombres « transcendants »; pour d'autres de ces derniers, il y faut des conventions relatives aux « nombres algébriques » et aux « nombres idéaux ». Ces diverses modélisations obligent à recourir à un plan porteur d'angle ayant son sommet sur les points-nombres de MG, eux-mêmes significatifs de mouvements angulaires. En outre, il convient d'évoquer la « coupure » inventée par Dédekind et sur laquelle nous reviendrons. Retenons-en pour le moment que si la droite des nombres coupe l'angle de Thalès non loin de son sommet, alors une autre droite plus éloignée et traitée homographiquement agrandira autant qu'on voudra les lacunes restantes. De là la notion de nombres « transfinis » inventée par Cantor (extrapolée de la notion de nombres cardinaux).

Une seconde manière de poser le problème n'est indépendante de la première qu'en cas simples. Elle est relative au fait que les nombres complexes ne se situent pas sur la droite des nombres entiers, mais sur un plan où ils font intervenir non comme mécanisme constructeur, mais comme éléments de définitions les rotations implicites dans MG. On est alors invité à considérer, comme Hamilton, ce qu'il advient du volume. On a vu qu'il faut alors recourir à des espaces à 4 ou 8 dimensions, mais en perdant successivement la commutativité puis l'associativité de la multiplication.

A mesure qu'elle se généralise, on dirait que la notion de nombre tend à en faire évaporer le concret, sauf en ce qui concerne la part irréductible nécessaire pour engendrer par opérations, à tous le moins, les entiers positifs (seuls créés par Dieu, disait Kronecker) et leurs rapports fractionnaires. En deçà des paradoxes suscités par cette évolution sémantique (par exemple : il y a autant de nombres pairs que de nombres impairs, il n'y a pas plus de points sur un carré que sur un seul de ses côtés), constatons ce qu'il advient de modélisations successives sur M2. Supposant vide (0) deux faces, il faut deux 1 pour produire 2; 0, 1, 2 conduisent à 3 et 4; le cas 1, 2, 3, 4 est particulier en ceci qu'il constitue le minimum suffisant pour représenter au moins une fois toutes les opérations et leurs résultats, celui de la multiplication donnant un carré. Nous en avons vu la signification dans la modélisation de mythes sacrés ou philosophiques. Précisons qu'ainsi sémantisé, M3 fournit sur ses arêtes (supposées additives) une fois 7 et deux fois 5 et 6. Peut être mise ainsi en évidence la structure triédrique du sommet de face 1, 2, 3 en regardant ces derniers comme sémantiquement interprétés par analogie avec la différence aigu-obtus et imaginairement géométrisés comme tous orthogonaux. Indiquons, pour être complet, que les triades non associatives sont dans les mêmes conditions modélisables selon les types E′ et F ou F′ du tableau A 2.

Les deux lectures (sémantique par aigu-obtus, géométrique par orthogonalité) sont naturellement incompatibles, sauf à considérer la seconde comme renvoyant à un présupposé existentiel de la première. L'inventaire de ce qui sépare ces deux lectures est celui d'inventions conceptuelles historico-diachroniques : il ne peut s'appuyer que sur la connaissance des événements dus à des génies inventeurs. Le fil d'Ariane traversant cette histoire conduit récursivement au centre du labyrinthe où le Code identifie analogiquement des éléments de figures spatiales et les quelques premiers nombres entiers suffisant implicitement à prolonger indéfiniment leur suite.

Cela nous ramène aux problèmes posés par la « droite » des nombres.

Marquons-y un point P tel que tout point d'une première suite de nombres soit défini comme « à gauche », comme le postule Dedekind, de tous points d'une deuxième partie; c'est faire valoir que P puisse être le dernier élément de la première classe ou le premier de la seconde, mais non pas, par définition, les deux à la fois. Le principe de continuité est modélisé par la direction gauche-droite de M1; la « coupure » de Dedekind l'est par ce qu'il advient des deux orientations de ce même gauche-droite quand on les rapporte à M2 où elles ne sont plus concourantes.

Enfin, en tenant compte de tout ce que nous venons de dire, et en nous remémorant les leçons tirées des modélisations de mythes, considérons l'analogie entre la suite des entiers 1, 2, 3, 4 et la suite 0, 1, 2, 3 des puissances de 2, on voit que le second tétramorphe provient du premier au prix d'une transposition et d'une substitution de 8 à 3. Est ainsi modélisable l'hésitation qui fit d'abord considérer les quaternions et les octaves comme des nombres, avant de réserver ce terme aux objets quels qu'ils soient, pourvu que leur multiplication soit commutative et associative. Dans ce cas, les nombres ne peuvent plus être que points d'une droite ou bien d'un plan. Nous pensons que cette contrainte est analogique à celle des invariances Gp, mais n'avons pas eu les moyens ni le temps de pousser la vérification jusqu'au bout.

Ce serait un bien long travail que de dessiner la résille des innovations sémantiques qui ont finalement permis de formaliser qu'un plan ou un point sont indifféremment définis par quatre nombres, et une droite par six. L'histoire des mathématiques aurait sans doute peu à y gagner, moins encore les mathématiques elles-mêmes, mais une telle résille permettrait de pousser bien plus loin l'analyse des expressions de croyances et des comportements. Et s'il existe un moyen final de rendre plus intelligibles les manifestations événementielles d'émotions, ce ne peut être d'abord que celui-là.

Dès les premières lignes de son Programme d'Erlangen, Félix Klein souligne l'importance des innovations conceptuelles qui ont, dans les premières décennies du XIX\ :^e\ siècle, ouvert un champ immense à de nouvelles mathématiques. Il n'y fait aucune place aux nombres hyper-complexes dont l'importance historique est pourtant indéniable, mais plutôt comme révélatrice de limites opposées à la notion de nombre telle qu'antérieurement reçue : les quaternions ne sont pas commutatifs, les octaves ne sont pas associatives. La non commutativité (ou plus exactement l'anti-commutativité du type $ij = k$; $ji = -k$) semble pourtant avoir été moins dirimante que la non associativité. Or, certaines des multiplications des « imaginaires » de Cayley partagent la propriété des quaternions d'être associatives. A condition pourtant qu'on les choisisse dans l'ordre retenu par Cayley lui-même, ces multiplications associatives peuvent être modélisées comme ci-après (p. 458).

Les leçons à en tirer ne sont pas d'ordre mathématique, mais seulement historique, en vue de montrer le rôle joué par l'étude des nombres hypercomplexes dans la transformation conceptuelle qui s'est opérée vers le milieu du siècle dernier. Ce rôle est révélateur : il met aujourd'hui la plus profonde des strates de l'entendement, strate impénétrable d'où surgissent ensemble les raisons de la raison et les déraisons de l'émotivité agressive.

RIEN NE CHANGE ET TOUT SE TRANSFORME

Il y a cinq mille ans, les crimes du Cosmos étaient responsables des malheurs terrestres dont étaient ainsi acquittés ceux qui commandent aux hommes; mais aussi ce Cosmos en désordre faisait-il don de sciences à ses créatures mortelles : ainsi l'Égypte et la Chaldée; ainsi la Genèse biblique. Il y a cinq cents ans, Hamlet l'Elisabéthain contrefait le Hamlet du Jutland protohistorique : comme Horus il tire de son oncle vengeance du meurtre dont a été victime son père; mais que les princes s'entretuent, la faute leur en revient et nul progrès du savoir n'en est la contrepartie. Les guerres du XXe siècle ont donné tort au poète et raison au mythe : les massacres des années quarante ont précipité la mise en œuvre du nucléaire et de l'informatique et inauguré une ère d'arsenaux terribles et d'inégalités voyantes. Il en a toujours été ainsi : la science n'abolit pas la guerre qui la parraine et qu'elle arme.

Passer de dieux presque hommes à un Dieu unique n'y a rien fait. Alors qu'un pacifique Tao, sans protéger la Chine, la détournait des voies promettant les sciences modernes, celles-ci ont été préconçues aux temps où Allah et la Trinité se battaient par croisades interposées, et ont été conçues dans le siècle où la circumnavigation du globe reliant sous le même soleil les continents eut pour effet que le capitalisme des marchands le mieux armés s'enrichit des dépouilles de cultures mises à mort ou réduites en servitude. Les savants ont eu beau faire et la science eut beau ignorer Dieu, tout continue d'aller de même.

Rappelons les étapes des progrès de la science engendrés à prix de sang. Le « miracle » grec s'épanouit dans une Alexandrie due à un conquérant qui se servit de la mort tant contre des compagnons qui ne le vénéraient pas comme un dieu que contre des populations dont il détruisait les cités pour installer les siennes. Quand Bagdad et son empire sont la lumière de l'Occident, c'est comme suite au triomphe de la Guerre Sainte conduite par le Coran. Quand la Chrétienté de Roger Bacon réinterprète la matière grâce à la Quintessence et au nom de l'Esprit Saint, l'Inquisition allume contre elle ses bûchers au nom du même Évangile. Quand le Soleil est mis au centre du monde, et le Sel au cœur de la terre, les guerres de religion font rage entre Chrétiens. En bref, les fratricides se réclament toujours de valeurs supérieures; et même si on ne les attribue plus à une faute cosmique, ils ne sont toujours pas extirpés du cœur de l'inconscient des hommes.

Prix à payer pour que les formalismes opératoires rendent capables de briser l'atome et de décrire une histoire des astres vieille de treize milliards d'années? Face à de si grands problèmes, il pourra paraître dérisoire de ne disposer que d'un pauvre modèle : une banale figure géométrique et les tout premiers nombres entiers. Passe encore qu'il suffise en des cas si simples et si répétitifs que celui de la Cité dont le Mal menace la Descendance et qu'un Sauveur délivre; mais décoder la récente naissance des algèbres modernes grâce auxquelles la matière devient énergie et des fusées atteignent des planètes naguère encore tenues pour les reflets inaccessibles de l'Éternel en gloire?

A titre de dernière épreuve cruciale, abordons cette difficulté. Pour dire la puissance des formalismes modernes, Jean Dieudonné se sert d'une métaphore saisissante : dès lors que les « structures » sont respectées, n'importe que les entités mises en opération soient nombres ou verres de bière! Il n'y a guère plus de cent ans, seuls les nombres comptaient; revenons donc au plus hypercomplexe d'entre eux : l'octave de Cayley est un polynome de huit termes, dont sept « imaginaires »; c'est de ce type ultime de nombres que sont sorties les algèbres de Cayley-Dickson dont les « caractérisations » sont devenues les *constantes de structure* des mathématiciens actuels (cf. Lexique).

Rappelons d'abord que les 8, 4, 2, 1, termes qui comportent les seules entités méritant le nom de nombres parce que le produit de leur multiplication en conserve la forme – octaves, quaternions, couples et nombres réels – font penser au partage du *paayasam* dans le Ramayana, à la division du Tao en 2, 4, 8, koua de Fo-Hi, ainsi qu'à l'œil d'Horus et à ses trois premières fractions. Puis demandons-nous si toute analogie est absente entre *constantes de structure* d'une part et, de l'autre, une parentèle : père, mère, fils et oncle jaloux.

Une ressemblance est frappante entre les deux tétraèdres du Tableau VI (pages 458 et 459) et celui où le Schéma XIV inscrit l'ordre des naissances des quatre enfants divins de Nout. L'analogie serait complète à deux conditions : introduire dans le tétraèdre des dieux-enfants le tétracanthe des dieux cosmiques ayant existé avant les enfants qu'ils engendrent ; indiquer par un angle obtus entre 2/3 et 4/3 que Seth n'a pas pu être, dans une même variante originelle du mythe, l'amant à la fois de son neveu et de sa belle-sœur. Faute d'évidence archéologique, nous supposerons que sont remplies ces deux conditions. Il est d'ailleurs jusqu'à nouvel ordre autorisé par l'érudition, et, en tout cas, conforme au bon sens, que si l'oncle jaloux a pu désirer captiver et « capter » effectivement, grâce à l'accord d'une mère qu'inquiètent les périls du moment, le fils du frère qu'il assassina, cette captation serait moins explicable si Horus avait été le fils authentique de Seth.

Ces deux hypothèses admises font du mythe une préfiguration instructive des algèbres caractérisables de Cayley-Dickson. D'une part, Haroéris, fils embryonnaire des parents d'Horus, serait comme le ij des triplets dont Hamilton ne sut que faire avant de découvrir qu'il s'agit d'un k, un Horus, fils posthume, légitime et bientôt vengeur d'Osiris, pourvu seulement que la ligne des nombres réels soit celle du temps, quatrième dimension à laquelle s'ajoutent les trois de l'espace devenu vectoriel. Ce même ij est analogue (sinon homologue) au produit des deux premières constantes de structure. Quant à la troisième d'entre elles, elle occupe la place 4 comme conséquence analogique de la construction retenue dans le commentaire du Tableau VI. Ce dont résulte une ambiguïté précédemment rencontrée à propos du mythe, entre le 4 d'Isis et le 3 de Seth. Sans entrer dans tous les détails, suggérons que cette ambiguïté est celle qui embarrassa les Égyptiens non moins qu'Hamilton qui, lui, dut réviser son algèbre du temps pur pour que son quatrième axe des k ne soit plus que le troisième axe de ses vecteurs, dès lors que c'est la droite des réels qui est faite de « moments ». Ambiguïté qui se retrouve enfin dans le fait que le quatrième vecteur des octaves a quelque chose de comparable à leur terme réel si les octaves sont regardées comme des couples de quaternions. Deux temps donc, l'un synchrodiachronique des nombres, l'autre diachronique de vecteurs dénotés comme « véhicules » et connotés comme « forces ».

Retenons l'essentiel, qui confirme notre problématique historique :

TABLEAU VI : LES ALGÈBRES DE CAYLEY-DICKSON

I TRIADES ASSOCIATIVES DE CAYLEY
(Philosophical Magazine vol. XXVI, 1845, pp. 208 à 211).

123   145   624   653   725   734   176

II TABLE DE MULTIPLICATION ET CARACTÉRISATIONS
(*The Construction of Cayley-Dickson Algebras*, Erwin Kleinfeld, pp. 136 et ss).

Colonne de gauche multiplicande, ligne du haut multiplicateur.

	1	2	3	4	5	6	7
1	$+\alpha 0$	$+3$	$+\alpha 2$	$+5$	$+\alpha 4$	-7	$-\alpha 6$
2	-3	$+\beta 0$	$-\beta 1$	$+6$	$+7$	$+\beta 4$	$+\beta 5$
3	$-\alpha 2$	$+\beta 1$	$-\alpha\beta 0$	$+7$	$+\alpha 6$	$-\beta 5$	$+\alpha\beta 4$
4	-5	-6	-7	$+\gamma 0$	$-\gamma 1$	$-\gamma 2$	$-\gamma 3$
5	$-\alpha 4$	-7	$-\alpha 6$	$+\gamma 1$	$-\alpha\gamma 0$	$+\gamma 3$	$+\alpha\gamma 2$
6	$+7$	$-\beta 4$	$+\beta 5$	$+\gamma 2$	$-\gamma 3$	$-\beta\gamma 0$	$-\beta\gamma 1$
7	$+\alpha 6$	$-\beta 5$	$+\alpha\beta 4$	$+\gamma 3$	$\alpha\gamma 2$	$-\beta\gamma 1$	$+\alpha\beta\gamma 0$

III MODÉLISATION SIMPLIFIÉE

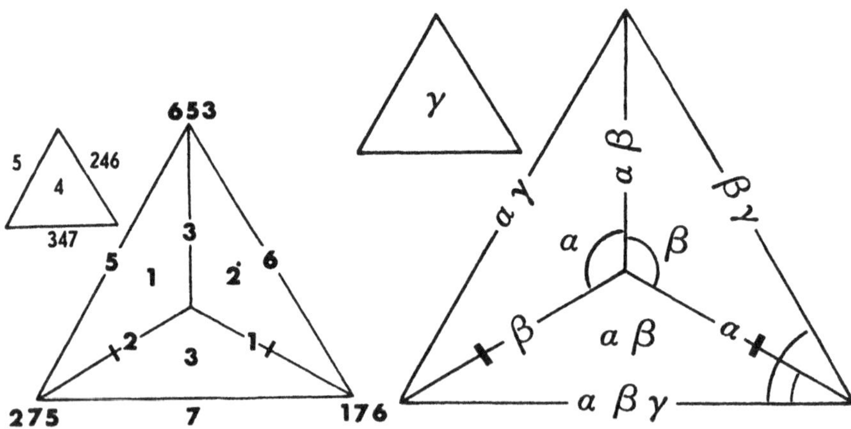

COMMENTAIRE DU TABLEAU

I TRIADES : Les chiffres 1, 2, 3... sont pour i_1, i_2, i_3... Ces chiffres-indices seront génériquement désignés ci-dessous par (i) : unités imaginaires, elles ont pour carré l'unité des nombres négatifs, nombres réels désignés par 0. Le troisième chiffre de la triade est le produit des deux autres : $1 \times 2 = 3$ comme $ij = k$ etc... 000 veut dire qu'un réel multiplié par un réel donne un réel; 011 qu'un imaginaire multiplié par un réel donne le même imaginaire. Ces triades – ni aucune autre – ne sont pas commutatives : si 12 = 3,21 = -3. Ces sept triades – à l'exclusion de toutes autres – sont associatives : (12) 3 = 1 (23) = 33 = 11 = unité des nombres négatifs; en revanche (12) 4 = 34 alors que 1 (24) = 16. La liste pourrait commencer autrement que par 123 – cas de la liste plus élégante de E. Study : 124, 237, 341, etc... – mais alors la modélisation codée perd sa pertinence.

II TABLE : Les lettres grecques sont des « caractéristiques » constantes de structures ci-après désignées par (CS) : elles distinguent des ordres de lectures : 356 et 653 n'ont pas la même (CS). Douze cas sont sans (CS) ou plutôt les réduisent à + ou - : les triades expriment alors des sommes de (i). Enfin ces (CS) sont-elles tenues pour des scalaires valant l'unité des nombres négatifs : elles se multiplient ou se divisent comme des réels.

III MODÉLISATIONS : Du point 0 – sur la droite (OR) des réels – on construit un, deux, trois axes « imaginés » perpendiculaires entre eux ainsi qu'à (OR). Ce trièdre-axe engendre un trièdre-faces, l'un et l'autre sémentisés conformément au code et où les dièdres voulant dire soustraction ou division seront marqués. Sur ces trois faces tombent trois axes constituant un tétracanthe avec (OR). Sur l'axe 3, d'un point autre que 0, on construit un deuxième trièdre en commençant par les faces et tel que la face 4 soit perpendiculaire à (OR) : cette quatrième face engendre successivement – de droite à gauche de la figure aplatie sur le plan – deux dièdres avec les faces 2 puis 1; en résulte le dernier dièdre entre les faces 4 et 3. Les quatre trièdres ainsi formés sont « imaginairement » orthogonaux. Enfin, utilisant la propriété des vecteurs les laissant inchangés si on les déplace parallèlement à eux-mêmes, on transfert les axes 5, 6, 7 au sommet du tétracanthe devenant un heptacanthe sans (OR) et un octacanthe avec (OR) : octacanthe dont tous les éléments angulaires sont imaginés droits.

Les (CS) proviennent du premier (i) des triades selon trois conventions de lecture induites de la construction ci-dessus. Dans le cas 653 est prise en compte la première face traversée. Dans les triades comportant un 4, la lecture positive se fait avant-arrière des dièdres. Dans les triades sans 4, la lecture positive va « normalement » de droite à gauche (deux premiers axes du trièdre). Quatre cas « anormaux » : soit (i), soit (CS), soit les deux, inversent la lecture. Ces exceptions sont marquées sur les angles correspondants du tétraèdre.

NB. Le sens droite gauche de la lecture vient de ce que 653 est construit face 1, face 2, puis face 4, cette dernière est donc balayée de 6 à 5.

(OR) se confond avec (i) 4 du tétracanthe, en résulte une ambiguïté heptacanthe-octacanthe.

c'est bien dans et seulement dans l'ensemble diachronique des cultures successives qui ont légitimé cosmiquement le fratricide primordial que le mythe archaïque a pu engager le processus de transformation mythologique destiné à déboucher sur l'essor des sciences modernes.

On dirait que la logique « se souvient »; ce qui lèverait une contradiction. Pour modéliser imaginairement les vecteurs de Cayley, les axes ou plans ainsi sémantisés doivent être imaginés perpendiculairement entre eux; comment parler d'obtus et d'aigus? Il faut alors considérer les orthogonalités comme des cas-limites d'irrégularités dont le « souvenir » est conservé dans la « mémoire » logique inspirée par le milieu commun à tous les mathématiciens.

Il va de soi que cet appel à une mémoire du logos et des logiques qu'il inclut n'est pertinent que relativement à l'intuition telle qu'elle sourd de l'inconscient. C'est justement le cas ici, où les triades doivent être celles et seulement celles que publia Cayley peu de mois après que J.B. Grawes, ami d'Hamilton, en eut, de son côté et sans le faire savoir, découvert l'existence théorique. quant à E. Study, il a raisonné après coup sur des innovations déjà acquises; il en résulte que dans son cas – comme en d'autres choisissant d'autres triades que 123 pour commencer la liste commandée par son début –, le recours à nos tétramorphes eût été impossible tel quel, et la modélisation un casse-tête. Le choix le plus spontanément intuitif permet de situer les indices des i, et, par suite, les valeurs des caractérisations relatives des triades associatives, ainsi que nous l'avons toujours fait pour signifier addition, soustraction, multiplication ou division. Les triades non associatives de Cayley se situent – comme celles, même associatives, de Study – sur des ordonnancements d'éléments auxquels nous n'avons jamais donné signification d'opérations.

Entre Cayley qui s'inspire directement des *ijk* d'Hamilton et Study qui raisonne sur le déjà acquis par Cayley et J.B. Graves, le raisonnement conscient a pris le pas sur l'élucidation instinctive de son prédécesseur. Entre l'un et l'autre s'interpose l'épaisseur de ce que la conscience claire ajoute discursivement à ce que la « cogitation » originelle suscite directement, épaisseur relevant de ce que les systèmes ajoutent aux structures pour rendre plus élégantes des présentations telles que surgies à l'état « brut ». Ce recours à la relative indépendance du raisonnement par rapport à l'intuition intervient d'ailleurs chez Cayley lui-même. Car si les deux premières triades de Cayley obéissent aux prescriptions du Code, il n'en va pas de même de quatre autres qui eussent dû être écrites sous la forme 246, 257, 347, 167 pour être strictement conformes au code sémantisant les arêtes de dièdres aussi bien comme résultats d'additions des sèmes numériques sémantisant les faces que comme leurs produits. Les choix effectifs de Cayley errent à cet égard, puisque ces quatre autres triades ne pourront pas être connotées par signature +, mais bien, quand le temps en viendra, par des constantes de structures. De là deux corollaires directs. Le premier est que si + ou − sont des « signatures », + I ou − I sont des constantes de structures illustrant que ces constantes sont des scalaires, les premiers étant + I ou − I, et les autres se prêtant éventuellement comme eux à multiplication arithmétique. Le second corollaire renvoie aux mises en garde de Jacques Hadamard : si l'intuition témoigne de la créativité de l'inconscient, ce qu'elle fait surgir à la conscience mérite ou exige vérifications comme celles qui réajusteront les algèbres « caractérisées » de Cayley-Dickson conformément aux exigences élémentaires du Code.

En résulte indirectement un troisième corollaire relatif au lexique mathématique. Il appelle structures toutes sortes d'entités, les algèbres n'en sont qu'une parmi d'autres; mais elles ont ceci de spécifique qu'elles seules relèvent de constantes de structure spécifiant la table de multiplication des algèbres. Ces constantes de structure pourraient donc être regardées comme manifestant une structure de structures dans le cas, et lui seul, des algèbres. Cette structure de structures est ce que nous avons désigné, à propos du Code, par le terme de structure par différence avec les systèmes. Ce serait donc à la naissance des algèbres modernes que le Code se découvrirait en son entier, c'est-à-dire non seulement comme un ensemble de conditions géométriques traduisant la constructibilité de modèles synchroniques ou spatiaux comme le tétraèdre, mais également sémantisations connotant les éléments de sèmes de toutes sortes − primordialement, de nombres entiers traités en sèmes premiers.

Constat fondamental et datant une époque elle aussi spécifique par son originalité culturelle. Aux entours de 1800, tournant entre le siècle d'hier et celui d'aujourd'hui, quand la structure originelle s'impose en son entier dans les mathématiques opératoires de même manière qu'elle le fit archaïquement dans le mythe le plus complètement significatif du fratricide, pourquoi ne s'imposerait-elle pas aussi à l'actualité vécue, à ses mythes et à leurs effets d'entraînement sur les foules? C'est bien ce qu'on constate aussi dans la pensée, l'action et les événements socioculturels de cette nouvelle ère. La violence pour la violence est de tous les temps – même en Chine qui l'avait bannie de son taoïsme –, mais on l'avait considérée comme un accident – notamment ou surtout depuis le siècle des Lumières – plutôt dû à la méchanceté de certains hommes qu'à la nature humaine elle-même. Cet optimisme passe de saison quand Albert Sorel annonce du XXᵉ siècle qu'il sera – pour ainsi dire congénitalement – le siècle de la violence, relevant d'une théorisation objective qui ôte leurs illusions aux cœurs de pacifique bonne volonté. Albert Sorel eut des émules, mais, surtout, il recevra trop éclatante confirmation des faits, ceux notamment de deux guerres mondialement destructrices et raison de ou associées à des abdications socio-politiques des préceptes et espérances de la civilisation.

Déjà, K. V. Clausewitz avait nié que la guerre puisse se prescrire elle-même des limites; mais cette proposition abstraite est pâle face aux crimes contre l'humanité ou génocides pratiqués par le nazisme, par ses rivaux ou imitateurs aussi bien que par leurs adversaires quand ils entrent pour en venir à bout dans le jeu de la guerre totale.

Avant de rapporter au Code ce statut de la violence, vieux comme le monde dans les faits, mais tout neuf dans sa théorie et les justifications qu'elle donne à d'infâmes recours à la science-technologique pour parfaire les crimes de guerre, revenons un instant à l'histoire des mathématiques d'antécédentes et récentes décennies qui se jugèrent et se voulurent encore civilisées. Une fois de plus, il faut penser au Code comme à ce qui régit obscurément les innovations qui enrichissent les systèmes formalistes abstraitement opératoires ne relevant qu'en apparence de développements purement internes. Dans les cas d'innovateurs véritables, le Code intervient dans leurs « cogitations » qui se poursuivent d'elles-mêmes après avoir été mises en branle par des compétences ou qui s'y emploient de toute leur force de volonté : de là, la piété de Gauss attribuant à Dieu des découvertes qui lui sont spontanément venues à l'esprit, ou bien les constats rapportés par un Poincaré, un Hadamard ou un Einstein se référant à une activité spontanée, cachée, involontaire et non fatigante, activité se déroulant très en dessous de l'« étroitesse » de la conscience où un résultat surgit comme une « illumination » brusque, coup de génie.

Et comme ce mystérieux inconscient est nourri par un ou des milieux socio-culturels – celui des mathématiciens ou savants s'inscrivant dans un autre plus large, étendu à toute la société, ou du moins à la société dominante à laquelle le savant appartient –, on ne s'étonnera pas que plusieurs inventeurs trouvent presque à la fois la même chose, encore que Gauss sut dire mieux ce que des contemporains ou prédécesseurs immédiat avaient mis en lumière avant ou en même temps que lui à propos des nombres couplés ou nombres complexes, et que, de même, Cayley aura été plus explicite que son immédiat devancier J. B. Graves. Un détail non précédemment commenté nous fournira une autre illustration.

Quand on avait entendu rendre homogènes les coordonnées, l'accord s'était fait quasi immédiatement sur la nécessité de faire intervenir un quatrième axe dont on ne savait pas encore qu'il est dû – ainsi que l'admettra Hamilton – à une quatrième dimension que l'inventeur des quaternions traitera comme un axe, le premier des quatre axes à considérer comme porteur des nombres réels dont la succession est celle non de segments d'une ligne spatiale, mais bien de moments découpant la ligne du temps. Pourtant, ce quatrième axe – d'emblée et selon une convention incontestée – avait été connoté par la lettre T, s'ajoutant ainsi aux X, Y, Z, déjà utilisés par les coordonnées tridimensionnelles. Est-il fortuit que ce T ait été choisi comme l'initiale des mots *Temps* ou *Time*, le Z du *Zeit* allemand n'étant plus disponible? L'érudition n'est pas encore à même de nous renseigner sur les conditions détaillées de cette adoption non strictement conforme à l'usage de Descartes, qui réservait les dernières lettres de l'alphabet pour désigner des variables de valeur inconnue au moment de la mise en équation. Selon cet usage, les lettres W, V ou U auraient aussi bien fait l'affaire. Alors l'inconscient des algébristes n'avait-il pas d'avance adopté une analogie le plus conforme à la valorisation donnée au temps par le plus large milieu d'activité d'un capitalisme dont le crédit – escompte de l'avenir – connaissait un nouvel essor? L'hypothèse n'est pas à rejeter sans précautions et vérifications dont on peut d'avance douter qu'elles démentent l'influence inspiratrice de circonstances spécifiques, quelles que soient les manières dont elles se sont discursivement manifestées. Là encore, il est légitime de parler d'une mémoire de l'inconscient ou de ce qui le nourrit : il y avait des siècles que, pour situer la Quintessence au milieu des choses, il avait fallu, au cours de sanglantes controverses, recourir implicitement à un tétracanthe structurant le tétraèdre aristotélicien des *Éléments physi-*

ques ou des modes de la *Syllogistique*. Recours condamnable par l'Inquisition, mais conforme à la doctrine non dogmatiquement hérétique de « spirituels » bien en droit d'invoquer le Saint-Esprit – l'Invoqué –, et qui, éternel par essence, est temporel par la permanence promise de sa présence ici-bas.

Mêmes réflexions conviennent à la prise en considération des manières dont le Tableau VI et son commentaire introduisent la modélisation des Octaves et des constantes de structure.

Ayant précédemment noté que les huit dimensions à « imaginer » orthogonales entre elles pour vectorialiser les triades de Cayley se « souviennent » d'avoir été les arêtes de dièdres ou angles aigus ou obtus élargis ou étrécis à leurs extrêmes limites, valant infinitésimalement 90°, demandons-nous si la construction de notre modèle du Tableau VI ne se « souviendrait » pas, de son côté, de ce qu'il était précédemment advenu des systèmes de coordonnées.

Effectivement, cette construction résume l'histoire d'inventions algébrico-vectorielles; ses étapes sont celles cérébralement franchies par la succession d'innovateurs. Le premier des six axes tétraédriques à construire pour que le modèle soit pertinent est celui qui a vulgarisé, grâce à Gauss, le vocable de nombres complexes. Sans les coordonnées de Plücker, fournissant une raison historique, il serait arbitraire de traiter le trièdre 653 comme fait de faces, alors que le trièdre 123 est fait d'axes, avec toutes les conséquences qui s'ensuivent. Continuons donc de nous laisser conduire par l'histoire de l'intuition.

Le modèle montre que si additionner, multiplier ou lire « normalement » se lit sur des éléments non marqués, les éléments marqués veulent dire soustraire ou diviser, ou bien lire en sens contraire du normal. Appliquons à ces inversions l'opposition d'obtus à aigu, le trièdre ramené dans l'espace euclidien est constructible : les deux angles obtus en 123 sont nécessaires, les deux autres sont permis et pour ainsi dire « appelés » à épuiser les quatre possibilités de rendre obtus des angles d'un tétraèdre ayant deux drièdres obtus concourants.

Commentons une dernière énigme : la modélisation a été amenée à confondre en un seul axe de l'heptacanthe deux types de nombres : les réels et les imaginaires d'indice 4. Or, postérieurement à Cayley, on a pu traiter des octaves comme des couples de quaternions; c'est bien que leur cinquième terme, terme en 4, a quelque chose d'analogue avec le premier, terme réel.

Si la nature physique est écrite en termes mathématiques et si l'innovation mathématique est assujettie au Code, alors il est exclu que les physiques ou les mathématiques puissent venir à bout des conflits ou des déchirements culturels, sociaux, familiaux ou intimes. Le mieux qu'on puisse attendre de ces sciences est qu'elles aident l'historien à remonter à leurs origines intuitives, aux points où elles rejoignent les passions, ainsi que le pensait Empédocle, ou bien à l'état que Proclus regardait comme celui où les angles obtus et aigus étaient les images surnaturelles de la non-rectitude.

Cette « mémoire » synchro-diachronique rend intelligible que, en politique, les constitutions faisant appel à des principes doivent, à l'occasion de crises traumatisantes, céder la place à des Princes mystérieusement Sauveurs. Ces dragonicides s'en prennent à des dragons qui sont d'autres Princes ou bien d'autres peuples, voire le leur propre. Hitler, à Bayreuth, a-t-il été moins fasciné par le *Crépuscule des dieux* que par *l'Or du Rhin*? Au bord de ce même Rhin, le petit village de Hamel se raconte l'histoire de Hans le flûtiste qui, sorti du néant, débarrasse la cité des rats qui l'ont envahie; il les entraîne dans le fleuve; et quand, faute qu'on lui puisse payer le prix exigé, Hans joue d'un autre air, il anéantit de même manière, avant de retourner à son néant, tous les enfants de ceux qui s'étaient inconsidérément fiés à lui.

La légende, en quelques lignes, le nazisme en quelques années, raconte ou réalise un cycle comme l'histoire en fit se succéder ou s'entremêler pendant siècles et millénaires, encore qu'y changent la longueur, l'amplitude ou la nature qu'ils donnent aux événements. Sans ces vicissitudes – faites à la fois de répétitions et de changements –, la pensée eût-elle été fécondée au point qu'à un âge de la science en succède un autre? A raisonner avec des *si*, l'historien peut dire ce qu'il veut; mais les grands faits sont là : en Extrême-Orient, la Chine connut Empire après Empire, au rythme d'invasions franchissant sa muraille et qu'englobe, absorbe ou digère la phagocytose de sa culture dès qu'elle s'est relevée de ses ruines et qu'elle s'est refait un sang. L'Extrême-Occident n'a bénéficié ni de cette permanence fonctionnelle ni de cette immunité, mais il a engagé, mythe après mythe et science après science, l'essor des savoirs et savoir-faire modernes.

C'est une erreur de déduire des savoir arabes, comme le voudraient certains historiens, que le progrès des sciences s'accomplit exclusivement dans les cabinets et les laboratoires en paix, et que donc si les Turcs n'avaient pas fait tant d'irruptions dans l'*Ummah,* c'est là qu'eussent été inventés les nombres négatifs et leurs racines : le fait est que c'est à des *Wandelbarkeiten* entre l'Indus et l'Euphrate ou le Nil et les côtes atlantiques que l'Occident le plus occidental doit d'avoir procédé à de telles révolutions conceptuelles, juste après avoir sauté, vers le Nouveau Monde, le pas qui délivra la Chrétienté des confinements où ses activités l'avaient rendue explosive.

Moins « intelligente » que la nôtre, la logique chinoise? Voire! Certes, elle aura eu moins à comprendre, mais ce *moins,* ne l'avait-elle pas mieux compris que la nôtre ne le fit de ses *trop*? Fidèle aux leçons de l'*Urgeschichte,* elle écrivit son Tao dans une *Ursprache* qui ne s'est de longtemps démentie. Rien de semblable quand les Stoïciens eurent à tout redécouvrir à travers les cosmopolitismes de l'alexandrinisme hellénistique, et que les sciences post-newtoniennes eurent à ajouter, nomenclature après nomenclature et lexiques à côté de lexiques, sans être encore à la veille d'épuiser les ressources de leurs sémantisations et de leurs formalisations, bien qu'elles aient récemment buté contre le non formalisable Code génétique, donnée brute de l'expérience micro- ou macrocellulaire.

Bien qu'il lui soit commode de l'ignorer, la logique n'est pas sans retenir quelque chose de ce qu'elle fit tenir pour vrai avant de le faire rejeter comme inexact et illusoire. Quant aux cultures et aux politiques, voudraient-elles oublier qu'elles ne le pourraient pas, tant elles relèvent le plus consciemment de l'histoire et de ce qu'elle mêle de répétitif au différencié. Et il en va conséquemment de même de l'historicité individuelle. A. Schopenhauer n'a-t-il pas remarqué que l'homme, si tant est qu'il fait ce qu'il veut, ne veut pas ce qu'il voudra? Plus ces problèmes sont vus de haut et à petite échelle, plus les termes s'en trouvent simplifiés et, à la limite, réduits à un jeu duplice de contradictions.

Le *Fatum* de la destinée historique fait penser au Tao – inconcevable sans l'opposition Yang-Yin –, encore que ce *Fatum* n'inscrive pas dans les faits la sagesse taoïste. Il conjoint par exemple au Décalogue des monothéismes occidentaux d'autres commandements tout contraires auxquels sont assujettis des événements qui, à leur tour, assujettissent leurs acteurs. Au total, ce *Fatum* veut qu'on honore les dieux ou Dieu, mais aussi les ou le détruise, qu'on n'adore pas d'images faites de main d'hommes, mais qu'aussi on ne puisse vivre sans idéologies illusoires et leurs entraînements; que tantôt on honore ses parents, tantôt on les renie; que tantôt le prochain soit un frère et tantôt qu'on le tue; et ainsi des autres prescriptions dont l'irrespect vaut éventuellement récompense à court ou à long terme. Jeu donc de dupes, ou plutôt de duperies successives où à se garer loin de l'une, plus on risque de tomber dans une autre.

L'historien n'y peut mais, sauf à mettre en garde contre cette ambiguïté dont la permanence assure à la dialectique historique ce qu'on lui attribue, à raison aussi bien qu'à tort, de progrès.

Il serait illusoire de croire que les sciences modernes ont banni le mythe. On a pu le penser au siècle des Lumières et des civilisations; qui le dira actuellement des sciences actuelles? De mythes, les sciences se sont nourries et se nourrissent; elles en ont été et en demeurent les servantes. Si bien que plus les uns ont vigueur, plus elles s'emploient à s'entre-combattre ou s'entredétruire comme l'hydre auquel suffit d'une tête – et en subsiste toujours au moins une – pour que toutes resurgissent, brûlant peuples et rivaux qui se rendent les uns les autres responsables de leurs maux et entendent les en punir par la violence – cette violence qui, subie hier comme coup de la Providence ou du Destin, est devenue raison humaine de se battre ou de s'armer pour s'y préparer.

Ayant commencé ce livre en évoquant le cas allemand, finissons-le en le rappelant. Un Sauveur-destructeur? Le cas est vieux comme le monde des hommes et plus encore dans celui des choses et êtres vivants dont il est l'héritier. Or, si l'Allemagne de ce début du siècle a été de grande science, ne l'a-t-elle pas été de grands mythes remodernisés et dangereux à proportion? Ses progrès scientifiques, elles les dut et les doit à une position marginale par rapport à l'Occident, centrale dans les flux culturels venus de l'Eurasie. Enfermée entre un Ouest sur lequel elle peut jeter un regard plus objectif et un Est qu'elle ressent comme une menace capable d'un « *Stoss in Rücken* », elle a suscité les mythes les plus enivrants. Ç'avait été celui du *Doctor Faustus* de *Knittlingen,* dont Goethe ne réussit à faire que problématiquement un bienfaiteur de l'Humanité. N'est-ce pas un aveu du vieux poète – qui, à la veille de perdre le jour, allait réclamer « *mehr Licht* » – que d'avoir rendu aveugle son Faust lui aussi brusquement vieilli et devenu aveugle? Ce Faust qu'on dirait être passé brusquement d'une jeunesse damnable à une vieillesse réconciliée avec les Pères, les Docteurs, les saintes Femmes et les bienheureux Enfants, entendra-t-il le *Chorus Mysticus* chantant l'identité de l'instant avec l'éternité et de l'indescriptible avec l'accompli? en tout cas, il ne sera pas témoin des bonheurs promis par les conquêtes qu'il aura réalisées sur la nature pour que vivent d'amour et de paix tous les Philémon et Baucis. Au moment de prononcer son « *verweile doch du bist so schön* », cet aveu de bonheur marque le terme de son existence terrestre. Quel contraste avec les poètes et penseurs qui, à l'Ouest, s'abandonnaient à la louange du progrès et du bonheur! Contraste aggravé un peu plus d'un siècle plus tard, quand, pendant dix ans, Hitler promet mille ans de règne glorieux et ne conduit en ce même temps qu'à sangs et ruines!

Dans son *Age des foules*, S. Mosvocici s'étonne qu'après avoir tant cru à une libre fraternité, les foules se soient partout livré à des « meneurs » exigés par les circonstances soit internes, soit externes. En ira-t-il toujours de même et la civilisation faustienne sera-t-elle toujours à l'abri des ambitions de *Kaiser* et de la peur d'un *Erzbishop*? En l'état actuel des sciences, c'est à craindre.

Mais n'existe-t-il pas d'autres sciences que les faustiennes? En tout cas, il faut les chercher dans le respect de ces à peine audibles murmures où une voix intérieure nous fait entendre que nous sommes libres comme enfant légitimes des mystères de l'Infini – murmures encore que déjà codés pour être entendus.

Savoir que ces murmures, promettant liberté au nom de l'infini, sont déjà codés et peuvent l'être de même manière pour le progrès des sciences et pour la substitution d'*el mando de uno* aux principes de liberté, est déjà un avertissement salutaire. Qu'un Code mental se prête à l'analyse est aussi une promesse de sagesse. Le Code nous cache l'Existant; son fonctionalisme agit sur ce que lui fournit le milieu, ses événements et ses transformations; si, aux sciences faustiennes dégradant la nature physique, s'en ajoutent d'autres qui utilisent l'énergie tirée de l'entropie pour en compenser les méfaits, n'est-ce pas qu'aux côtés et avec l'appui de la biologie, des savoirs de type anthropologiques et primordialement faits de décodages commencent à prendre essor dans un monde en quête d'harmonisations pour pallier les excès de la violence et les extravagances de ses armes?

REMERCIEMENTS
ET BIBLIOGRAPHIE
COMMENTÉE

Remerciements

Cet ouvrage a été élaboré au cours de séminaires, de dialogues, réunions, commissions ou colloques animés par l'auteur avec la participation d'érudits ou de savants généralement parisiens ou français, mais très souvent aussi étrangers, et alors venus d'un grand nombre de pays du monde. Ce travail collectif se poursuit toujours en associant tous les types de compétences convenant à un travail qui ne peut être que transdisciplinaire. Le présent livre ne consigne donc que les résultats acquis au cours de premières étapes, mais multiples et étalées sur plus de quarante années.

La première partie de la Bibliographie – et, occasionnellement, la seconde – rendront compte de dettes ainsi contractées, mais non de toutes : une meilleure justice sera rendue dans un autre livre en préparation. L'auteur s'en excuse auprès de personnalités dont il ne lui est souvent apparu qu'elles lui avaient fourni d'utiles ou nécessaires informations que quand il était trop tard pour se souvenir de toutes les précisions indispensables pour rendre son dû à tel ou tel interlocuteur, de même qu'à leurs contributions non toutes publiées et souvent trop sommairement inscrites en notes brèves dans des piles dossiers nécessitant un long effort de classement, de mises au point ou de compléments biographiques ou bibliographiques.

Au cours de ces longues années, trop d'interlocuteurs ont disparu : leur revient des *in memoriam;* à d'autres, plus jeunes ou très jeunes, sont adressés des *in intentionem.*

Les contributions dont bénéficia cet ouvrage sont de toutes natures. Un grand nombre sont orales, d'autres écrites en spéciale intention; n'ont pas été moins utiles des recommandations commentées de lectures, facilitées par la complaisance d'interlocuteurs fournissant les photocopies de pages plus ou moins aisément accessibles. A cet égard aussi, beaucoup est dû à la bibliothèque de la Maison des Sciences de l'Homme qui a bien voulu se procurer à titre d'achats ou de prêts occasionnels des ouvrages que nous sollicitons comme susceptibles d'intéresser d'autres activités que les nôtres.

Faute de pouvoir tout dire, signalons du moins le bénéfice tiré d'entretiens qui, bien qu'essentiels, déborderaient le cadre des quelques pages qui vont suivre.

Mentionnons au moins certains d'entre eux, notamment des plus anciens, ou non suffisamment évoqués ci-après. Ainsi avec des physiciens, des linguistes, des psychologues ou des anthropologues rencontrés par exemple à Chicago ou Princeton, à Moscou comme aussi ailleurs : en Inde ou en Iran, entre autres, ainsi qu'en Amérique latine (surtout à Saint-Paul, au Brésil, ou à Buenos Aires et Mexico) et non moins, naturellement, dans l'Europe de l'Ouest ou de l'Est.

Combien furent profitables, entre autres, et juste après guerre, des rencontres quasi simultanées avec un Szillard ou un Eliades, un Nef ou un Hamilton (l'historien de la Banque Saint-Charles) ainsi qu'avec les laboratoires de psycho-linguistique du M.I.T. ou de Berkeley, ou avec l'École des sinologues de Seattle. Ils fournirent un premier fonds de réflexions qui vint valoriser les travaux collectifs parisiens, éventuellement inspirés de dialogues entretenus dès la même époque avec André Lichnerovicz, Pierre Augé, puis Pierre Aigrain et Émile Benvéniste ou Mario Roques qui nous introduisirent auprès d'autres éminentes compétences. Parmi ces autres, un trop oublié, Abel Rey, que ses recherches sur la Renaissance firent remonter à l'Antiquité. Combien d'omis dans cette trop courte évocation d'une reconnaissance consciente de ses insuffisances !

Le présent livre a eu une longue histoire dont le détail montrerait qu'il est moins dû à un mérite personnel qu'à la chance d'avoir pu engager et entretenir des relations avec ceux qui, sans être responsables de ses défauts, ont été les inspirateurs de ce qu'il a pu écrire de justifiable.

D'autres mentions suivront dans les deux parties de ces indications bibliographiques. Ajoutons, pour avis, que ces indications ne reviendront pas sur tous les auteurs qui ont été mentionnés dans le texte moins parce que ces mentions l'emportent en intérêt sur d'autres que pour faciliter la lecture.

Indications bibliographiques

Les ouvrages lus ont été choisis sur avis et interprétés d'après explications d'autrui. Les présentes Indications ne rendent qu'insuffisante justice à des centaines de contributeurs. Du même auteur existent déjà sur le sujet :

1) Les *Annuaires* de l'École Pratique (IVe et VIe Sections puis École des Hautes Études en Sciences Sociales),

2) Les *Cahiers d'Histoire Mondiale* (Neuchâtel, La Baconnière, 1954-1967).

3) Trois ouvrages élaborés internationalement :

L'Histoire ci-dessus mentionnée (Paris, Laffont, 1963, 9 vol. et G. Allen and Unwin London, 1963, réédité en 1976, 13 volumes).

La Science et les Facteurs de l'Inégalité (UNESCO, 1979).

Le Point Critique (à la demande des Nations Unies et publié par les P.U.F., Paris, 1980),

ainsi que certains articles des *Annales* – E.S.C. (A. Colin, Paris), n° 2-68, n° 1-74, n° 5-75.

Nous nous en tiendrons maintenant à deux rubriques :

Aperçus Généraux – d'ordre plutôt méthodologique – et Aspects Particuliers – d'ordre plutôt documentaire.

I. *ASPECTS GÉNÉRAUX*

A notre connaissance, les résultats dont ce livre rend compte n'ont qu'un antécédent qui nous a été tardivement signalé (cf. ci-dessous) : on trouve dans la Correspondance de William Rowan Hamilton une tentative d'organiser l'univers en triades.

Encore cette tentative ne tient-elle pas compte de la difficulté qui a forcé le célèbre mathématicien irlandais à substituer les quaternions aux triplets de son Algèbre du Temps Pur.

Le processus de nos réflexions collectives a suivi un ordre inverse; parti de considérations simples sur l'espace, il y a rencontré la diachronie des nombres,

constat paraissant à même de fonder et de délimiter la légitimité de raisonnements par analogies là où la rigueur rationnelle n'eût pas progressé sans les
apports d'innovations intuitives faisant de la mathématique un distillat analytique du logos, seul produit qui soit analysable du vécu. De là les subdivisions
méthodologiques présentant ci-après des auteurs et des travaux la plupart
publiés, certains à publier et alors seulement consultables sur dactylogrammes
(CD). Certains de ces ouvrages comportent des bibliographies (B) bien trop
riches pour pouvoir être reproduites ici.

A) MATHÉMATIQUES

En 1943, Geneviève Guitel avait engagé l'étude géométrique des trièdres et
tétraèdres débouchant sur une typologie par « familles » qui nous était apparue
comme composant une seule « résille ». L'effort eût tourné court face au
scepticisme de mathématiciens contestant l'intérêt moderne de l'angle droit si
d'autres mathématiciens (en premier lieu Jacques Hadamard) n'en avaient
encouragé la poursuite sous la direction de G. Choquet et G. Bouligand jusqu'à
l'achèvement d'un Doctorat d'État accordé et publié en 1953 sous le titre :
Études Métriques des Familles de Tétraèdres et de Figures apparentées (Paris,
Centre de Documentation Universitaire). Pratiquement introuvable aujourd'hui,
l'ouvrage avait été présenté par R. Garnier à l'Académie des Sciences dans une
communication résumée (*Comptes rendus de l'Académie des Sciences*, t. 235,
séance du 24 novembre 1952, Gauthiers-Villars). Y sont énoncées les conditions
imposées à la transformation d'objets géométriques réguliers par accroissements
unitaires d'irrégularités rendant obtus des éléments angulaires aigus.
A même époque, le Tétraèdre fait l'objet d'une autre thèse : A. Ballicioni,
Coordonnées barycentriques et géométrie, Hermant, Paris. G. Bouligand souli-
gna que l'avantage de la première était de prendre le tétraèdre tel qu'il est
« réellement », sans le connoter de « mathèmes » s'y référant et que la seconde
explicite. Fort utilement, d'ailleurs, car de telles connotations étant possibles, ne
pouvait-on en trouver d'autres qu'algébriques? Cela allait de soi dans le cas de
petits nombres arithmétiques (ceux d'abord nécessaires et suffisants pour
désigner le nombre des obtus croissant de façon non quelconque avec celui
d'irrégularités); était-ce aussi légitime en tous autres domaines intéressant
l'histoire regardée comme une généalogie d'ensembles symétriques ou dissymétriques? Des événements récents invitaient à penser la guerre et les belligérants
en termes analogiques. Jacques Hadamard trouva bonne l'hypothèse et nous
rappela qu'une sorte de paradigme pouvait être essayé en vue d'en préciser
l'énoncé : dans l'innovation, la part cérébralement créatrice est inconsciente, de
quelque innovation qu'il s'agisse. Cela est inconstatable, preuves documentaires
venant à l'appui d'analyses introspectives; Henri Poincaré l'avait déjà dit au
cours d'un fameux exposé déjà vieux de quelque quarante ans et longuement cité
dans la présentation anglaise d'une enquête menée aux États-Unis pendant la
guerre et par ses soins auprès de nombreux « créateurs ». Exposé se référant aux
poésies et aux musiques : pourquoi pas à la Politique et aux Institutions,

modalités et ritualisations collectives conçues comme des expressions culturelles de mouvements économico-sociaux? Cette même enquête serait publiée en français peu d'années plus tard sous le titre : *Essai sur la Psychologie dans le Domaine de l'Invention Mathématique* (B), Paris, Albert Blanchard, 1959.

G. Guitel avait procédé par démonstrations menées à l'euclidienne et donc mathématiquement démodées, mais alors d'autant plus utiles à l'historien. Cette même utilité n'était pas celle d'autres démonstrations auxquelles nous fîmes procéder par des élèves de l'École Polytechnique où nous introduisions l'histoire des sciences, ainsi que par Simon Rainier, du Centre de Mathématiques de notre Maison des Sciences de l'Homme. Ces démonstrations avaient d'autres avantages : bien plus courtes, elles compensaient l'absence de référence à la géométrie concrète par la mise en œuvre de formalismes modernes dont il nous revenait d'apprendre comment et dans quelles conditions socio-culturelles l'histoire les avait substitués aux raisonnements conduits avec la règle et le compas.

Toujours dans le champ des mathématiques, ces travaux invitaient d'abord à se demander comment l'algèbre et les formalismes des Algèbres modernes avaient extrapolé les données brutes de l'Arithmétique réduite à sa plus simple expression pertinente à de petits nombres en banal usage en toutes cultures de tous types et de tous temps. La réponse impliquait deux efforts de plus concernant l'histoire des nombres concrets et celle des premières algèbres, de la géométrie analytique, de l'Analyse et des innovations qui en prolongèrent les découvertes. Pour le premier, nous reçûmes le secours de G. Guitel au cours de quelque trente années de travail en commun dont le résultat fut publié sous le titre : *Histoire Comparée des Numérations Écrites* (B), Paris, Flammarion, 1975. Rien de bien neuf n'a été ajouté depuis – plutôt des contresens déformant cet ouvrage de base trop hâtivement exploité et dont les 900 pages sont accompagnées de nombreux Tableaux d'intérêt logico-historique. Le même ouvrage a dû analyser des calendriers de toute sortes et de toutes époques. D'autres calendriers ont été analysés par le même auteur dans un article (B) des *Mélanges Charles Morazé,* Toulouse, Privat, 1979. (Calendriers grégoriens et mayas).

Quant à l'interprétation logico-sémantique à laquelle se prête la « résille » des tétraèdres, elle a reçu un début d'élucidation par Jean Petitot-Cocorda dans un article de ces mêmes *Mélanges,* intitulé « Pour un schématisme de la Structure. »

A cet ancien de nos élèves à l'École Polytechnique sont dus d'innombrables entretiens portant notamment sur les « mathèmes », mais aussi plus généralement sur l'histoire des Algèbres ainsi que sur une possible conformité de nos modélisations avec la Théorie des Catastrophes de René Thom dont sont notamment à mentionner : *Modèles Mathématiques de la Morphogénèse* (Paris, Christian Bourgois, 1980) (B); *Stabilité structurelle et morphogénèse* (New York, Paris, 1972). On y trouvera des études ou des renvois à d'autres études concernant, entre autres, la biologie, le symbolisme, les langues naturelles, la grammaire. Un résumé d'ensemble dans « Halte au Hasard, Silence au Bruit » (*Le Débat,* Gallimard, Paris, 1980). Depuis : « Morphologie du Sémiotique » dans *Semiotic Inquiry* (1981). Quant à Jean Petitot, outre de très nombreux articles énumérés dans la bibliographie de *Morphogénèse du Sens* (Paris, PUF, 1985), une thèse (EHESS, 4 vol. (B) 1982) : *Pour un Schématisme de la Structure : de quelques Implications Sémiotiques de la Théorie des Catastrophes.*

Ajoutons un récent *Les Catastrophes de la parole de Roman Jakobson à René Thom*, Maloine, 1984. Remercions ce théoricien non moins compétent dans la récente histoire des sciences et dont l'aide a été primordiale dans la réalisation collective du dessin résumant en deux pages « l'explosion des sciences modernes », publiée en un premier état dans l'ouvrage UNESCO de 1979.

Parmi les travaux assez accessibles, un ouvrage déjà ancien et bornant les parcours des innovations mathématiques conduisant au tétraèdre de référence de Félix Klein, G. Kœnig, *La Géométrie réglée et ses Applications* (Paris, 1985). De Félix Klein, *Le Programme d'Erlangen* (rééd.).

Plus aisé à lire, J. Houel, *Théorie élémentaire des quantités complexes*, Paris, 1874. Élémentaire, C. A. Laisant, *Introduction à la méthode des quaternions*, Paris, 1881. Plus subtil, Unverzact, *Theorie des goniometrischen und des longimetrischen Quaternionen...*, Wiesbaden, 1876.

Le problème des transformations conceptuelles conduisant du tétraèdre euclidien concrètement constructible par la règle et le compas au tétraèdre analytiquement référentiel de Félix Klein se subdivise en deux autres relatifs aux inventions de géométries non euclidiennes et des racines carrées de nombres négatifs finalement inscrits dans des polynomes à deux termes connus sous le nom de « nombres complexes » proposé par Frédéric Gauss. Nous étant apparu que le premier problème dérivait du second, nous bénéficiâmes des travaux accomplis à notre demande par Dominique Flament (EHESS) et de deux Thèses de Doctorat (EHESS et Université de Paris-Nord) sous les titres suivants :

Contribution à l'étude historique des nombres complexes : Recherches historiques sur la « réalité » des nombres imaginaires, EHESS, juin 1979.

Contribution à l'étude historique des quantités imaginaires. Thèse de 3ᵉ cycle, mai 1982 (EHESS).

Caspar Wessel (1745-1818) : analyse de la direction. Séminaire d'histoire des mathématiques au XXᵉ siècle. Université de Rennes, I, sept. 1982.

A.Q. Buée (1748-1826) : un inconnu ; l'idée d'une «Algèbre-langue ». Centre de Recherches Alexandre Koyré, fév. 1983.

Quelques matériaux pour une étude des transformations de l'algèbre dans la première moitié du XIXᵉ siècle. Université Paris-Nord (P. XIII), 1983.

A propos d'une Révolution Scientifique : Des signes « piu di meno » et $\sqrt{-1}$ à l'unité imaginaire i. (Luminy, CIRM, conf. 1985, à paraître).

Doctorat d'État ès Sciences : I. *Étude des propriétés de convexité de l'application Moment : le cas symplectique.* II. *Contribution à l'histoire des mathématiques. Des quantités imaginaires aux nombres complexes et hypercomplexes.*

L'auteur étudie notamment les origines de la lettre *i*. Cette lettre a fini par prévaloir sur différentes autres. Comme symbole, elle a représenté une opération avant de représenter un nombre. Comme initiale, elle n'est pas celle du mot imaginaire que n'utilisait que très rarement Euler (il disait plus généralement

« impossible »). Elle serait plutôt celle du mot infini ou mieux infinitésimal, puisqu'on la trouve dans Euler, premier à généraliser $\frac{1}{n}$ quand n tend vers l'infini.

Les avantages de ces travaux sont d'enrichir l'*Abrégé d'Histoire des Mathématiques, 1700-1900*, dirigé par Jean Dieudonné, Paris, Hermann, 1973.

Cette histoire procède bien du passé au présent mais par méthode récursive s'appuyant sur les savoirs actuels pour situer chronologiquement et évaluer logiquement les innovations historiques. Dominique Flament a été invité et réussit à suivre dans les deux cas la méthode historique. En résulte que les innovations en cause sont tenues pour « vraies » non en fonction de ce qu'on sait aujourd'hui, mais de ce qu'on savait à leur époque. De là des aperçus sur des situations culturelles échappant à l'anachronisme et ouvrant des perspectives sur l'histoire des pratiques et des convictions sociales. Parmi les innovations faisant date ont ainsi été étudiées non seulement celles ordinairement retenues, mais, en outre et surtout, celles qui les élucideraient rétrospectivement au bénéfice d'ultérieurs progrès ; innovations dues à William Rowan Hamilton dont sont à noter :

La lettre à Lord Adane *On Philosophical Triads* (1842) dans R.P. Graves, *Life of Sir William Rowan Hamilton*, Dublin, 1882, 1885, 1889, chapitre XXVII. Cette lettre a été commentée par T.L. Hankins, « Triplets and Triads : Sir William Rowan Hamilton », dans *Isis*, n° 242 (juin 1977), p. 175-193. Sont en outre à signaler : E. Study et E. Cartan, « Les nombres complexes », *Encyclopédie des Sciences Mathématiques* (éd. française), T. 1, vol. 1, fasc. 3, 1908, et E. Kleinfeld et R.H. Bruck, « The Structure of Alternative Division Rings », *Proc. Amer. Math. Soc.*, vol. 2 (1951), p. 878-890.

Les conditions dans lesquelles furent inventées les racines des nombres négatifs ont aussi fait l'objet d'importantes discussions enrichies par Roschid Rached et Ernest Coumet et portant sur la question posée par le fait que l'évidente avance séculaire prise par les mathématiques arabes ne les ont pas conduites à se servir de ces racines si tant est qu'elles donnèrent à d'éventuels usages de nombres négatifs leur entière portée opératoire.

M. Ernest Coumet s'est donné la peine de nous fournir de nombreux documents et de nous instruire d'intéressantes trouvailles que sa modestie ne lui a pas toujours permis de publier. Parmi ses ouvrages accessibles, mentionnons :

Mersenne, Frenicle et l'élaboration de l'analyse combinatoire dans la première moitié du XVIIe siècle, 1968.

La théorie du hasard est-elle née par hasard? in *Annales*, 1970, mai-juin.

« *Jeux de logiques, jeux d'univers* », *Lewis Carroll*, Cahiers de l'Herne, n° 17, 1971, p. 17-29.

« *Karl Popper et l'histoire des sciences* », *Annales*, 1975, sept.-oct., n° 5, p. 1105-1122.

« *Pascal : définitions de nom et géométrie* » , in *Méthodes chez Pascal*, Actes du colloque tenu à Clermont-Ferrand, 10-13 juin 1976, p. 77- 85.

La philosophie positive d'E. Littré, Actes du colloque E. Littré, Paris, A. Michel, 1983, p. 177-214.

Bien qu'il ne s'agisse pas à proprement parler de mathématiques, mais seulement de ce qu'en subsument des méthodes graphiques (ayant notamment permis de construire sans ambiguïté les « résilles » de familles de tétraèdres), est à mentionner un auteur ayant franchi deux étapes essentielles : informatiser la cartographie; préférer des méthodes purement graphiques quand elles sont plus rapides et plus effectives que les recours à l'ordinateur. A ce même Jacques Bertin est dû notamment un gros ouvrage : *Sémiologie Graphique* (Gauthiers-Villars, 1967) traduit en anglais dans la *Semiology of Graphics* (University of Wisconsin Press, 1983).

Enfin, parmi d'autres nombreuses études inspirées par ces réflexions collectives, mérite d'être citée au moins celle étudiant dans une thèse de troisième cycle comment l'Angleterre du début du XIXe siècle, mathématiquement en retard sur le Continent, donna jour à de nouvelles branches de la logique mathématique : Marie-José Durand : *Georges Peacock (1791-1858). La Synthèse Algébrique comme loi symbolique dans l'Angleterre des Réformes (1830)*. Thèse soutenue en 1985.

B. LOGIQUE ET LOGOS

Pour nous repérer dans les amas acquis au cours d'antécédentes lectures, nous furent de grand secours des entretiens menés au début des années 60 avec Jean Ullmo, maîtrisant une immense érudition dont témoigne notamment son livre sur *La Pensée Scientifique Moderne,* Flammarion, 1969. Ainsi achevèrent de s'organiser des vues portant notamment sur un problème crucial : Henri Poincaré avait tous les moyens d'être en outre un Einstein s'il n'en avait été empêché par une conception persistante sur l'« ether », notion originellement au moins aussi vieille qu'Aristote et dont les vicissitudes notionnelles ont reflété celles d'événements séculaires où la circumnavigation du globe marque un point d'inflexion essentiel. Un des reflets le plus marquants aura été, au XVIe siècle, l'invention intuitive (et encore irraisonnée) de la racine carrée des nombres négatifs. Ainsi s'inscrivent dans un ensemble cohérent de significations des aperçus de toutes sortes, notamment de G. Bouligand et J. Desgranges, *Le Déclin des Absolus Mathématiques,* Paris, Sedes, 1949. Provoquant, Bertrand Russell (d'abord connu de nous grâce à Julian Huxley) assure dans son *Essai sur les Fondements de la Géométrie* (Gauthiers-Villars, Paris, 1901) que les mathématiques ne savent pas ce dont elles parlent ni si ce qu'elles en disent est vrai. Pour le même célèbre auteur, la physique et le sens commun sont vérifiables dans la mesure où ils peuvent être interprétés en termes de données sensorielles, seules véritables : *Our Knowledge of the External World,* (Chicago, 1915). Cela ramenait à G. Bouligand, *Les Aspects Intuitifs de la Mathématique* (Gallimard, Paris, 1944) et invitait à une nouvelle lecture de F. Conseth : *Qu'est-ce que la Logique?* (Paris, Hermann, 1937) où sont notamment analysés les *Grundlagen der Geometrie* (1899) de Hilbert. Les axiomes énoncent comme possibles des relations entre éléments conçus préalablement, c'est-à-dire intuitivement.

Rien de plus évident pour qui s'était familiarisé dès avant 1950 avec Jean

Piaget et ses ouvrages dont les plus pesamment écrits rendent plus sensibles à des conclusions éclairantes présentées notamment dans *Introduction à la Psychologie Génétique,* Paris, PUF, 1950. Cité dans le texte : *Essai de logique opérationnelle,* Dunod, 1949, revisé, avec J.-B. Grize, en 1972. J.-B. Grize nous accorda de féconds entretiens.

Les successeurs du psychologue genevois (à Paris, P. Bresson et P. Gréco, interlocuteur de longue date, et à l'occasion J.-B. Grize) eurent à nuancer des affirmations sans remettre en cause l'essentiel de conceptions qui s'étaient prêtées à diverses publications concernant la logique.

La dimension historique de la logique a été exposée dans un livre très clair et fort utile : Robert Blanché, *La logique et son histoire,* Armand Colin, 1970. Ouvrage court et capital, il légitime des aperçus dont nous avait fait part Louis Wallon : l'enfant n'accède finalement à une juste conception de successsions temporelles que par référence à la logique concrète du contenant contenu.

Contemporain de Jean Piaget, Louis Wallon avait aussi constaté comment l'enfant est sensori-moteur avant d'être à même de mettre en œuvre des évidences rationnelles engageant la réciprocité ou la récursivité au moment d'atteindre l'âge adulte. Un parallélisme pouvait-il être établi entre l'acquisition individuelle des compétences et l'innovation historique de sèmes, méthodes et formules engendrées par la poussée des événements sur les mutations socio-culturelles? Cf. les travaux de Lucien Goldmann, notamment *La Création Culturelle dans la Société Moderne,* Paris, Denoël-Gonthier, 1977. Bien qu'il se voulût marxiste et non structuraliste, le propos décrivant la création littéraire comme une expression de mouvements sociaux apportait une confirmation paradoxale à la méthode de C. Lévi-Strauss.

Méthode révélatrice! C. Levi-Strauss anima nos travaux collectifs par une sorte d'imprégnation lente. *Les Structures de la Parenté,* rééditées par Paris, Mouton, 1967, et lues sur manuscrit six ans auparavant, convainquaient que les règles concernant l'inceste étaient culturelles. Et si leur traduction en termes de formalismes mathématiques modernes était soupçonnable d'anachronismes, elle invitait à remonter aux origines intuitives de ces formalisations; plus aucun doute quand commencèrent d'être publiés les *Mythologiques,* Paris, Plon, 4 volumes : 1964, 1966, 1968 et 1971. Ces quatre volumes fourmillent d'exemples ainsi modélisables.

Par ailleurs, et indépendamment de querelles d'écoles, ce fut une chance de rencontrer Ignace Meyerson, qui nous fit l'honneur de nous apporter sa thèse manuscrite. Animateur d'un mouvement historiographique où se situe J.P. Vernant, Ignace Meyerson ouvrait une voie nouvelle à la psycho-sociologie et à l'histoire.

A cet égard nous sommes redevables à M. Skovgaard-Hansen d'interprétations relevant de la même méthodologie et portant sur la pensée stoïcienne telle qu'exprimée à Rome par Sénèque dont il n'est plus à douter que lui sont dus tant les Tragédies que les écrits philosophiques parfois faussement attribués à deux auteurs différents : dans son cas, la mytho-logique apporte un concours indispensable à la logique – ou à l'éthique – qu'elle complète. Un seul Sénèque : notre interlocuteur danois ajoutait aux justifications externes appuyées sur l'histoire des textes des analyses internes de contenu expliquant comment on avait pu penser à deux œuvres distinctes et pourquoi il ne pouvait s'agir que d'une seule et même organisation structurelle sous-tendant ce qu'un même Sénèque avait dû retenir tant d'une philosophie cosmogonique et de sa savante logique gréco-alexandrine que de dieux et de mythes latinisés d'après ce qu'il en était populairement advenu dans la langue dont une des premières illustrations avait été *Les Travaux et les Jours* d'Hésiode. Une méthode tantôt semblable et tantôt empruntée à celle de Jean-Pierre Vernant révélait une conformité entre les deux faces sacrées ou rationnelles d'un seul logos; bifrons comme Janus qui, capable de connaître à la fois le passé et le présent, avait temple ouvert à Rome en guerre et fermé quand elle était en paix. S'expliquait en outre le destin ambigu du stoïcisme à la Sénèque au cours des siècles chrétiens, sorte de proto-histoire des innovations d'Hamilton. Enfin, le logos en question était aussi bien non verbal que verbal : à preuve l'Acropole reconstruit après le désastre médique. Il est regrettable que les ouvrages de cet érudit danois soient pratiquement inaccessibles, faute de publications. Du moins peut-on s'en faire une idée d'après l' « Athéna Invisible » (*Mélanges Morazé*).

Abordable par les œuvres écrites, construites ou fabriquées qui le manifestent, ce logos global peut-il l'être analytiquement à partir de lexiques ou de grammaires? Introduit à l'œuvre de Roman Jakobson par Claude Lévi-Strauss, nous avons enquêté surtout tant du côté de la sémiotique (ci-dessous référencée) que de la phonétique de Troubetskoï, avec la grammaire générative (N. Chomsky) qui nous a été rendue accessible grâce à Nicolas Ruwet, *Introduction à la Grammaire Générative* (Plon, Paris, 1967) (B). Pour finir, il fallut se résigner : aisés quand il s'agit d'ensembles faits ou dits, les décodages achoppent face à des constituants détachés de leur corps par dissection. Renoncement confirmé tardivement au cours de rencontres rassurantes avec P. Stockinger. Après une thèse soutenue à Salzbourg sur l'École française de sémiotique, il vint étudier à Paris en vue de rechercher ce qu'ont de similaires les structuralismes de tous ordres et de les encadrer par deux types de travaux : une thèse proposant de premiers aperçus vers une Théorie Générale de l'Action; des études de textes littéraires se référant à l'histoire (et au temps cyclique ou linéaire) ainsi qu'aux corrélations entre la logique de légendes et celle de romans. Nous devons à notre interlocuteur autrichien d'avoir mieux mesuré l'importance de l'École de Vienne et de ses prolongements. Lui-même suit la ligne de Wittgenstein et de son *Tractatus logico-philosophicus*, Londres, 1922, dans ses ouvrages dont certains sont publiés ou en voie de publication, bien que non tous.

Parmi les travaux publiés ou en voie de publication, par M. Peter Stockinger, des articles et ouvrages. Sur la Sémiotique, le structuralisme, la signification et l'intelligence artificielle : *Zeitschrift für Sémiotik*, 1983; *Internationale Zeitschrift für Germanistik*, 1985; *Actes Sémiotiques*, 1985; *Zeichen der Geschichte*, G. Schmidt, Vienne, Böhlau, 1985; *Beitrag für eine Theorie der Bedeutung*, Stuttgart, Heinz, 1983. Sur une théorie de l'action : EHESS, 1984; *Actes Sémiotiques*, 1985; *Degrés*, 1986. Sur Vienne, l'ordre et le désordre vers la fin de l'ère habsbourgeoise : *Information sur les Sciences Sociales*, 1982 et 1985 ; et un important livre à paraître en 1986 sur *Musil et l'Homme sans Qualité*. En voie d'achèvement : modélisation des schèmes d'action et de classification grâce à l'apport des sciences cognitives, etc. Parmi les auteurs que M. P. Stockinger analysa pour notre profit : A. J. Greimas et J. Courtes, *Sémiotique, Dictionnnaire raisonné pour une Théorie du Langage*, Paris, Hachette, 1979 et l'*Équilibration des Structures Cognitives*, Paris, PUF, 1976 ; F. Varela, *Principles of Biological Autonomy*, New York, Oxford, 1979 ; R. Schank et autres, *Conceptual Dependency Theory;* M. Minski et autres, *Semantik Information Processing*, MIT, Cambridge, 1969, etc.

C. LE LOGOS, LE VÉCU ET LE VIVANT

Irait sans dire l'importance d'œuvres comme celles de S. Freud et C. Jung. Du premier est à rappeler sa concordance avec Jean Piaget pour ce qui concerne la formation du Moi et ses acquisitions de compétences. R. Laforgue, disciple direct de Freud, ouvrit des aperçus analytiques sur *Robespierre* ou *Baudelaire*. Jacques Lacan a souligné l'importance des faits de langage, bien que de précoces et nombreuses interlocutions avec l'auteur des *Écrits* (Le Seuil) n'aient pas suffi à rendre clairs les termes d'un accord de principe. De Jung est à mentionner la *Dialectique du Moi et de l'Inconscient* (Paris, Gallimard, 1964) et surtout les perspectives historiques ouvertes par *Psychologie et Alchimie*.

L'histoire de l'Alchimie a beau avoir été sommairement inventoriée par Marcelin Berthelot (*Origines de l'Alchimie*, Paris, 1885) et de nombreux collaborateurs, elle serait entièrement à refaire si une notable partie du travail n'avait été accomplie depuis près de trente ans par Mme S. Colnort-Bodet, dont n'a encore été publiée qu'une infime partie d'ouvrages totalisant des milliers de pages dont il n'est guère de lignes qui ne renvoient à textes ou documents précisément référenciés. On s'en fera une idée d'après l'article « Eau-de-Vie Logique » (*Mélanges Morazé*) et aussi :

« Un traité de thérapeutique au XVIᵉ siècle : Brouaut et la panacée alcoolique », *Rev. hist. Sc.*, XII, 4, 1959, pp. 301-13 ;

« Distillation et thérapeutique au XVIᵉ siècle... », *Histoire de la médecine*, nº spécial 4, sans date, pp. 29-40 ;

« Légendes ou histoires de la thérapeutique alcoolique », *Rev. hist. Pharm.*, XVII, 187, déc. 1965 ; XVII, 188, 1966, pp. 2-16.

« Un disciple peu connu de Rondelet et de Schyron : Jean Brouaut », *Monspeliensis Hippocrates*, 4ᵉ année, nº 14, 1961, pp. 10-15 ;

« Essai sur l'histoire de la notion d'alcool », Actes du *Congrès intern. Hist. Sciences*, V, 1965, pp. 19-25.

Histoire de la Quintessence ou prolégomènes de la Science Quantitative, UNESCO, 1986 ; *Du pneuma aux grades et à l'universel ou la maturation de la notion de quantité chez les thérapeutes et les techniciens*. Thèse de doctorat, Paris-IV, 1986.

« Un distillateur français... précurseur de Galilée? Ou du rôle méconnu des distillateurs dans la transition entre la scolastique et la science moderne », *Veräffentlichungen der Internationalen Gesellschaft für Geschichte der Pharmazie*, 1975; « A travers les commensaux du Chancelier Séguier : allégorie sur la théorie du médiateur », Actes du 100ᵉ Congrès national des Sociétés Savantes, Paris, Bibl. Nationale, 1977, pp. 325-40; *Distillateurs et alchimistes. Le code alchimique dévoilé,* Paris, EHESS et Paris-IV, 1984; « Contribution à l'histoire de la notion de temps », Colloque 1985.

Madame S. Colnort-Bodet avait entrepris sa longue et révélatrice enquête avec l'approbation d'Alexandre Koyré (cf. ci-dessous) qui s'était d'emblée accordé avec elle sur la nécessité de considérer Copernic et Galilée d'abord comme des héritiers des distillateurs franciscains s'interrogeant sur la place de l'Essence ou Quintessence : centre du monde plutôt que haut du ciel et donc garante de l'unité de ces deux mondes, si bien que mécanique céleste et terrestre ne font qu'une. Hors ses propres ouvrages, nous devons à Mme S. Colnort des lots de textes et de références trop grands pour le bref inventaire présenté ici. Ils sont la justification érudite de ce que nos chapitres présentent intuitivement des corrélations entre les prolégomènes de la science moderne et la vie mystique, économique et politique des siècles s'étendant de l'époque d'Alexandre à celle de Newton.

Le travail de Mme S. Colnort se situe au point de rencontre de l'Histoire de la Logique et de celle des sciences et des techniques. Ses apports signalés peuvent être répertoriés sous onze rubriques :

1. Distinction entre l'alchimie, qui est une chimie ancienne (théorique et pratique) du IIIᵉ siècle avant J.-C. à la fin du XVIIIᵉ siècle, et l'alchimie *sensu stricto* (purement spéculative) qui n'est pas antérieure au XVᵉ siècle;

2. Mise en évidence de prolégomènes de la science moderne, et particulièrement de la science quantitative, non seulement à travers les mécaniciens du XIVᵉ siècle, mais encore chez les distillateurs et métallurgistes d'époques antérieures;

3. Mise en évidence du fait qu'au Moyen Age, les mêmes hommes ou leurs disciples immédiats sont des logiciens pris dans les interminables querelles sur l'essence, sur l'esprit et sur la pauvreté permettant macération, rectification, sublimation etc. et en même temps des distillateurs d'Essence et d'Esprits, étudiant la macération, rectification et sublimation distillatoires. Donc, mêmes objets et mêmes méthodes. Ce qui a été éliminé : l'étude, même rationnelle des textes magiques, poétiques et l'utilisation psychanalytique qui a pu (à bon droit) en être tirée;

5. Valorisation des textes en tant que tels, même apocryphes;

6. Importance des Franciscains dans la maturation de la science;

7. Valorisation des efforts logiques perceptibles dans les traités techniques. Importance méconnue des logiques anti-aristotéliciennes;

8. Portée politique et sociale. Pauvreté. Inquisition;

9. Explication de la prolifération des traités sur l'Apolcalypse. Nouveau sens proposé;

10. Dévoilement du code alchimique.

11. Invention d'une méthode.

En outre nous a-t-elle facilité l'acquisition, la disposition et la lecture de nombreux documents. Nous lui devons à cet égard d'avoir mieux compris les causes profondes des querelles entre Franciscains et Dominicains, querelles provenant de l'importance que ces derniers attribuaient à leurs expériences de chimistes et distillateurs. Ils pensaient y trouver la solution du problème de la pauvreté, puisque nourriture et remèdes pouvaient être réduits à faible volume, et rendus disponibles à tous. Les travaux à publier par ce savant auront en outre un avantage, celui d'attribuer à leur véritable auteur, souvent trop mal connu, des propos ou propositions repris par des docteurs plus célèbres.

Enfin, parmi tant d'élèves qui nous ont aidé à l'École des Hautes Études ou à l'École Polytechnique, mentionnons à titre d'exemple : Odette Peyrondet, qui a consacré un diplôme à l'étude des porcelaines iraniennes, étendit sa curiosité à ce que lui fournissaient d'insolite ses lectures et ses recherches en archives; et un déjà maître : Yves Vadé, *Les Enchanteurs*, Thèse d'État, 1984.

Pour ce qui concerne les aspects biologiques, nous nous sommes reportés à l'ouvrage de James D. Watson : *Biologie Moléculaire du gène*, préface de François Jacob, Paris, 1968. La lecture de cet ouvrage nous a été grandement facilitée par d'importants entretiens avec Jacques Monod, reconnaissant les similitudes entre le Code génétique et notre Code mental. Ces entretiens avaient été précédés de longue date par d'autres avec Jean Rostand, à l'œuvre de lecture aisée et révélatrice.

II. *ASPECTS PARTICULIERS*

Cet ouvrage a été conduit à l'aide d'*Encyclopédies;* toutes, surtout les anciennes, ainsi que les Dictionnaires, éveillent la curiosité et valent, notamment par les auteurs ou œuvres qu'elles citent. Pour les faits, données ou ouvrages moins aisément abordables par un Occidental, nous avons bénéficié pendant plus de vingt ans des avis, apports et dialogues de deux éminents érudits : Aly Mazahéri, d'origine iranienne, recommandé par E. Benvéniste et Akbar Topchibatchi dont R. Grousset avait fait un de ses principaux collaborateurs avant de nous en recommander la compétence de turcologue.

Les travaux d'Akbar Topchibachi, la plupart non publiés, sont assez considérables pour occuper toute une armoire dans notre salle de travail. Ils portent notamment sur la généalogie des Gengiskanides et des Timourides, sur les mœurs et emblèmes des tribus turcomanes, sur leurs langues, ainsi que sur les langues caucasiennes.

Parmi les ouvrages publiés d'Aly Mazahéri, mentionnons :

La Famille iranienne aux temps anté-islamiques, G. P. Maisonneuve, Paris, 1937.

La Vie quotidienne des Musulmans au Moyen Age, Hachette, 1951.

Paracelse alchimiste, in les Annales, E.S.C., Armand Colin, avril-juin 1956, n° 2.

Le sabre contre l'épée ou l'origine chinoise de « l'acier au creuset », in les *Annales*, E.S.C., oct.-déc. 1958, n° 4.

L'origine chinoise de la balance « romaine » in *les Annales,* E.S.C., sept.-oct. 1960, n° 5.

Les Trésors de l'Iran, chez Alb. Skira, Genève, 1971.

La femme et l'amour dans l'Iran traditionnel, in Mélanges en l'honneur de Charles Morazé/*Culture, Science et Développement/Contribution à une histoire de l'homme,* Toulouse, Privat.

L'Iran de Ferdovsi et le héros culturel Rustam, in *Zaman,* 1979, n° 1 (B. Montazami, 23, rue des Longs-Prés, Boulogne-Billancourt).

Le Comput lunaire et l'année solaire, in *Zaman,* 1980.

La Route de la Soie, Papyrus, 1980.

Ajoutons que ces deux érudits nous ont abondamment fournis en documents rares ou jusqu'à présent inconnus.

INDE

En a été ici fort peu dit. *Le Ramayana* a été traduit par C. Rajagopalachari (Bombay 1978). Sur l'histoire, excellent résumé de Romila Thapar, *History of India* (Penguin books, 1966). A lire Louis Dumont, *Homo Hierarchicus* (Paris, Gallimard, 1967) doublé, à titre seulement comparatif et renseignant sur les vues de l'auteur, d'un *Homo Equalis* (Paris, Gallimard, 1977) relatif à l'Occident. Et toujours Louis Renou, *La Civilisation Indienne* (Paris, 1950).

CHINE ET DIVINATIONS ORIENTALES

La Chine n'a été ici abordée qu'à partir de son Yi-King et surtout de ses signes muets. Rappelons le *Yi-King* de Richard Wilhelm (Paris, 1973) auquel se fie J. Needham, auteur de la monumentale histoire *Science and civilization in China* (Cambridge depuis 1954) et auquel nous devons de féconds entretiens. G. Guitel y apporta de convaincantes précisions. Un autre Yi-King est à regarder comme ouvrage de vulgarisation pourtant utile à cause des diversités et des variations dans des traditions et usages surtout oralement transmis; son auteur (sans doute un pseudonyme) est « le Maître » Yuan-Kuang (Paris, 1950). Sont de facile et révélatrice lecture deux ouvrages de F. Cheng, *l'Écriture poétique Chinoise* (Paris, 1977) et *le Vide et le Plein* (Paris, 1977), ce dernier livre nous ayant été donné sur manuscrit, occasion pour nous d'écouter en élève ce jeune savant. Le Sun Tzu, *l'Art de la Guerre,* a été publié à Paris (1972). Une première idée de ce qu'on peut savoir de la Chine archaïque nous avait été donnée par H.G. Greel *La Naissance de la Chine* (Paris, 1937). Nous sommes redevables à de nombreux interlocuteurs d'avoir été à même de poser le problème de l'ordre des Koua, notamment à B. Jaulin.

Quant à R. Jaulin, il a consacré à *La Géomancie* (Paris-La Haye, 1966) une étude syncrétique valant pour les très diverses formes de divination telles que pratiquées depuis l'Iran jusqu'aux côtes occidentales d'Afrique.

ÉGYPTE ET CHALDÉE

Plutarque, Isis et Osiris (trad. M. Meunier, Paris, 1957) facilite la lecture de
J. G. Griffiths, *Plutarch's de Iside and Osiride* (Uty of Wales, 1970). Du même
auteur : *The Origin of Osiris* (Berlin, 1956). L'étude que présente Jean Hani, *La
Religion Égyptienne dans la Pensée de Plutarque* (Paris, 1976) renvoie à de
nombreuses références. A noter pour son originalité H. Te Veld, *Seth the God of
Confusion* (Leyde, 1967). Un recueil de Ph. Derchain, *La Lune, Mythes et Rites,*
fait place aux mythes et dieux lunaires en Égypte; poésie qu'on retrouve dans
Schott, *Les Chants d'Amour de l'Égypte Ancienne* (Paris, 1956). Pour mesurer
l'importance de variantes et de ce qui peut transformer un mythe en légendes ou
romans (mêmes modélisations, mais plus grande liberté dans la substitution de
sèmes relatifs à un épisode diversement raconté tout en respectant sa principale
leçon), on pourra comparer deux papyri : Chester Beaty (Londres, 1931);
Jumilhac (Paris, 1962).

Une vue extérieure avait été ouverte avant Plutarque, ainsi que le rappelle
A. Wiedeman, *Herodots Zweites Buch* (Leipzig, 1890). Quant aux échos du
mythe, ils sont signalés dans Jurgis Baltrusaïtis : *Essai sur La Légende d'un
Mythe, La quête d'Isis.*

Remercions G. Posener et J. Leclant de leurs mises en garde et avis;
notamment : Plutarque, par pudeur, a biffé des détails; Osiris étant civilisateur
de l'Égypte l'est, dans l'esprit des Égyptiens, de tous les hommes. Rappelons que
1) le prolongement mathématique du mythe est dans G. Guitel citant, entre
autres et forcément, O. Neugebauer, *Zur Aegyptischen Bruchrechnung.*
2) S. Colnort a largement élucidé le cas d'Hermès Trismégiste auquel s'était
intéressé A.J. Festugière, *La Révélation d'Hermès Trismégiste.* Enfin, pour des
aspects annexes sous-entendus ici, mentionnons à titre d'exemples concernant le
rituel ou le politique : E. Chassinat, *Le Mystère d'Osiris au mois de Kaoïak* (Le
Caire, 1966-1968), et un des plus grands créanciers parmi nos interlocuteurs :
H. Frankfort, *La Royauté et les Dieux* (Paris, 1951).

En ce qui concerne la Chaldée, traitée ici à titre de bref complément, bien
qu'omniprésente dans les sous-entendus, nous avons d'abord à remercier René
Labat qui nous fit part, sur la déesse-mère valant 15 – Istar –, des détails
implicitement inscrits dans la fameuse épopée de *Gilgamesch* mais peu ou non
explicités ailleurs. Un résumé des mathématiques chaldéennes est dans l'*Histoire
des Sciences,* dirigée par René Taton (ouvrage particulièrement commode dans
ce cas) publié à Paris (1957). Pour plus d'information, le plus signalé des
spécialistes reste O. Neugebauer. On pourra consulter (ainsi que pour d'autres
cas) la monumentale histoire de G. Sarton : *Introduction to the History of
Sciences,* Baltimore (1927-48). Il convient en tout cas de lire ou parcourir le
toujours actuel F. Thureau-Dangin, *Esquisse d'une Histoire du Calcul Sexagésimal* (Paris, 1932).

486   BIBLIOGRAPHIE

GRECS

Nous semble à lire d'abord Proclus de Lycie, *Les Commentaires sur les Premiers Livres d'Euclide*, traduit par P. Van Eecke (Paris, 1948). Sur l'Alexandrin, J. Itard, notamment *Les Livres Arithmétiques d'Euclide* (Paris, 1961). Du même traducteur, entre autres ouvrages, un *Diophante d'Alexandrie.* Pour mesurer l'ampleur des problèmes posés par la logique stoïcienne que nous avons réduite à sa plus simple expression : *Les Stoïciens et leur Logique* (colloque de Chantilly, 1976, publié à Paris, 1978). Les traductions choisies sont, pour *Platon,* celles des Belles Lettres (Paris) ainsi que pour *Aristote,* dont, en outre, *Les Topiques,* J. Tricot (Paris, 1950). Parmi les restaurations dues à J. Lukasiewicz, citons la *Syllogistique d'Aristote* (Paris, 1972). A propos d'Aristote, aurait-il été réécrit à la romaine après avoir été plus proche de Platon? Cf. Paul Moraux, Aristote, *du Ciel,* trad. et notes, Paris, « Les Belles Lettres », 1965, *Les listes anciennes d'ouvrages d'Aristote,* Louvain, Pub. Universitaires, Paris, Éd. Béatrice-Nauwelaerts, 1951 ; *A la Recherche de l'Aristote perdu. Le Dialogue sur la Justice;* Louvain, 1957. Sous cette réserve, G.G. Granger, *La Théorie Aristotélicienne de la Science* (Paris, 1976).

A signaler G.S. Kirk and J.E. Raven, *Presocratic Philosophers* (Cambridge, 1964). A rappeler l'œuvre de Jean-Pierre Vernant, parfois de courts articles mais capitaux tant pour la divination (Paroles et Signes Muets) que pour la formation de la pensée positive dans la Grèce Antique, le couple Hestia-Hermès ou l'union de Zeus avec Metis.

ISLAM

Il nous faut laisser au lecteur le soin de choisir ce qu'il lui sera le plus aisé d'atteindre à propos de cet immense domaine où l'emportent de beaucoup sur le publié d'immenses lots d'archives inédites conservées dans des Sanctuaires ou des Universités et dont nous obtînmes directement ou grâce à Aly Mazahéri les copies de documents révélateurs qui n'ont pu être ici – surtout à cause de leur masse – pris en compte qu'allusivement. Toutefois, au-delà des ouvrages généraux cités à propos de la Chaldée, diverses œuvres, notamment de Roshid Rached, déjà mentionné. Très vieilli, mais nous ayant fourni de toutes premières références, l'inventaire d'Aldo Mieli.

Outre les histoires générales déjà citées, A.P. Youschkevitch, *Les Mathématiques arabes, IIIe-XVe siècle* (Paris, 1976).

Curieusement comparatif, est à parcourir avec circonspection René Guénon, *Aperçus sur l'ésotérisme islamique et le Taoïsme* (Paris, 1973). Pour plus de détails, par exemple, une assez satisfaisante traduction : Goichon, *Avicenne, Le Livre des Définitions* (Le Caire, 1963). Pour des vues générales, un auteur ayant fait autorité en Occident mais ne satisfaisant plus toujours les historiens islamiques – auteur auquel nous devons beaucoup de nos premières initiations :

Gaston Wiet, *Grandeur de l'Islam* (Paris, 1967). Plus à jour, la monumentale *Géographie du Monde Musulman* d'A. Miquel (Paris, 1967, 1975, 1980).

MYTHES ET RELIGIONS

Aux références mentionnées dans Aspects Généraux, on ajoutera en premier rang toute l'œuvre de Mircéa Eliade auquel nous sommes particulièrement redevables. Y introduit Mircea Eliade, *Aspects du Mythe* (Paris, Gallimard, 1963). Un ouvrage très consciencieux et dûment référencié : P. Chalus, *L'homme et la Religion* (Paris, 1963). Aisé à lire : R. Caillois, *L'Homme et le Sacré* (Paris, Gallimard, 1950); un classique : C. Jung, *Psychologie et Religion* (Paris, 1958). Précoce mais révélateur : Edwin Sidney Hartland, *The Legend of Perseus* (Londres, 1894). Republié, Jacques de Voragine, *La Légende Dorée* (Paris, 1967). A mentionner une bizarrerie suggestive faisant penser aux analyses de Laforgue : E. Gillabet, *Saint Paul ou le Colosse aux Pieds d'Argile* (Montpellier, 1974).

A PROPOS DES COSMOLOGIES MODERNES

Le plus simple est de s'interroger d'abord sur Einstein. Commencer par une mince brochure mais lourde de sens : A. Einstein, *l'Ether et la Théorie de la Relativité* (Paris, 1921); puis A. Einstein et L. Infeld, *l'Évolution des Idées en Physique* (Paris, Payot, 1948). Sur Einstein, L. Bernett, *Einstein et l'Univers* (Paris, Gallimard, 1951). Plus récent, L. Feuer, *Einstein and the Generations of Science* (1974); traduction française de P. Alexandre préfacée par S. Moscovici, *Einstein et le conflit de génération,* Bruxelles (Complexe, 1978).

Pour une mise en perspective : B. Russel, *L'Analyse de la Matière* (Paris, 1965); L. de Broglie, *Sur les Sentiers de la Science* (Paris, 1960) et M.A. Tonnelat, *Histoire du Principe de Relativité* (Paris, 1971).

Extrapolation : E. Whittaker, *Le Commencement et la Fin du Monde* (Paris, 1953); résumé et adjonction adaptative de la Théorie : F. Hoyle et C. Wickramasighe, *Life Cloud* (Toronto-Melbourne, 1978).

A PROPOS DES ÉVÉNEMENTS

Ni l'Histoire « des Annales » ni l'histoire « nouvelle » n'ont éteint notre première passion pour l'histoire « événementielle »; et c'est elle qui nous a soutenu dans les abrupts de nos recherches. Tant qu'à vider les temples de leurs prêtres, les châteaux de leurs princes, à faire du tourisme historique sur les champs d'après les batailles et à ne lire que chiffres là où furent hommes, autant pousser l'abstraction jusqu'au bout où du moins elle rejoint ce qu'a de plus trivial le moindre geste de chair ou mouvement d'âme. Des grands ou petits faits, des gens illustres ou inconnus, plus forte est la fascination qu'ils exercent et plus, pour ré-atterrir sur le quotidien, il est besoin de l'ironie que suscitent nos mises en angles, triangles ou polyèdres. Ce jeu s'applique à quoi qu'on lise d'historique ou de romancé. Tout peut en être pris pour argent comptant dès lors qu'on se suffit d'y retrouver de primitives articulations logiques. Nous aimons entendre raconter des histoires de l'Histoire; indiquons à titre de remerciement s'adressant à tous les vulgarisateurs qu'André Clot, *Soliman le Magnifique* (Paris, 1983) nous rend courage pour consulter l'admirable érudition méditerranéenne de Fernand Braudel, rendant vie au décor où s'est jouée la pièce entre Habsbourg et Ottomans. Nous n'aurions pas tendu l'oreille pendant plus de quinze ans aux minutieux détails que A. Toptchibatchi disait des Gengiskahnides ou Timourides et de leurs langues, comportements, signes et symboles classiques sans un *Gengis Khan* comme celui de M. Prawdin (Paris, 1951).

Pourquoi de si vastes, soudains et éphémères Empires? V. Eliseef évoqua de probables époques où plus d'herbes nourrissent plus de chevaux; à lire donc Emmanuel Leroy-Ladurie : *Histoire des Climats depuis l'An Mil* (Paris, 1967); mais aussi Konrad Lorenz, *L'Agression, une Histoire Naturelle du Mal* (Paris, 1963); et, par suite – ouvrage démodé – mais quel arbre généalogique! – Albert Vandel, *L'Homme et l'Évolution* (Paris, 1949). Dans cet esprit peuvent être mis dans le même lot deux types opposés de réflexions : ou bien H. Marcuse, *L'Homme Unidimensionnel,* et C. Klukhorn and D. Leighton, *The Navaho* (Harvard, 1947) ou bien A. Besançon, *Le Tsarévitch Immolé* (Paris, 1967) et l'aride J. Elster, *Studies in Rationality and Irrationality (Ulysses and the Sirens),* Cambridge, Paris, 1979.

A PROPOS DES CHANGEMENTS

Tout événement est un changement; la biographie de n'importe qui est une suite d'événements, étapes du plus universel des changements condamnant à mort ce qui a commencé par une naissance. Les histoires des à plat – celle des cultures, des sociétés ou des institutions durables, et qui dans la géo-histoire font prévaloir le synchronique sur le diachronique – sont des inventaires de facteurs ou de conditions affectant des ensembles spécifiques en modification dont on sait qu'ils n'auront qu'un temps. De quelque histoire qu'il s'agisse, elle confronte avec des problèmes de périodisations auxquels il n'est pas de réponse absolument incontestable : découper la durée n'est pas opérer chirurgicalement pour rétablir le plein ou le meilleur être; c'est une amputation telle quelle irréparable. Est donc nécessaire de repérer ce qui change dans ce qui se poursuit dans l'histoire traitant de tout l'homme; repérages à justifier par une argumentation dialectique s'appuyant sur des témoignages raisonnés moins en vertu de la logique causale que de celle propre à distinguer corrélations effectives de concommitances fortuites.

L'époque ici choisie comme le moins sujette à contestation est celle où prirent essor les sciences modernes, essor tour à tour effet et cause de mutations culturelles sans précédent par leurs ampleur et promptitude ; mais époque aux limites floues dont le présent aperçu bibliographique fera comme si ses mutations scientifico-culturelles étaient intervenues dans une généalogie ayant l'antiquité « classique » pour pré-histoire et, pour proto-histoire, le dit « Moyen Age » des Chrétiens, siècles de Lumières dans le monde arabe. Quant à situer chronologiquement la fin de cette époque, aucune date précise n'y convient, sauf à échelle de décennies au cours desquelles les nouvelles sciences, après avoir été de nul ou rare effet sur la production, la transforment radicalement. Pour ce qui concerne les terminaisons, nous supposerons que les ouvrages généraux cités en tête y suffiront à peu d'adjonctions près ; quant aux origines, c'est une toute autre affaire.

Un Livre de I.S. Kuhn : *La Structure des Révolutions Scientifiques* (Paris, Flammarion, 1970) a connu un grand succès, justifié quand il traite du problème des générations, trompeur quand, pour première illustration de ce qu'il désigne avec bonheur comme inventions de « paradigmes », il choisit la « révolution » copernicienne. Sur ce point, le compétent physicien n'eut pas le temps de lire les textes et s'en remit à de tenaces on-dit. Va de soi que, fût-elle erronée, l'opinion exerce une forte influence sur les milieux culturels ou scientifiques, mais elle aveugle l'historien pour lequel ne peut être de mutations qui ne le soient de quelque chose. Dans ce cas, ce quelque chose est au moins médiéval, il y suffit de lire scrupuleusement l'œuvre d'A. Koyré analysant, avec le secours d'autres commentateurs qu'il cite, les textes de Copernic lui-même. Sont notamment à lire : *Du monde clos à l'univers infini,* Paris, 1962 ; *De revolutionibus orbium celestium,* trad., introd. et notes par A. Koyré, Paris, Lib. A. Blanchard, 1970 ; *Études Galiléennes,* Paris, 1940.

La véritable innovation de l'époque est celle des nombres « sophistiques » destinés à devenir les nombres complexes. Les Arabes, en effet, n'en ont rien dit alors qu'ils eussent dû expliciter et ont vraisemblablement constaté que situer le soleil au centre du monde simplifiait les calculs astronomiques. Quant à ce nombre *i,* si l'invention en est corrélative aux nouvelles visions apportées par la circumnavigation du monde et ses conséquences mercantiles ou capitalistes, il invite à se demander si un Moyen Age aussi obscurantiste qu'on l'a longtemps pensé eût été capable de préparer et d'engager la grande aventure océanique. Inutile de mentionner ici les très connus auteurs ayant revalorisé ces siècles « gothiques », encore que le titre utilisé par J. Le Goff, *Pour un Autre Moyen Age* (Paris, Gallimard, 1977) – titre préférable à « Nouveau Moyen Age », dont on parle aussi – vaut plus pour l'historiographie que pour l'histoire elle-même. A cet égard, un problème : la découverte d'essences et les réflexions sur l'Essence ont-elles modifié la socio-culture de ces temps ? Partiellement, sans doute, et finalement ; mais elles ont d'abord été dues à des transformations d'activités et de l'économie sociale. L'œuvre de Ph. Wolff, par exemple, est trop connue pour qu'il soit besoin de la détailler comme il faudrait aussi le faire d'autres. Attirons plutôt l'attention sur Lynn White, *Technologie Médiévale et Société* (Paris, 1969) : les temps de chevalerie l'ont été de métallurgies artisanales par leurs manières de produire, mais quasi-industrielles par l'extension de productions.

Ayant ainsi évoqué le phylum (spécifié par les distillateurs) – et son milieu en modifications commerciales et de production – où s'est produite la mutation algébrique, témoin et instrument de tant d'autres, ajoutons quelques indications bien trop sommaires pour dire que lire, mais peut-être suffisamment évocatrice de manières de se mettre en cogitation : lire en même temps des ouvrages très différents en s'en remettant à l'inconscient ou à l'intuition pour ressentir sinon exprimer le quasi-semblable. Trois exemples :

Un exercice aisé de lecture comparée relative aux premières conceptions d'une civilisation universelle : J. Locke, *De la Conduite de l'Entendement*, G.W Leibniz, *Nouveaux Essais sur l'Entendement* (deux rééditions, Paris, 1975 et 1966) à interpréter grâce à L. Couturat, *La Logique de Leibniz*, Hildessein, 1969 ; une approche originale : A.J. Arnaud, *Les Origines Doctrinaires du Code Civil Français* (Paris, 1969).

Pour associer les œuvres d'un historien du social et d'un psycho-sociologue de l'histoire : J.U. Nef, *War and Human Progress* (Harvard, 1950), *The Conquest of the Material World* (Chicago, 1964) ou *La Route de la Guerre Totale* (Paris, 1949) ; S. Moscovici, *L'Expérience du Mouvement – Jean-Baptiste Baliani* (Paris, 1967), *L'Age des Foules* (Paris, Fayard, 1981).

Pour marier le social actuel et le pensé lointain : l'encore utile E. Hagen, *On Theory of Social Change* (Home-wood, Illinois, 1962). Un livre suggestif : A. Koyré, *Introduction à la lecture de Platon et Entretiens sur Descartes* (Paris, 1962). Une projection synchronique de différences diachroniques : R. Bastide, *Le Prochain et le Lointain* (Paris, 1970). A propos de corrélations socio-épistémologiques, un court livre plein d'idées mieux serrées dans les premiers chapitres que dans les derniers : H.K. Grivetz, *The Evolution of Liberalism* (New York, 1963).

Pour ce qui concerne les changements conceptuels du XVIe siècle, nous n'aurons garde d'oublier les apports révélateurs de Werner Sombart, *Der Moderne Kapitalismus*, Munich, 1919. Bien qu'aujourd'hui décrié, cet auteur accompagne son immense érudition de vues pénétrantes sur la nature des premiers grands commerces transmaritimes, sur ses effets dans le développement du capitalisme et de ses procédés gestionnaires.

Pour un regard distant, l'ouvrage de E. Trabulse : *Historia della Cienca en Mexico* (Mexico, 1983). Tant mieux si on peut se procurer le court ouvrage du même auteur : *Ciencia y Religion en el Siglo XVIIe* (Mexico, 1974).

Et ainsi de suite à l'avenant. L'habitude ainsi acquise fera discerner une promesse de modélisation selon notre propos dans le suggestif : A. Denjoy, *Hommes, Formes et le Nombre* (Paris, 1964).

ASPECTS MATHÉMATIQUES

Pour aborder de front les difficultés les plus rebutantes pour des non-mathématiciens est à feuilleter Descartes, si possible dans une des éditions d'époque qui en conserve la saveur ; soit en latin, soit *La Géométrie de René*

Descartes (Paris, MDCLXIV); le début se lit aisément; la suite offre au regard l'équivalence de figures et d'équations. Pour restituer en perspective historique l'invention des logarithmes : par exemple *Memoirs of John Napier of Merchiston*, édité par M. Napier (Edimbourg, 1834) et faisant l'objet d'un compte rendu par E. Biot dans le *Journal des Savants* (Paris, 1835).

Le génie et les illusions de Leibniz se présentent dans une réédition : G.V. Leibniz, *Mathematische Schriften* (Hildesheim, New York, 1971) invitant à lire L. Couturat, *La Logique de Leibniz* (Paris, Hildesheim, 1969).

Les sources intuitives de la géométrie la plus abstraite sont sensibles dans un court ouvrage : L. Godeaux, *Les Géométries* (Paris, 1960). On mesurera ainsi les chemins conquis depuis que le grand A.M. Legendre avait offert aux débutants des *Éléments de Géométrie* republiés à Paris en 1867.

On mesurera aussi combien les nombres ont été un casse-tête pour les mathématiciens en parcourant E. Borel, *Les nombres premiers* (Paris, 1953) ou mieux, un ouvrage hélas rarissime : L.J. Mordell, *Le Dernier Théorème de Fermat* (Paris, 1929); on y verra comment la recherche d'une démonstration crue possible mais impossible – bien que les ordinateurs aient largement confirmé la vérité de la proposition – a eu pour effet d'enrichir la notion de nombres conçue à partir des réels. Instructif est J.H. Conway, *On Numbers and Games* (Londres, New York, San Francisco, 1976). Plus simple, J. Itard, *Arithmétique et Théorie des Nombres* (Paris, 1963).

Faute d'accéder aux ouvrages de D. Flament sur le nombre *i*, on peut lire J. Itard, *Matériaux pour l'Histoire des Nombres Complexes* (Paris, 1968), ou bien la plus courte brochure de S. Bachelard : *La représentation géométrique des nombres imaginaires au début du XIXe siècle* (Paris, 1966).

Historien des origines du calcul des probabilités, E. Coumet a résumé des aperçus sur *Des Permutations aux XVIe siècle et XVIIe siècle.*

Solide et rapide, D.J. Struik, *A Concise History of Mathematics* (New York, 1948). Pour agiter l'imagination, par exemple : A. Lautman, *Essai sur l'Unité des Mathématiques* (Paris, 1977), ou vers de plus larges vues, J. Cavaillès, *Philosophie Mathématique* (Paris, 1962).

LINGUISTIQUE

A mentionner d'abord des aperçus généraux : R.H. Robins, *Brève Histoire de la Linguistique de Platon à Chomsky* (Paris, 1976); S.Y. Kuroda, *Aux Quatre Coins de la Linguistique* (Paris, 1979); E. Benveniste, *Problèmes de Linguistique Générale* (Paris, 1974) et A. Martinet, *Éléments de Linguistique Générale* (Paris, 1960).

Trois composantes : N. Chomsky, *Aspects de la Théorie Syntaxique* (Paris, 1971); l'œuvre de A.J. Greimas, par exemple *Du Sens* (Paris, 1970 et 1983) et P.F. Strawson, *Études de Logique et de Linguistique* (Paris, 1973). Pour Chomsky, voir aussi N. Ruwet, *Introduction à la Grammaire Générative* (Paris,

1967). Sur les guillemets : A. Compagnon, *La Seconde main ou le travail de la citation* (Paris, Le Seuil, 1979).

Plus évasif mais évocateur, R. Alleau, *La Science des Symboles* (Paris, 1976).

Deux fondateurs. Le plus actuel, F. de Saussure, *Cours de Linguistique Générale* (Paris, Payot, 1955). Un précurseur, le fils de Benjamin Pierce : Charles S. Pierce, *Écrits sur le Signe* (rassemblés, traduits et commentés par G. Delédale, Paris, 1978).

Exemples illustratifs comme R. Barthes, *Poétique du Récit* (Paris, Le Seuil, 1977). A cause de son *Alice au Pays des Merveilles*, nous rangerons ici un logicien (de son vrai nom C.L. Dogson) qui a su jouer logiquement avec les mots, bien qu'il ait refusé de tenir pour « réelles » les géométries non euclidiennes : L. Carroll, *La Logique sans Peine* (traduit et présenté par C. Gattegno et E. Coumet, Paris, 1968). Selon la même licence, citons ici une autre étude d'E. Coumet, *Sur l'Histoire des Diagrammes Logiques*, « Mathématiques et Sciences Humaines » n° 60, 1977.

LOGIQUE ET ACQUISITION DE COMPÉTENCES

A citer d'abord un auteur de double mérite : être simple, aller à l'essentiel et le bien dire : R. Blanché, *La Logique et son Histoire d'Aristote à Russel* (Paris, Colin). Du même auteur, d'antérieurs propos, suggestifs bien qu'un peu courts : *Raisons et Discours* (Paris, 1967) et *L'Axiomatique* (Paris, 1955).

Pour les en-dessous psycho-physiologiques de la logique, d'abord le capital, ici, H. Hécaen, *la Dominante Cérébrale* (Paris, 1978), compte rendu de travaux sur la dissymétrie hémisphérique d'un cerveau localisant différemment les deux fonctions plutôt synchroniques et plutôt diachroniques que la physiologie conjoint comme nos modèles ont à le faire en connotant sémantiquement des figures géométriques. Pour un premier aperçu précoce mais suggestif des fondements biologiques : H. Laborit, *Biologie et Structure* (Paris, 1968).

Phases naturelles de l'acquisition de compétences : l'ancien mais facile et suggestif P. Vendryes, *Vie et Probabilité* (Paris, 1942), ouvrage démodé et flou, mais moins agressif que le brillant J. Monod, *Le Hasard et la Nécessité* (Paris, Le Seuil, 1970). L'ancien, mais prudent dans ses témoignages : H. Nielsen, *Le Principe Vital* (Paris, 1949). Plus systématiquement engagé, F. Jacob, *La Logique du Vivant* (1970) est indispensable pour une histoire internaliste de la biologie moderne; le point de vue externaliste a été évoqué par C. Morazé, « Logique du Vivant et Logique de l'Histoire » (Annales E.S.C., 1974). Enfin Jean Rostand, *L'homme* (Paris, 1962).

Phases culturelles de l'acquisition de compétences. Un précurseur, Pierre Janet, *L'intelligence avant le langage* (Paris, 1936). Un classique, Jean Piaget, *Biologie et Connaissance* (Paris, 1967); *Six Études de Psychologie* (Genève, 1964); *La Construction du Réel chez l'Enfant* (Neuchâtel, 1963); *La Genèse du nombre chez l'Enfant* (écrit avec A. Szeminska; Genève 1941) et complété (avec P. Gréco et J.B. Grize et S. Papert) par *Problèmes de la Construction du Nombre chez l'Enfant* (Paris, 1960).

Pour de premiers aperçus internalistes sur le développement contemporain de la logique, deux ouvrages simples : Jean Cavaillès, *Sur la Logique et la Théorie de la Science* (Paris, 1947) et Roger Martin, *Logique Contemporaine et Formalisation* (Paris, 1964).

Lexique

Définitions indicatives de termes employés en un sens précisant ou particularisant l'usuel, ces définitions sont éventuellement accompagnées d'évocations de sens spécifiés par les mathématiques. Les italiques renvoient à des noms communs du même lexique ou bien à des noms propres cités dans l'index.

ANALOGUE ET ANALOGIE : Sont analogues 1°) des relations entre sèmes pouvant être substituées l'une à l'autre conformément aux impératifs du *Code mental* (p.e. Haut-Bas et Ciel-Terre ; cf. aussi *Proclus* et ses angles-dieux). 2°) Le sont, en conséquence, des sèmes équivoques mais intelligibles l'un par l'autre (p.e. à gauche et maladroit, ou à droite et adroit. L'analogie est A) permissive : permettant qu'une métaphore rhétorique ou poétique soit circonstanciellement intelligible ; B) conditionnée : directement subordonnée aux impératifs du Code ; C) conditionnelle : conforme aux exigences imposées à la définition d'unité physique pour que des phénomènes soient mathématiquement réduits en formules homologues.

ATTRACTIONS : A) Force naturelle attirant l'aimant vers l'aimé (ou, dans le magnétisme, l'aimanté vers l'aimant) ; B) Disposition culturelle rapprochant le lieur du lié ou le comparable du comparé ; C) Force conventionnellement définie pour rendre *homologue*, dans un *système* mécanico-algébrique, l'analogie avec attraction au sens A). L'attraction a la répulsion pour inverse ; la seconde implique la première, puisqu'elle n'aurait pas lieu entre deux acteurs, actants ou sèmes sans rapport l'un avec l'autre.

AXIOME (S), AXIOMATIQUE (S) : A) Proposition indémontrable énoncée a priori comme évidence de sens commun (p.e. si b contient a et si c contient b, alors c contient a) ; B) Mathématiques : conventions propositionnelles admises dans le fondement d'un *système* hypothético-déductif. Des axiomes peuvent être réunies en lots dits « conditions de construction » constituant chacun une axiomatique. Cette dernière peut être soit B-1 : établie a posteriori en fonction de l'expérience acquise, soit B-2 : a priori, en vue de mises à l'épreuve. En général, B-1 précède B-2 qui le réaménage par adjonctions ou substitutions. De ce fait, un *postulat* exigé par B-1 peut donner lieu à des axiomes dans B-2 ; C) Code mental :

tous les axiomes sont logiquement des *postulats* mais peuvent apparaître, intuitivement, comme étant des axiomes.

CODE : A) **MENTAL** : Ensemble de conventions axiomatisables imposées par toute manifestation du *logos*. Ces conventions sont *analogues* aux conditions de *structure* imposées pour localiser un objet concret dans l'espace, l'analyser s'il y existe, le rendre solide si on l'y construit. Les conditions concrètement structurelles de solidité sont celles imposées à l'existence concrète d'un trièdre quelconque et commandant la disposition d'éléments angulaires plus ou moins ouverts de leurs dièdres et des faces leur étant opposées. Tout trièdre (« mot ») est fait de trois dièdres-faces (des « lettres ») pouvant présenter 4 dispositions structurelles. Il existe 64 (2^6) cas possibles de lecture d'un trièdre plus ou moins ouvert, mais 20 seulement si ce trièdre est spécifié par la binarité aigu-obtus. B) **BIOLOGIQUE** : Organisation des suites de séquences faites de codons, eux-mêmes séquences de 3 nucléotides, et permettant qu'un être vivant se reproduise exactement ou bien que, par suite d'une erreur (supposée aléatoire) de codage ou décodage, soit engendré un être différent. Ces codons sont de 4 types et se prêtent à 64 combinaisons situant un des 20 acides aminés constituant les protéines ou bien marquant la fin d'une séquence. Le Code mental est vraisemblablement *analogue* au code génétique, mais l'état actuel des connaissances ne permet pas de prouver qu'il lui soit plus que semblable. En effet, d'après J.D. Watson (*cf. Bibliographie*), le code génétique est « dégradé ». C'est si et seulement si ces « dégradations » avaient affecté les quelques non-correspondances entre les 20 binarités aigu-obtus et les 64 binarités plus ou moins ouvertes que l'analogie « originelle » serait parfaite entre les deux codes.

HOMOLOGUE : Sont homologues 1°) des opérations conservant telle ou telle de leurs propriétés axiomatisées quand on les applique abstraitement et discursivement (p.e. dire d'une circonférence que ses points sont équidistants d'un autre point appelé centre est homologue à la dessiner au compas). Cf. *Hamilton* pour quatre droites *imaginairement* à la fois concourantes et perpendiculaires entre elles ainsi que pour les produits de vecteurs. 2°) Le sont en conséquence des sèmes univoques pouvant être substitués l'un à l'autre en de mêmes opérations (p.e. le mot « circonférence » et son dessin). Cf. *Systèmes*; *Gauss, Hamilton, Cayley* et leurs unités « *imaginaires* ».

IMAGINAIRES (S) : Ce qui n'est ni constatable ni faisable concrètement dans l'instant, mais peut être réalisable à terme et conditionnellement. Il en existe trois principaux types se chevauchant : *opérationnels*, *opératoires* ou *illusoires* (résultat intelligible d'opérations A) mais qui ne sont ni opérationnelles, ni opératoires).

LOGOS : Totalité de ce qui exprime quelque chose à soi-même ou à autrui, par sensation-perception, geste ou action, par plastique ou musique aussi bien que par langages articulés.

OPÉRATIONS : A) Tout acte de fait ou de pensée ajoutant à l'existant ou au su ; B) Procédure primordialement arithmétique et *homologiquement* généralisable conférant nécessité à son résultat en principe de même type que les facteurs mis en œuvre. Elles ont ou peuvent avoir notamment deux propriétés : associativité : $(ab)\, c = a\, (bc)$, $(a + b) + c = a + (b + c)$; et commutativité : $ab = ba$, $a + b = b + a$. Cf. *Gauss, Hamilton, Cayley*. Des opérations peuvent être non commutatives (ou non associatives). A noter que peuvent être distinguées non commutativité et anti-commutativité (p.e. si Q et Q' sont des quaternons, le produit $Q \times Q'$ est non commutatif : $(1 + i)\, k = k - j$ n'est pas le négatif de k $(1 + i) = k + j$. Le code synchro-diachronique rend compte de l'anti-commutativité $ij = - ji$ mais non pas de la non-commutativité ne relevant que de *systèmes* diachro-synchroniques). Après avoir été propriétés des nombres réels, ces propriétés conservées telles quelles ou modalisées se sont montrées capables de susciter des nombres « imaginaires » ainsi que des entités purement algébriques. Dans ce parcours, d'autres opérations se sont ajoutées à celles primordialement définies par et pour les nombres réels. Cf. *Structure*. A noter, pour ce qui concerne les « nombres » : a été démontré en 1880 par Frobenius que n'en peut exister que de quatre types – les réels (un terme) et les complexes ou hypercomplexes, polynomes à 2, 4 ou 8 termes.

OPÉRATIONNEL : Caractère propre aux *opérations A)* de la logique et/ou du logos fournissant un résultat possible ou probable. Cas soit de mises homologiques en œuvre de données insuffisantes ou problématiques, soit de mises analogiques en œuvre de certains mythes comme remèdes à des maux ou comme garanties de l'ordre social et des autorités qui l'assurent.

OPÉRATOIRE : Caractère propre aux opérations et à leurs termes produisant un résultat nécessaire et éventuellement applicable au physique par *analogie* au sens C).

POSTULATS : Proposition indémontrable bien que paraissant pouvoir l'être conformément à l'expérience pratique du sens commun (p.e. le postulat euclidien des parallèles). Un postulat ajouté à une *axiomatique* B-1 peut devenir un axiome dans une *axiomatique* B-2 (p.e. ce même postulat euclidien quand la géométrie concrète est reconnue n'être qu'un cas particulier des géométries abstraites).

RAPPORTS : A) *CODE MENTAL :* Liaison positive (*attraction*) ou négative (répulsion, cf *attraction*) entre acteurs, actants ou sèmes considérés comme premiers sur un *trimorphe* ou *tétramorphe*. Ces rapports sont *analogiques* à l'aigu-obtus des dièdres du trièdre ou du tétraèdre ou bien à l'obtus-aigu des figures qui sont géométriquement supplémentaires aux précédentes et renvoyant donc soit d'un trièdre-faces à un trièdre-arêtes, soit d'un tétraèdre à un tétracanthe ; B)*ARITHMÉTIQUE :* Rapport veut dire fraction ou division ; cf. *opérations* B). Cf. *Relations*.

RELATION (S): Liaison positive ou négative supposée indirecte entre sèmes supposés dérivés ou seconds, c'est-à-dire engendrés par les *rapports*. Les mots *rapports* et *relations* sont indifféremment employés l'un pour l'autre soit quand aucune ambiguïté n'est à craindre, soit quand il faut la souligner : cas extrêmes relevant par exemple de la substitution indifférente ou nécessaire entre tétraèdre-*tétramorphe* et tétracanthe-*tétramorphe*. Cf. *Rapports*. Exemples : les liaisons père-mère ou frère-sœur sont premièrement des *rapports*; la liaison conugalité-consanguinité est par dérivation une relation; mais on peut aussi bien penser de la sexualité biologiquement féconde ou culturellement prescrite et de la différence biologico-culturelle des sexes qu'elles sont les causes premières des distinctions entre frère et sœur ou père et mère.

SÉMANTISER, SÉMANTISATION : Néologismes qu'il nous a fallu utiliser pour expliciter une propriété fondamentale du Code et de son fonctionnalisme. Ces néologismes désignent la possibilité de faire équivaloir des sèmes ou des mots à des éléments de figures construites. Ainsi, dire « un triangle ne peut avoir qu'un seul angle obtus » et sémantiser les éléments de la figure et une propriété de construction. Au prix soit de symbolisations homologiques et opératoires, soit de métaphores analogiques opérationnelles ou non, un ensemble de sémantisations peut être substitué à un autre. Ainsi dira-t-on que les faces d'un dièdre valent ou sont les chiffres un ou deux, et que le dièdre qui réunit ces faces en vaut la somme, la différence, le produit ou le rapport fractionnaire. La légitimation de ces substitutions sémantiques se vérifie par l'expérience des calculs. De même pourra-t-on sémantiser ces éléments en les rendant équi-signifiants à des dieux, comme pour *Proclus*, ou à des entités physiques ou linguistiques, comme pour *Aristote*. Dans ce cas, la légitimité de ces substitutions sémantiques ne peut être fondée que dans l'érudition; il en va de même des rapports que ces sèmes soutiennent entre eux et sémantisés aussi de manière analogue à ce qui concerne les opérations arithmétiques.

STRUCTURE (S): A) *CODE MENTAL.* Ensemble de corrélations binaires conditionnant la possibilité de localiser, d'analyser ou de rendre solide un objet concret ainsi que de rendre cohérente la pensée et intelligible son expression. La binarité relationnelle s'applique à acteurs ou actants par l'entremise de la binarité de *rapports* ou de *relations* telles que droite-gauche, positif-négatif, actif-passif, direct-inverse, etc... Cette binarité est *analogue* à *aigu-obtus* ou à tétraèdre-tétracanthe (cf. *Tétramorphes*). Elle est *homologue* quand soustraction ou division sont inverses d'addition ou multiplication. B)*AUTRES EMPLOIS :* Le sens A) est généralement *analogue* à ceux donnés au mot par l'anthropologie ou les anthropologies (notamment la linguistique). Il n'est qu'occasionnellement *homologue* au sens mathématique. Dans la Psychologie génétique, *structures* désigne les stades d'acquisitions de compétences nécessaires pour passer des *structures* A) aux *systèmes*. A noter que le mot *structure* est entré au cours de ce siècle dans le vocabulaire mathématique pour désigner des entités de types très divers et au contenant strictement défini pour chacune d'elles. Pour en savoir plus sur ce point, on peut se rapporter à l'un des chapitres écrits par Jean Dieudonné dans les *Grands courants de la pensée mathématique*, publié par F. Le Lionnais au lendemain de la guerre, ou bien à la seconde partie du 2e volume, consacrée à *La Science* par *l'Encyclopédie Thématique Weber*, texte simplifié écrit par le même F. Le Lionnais. Ces « structures » (de groupe d'« anneau », d'« algèbre », d'« espace vectoriel », etc) ne relèvent qu'indirectement du Code dont elles systématisent le fonctionnalisme. Les « constantes de structure » sont exclusivement relatives aux multiplications des « Algèbres ». Ces « constantes » témoignent de structures directement relatives au Code (sens A).

SYSTÈME (S) : ensemble (s) discursif (s) de conventions *opératoires* permettant de rendre *homologues* des *rapports* ou *relations* sémiques et donc les sèmes opérés. Chacun de ces ensembles relève d'une codification définie par *axiomes* (et *postulats*). Seules ces codifications (et non les *systèmes*) relèvent directement du *Code mental* : Cf. *Chrysippe*. Sur la « consistance » des systèmes, Cf. *Gödel*.

TÉTRAMORPHES, TRIMORPHES : Le tétramorphe est une structure limitée au cas supposé intuitivement originel et primordial où l'esprit ne peut concevoir à la fois plus de quatre sèmes premiers, les six rapports qu'ils soutiennent entre eux et douze des *relations* produites par ces *rapports*. Ces tétramorphes sont rationnellement analysables selon les quatre trimorphes qui les composent, trimorphes à leur tour analysables par éléments duaux puis simples. Les trièdres-faces et trièdres-angles ainsi que les tétraèdres et tétracanthes ne sont que des cas très particuliers de ces tétramorphes ou trimorphes à penser indépendamment de la géométrie euclidienne qui n'a pour avantage que de les rendre dessinables et assujettis à des démonstrations mathématiques se référant directement à l'expérience concrète.

Index

Cet index propose quelques lectures transversales du livre.

TABLE DES SCHÉMAS ET DES TABLEAUX

SCHÉMAS

TABLEAUX

Table des matières